高等职业教育水利类“教、学、做”理实一体化特色教材

水利工程制图及CAD

主　编　王其恒

副主编　李永祥

主　审　陶家俊

中国水利水电出版社

www.waterpub.com.cn

·北京·

内 容 提 要

《水利工程制图及CAD》为安徽省地方技能型高水平大学重点建设专业——水利水电工程管理专业课程改革教材之一，是依据安徽省地方技能型高水平大学专业建设方案，本着高职教育的特色，由学院多位老师共同开发编写的教材。教材分为上、下两篇，上篇为水利工程制图，下篇为AutoCAD 2017基础教程。水利工程制图部分包括制图仪器使用与制图标准，投影及三视图，点、直线、平面的投影，立体的投影，组合体的投影，轴测投影，视图画法，标高投影，水利工程图等内容；AutoCAD 2017基础教程部分包括AutoCAD 2017入门，二维绘图命令，二维编辑命令，辅助绘图命令，图层与对象特性，块与图案填充，文字与表格，尺寸标注，其他常用命令，三维绘图基础，绘制三维图形，编辑三维图形，设置材质、光源与渲染等内容。本书结构是按"项目-任务"进行编排，每个项目包含若干个任务，每个项目结尾均附有习题，供学生练习。

本书是高职高专水利工程管理专业理实一体化教材，理论与实践并重，重点培养学生的制图基础理论及专业工程图识图绘图能力，并要求其熟练掌握AutoCAD这个强大的辅助绘图工具。本书也可供建筑、市政、交通、规划、环境等各工科专业的学生及老师参考使用，社会上相关行业的从业人员及爱好者也可作为自学参考资料。

图书在版编目（CIP）数据

水利工程制图及CAD / 王其恒主编. -- 北京 : 中国水利水电出版社, 2020.11(2024.8重印).

高等职业教育水利类"教、学、做"理实一体化特色教材

ISBN 978-7-5170-9075-5

Ⅰ. ①水… Ⅱ. ①王… Ⅲ. ①水利工程－工程制图－AutoCAD软件－高等职业教育－教材 Ⅳ. ①TV222.1-39

中国版本图书馆CIP数据核字(2020)第213312号

书　　名	高等职业教育水利类"教、学、做"理实一体化特色教材 **水利工程制图及CAD** SHUILI GONGCHENG ZHITU JI CAD
作　　者	主编　王其恒　副主编　李永祥　主审　陶家俊
出版发行	中国水利水电出版社 （北京市海淀区玉渊潭南路1号D座　100038） 网址：www.waterpub.com.cn E-mail：sales@mwr.gov.cn 电话：（010）68545888（营销中心）
经　　售	北京科水图书销售有限公司 电话：（010）68545874、63202643 全国各地新华书店和相关出版物销售网点
排　　版	中国水利水电出版社微机排版中心
印　　刷	清淞永业（天津）印刷有限公司
规　　格	184mm×260mm　16开本　22.5印张　576千字
版　　次	2020年11月第1版　2024年8月第2次印刷
印　　数	2501—3500册
定　　价	**69.50**元

前言

教材事关国家和民族的前途命运，教材建设必须坚持正确的政治方向和价值导向。本书坚持党的二十大精神，全面贯彻党的教育方针，落实立德树人根本任务，为党育人，为国育才，弘扬劳动光荣、技能宝贵、创造伟大的时代风尚。

本书是安徽省地方技能型高水平大学重点建设专业——水利水电工程管理专业的课程改革成果之一。根据改革实施方案和课程改革的基本思想，通过分析水利工程制图和 CAD 的学习过程，结合岗位要求和职业标准，将课程体系解构为若干个实施项目。

在编写过程中，突出了“以就业为导向、以岗位为依据、以能力为本位”的思想；每个项目都由若干个任务构成，学生在学习完项目的基本知识情况下，通过每个项目后配备的职业能力训练题的练习，可以加强实践性训练。这样既能提高对理论知识的理解，又能把课程中所需要学习的知识、能力和素质进行强化。

不同于以往的制图教材和 CAD 教材，本书将水利工程制图和 AutoCAD 两部分合二为一，上篇是水利工程制图，下篇是 AutoCAD 2017 基础教程。这主要基于两点考虑：一是这两门课联系度高，制图强调专业基础理论，CAD 则是高效绘图工具，两者结合才能提高绘图效率，绘制出准确、规范的专业图；二是高职院校的课改大方向是削减理论课，强化实践课，制图课和 CAD 课课时都将减少，可以将此两门课整合为一门课，故作此调整。

本书是高等职业教育水利类“教、学、做”理实一体化特色教材，主要供高职高专水利工程相关类专业使用，包括水利水电工程管理、水利水电工程技术、水利水电工程建筑、水利工程、水文水资源等专业。针对高职学生的特点，本书上篇删去了很多艰深复杂的制图理论和不实用的内容，对课程内容进行了简化调整，突出动手能力和专业识图制图能力。下篇则是主要介绍常用的绘图和编辑命令，以二维为主，同时兼顾三维，弱化理论，突出实用，并且考虑如何更好地与上篇内容相结合，服务于上篇内容。上下两篇每章节末均配备了大量的习题作业，通过做作业深入理解理论知识，熟练掌握各常用命令，强化学生的识图能力和绘图能力。

全书由安徽水利水电职业技术学院王其恒任主编，李永祥任副主编，学院多位老师参与了编写工作。其中，李永祥编写了上篇的项目一至项目六，桂霞编写了下篇的项目十至项目十三，王中雅编写了下篇的项目十四、项目十五，刘甘华编写了下篇的项目十六、项目十七，张彩凤编写了下篇的项目十八，王其恒编写了上篇的项目八、项目九、下篇的项目十九至项目二十二，黄河水利职业技术学院秦净净编写了上篇的项目七。王其恒进行了最终统稿，全书由安徽水电学院陶家俊担任主审。

本书在编写过程中，专业建设团队的各位领导和全体老师提出了许多宝贵意见，学院相关领导也给予了大力支持，在此表示诚挚的感谢！本书的编写，参考和引用了一些相关专业书籍的论述，编者也在此向有关人员致以衷心的感谢！

因受时间和作者水平所限，书中难免有错误和不足之处，恳请读者批评指正！

编者

2024 年 7 月

目录

下篇　AutoCAD 2017 基础教程

上　篇

水利工程制图

项目一　制图仪器使用与制图标准

项目描述： 本项目包含两部分内容，一是制图仪器的认识和使用，二是制图标准的理解和掌握。

项目学习目标： 学生通过本项目的学习，能掌握制图工具和仪器的使用方法，掌握几何图形的画法，了解有关国家制图标准中的具体内容和使用条件，熟悉工程制图的一般方法和步骤。

项目学习重点： 制图标准的掌握。

项目学习难点： 制图标准的掌握。

任务一　常用制图工具的正确使用和维护

任务描述： 认识各绘图工具，并熟悉每种绘图工具的使用方法和使用技巧。

正确使用绘图工具和仪器，是保证绘图质量和绘图效率的一个重要方面。为此将手工绘图工具及其使用方法介绍如下。

一、图板、丁字尺和三角板

图板是铺贴图纸用的，要求板面平滑光洁；又因它的左侧边为丁字尺的导边，所以必须平直光滑，图纸用胶带纸固定在图板上。当图纸较小时，应将图纸铺贴在图板靠近左上方的位置，如图 1-1 所示。

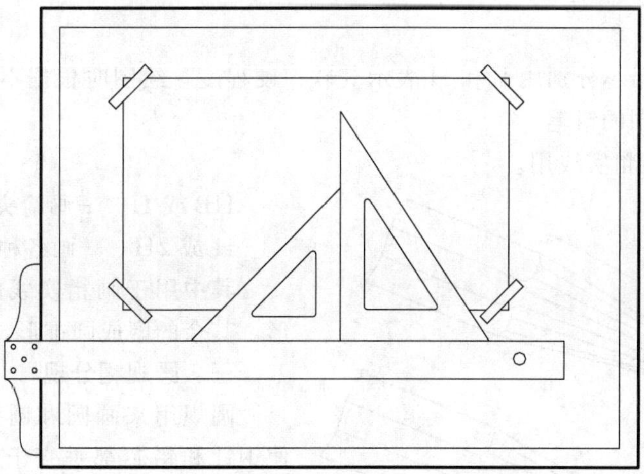

图 1-1　图纸与图板

丁字尺由尺头和尺身两部分组成。它主要用来画水平线，其头部必须紧靠绘图板左边，然后用丁字尺的上边画线。移动丁字尺时，用左手推动丁字尺头沿图板上下移动，把丁字尺调整到准确的位置，然后压住丁字尺进行画线。画水平线是从左向右画，铅笔应向画线方向倾斜约 30°。

三角板分 45°、45°和 30°、60°两块，可配合丁字尺画铅垂线及 15°倍角的斜线；或用两块三角板配合画任意角度的平行线或垂直线，如图 1－2 所示。

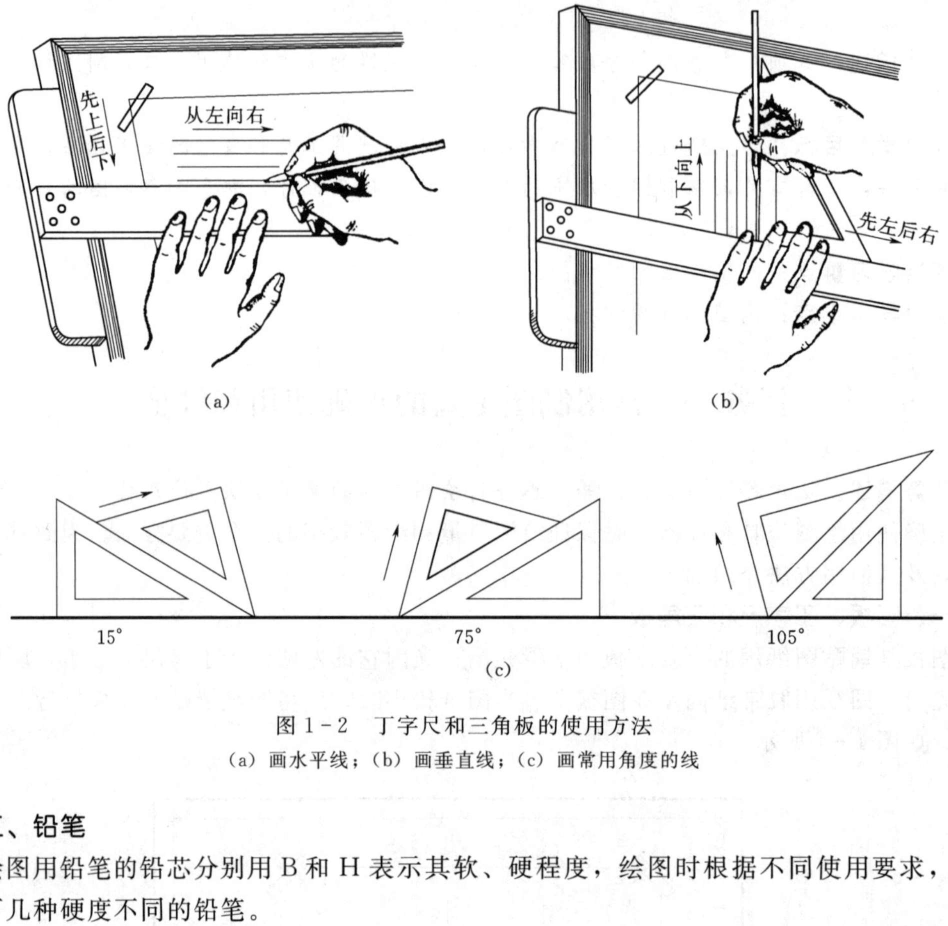

图 1－2　丁字尺和三角板的使用方法

（a）画水平线；（b）画垂直线；（c）画常用角度的线

二、铅笔

绘图用铅笔的铅芯分别用 B 和 H 表示其软、硬程度，绘图时根据不同使用要求，应准备以下几种硬度不同的铅笔。

B 或 HB——画粗实线用。

HB 或 H——画箭头和写字用。

H 或 2H——画各种细线和画底稿用。

其中用于画粗实线的铅笔笔尖磨成矩形，其余的磨成圆锥形，如图 1－3 所示。

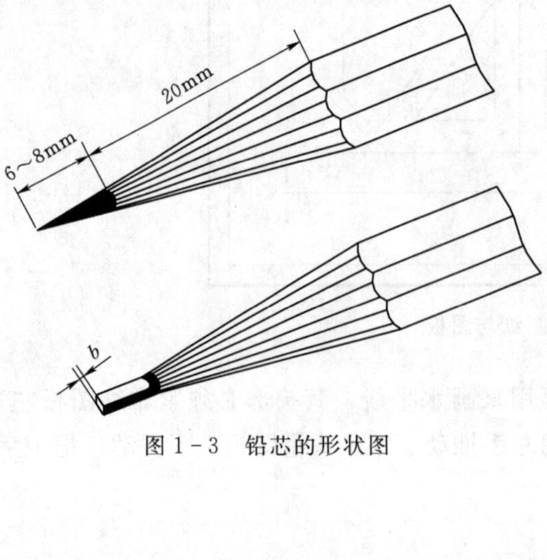

图 1－3　铅芯的形状图

三、圆规和分规

圆规用来画圆和圆弧。画图时应尽量使钢针和铅芯都垂直于纸面，钢针的台阶与铅芯尖应齐平，使用方法如图 1－4 所示。

分规主要用来量取线段长度或等分已知线段。分规的两个针尖应调整平齐。从

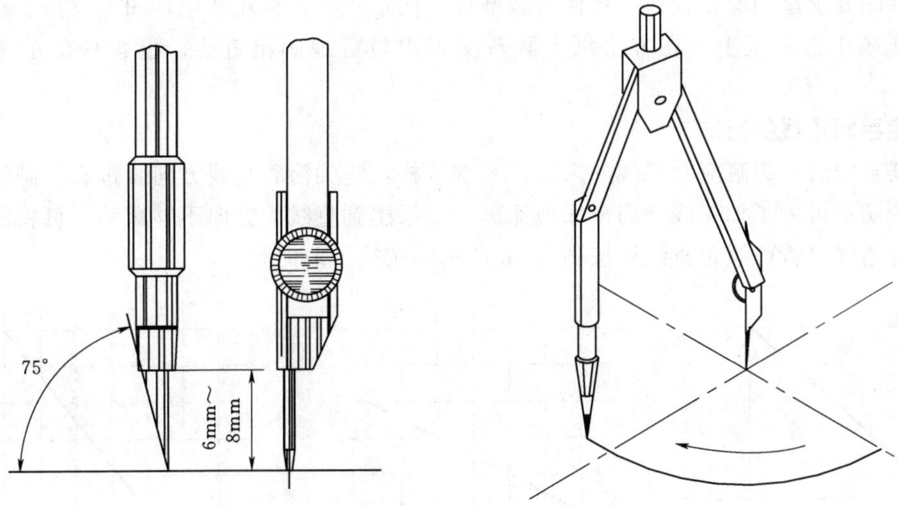

图 1-4　圆规的用法

比例尺上量取长度时，针尖不要正对尺面，应使针尖与尺面保持倾斜。用分规等分线段时，通常要用试分法。分规的用法如图 1-5 所示。

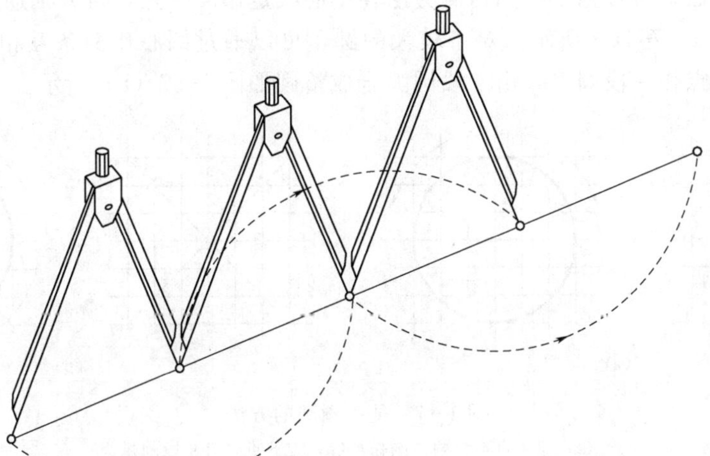

图 1-5　分规的用法

任务总结：熟悉并掌握各种绘图工具的用法。

任务二　草图的徒手画法

任务描述：练习徒手画各种简单的几何图形，做到尺寸准确，比例合理，图面整洁。

徒手图就是不用仪器而徒手画的图。徒手图也叫草图，但没有潦草的含义。在施工现场或作设计构思阶段时常要画出草图，经确认后再画成仪器图。用计算机绘图也要先徒手画出草图后再上机绘制。所以，徒手图不但是传统制图的需要，在常用计算机绘图的今天更显得重要。

徒手画图要求画图速度较快，比例大致准确，图形正确，标注清晰，图面整洁。草图一般画在白纸或小方格纸上。在方格纸上画草图可以较好地画出直线，也容易确定图样的比例。

一、徒手画直线的方法

徒手画直线时，眼睛应看着线的末点，手腕放松，笔尖沿着直线方向画过去。画线的方向应自然，切不可为了加粗线型而来回地涂画。如果感到直线的方向不够顺手，可将图纸转动到适当的角度。特殊倾角直线可按图 1－6 所示的按格子取向画出。

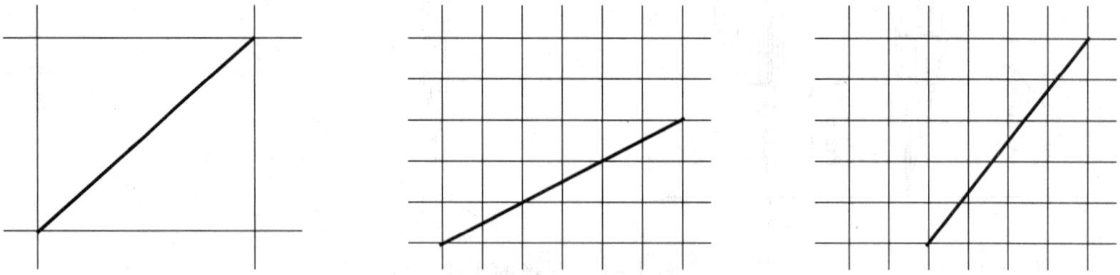

图 1－6 徒手画直线的方法

二、徒手画圆的方法

确定了圆心后，可根据半径用目测方法在中心线定出 4 个点，再分别通过 3 点圆两段弧而成整圆，如图 1－7（a）所示。对于较大的圆，可以通过圆心作两条互相垂直的 45°辅助线，同样每过 3 点作一段圆弧，由 4 段圆弧合成整圆如图 1－7（b）所示。

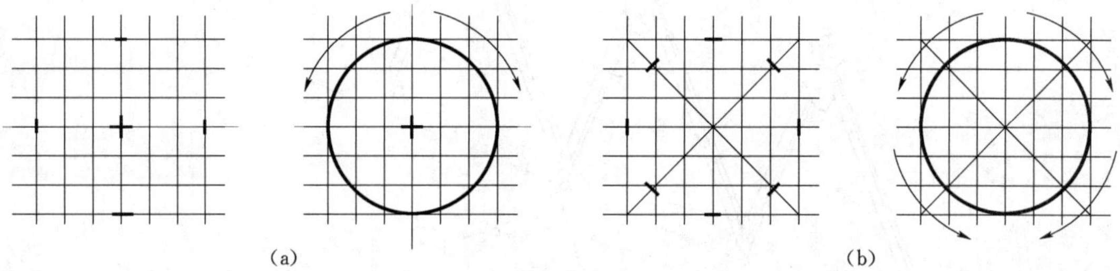

(a) (b)

图 1－7 徒手画圆的方法

（a）定 4 点，分两段画弧；（b）定 8 点，分 4 段画弧

三、徒手画椭圆的方法

已知长、短轴画椭圆时，应先画出长、短轴；再过长、短轴上的端点画出外切矩形，连矩形的对角线，等分对角线的每一侧为三等分，取最外等分点稍偏外一点的分点（亦可在半对角线上，从角点向中心取 3∶7 的分点）；最后用圆滑曲线将作出的长、短轴上的端点和对角线上的 4 个分点顺序连成椭圆。如图 1－8 所示。

四、徒手画平面图形举例

在画徒手图时应尽量利用方格纸上的线条和方格子的对角点。

图形的大小比例，特别是各部分、几何元素的大小和位置，应做到大致符合比例，应有意识地培养目测的能力。图 1－9 为徒手画平面图形的方法。

任务总结： 不借助工具，能够熟练徒手绘制各种图形。

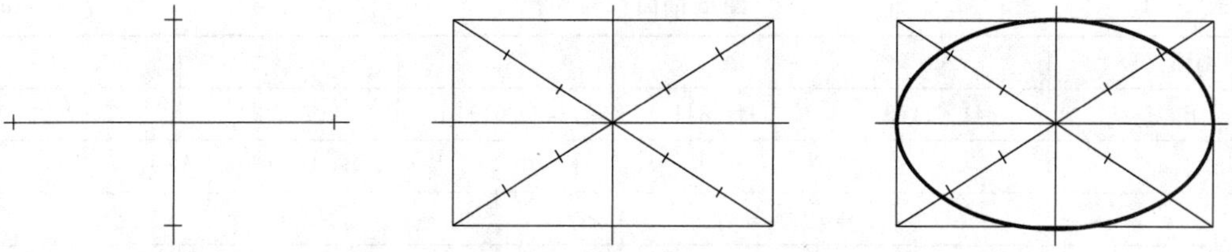

图 1-8　徒手画椭圆的方法

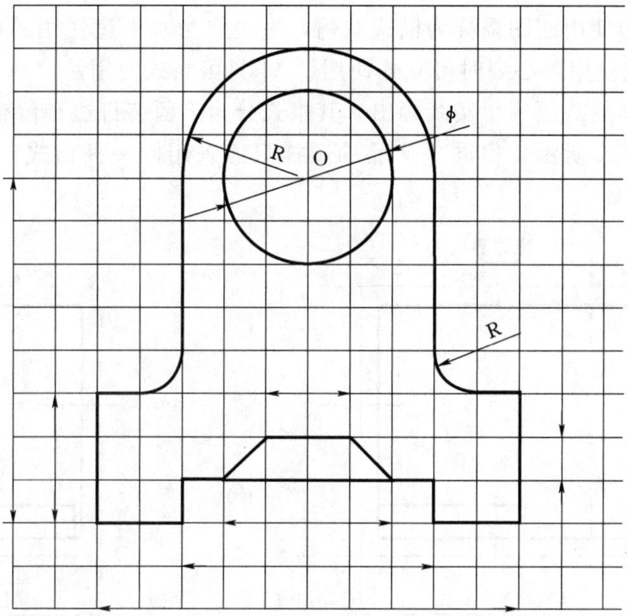

图 1-9　徒手画平面图形的方法

任务三　水利工程制图的基本标准

任务描述：熟悉常用的水利工程制图标准，并理解每条内容所表达的具体含义。

工程图是表达工程设计意图的主要手段，为此，中华人民共和国水利部批准《水利水电工程制图标准　基础制图》(SL 73.1—2013)、《水利水电工程制图标准　水工建筑图》(SL 73.2—2013)、《水利水电工程制图标准　勘测图》(SL 73.3—2013)、《水利水电工程制图标准　水力机械图》(SL 73.4—2013)、《水利水电工程制图标准　电气图》(SL 73.5—2013)标准为水利行业标准，2013 年 1 月 14 日发布，2013 年 4 月 14 日实施。

本节主要介绍《水利水电工程制图标准　基础制图》(SL 73.1—2013)中的常用内容及基本规定。主要有图幅、字体、图线、尺寸标注等。

一、图纸的幅面和格式

1. 图纸幅面、图框

建筑工程图纸的幅面规格共有五种，从大到小的幅面代号为 A0、A1、A2、A3、A4。各种图幅的幅面尺寸见表 1-1。

表 1-1　　**图纸幅面代号和尺寸**　　单位：mm

幅面代号	A0	A1	A2	A3	A4
$B\times L$	841×1189	594×841	420×594	297×420	210×297
e	20		10		
c	10		5		
a	25				

A0 图幅的面积约为 $1m^2$，A1 图幅由 A0 图幅对裁而得，其他图幅依此类推。

长边作为水平边使用的图幅称为横式图幅，短边作为水平边使用的图幅称为立式图幅。A0～A3 图幅宜横式使用，必要时可立式使用，A4 只可立式使用。

在图纸上，图框线必须用粗实线画出。其格式分为不留装订边和留有装订边两种。分别如图 1-10 和图 1-11 所示。但同一产品的图样只能采用同一种格式，图样必须画在图框之内。

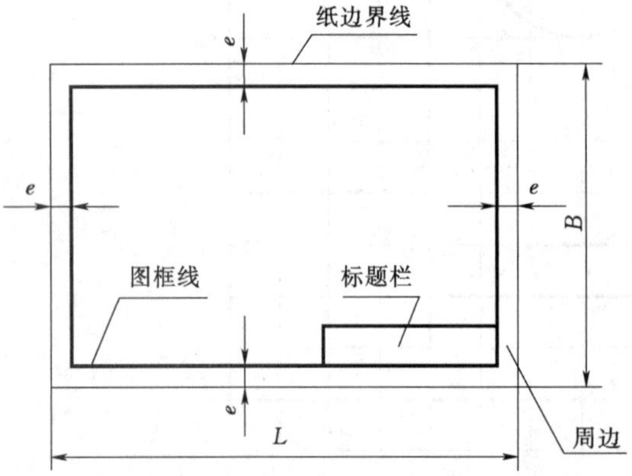

图 1-10　不需要装订图样的图框格式

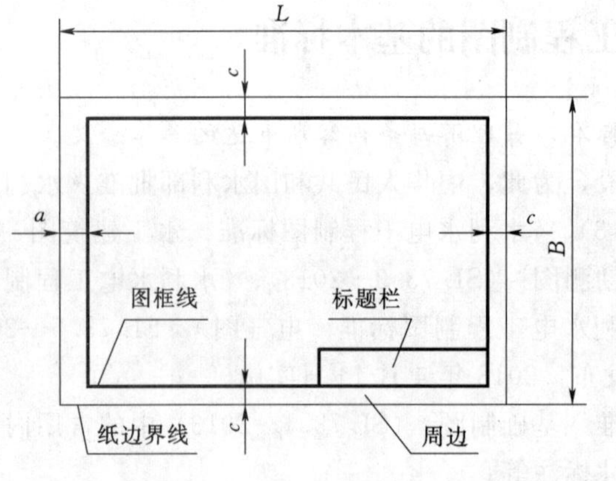

图 1-11　需要装订图样的图框格式

2. 标题栏

标题栏也称图标，是用来说明图样内容的专栏。每张图纸都应在图框的右下角设置标题栏，位置如图 1-10、图 1-11 所示。标题栏应根据工程需要确定其尺寸、格式及分区。在学生制图作业中建议采用图 1-12 所示的简化标题栏。

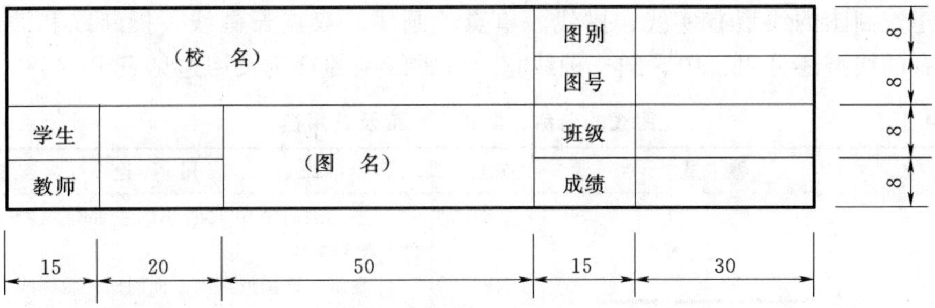

图 1-12　学生作业用标题栏（单位：mm）

二、图线

工程图中的图线，必须按照制图标准的规定正确使用，不同线宽、不同线型的图线表示的含义不同。

1. 线宽

在《水利水电工程制图标准　基础制图》（SL 73.1—2013）中规定，图线的宽度 b，宜从下列线宽系列中选用：2.0mm、1.4mm、1.0mm、0.7mm、0.5mm、0.25mm、0.18mm。选定图幅，确定基本线宽 b，再根据线宽比就可以确定中粗线和细线的宽度。每个图样应根据复杂程度与比例大小，选用表 1-2 中相应的线宽组。同一张图纸内，相同比例的各图样，应选用相同的线宽组。

表 1-2　　　　　　　　**线　宽　组**

线宽号	线宽/mm	图幅				
		A0	A1	A2	A3	A4
7	2.0	特粗线	特粗线			
6	1.4	加粗线	加粗线	特粗线	特粗线	
5	1.0	粗线（b）	粗线（b）	加粗线	加粗线	特粗线
4	0.7			粗线（b）	粗线（b）	加粗线
3	0.5	中粗线（$b/2$）	中粗线（$b/2$）			粗线（b）
2	0.35			中粗线（$b/2$）	中粗线（$b/2$）	
1	0.25	细线（$b/4$）	细线（$b/4$）			中粗线（$b/2$）
0	0.18			细线（$b/4$）	细线（$b/4$）	细线（$b/3$）

注　1. 需要缩微的图纸，不宜采用 0.18mm 及更细的线宽。
2. 同一张图纸内，各种不同线宽中的细线，可统一采用较细的线宽组的细线。

表 1-3 为图框线、标题栏线的宽度要求，绘图时可选择使用。

表 1-3　　　　**图框线、标题栏线的宽度**　　　　单位：mm

幅面代号	图框线	标题栏外框线	标题栏分隔线、会签栏线
A0、A1	1.4	1.0	0.25
A2、A3	1.0	0.7	0.18
A4	0.7	0.5	0.18

2. 线型

工程建筑制图的线型有实线、虚线、单点长画线、双点长画线、折断线和波浪线共六种。其中有的线型还分粗、中、细三种线宽。各种线型的规定及用途见表1-4。

表1-4　　图线的名称、型式、宽度及其用途

名　称	型　式	宽度	用　　途
粗实线		b	1. 平、剖面图中被剖切的主要建筑物（包括构配件）的轮廓线 2. 建筑立面图或室内立面图的外轮廓线 3. 建筑构造详图中主要部分的轮廓线 4. 建筑构配件详图中的外轮廓线 5. 平、立、剖面图的剖切符号
中实线		$b/2$	1. 平、剖面图中被剖切的次要建筑物（包括构配件）的轮廓线 2. 建筑平、立、剖面图中建筑构配件的轮廓线 3. 建筑构造详图及建筑构配件详图中的一般轮廓线
细实线		$b/4$	小于0.5b的图形线、尺寸线、尺寸界线、图例线、索引符号、标高符号、详图材料做法引出线等
粗虚线		b	1. 新建的给水排水管道线 2. 总平面图中的地下建筑物或地下构筑物
中虚线		$b/2$	1. 建筑构造详图及建筑构配件不可见的轮廓线 2. 平面图中的起重机（吊车）轮廓线 3. 拟扩建的建筑物轮廓线
细虚线		$b/4$	图例线、小于0.5mm的不可见轮廓线
粗单点长画线		b	起重机（吊车）轨道线
中单点长画线		$b/2$	见有关专业制图标准
细单点长画线		$b/4$	中心线、对称线、定位轴线
粗双点长画线		b	预应力钢筋线等
中双点长画线		$b/2$	见有关专业制图标准
细双点长画线		$b/4$	假想轮廓线、成型以前的原始轮廓线
折断线		$b/4$	不需画全的断开界线
波浪线		$b/4$	1. 不需画全的断开界线 2. 构造层次的断开界线

3. 图线的画法

（1）相互平行的两直线，其间隙不宜小于其中的粗线宽度，且不宜小于0.7mm。

（2）虚线、单点长画线或双点长画线的线段长度和间隔，宜各自相等。

（3）单点长画线或双点长画线，当在较小的图形中绘制有困难时，可用实线代替。

（4）单点长画线或双点长画线的两端不应是点，点画线与点画线交接或点画线与其他图线交接时，应是线段交接。

（5）虚线与虚线交接或虚线与其他图线交接时，应是线段交接。虚线为实线的延长线时，不得与实线连接，如图1-13所示。

（6）图线不得与文字、数字或符号重叠、混淆，不可避免时，应首先保证文字等的清晰。

(7) 绘制圆或圆弧的中心线时，圆心应为线段的交点，且中心线两端应超出圆弧外2～3mm。

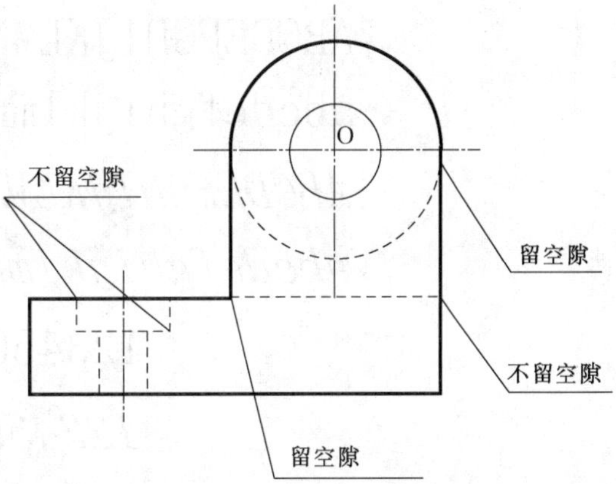

图 1-13　图线的画法

三、字体

制图标准中规定了汉字、字母和数字的结构形式。

书写字体的基本要求是：

(1) 书写字体必须做到：字体端正、笔画清楚、排列整齐、间隔均匀。

(2) 字体高度（用 h 表示）的公称尺寸系列为：1.8mm、2.5mm、3.5mm、5mm、7mm、10mm、14mm、20mm。字体高度代表字体的号数，用作指数、分数、注脚和尺寸偏差数值，一般采用小一号字体。

(3) 汉字应写成仿宋体字，并应采用中华人民共和国国务院正式推行的《汉字简化方案》中规定的简化字。书写仿宋体字的要领是：横平竖直、起落分明、笔锋满格、布局均匀。

横平竖直：横笔基本要平，可顺运笔方向向上倾斜一点。竖笔要直，笔画要刚劲有力。

起落分明：横、竖的起笔和收笔，撇、钩的起笔，钩折的转角等，都要顿一下笔，形成小三角形和出现字肩。撇、捺、挑、钩等的最后出笔应为渐细的尖角。

笔锋满格：上下左右笔锋要尽可能靠近字格。但也有例外的，如日、口等字都要比字格略小。

布局均匀：笔画布局要均匀紧凑。字体的构架，就是组成某个汉字的各个单字所占的比例，要求匀称、均衡。

(4) 字母和数字分为 A 型和 B 型。字体的笔画宽度用 d 表示。A 型字体的笔画宽度 $d=h/14$，B 型字体的笔画宽度 $d=h/10$。在同一图样上，只允许选用一种字体。

(5) 字母和数字可写成斜体和直体。斜体字字头向右倾斜，与水平基准线成 75°。绘图时，一般用 B 型斜体字。

图 1-14 所示的是图样上常见字体的书写示例。

横平竖直　注意起落　结构均匀　排列整齐

图 1-14　仿宋体字

数量的数值注写，应采用正体阿拉伯数字。各种计量单位凡前面有量值的，均应采用国家颁布的单位符号注写。单位符号应采用正体字母。拉丁字母、阿拉伯数字与罗马数字，如需写成斜体字，其斜度应是从字的底线逆时针向上倾斜 75°。斜体字的高度与宽度应与相应的直体字相等。分数、百分数和比例数的注写，应采用阿拉伯数字和数学符号，例如：四分之三、百分之二十五和一比二十应分别写成 3/4、25%和 1：20。

拉丁字母、阿拉伯数字与罗马数字的示例如图 1-15 所示。

ABCDEFGHIJKLMNOPQRSTUVWXYZ
abcdefghijklmnopqrstuvwxyz
ABCDEFGHIJKLMNOPQRSTUVWXYZ
abcdefghijklmnopqrstuvwxyz
1234567890
1234567890
Ⅰ Ⅱ Ⅲ Ⅳ Ⅴ Ⅵ Ⅶ Ⅷ Ⅸ Ⅹ
Ⅰ Ⅱ Ⅲ Ⅳ Ⅴ Ⅵ Ⅶ Ⅷ Ⅸ Ⅹ

图 1－15　拉丁字母、阿拉伯数字与罗马数字示例

四、图样的比例

图样的比例是图样中结构要素的线性尺寸与实际结构相应要素的线性尺寸之比。

绘图所用的比例，应根据图样的用途与被绘制对象的复杂程度从表 1－5 中选用，并优先采用常用比例。

表 1－5　　绘图所用的比例

常用比例	原值比例	1∶1
	放大比例	5∶1　2∶1 5×10^n∶1　2×10^n∶1　1×10^n∶1
	缩小比例	1∶2　1∶5　1∶10　1∶150 1∶2×10^n　1∶5×10^n　1∶1×10^n
可用比例		1∶3　1∶4　1∶6　1∶15　1∶25 1∶3×10^n　1∶4×10^n　1∶6×10^n　1∶15×10^n　1∶25×10^n

比例一般应标注在标题栏中的比例栏内。必要时，可在视图名称的下方或右侧标注比例，如图 1－16 所示。

平面图　1∶100　　1∶20

图 1－16　比例的注写

五、常用建筑材料图例

建筑制图标准只规定常用建筑材料的图例画法，对其尺度比例不作具体规定。使用时，应根据图样大小而定，并应注意下列事项：

（1）图例线应间隔均匀，疏密适度，做到图例正确，表示清楚。

（2）不同品种的同类材料使用同一图例时，应在图上附加必要的说明。

（3）两个相同的图例相接时，图例线宜错开或使倾斜方向相反，如图 1－17 所示。

（4）两个相邻的涂黑图例（如混凝土构件、金属件）间，应留有空隙。其宽度不得小于 0.7mm，如图 1－18 所示。

（5）下列情况可不加图例，但应加文字说明。

图 1-17　相同图例相接时的画法

图 1-18　相邻涂黑图例的画法

1）一张图纸内的图样只用一种图例时。

2）图形较小无法画出建筑材料图例时。

（6）需画出的建筑材料图例面积过大时，可在断面轮廓线内，沿轮廓线作局部表示。

（7）当选用制图标准中未包括的建筑材料时，可自编图例，但不得与标准所列的图例重复，并应在适当位置画出该材料图例加以说明。

表 1-6 是从《水利水电工程制图标准 水工建筑图》（SL 73.2—2013）中选摘的部分常用建筑材料图例。

表 1-6　　**常用建筑材料图例**

序号	名称		图例	序号	名称		图例
1	岩石		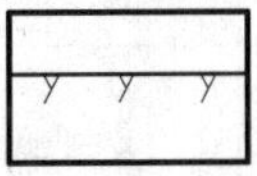 或 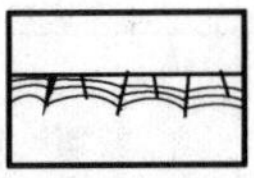	7	条石	干砌	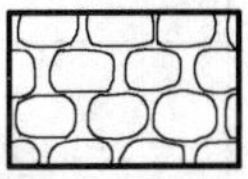
						浆砌	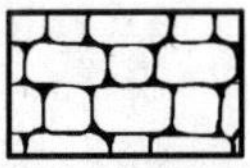
2	石材		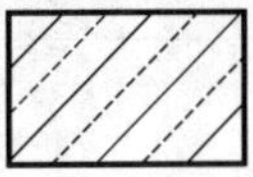	8	水、液体		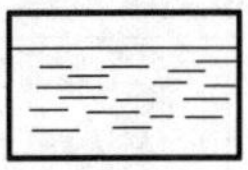
3	碎石		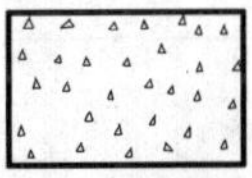	9	天然土壤		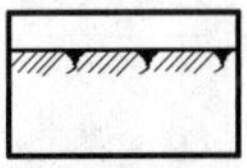
4	卵石		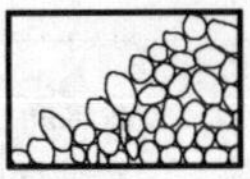	10	夯实土		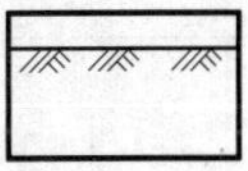
5	砂卵石砂砾石		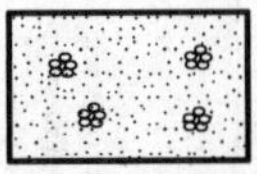	11	回填土		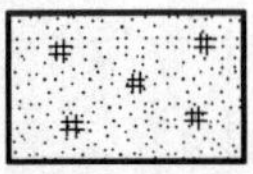
6	块石	堆石	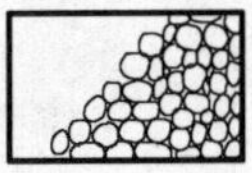	12	回填石渣		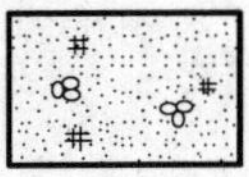
		干砌	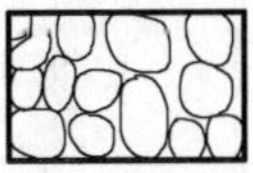	13	黏土		
		浆砌	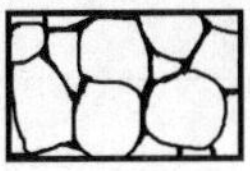	14	混凝土		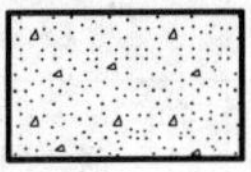

续表

序号	名　称		图　例	序号	名　称	图　例
15	钢筋混凝土			29	松散保温材料	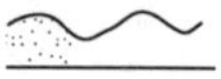
16	二期混凝土		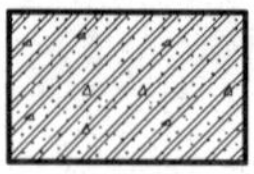	30	纤维材料	
17	埋石混凝土		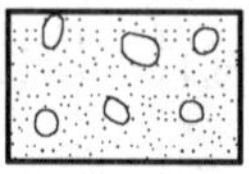	31	多孔材料	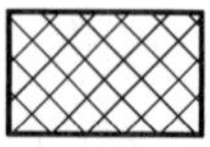
18	沥青混凝土		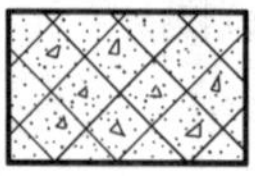	32	橡胶	
19	砂、灰土、水泥砂浆		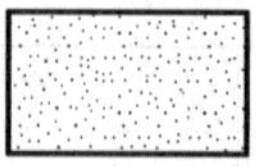	33	塑料	
20	金属		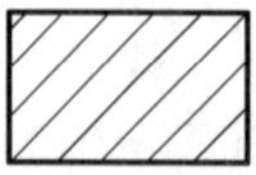	34	防水或防潮材料	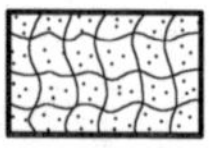
21	砖		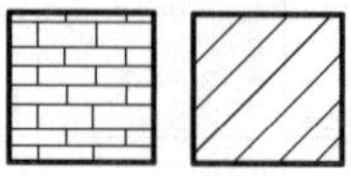	35	玻璃、透明材料	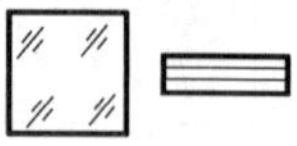
22	耐火砖、耐火材料		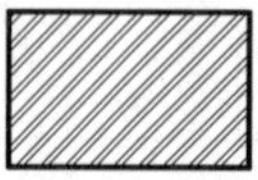	36	沥青砂垫层	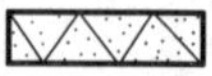
23	瓷砖或类似料			37	土工织物	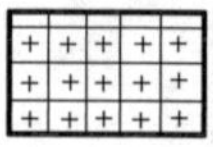
24	非承重空心砖		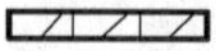	38	钢丝网水泥喷浆、钢筋网喷混凝土	（应注明材料）
25	木材	纵断面		39	金属网格	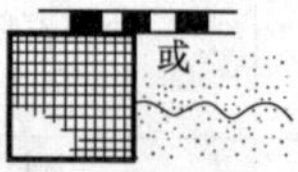
		横剖面		40	灌浆帷幕	
26	胶合板		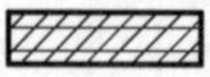	41	笼筐填石	
27	石膏板		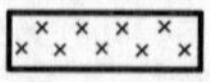	42	砂（土）袋	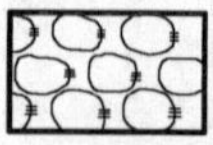
28	钢丝网水泥板			43	梢捆	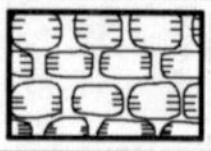

续表

序号	名　称		图　例	序号	名　称	图　例
44	沉枕		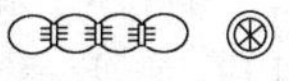	46	花纹钢板	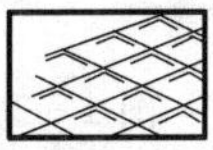
45	沉排	竹（柳）排	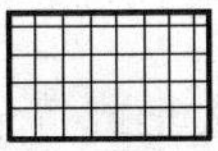			
		软体排	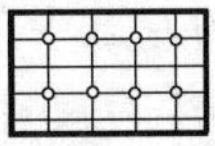	47	草皮	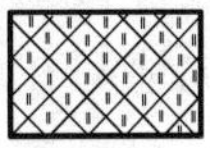

注　1. 本表所列的图例在图样上使用时可以不必画满，仅局部表示即可。同一序号中，画有两个图例时，左图为表面视图，右图为断面图例。只有一个图例时，仅为断面图例。

2. 断面图中，当不指明为何种材料时，可将序号“20”中图例（金属）作为通用材料图例。

3. 序号“14”中图例（混凝土）适用于素混凝土和少筋混凝土，也可适用于较大体积的钢筋混凝土建筑物的断面。

4. 带有“＊”号的图例，仅适用于表面视图。

六、尺寸标注

建筑工程图除了按一定比例绘制建筑物的形状外，还必须注有详尽准确的尺寸确定其大小，这样才能全面表达设计意图。

1. 尺寸的组成

图样上的尺寸，如图 1-19 所示，包括尺寸界线、尺寸线、尺寸起止符号和尺寸数字。

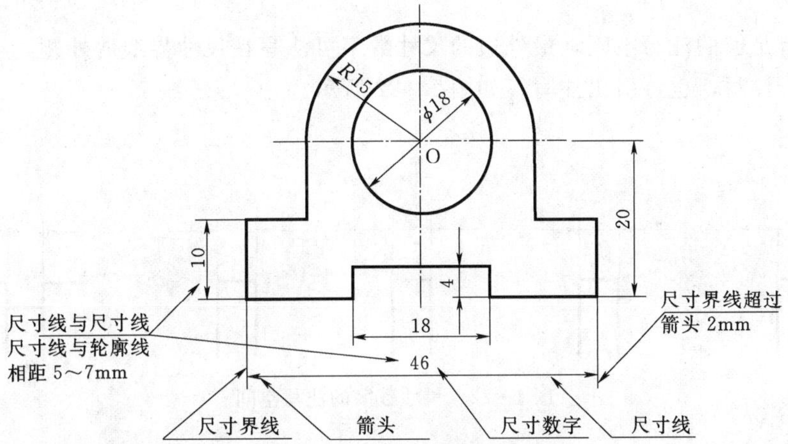

图 1-19　尺寸的组成

(1) 尺寸界线。表示尺寸标注的范围，尺寸界线用细实线绘制，一般应与被注长度垂直，同时也应与尺寸线垂直，其一端应离开图样轮廓线不小于 2mm，另一端宜超出尺寸线 2～3mm。图样轮廓线和中心线可用作尺寸界线。

(2) 尺寸线。表示尺寸的方向，尺寸线用细实线绘制，与被注长度平行。图样本身的任何图线均不得用作尺寸线。

(3) 尺寸起止符号。表示尺寸的起止，尺寸起止符号可采用箭头形式或 45°细实线绘制的 $h=3$mm 的短画线。标注圆弧半径、直径、角度与弧长的尺寸起止符号，宜用箭头表示，如图 1-20 所示。

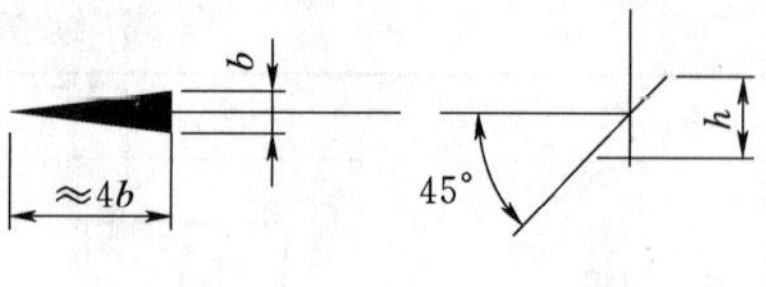

图 1-20　尺寸起止符号

（4）尺寸数字。表示尺寸的实际大小，图样上的尺寸大小应以尺寸数字为准，不得从图上直接量取。建筑工程图上的尺寸单位，除标高和总平面图以米为单位外，其他必须以毫米为单位。因此，图样上的尺寸数字不再注写单位。

尺寸数字的大小要一致，尺寸数字的字号一般大于或等于 2.5 号。尺寸数字一般应依据其方向注写在水平尺寸线的上方中部或竖向尺寸线的左方中部，此时竖向尺寸数字的字头应朝左。尽量避免在如图 1-20 所示的 30°阴影范围内注写尺寸，当无法避免时应按从左方读取的方向来标注倾斜范围内的尺寸，或引出标注，如图 1-21 所示。

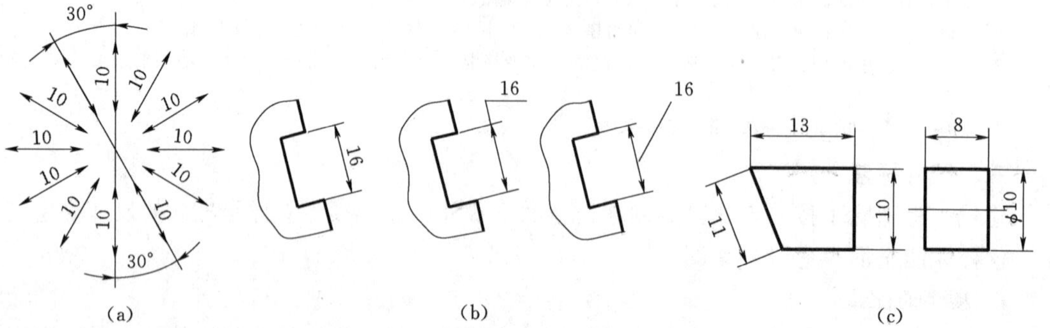

图 1-21　尺寸数字的注写方向

如果没有足够的注写空间，最外边的尺寸数字可注写在尺寸界线的外侧，中间相邻的尺寸数字可错开注写，也可引出注写。如图 1-22 所示。

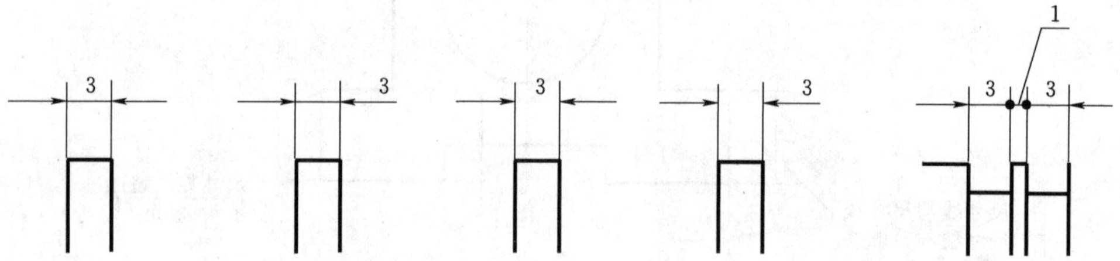

图 1-22　尺寸数字的注写空间

尺寸宜标注在图样轮廓以外，不宜与图线、文字及符号等相交。尺寸数字不得被任何图线穿过，不可避免时，应断开图线。如图 1-23 所示。

2. 尺寸的排列与布置

互相平行的尺寸线，应从图样轮廓线由近向远整齐排列，较小尺寸应离轮廓线较近，较大尺寸应离轮廓线较远。图样轮廓线以外的尺寸线距图样最外轮廓线的距离不宜小于 10mm。平行排列的尺寸线的间距宜为 7～10mm，并应保持一致。如图 1-24 所示。

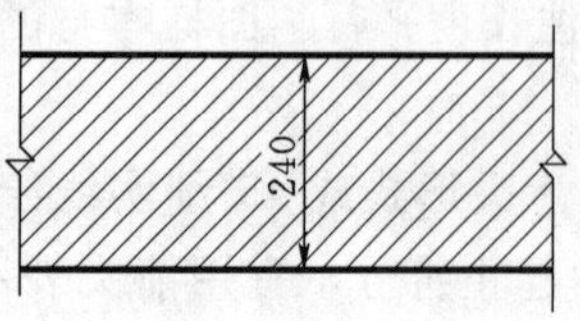

图 1-23　尺寸数字处图线应断开

3. 半径、直径、球的尺寸标注

（1）半径标注。在标注圆弧的半径尺寸时，小于及等于 1/2 圆的圆弧应在半径数字前加注半径符号“R”。半径的尺寸线应一端从圆心开始，另一端画箭头指到圆弧。较小圆弧的半径尺寸可引出标注，较大圆弧的半径尺寸线可画成折断线，但其延长线应对准圆心。如图 1-25 所示。

（2）直径标注。在标注圆的直径尺寸时，圆及大于 1/2 圆的圆弧应在直径数字前加注直径符号“ϕ”。在圆内标注的尺寸线应通过圆心，两端画箭头指到圆弧；较小圆的直径尺寸，可标注在圆外。如图 1-26 所示。

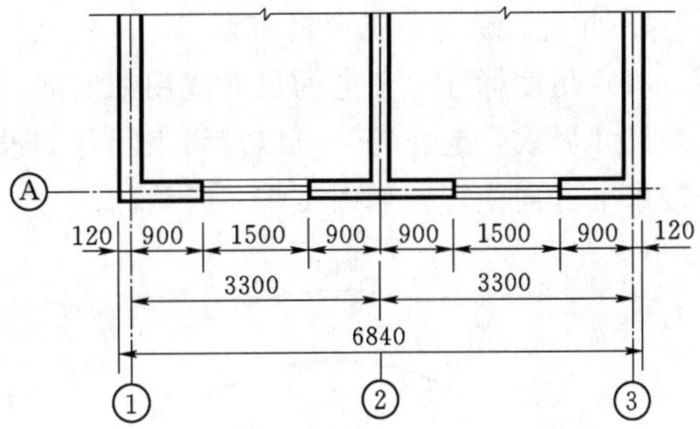

图 1-24　尺寸的排列与布置

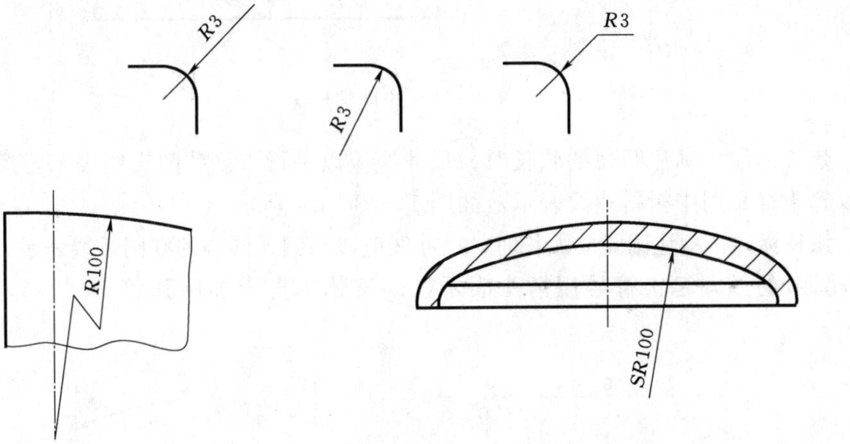

图 1-25　半径的标注方法

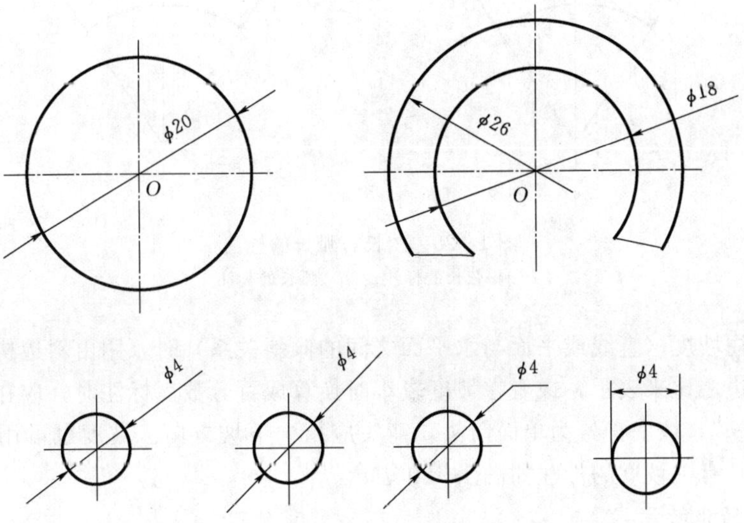

图 1-26　直径的标注方法

（3）圆球标注。标注球的半径尺寸时，应在尺寸数字前加注符号“SR”。标注球的直径尺寸时，应在尺寸数字前应加注符号“$S\phi$”。注写方法与圆弧半径和圆直径的尺寸标注方法相同。

4. 角度、弦长、弧长的标注

(1) 角度标注。角度的尺寸线用细实线圆弧表示，该圆弧的圆心为角的顶点，角的两条边为尺寸界线，起止符号应以箭头表示，如没有足够位置画箭头，可以圆点代替，角度数字应按水平方向注写。如图 1-27 所示。

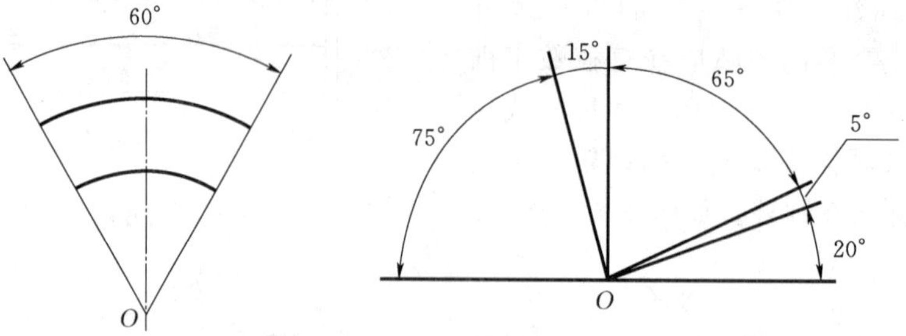

图 1-27　角度的标注

(2) 弦长标注。标注圆弧的弦长时，尺寸线应以平行于该弦的直线表示，尺寸界线垂直于该弦，起止符号用中粗斜短线表示，如图 1-28 (a) 所示。

(3) 弧长标注。标注圆弧的弧长时，尺寸线应以与圆弧同心的细圆弧线表示，尺寸界线应垂直于该圆弧的弦，起止符号用箭头表示，弧长数字上应加圆弧符号“⌒”，如图 1-28 (b) 所示。

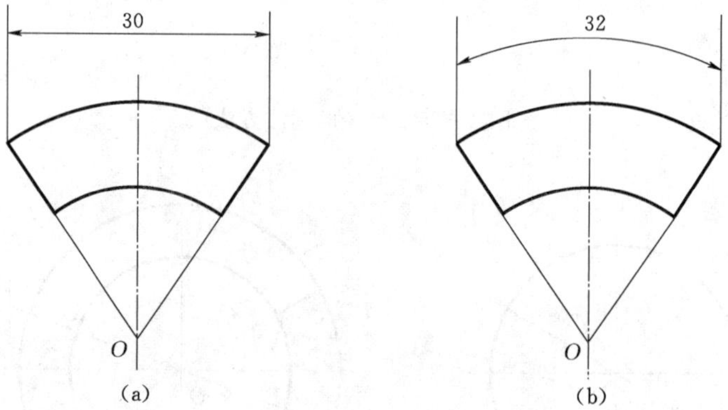

图 1-28　弦长、弧长的标注

(a) 弦长的标注；(b) 弧长的标注

斜边需标注坡度（直线或平面与水平面之间的倾斜关系）时，用由斜边构成的直角三角形的对边与底边之比来表示，或者在坡度较小时换算成百分数。标注时，应在坡度数字下画出坡度符号“←”，坡度符号为单面箭头，箭头应指向下坡方向。坡度也可用直角三角形的形式进行标注。有关坡度的标注如图 1-29 表示。

5. 尺寸的简化标注

在单线图（桁架简图、钢筋简图、管线简图）上，标注杆件或管线的长度时，可直接将尺寸数字标注在杆件或管线的一侧，如图 1-30 所示。

连续排列的等长尺寸，可用“个数×等长尺寸=总长”的形式标注，如图 1-31 所示。

构配件内如果有相同的构造要素（如孔、槽等），可仅标注其中一个要素的尺寸，并在

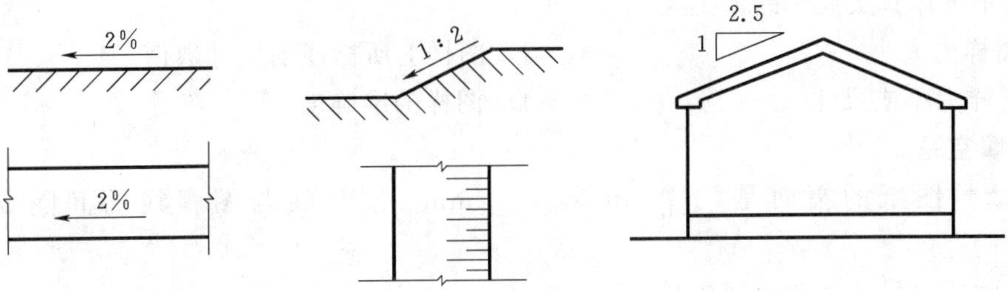

图 1-29　坡度的标注方法

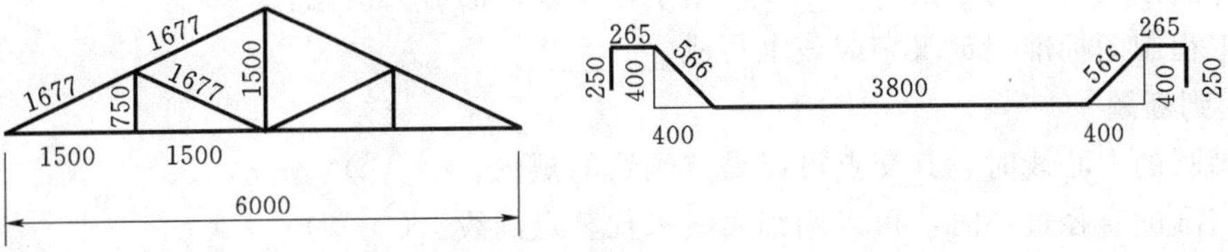

图 1-30　单线图的尺寸标注方法

尺寸数字前注明个数，如图 1-32 所示。

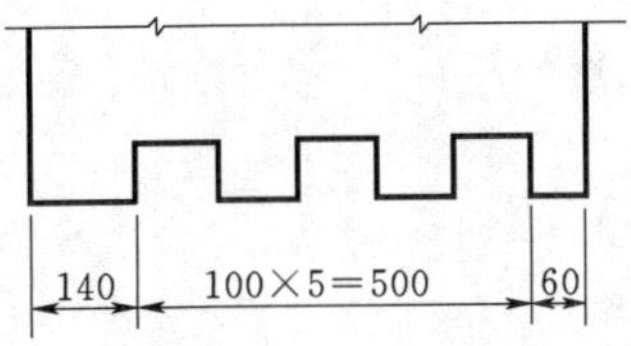

图 1-31　等长尺寸简化标注方法

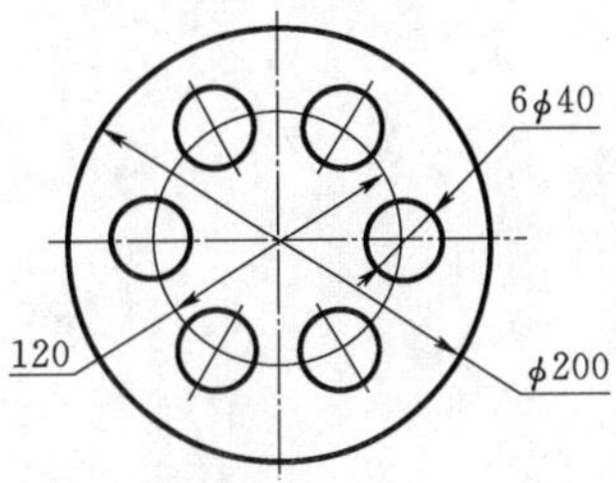

图 1-32　相同要素尺寸标注方法

任务总结： 熟悉制图标准的一般规定，包括字体、图线、比例、尺寸注法和材料剖面符号，规范作图行为，能依照标准熟练地绘制简单平面几何图形。

任务学习拓展： 了解本书中未提到的制图规范中其他的条款和内容。

【课　后　训　练】

一、单项选择题

1. 不可见轮廓线采用（　　）来绘制。

A、粗实线　　B. 虚线　　C. 细实线

2. 下列比例当中表示放大比例的是（　　）。

A. 1∶1　　B. 2∶1　　C. 1∶2

3. 在标注球的直径时应在尺寸数字前加（　　）。

A. R　　B. Φ　　C. $S\Phi$

4. 角度尺寸在标注时，文字一律（　　）书写。

A. 水平　　B. 垂直　　C. 倾斜

5. 确定形体真实大小的依据是（　　）。

A. 图样的大小　　B. 图样上所标注的尺寸数值

C. 图样大小或尺寸　　D. 图样的准确度

二、填空题

1. A2 号图纸的幅面是____ mm × ____ mm。图框线与图幅线的间隔 $a=$____，$c=$____。

2. 标注线段尺寸的四个要素是________，________，________，________。

3. 图样的比例，应为________与________相对应的线性尺寸之比。

4. 在图纸的右下角设留________，用于标注设计的有关信息。

5. 工程制图标准规定汉字应该书写成________。

三、判断题

1. 画圆的中心线时，其交点可以是点画线的短画。（　　）

2. 当圆的直径过小时，可以用细实线来代替点画线。（　　）

3. 丁字尺与三角板随意配合，便可画出 65°的倾斜线。（　　）

4. 工程制图标准规定，可见的轮廓线用虚线绘制。（　　）

5. 2∶1 是缩小比例。（　　）

项目二 投影及三视图

项目描述：投影的概念及分类；正投影的基本特性；三视图的形成。

项目学习目标：通过本项目的学习，掌握投影的基本原理，熟悉正投影的基本特性，了解三视图的形成和三视图的投影规律。

项目学习重点：正投影的基本特性；三视图的投影规律。

项目学习难点：三视图的形成及投影规律。

任务一 投影的概念及分类

任务描述：熟悉投影的原理和基本分类，掌握正投影的基本特性。

一、投影现象

物体在阳光或灯光的照射下，在墙面或地面上产生影子，这就是我们常见的投影现象。人们在探索用图形来表达物体的过程中，发现物体的影子在一定的条件下、一定的程度上能够准确地表达物体的形状和大小，符合生产上对图形的要求，于是便总结出根据投影原理绘图的方法——投影法。

二、投影法分类

根据图形在生产和生活中的不同应用，投影法分为中心投影法和平行投影法两种。

1. 中心投影法

投射线汇交于一点的投影法称为中心投影法。用中心投影法得到的投影称为中心投影。如图 2-1 所示。

从图 2-1 可知，S 为投射中心，投射线从投射中心发出，在投影面上形成平面图形的放大投影。

用中心投影法获得的图形立体感强，因此中心投影法常用在绘制建筑物的外观透视图、美术绘画、摄影等场合。

2. 平行投影法

投射线相互平行的投影法称为平行投影法。用平行投影法得到的投影称为平行投影。如图 2-2 所示。

从图 2-2 可知，用平行投影法得到的投影称为平行投影。在平行投影法中，根据投射线与投影面的角度不同，又可分为正投影与斜投影。

(1) 正投影。如图 2-2 (a) 所示，在平行投影法中，投射线与投影面垂直时所

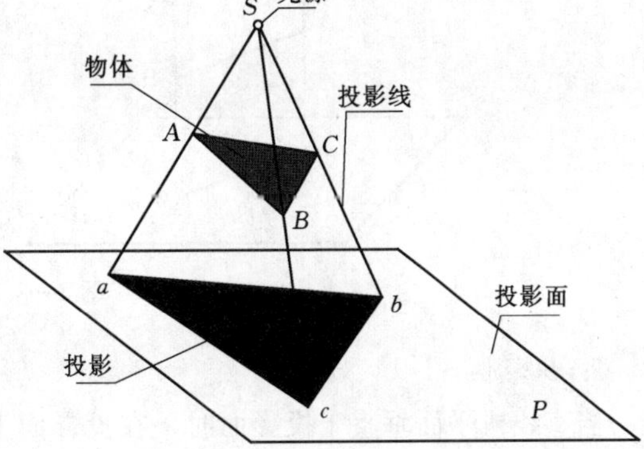

图 2-1 中心投影法

获得的投影，称为正投影。

(2) 斜投影。如图 2－2 (b) 所示，在平行投影法中，投射线与投影面倾斜时所获得的投影，称为斜投影。

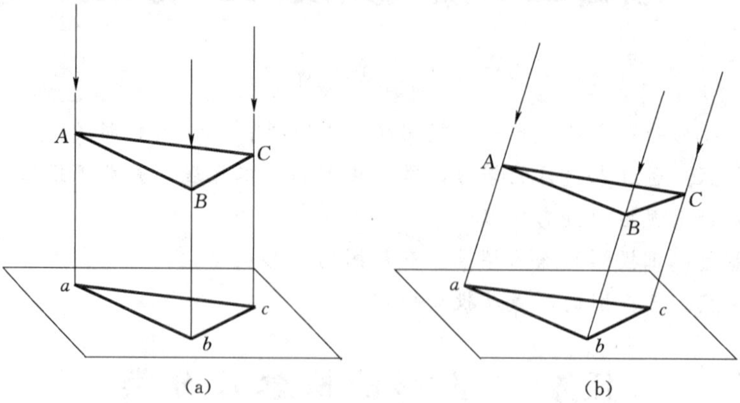

图 2－2　平行投影法

(a) 正投影；(b) 斜投影

物体的正投影能够准确反映物体一个方面的实际形状和大小，而且作图简单，所以正投影法被广泛应用于工程制图。本课程主要学习的就是根据正投影法绘制工程图。

任务总结： 投影包括平行投影和中心投影，其中平行投影又分为正投影和斜投影，本书中所涉投影以正投影为主。

任务学习拓展： 了解正投影和斜投影的异同点。

任务二　正投影的基本特性

任务描述： 正投影具有实形性、积聚性、类似性等基本投影特性。

1. 实形性

当直线或平面平行于投影面时，在投影面上的投影反映直线的实长或平面图形的实际形状，如图 2－3 所示，这种投影特性称为实形性。

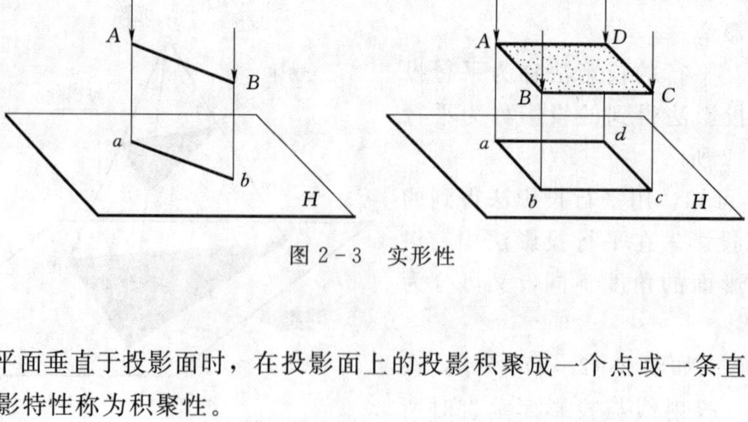

图 2－3　实形性

2. 积聚性

当直线或平面垂直于投影面时，在投影面上的投影积聚成一个点或一条直线，如图 2－4 所示，这种投影特性称为积聚性。

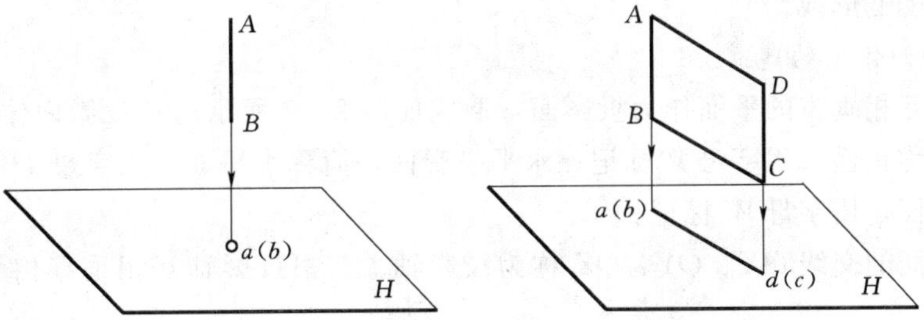

图 2-4　积聚性

3. 类似性

当直线或平面倾斜于投影面时，直线的投影长度缩短，平面的投影尺寸发生变化，形状类似于平面的实形，如图 2-5 所示，这种投影特性称为类似性。

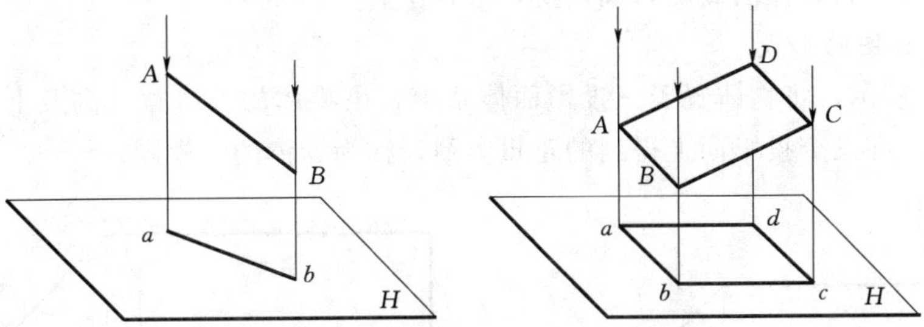

图 2-5　类似性

任务总结：掌握正投影的几大基本投影特性。

任务学习拓展：平行投影也具有正投影的上述几个基本特性。

任务三　物体的三视图

任务描述：了解三视图的形成原理，掌握三视图的投影规律。

如图 2-6 中，空间三个不同结构形状的物体，它们在同一个投影面上的投影却是相同的，因此，在正投影法中物体的一个投影一般是不能准确确定空间物体结构形状的，必须有两个或者多个投影图表达才能准确清楚地表示物体的结构形状。一般用三面投影图来表示物体，称为物体的三视图。

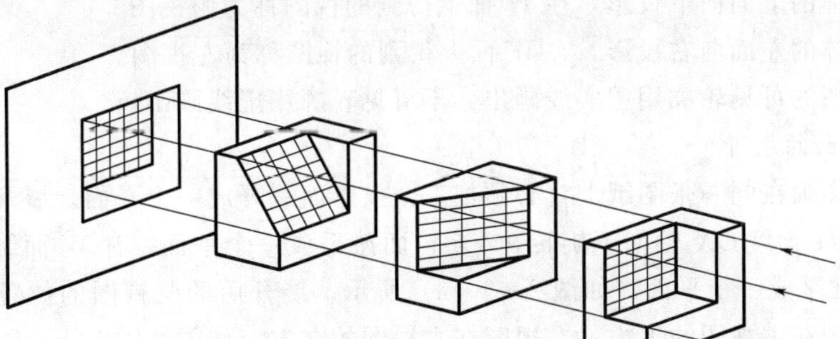

图 2-6　不同形体的单面正投影图

一、三视图的形成

1. 三投影面体系的建立

设置三个互相垂直的平面作为投影面，形成如图 2－7 所示的三投影面体系。其中：正立投影面，简称正面，用字母 V 标记；水平投影面，简称水平面，用字母 H 标记；侧立投影面，简称侧面，用字母 W 标记。

三个投影面的交线 OX、OY、OZ 称为投影轴。三根投影轴互相垂直相交于一点 O 称为原点。

为了教学上的方便，对物体的长、宽、高三个尺寸方向及上、下、前、后、左、右六个方位作统一规定：

（1）X 轴方向为物体的长度，确定左、右方位。

（2）Y 轴方向为物体的宽度，确定前、后方位。

（3）Z 轴方向为物体的高度，确定上、下方位。

2. 物体三视图的形成

如图 2－8 所示，将物体置于三投影面体系中，该物体的长、宽、高及上下、左右、前后方位即确定，在三个投影面上得到的正投影图，称为物体的三视图。

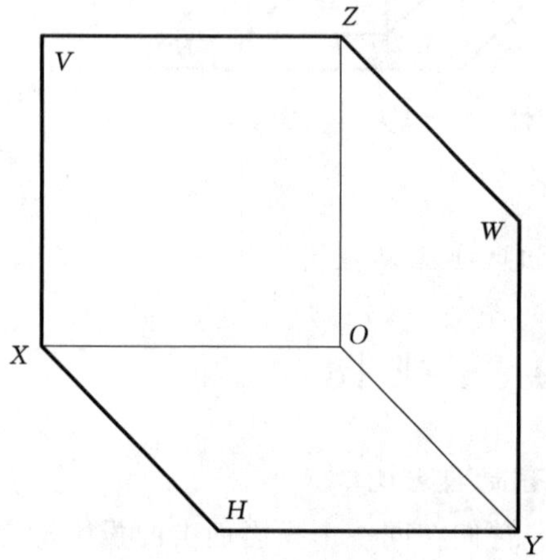

图 2－7 设置三投影面体系

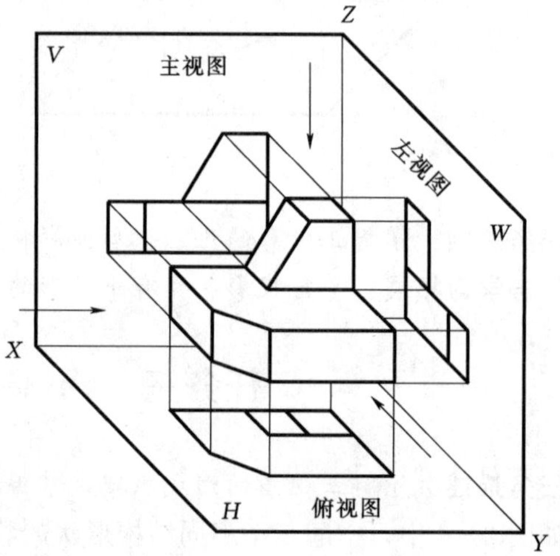

图 2－8 分面进行投影

（1）从物体的前面向后投影，在 V 面上得到的视图称为主视图。

（2）从物体的上面向下投影，在 H 面上得到的视图称为俯视图。

（3）从物体的左面向右投影，在 W 面上得到的视图称为左视图。

物体三视图的可见轮廓用粗实线画出，不可见轮廓用虚线画出。

3. 三投影面的展开

为把三视图画在同一张图纸上，必须把三个投影面展开成一个平面。展开方法是：V 面保持不动，使 H 面绕 OX 轴向下旋转 90°与 V 面摊平成一个平面，让 W 面绕 OZ 轴向右旋转 90°与 V 面摊平成一个平面，如图 2－9（a）所示。展开后的三视图的位置为：主视图位置不变，俯视图在主视图的下方，左视图在主视图的右方，如图 2－9（b）所示。投影面展开摊平后 Y 轴被分为两处，随 H 面的表示为 Y_H、随 W 面的表示为 Y_W。

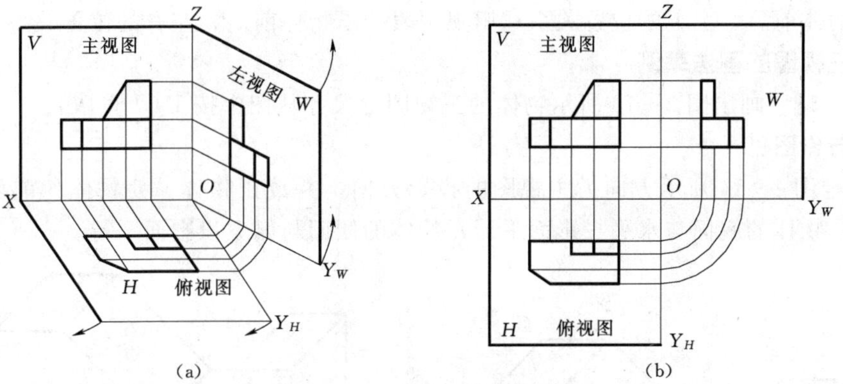

图 2-9　投影面的展开

在工程图样中，通常不画投影面的范围和投影轴的位置，因为这些与视图无关。但在三视图的学习过程中，为了检查方便，可以保留投影轴和投影线，如图 2-10 所示。

二、三视图的投影规律

三视图的投影规律是指三个视图之间的关系。从三视图的形成过程可以看出：主视图反映物体的长和高；左视图反映物体的宽和高；俯视图反映物体的长和宽。

由此可得出三视图的投影规律：主视图和俯视图反映物体相同的长度，有长相等的关系；主视图和左视图反映物体相同的高度，有高相等的关系；左视图和俯视图反映物体相同的宽度，有宽相等的关系。

为便于记忆把这种投影规律简称为："长对正，高平齐，宽相等"。如图 2-11 所示。

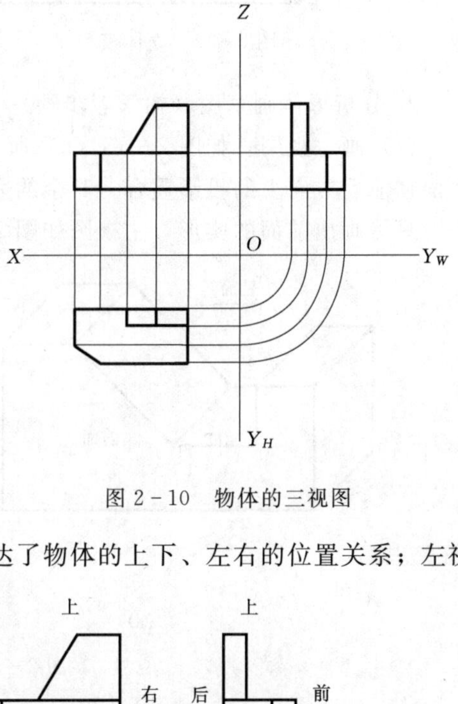

图 2-10　物体的三视图

三、三视图的位置对应关系

图 2-12 是三视图的位置对应关系，主视图表达了物体的上下、左右的位置关系；左视

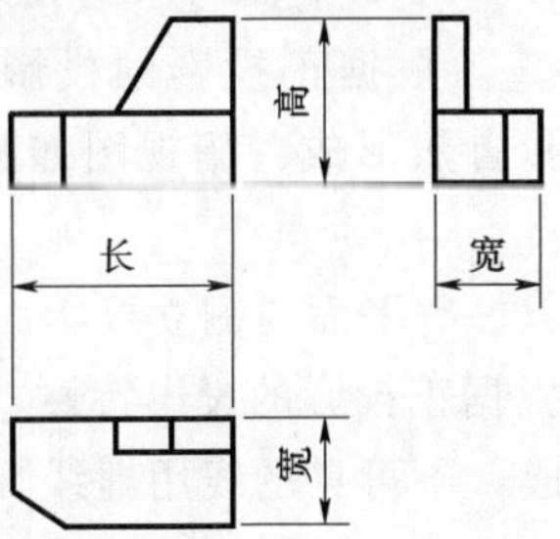

图 2-11　三视图的投影规律

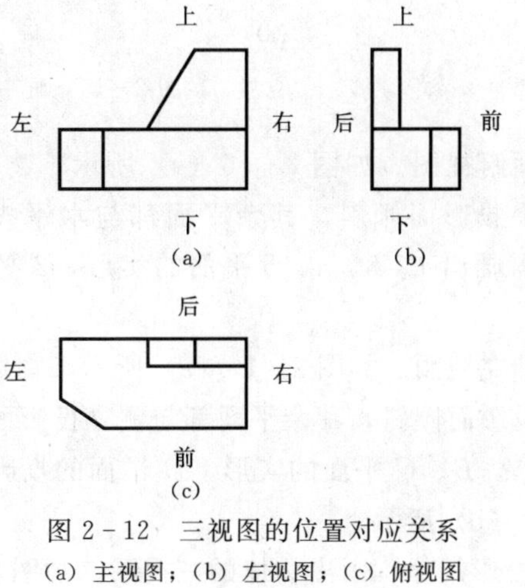

图 2-12　三视图的位置对应关系

(a) 主视图；(b) 左视图；(c) 俯视图

图表达了物体前后、上下的位置关系；俯视图表达了物体前后、左右的位置关系。

四、三视图的画法举例

【例 2-1】 画出图 2-13 所示物体的三视图（尺寸从图中按 1∶1 量取）。

分析与作图：

1. 确定图 2-14 所示方向为主视图的投影方向，并放正物体，使物体的前面与正立投影面平行；物体的底面与水平投影面平行；物体的侧面与侧立投影面平行。

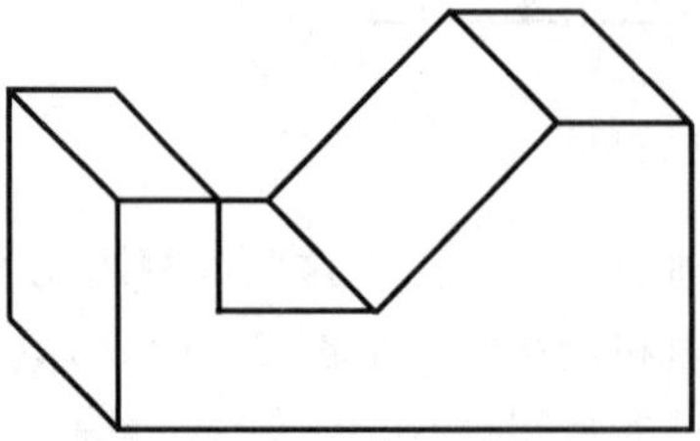

图 2-13　立体模型

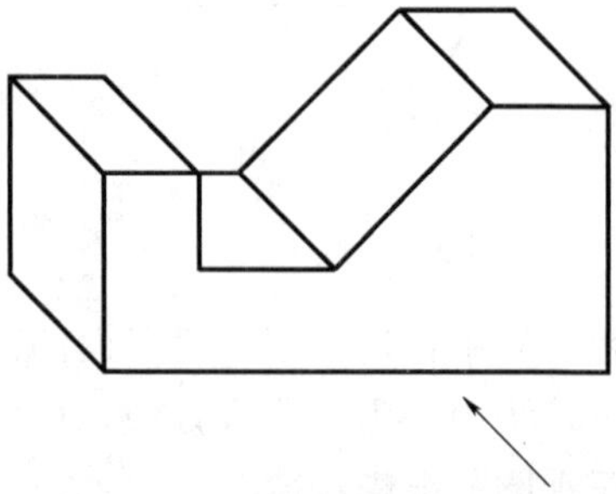

图 2-14　主视投影方向

2. 分析形体画草图（初学者步骤）。

（1）画主视图。如图 2-15（a）所示，物体的前、后表面与正立投影面平行，并且两表面在前后方向上的投影重合。其余的表面都与正面垂直。根据正投影的投影特性，在主视图上只需画出前面的实形，主视图如图 2-15（b）所示。

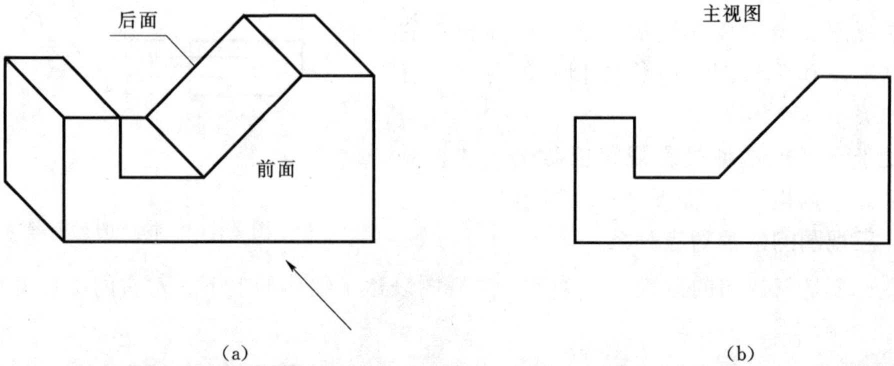

图 2-15　画主视图的草图

（2）画俯视图。如图 2-16（a）所示，物体上 1、3、4、5 平面与水平投影面平行，2 平面与水平投影面倾斜，其余平面都与水平投影面垂直。根据正投影的投影特性，在俯视图上只需画出 1、3、4、5 平面的实形，2 平面的投影自然形成，俯视图如图 2-16（b）所示。

（3）画左视图。如图 2-17（a）所示，物体上 *A*、*B*、*C* 平面与侧立投影面平行，*D* 平面与侧立投影面倾斜，其余平面都与侧立投影面垂直。根据正投影的投影特性，在左视图上只需画出 *A*、*B*、*C* 平面的实形，*D* 平面的投影自然形成，不可见的线用虚线画出，左视图如图 2-17（b）所示。

3. 按投影规律，画出物体的三视图。画图步骤如图 2-18 所示。

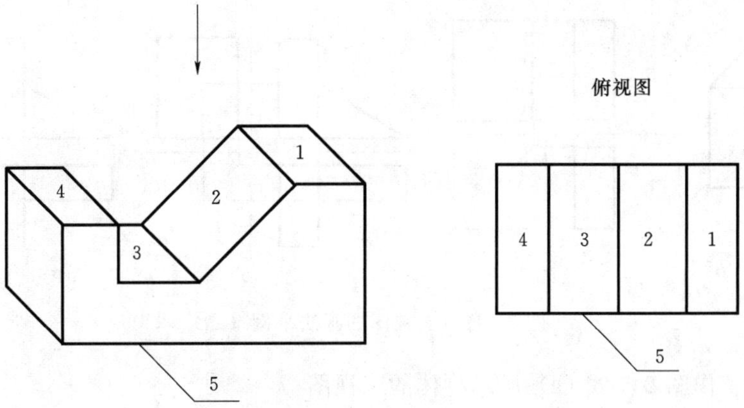

（a）　　　　　　　　（b）

图 2-16　画俯视图的草图

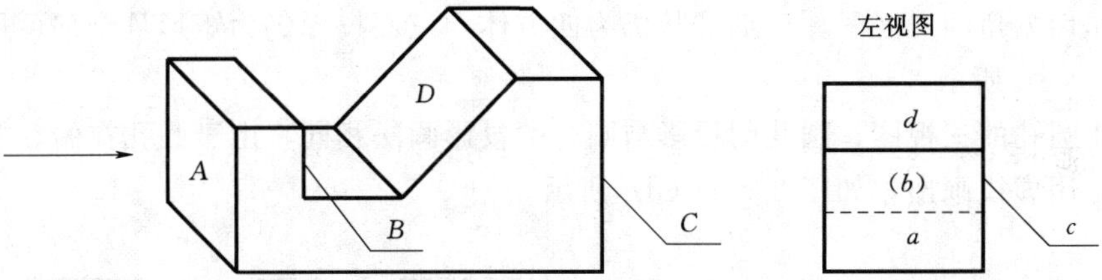

（a）　　　　　　　　（b）

图 2-17　画左视图的草图

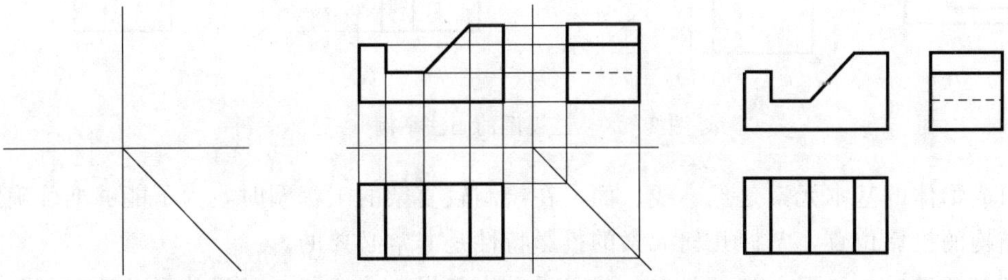

（a）　　　　　（b）　　　　　（c）

图 2-18　三视图的画法举例（一）

（a）画投影轴和 45°线；（b）画三视图；（c）去投影轴和投影线

【例 2-2】 作图 2-19（a）所示物体的三视图。

分析与作图：该物体分为左、右两部分，在画图时可分别画出。

（1）作右边长方体的三视图，如图 2-19（b）所示。三个视图分别为长方体前面、上面和下面的实形。

（2）作左边三角块的三视图，如图 2-19（c）所示。主视图为三角块前面的实形，左视图和俯视图为斜面的类似形。

（3）按制图标准修正图形，如图 2-19（d）所示。

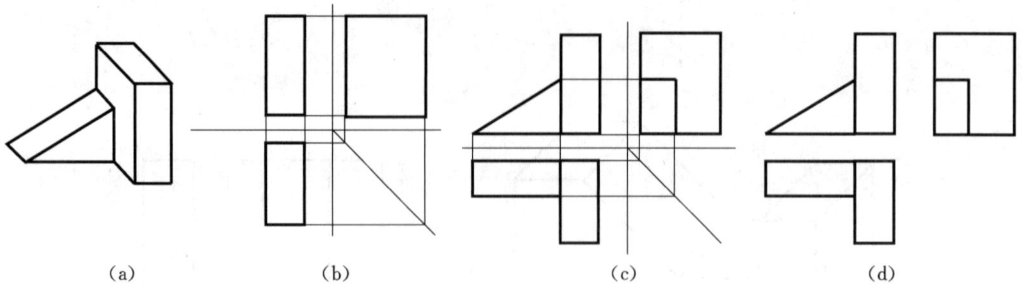

图 2-19　三视图的画法举例（二）

【例 2-3】 作图 2-20（a）所示物体的三视图。

分析与作图： 该物体可分为整体和局部，画图步骤为先整体后局部。

（1）作整体的三视图，整体形状为四方体，三面投影均为矩形，三视图如图 2-20（b）所示。

（2）作切方角的三视图，局部形状仍为四方体，三面投影仍为矩形且全部可见，三视图如图 2-20（c）所示。

（3）作圆孔的三视图，圆孔的投影与圆柱的投影画法相同，由于圆孔在俯、左两视图中为不可见，用虚线画出，如图 2-20（d）所示。

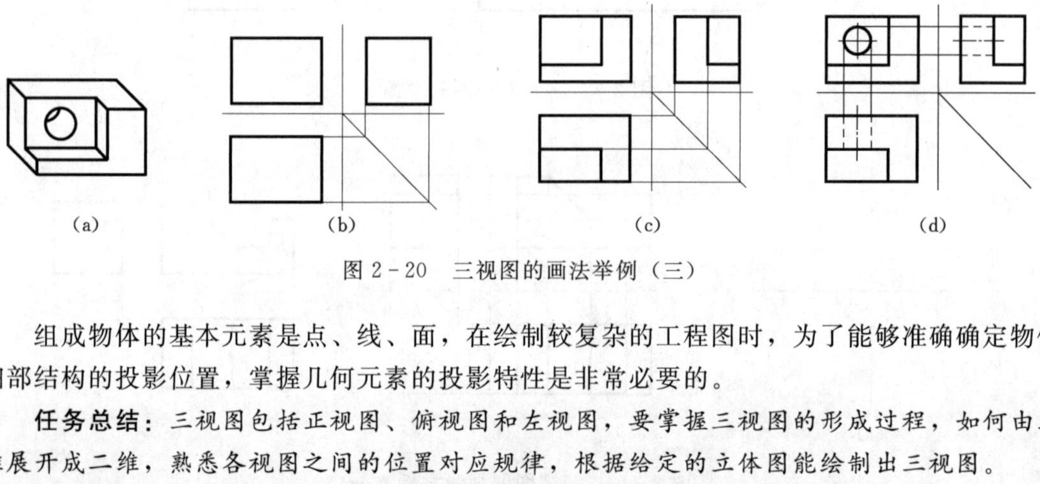

图 2-20　三视图的画法举例（三）

组成物体的基本元素是点、线、面，在绘制较复杂的工程图时，为了能够准确确定物体细部结构的投影位置，掌握几何元素的投影特性是非常必要的。

任务总结： 三视图包括正视图、俯视图和左视图，要掌握三视图的形成过程，如何由三维展开成二维，熟悉各视图之间的位置对应规律，根据给定的立体图能绘制出三视图。

任务学习拓展： 根据三面投影图想象物体的空间形状。

【课　后　训　练】

一、单项选择题

1. 下列投影法中不属于平行投影法的是（　　）。

A. 中心投影法　　B. 正投影法　　C. 斜投影法

2. 当一条直线平行于投影面时，在该投影面上反映（　　）。

A. 实形性　　B. 类似性　　C. 积聚性

3. 当一条直线垂直于投影面时，在该投影面上反映（　　）。

A. 实形性　　　　B. 类似性　　　　C. 积聚性

4. 在三视图中，主视图反映物体的（　　）。

A. 长和宽　　　　B. 长和高　　　　C. 宽和高

5. 当一个面平行于一个投影面时，必（　　）于另外两个投影面。

A. 平行　　　　B. 垂直　　　　C. 倾斜

6. 三视图中“宽相等”是指（　　）之间的关系。

A. 左视图与俯视图　　　　B. 主视图和左视图

C. 主视图和俯视图　　　　D. 主视图和侧视图

7. 俯视图反映了物体的（　　）方向上的关系。

A. 上下　　　　B. 左右　　　　C. 上下前后　　　　D. 前后左右

8. 阅读三视图，选择右边对应的物体编号是（　　）。

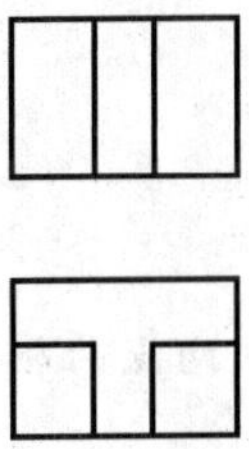

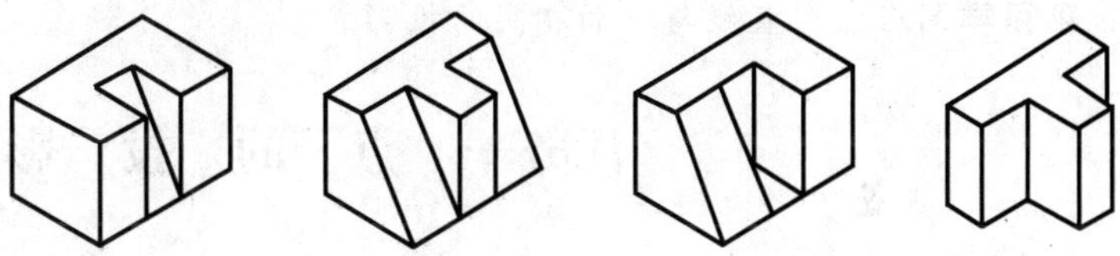

A.　　　　B.　　　　C.　　　　D.

二、判断题

1. 水平线的正面投影与 X 轴平行，水平投影反映线段的真实长度。（　　）
2. 点的三投影面体系中的位置，可以用坐标来表示。（　　）
3. 画线段的三面投影实质是作两端点的二面投影，然后同面投影连线。（　　）
4. 投影法可分为中心投影法和平行投影法两大类。（　　）
5. 三个相互垂直相交的投影平面组成三投影面体系。（　　）
6. 铅垂面的水平投影积聚成平行 X 轴的直线段。（　　）
7. 正投影的基本特性是实形性、积聚性和类似性。（　　）

项目三　点、直线、平面的投影

项目描述：本项目包括点的投影、直线的投影、平面的投影、直线在空间的位置、平面在空间中的位置、两直线的相对位置、直线与平面的相对位置等内容。

项目学习目标：掌握点的三面投影规律及画法；掌握直线在空间中的位置及投影画法；掌握平面在空间中的位置及投影画法；掌握两直线平行、相交、交叉时的投影规律并能根据投影判断两直线在空间中的相对位置；了解直线与平面相交时的投影特点及投影画法。

项目学习重点：点的三面投影规律；不同空间位置直线的三面投影特点及两直线平行、相交及交叉时的投影特征；不同空间位置的平面的三面投影特点。

项目学习难点：直线与平面相交的投影。

任务一　点　的　投　影

任务描述：掌握点的三面投影规律并能在绘制投影中加以运用，会判断空间两点的相对位置关系。

一、点在三投影面体系中的投影

空间点在投影面上的投影仍然是点。为了统一起见，规定空间点用大写字母表示，如 A、B、C 等；水平投影用相应的小写字母表示，如 a、b、c 等；正面投影用相应的小写字母加撇表示，如 a'、b'、c'；侧面投影用相应的小写字母加两撇表示，如 a''、b''、c''。

将点 A 置于三投影面体系中，由点 A 分别向三个投影面作投射线，在三个投影面上得到其相应的垂足 a'、a、a''，如图 3－1（a）所示，a'称为点 A 的正面（V 面）投影；a 称为点 A 的水平（H 面）投影；a''称为点 A 的侧面（W 面）投影。投影面体系展开后，如图 3－1（b）所示，点的三个投影在同一平面内，称为点的三面投影图。在绘制点的三面投影图时，习惯投影面的边框线省略不画，如图 3－1（c）所示。应注意的是：投影面展开后，同一条 OY 轴旋转后出现了两个位置。

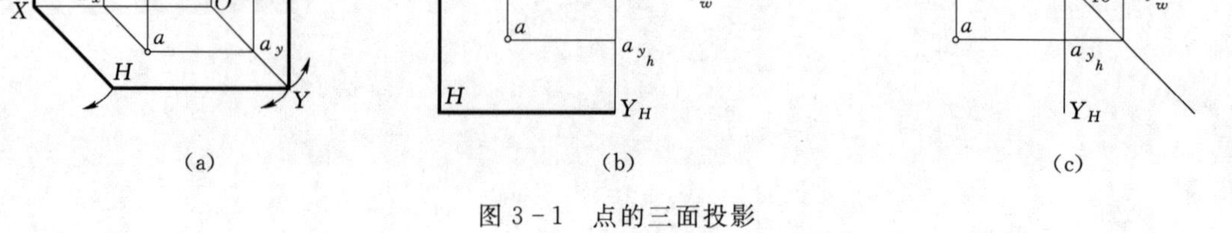

图 3－1　点的三面投影

二、点的坐标

若将三投影面体系看成空间直角坐标系，即投影面为坐标面，投影轴为坐标轴，O 为坐标原点，则点的空间位置可用一组直角坐标表示，例如 $A(x,\ y,\ z)$，其三个直角坐标分别表示了空间点到三个投影面的距离。从图 3-1（a）中可看出点的直角坐标与点的投影及点 A 到投影面的距离的关系为：点 A 的 x 坐标$=a'a_z=aa_y=$点到 W 面的距离 Aa''；点 A 的 y 坐标$=aa_x=a''a_z=$点到 V 面的距离 Aa'；点 A 的 z 坐标$=a'a_x=a''a_y=$点到 H 面的距离 Aa。

由此可知，点的 H 面投影由点的 xy 两坐标决定；点的 V 面投影由点的 xz 两坐标决定；点的 W 面投影由点的 zy 两坐标决定。

三、点的投影规律

由图 3-1 可知，点 A 的 V 面投影和 H 面投影共同反映点 A 的 x 坐标；点的 V 面投影和 W 面投影共同反映点 A 的 z 坐标；点的 H 面投影和 W 面投影共同反映点 A 的 y 坐标。由此可得出点的三面投影规律：点的 V 面投影和 H 面投影的连线垂直于 OX 轴，即 $aa'\perp OX$（长对正）；点的 V 面投影和 W 面投影的连线垂直于 OZ 轴，即 $a'a''\perp OZ$（高平齐）；点的 H 面投影至 OX 轴的距离等于点的 W 面投影至 OZ 轴的距离，即 $aa_x=a''a_z$，同时 $aa_{y_h}\perp OY_H$，$a''a_{y_w}\perp OY_W$（宽相等）。

为了表示点的水平投影到 OX 轴的距离等于侧面投影到 OZ 轴的距离，即：$aa_x=a''a_z$，点的水平投影和侧面投影的连线相交于自点 O 所作的 45°角平分线，如图 3-1（c）所示的方法。

【例 3-1】 已知点 A 和点 B 的两投影，如图 3-2（a）所示，分别求其第三投影，并求出点 A 的坐标。

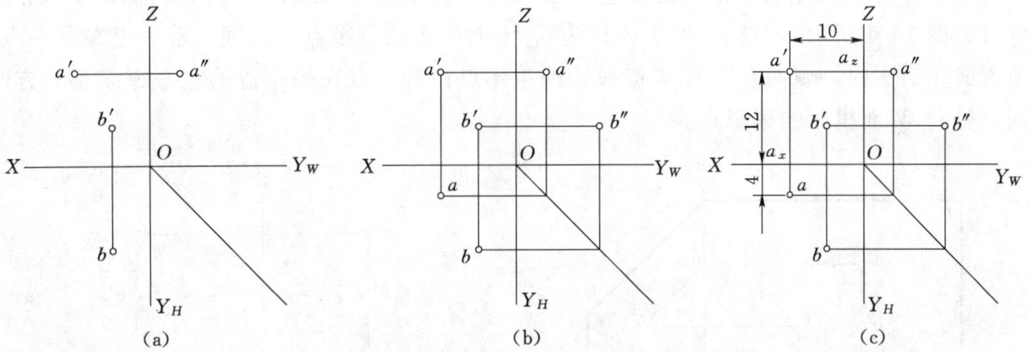

图 3-2　已知点的两面投影求第三投影

解：（1）如图 3-2（b）所示，根据点的投影特性，可分别作出 a 和 b''。

（2）如图 3-2（c）所示，分别量取 $a'a_z$、aa_x、$a'a_x$ 的长度为 10、4、12，可得出点 A 的坐标（10，4，12）。

【例 3-2】 已知空间点 $A(30,\ 10,\ 20)$，试作点 A 的三面投影。

解：根据点投影与坐标的关系，可以由点的已知坐标定出各面投影的位置。H 投影可由 $x=30$、$y=10$ 作出；V 投影可由 $x=30$、$z=20$ 作出；W 投影可由 $y=10$、$z=20$ 作出。

作图过程如下：

(1) 作相互垂直的投影轴，分别在各投影轴上截取 $x=30$、$y=10$、$z=20$，如图 3-3 (a) 所示。

(2) 由各坐标点作所在投影轴的垂线，分别相交于 a、a'和 a''三点，即得点 A 的三面投影，如图 3-3 (b) 所示。

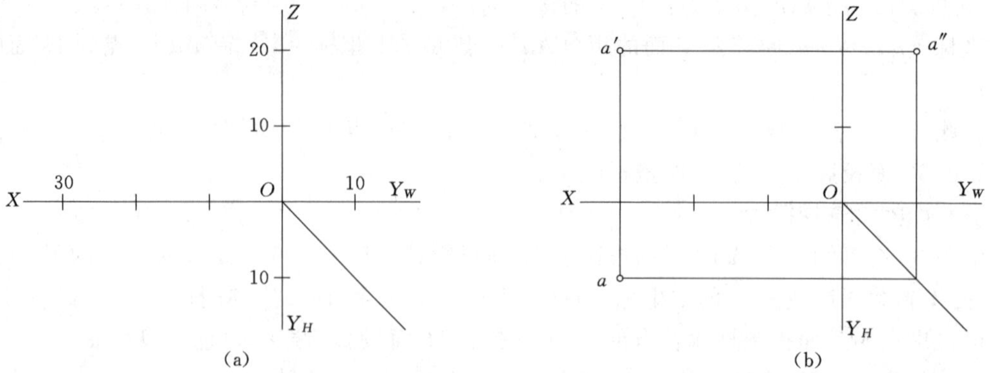

图 3-3　根据点的坐标作点的三面投影

四、两点之间的相对位置关系

观察分析两点的各个同面投影之间的坐标关系，可以判断空间两点的相对位置。根据 x 坐标值的大小可以判断两点的左右位置；根据 z 坐标值的大小可以判断两点的上下位置；根据 y 坐标值的大小可以判断两点的前后位置。如图 3-2 (c) 所示，点 B 的 x 和 z 坐标均小于点 A 的相应坐标，而点 B 的 y 坐标大于点 A 的 y 坐标，因而，点 B 在点 A 的右方、下方、前方。

若 A、B 两点无左右、前后距离差，点 A 在点 B 正上方或正下方时，两点的 H 面投影重合（如图 3-4 所示），点 A 和点 B 称为对 H 面投影的重影点。同理，若一点在另一点的正前方或正后方时，则两点是对 V 面投影的重影点；若一点在另一点的正左方或正右方时，则两点是对 W 面投影的重影点。

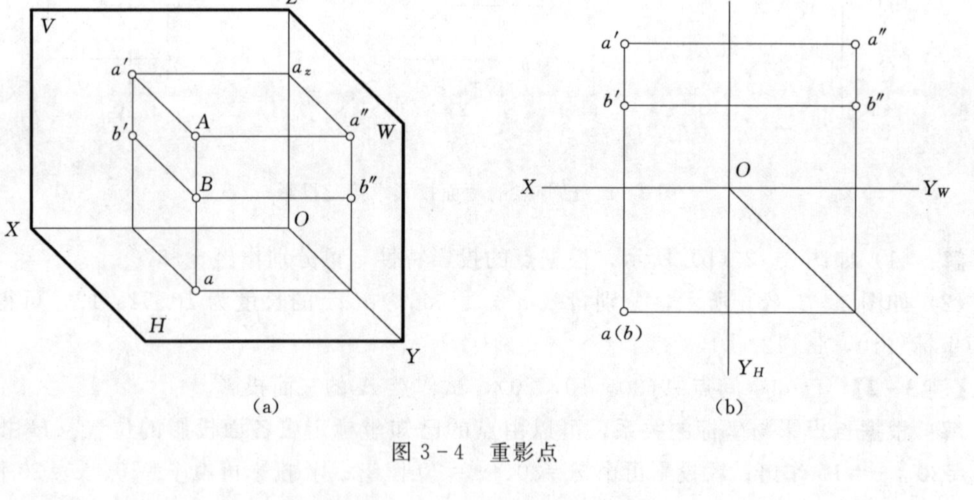

图 3-4　重影点

重影点需判别可见性。根据正投影特性，可见性的区分应是前遮后、上遮下、左遮右。

图 3-4 中的重影点应是点 A 遮挡点 B，点 B 的 H 面投影不可见。规定不可见点的投影加括号表示。

任务总结： 会根据点的两面投影绘制第三面投影，熟悉点的坐标的含义，知道空间两点的位置关系并会判断重影点。

任务学习拓展： 根据点的坐标绘制点的三视图及立体图。

任务二 直线的投影

任务描述： 熟悉各种位置直线的投影特点及投影画法，熟悉空间两直线平行、相交及交叉时的投影画法，能根据两直线的投影判断其空间位置关系。

一般情况下，直线的投影仍是直线，如图 3-5（a）中的直线 AB。在特殊情况下，若直线垂直于投影面，直线的投影可积聚为一点，如图 3-5（a）中的直线 CD。

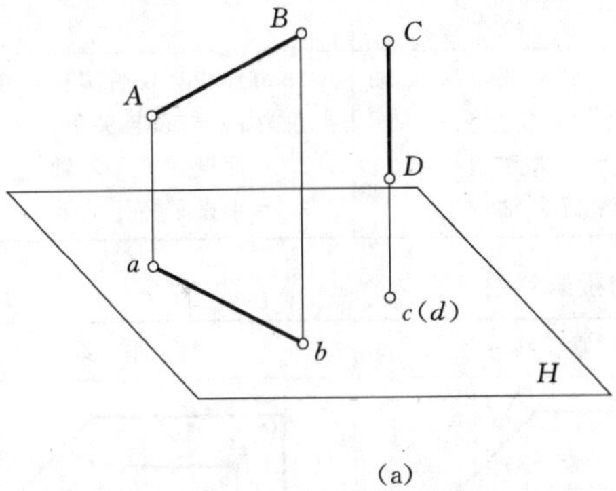

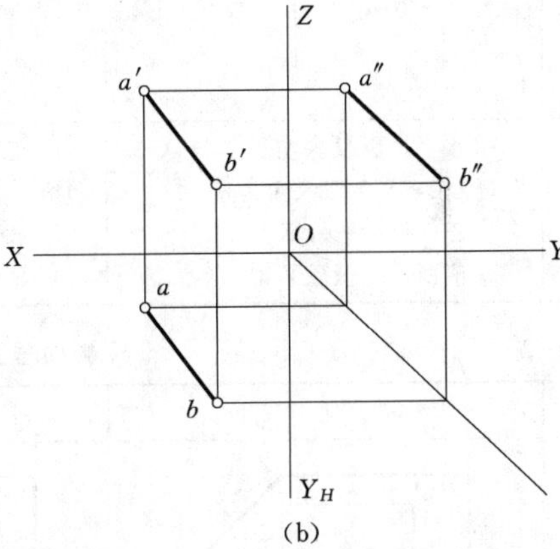

图 3-5 直线的投影

直线的投影可由直线上两点的同面投影连接得到。如图 3-5（b），分别作出直线上两点 A、B 的三面投影，将其同面投影相连，即得到直线 AB 的三面投影图。

一、各种位置直线的投影特性

在三投影面体系中，直线对投影面的相对位置可以分为三种：投影面平行线、投影面垂直线、一般位置直线。

（1）投影面平行线。与投影面平行的直线称为投影面平行线，它与一个投影面平行，与另外两个投影面倾斜。与 H 面平行的直线称为水平线，与 V 面平行的直线称为正平线，与 W 面平行的直线称为侧平线。它们的投影图及投影特性见表 3-1。规定直线（或平面）对 H、V、W 面的夹角分别用 α、β、γ 表示。

（2）投影面垂直线。与投影面垂直的直线称为投影面垂直线，它与一个投影面垂直，与另外两个投影面平行。与 H 面垂直的直线称为铅垂线，与 V 面垂直的直线称为正垂线，与 W 面垂直的直线称为侧垂线。它们的投影图及投影特性见表 3-2。

（3）一般位置直线。一般位置直线与三个投影面都倾斜，因此在三个投影面上的投影都不反映实长，投影与投影轴之间的夹角也不反映直线与投影面之间的夹角，如图 3-6 所示。

表 3-1　　投影面平行线的投影特性

名称	水　平　线	正　平　线	侧　平　线
立体图	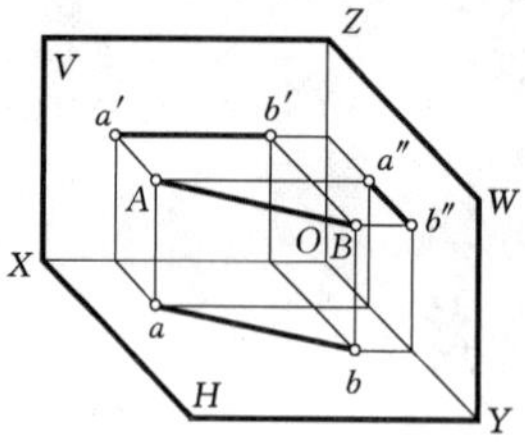	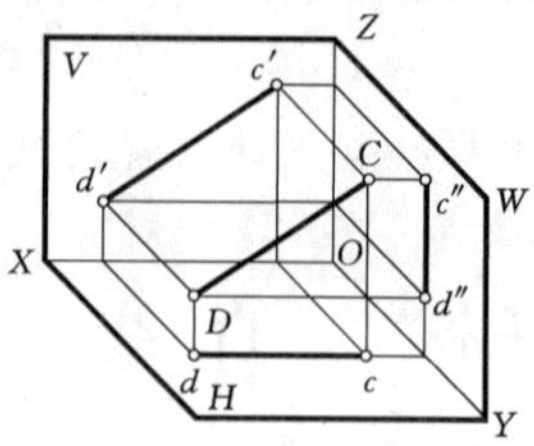	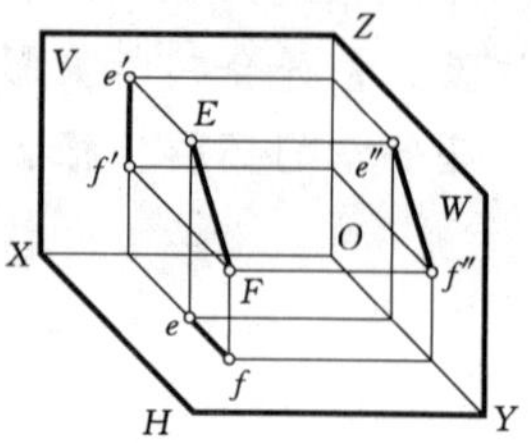
投影图	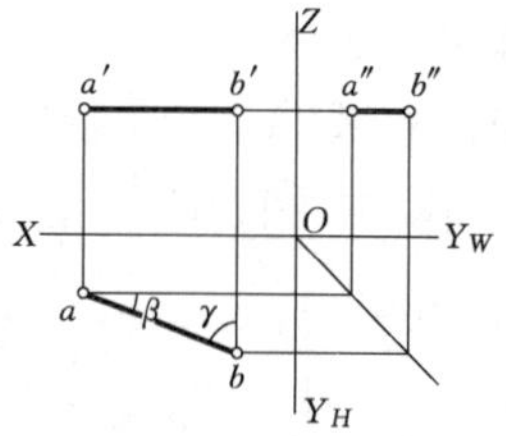	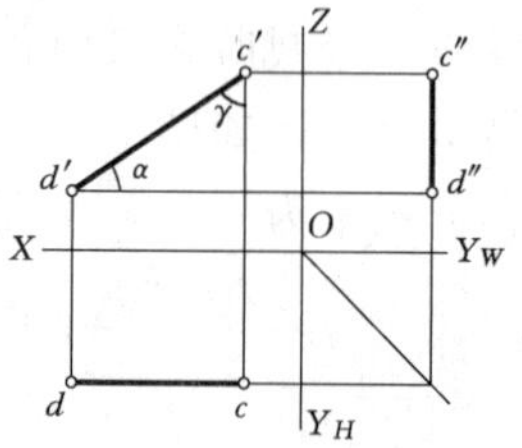	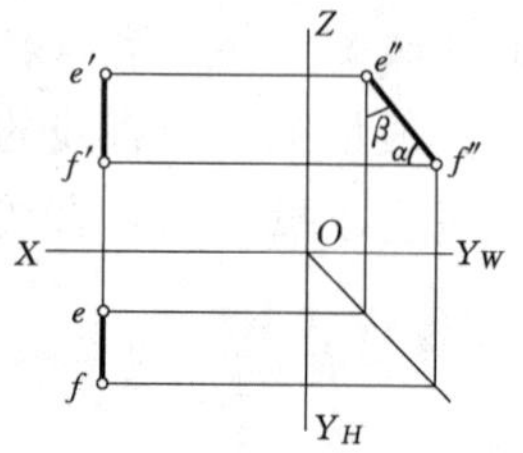
投影特性	1. 水平投影反映实长，与 X 轴夹角为 β，与 Y 轴夹角为 α。 2. 正面投影平行 X 轴。 3. 侧面投影平行 Y 轴	1. 正面投影反映实长，与 X 轴夹角为 β，与 Z 轴夹角为 γ。 2. 水平投影平行 X 轴。 3. 侧面投影平行 Z 轴	1. 侧面投影反映实长，与 Y 轴夹角为 α，与 Z 轴夹角为 γ。 2. 正面投影平行 Z 轴。 3. 水平投影平行 Y 轴

表 3-2　　投影面垂直线的投影特性

名称	铅　垂　线	正　垂　线	侧　垂　线
立体图	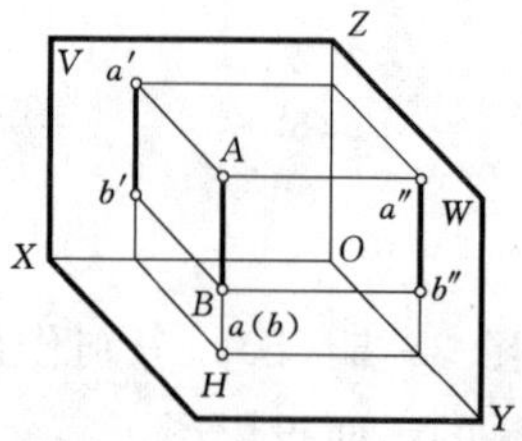	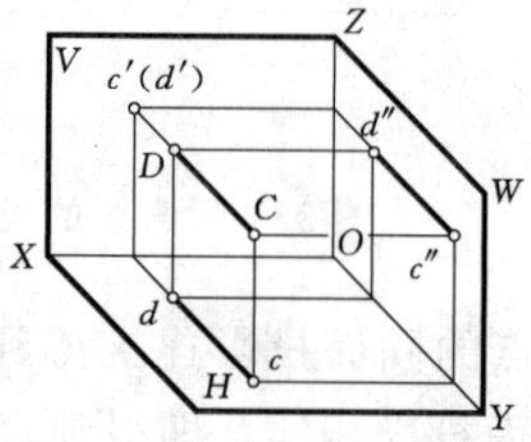	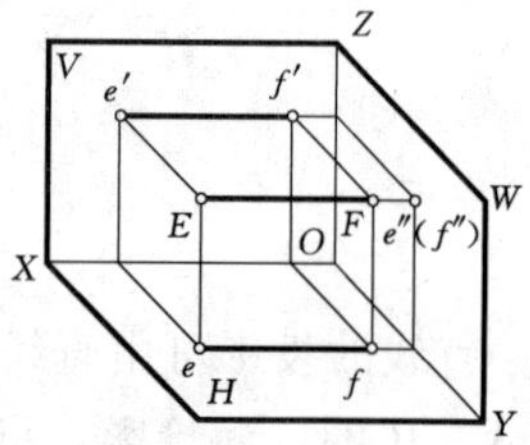
投影图	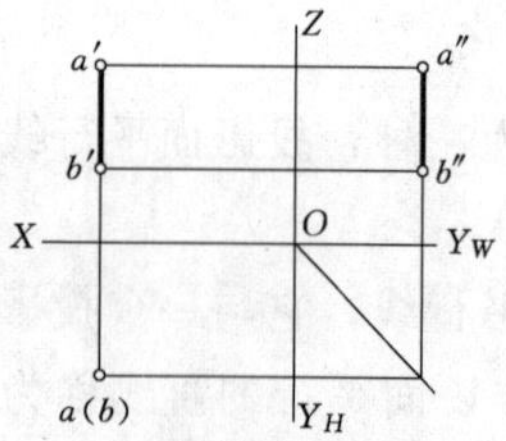	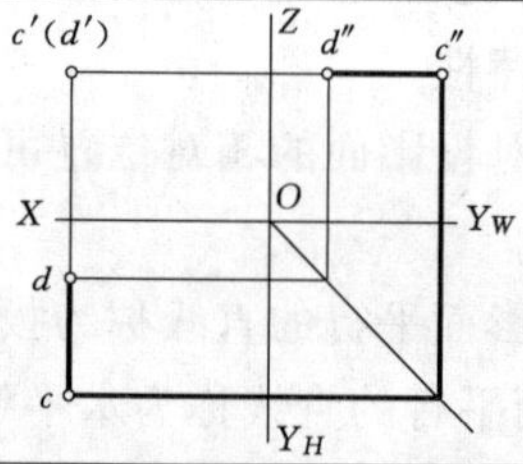	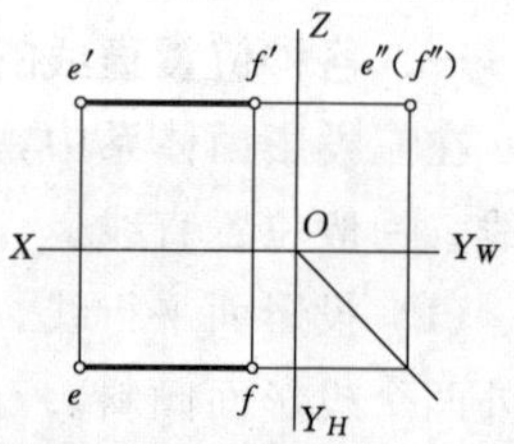
投影特性	1. 水平投影积聚为一点。 2. 正面投影和侧面投影都平行于 Z 轴，并反映实长	1. 正面投影积聚为一点。 2. 水平投影和侧面投影都平行于 Y 轴，并反映实长	1. 侧面投影积聚为一点。 2. 正面投影和水平投影都平行于 X 轴，并反映实长

二、直线上点的投影特性

1. 从属性

属于直线上点的投影在直线的同面投影上。如图 3-7（a）所示，点 C 属于直线 AB，则 c 在 ab 上，c' 在 $a'b'$ 上，同理 c'' 在 $a''b''$ 上。

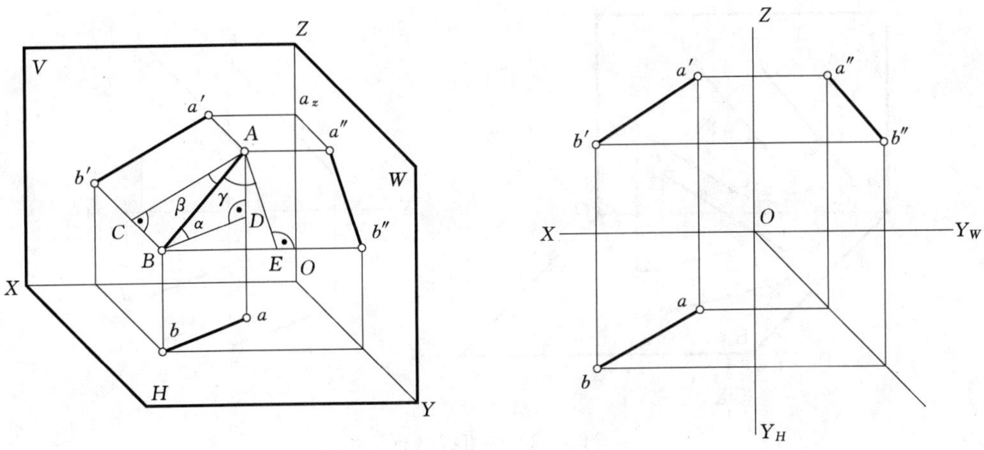

图 3－6　一般位置直线的投影

2. 等比性

点分线段之比投影后保持不变。图 3－7 中点 C 将 AB 分为 2∶1 两段，在求作点 C 的投影时，只需将 AB 的任意一个投影分为 2∶1，即可求得点 C 的投影。

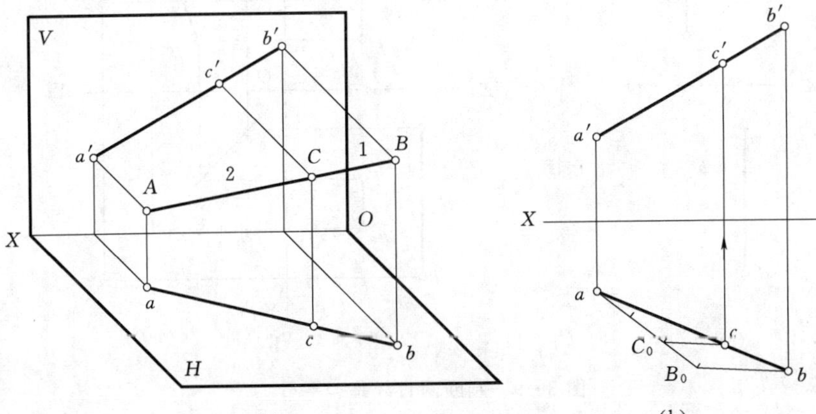

(a)　　(b)

图 3－7　属于直线上点的投影

三、两直线的相对位置

空间两直线的相对位置分三种情况：平行、相交、交叉。平行和相交两直线属于共面直线，交叉两直线属于异面直线。相交和交叉关系中包含垂直关系。

1. 两直线平行

如图 3－8 所示，根据平行投影特性和初等几何知识，可以证明如下投影特性：如果空间两直线互相平行，则两直线的同面投影必互相平行；反之亦然。

根据此投影特性，可以画出平行两直线的投影，也可以判断空间两直线是否平行。

【例 3－3】 如图 3－9（a）所示，试判断直线 AB 与 CD 是否平行。

解：一般情况下，根据两个投影即可判断两直线是否平行。但当两直线平行某投影面，又未画出该投影面的投影时，如图 3－9（a）所示，则可以通过作第三面投影的方法判断[图 3－9（b）]。若第三面投影互相平行，则空间两直线互相平行，否则不平行。本题中的

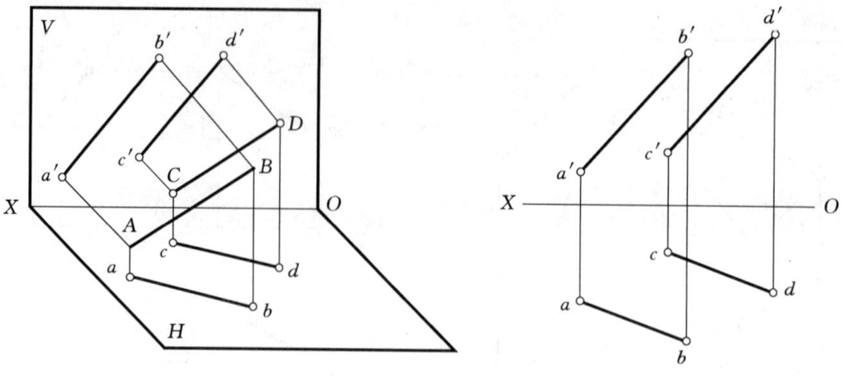

(a)　　(b)

图 3-8　两直线平行

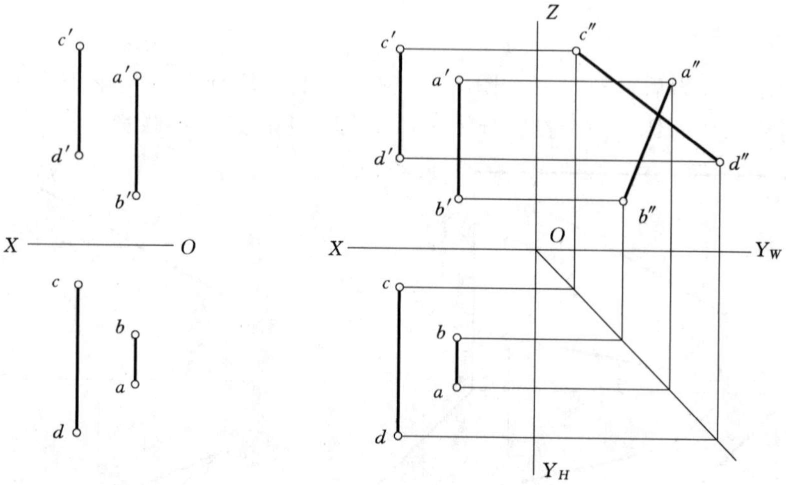

(a)　　(b)

图 3-9　判断两直线是否平行

判断结果是两条直线不平行。

2. 两直线相交

如图 3-10 所示，如果空间两直线相交，则两直线的同面投影必相交，且交点的投影必符合点的投影规律；反之亦然。

根据此投影特性，可以判断空间两直线是否相交。

【例 3-4】 如图 3-11（a）所示，试判断直线 AB 与 CD 是否相交。

解： 一般情况下，根据两个投影即可判断两直线是否相交。但当两直线之一平行于某投影面，又未画出该投影面的投影时，如图 3-11（a）所示，则投影图上的交点可能是重影点。可以通过作第三面投影的方法［图 3-11（b）］或定比的方法［图 3-11（c）］判断。本题中的判断结果是两条直线不相交。

3. 两直线交叉

如图 3-12 所示，空间两直线既不相交又不平行称为两直线交叉。交叉两直线不存在共有点，在投影图中虽然有时同面投影相交，但交点不符合点的投影规律，其仅为两直线上的

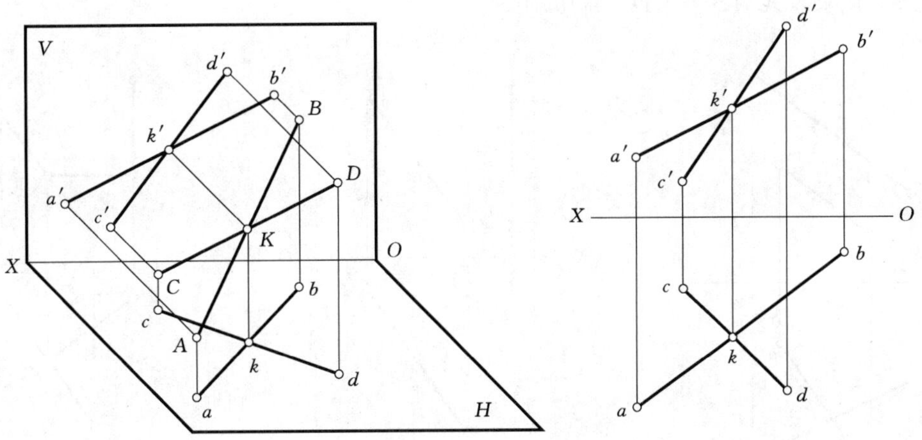

(a) (b)

图 3-10 两直线相交

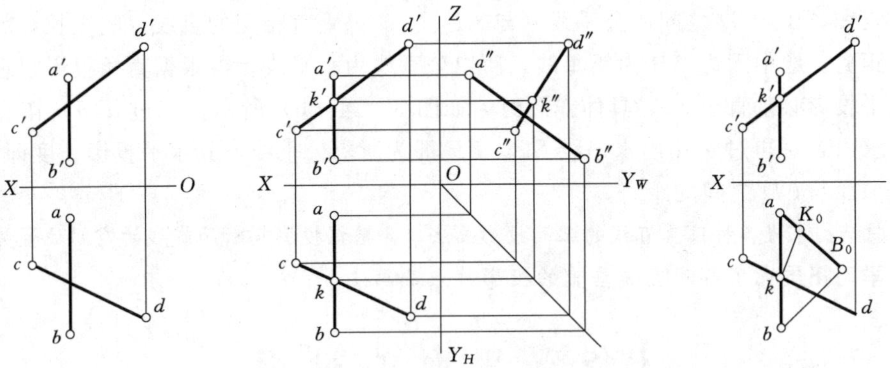

(a) (b) (c)

图 3-11 判断两直线是否相交

重影点。重影点要判断可见性。

4. 两直线垂直

两直线垂直（相交垂直或交叉垂直），一般情况下投影不反映直角，但在特定条件下投影反映直角。

直角投影定理：两直线互相垂直，若其中一条直线为投影面平行线，则两直线在该投影面上的投影一定互相垂直，如图 3-13 所示。证明过程略。

直角投影定理逆定理：若相交两直线在某投影面上的投影互相垂直且其中一条直线为该投影面的平行线时，两直线在空间必互相垂直。

利用直角投影定理及其逆定理，可以绘制某些空间垂直两直线的投影图或判断两直线在空间是否垂直，它是解决垂直问题的基础。

【例 3-5】 如图 3-14（a）所示，已知直线 AB、CD 的

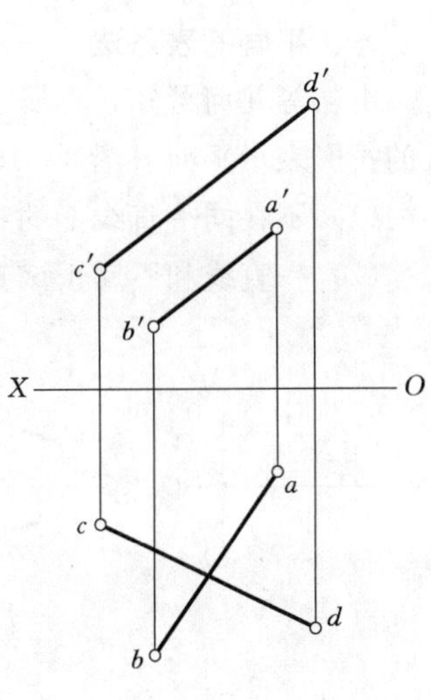

图 3-12 两直线交叉

两面投影，试求直线 AB 与 CD 之间的距离。

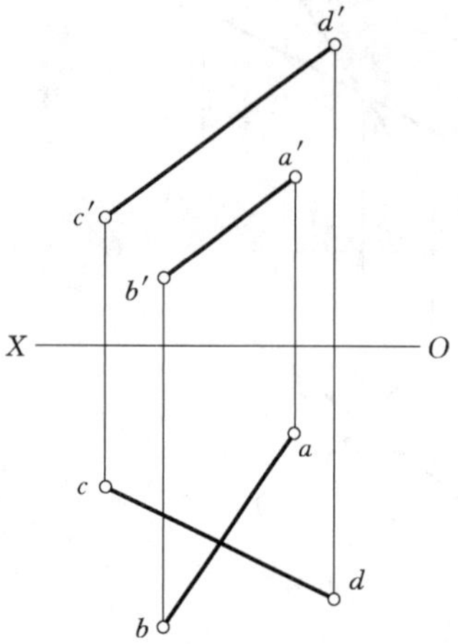

图 3-13　直角投影定理证明

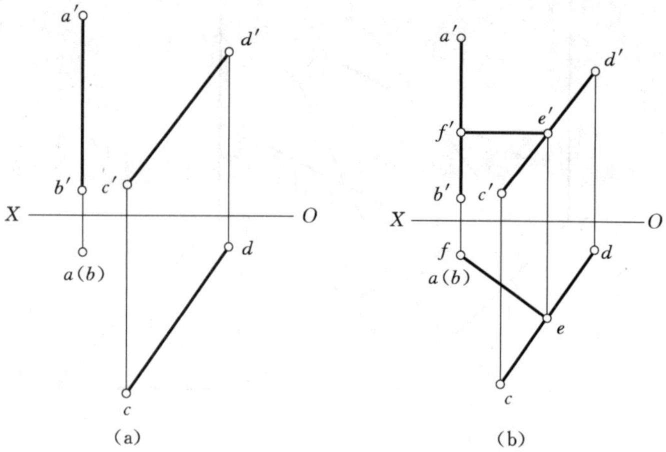

图 3-14　求两直线之间的距离

解： 直线 AB、CD 之间的公垂线（与 AB、CD 都垂直相交的直线）的实长，就是两直线之间的距离。题中因为 AB 为铅垂线，所以公垂线为水平线，再根据直角投影定理，该公垂线的水平投影必垂直于 cd。具体作图时，如图 3-14（b）所示，先过 $a(b)$ 作直线垂直 cd 于 e，求出 e'，再过 e' 作出水平线 EF。EF 即为所求公垂线，其水平投影长度即为实长，亦即直线 AB 与 CD 之间的距离。

任务总结： 掌握各种位置直线的三面投影画法，会根据投影判断两直线的空间位置关系。

任务学习拓展： 了解两直线垂直的投影特点及画法。

任务三　平 面 的 投 影

任务描述： 熟悉平面在空间中的位置及投影特点，掌握平面上的点的投影画法，了解直线与平面平行、相交时的投影特点及投影画法。

一、平面的表示法

由初等几何可知，不属于同一直线的三点确定一平面。因此，可由下列任意一组几何元素的投影表示平面（图 3-15）：

（1）不在同一直线上的三个点。

（2）一直线和不属于该直线的一点。

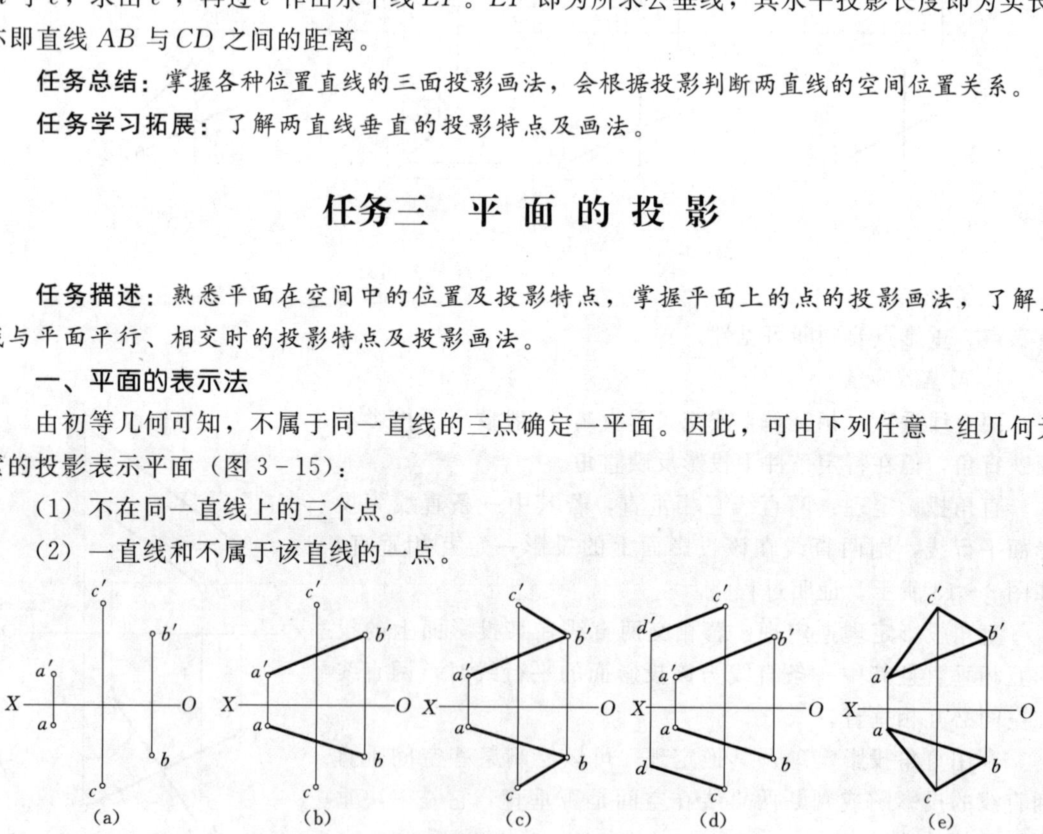

图 3-15　平面表示法

（3）相交两直线。

（4）平行两直线。

（5）任意平面图形。

二、各种位置平面的投影特性

在三投影面体系中，平面和投影面的相对位置关系与直线和投影面的相对位置关系相同，可以分为三种：投影面平行面、投影面垂直面、一般位置平面。

1. 投影面平行面

投影面平行面是平行于一个投影面，并与另外两个投影面垂直的平面。与 H 面平行的平面称为水平面，与 V 面平行的平面称为正平面，与 W 面平行的平面称为侧平面。它们的投影图及投影特性见表 3-3。

表 3-3　　　　投影面平行面的投影特性

名称	水　平　面	正　平　面	侧　平　面
立体图	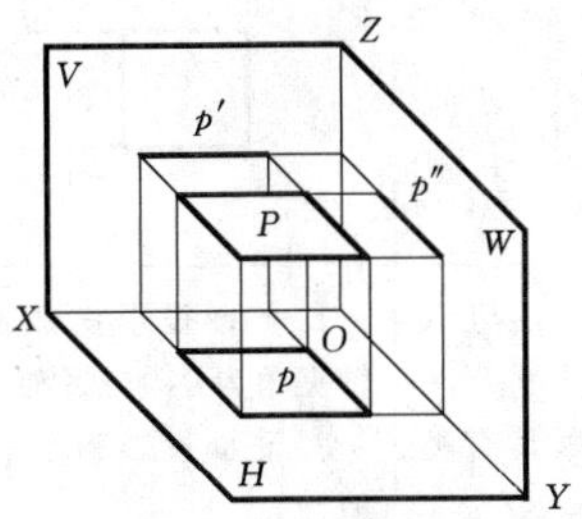	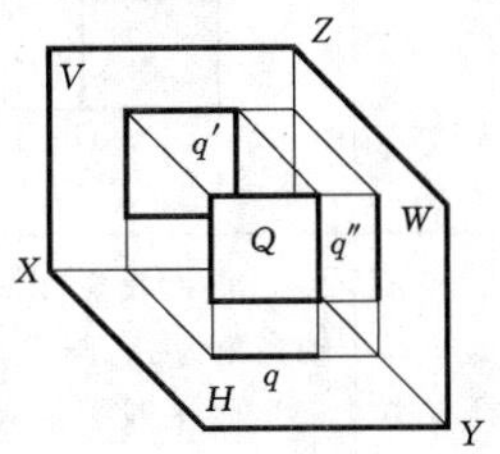	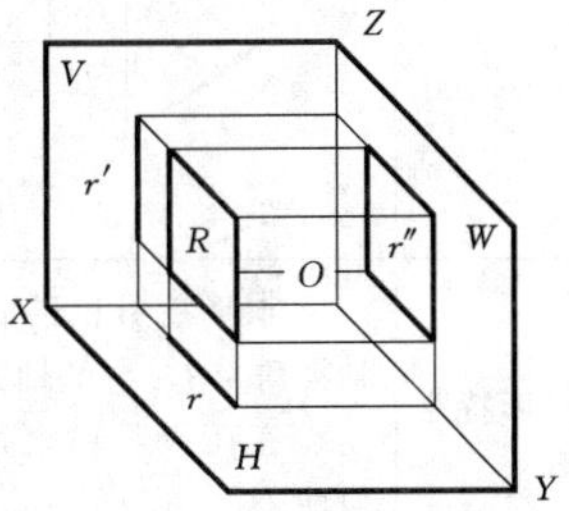
投影图	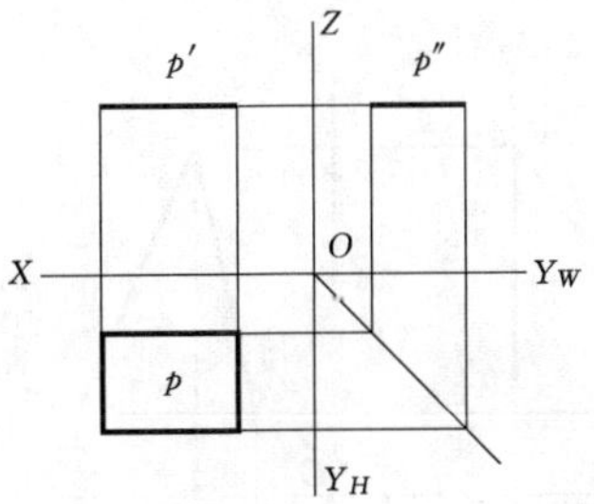	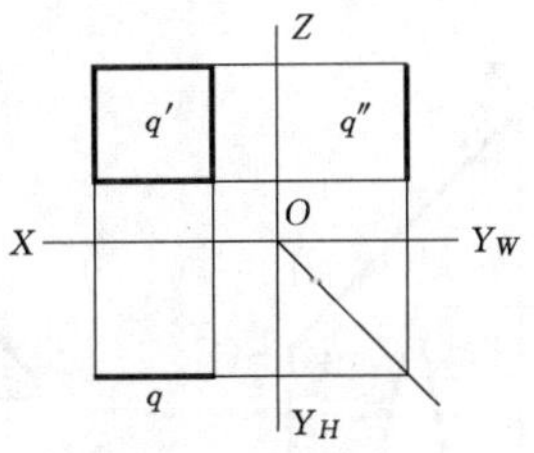	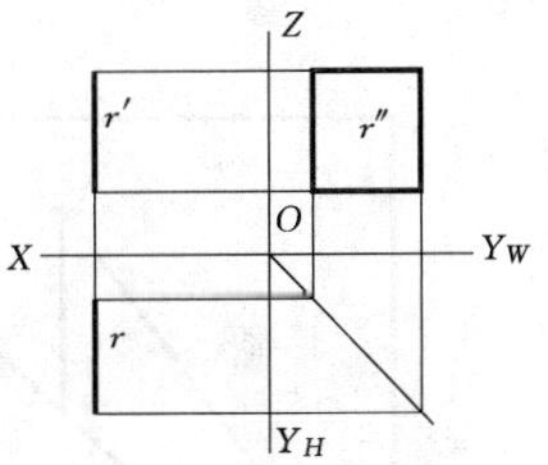
投影特性	1. 水平投影反映实形。 2. 正面投影积聚成平行于 X 轴的直线。 3. 侧面投影积聚成平行于 Y 轴的直线	1. 正面投影反映实形。 2. 水平投影积聚成平行于 X 轴的直线。 3. 侧面投影积聚成平行于 Z 轴的直线	1. 侧面投影反映实形。 2. 正面投影积聚成平行于 Z 轴的直线。 3. 水平投影积聚成平行于 Y 轴的直线

2. 投影面垂直面

投影面垂直面是垂直于一个投影面，并与另外两个投影面倾斜的平面。与 H 面垂直的平面称为铅垂面，与 V 面垂直的平面称为正垂面，与 W 面垂直的平面称为侧垂面。它们的投影图及投影特性见表 3-4。

3. 一般位置平面

一般位置平面与三个投影面都倾斜，因此在三个投影面上的投影都不反映实形，而是缩小了的类似形，如图 3-16 所示。

表 3-4　　**投影面垂直面的投影特性**

名称	铅　垂　面	正　垂　面	侧　垂　面
立体图	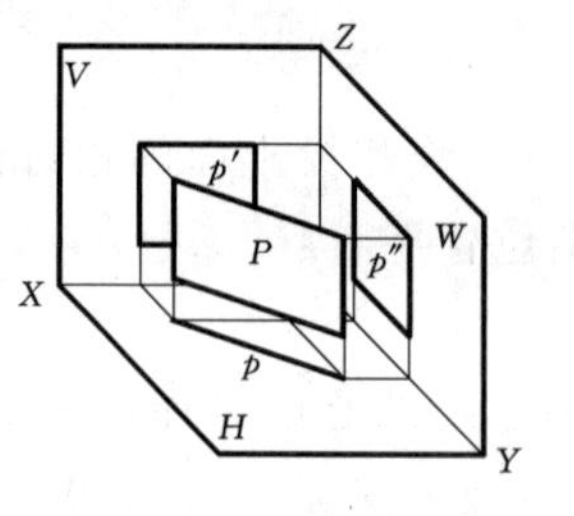	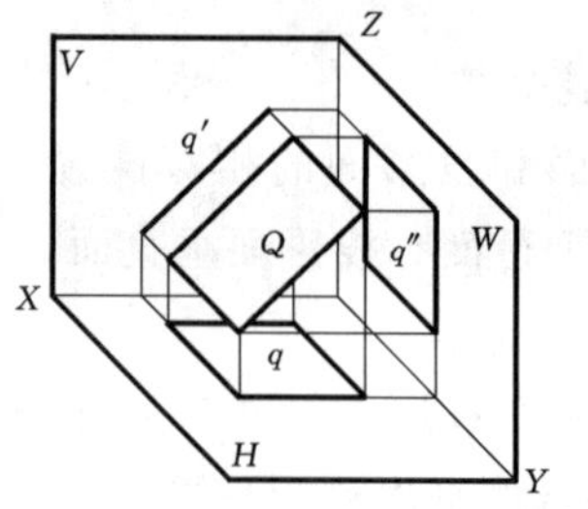	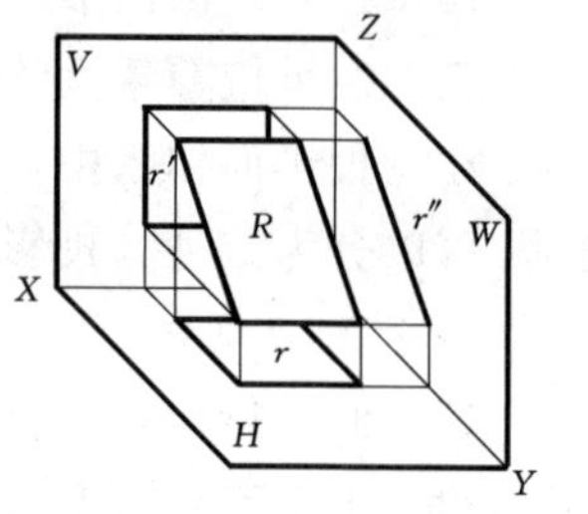
投影图	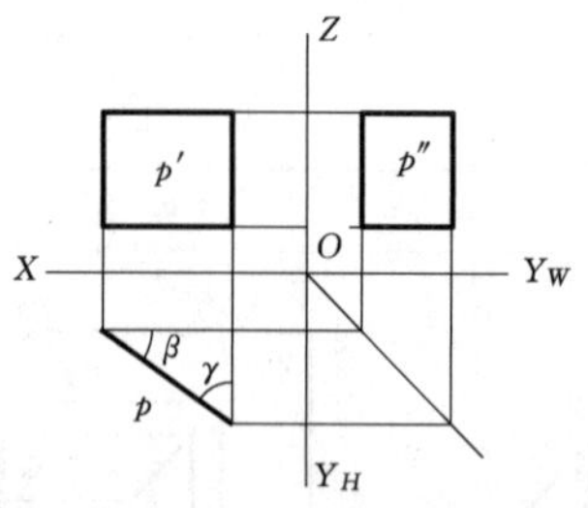	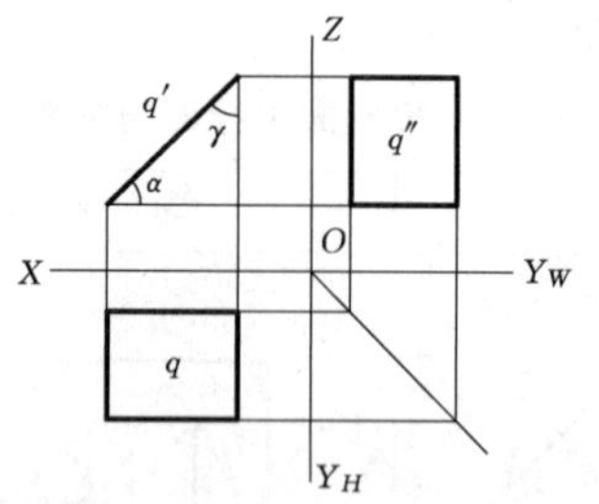	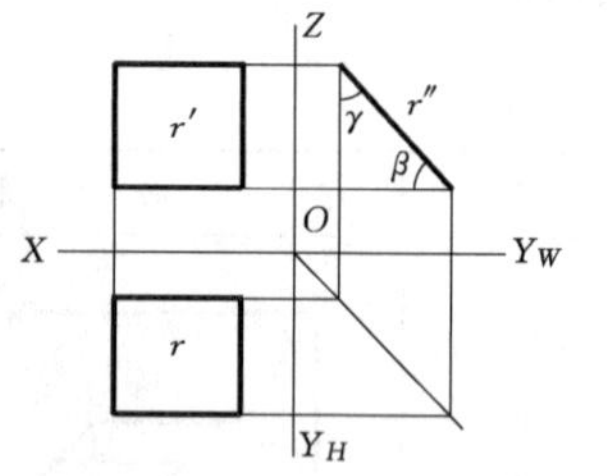
投影特性	1. 水平投影积聚成直线，与 X 轴夹角为 β，与 Y 轴夹角为 γ。 2. 正面投影和侧面投影具有类似性	1. 正面投影积聚成直线，与 X 轴夹角为 α，与 Z 轴夹角为 γ。 2. 水平投影和侧面投影具有类似性	1. 侧面投影积聚成直线，与 Y 轴夹角为 α，与 Z 轴夹角为 β。 2. 正面投影和水平投影具有类似性

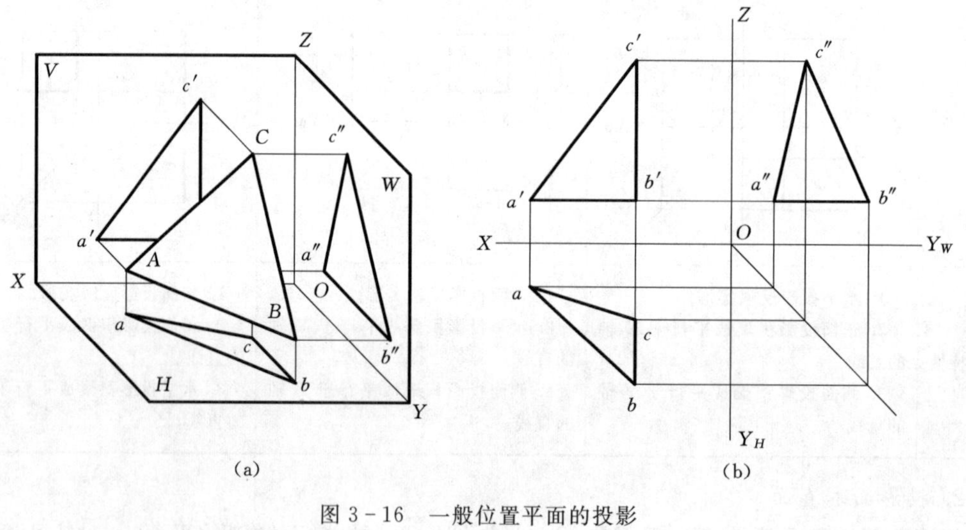

(a)　　(b)

图 3-16　一般位置平面的投影

三、平面上的点和直线

点和直线属于平面的几何条件是：

(1) 属于平面的点，必属于平面内的已知直线。

(2) 属于平面内的直线，必通过属于平面的两点，或通过属于平面的一点且平行于平面内一已知直线。

根据上述几何条件，可作属于平面内点和直线的投影，也可判定点和直线是否属于平面。

【例 3-6】 如图 3-17（a)，已知点 K 的水平投影和点 L 的两面投影，且点 K 属于 $\triangle ABC$，试求点 K 的正面投影并判断点 L 是否属于 $\triangle ABC$ 所确定的平面。

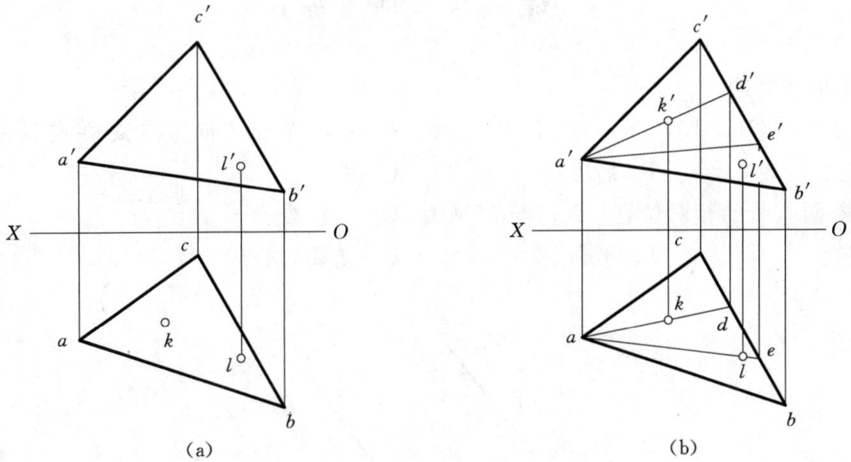

图 3-17　属于平面上点的判断

解： 如图 3-17（b）所示，依据点和直线属于平面的几何条件，分别连接 a 和 k、a 和 l，并延长与 bc 相交，然后求出属于平面的两条直线的正面投影；根据属于直线的点的投影特性，作出 k' 并判定 L 不在平面上。

属于平面的投影面平行线具有投影面平行线的投影特性，同时又与所属平面保持从属关系。

【例 3-7】 如图 3-18 所示，已知$\triangle ABC$ 平面，试在平面上过点 A 作水平线，过点 C 作正平线。

解： 如图 3-18 所示，根据水平线和正平线的投影特性，水平线的正面投影平行于 X 轴，正平线的水平面投影平行于 X 轴，分别过 a' 和 c 作 X 轴的平行线 $a'd'$ 和 ce，再根据投影关系分别求出 ad 和 $c'e'$，AD 即为平面上的水平线，CE 即为平面上的正平线。

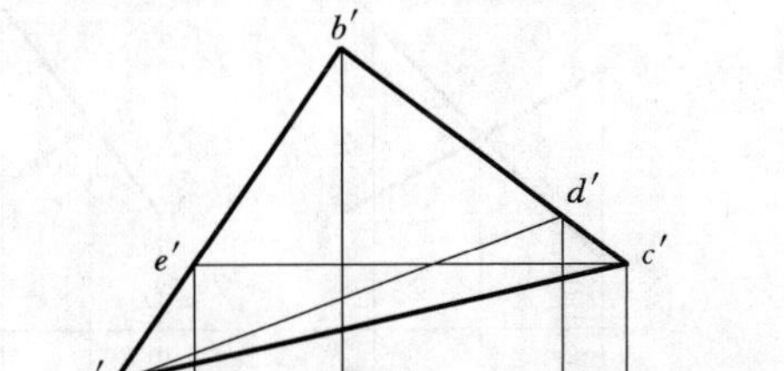

图 3-18　在平面上作水平线和正平线

工程建筑物是由许多基本形体经过一定形式的组合而构成的，这些基本形体简称为基本体。形体表面全部由平面构成的基本体称为平面基本体，简称为平面体。常见的棱柱、棱锥都是平面体。

用截平面截切平面体，该截平面与平面体表面的交线，称为截交线。两平面体相交，表面形成的交线，称为相贯线。

任务总结： 熟悉各种位置平面的三面投影规律及投影画法，会判断空间一点是否位于一平面内，了解直线与平面平等及相交时的投影特征。

任务学习拓展：一般位置直线与一般位置平面相交的画法，一般位置平面与一般位置平面相交的画法。

【课　后　训　练】

一、单项选择题

1. 已知点 $A(10, 15, 20)$，点 $B(20, 10, 15)$；在 Y 轴方向上点 A 在点 B 的（　　）。

A. 前方　　B. 后方　　C. 重合

2. 判断两直线的相对位置，KL 与 MN 是（　　）线。

A. 相交　　B. 平行　　C. 交叉

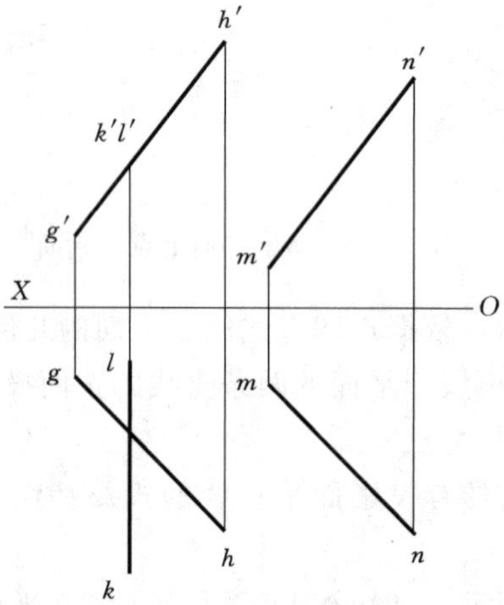

3. 在下列四组投影图中，直线 AB 与 CD 一定垂直相交的是（　　）。

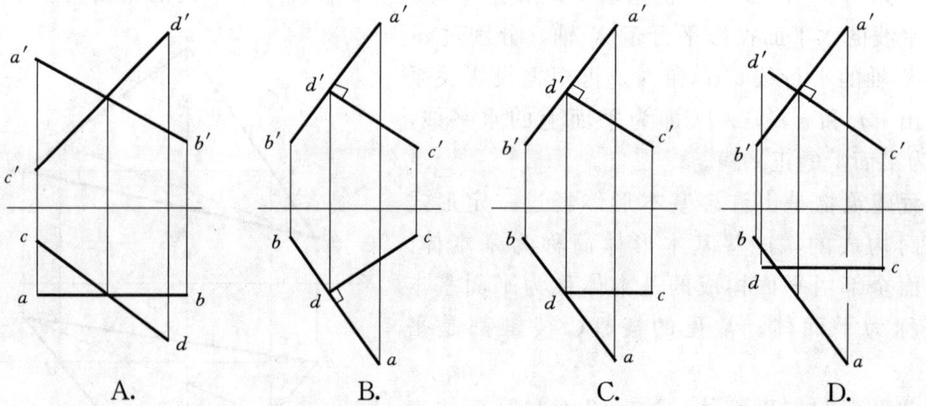

4. 已知点 $A(10, 15, 20)$，点 $B(20, 10, 15)$；在 X 轴方向上点 A 在点 B 的（　　）。

A. 左方　　B. 右方　　C. 重合

5. 根据 AB 直线的三面投影，判断其类型是（　　）。

A. 正平线　　B. 侧垂线　　C. 水平线　　D. 一般位置直线

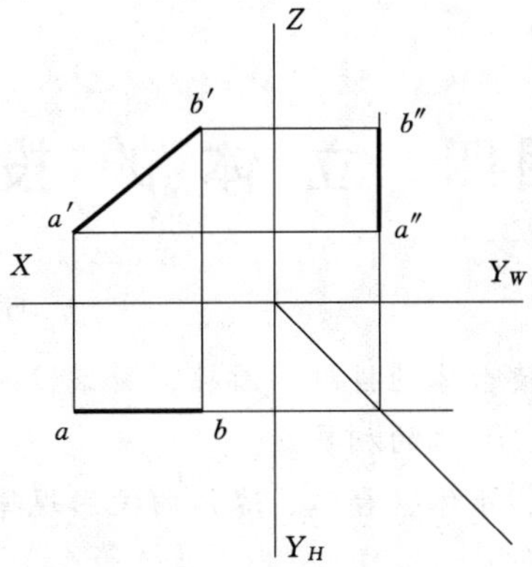

6. 表示投影面垂直线的正确投影是（　　）。

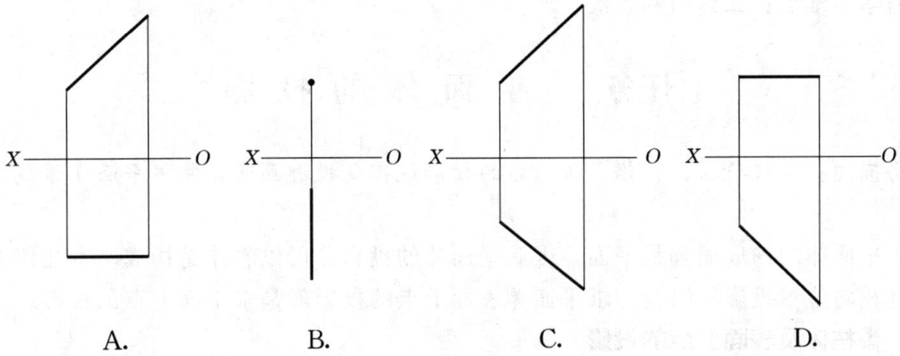

7. 点 A 的 x 坐标，反映了 A 点到（　　）。

A. H 面的距离　　B. W 面的距离

C. V 面的距离　　D. 原点的距离

8. 垂直于 H 面且与 V 面、W 面倾斜的平面称为（　　）。

A. 正垂面　　B. 铅垂面　　C. 侧垂面　　D. 一般面

9. 若空间一点位于某一坐标轴上，则该点的三个坐标值（　　）。

A. 均不为 0　　B. 只有一个为 0　　C. 必有两个为 0　　D. 必有三个为 0

10. 已知 A 点距 H、V、W 面的距离分别为 30、20、30；B 点在 A 点上方 5，右方 10，前方 15，因此可知 B 的坐标为（　　）。

A. (20，5，15)　　B. (20，5，5)　　C. (20，35，15)　　D. (20，35，5)

二、判断题

1. 水平线的正面投影与 X 轴平行，水平投影反映线段的真实长度。（　　）

2. 正平面的水平投影积聚成平行 X 轴的直线段。（　　）

3. 在三投影面体系中，垂直于一个投影面并且必须倾斜于另外两个投影面的平面，称为投影面垂直面。（　　）

4. 当一条直线垂直于投影面时，则在该面上反映实形性。（　　）

5. 画线段的三面投影实质是作两端点的三面投影，然后同面投影连线。（　　）

项目四　立 体 的 投 影

项目描述：棱柱、棱锥、棱台体的投影；圆柱、圆锥、圆台、圆球体的投影；立体表面上的点和直线；立体的截交线；立体的相贯线。

项目学习目标：掌握柱体、锥体、台体、球体的投影规律；会分析及绘制立体的截交线及相贯线。

项目学习重点：基本体的三面投影；立体表面上点和直线的投影；立体的截交线。

项目学习难点：立体的相贯线。

任务一　平 面 体 的 投 影

任务描述：掌握棱柱、棱锥、棱台体的投影规律及投影画法，掌握平面立体截交线的投影画法。

由于平面体的构成面都是平面，因此平面体的投影，可以看作是构成基本几何体的各个平面按其相对位置投影的组合。求平面体表面上点的投影就是求平面上点的投影。

一、棱柱体及表面上点的投影

1. 常见棱柱体及其投影

棱柱中互相平行的两个面称为端面或底面，其余的面称为侧面或棱面，相邻两棱面的交线称为棱线。

工程中常见的棱柱体有四棱柱、三棱柱、五棱柱、六棱柱等，表 4-1 列出了常见棱柱体的实体模型图和三面投影图。

表 4-1　　常见棱柱体的实体模型图和三面投影图

名称	实体模型图	三面投影图
三棱柱		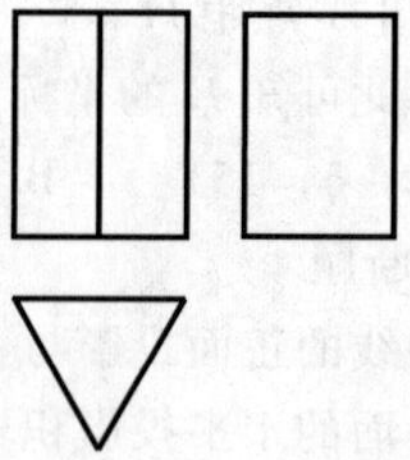
六棱柱		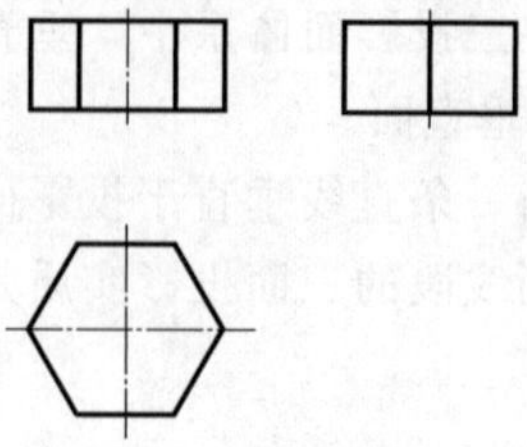

续表

名称	实体模型图	三面投影图
五棱柱	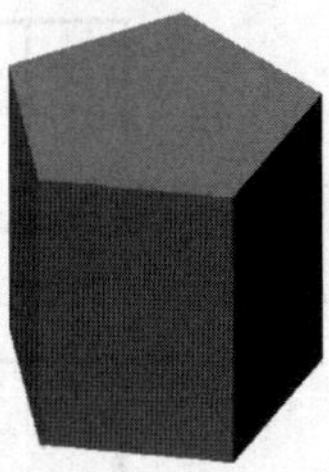	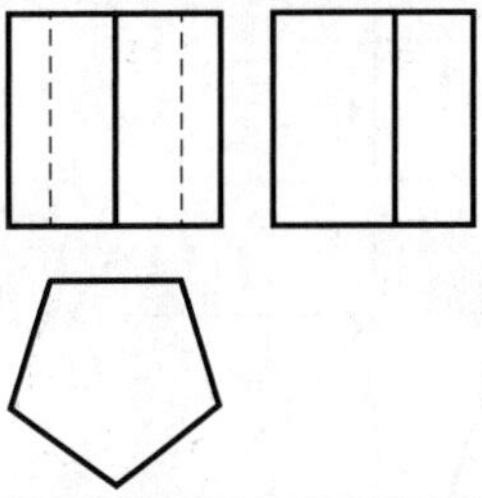

2. 棱柱体的投影分析

【例 4-1】 图 4-1 所示为一个正五棱柱在三面投影体系中的投影直观图和三面投影图，分析正五棱柱的三面投影。

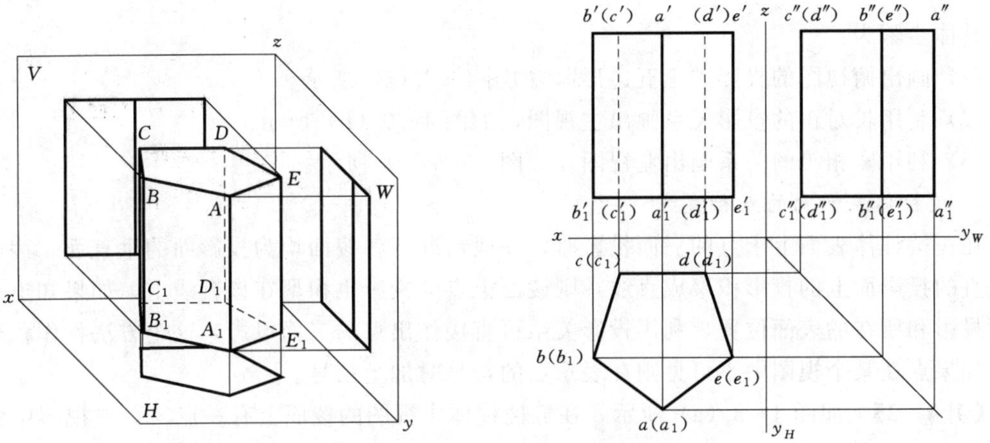

图 4-1　正五棱柱的投影分析

分析： 为画图简便，正五棱柱的上底面和下底面都是水平面，后侧面是正平面，其余侧面都是铅垂面。

正五棱柱的水平投影是一个正五边形线框，它是上底面 $ABCDE$ 和下底面 $A_1B_1C_1D_1E_1$ 投影的重合，并反映实形。正五棱柱的五条边是垂直于 H 面的五个侧面 AA_1BB_1、BB_1CC_1、CC_1DD_1、DD_1EE_1、EE_1AA_1 的积聚投影，五个棱点是垂直于 H 面的五条棱线 AA_1、BB_1、CC_1、DD_1、EE_1 的积聚投影。

正面投影是五个侧面 AA_1BB_1、BB_1CC_1、CC_1DD_1、DD_1EE_1、EE_1AA_1 的矩形线框，其中虚线框 $c'c_1'd'd_1'$ 是后侧面的投影，它反映了平面的实形，其余侧面的投影都为类似形。五条竖直线是五个棱线的投影，反映实长。两条水平线是上底面和下底面的积聚投影。

侧面投影中的两个矩形线框，是左右两个侧面投影的重合；三条铅垂线，最左边一条是后侧面的积聚投影，最右边一条是三棱柱最前面一条棱线的投影，中间一条是棱柱上左右两条棱线的投影；两条水平线是上底面和下底面的积聚投影。

3. 棱柱体投影图的画法

棱柱体三面投影图的画法一般为先画两底面的积聚投影，再利用投影关系画出其余的投影图。

直立正五棱柱三面投影图的画法如图 4-2 所示。

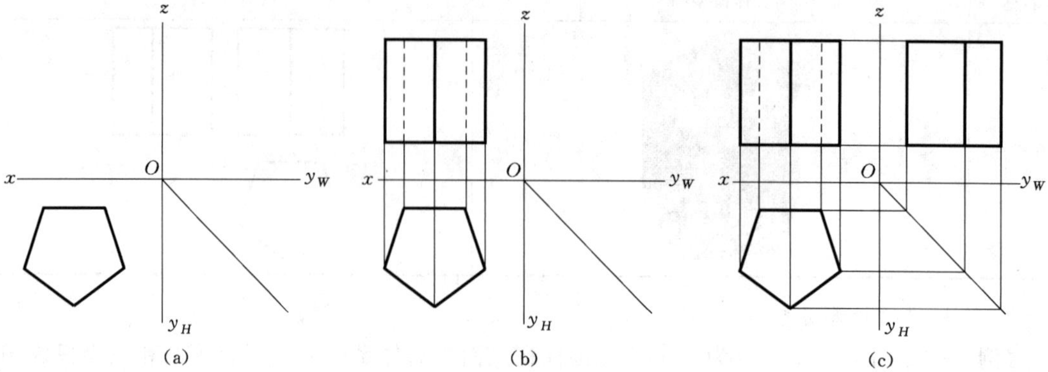

图 4-2　正五棱柱三面投影图的画法

具体步骤为：

(1) 画出俯视图的投影“正五边形”，如图 4-2 (a) 所示。

(2) 利用长对正的投影关系画出主视图，如图 4-2 (b) 所示。

(3) 利用宽相等的关系画出左视图，如图 4-2 (c) 所示。

4. 棱柱体表面上的点和直线

在正棱柱体表面上求点的三面投影时，一般情况下各棱面均为投影面的垂直面，棱面在所垂直的投影面上的投影积聚成直线，则棱面上点的投影也积聚在该直线上，如果知道点的一面投影和所在的表面位置，利用投影关系可直接作出点的三面投影，这个方法称作积聚性法。如果点在某个视图中不可见则在表示点的符号时加上括号。

【例 4-2】 如图 4-3 (a) 所示，在五棱柱体主视图的棱面上有一点 A，左视图中的最左棱线上有一点 B。求 A、B 两点其余两面投影。

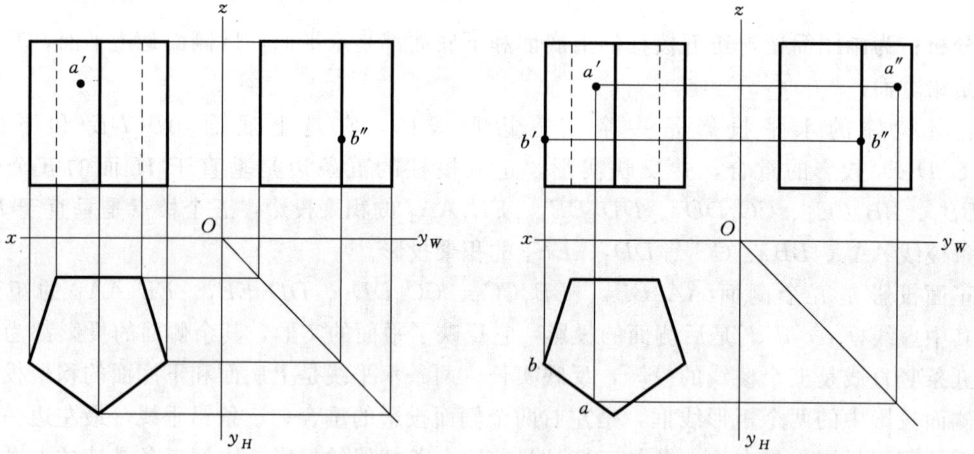

图 4-3　正五棱柱表面上点的投影

分析与作图： 五棱柱五个侧面的水平投影都积聚成直线与正五边形重合，点 A 的水平投影也积聚在该点所在棱面上的积聚投影上，点 B 的投影也在其所在棱线的投影上。

作图方法如图 4-3（b）所示。

二、棱锥体的投影及表面上的点和线

1. 棱锥体的投影

棱锥体由底面、棱面、棱线和锥顶组成。工程中常见的棱锥体有四棱锥、三棱锥等。表 4-2 列出了常见棱锥体的实体模型图和三面投影图。

表 4-2　常见棱锥体的实体模型图和三面投影图

名称	实体模型图	三面投影图
四棱锥	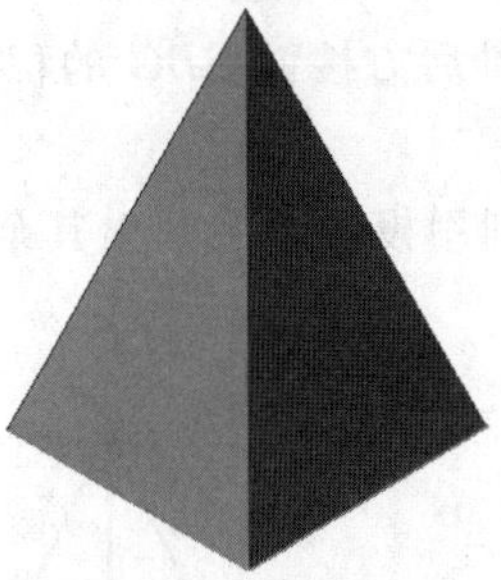	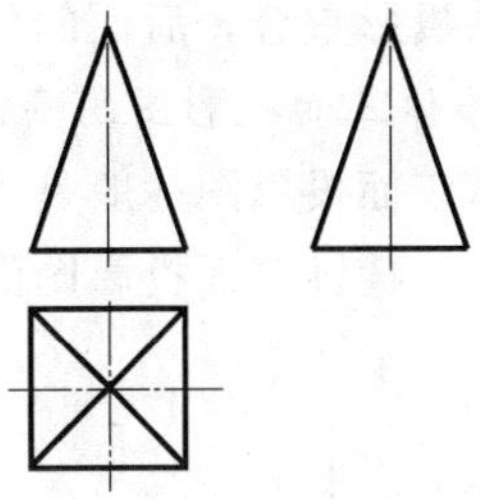
三棱锥	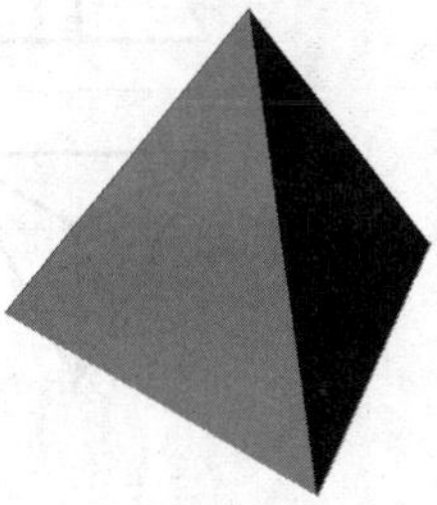	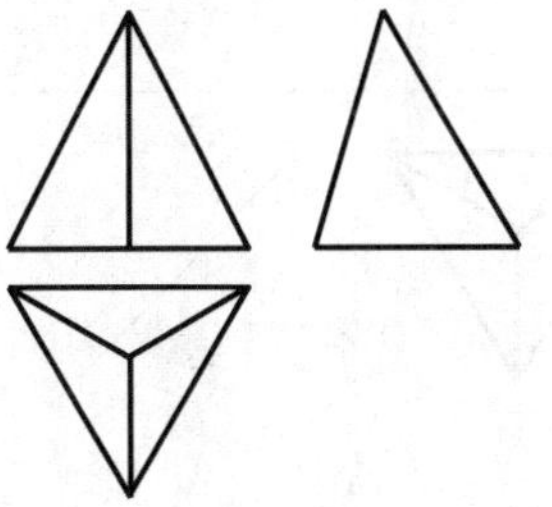

2. 棱锥体的投影分析

【例 4-3】 如图 4-4 所示为三面投影体系中的一个正三棱锥，试分析其三面投影图。

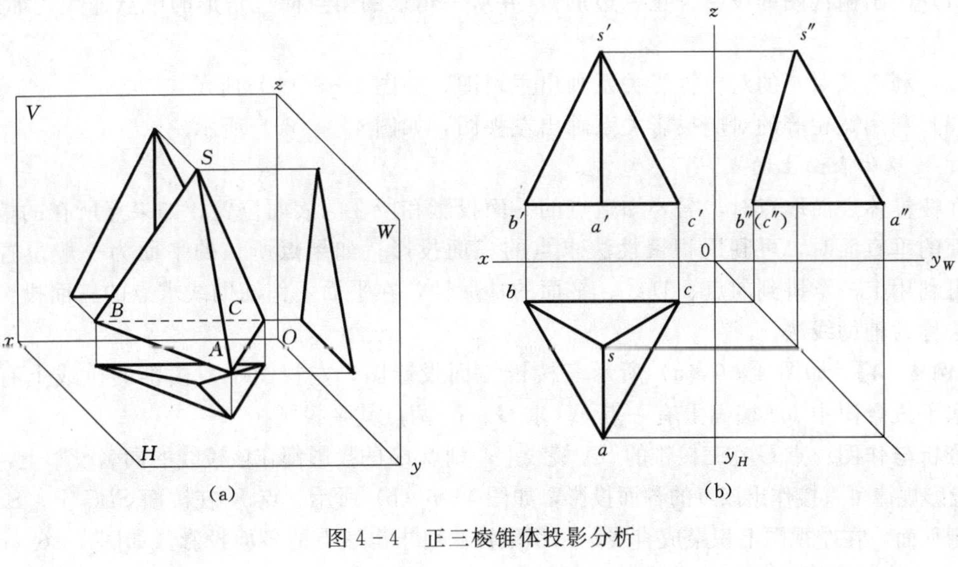

图 4-4　正三棱锥体投影分析

分析与作图： 为画图简便，正三棱锥的底面放置为水平面，后侧面是侧平面，其余两侧面都是一般位置平面。棱线 SA 为侧平线，棱线 SB 和 SC 为一般位置直线。

水平投影中的正三角形线框 abc 是底面的投影，反映实形。顶点的投影 s 在正三角形的中心，它与三个角点的连线是三条侧棱的投影，三个三角形线框 sab、sac、sbc 是三个侧面的投影。

正面投影中的水平线 $a'b'c'$ 是底平面 ABC 的积聚投影，$s'a'$、$s'b'$、$s'c'$ 直线是三棱锥上三条棱线的投影，三角形线框 $s'a'b'$、$s'a'c'$、$s'b'c'$ 分别是棱锥上三个棱面的投影。

侧面投影中的水平线 $a''b''c''$ 是棱锥底面的积聚投影。三角形线框 $s''a''b''$ 与 $s''a''(c'')$ 是左右两棱面的投影重合，后面的斜直线 $s''b''(c'')$ 是棱锥后方棱面 SBC 的积聚投影。

3. 棱锥体三面投影图的画法

棱锥体三面投影图一般是先画底面的实形，再利用投影关系画出其余的投影图。

直立正三棱锥三面投影图的画法如图 4－5 所示。

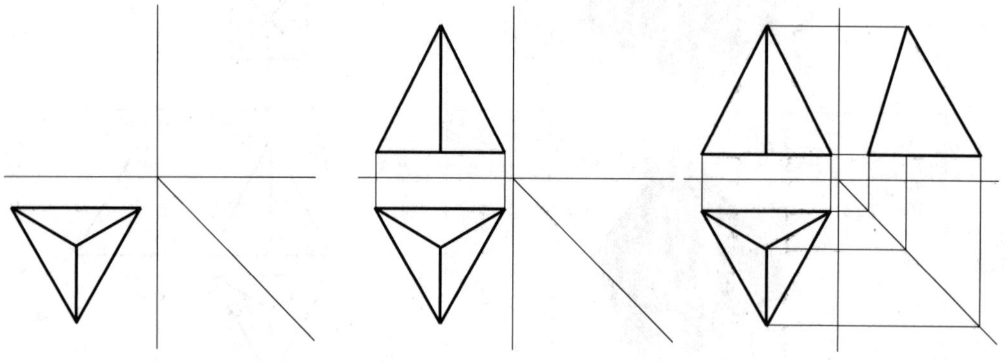

(a)　　(b)　　(c)

图 4－5　正三棱锥三面投影图的画法

具体步骤为：

(1) 画出俯视图的投影“正三边形”，并从三角形的角点向三角形的中点连线，如图 4－5 (a) 所示。

(2) 利用长对正的对应投影关系画出主视图，如图 4－5 (b) 所示。

(3) 利用宽相等的对应投影关系画出左视图，如图 4－5 (c) 所示。

4. 棱锥体表面上的点

在棱锥体表面取点时，需要知道点的一面投影和所在的表面位置，如果点所在的棱面是投影面的垂直面时，可利用积聚性法求点的三面投影；如果点所在的平面为一般位置平面时，可利用上一章讲到的点、直线、平面的从属性，在平面上作辅助线求点的三面投影，这种方法称为辅助线法。

【例 4－4】 如图 4－6 (a) 所示三棱锥三面投影图，左视图中三棱锥的棱线上有一点 g''，水平投影图中 sbc 棱面上有一点 k。求 G、K 两点其余投影。

分析与作图： 点 G 在三棱锥的 SA 棱线上，则点 G 的投影都在该棱线的同名投影上，利用点的投影规律可直接作出该点的各面投影，如图 4－6 (b) 所示。点 K 在棱面 SBC 上，SBC 平面是侧垂面，在左视图上积聚成直线，用积聚性法可求出该点的各面投影，如图 4－6 (d) 所示。求点 K 的投影，也可以应用辅助线法，如图 4－6 (c) 所示。

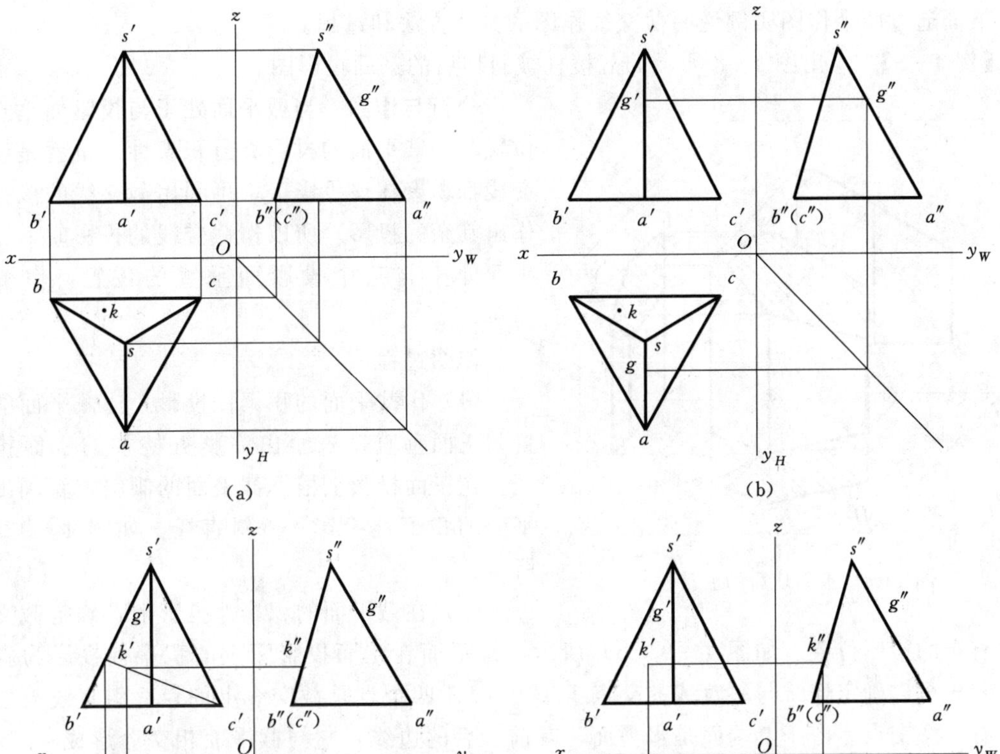

图 4－6　三棱锥表面上点的投影

三、平面体的截交线

图 4－7 所示是截平面截切四棱锥的情况。由于平面基本体的表面都是平面，所以截交线是封闭的多边形，多边形的各顶点是平面基本体各棱线上的点。因此，作平面体上截交线的投影，就是求直线上点的投影。

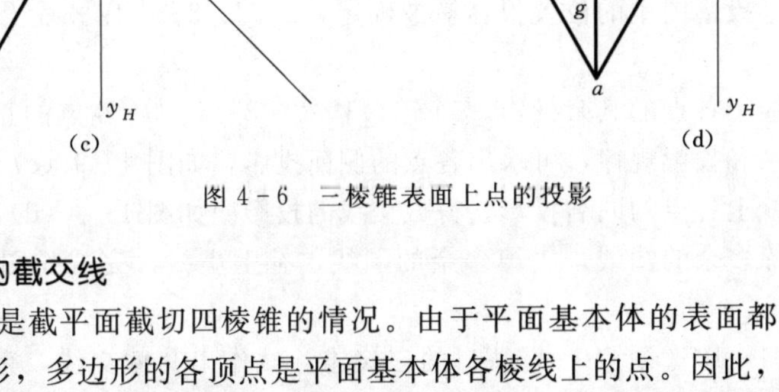

图 4－7　截平面截切四棱锥

下面通过两个作图实例说明截交线作图的具体方法和过程。

【例 4-5】 绘出图 4-8 所示的五棱柱被斜切后的三面投影图。

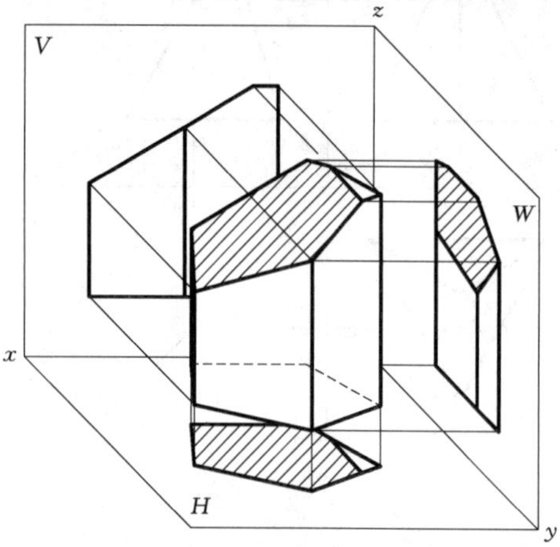

图 4-8 被斜切后的五棱柱

分析与作图： 当截平面处于与投影面垂直的位置时，截平面的投影具有积聚性。也就是说截交线都积聚在该投影上，可利用截交线的该投影作出其余的投影。所以作截交线的投影时，让截平面处于与某个投影面垂直的位置，作图较简单。

作图过程：

（1）作截平面的积聚性投影。让截平面的位置与正面垂直，先绘出完整五棱柱的三面投影图，在正面投影上根据截平面的倾斜位置画出截平面的积聚性投影——斜直线。如图 4-9（a）所示。

（2）在截平面的积聚性投影上，确定截交线上所有点的投影位置。如图 4-9（b）所示，截平面在正面投影图上的积聚性投影为斜直线，首先可以确定棱线与斜直线的交点 1、2、3、4 四个点是截交线上的点。斜直线与上端面也有一个交点，由于上端面是水平面，有前、后的边线，它与截平面相交会形成 5、6 两个交点，5、6 两点是重影点。由此可以确定本例的截交线由六个点构成，其图形是封闭的六边形。

这六个点在水平投影图中的位置很容易被确定，1、2、3、4 在棱线上，5、6 在上端面的边线上。

（3）作出截交线上各点的其余投影。确定了 1、2、3、4、5、6 点的正面投影位置，根据点、线的从属关系和投影规律，可求出各点的侧面投影，如图 4-9（c）所示。

（4）连接截交线上各点的同名投影，得截交线的投影。如图 4-9（d）所示。

（5）修剪或擦除多余的图线。去掉多余的图线，补上虚线，完成作图。如图 4-9（e）所示。

【例 4-6】 图 4-10（a）为一带缺口的三棱锥，试作出其截交线，完成棱锥体的三面投影图。（图中双点画线为成型前原始轮廓线）

分析与作图： 三棱锥的缺口是由一个水平面和一个正垂面切割三棱锥而形成的。因水平截平面平行于底面，所以它与前棱面的交线 DE 必平行于底边 AB，与后棱面的交线 DF 必平行于底边 AC。正垂截平面分别与前、后棱面相交于直线 GE、GF。由于两个截平面都垂直于正面，所以它们的交线 EF 一定是正垂线。因这两个截平面都垂直于正面，所以 $d'e'$、$d'f'$ 和 $g'e'$、$g'f'$ 都分别重合在它们的有积聚性的正面投影上，$e'f'$ 则位于它们的有积聚性的正面投影的交点处。

作图过程：

（1）如图 4-10（b）所示，由 d' 在 sa 上作出 d，由 d'、g' 分别在 sa、$s''a''$ 上作出 d、d''、g、g''。

（2）如图 4-10（c）所示，由 d 作 $de//ab$，$df//ac$，再分别由 e'、f' 在 de、df 上作

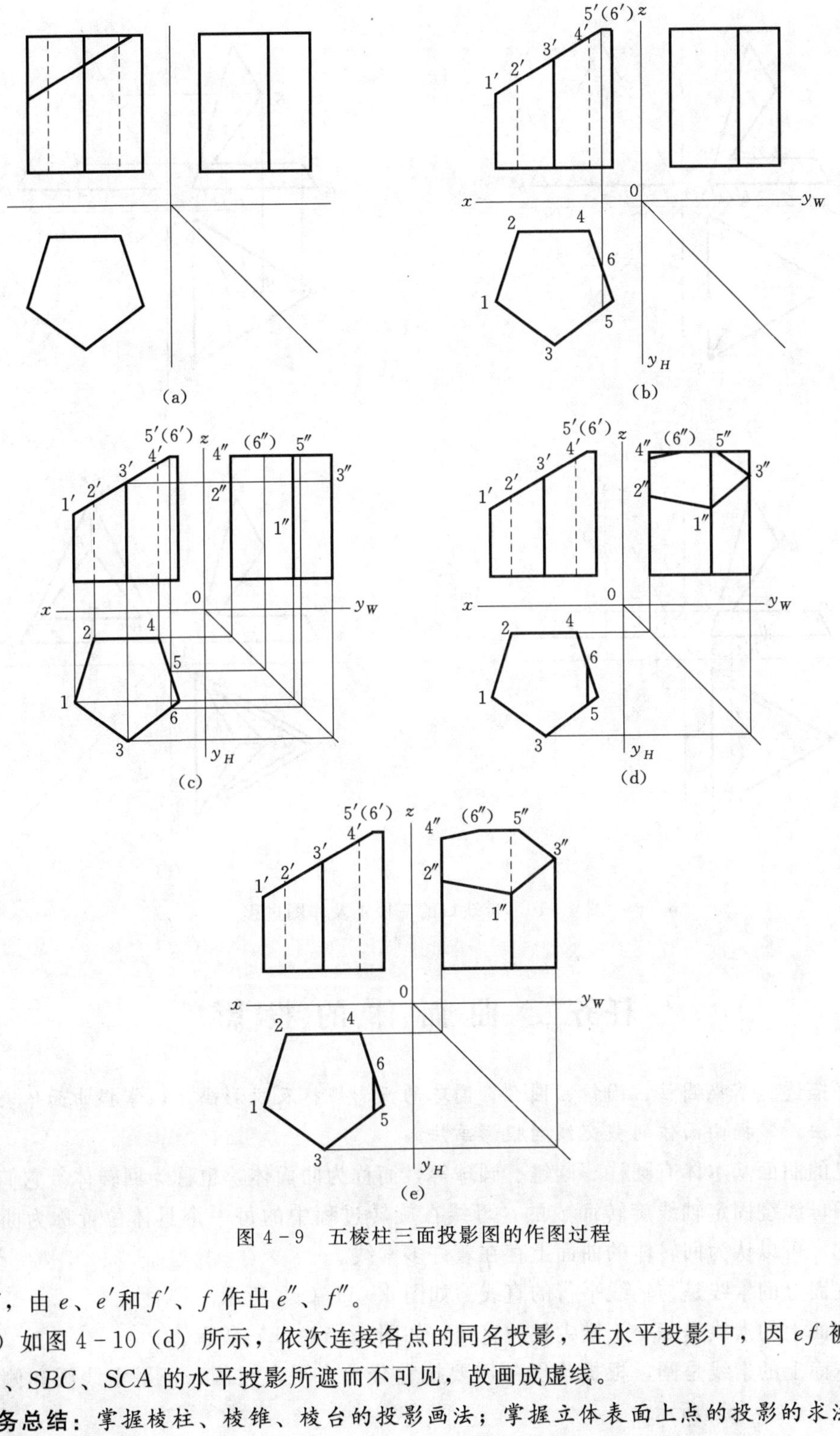

图 4-9　五棱柱三面投影图的作图过程

出 e、f，由 e、e'和 f'、f 作出 e''、f''。

(3) 如图 4-10 (d) 所示，依次连接各点的同名投影，在水平投影中，因 ef 被三个棱面 SAB、SBC、SCA 的水平投影所遮而不可见，故画成虚线。

任务总结：掌握棱柱、棱锥、棱台的投影画法；掌握立体表面上点的投影的求法；掌握立体截交线的求法。

任务学习拓展：立体被多个平面相截及穿孔，立体截交线的求法。

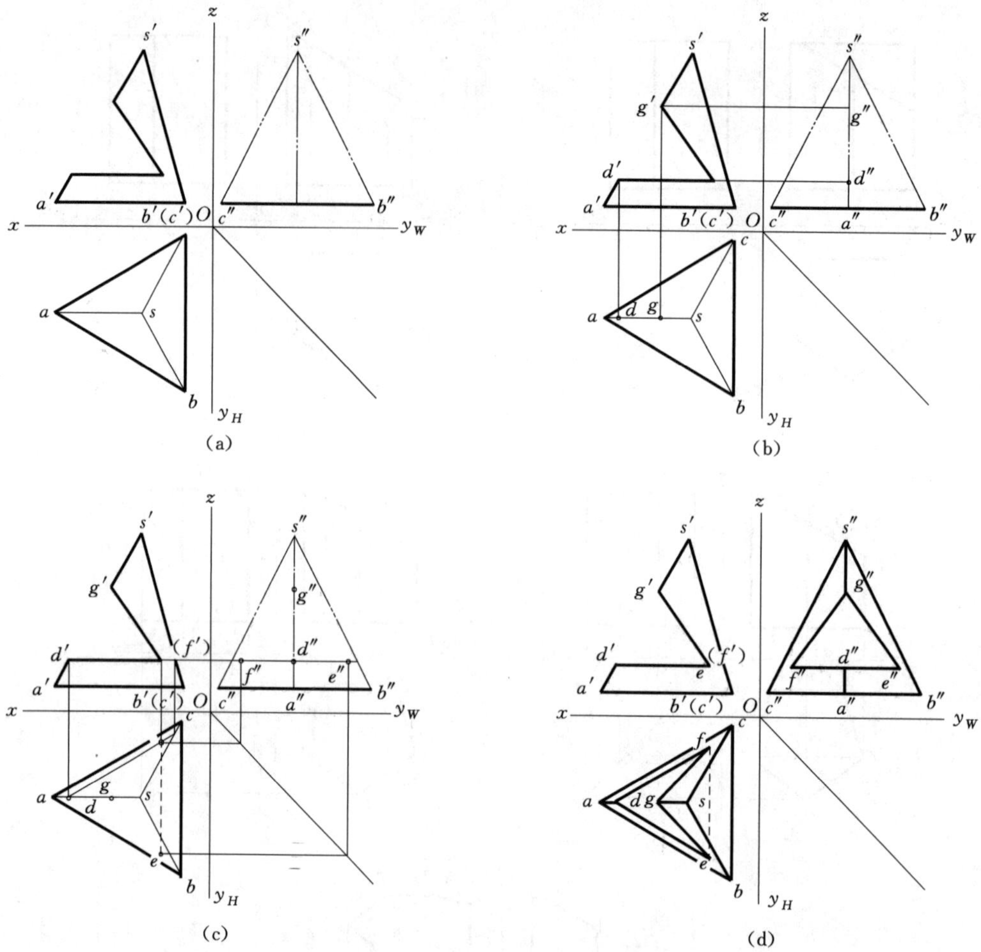

图 4-10 带缺口的三棱锥及作图过程

任务二 曲面体的投影

任务描述：掌握圆柱、圆锥、圆台、圆球的投影规律及投影画法，掌握曲面体表面上点的投影求法，掌握曲面体的截交线的投影画法。

常见的曲面基本体有圆柱、圆锥、圆球等，简称为曲面体，也称为回转体。它们的表面是由一条母线绕固定轴线旋转而成的，母线在旋转过程中的每一个具体位置称为曲面的素线。因此，可以认为回转体的曲面上存在着许多素线。

圆柱面上的素线是与轴线平行的直线。如图 4-11 (a) 所示。

圆锥面上的素线是相交于锥尖处的直线，如图 4-11 (b) 所示。

圆球面上的素线是圆，根据作图的需要把它分为水平素线圆、正平素线圆和侧平素线圆，如图 4-11 (c) 所示。

当截平面截切曲面体时，形成截交线，截交线的形状与曲面体形状和截平面的位置相关，通常截断面多是矩形、圆、椭圆、抛物线等较规则的平面图形，如图 4-12 (a) 所示。

(a) (b) (c)

图 4-11 曲面体及表面上的素线

(a) 圆柱；(b) 圆锥；(c) 圆球

截交线都是截平面与曲面体表面的共有线。因此，求截交线就是求截平面和曲面体表面的若干共有点，然后依次光滑地连接各点的同名投影。

当另一基本体与曲面体相交时，形成相贯线，相贯线多是不规则的空间曲线。如图 4-12（b）所示。它们都是两相贯体表面的共有线。求相贯线的过程与求截交线的过程是一样的，只不过相贯线的投影形状不容易判断。

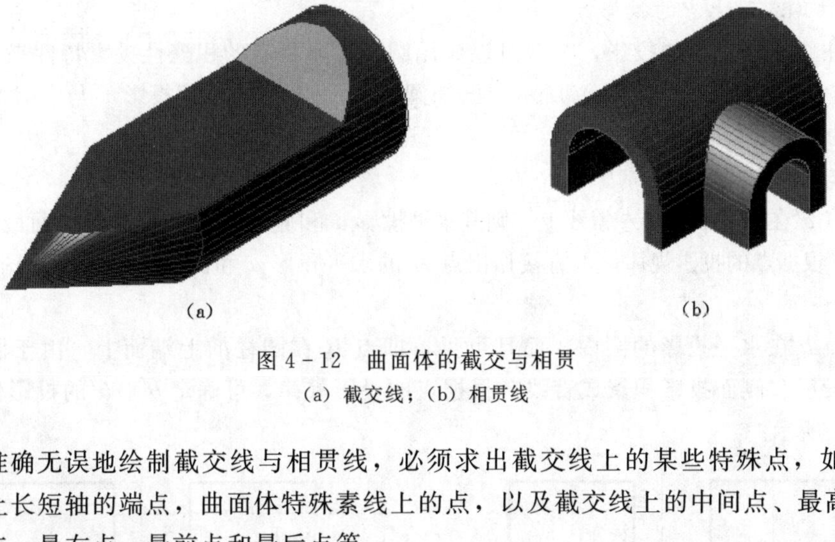

(a) (b)

图 4-12 曲面体的截交与相贯

(a) 截交线；(b) 相贯线

为了准确无误地绘制截交线与相贯线，必须求出截交线上的某些特殊点，如直线的端点，椭圆上长短轴的端点，曲面体特殊素线上的点，以及截交线上的中间点、最高点、最低点、最左点、最右点、最前点和最后点等。

一、圆柱体及截交线

1. 圆柱体的投影

图 4-13 为一轴线垂直于水平投影面的正圆柱体的直观投影图和三面投影图。

圆柱体由圆柱面和上、下端面围成，圆柱的上下两端面为水平面，它的水平投影反映实形仍为圆，正面投影和侧面投影均积聚为直线。

圆柱体轴线垂直于水平投影面，圆柱面的水平投影积聚在上、下端面的圆上，圆柱面的正面投影和侧面投影都为矩形。

圆的正面投影图中矩形的两边线为最左和最右素线的投影，轴线处为最前、最后素线的投影位置。圆的侧面投影图中矩形的两边线为最前、最后素线的投影，轴线处为最左、最右

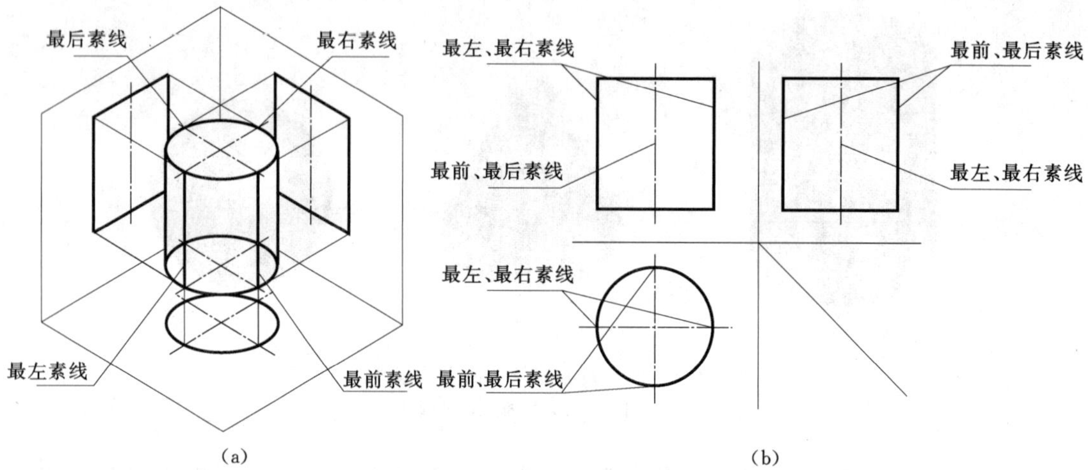

图 4-13　圆柱的三面投影分析

(a) 直观投影图；(b) 三面投影图

素线的投影位置。

需要注意的是应在投影图中用点画线画出圆柱体轴线的投影和圆的中心线。

2. 圆柱体表面上点的投影

求圆柱体表面上点的投影，一般可以应用圆柱表面具有的积聚性投影特性来作图。

【例 4-7】 如图 4-14 (a) 所示，已知圆柱体上点 A 的正面投影 a' 与点 B 的水平投影 b 及点 C 的侧面投影 c''。试求出 A、B、C 三点的其他两面投影。

分析与作图：

(1) 点 a' 在圆柱面的最左素线上，则其水平投影 a 和侧面投影 a'' 都在圆柱面最左素线的同名投影上。根据点的投影规律，可直接作出点 A 的水平投影 a 和侧面投影 a''。如图 4-14 (b) 所示。

(2) 点 b 在水平投影的圆内，而且可见，即点 B 在圆柱的上端面上，由于圆柱的上端面的正面投影和侧面投影积聚成直线，根据点的投影规律，可确定 b'、b'' 的投影位置。如图 4-14 (c) 所示。

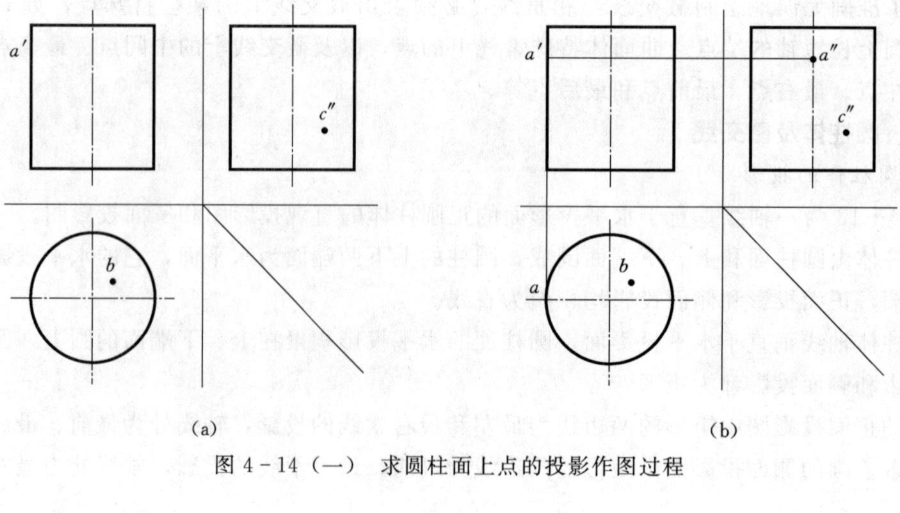

图 4-14 (一)　求圆柱面上点的投影作图过程

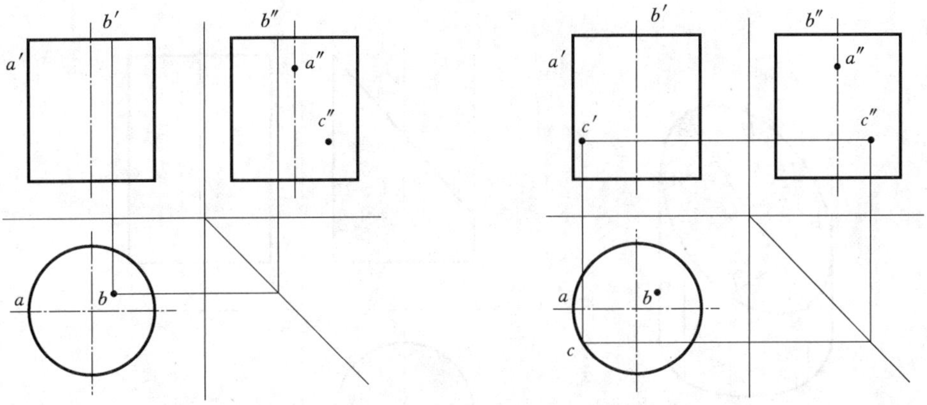

(c)　　　　　　　　　　　　　　(d)

图 4-14（二）　求圆柱面上点的投影作图过程

（3）点 c''在圆柱面的前左方，这类点称为一般点，由于它在圆柱面上，它的水平投影必然也积聚在圆线上，根据点的投影规律，可求出 c、c'的投影，如图 4-14（d）所示。

3. 圆柱体的截交线

根据截切平面与圆柱的相对位置不同，截交线有以下几种常见情况，见表 4-3。

表 4-3　　　　　　　　平面与圆柱的截交线

截平面位置	平行或垂直于轴线			倾斜于轴线
实体图	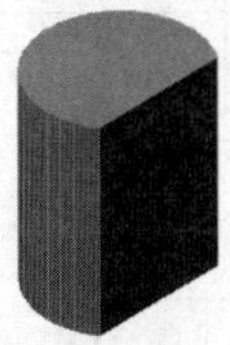		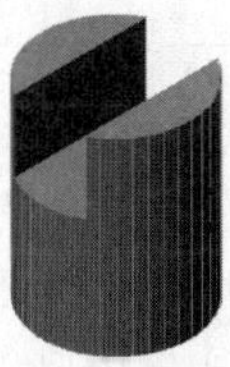	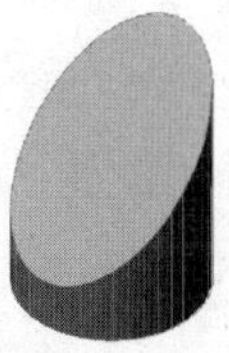
三面投影图	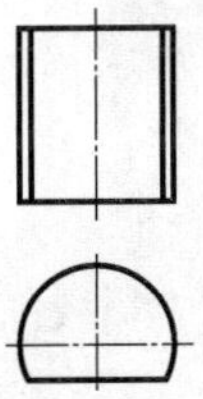	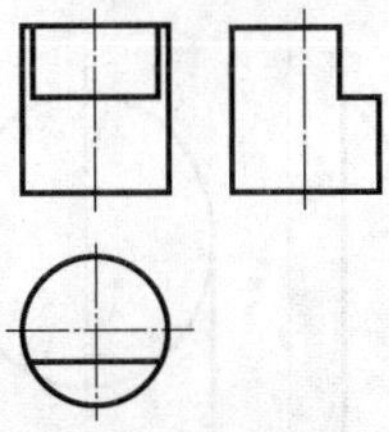	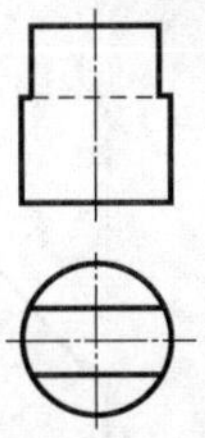	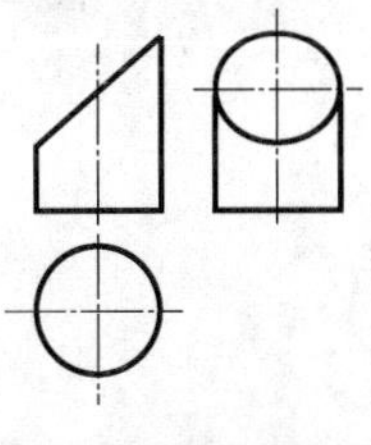
截交线	直线或圆弧			椭圆

【例 4-8】　如图 4-15（a）所示，试作圆柱被正垂面截切后的三视图。

分析与作图： 圆柱被正垂面倾斜于轴线截切，截交线为一椭圆。因圆柱面垂直于水平面，其水平投影有积聚性，所以截交线的水平投影积聚在圆周上；因截平面垂直于正面，其正面投影积聚成一斜线，故交线的正面投影也积聚在这条斜线上；因截平面倾斜于侧面，故截交线的侧面投影是椭圆。作图时，根据投影规律可找出交线上 A、B、C、D、E、F、G、H 点的三面投影，如图 4-15（a）所示，然后将各点光滑地连成椭圆（如应用计算机绘图，只需找 A、B、C、D 四个特殊点）。

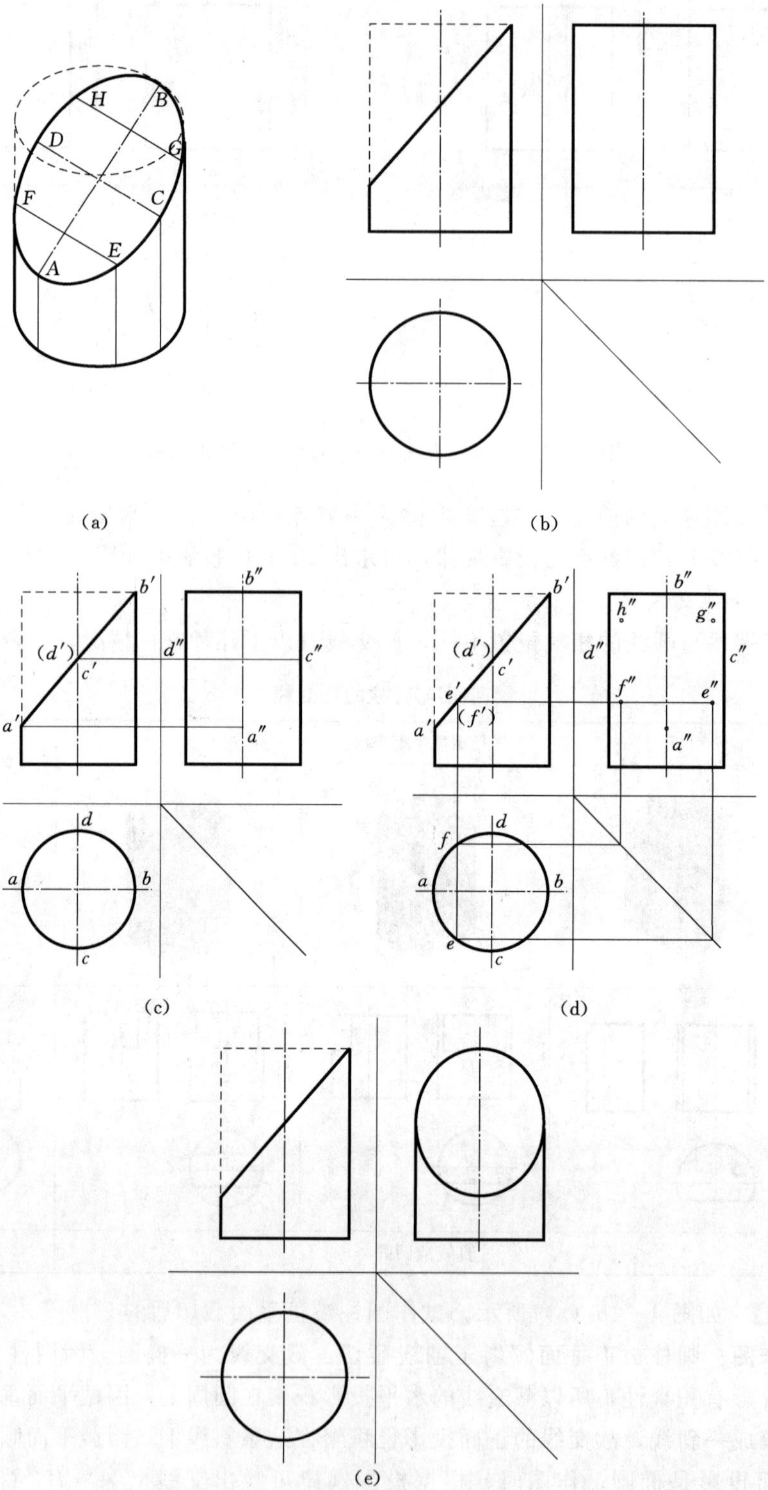

图 4-15　斜切圆柱截交线的作图过程

作图步骤：

(1) 作出完整的圆柱三面投影图，在正面投影上作出截平面的积聚投影，如图 4-15 (b) 所示。

(2) 求特殊点。截平面的正面投影与圆柱面上最前、最后、最左、最右素线的交点 A、B、C、D 称为特殊点，由正面投影可求出特殊点的侧面投影 a''、b''、c''、d''。$a''b''$、$c''d''$分别为椭圆的长短轴，如图 4-15 (c) 所示。

(3) 求一般点。在交线正面投影上取 e、(f')，利用积聚性求出水平投影 e、f，再根据投影规律求出其侧面投影 e''、f''，然后根据点的对称性再求出点 g''、h''，如图 4-15 (d) 所示。

(4) 依次光滑连接各点，形成一个椭圆（此椭圆在 cd 处与圆柱前后轮廓线相切），擦去被切掉的图线，加深轮廓，完成作图，如图 4-15 (e) 所示。

【例 4-9】 如图 4-16 (a) 所示，圆柱体被截去一角，试完成其水平投影和侧面投影。

分析与作图： 截平面是侧平面和水平面，作图如图 4-16 (b) 所示。

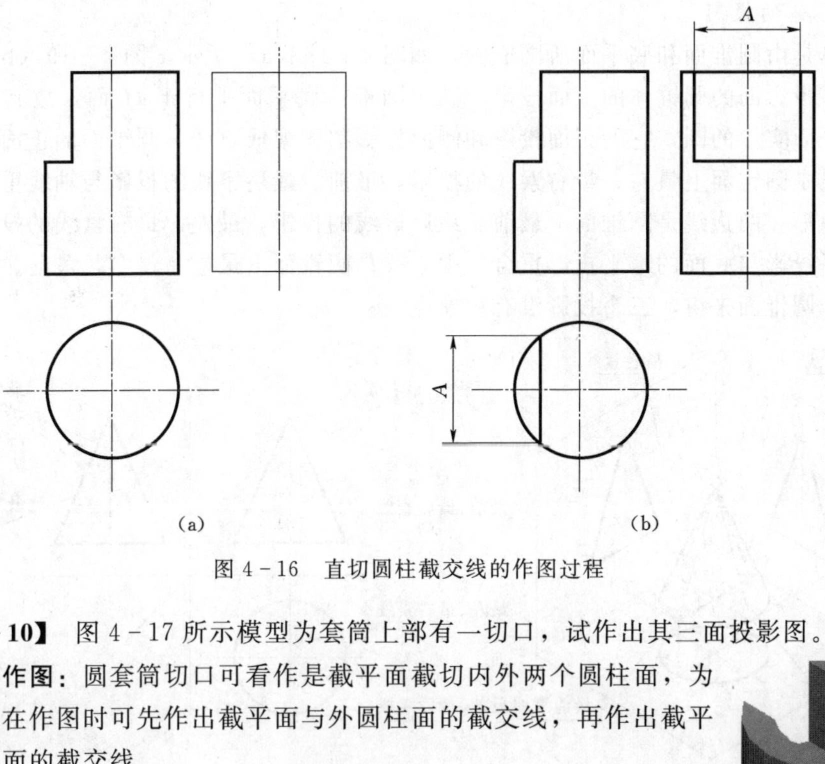

(a)　　(b)

图 4-16　直切圆柱截交线的作图过程

【例 4-10】 图 4-17 所示模型为套筒上部有一切口，试作出其三面投影图。

分析与作图： 圆套筒切口可看作是截平面截切内外两个圆柱面，为便于分析，在作图时可先作出截平面与外圆柱面的截交线，再作出截平面与内圆柱面的截交线。

切口是由一个水平面和两个侧平面截切圆柱体形成的。在正面投影中，三个平面均积聚为直线；在水平投影中，两个侧平面积聚为直线，水平面为带圆弧的平面图形，且反映实形；在侧面投影中，两个侧平面为矩形且反映实形，水平面积聚为直线（被圆柱面遮住的一段不可见，应画成虚线）。应当指出，在侧面投影中，圆柱面上的最前和最后素线被切去的部分不应画出。

图 4-17　圆套筒切口模型

作图步骤如图 4-18 所示。

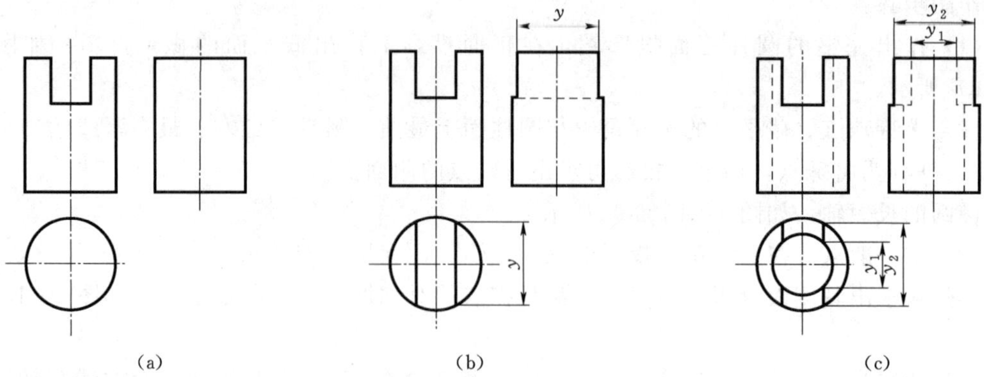

图 4-18 套筒切口部分的截交线

(a) 画切口；(b) 画外圆柱面截交线；(c) 画内圆柱面截交线

二、圆锥体及截交线

1. 圆锥体的投影

圆锥体是由圆锥面和底平面所围成的，如图 4-19（a）所示。图 4-19（b）为一轴线垂直于水平投影面的圆锥体的三面投影。其中圆锥体底平面平行于 H 面，故其水平面投影为反映底平面实形的圆，它的正面投影和侧面投影都积聚成直线。圆锥面的正面投影是三角形，两边线是圆锥面上最左、最右素线的投影，最前、最后素线的投影与轴线重合。侧面投影也是三角形，两边线是圆锥面上最前、最后素线的投影，最左、最右素线的投影也与轴线重合。水平投影与底面的水平投影重合，中心线是圆锥面上最左、最右、最前、最后素线的位置。对于圆锥面来讲，三个投影没有积聚性。

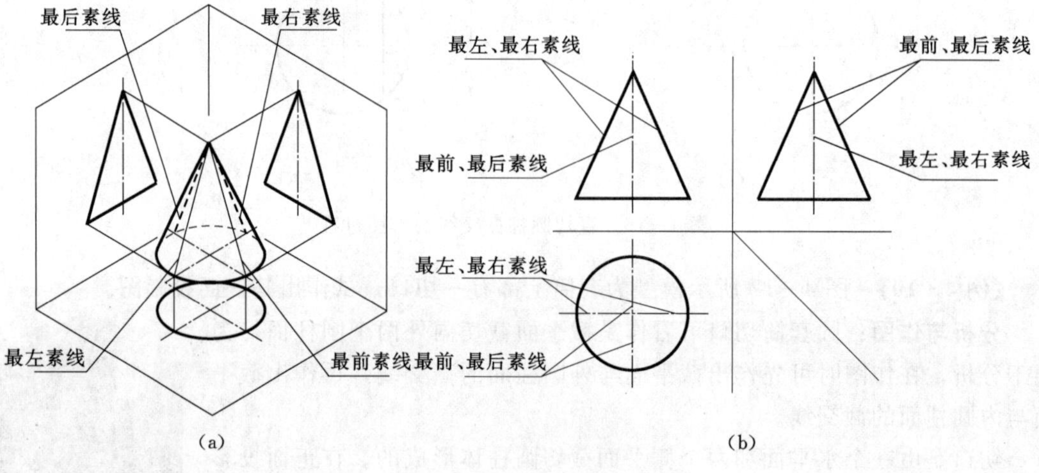

图 4-19 圆锥体三面投影分析

(a) 直观投影图；(b) 三面投影图

2. 圆锥体三面投影图的画法

圆锥体三面投影图的画法步骤如下：

（1）画水平投影的中心线及底面圆，如图 4-20（a）所示。

（2）确定顶点高度，画出正面投影和侧面投影，如图 4-20（b）所示。

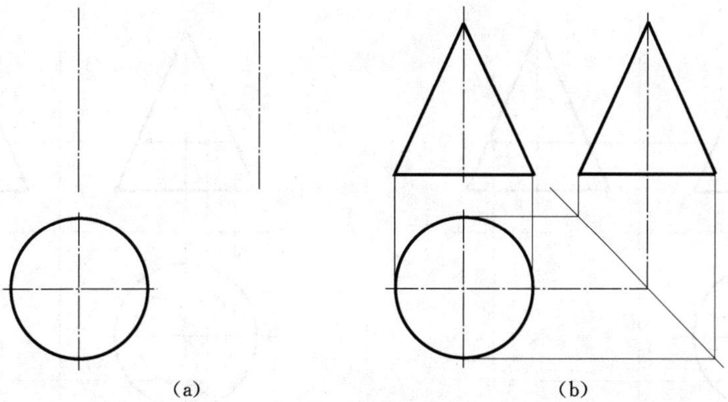

图 4-20　圆锥的三面投影图画法

3. 圆锥体表面上点的投影

根据圆锥体的形成可知，圆锥面的三个投影都没有积聚性，所以在圆锥表面上取点时，不能采用积聚性法。在圆锥表面上求点的投影，必须借助辅助直线或者是辅助圆，利用点和线的从属性来求解，如图 4-21 所示。这两种方法分别称为辅助素线法和辅助圆线法。

【例 4-11】 如图 4-22 所示，已知 A 的正面投影 a，求点 A 的其他两面投影。

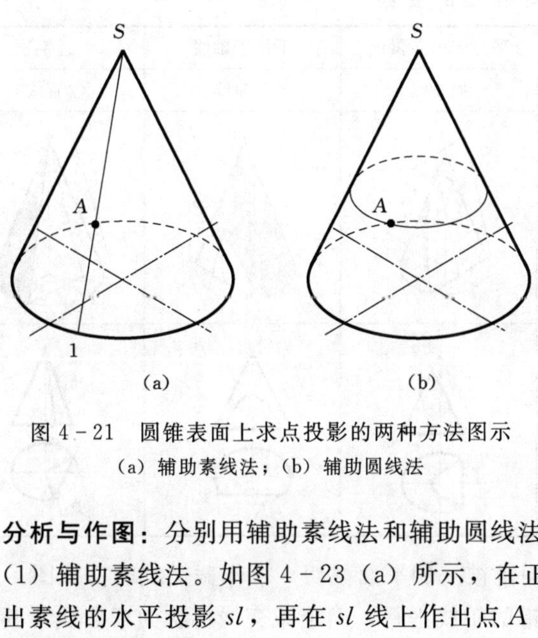

图 4-21　圆锥表面上求点投影的两种方法图示
(a) 辅助素线法；(b) 辅助圆线法

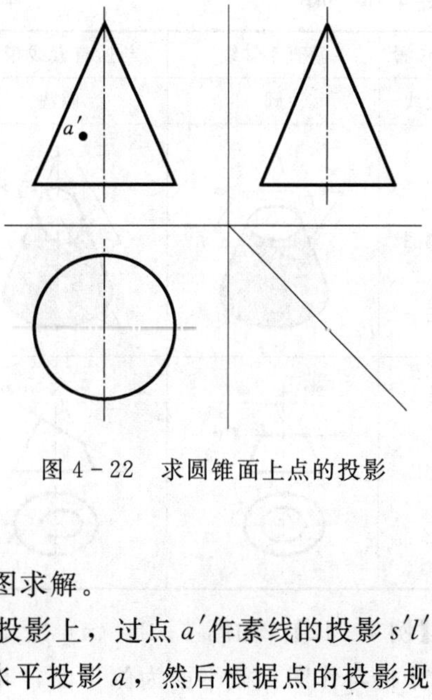

图 4-22　求圆锥面上点的投影

分析与作图：分别用辅助素线法和辅助圆线法作图求解。

(1) 辅助素线法。如图 4-23 (a) 所示，在正面投影上，过点 a' 作素线的投影 $s'l'$，接着作出素线的水平投影 sl，再在 sl 线上作出点 A 的水平投影 a，然后根据点的投影规律作出点 A 的侧面投影 a''。

(2) 辅助圆线法。如图 4-23 (b) 所示，在正面投影上，过 a' 作水平线，交圆锥的最左与最右素线于 c、d 两点，cd 直线即为过点 A 的辅助圆在正面上的积聚投影，其长度等于辅助圆直径。以 cd 为直径、以 s 为圆心在圆锥的水平投影上作圆，点 A 的水平投影 a 即在该圆上。再根据点的正面投影 a' 和水平投影 a 求得点 A 的侧面投影 a''。

4. 圆锥体的截交线

当平面与圆锥相交时，由于平面对圆锥的相对位置不同，其截交线可以是圆、椭圆、抛

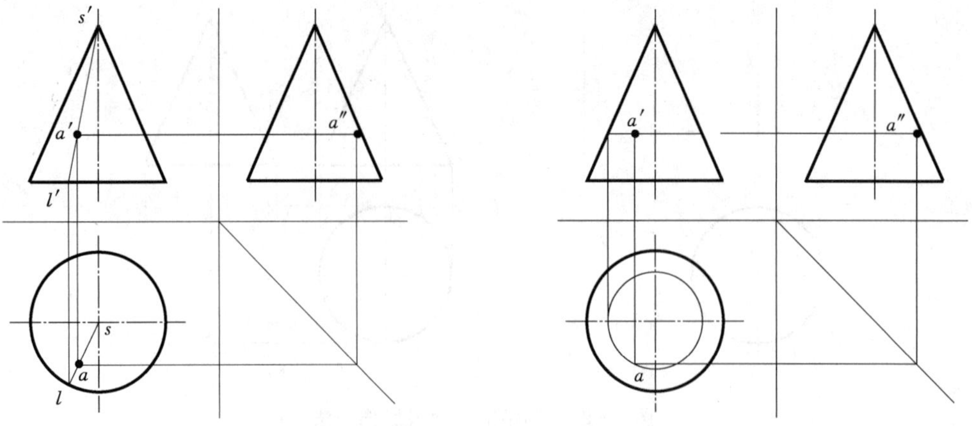

(a)　　　　　　　　　　　　(b)

图 4-23 圆锥面上求点投影的两种作图方法

(a) 辅助素线法作图；(b) 辅助圆线法作图

物线或双曲线，这四种曲线总称为圆锥曲线；当截切平面通过圆锥顶点时，其截交线为过锥顶的两直线。参看表 4-4。

表 4-4　　　　**平面与圆锥的交线**

截面位置	垂直于轴线	与所有素线相交	平行于一条素线	平行于轴线	过锥顶
截交线	圆	椭圆	抛物线	双曲线	直线
轴测图	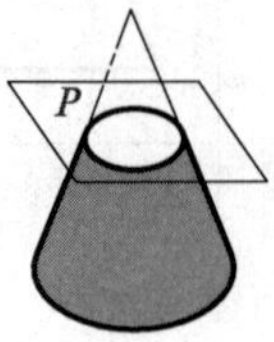	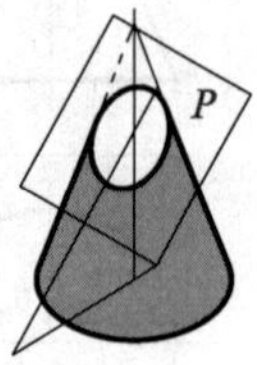	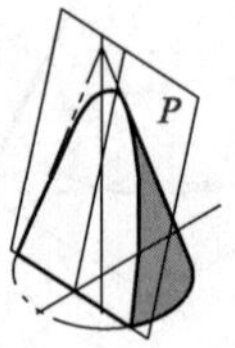	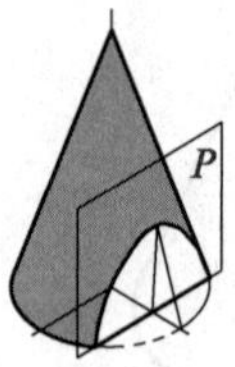	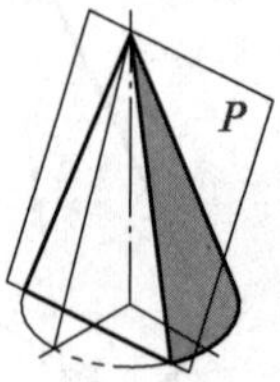
投影图	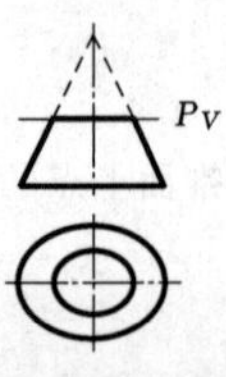	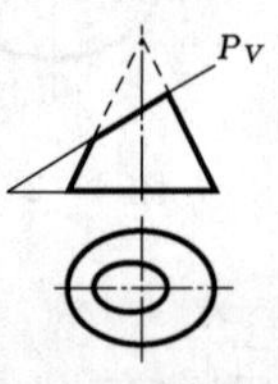	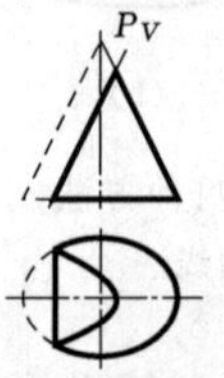	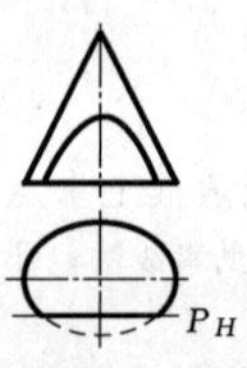	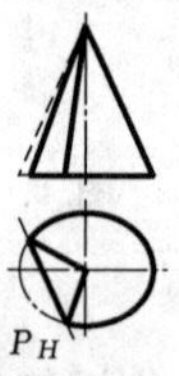

【例 4-12】 如图 4-24（a）所示，圆锥被一侧平面截切，求作截交线的三视图。

分析与作图： 截平面为侧平面，与圆锥的轴线平行，确定截交线形状为双曲线。其水平投影和正面投影分别积聚为一直线，侧面投影反映实形。

作图步骤：

（1）求特殊点：如图 4-24（b）所示，最高点 A 是圆锥最左素线上的点，最低点 B、C 为圆锥底面棱线圆上的点，根据点的从属性求出 A、B、C 三点的三面投影。

（2）求一般点：如图 4-24（c）所示，在水平投影中作一辅助圆，与截交线的积聚投影相交于 e、d 两点，E、D 两点为截交线上的点。然后作出辅助圆线的正面投影，再根据点线的从属性和投影规律求出 E、F 两点的正面投影 $e'd'$ 和侧面投影 $e''d''$。

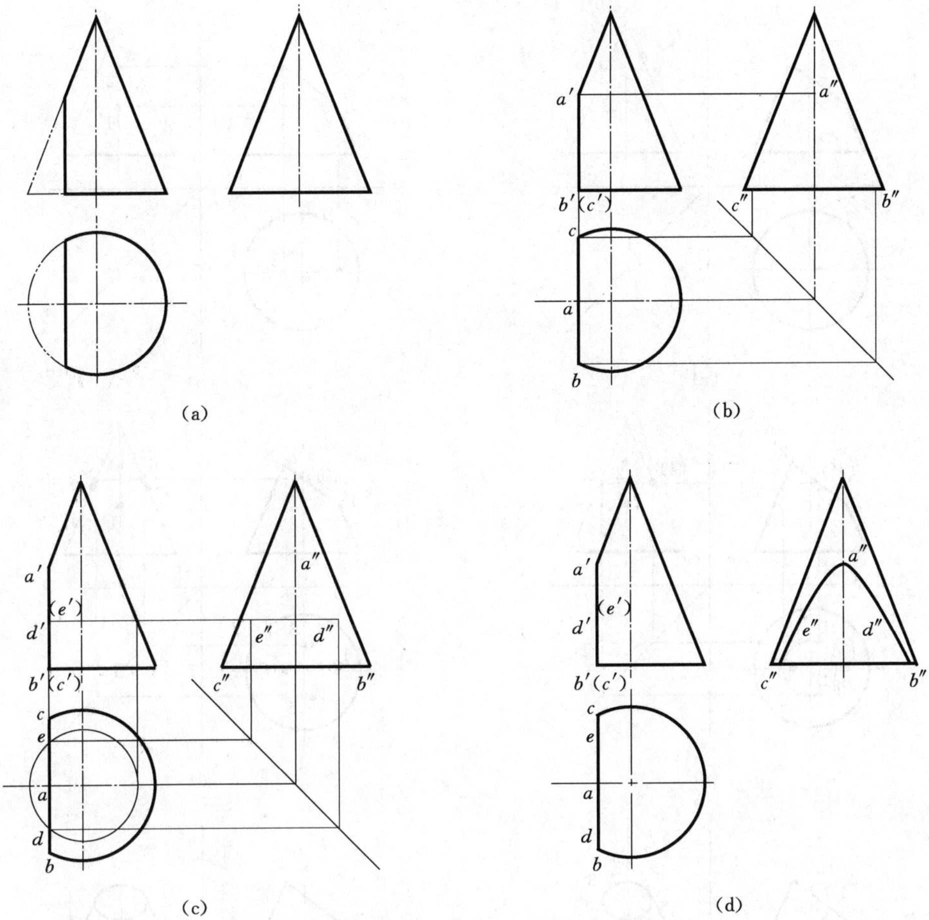

图 4-24 圆锥上双曲线截交线的作图过程

(3) 如图 4-24 (d) 所示，依次光滑连接 a''、b''、c''、d''、e''各点，即得截交线的侧面投影。

【例 4-13】 如图 4-25，已知圆锥被斜截后的正面投影，试作出其截交线，完成三面投影图。

分析与作图：圆锥被斜截，截交线是椭圆，正面投影积聚成直线，其余两面投影均是椭圆，椭圆长轴、短轴的端点是必须找到的特殊点，另外再找出素线上的点，光滑连接各点。

作图步骤：

(1) 在正面投影中，截平面与圆锥面最左素线的交点 $1'$、$2'$两点是椭圆一个轴的两端点，可在相应的素线上直接找出 $1'$、$2'$两点的其余两面投影。如图 4-25 (b) 所示。

(2) 在正面投影中，截平面积聚成直线，直线的中点 $3'$、$4'$两点是椭圆另一个轴的两端点，利用辅助素线法或辅助圆线法，找出 $3'$、$4'$两点的其余两面投影。如图 4-25 (c) 所示。

(3) 在正面投影中，截平面与圆锥面上最前、最后素线的交点 $5'$、$6'$两点是椭圆上的任意点，也是侧面投影中最前、最后素线的上端点，可在相应的素线上直接找出 $5'$、$6'$两点的其余两面投影。如图 4-25 (d) 所示。

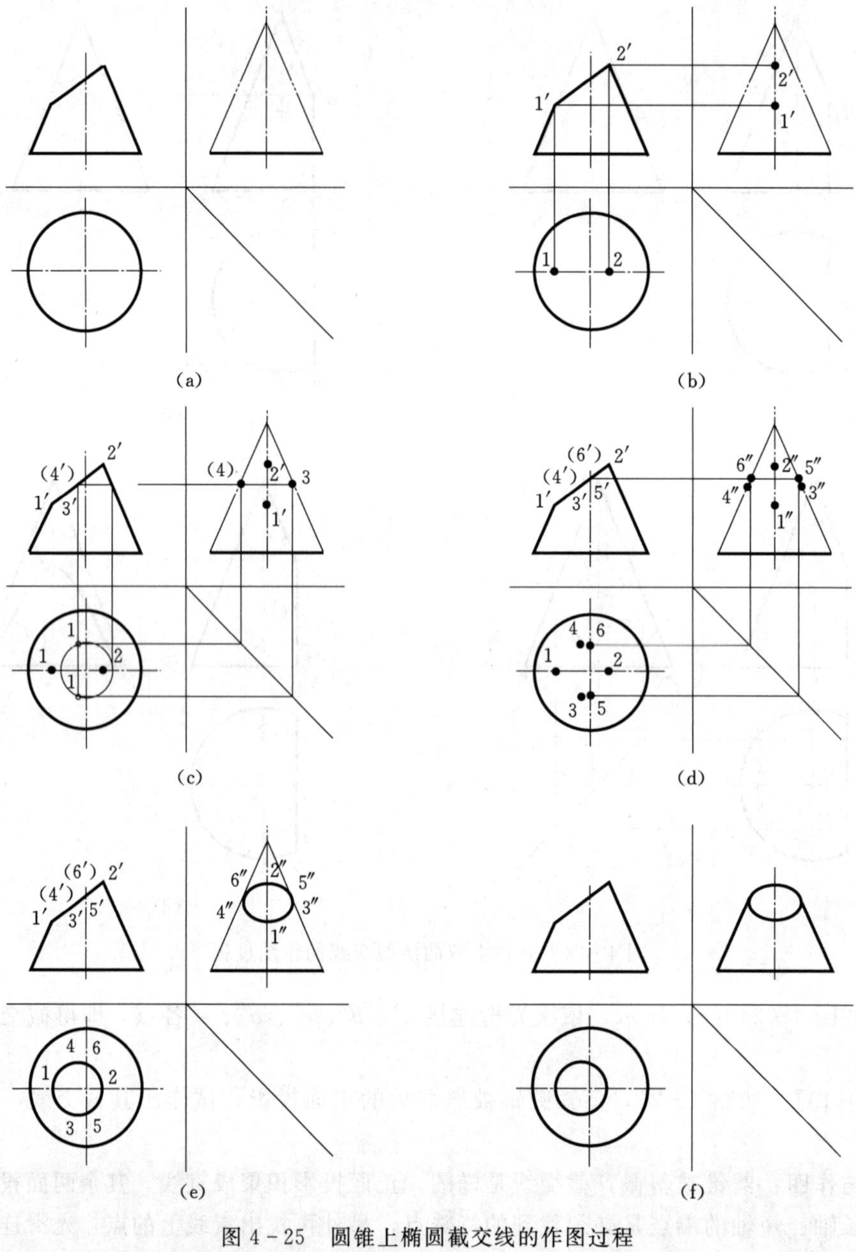

图 4－25　圆锥上椭圆截交线的作图过程

(4) 将各点的同名投影光滑连接成椭圆。如图 4－25 (e) 所示。

(5) 整理图形。如图 4－25 (f) 所示。

【例 4－14】 如图 4－26 (a) 所示，已知圆锥切口的正面投影，求其他两个投影。

分析与作图：切口可以看作是由一个水平面和两个侧平面截切圆锥而成。水平面截切圆锥截交线为圆，本例为不完全切割，所以截交线是两段圆弧。两个侧平面截切圆锥截交线为双曲线，在侧面投影上反映实形。

作图步骤：

(1) 画切口底平面形成的截交线，如图 4－26 (b) 所示，在正面投影上，将底平面的直线延长，与圆锥的最左、最右素线相交于1、2两点，在水平投影上以12线段长为直径，锥尖为圆心画圆，中间对应部分即为截交线圆的水平投影。截交线圆的侧面投影为水平直线（其中被圆锥表面遮住的一段因不可见，应画成虚线，可在最后再修改图形）。

（2）作切口两侧面形成的截交线。切口两侧面的正面投影和水平投影都重影成一条直线，首先在该直线投影上找特殊点，如图4－26（c）所示，在正面投影上确定截交线上的最高点1′，最低点2′、3′。已知点1在最左素线上，可利用点线的从属性，在最左素线的相应投影上，求得1、1″。最低点2、3在底圆上，已知2′、3′就可作出其水平投影2、3和侧面投影2″、3″。然后在最高点和最低点之间再找两个一般点4、5，用辅助素线法（或辅助圆线法）求出5、6两点的三面投影。

（3）依次连接各点完成双曲线的投影，最后整理修改图形。如图4－26（d）所示。

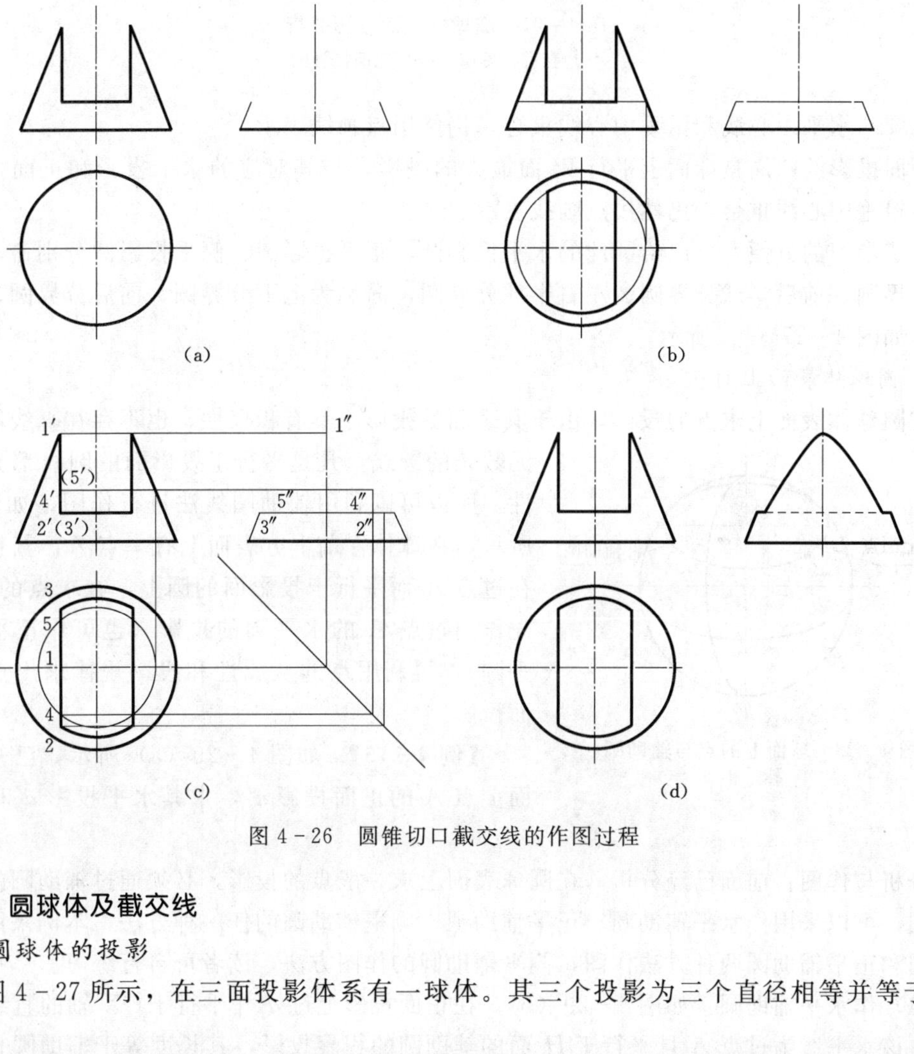

图4－26　圆锥切口截交线的作图过程

三、圆球体及截交线

1. 圆球体的投影

如图4－27所示，在三面投影体系有一球体。其三个投影为三个直径相等并等于球径的圆。

水平投影是球面上平行于 H 面的最大圆的投影，与其对应的正面投影和侧面投影分别与圆的水平中心线重合，用点画线表示。

正面投影的圆周是球面上平行于 V 面最大圆的投影，与其对应的水平投影和侧面投影

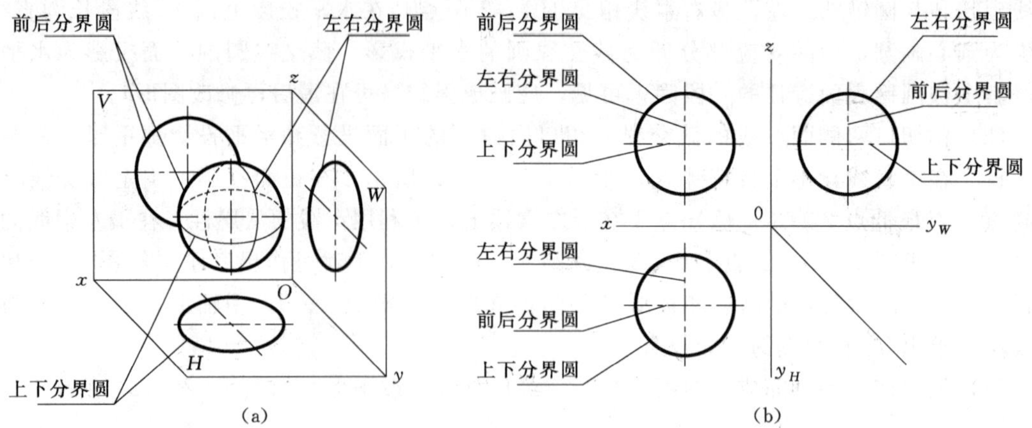

图 4－27 圆球体三面投影分析

(a) 直观投影图；(b) 三面投影图

分别与圆的水平中心线和铅垂中心线重合，仍然用点画线表示。

侧面投影的圆周是球面上平行 W 面最大的投影，与其对应的水平投影和正面投影分别与圆的铅垂中心线重合，仍然用点画线表示。

为了学习的方便，可以给圆球的水平投影圆、正平投影圆、侧平投影圆分别命名为上下半球分界圆、前后半球分界圆、左右半球分界圆，简称为上下分界圆、前后分界圆、左右分界圆。如图 4－27（b）所示。

2. 圆球体表面上的点

在圆球体表面上求点的投影，由于其表面的投影不具有积聚性，也不存在直线段，但有无数条的圆线，凡是平行于投影面的圆线都具有实形性。所以可以利用辅助圆线法进行作图，如图 4－28 所示，在球体左前上方表面上有一点 A，其投影必定在过点 A 而平行于投影面的圆上，在求点的投影时，先作出过点 A 的水平圆的投影（也可作正平圆或侧平圆），再利用点的从属性和投影规律求出点的第三面投影。

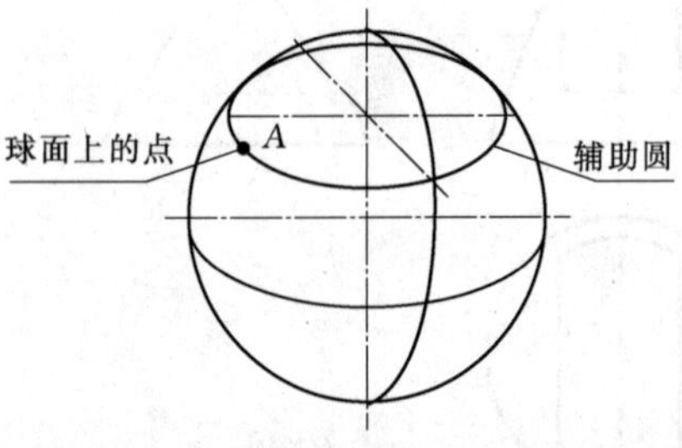

图 4－28 球面上的点与辅助圆

【例 4－15】 如图 4－29（a）所示，已知圆球表面上点 A 的正面投影 a'，求其水平投影 a 和侧面投影 a''。

分析与作图：前面已经分析，在圆球表面上求一般点的投影，必须通过辅助圆的方法进行作图，可以采用作水平辅助圆、正平辅助圆、侧平辅助圆的任一种方法，本例采用作水平辅助圆和正平辅助圆两种方法作图，侧平辅助圆的作图方法，读者可自行练习。

（1）作水平辅助圆：如图 4－29（b），在正面投影上过 a'作平行于 OX 轴的直线，与圆相交，该水平线为过点 A 且平行于 H 面的辅助圆的积聚投影，其长度等于辅助圆直径。作该辅助圆的水平投影，A 点的水平投影 a 即在该圆上，最后再根据 a、a'求得 a''。

（2）作正平辅助圆：如图 4－29（c），在正面投影上以球心为圆心，过点 a'作圆，该圆为圆球面上过点 A 的正平圆的实形，在水平投影图中作出该圆的积聚性投影——水平线，

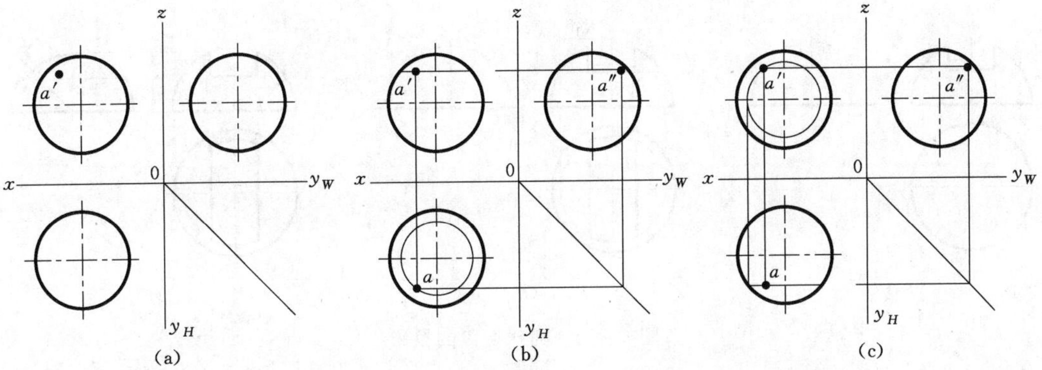

图 4-29 圆球上求点投影的作图过程

即可在该直线上找到点的水平投影 a，最后根据 a、a'求得 a''。

3. 圆球体的截交线

平面与圆球相交，不论平面与圆球的相对位置如何，其截交线都是圆。但由于截切平面对投影面的相对位置不同，所得截交线（圆）的投影有所不同。

在图 4-30（a）中可看出，圆球被水平面截切，所得截交线为水平圆，该圆的正面投影和侧面投影重影成一条直线（如 $a'b'$、$c''d''$），该直线的长度等于所截水平圆的直径，其水平投影反映该圆实形。如图 4-30（b）所示。截切平面距球心越近（h 越小），圆的直径（d）越大；h 越大，其直径越小。

【例 4-16】 绘制图 4-31 所示螺钉头部圆球切口的三面投影图。

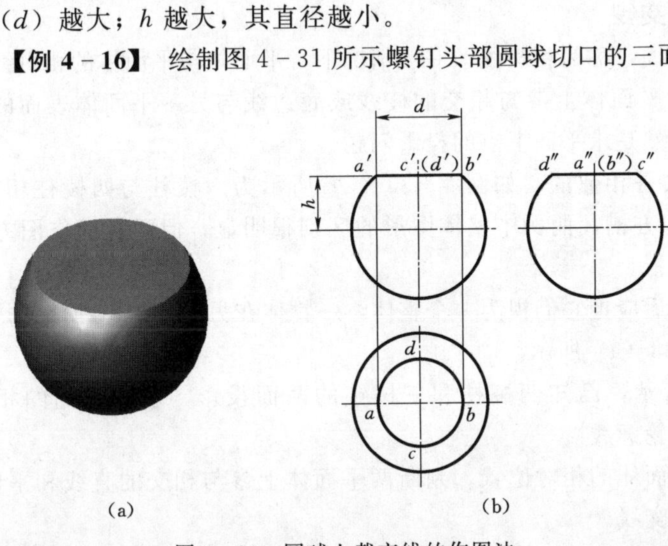

图 4-30 圆球上截交线的作图法

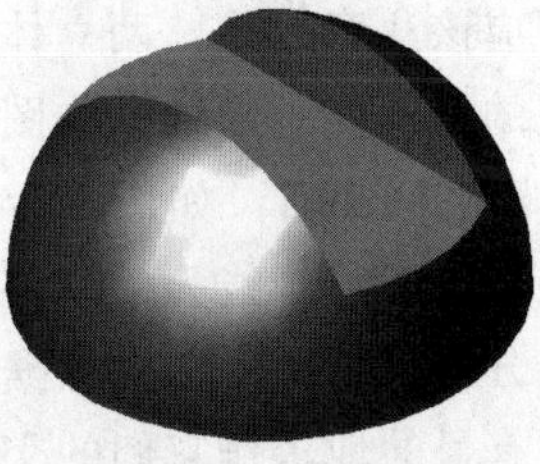

图 4-31 圆球切口

分析与作图： 圆球切口由三个切平面组成，底平面为水平面，两侧面是侧平面。它们在圆球表面上形成的截交线都是圆弧，圆弧的实形分别反映在水平投影和侧面投影上，作图时只需找到圆弧的半径即可。

作图步骤：

（1）作出半球的三面投影草图，在正面投影上作切口的投影，如图 4-32（a）所示。

（2）作切口底平面的圆弧形截交线，如图 4-32（b）所示。

（3）作切口两侧平面的圆弧截交线，如图 4-32（c）所示。

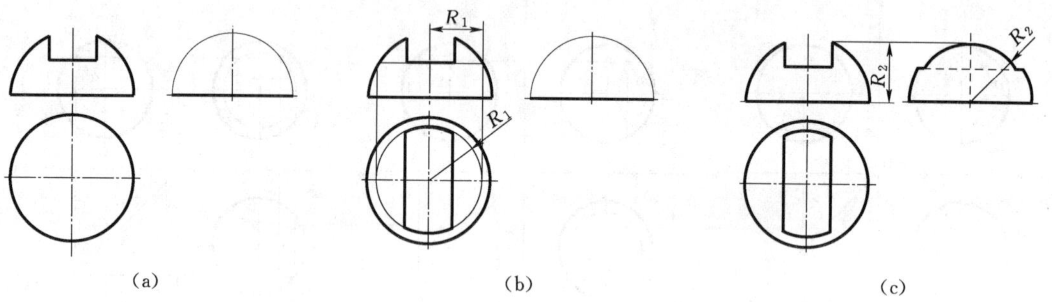

图 4－32　圆球切口的投影

任务总结： 掌握各种基本曲面体的投影画法，会求曲面体表面点和线的投影，熟悉曲面体截交线的求法。

任务学习拓展： 曲面体为多个平面所截或穿孔曲面体的截交线的求法。

任务三　立体表面的交线

任务描述： 了解平面体与平面体、平面体与曲面体、曲面体与曲面体的相贯线的形成及其投影的求法。

一、平面体与平面体的表面交线

两立体相交，表面产生的交线，称为相贯线。一般情况下，平面体与平面体的相贯线是封闭的空间折线，折线的顶点是平面体上参与相交的棱线或底边线与另一平面体表面的交点。所以，求两立体表面交线仍然是求平面上点的投影问题。

相贯线和截交线的作图方法是相似的，如图 4－33（a）所示为六棱柱与四棱柱相贯，图 4－33（b）所示为六棱柱被切方槽，两例中整体图形的区别很明显，但两者的作图方法是相同的。

应该注意的是，两立体相贯后应把它们视为一个整体，一物体在另一物体内的部分是不独立的，不应画虚线。如图 4－33（a）所示。

【例 4－17】 如图 4－34 所示，已知四棱柱和三棱锥的两面投影，求作它们的相贯线（图中双点画线为成型前原始轮廓线）。

分析与作图： 首先根据两平面体的相对位置，判断两平面体上参与相交的直线和平面，以便有目的地求作它们的交点和交线。

从图中可看出棱柱和棱锥的相交处于中心对正且直立的特殊位置，水平投影中四棱柱的四个侧面都具有积聚性，正面投影中四棱锥的左右两个棱面具有积聚性。由于相贯体前后、左右形状对称，虽然每个表面都参与了相交，但我们只需要求出四棱锥的前面 dfc 与四棱柱表面的交线，其余的交线可以根据图形的对称性直接作出。

在平面相贯体中，每个棱线与表面相交都会形成一个交点。由此可以判断出四棱锥的 dfc 面与四棱柱相交产生 1、2、3 三个交点，如图 4－35 所示。1、2 是四棱锥棱线上的点，3 是四棱柱棱线上的点。

只要求出 1、2、3 点的正面投影后连接，就是两立体表面的相交线的投影。

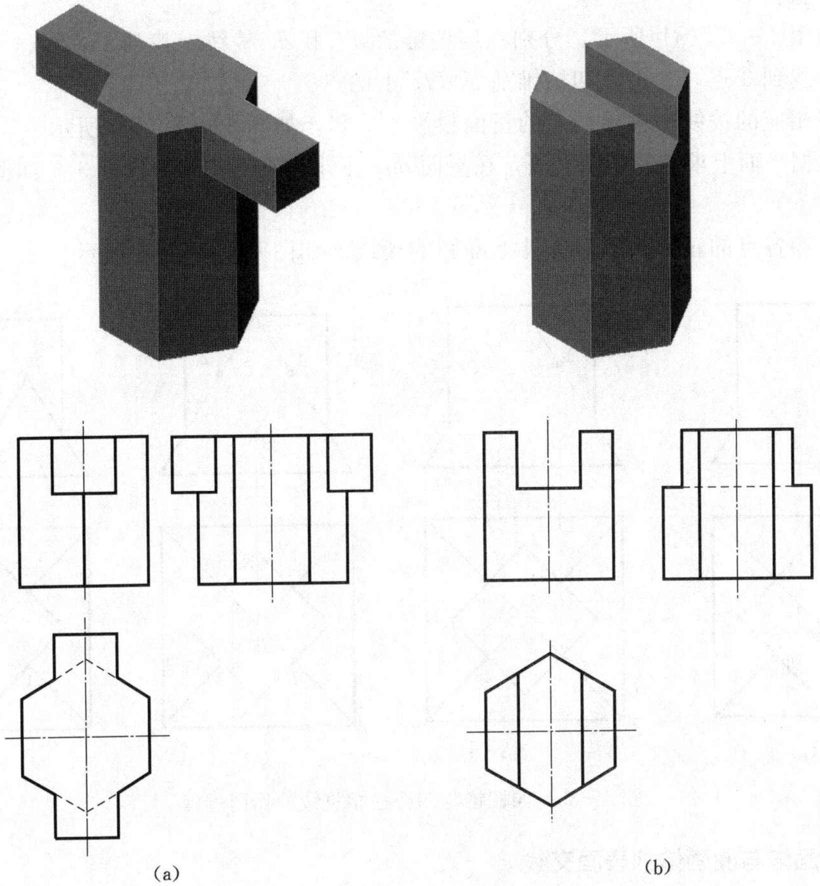

图 4-33 相贯线与截交线的对比

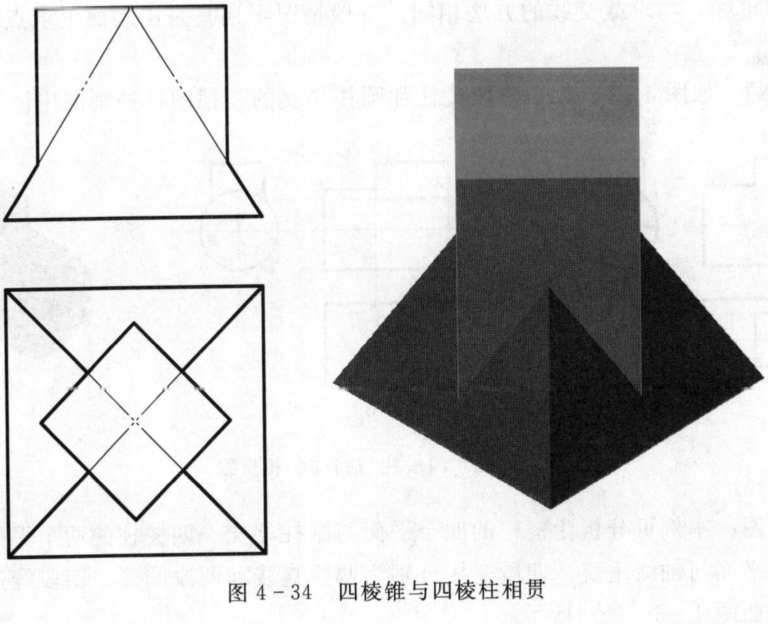

图 4-34 四棱锥与四棱柱相贯

作图步骤：

(1) 如图 4－35 (a) 所示。分别在四棱锥的 df 和 dc 棱线上找到 1、2 点，在四棱柱的最前棱线上找到 3 点，它也是四棱锥前面 dfc 上的点。

(2) 在相应的棱线上求出两点的正面投影 1′、2′，如图 4－35 (b) 所示。

(3) 根据平面上求点的作图方法，在平面 dfc 上求出 3 点的正面投影 3′。如图 4－35 (c) 所示。

(4) 连接各点的正面投影，并补上漏画的棱线。如图 4－35 (d) 所示。

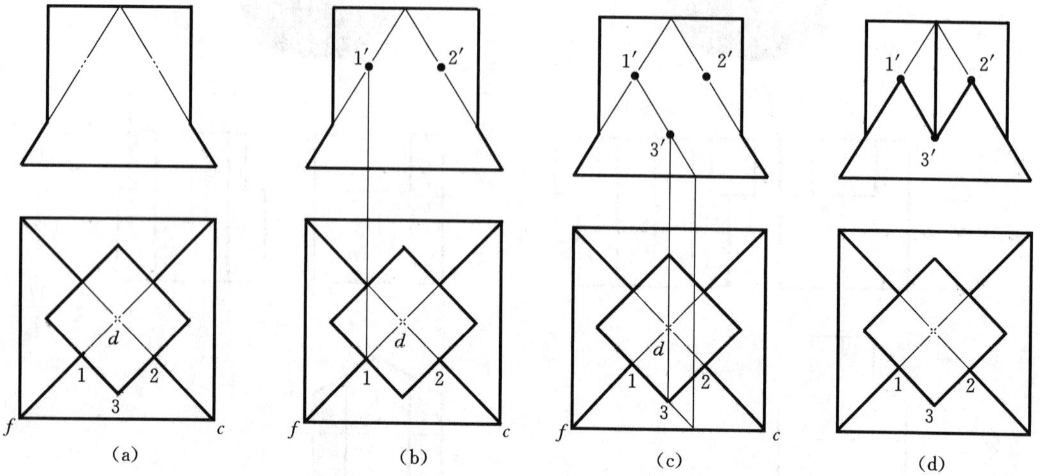

图 4－35　四棱锥与四棱柱相贯线的作图过程

二、平面体与曲面体的表面交线

平面体与曲面体相交，其相贯线一般是由若干段平面曲线或由平面曲线和直线所组成的空间封闭线。每一段平面曲线（或直线段）是平面体上一个棱面与曲面体的交线；求平面体与曲面体的相贯线，与求截交线的方法相同，一般情况下还是采用表面上求点的方法作出相贯线。

【例 4－18】 如图 4－36 (a) 是四棱柱和圆柱相交的三视图，补画图中所缺的相贯线。

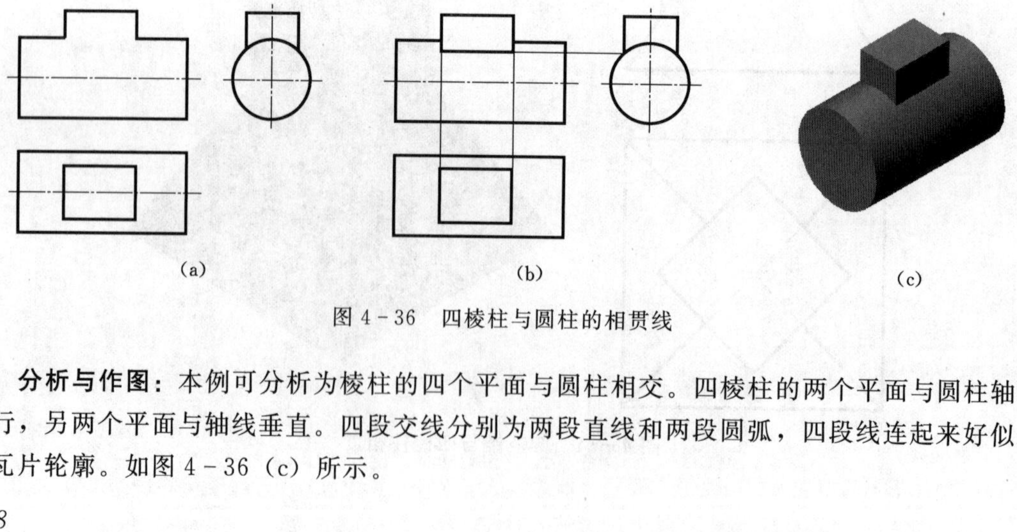

图 4－36　四棱柱与圆柱的相贯线

分析与作图：本例可分析为棱柱的四个平面与圆柱相交。四棱柱的两个平面与圆柱轴线平行，另两个平面与轴线垂直。四段交线分别为两段直线和两段圆弧，四段线连起来好似一块瓦片轮廓。如图 4－36 (c) 所示。

作图如图 4－36（b）所示。

应当注意，四棱柱和圆柱体本是一个物体，因而中间一段圆柱的轮廓素线是没有的。

图 4－37 所示带方孔的圆柱也可分析为四个平面与圆柱相交。还可以设想把图 4－36 中的四棱柱从圆柱上移去而形成方孔，两者的投影情况是一样的。构成方孔的四个平面中，前后两个为矩形，左右两个侧面为圆弧形平面。在主视图上，矩形反映实形，圆弧平面积聚成直线。圆弧形平面的投影除两端圆弧部分前方边缘可见外，其余均不可见，故用虚线画出。在左视图上，矩形积聚成直线段，圆弧形平面反映实形，但全部不可见，皆用虚线画出。

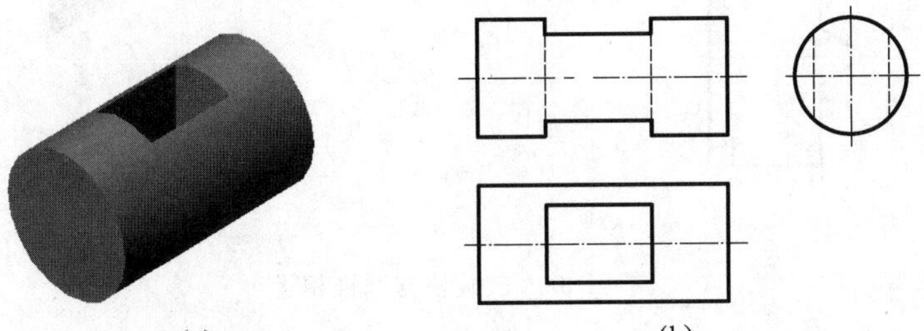

图 4－37　带方孔圆柱的截交线

【例 4－19】　如图 4－38（a）所示，已知四棱锥与圆柱相交，求作相贯线。

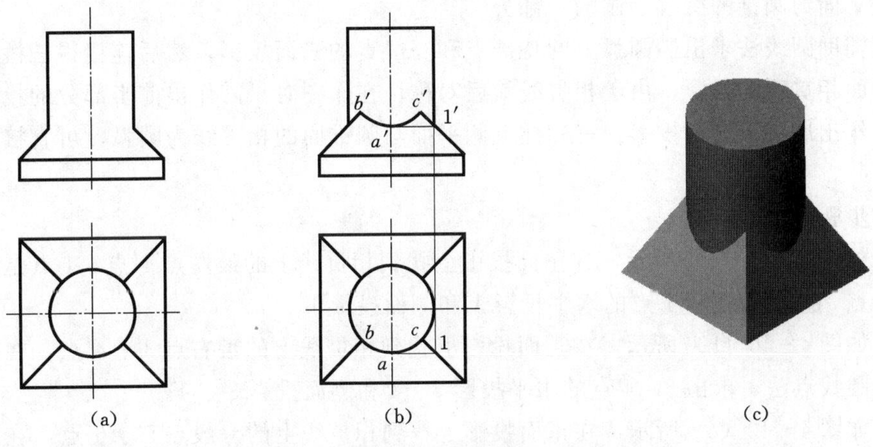

图 4－38　圆柱与四棱锥的相贯线

分析与作图：从图 4－38（a）可分析出：圆柱轴线为铅垂线，四棱锥的锥顶在圆柱的轴线上，四个棱面中的左右两侧面为正垂面，前后两侧面为侧垂面，它们与圆柱相交，交线均为椭圆的一部分，实体如图 4－38（c）所示。

由于柱面的水平投影积聚为圆，所以四段相贯线的水平投影都积聚在圆周上。在正面投影上，左右两侧面的相贯线积聚成直线，前后两侧面的相贯线为椭圆弧，并且重合。所以本例只需作出正面投影图中四棱锥前面与圆柱相交的一段椭圆弧即可。

作图方法如图 4－38（b）所示，首先在水平投影中找到四棱锥的前棱面与圆柱的交线 bc 段，并确定特殊点 a、b、c 三点（由于椭圆弧范围较小不用找一般点）。然后，利用面上找点的方法，求出 a、b、c 三点的正面投影 a'、b'、c'。最后将三个点的正面投影连接成椭圆弧。

【例 4-20】 如图 4-39(a)所示，已知三棱柱与圆锥相贯，求作相贯线。

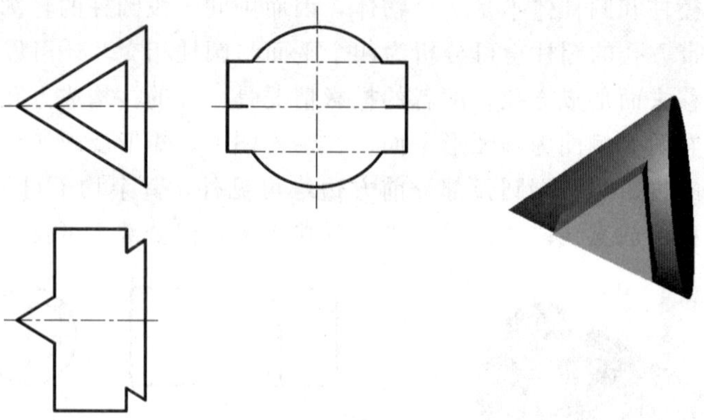

(a) (b)

图 4-39 三棱柱与圆锥相贯

分析与作图：从图 4-39(a)和图 4-39(b)可分析出，正面投影中的内三角形为三棱柱的三个棱面的积聚投影，三棱柱与圆锥的相贯线的正面投影也积聚在此三角形上。三棱柱的三个棱面中，左边两个为正垂面，右边一个为侧平面，正垂面与圆锥的交线为椭圆的一部分，侧平面与圆锥的交线为圆的一部分。

应用辅助圆线法求出椭圆弧上的特殊点和一般点的三面投影，然后连接得三棱柱上正垂面与圆锥面相贯线的投影，由于相贯线前后对称，在作图时只需作出前半部分的投影，再利用对称性作出后半部分的投影。三棱柱上侧平面与圆锥面的相贯线为圆弧，可直接对应投影作出。

具体步骤如下：

(1) 如图 4-40(a)所示，在正面投影上找到相贯线上的最左点 1′点，1 点是圆锥最前素线上的点，直接可找到 1 点的水平投影 1 和侧面投影 1″。

(2) 如图 4-40(b)所示，在正面投影上找到相贯线上的最右点 3′、4′点，在圆锥面上应用辅助圆找点法，求出 3、4 点的水平投影 3、4 和侧面投影 3″、4″。

(3) 如图 4-40(c)所示，在正面投影上找到相贯线上的一般点 5′、6′点，在圆锥面上应用辅助圆找点法，求出 5、6 点的水平投影 5、6 和侧面投影 5″、6″。

(4) 如图 4-40(d)所示，连接相贯线上各点，然后用虚线作出三棱柱的右侧平面与圆锥面的相贯线圆弧。

最后，应注意，由于是两立体相贯，所以正水平投影中和侧面投影中，三棱柱的前后棱线之间均不应用虚线连接。

三、两曲面体的相贯线

两曲面体的相贯线在一般情形下是封闭的空间曲线，特殊情形下可能是平面曲线或直线。相贯线上的点是两曲面立体表面的共有点。求作两曲面立体的相贯线的投影时，一般是先作出相贯线上一系列点的投影，再连成相贯线的投影。

当两个立体中有一个立体表面的投影具有积聚性时，可以用在曲面立体表面上求点的方法作出这些点的投影。在求作相贯线上的这些点时，与求作曲面立体的截交线一样，应在可

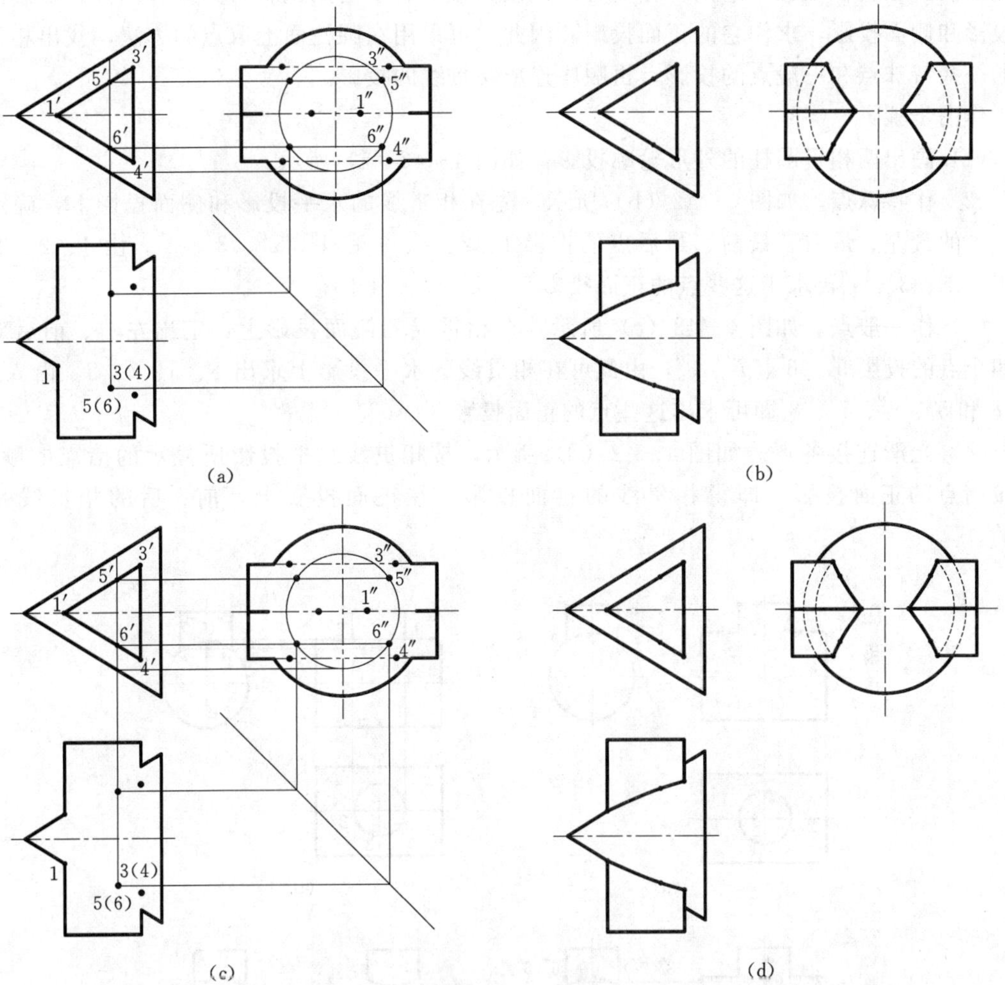

图 4-40 三棱锥与圆锥相贯线的作图过程

能和方便的情况下，适当地作出一些在相贯线上的特殊点，即能够确定相贯线的投影范围和变化趋势的点，如相贯体的曲面投影的特殊素线上的点，以及最高、最低、最左、最右、最前、最后点等，然后按需要再求作相贯线上一些其他的一般点，从而准确地连得相贯线的投影，并表明可见性。只有一段相贯线同时位于两个立体的可见表面上时，这段相贯线的投影才是可见的；否则，就不可见。

1. 圆柱与圆柱的相贯线

【例 4-21】 如图 4-41 所示，求作两正交圆柱相贯线的投影。

分析与作图： 两圆柱的轴线垂直相交，有共同的前后对称面和左右对称面，小圆柱全部穿进大圆柱。因此，相贯线是一条封闭的空间曲线，且前后对称和左右对称。

图 4-41 两圆柱相贯体

由于小圆柱面的水平投影积聚为圆，相贯线的水平投影便积聚在此圆上，同理，大圆柱面的侧面投影积聚为圆，相贯线的侧面投影也就积聚在与小圆柱相交处的一段圆弧上。于是问题就可归结为已知相贯线的水平投影和侧面投影，求作它的正面投影。因此，可采用在圆柱面上取点的方法，找出相贯线上的一些特殊点和一般点的投影，再顺序连成相贯线的投影。

作图步骤：

(1) 画出两相贯圆柱的外形轮廓投影，如图 4-42 (a) 所示。

(2) 作特殊点。如图 4-42 (b) 所示，先在相贯线的水平投影和侧面投影上，确定相贯线上的最左、最右、最前、最后点的投影 1、2、3、4 和 1″、2″、3″、4″。由 1、2、3、4 和 1″、2″、3″、4″再求出这些点的正面投影 1′、2′、3′、4′。

(3) 作一般点。如图 4-42 (c) 所示，在相贯线的侧面投影上，定出左右、前后对称的四个点的投影 5″、6″、7″、8″，由此可在相贯线的水平投影上求出 5、6、7、8。由 5、6、7、8 和 5″、6″、7″、8″即可求出这些点的正面投影 5′、6′、7′、8′。

(4) 光滑连接各点。如图 4-42 (d) 所示，按相贯线水平投影所显示的诸点的顺序，连接诸点的正面投影，即得相贯线的正面投影。在正面投影上，前、后的相贯线是重合的。

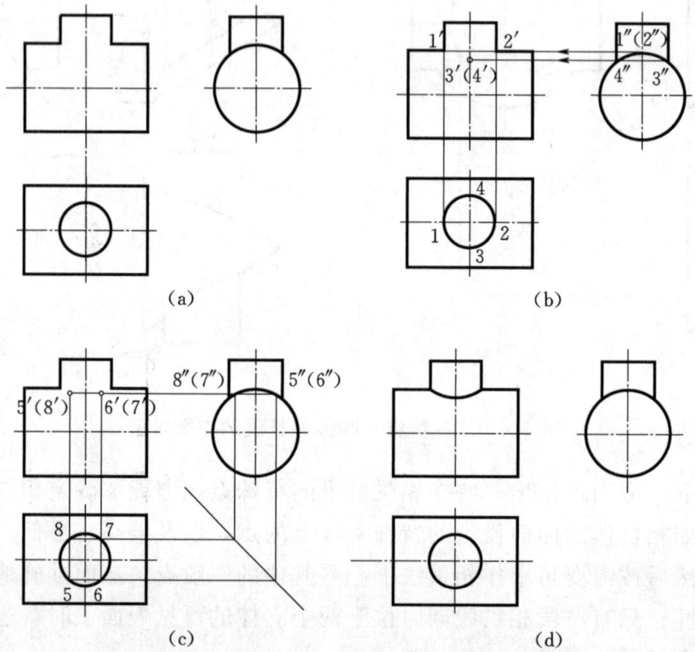

图 4-42 作两正交圆柱的相贯线的投影

两轴线垂直相交的圆柱，在零件上是最常见的，它们的相贯线一般有图 4-43 所示的三种形式：

(1) 图 4-43 (a) 表示小的实心圆柱全部贯穿大的实心圆柱，相贯线是上下对称的两条封闭的空间曲线。

(2) 图 4-43 (b) 表示圆柱孔全部贯穿实心圆柱，相贯线也是上下对称的两条封闭的空间曲线，就是圆柱孔的上下孔口曲线。

(3) 图 4-43 (c) 所示的相贯线，是长方体内部两个孔的圆柱面的交线，同样是上下

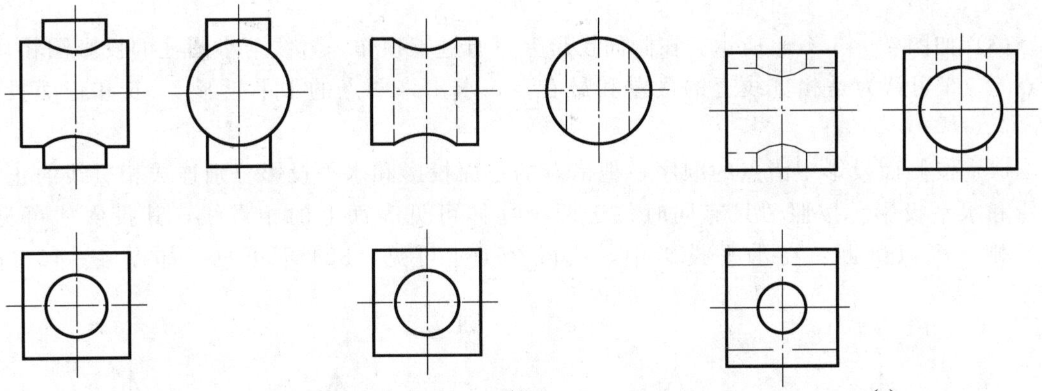

(a)　　(b)　　(c)

图 4-43　圆柱相贯常见的三种形式

(a) 两实心圆柱相交；(b) 圆柱孔与实圆柱相交；(c) 两圆柱孔相交

对称的两条封闭的空间曲线。在投影图右下方所附的是这个具有圆柱孔的长方体被切割掉前面一半后的立体图。

以上三个投影图中所示的相贯线，具有同样的形状，其作图方法也是相同的。为了简化作图，可用如图 4-44 所示的圆弧近似代替这段非圆曲线，圆弧半径为大圆柱半径。必须注意根据相贯线的性质，其圆弧弯曲方向应向大圆柱轴线方向凸起。

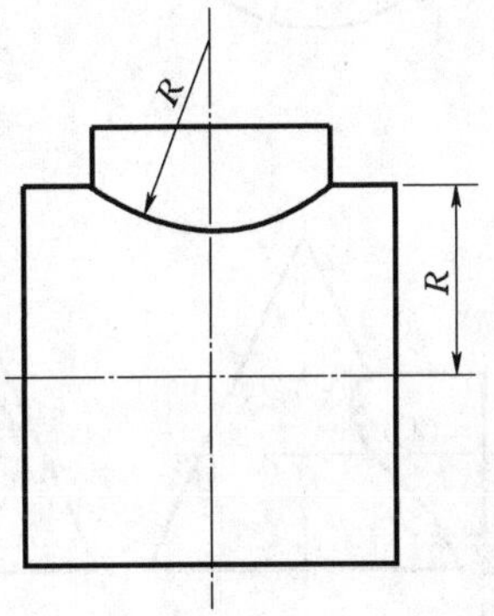

图 4-44　相贯线的简化画法图

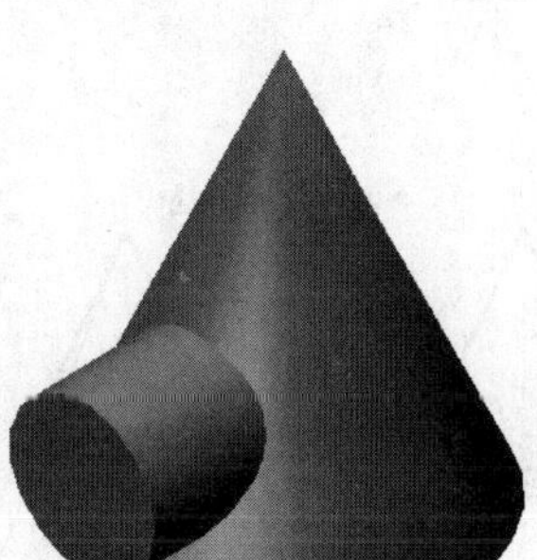

图 4-45　圆柱与圆锥相贯

2. 圆柱与圆锥的相贯线

【例 4-22】　如图 4-45 所示，圆柱和圆锥相贯，画出其三面投影图。

分析与作图： 由图 4-45 可见相贯线是一条封闭的空间曲线，且前后对称，前半、后半相贯线正面投影相互重合。又由于圆柱面的侧面投影积聚为圆，相贯线的侧面投影也必积聚在这个圆上。因此，相贯线的侧面投影是已知的，正面投影和水平投影是要求作的。应用圆锥面上求点的方法，即可作出相贯线。

作图步骤：

(1) 画出圆柱与圆锥相贯体的外形轮廓投影，如图 4-46 (a) 所示。

(2) 如图 4-46 (b) 所示。在侧面投影上，确定最前、最后、最上、最下四个特殊点的投影位置 1″、2″、3″、4″，并在相应的素线上，作出其水平投影 1、2、3、4 与正面投影

1′、2′、3′、4′。

(3) 如图 4-46 (c) 所示。在侧面投影上，通过锥顶作一素线与小圆柱的投影圆相切，切点 5″、6″可认为是相贯线上的最左和最右点，求出该两点的水平投影 5、6 和正面投影 5′、6′。

(4) 按侧面投影中诸点的顺序，把诸点的正面投影和水平投影分别连成相贯线的正面投影和水平投影。按照“只有同时位于两个立体可见表面上的相贯线，其投影才可见”的原则，可以判断：在水平投影中，线段 35164 可见，324 不可见。如图 4-46 (d) 所示。

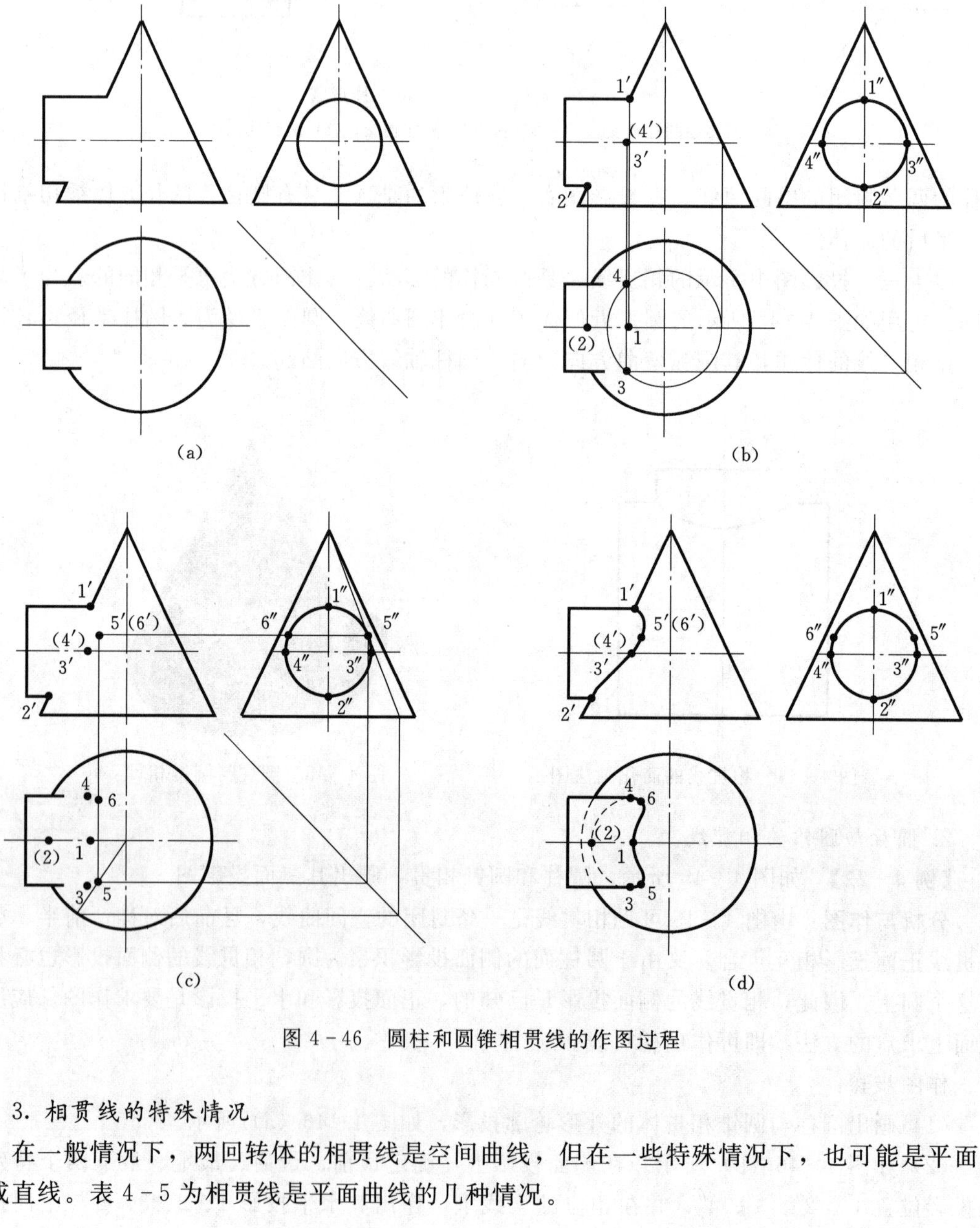

图 4-46 圆柱和圆锥相贯线的作图过程

3. 相贯线的特殊情况

在一般情况下，两回转体的相贯线是空间曲线，但在一些特殊情况下，也可能是平面曲线或直线。表 4-5 为相贯线是平面曲线的几种情况。

表 4-5　　相贯线的特殊情况

图示类别	等径圆柱正交	等径圆柱斜交	圆柱轴线过球心	圆锥轴线过球心
实体图				
投影图	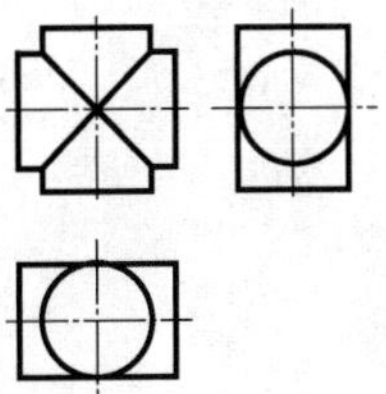	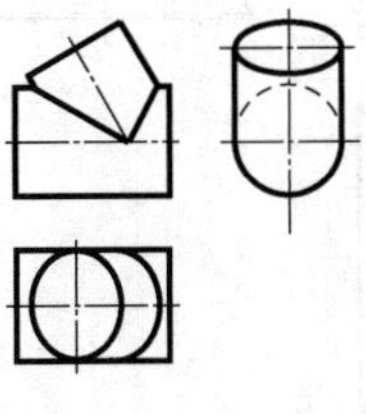	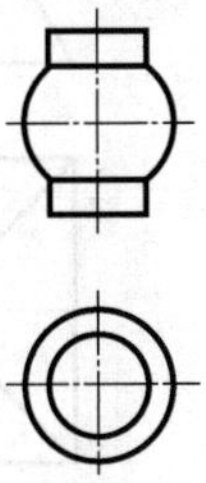	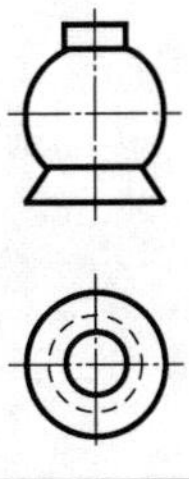

任务总结：了解立体与立体相贯线的形成及投影求法，了解两曲面立体相贯时的特殊情况。

任务学习拓展：观察工程形体模型或实物的表面交线的形状，并运用相贯线的知识去分析它。

【课　后　训　练】

一、单项选择题

1. 截平面倾斜于圆柱的轴线与圆柱相交，截平面与圆柱的交线是（　　）。

A. 圆　　B. 矩形　　C. 双曲线　　D. 椭圆

2. 截平面平行于圆柱的轴线与圆柱相交，截平面与圆柱的交线是（　　）。

A. 圆　　B. 矩形　　C. 双曲线　　D. 椭圆

3. 圆球表面上 A 点的正确空间位置是（　　）

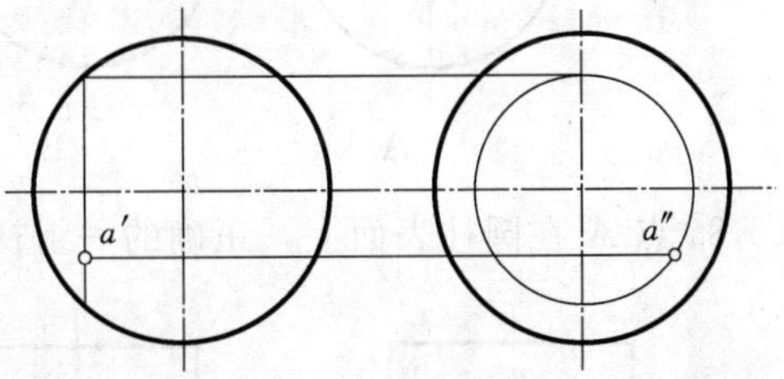

A. 左前下方

B. 右前下方

C. 左后下方

D. 右后上方

4. 正圆锥被一平面截切，截交线为椭圆时，截平面的位置为（　　）。

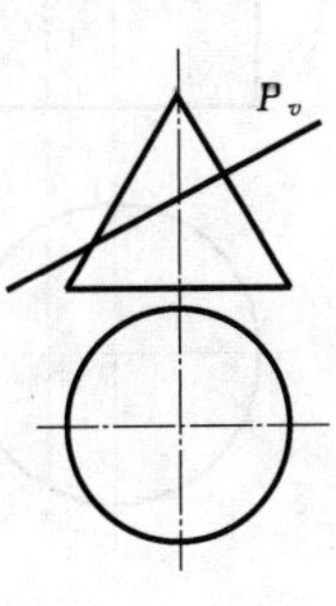

A.

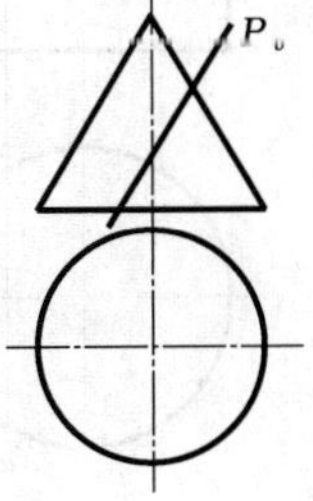

B.

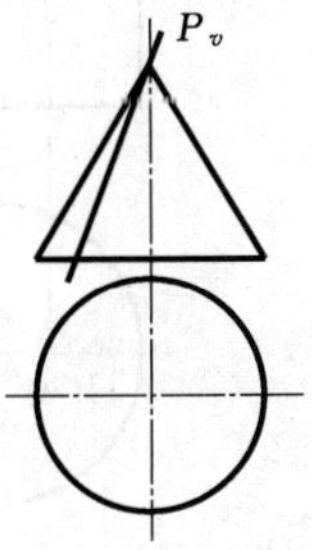

C.

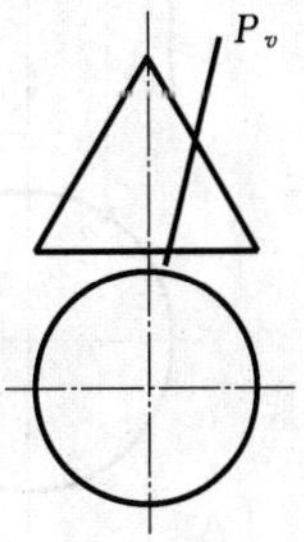

D.

5. 两相交直线其中之一为母线，另一条为转轴，旋转形成（　　）。

A. 柱面　　B. 球面　　C. 圆锥面　　D. 圆柱面

6. 在下列四种说法中，选择一种正确的答案。（　　）

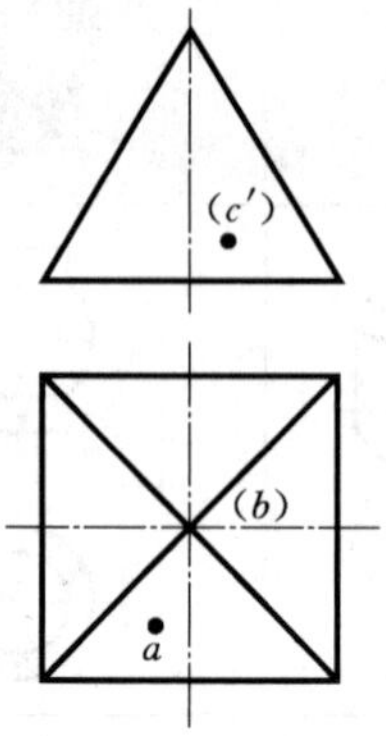

A. A上B下，C前D后　　　B. A下B上，C左D右

C. A前C后，B上D下　　　D. A前B后，C右D左

7. 点 A 在圆锥表面上，正确的一组视图是（　　）。

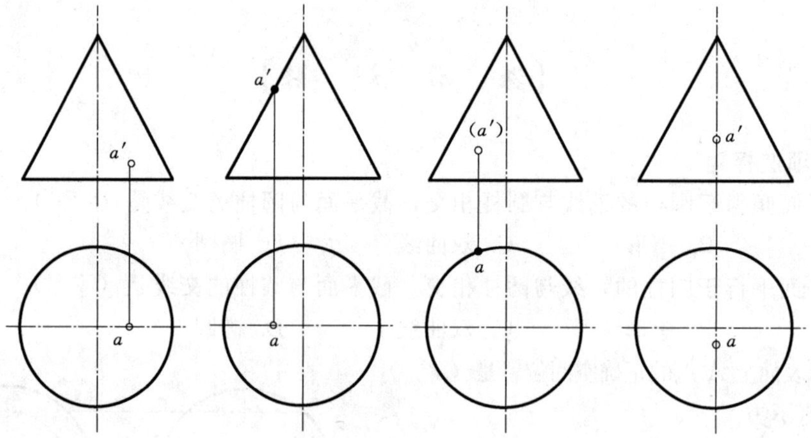

A.　　B.　　C.　　D.

8. 点 A 在圆柱表面上，正确的一组视图是（　　）。

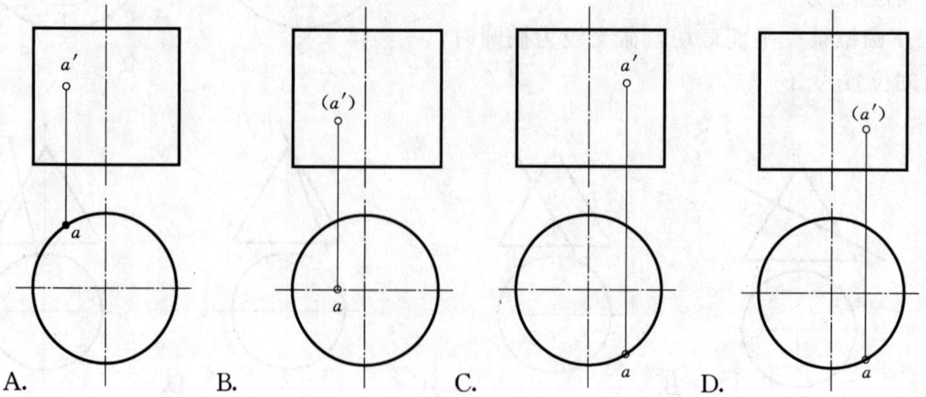

9. 在圆柱底面上的点是（　　）。

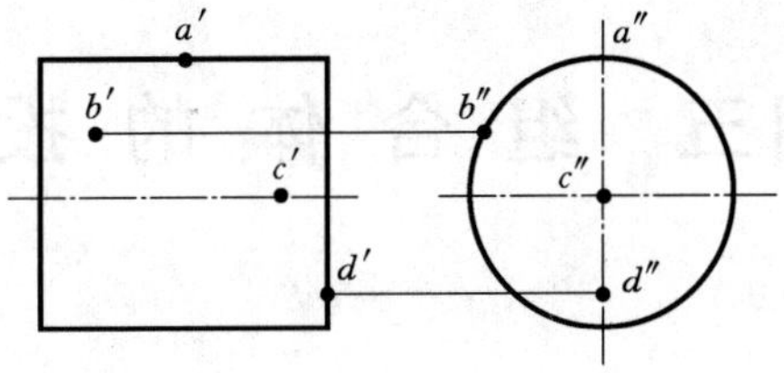

A. A 点　　B. B 点　　C. C 点　　D. D 点

10. 球体被一个平面截切，截交线形状是（　　）。

A. 抛物线　　B. 圆形　　C. 椭圆形　　D. 双曲线

二、判断题

1. 包含有曲面的立体称为曲面立体。（　　）
2. 在圆锥面上取点，当利用辅助线时，辅助线应经过锥顶。（　　）
3. 两个曲面立体的交线，一定包含有曲线。（　　）
4. 截交线是两平面立体相交表面的交线。（　　）
5. 相贯线是两回转体相交表面的交线。（　　）

项目五　组 合 体 的 投 影

项目描述：组合体的概念及类型；组合体视图的画法；组合体视图的尺寸标注；组合体视图的识读。

项目学习目标：根据给定的组合体立体图，能够画出三视图，并正确标注尺寸；能够正确识读组合体视图。

项目学习重点：正确绘制组合体视图，并标注尺寸；根据三视图准确识读组合体。

项目学习难点：切割型与综合型组合体视图的识读。

任务一　组合体的组合形式与形体分析

任务描述：了解组合体的类型，掌握形体表面之间的连接关系。

一、组合体的组合形式

工程形体的形状虽然很复杂，但总可以把它看成是一些简单的基本几何体组成。这种由基本几何体组成的立体称为组合体。

组合体的组成方式一般为叠加和切割两种。但很多组合体的组成是同时具有以上两种方式的，可称之为综合式。所以组合体的组成方式有：叠加、切割和综合三种形式。

由基本几何体组成组合体时，由于相互间的组成方式和位置的不同，它们相邻表面的连接有相接（共面与不共面）、相交、相切几种情况。

1. 叠加式组合体

叠加式组合体是由两个或两个以上的基本体重叠而成。如图 5－1 所示的组合体，是由

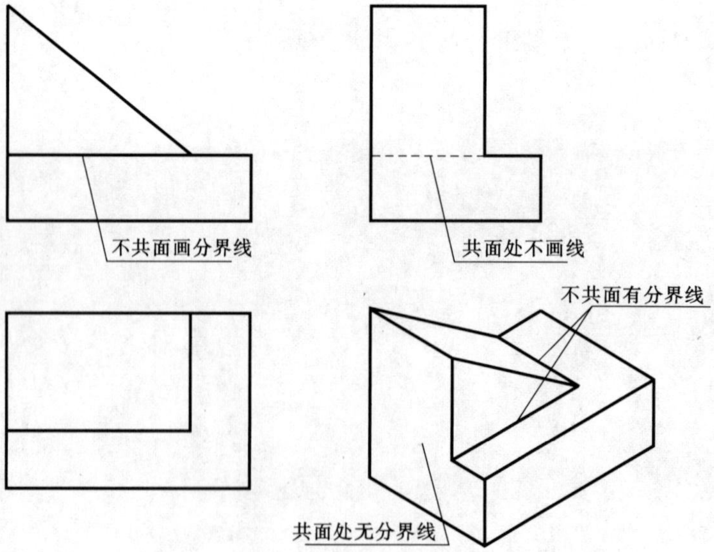

图 5－1　叠加式组合体

一个三棱柱和一个四棱柱简单重叠而成的。叠加后分界线一般为直线或平面曲线。当相邻两表面不共面时，投影要画分界线，如图 5－1 的主视图中所示；当相邻两表面共面时，不应有分界线，因此共面处不画线，如图 5－1 的左视图中所示。

2. 切割式组合体

切割式组合体是由基本体被一些平面或曲面切割而成的。如图 5－2 所示的组合体，可以看成是由一个立方体被切去了Ⅰ（1/4 圆柱体）和Ⅱ（类似四棱体）两部分以后形成的。画图时，可先画切割前的整体，然后画出被切去的Ⅰ和Ⅱ部分。

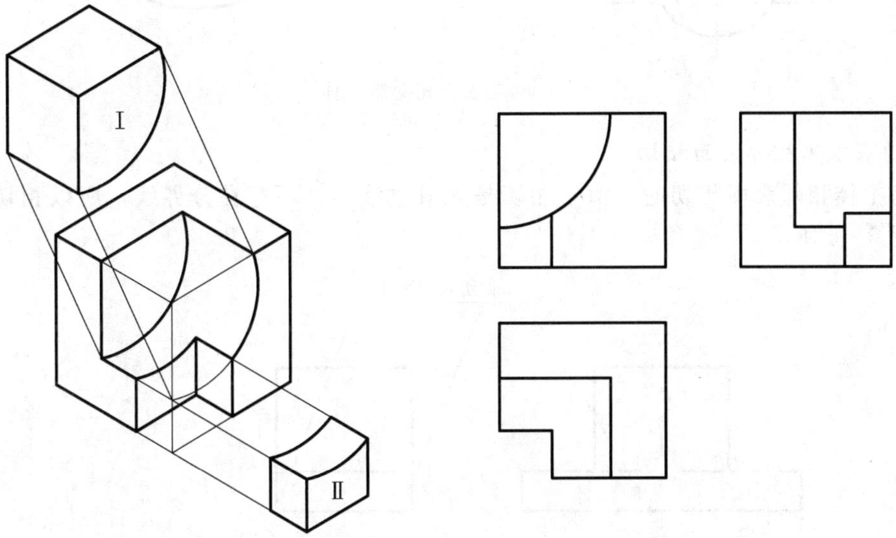

图 5－2　切割式组合体

3. 综合式组合体

如图 5－3 所示，在画图前假设将该组合体分解为 3 种基本形体，经挖切、叠加而成。

二、组合体的形体分析

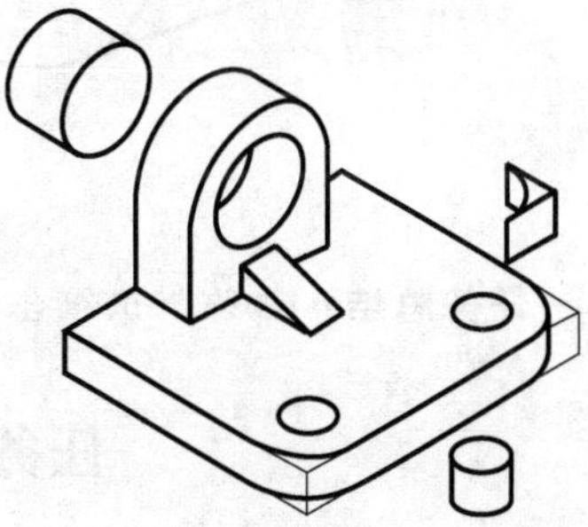

图 5－3　综合式组合体

假设将物体分解成若干个简单形体后逐个进行画图或读图的分析方法，称为形体分析法。它是画图、看图、标注尺寸的基本方法。

应用形体分析法的目的是化难为易，把复杂难懂的视图，分解成几部分看懂，并按照投影规律将各部分组合完成组合体三视图。

组合体在工程中常以综合的形式出现，所以在读、画组合体视图时，必须掌握其组合形式和各基本体表面之间的连接关系，才能做到不多线、不漏线。下面是两种典型的组合体表面连接关系。

1. 两基本体的相邻表面相交

两基本体的相邻表面彼此相交，在相交处产生交线。求交线的基本方法在画法几何中已讨论过，画图时必须正确画出交线的投影，如图 5－4 所示。

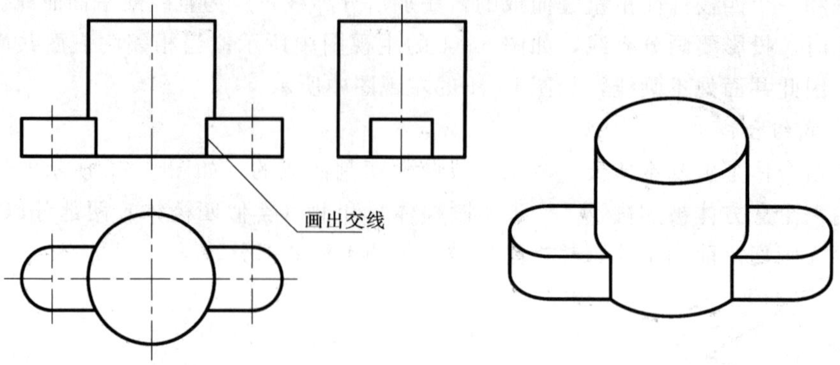

图 5-4　表面相交组合体

2. 两基本体相邻表面相切

两基本体相邻表面相切时，由于相切是光滑过渡的，不存在分界线，所以相切处不画线，如图 5-5 所示。

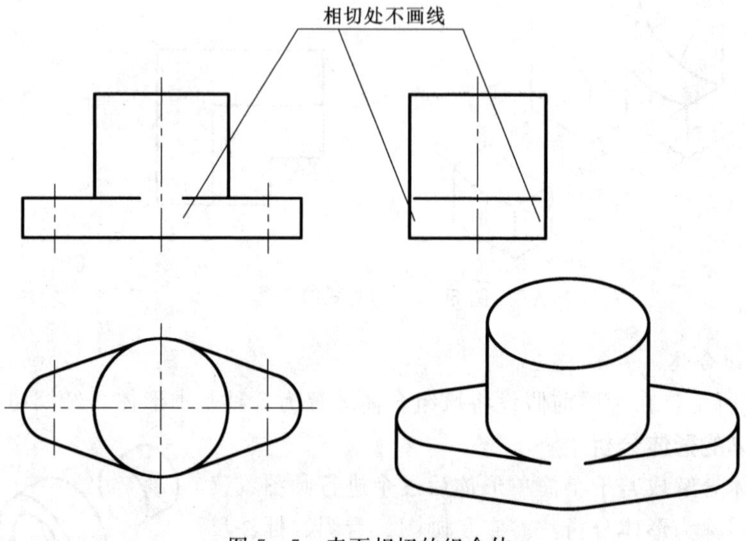

图 5-5　表面相切的组合体

任务总结：熟练辨识组合体的类型，区分形体表面的各种不同连接方式。

任务二　组合体视图的画法

任务描述：掌握组合体视图画法的方法与步骤。

画组合体视图时，应先分析它是由哪些基本形体组合而成的，再分析这些基本形体的组合形式、相对位置和连接关系，最后根据以上分析，按各个基本形体的组合顺序进行定位、布图，然后画出组合体的视图。

画组合体视图的具体步骤如下：

(1) 对组合体进行形体分析。分析组合体由哪些部分组成，每部分的投影特征，它们之间的相对位置以及组合体的形状特征。

（2）选择主视图。一般选择最能反映组合体形状特征和相互位置关系的投影作为主视图，同时要考虑到组合体的安装位置，另外要注意其他两个视图上的虚线应尽量少。

（3）徒手画出草图。形体结构分析清楚后，徒手画出组合体三视图的草图，以保证投影正确。

（4）计算机绘图。利用计算机绘图软件根据草图绘制图形并标注尺寸。

（5）布局与图形输出。将绘制好的图形按要求和标准布局，然后打印出图或发布图形。

【例 5-1】 根据图 5-6（a）所示窨井轴测图，画出其草图三视图。

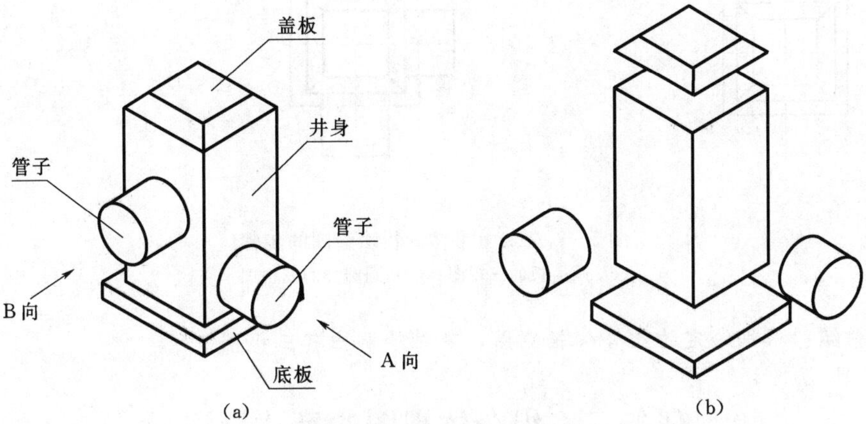

图 5-6　窨井的形体分析

（a）立体图；（b）形体分析

分析与作图：

（1）对窨井进行形体分析。如图 5-6（b）所示，该形体可分为五部分：底板和井身为四棱柱，盖板为四棱台，管道为圆柱形。

（2）确定主视图。如图 5-6（a）所示，A 向能较好地反映窨井几个形体之间的位置关系，也符合安装位置，且左视图中无虚线。所以选择 A 向为主视图方向。

（3）徒手画出草图。步骤如图 5-7 所示。

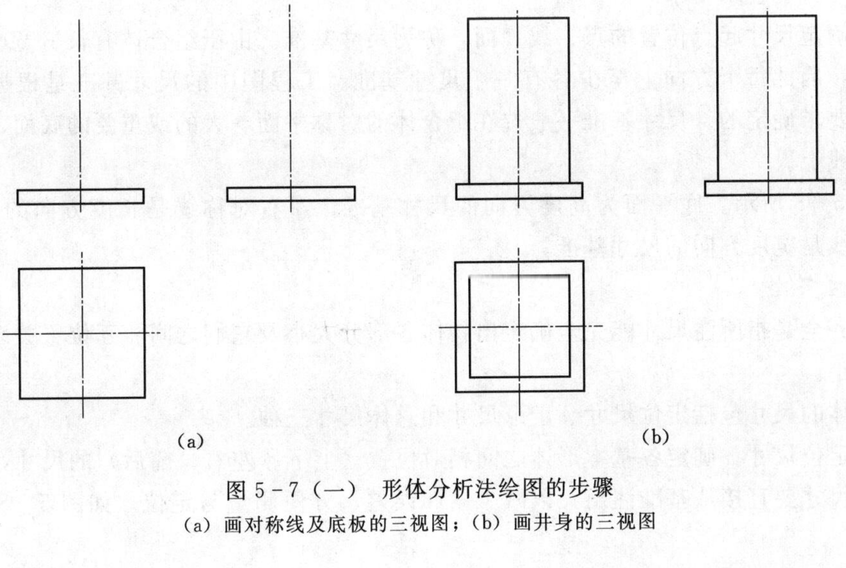

图 5-7（一）　形体分析法绘图的步骤

（a）画对称线及底板的三视图；（b）画井身的三视图

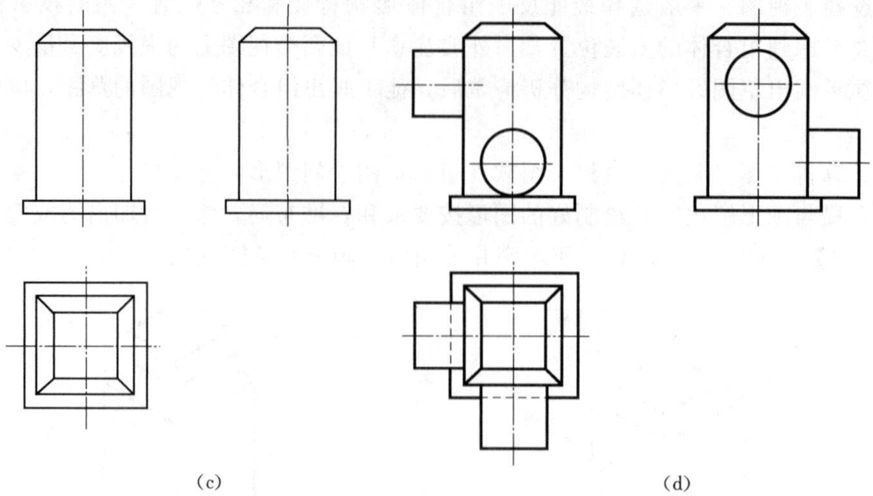

图 5-7（二）　形体分析法绘图的步骤

（c）画盖板的三视图；（d）画圆柱的三视图

任务总结：根据给定的组合体轴测图，熟练绘制出其三视图。

任务三　组合体视图的尺寸标注

任务描述：熟悉尺寸标注的基本要求，能熟练给组合体标注尺寸。

尺寸是图样的重要组成部分，制图标准对尺寸标注具有很高的要求。所以尺寸标注的学习是制图课程的重要环节。

一、尺寸标注的要求

图形中对尺寸标注的要求概括为标注正确、尺寸齐全、布局清晰。

1. 标注正确

标注正确一是要求尺寸标注样式符合国家制图标准规定（项目一已介绍）。再是要求尺寸标注基准符合技术要求。

用来确定尺寸起点位置的点、线、面，称为尺寸基准。由于组合体有长、宽、高三个方向的尺寸，因此每个方向上至少各有一个尺寸基准。工程图中的尺寸基准是根据设计、施工、制造要求确定的。尺寸基准一般选在组合体的对称平面、大的或重要的底面、端面或回转体的轴线上。

如图 5-8 所示。底平面为高度方向的尺寸基准；左右对称线是长度方向的尺寸基准；前后对称线是宽度方向的尺寸基准。

2. 尺寸齐全

尺寸齐全是指所注尺寸能完全确定出物体各部分大小及它们之间相互位置关系和组合体的总体大小。

组合体的尺寸包括定位尺寸、定形尺寸和总体尺寸三种。

（1）定位尺寸。确定各基本形体之间相对位置（上下、左右、前后）的尺寸，称定位尺寸。定位尺寸要直接从基准注出，以减少累计误差，方便测量与定位。如图 5-8 中的定位

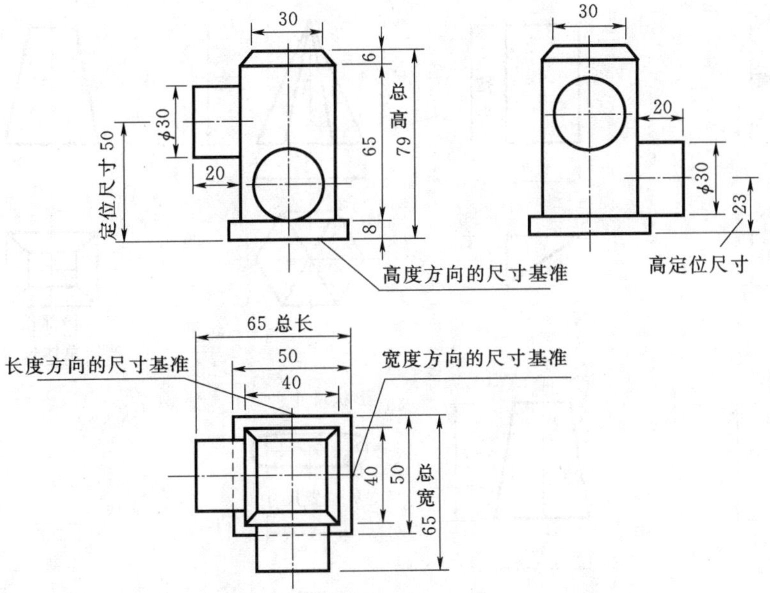

图 5-8　组合体视图尺寸标注及尺寸基准的确定

尺寸有：主、左视图中的 50、23，它们是两圆柱中心高度方向的定位尺寸。井身及圆柱的前后左右位置可由中心线确定，不必再标注尺寸。

（2）定形尺寸。确定各基本形体大小（长、宽、高）的尺寸，称定形尺寸。如图 5-8 中除了定位尺寸 50、23，总体尺寸 65（总长）、65（总宽）、79（总高）外，其余数值都是定形尺寸。

（3）总体尺寸。确定物体总长、总宽、总高的尺寸，称总体尺寸。如图 5-8 中的总体尺寸有：主视图中的 79、俯视图中的两个 65 就是窨井外形的长、宽、高总体尺寸。

3. 布局清晰

布局清晰有如下的要求：

（1）尺寸数字应清楚无误，所有的图线都不得与尺寸数字相交。

（2）尺寸标注应层次清晰，图线之间尽量避免互相交叉，虚线上尽量不标尺寸。

（3）尺寸标注应布局清晰，同一部位的特征尺寸集中标注便于查看。

二、基本形体的尺寸标注示例

如图 5-9 所示是常见基本形体的尺寸标注。

三、组合体的尺寸注法示例

【例 5-2】 给水槽的三视图进行尺寸标注，如图 5-10（a）所示。

分析与标注：

（1）确定水槽长、宽、高方向的尺寸基准。如图 5-10（a）所示，长度方向的尺寸基准在主、俯视图 X 方向圆孔内的细点画线中，用来确定圆孔位置数值 310 和底部竖板距离 520 的；宽度方向的尺寸基准在俯、左视图 Y 方向圆孔内的细点画线中，用来确定圆孔位置数值 225 和 450 的；高度方向的尺寸基准在主、左视图 Z 方向竖板的底部，用来确定 800 和 550 的，水槽长、宽、高方向的尺寸基准注法如图 5-10（b）所示。

（2）确定定位尺寸。如图 5-10（a）所示，水槽底的圆柱孔居中布置，因此长、宽方

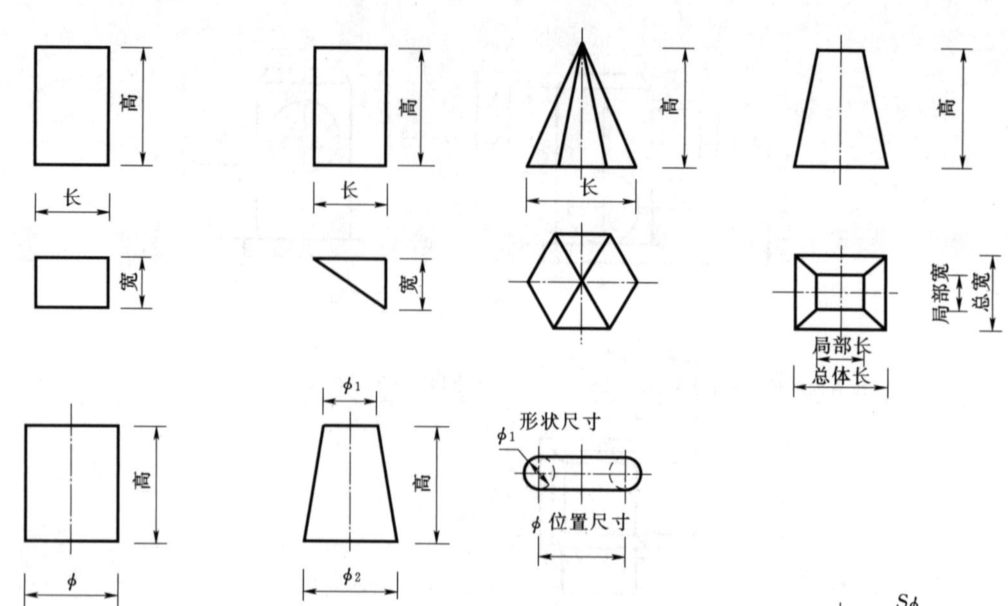

图 5-9 基本体的尺寸标注

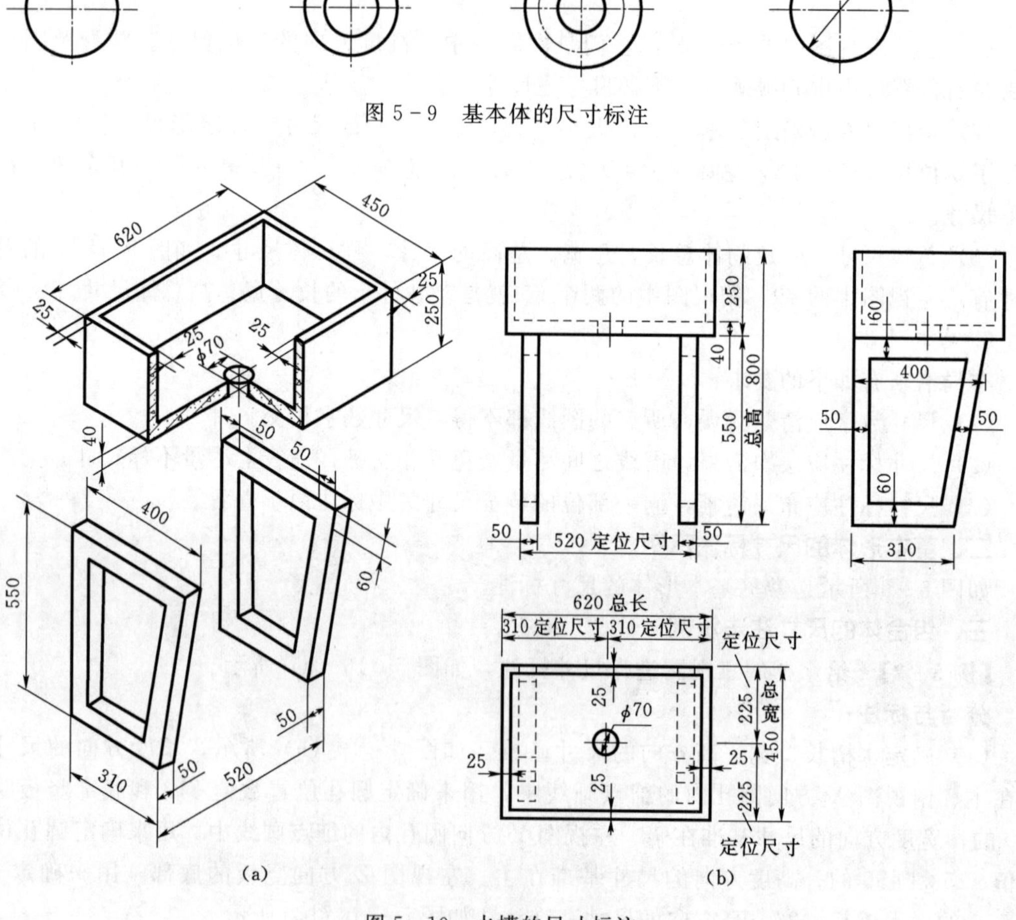

(a) (b)

图 5-10 水槽的尺寸标注

(a) 立体图；(b) 三视图

向的尺寸基准在水槽圆柱孔的中心线上，并以中心线为基准，注出两个长度定位尺寸310和两个宽度定位尺寸225，并以圆柱孔的中心线为长度尺寸基准注出两支撑板外壁之间的长度定位尺寸520，水槽定位尺寸注法见图5-10（b）所示。

（3）确定定形尺寸。从图5-10（a）中可知，水槽外形长宽高尺寸为620×450×250；水槽四周壁厚25，槽底厚40，圆柱通孔直径ϕ70。

直角梯形空心支撑板的外形尺寸分别为310、550、400，板厚50。制成空心板后的四条边框宽度，水平方向为50，铅垂方向均为60，水槽定形尺寸注法如图5-10（b）所示。

（4）确定总体尺寸。从图5-10（a）可看出，水槽的总长尺寸为620，总宽尺寸为450，总高尺寸为800，水槽总体尺寸注法如图5-10（b）所示。

（5）检查三个视图中所注尺寸是否“正确、齐全、清晰”。

1）尺寸正确。尺寸基准选择正确，尺寸数字标注正确，标注方式符合国家标准规定。

2）尺寸齐全。检查定形尺寸、定位尺寸、总体尺寸是否标注齐全。

3）尺寸清晰。检查直径尺寸ϕ70是否注在反映实形的视图中（虚线不允许注尺寸）。检查所标注的尺寸是否易读（如尺寸布置在两图之间；定形尺寸、定位尺寸是否集中标注；尺寸是否有重复）。检查图形尺寸是否按照小尺寸在内、大尺寸在外的方式标注。

任务总结： 掌握组合体视图尺寸标注的要领与方法，正确为组合体标注尺寸。

任务四 组合体视图的识读

任务描述： 根据给定的组合体投影图，正确识读出该组合体。

画图是把空间形体用一组视图表示出来，读图则是根据已画出的一组视图，运用投影规律，想象出物体空间结构形状的过程。画图是读图的基础，而读图是提高空间想象能力和投影分析能力的重要手段。读图的学习是一个艰苦的过程，读图训练是学习的主要环节，只有多读多画，才能掌握读图的基体方法，提高读图的能力。

一、组合体读图的基本知识

1. 几个视图联系起来看

物体的一个投影通常不能确定它的空间形状，如图5-11所示。物体的两个投影有时也不能确定它的空间形状，如图5-12所示。

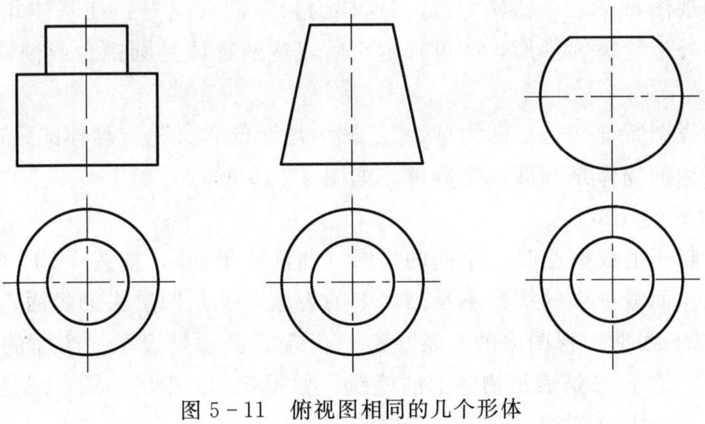

图5-11 俯视图相同的几个形体

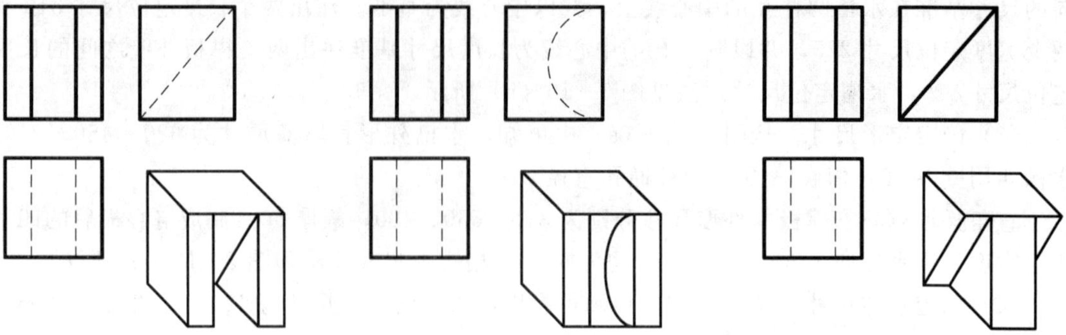

图 5－12 主、俯视图相同的几个形体

2. 常见形体的视图特征

(1) 柱体的视图特征——矩矩为柱。“矩矩为柱”的含义是：在基体几何体的三视图中如有两个视图的外形轮廓为矩形，则可肯定它所表达的物体是圆柱或棱柱。如图 5－13 所示。

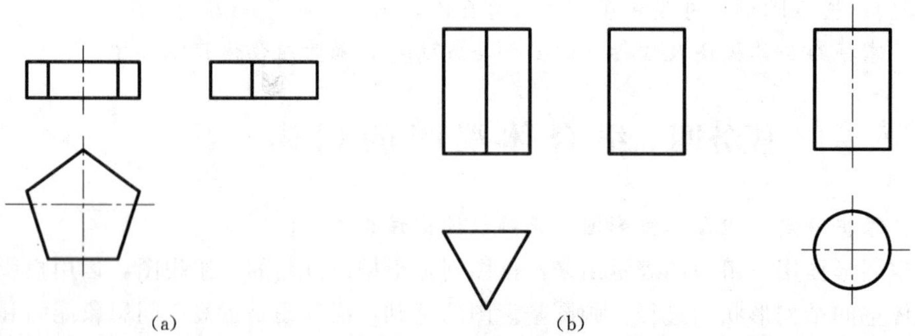

图 5－13 柱体的视图特征

(a) 五棱柱；(b) 三棱柱；(c) 圆柱

(2) 锥体的视图特征——三三为锥。“三三为锥”的含义是：在基体几何体的三视图中如有两个视图的外形轮廓为三角形，则可肯定它所表达的物体是圆锥或棱锥。如图 5－14 所示。

(3) 台体的视图特征——梯梯为台。“梯梯为台”的含义是：在基体几何体的三视图中如有两个视图的外形轮廓为梯形，则可肯定它所表达的物体是圆锥台或棱锥台。如图 5－15 所示。

(4) 球体的视图特征——三圆为球。“三圆为球”的含义是：球体的三视图全部为圆形，则可肯定它所表达的物体是圆球或半圆球。如图 5－16 所示。

3. 视图中图线的含义

视图中一个封闭的线框必是一个面的投影（曲面或平面），如图 5－17 中的Ⅰ、Ⅱ、Ⅲ、Ⅳ、Ⅴ、Ⅵ线框。而线框中的线框不是凸出来的表面，就是凹进去的表面，或者是通孔，如图 5－17 中的 5、6 线框。视图中的一条线有三个含义：一是表示一个面的积聚投影，如图 5－17中的 3′、4′、6′；二是表示物体上的棱线，如图 5－17 中的 8 线；三是表示曲面上的轮廓素线，如图 5－17 中的 7′线。

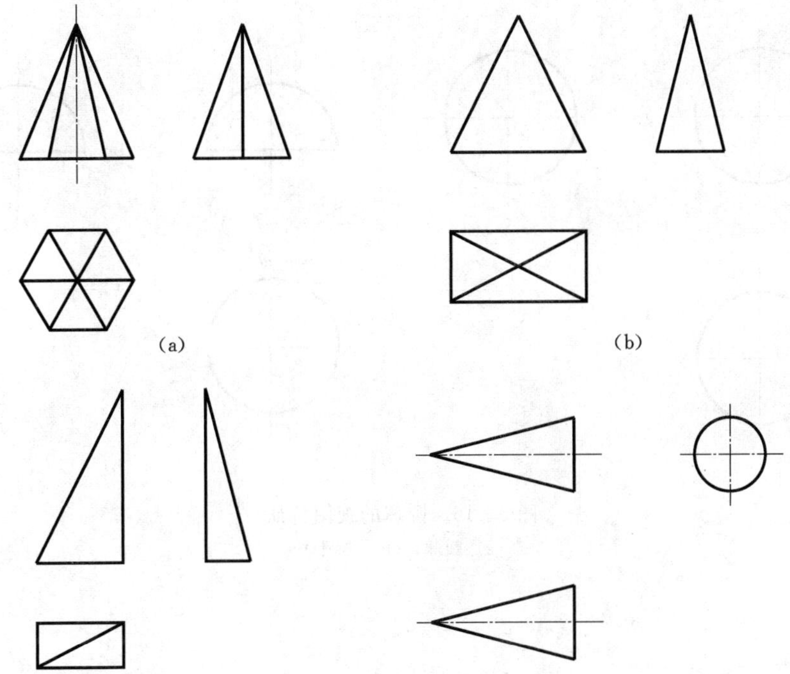

(a)　(b)　(c)　(d)

图 5-14　锥体的视图特征

(a) 六棱锥；(b) 四棱锥；(c) 四棱锥；(d) 圆锥

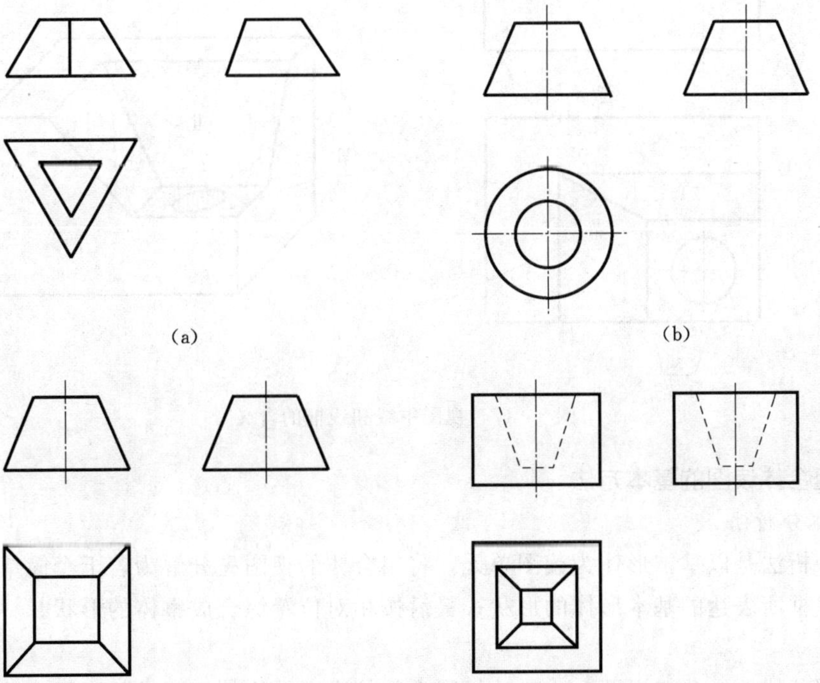

(a)　(b)　(c)　(d)

图 5-15　台体的视图特征

(a) 三棱台；(b) 圆锥台；(c) 四棱台；(d) 台坑

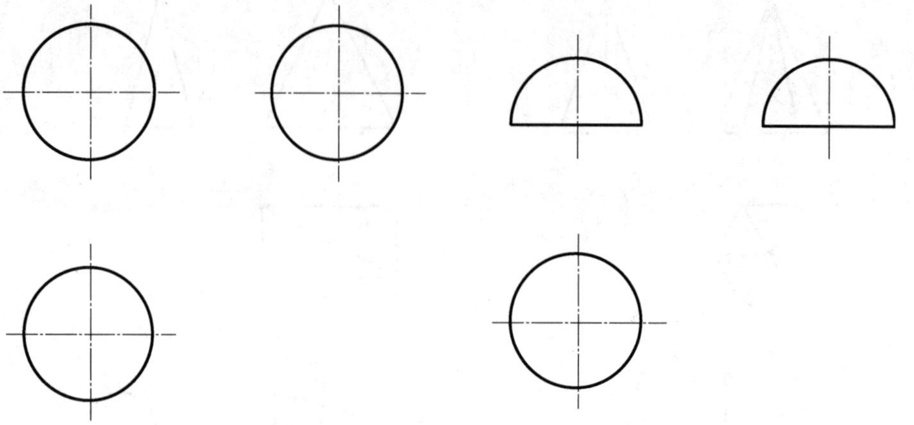

(a)　　(b)

图 5-16　圆球的视图特征

(a) 圆球；(b) 半圆球

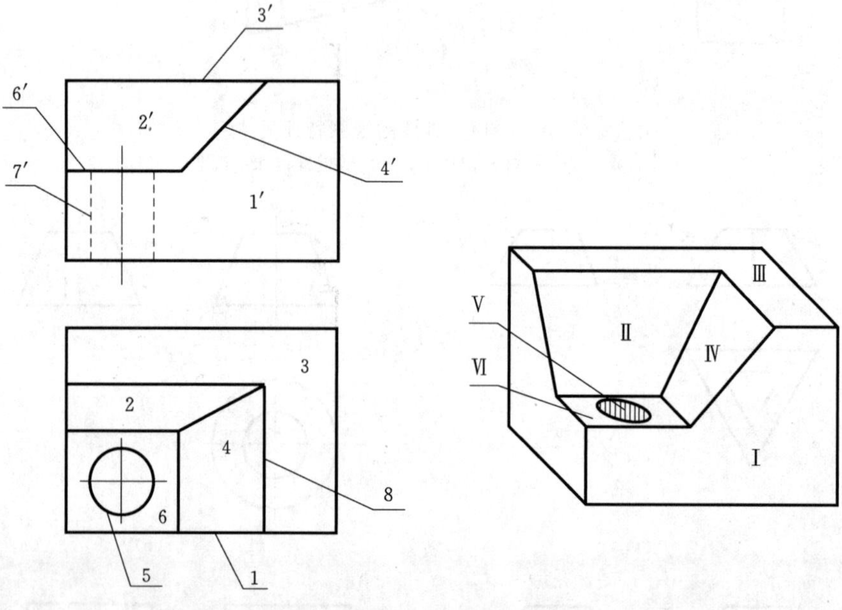

图 5-17　视图中线和线框的含义

二、组合体读图的基本方法

1. 形体分析法

形体分析法是以基本形体为读图单元，将组合体的视图先分解为若干个简单的线框；然后判断各线框所表达的基本形体的形状；最后按相对位置综合成整体的形状。一般的读图步骤如下。

(1) 划分线框，分解视图。一般从投影重叠较少、结构特征明显的视图入手，按线框把该视图分解为几个部分。

(2) 确定各部分的形状。根据划分的线框和投影规律，确定每一部分所对应的三视图，并根据基本体的视图特征判断各部分的空间形体。

(3) 综合想象整体。根据组成组合体的各个基本体的形状、相互位置关系，确定出组合体的整体形状。

2. 线面分析法

对于有些形体的形状与基本体相差较大或物体上斜面较多，用形体分析法读图，无法判断其形状时，需要分析视图中的图线和线框含义，判断组成形体的各表面的形状和空间位置，从而综合形体的空间形状。这种线面投影特性分析物体形状的方法，称为线面分析法。一般读图步骤如下。

(1) 分线框。先将一个线框较多的视图分解为若干个线框。

(2) 对投影。对于所分解的线框，逐一找出其他投影；再根据平面的投影特性，判断各面的形状和空间位置。注意垂直面投影“无类似形必积聚”的应用。

(3) 组合各面想象整体。将上述各面按彼此的相对位置组合起来，就得到整个物体的形状。

三、组合体读图训练示例

【例 5-3】 如图 5-18 所示，已知物体的主视图和左视图，补画其俯视图。

分析与作图：

(1) 主、左视图均为直角梯形，根据“梯梯为台”的视图特征，可初步判断形体是棱台或圆台。

(2) 再进一步判断出不是圆台，因为如果是圆台，主、左视图应是相同的或对称的梯形，否则应有截交线，本例主、左视图不同也不对称，所以不是圆台。

图 5-18　物体的主、左视图

(3) 画棱台的方法是先画下底面，再画上底面，由于上、下底面在主、左视图中均积聚成直线且不与第三边交叉，所以上、下底面有两种可能的形状——三边形或四边形，不可能是五边形以上的形状。

(4) 确定本例有两个答案，三棱台和四棱台。如图 5-19 (a)、(b) 所示。

【例 5-4】 如图 5-20，已知组合体的主、左两视图，补画其俯视图。

分析与作图：

(1) 如图 5-21 所示，应用形体分析法，将形体分为三个部分，可看出第一部分为四方块（四棱柱），第二部分为四棱台，第三部分为缺角四方体。

(2) 画出每部分的俯视图，画图步骤如图 5-22 所示。

【例 5-5】 如图 5-23 所示，已知组合体的主、左两视图，补画其俯视图。

分析与作图：

(1) 从已知的两视图看出，本例形体为平面切割体，在基本形体的左方和前方进行了多个面的切割。

(2) 按线面分析法，画出形体上每个水平面的实形，最后连接平面角点间的连线，具体作图步骤如图 5-24 所示。

【例 5-6】 补全组合体三视图中漏缺的图线，如图 5-25 所示。

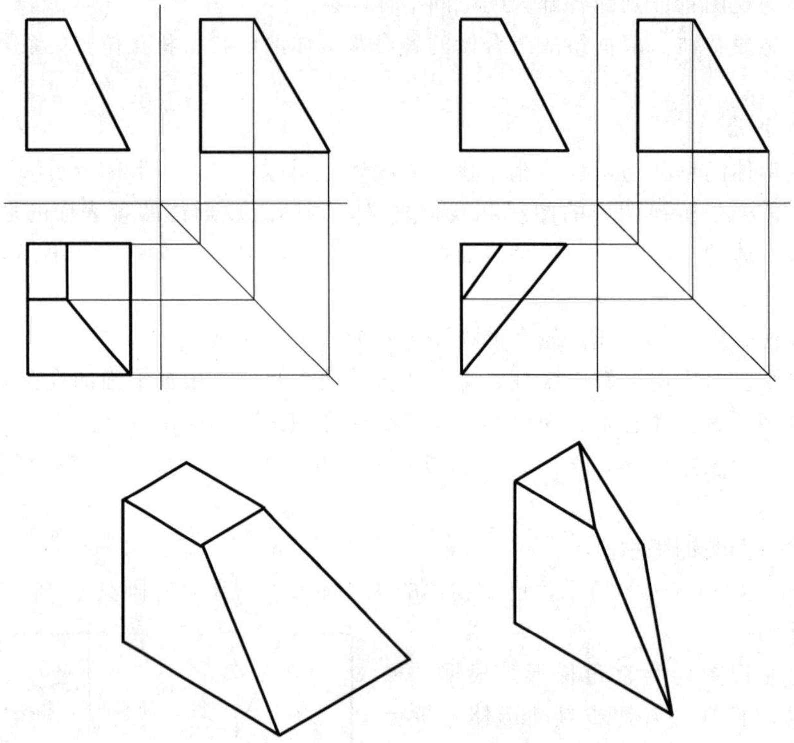

(a) (b)

图 5-19 已知两视图补第三视图

(a) 答案一：四棱台；(b) 答案二：三棱台

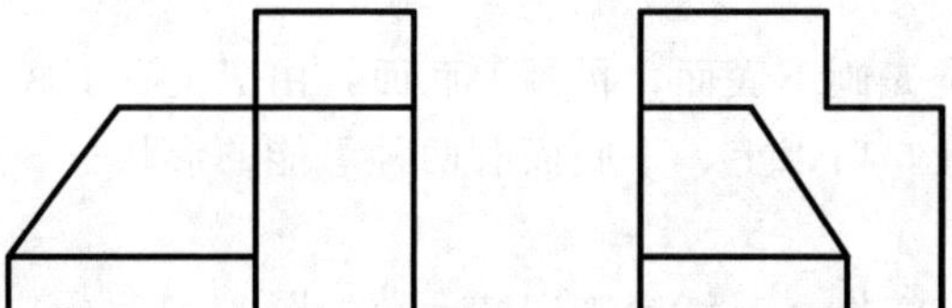

图 5-20 组合体的主、左视图

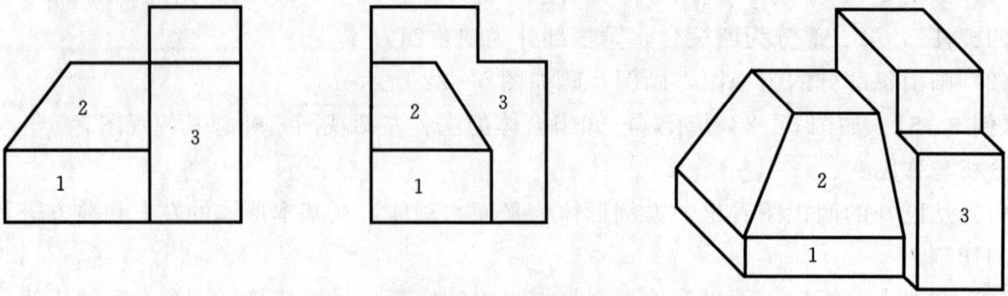

图 5-21 形体分析

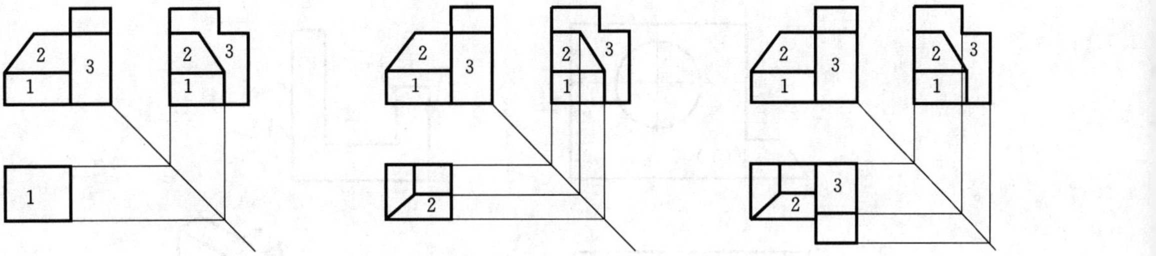

(a)　(b)　(c)

图 5-22　形体分析法补图的作图步骤

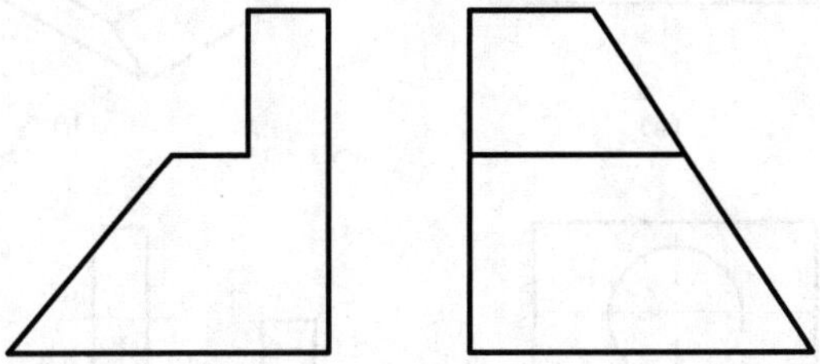

图 5-23　组合体的主、左两视图

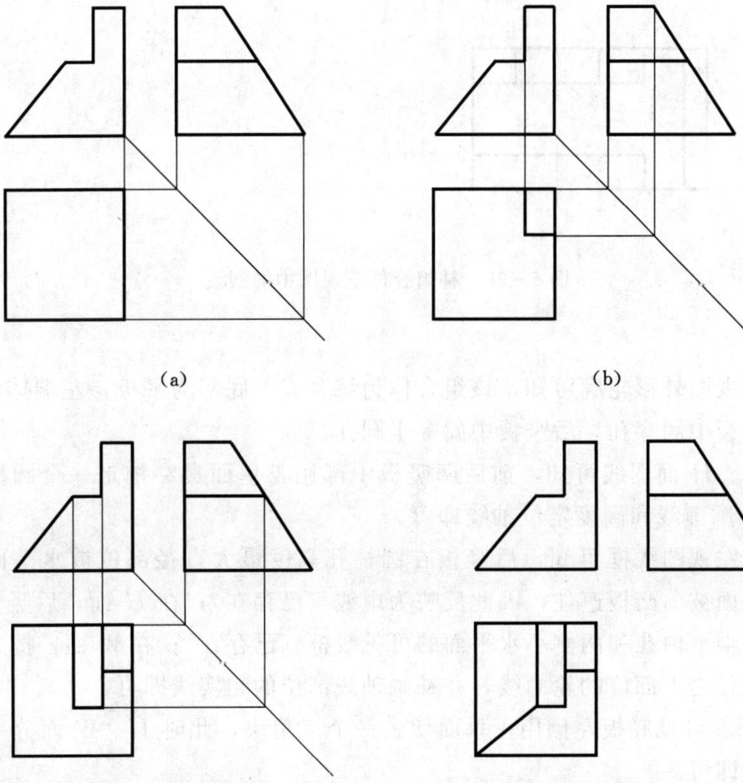

(a)　(b)　(c)　(d)

图 5-24　线面分析法补图的作图步骤

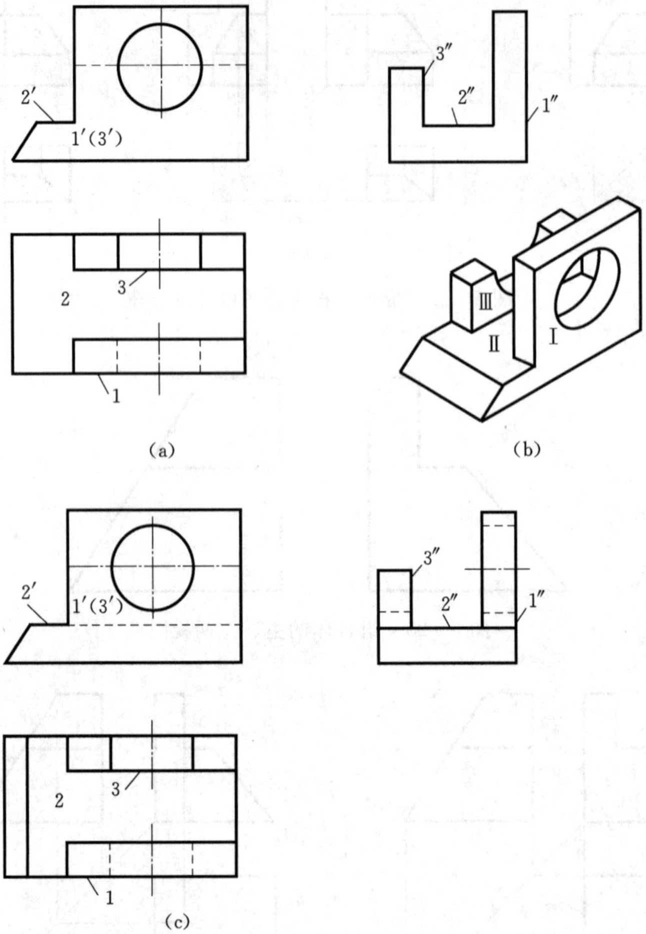

图 5-25　补组合体三视图中的漏线

分析与作图：

（1）通过三视图外形轮廓可知，该组合体为综合式。底部为平板，左端抹斜角；前、后各一竖板，前竖板中间穿孔，后竖板中间穿半圆孔。

（2）通过 V、H 面图线可知，前后两竖板中部用正垂面贯穿挖走一个圆柱孔，此时在 W 面补圆柱孔轮廓虚线和高度定位轴线即可。

（3）由俯、左视图线框可知，后竖板在圆柱孔高度最大直径部位被水平面切去，在 V 面该高度的水平面被前凸板遮住，因此反映为虚线（已存在）；在 H 面，后竖板已反映出被水平面截切后，半个内孔和两侧小水平面的可见线框（已存在）；在 W 面，擦去后竖板在圆柱孔高度最大直径之上部位的轮廓线，并补画轴线部位的粗实线即可。

（4）在 V 面，可见底板左侧用正垂面切去一个三角块，此时 H、W 面分别补一根可见正垂线作轮廓线即可。

任务总结：运用形体分析法和线面分析法，正确识读出给定的组合体；通过补视图和补漏线的练习，提高组合体视图识读的水平。

任务学习拓展：尝试综合运用形体分析法和线面分析法，去识读复杂的组合体。

【课 后 训 练】

一、单项选择题

1. 已知一立体的轴测图，按箭头所指的方向的视图是（　　）。

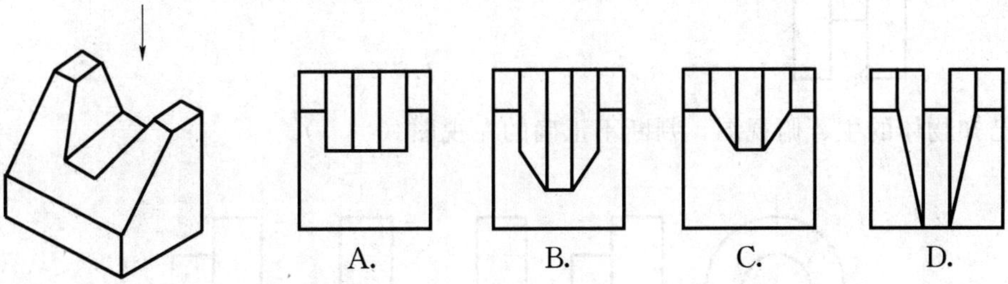

2. 已知一物体的主俯视图，正确的左视图是（　　）。

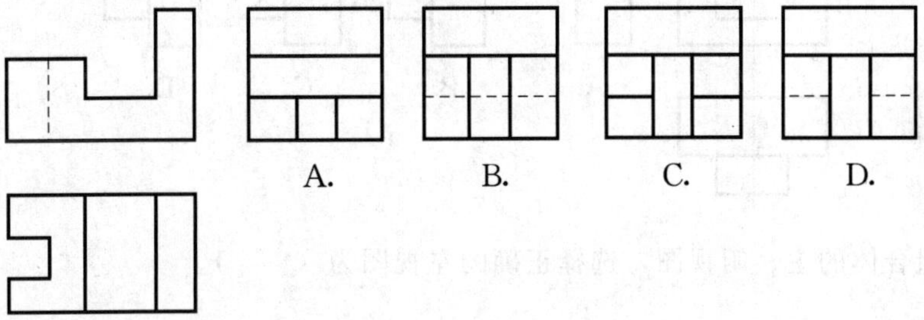

3. 已知主视图和俯视图，正确的左视图是（　　）。

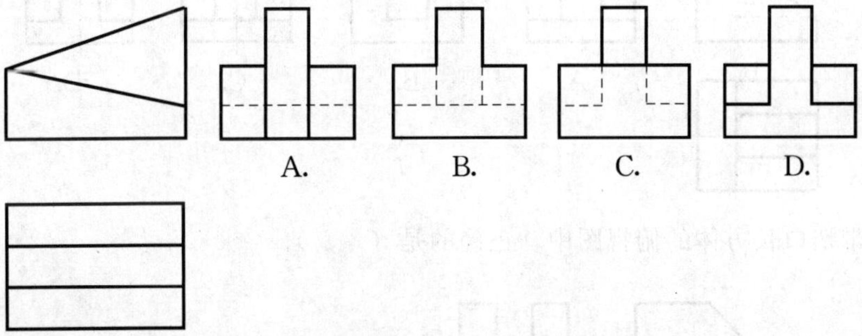

4. 在下列四组视图中，正确的一组视图是（　　）。

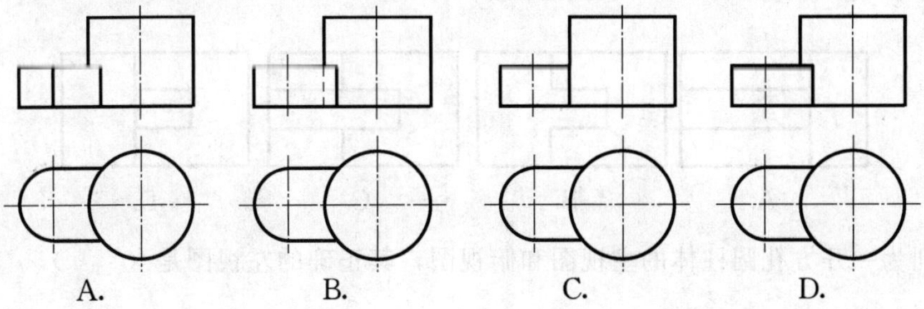

5. 已知主视图和俯视图，错误的左视图是（　　）。

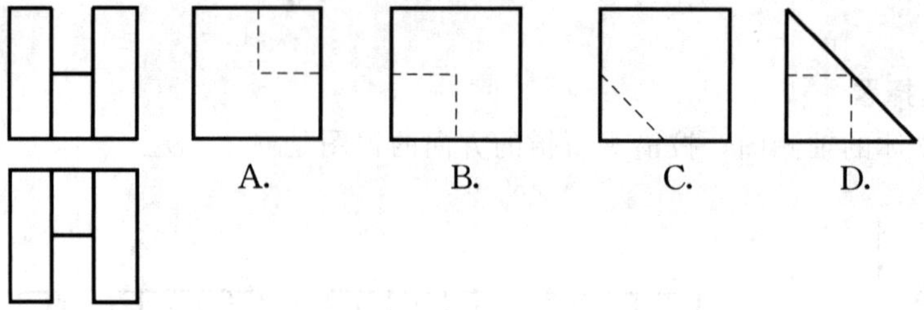

6. 已知物体的主、俯视图，判断不正确的左视图（　　）。

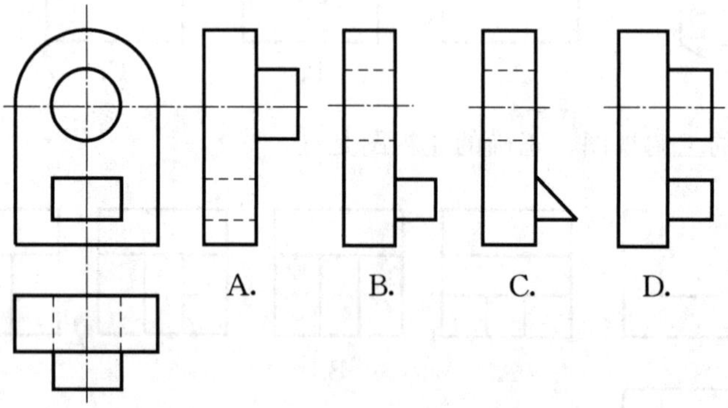

7. 已知组合体的主、俯视图，选择正确的左视图为（　　）。

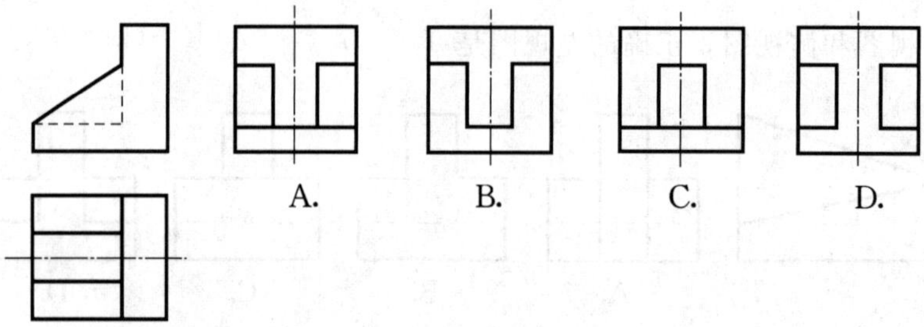

8. 下列带切口长方体的俯视图中，正确的是（　　）。

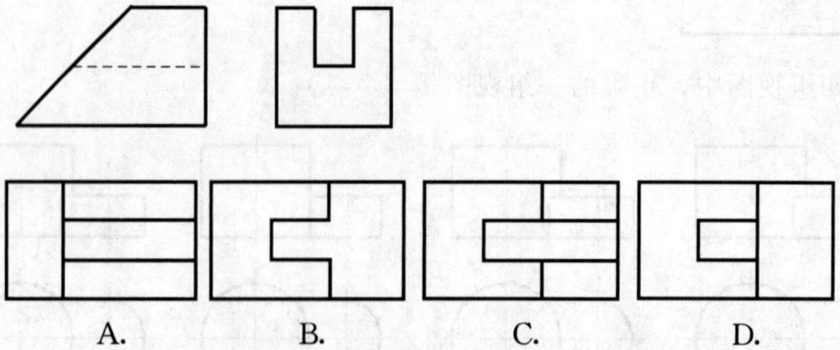

9. 下列为一开方孔圆柱体的主视图和俯视图，其正确的左视图是（　　）。

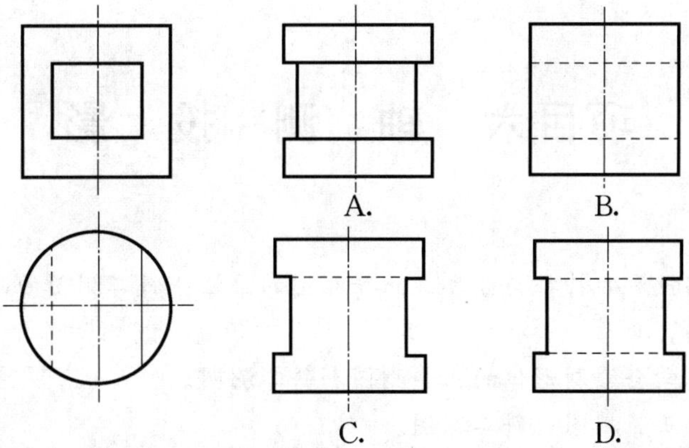

10. 已知物体的主、俯视图，正确的左视图是（　　）。

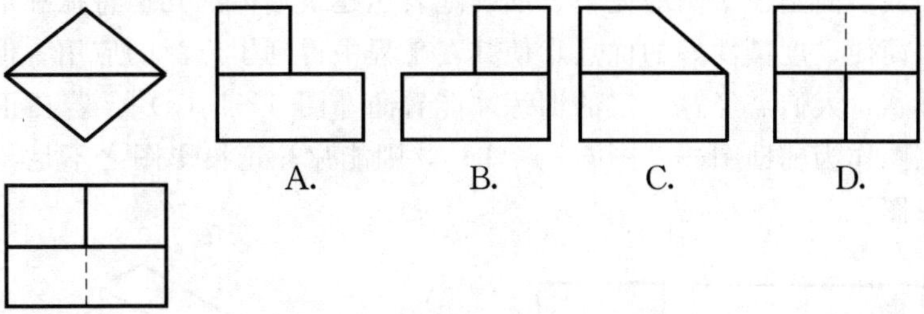

二、判断题

1. 两形体表面相错时，两表面投影的分界处应用粗实线隔开。（　　）
2. 两形体表面共面时，构成一个完整的平面，画图时可用线隔开。（　　）
3. 两形体表面相交时，相交处有分界线，视图上应画出表面交线的投影。（　　）
4. 标注的尺寸不是定位尺寸就是定形尺寸。（　　）
5. 当两形体邻接表面相切时，由于相切是光滑过渡，所以切线的投影不画。（　　）

项目六 轴 测 投 影

项目描述： 轴测投影的特征与分类；正等测图的画法；斜二测图的画法；平面立体和曲面立体轴测图的画法。

项目学习目标： 学会绘制形体的正等测图和斜二测图。

项目学习重点： 正等测图；斜二测图。

项目学习难点： 曲面体轴测图。

形体的三面或多面正投影图能完整、准确地表达建筑形体的几何特征和形状大小，正投影作图图示方法简便、度量性好的优点，使其在工程中得到了广泛的应用。但这种图示法在表达上缺乏立体感，人们需经过一定的训练才能看懂［图 6-1（a）］。若在正投影图旁再绘出该形体的轴测图作为辅助图样［图 6-1（b）］，则能弥补正投影图之不足，帮助人们更容易地看懂正投影图。

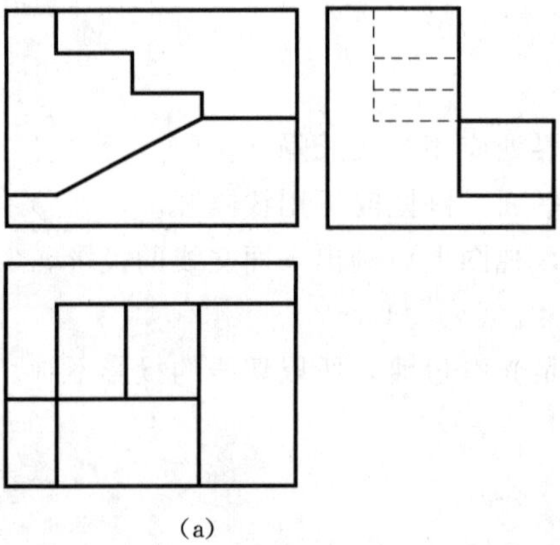

(a)

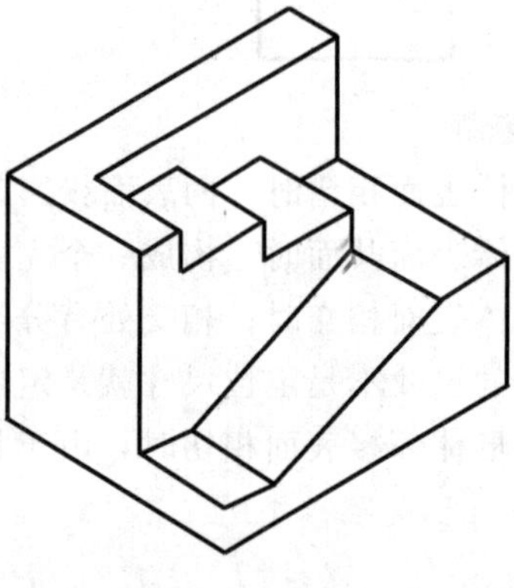

(b)

图 6-1　物体的正投影图和轴测投影图

(a) 正投影图；(b) 轴测图

任务一 轴 测 投 影 概 述

任务描述： 了解轴测投影的形成，掌握轴测投影的特性及分类。

一、轴测投影的形成

根据平行投影的原理，将空间形体连同确定其空间位置的参考直角坐标系，沿不平行于任一坐标平面的方向投射在单一投影面上，形成立体感较强的图形称为轴测投影图，简称轴测图。如图 6-2 所示在投影面 P 上所得的图形。

图 P 为轴测投影面，S 为投射方向。确定形体空间位置的参考直角坐标 OX、OY、OZ

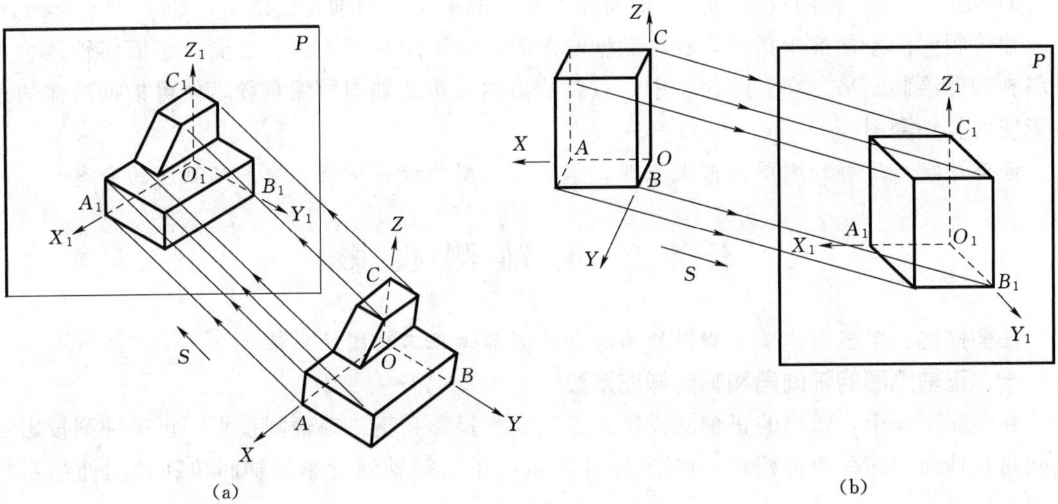

图 6-2　轴测图的形成
(a) 正轴测投影；(b) 斜轴测投影

在轴测投影面上的投影 O_1X_1、O_1Y_1、O_1Z_1 称为轴测投影轴（简称轴测轴）；相邻轴测轴之间的夹角 $X_1O_1Z_1$、$X_1O_1Y_1$、$Y_1O_1Z_1$ 称为轴间角，通常在绘制轴测投影的时候，都将轴测轴 O_1Z_1 放置为铅直方向；直角坐标轴上单位长度的轴测投影长度与原来直角坐标轴上的单位长度的比值称为轴向伸缩系数，设 p_1、q_1、r_1 分别为 OX、OY、OZ 轴的轴向伸缩系数。

轴测投影是在一个投影面上反映出形体的长、宽、高三个向度，具有的立体感比正投影图要强。它的缺点是形体表达不全面，如原来不平行于空间直角坐标面的矩形，其轴测投影变成平行四边形；原直角坐标面上的直角的轴测投影不再是直角，因此轴测投影的度量性差，而且作图比正投影复杂。

二、轴测投影的特性

轴测投影是根据平行投影的原理而作出的一种立体图，因此它具有平行投影的一切特性。

(1) 形体上相互平行的线段，它们的轴测投影仍然互相平行。

(2) 形体上与坐标轴平行的线段，它的轴测投影仍与相应的轴测轴平行。

(3) 空间同一直线上线段长度之比以及相互平行的两线段长度之比，在轴测投影中仍保持不变。

三、轴测投影的种类

(1) 按照轴测投影方向与轴测投影面的相对位置不同，轴测图可以分两类。

1) 正轴测图。轴测投影方向垂直于轴测投影面时所得的投影图。如图 6-2 (a) 所示。

2) 斜轴测图。轴测投影方向倾斜于轴测投影面时所得的投影图。如图 6-2 (b) 所示。

(2) 按轴向伸缩系数的不同，轴测图可分为三类。

1) 正（斜）等轴测投影。三个轴向伸缩系数都相等的轴测投影图，即 $p_1=q_1=r_1$。

2) 正（斜）二等轴测投影。三个轴向伸缩系数中有两个相等的轴测投影图，即 $p_1=q_1\neq r_1$ 或 $p_1\neq q_1=r_1$ 或 $p_1=r_1\neq q_1$。

3）正（斜）三轴测投影。三个轴向伸缩系数都不相等的轴测投影图，即 $p_1 \neq q_1 \neq r_1$。

建筑制图国家标准中指出，在绘制轴测图时，应采用正等测、正二测、正面斜轴测、水平斜轴测等绘制画法。在实际作图中，只要给出轴间角及轴向伸缩系数，便可根据形体的正投影图作其轴测图。

任务总结：了解轴测图的形成原理，掌握轴测图的投影特性，熟悉轴测图的分类。

任务二　正 轴 测 投 影

任务描述：掌握形体正等测图的画法，了解形体正二测图的画法。

一、正轴测图的轴间角和轴向伸缩系数

在实际工程中，常用的正轴测投影有正等轴测投影和正二等轴测投影。正等轴测投影的轴间角和轴向伸缩系数都相等，如图 6-3 所示；正二等轴测投影的轴间角和轴向伸缩系数如图 6-4 所示。

轴测投影在实际应用中，主要是为了直观形象地表达形体，图形的大小是次要的，它并不影响表达的直观性，一般不作为施工的尺寸依据，故常将轴向伸缩系数简化，以使作图简便，如图 6-3（d）、图 6-4（d）所示。

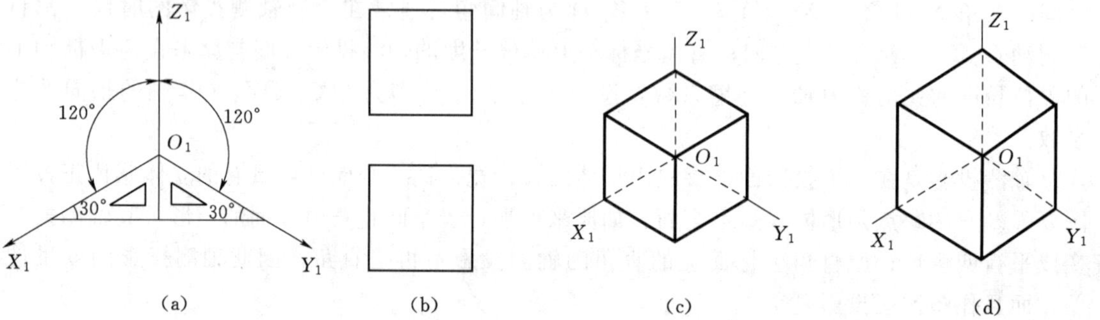

图 6-3　正等测的轴间角和轴向伸缩系数

（a）正等轴测轴；（b）正投影图；（c）$p=q=r=0.82$；（d）$p=q=r=1$

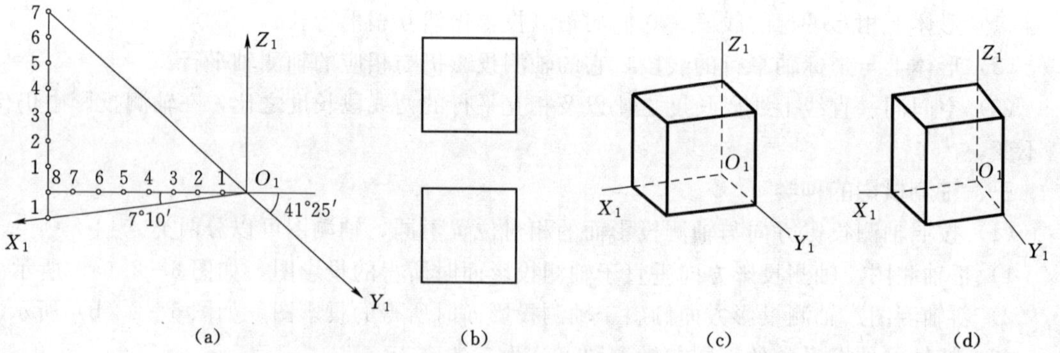

图 6-4　正二测的轴间角和轴向伸缩系数

（a）正二轴测轴；（b）正投影图；（c）$p=r=0.94$，$q=0.47$；（d）$p=r=1$，$q=0.5$

二、平面立体的正轴测投影画法

1. *坐标法*

根据轴测投影的规律，将形体上的各顶点按直角坐标值移置到轴测坐标系中，定出各点、线、面的轴测投影，从而画出整个形体的轴测图，这种作图方法称为坐标法。

【例 6-1】 根据三棱锥的正投影图，如图 6-5（a）所示，试用坐标法画出其正等轴测图。

分析与作图：作图步骤如图 6-5 所示。

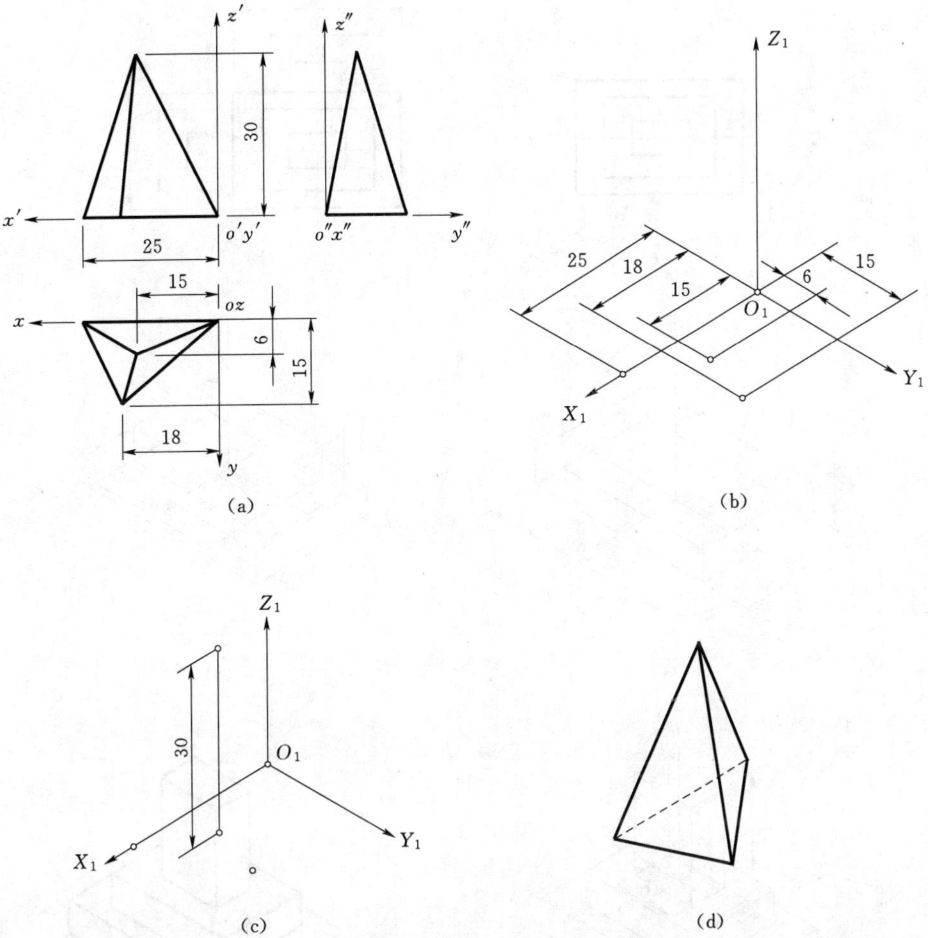

图 6-5　用坐标法作三棱锥的正等测图

（a）在三棱锥的投影图上确定坐标系，并量出各点的坐标值；（b）画轴测轴，确定底面各顶点和锥顶在 $X_1O_1Y_1$ 面上的次投影；（c）根据棱锥的高度定出锥顶；（d）连接各顶点即完成作图

2. *叠加法*

叠加法是将形体分解为若干基本形体，依次将各个基本形体进行准确定位后叠加在一起，形成整个形体的轴测图。对于组合形的几何体，一般采用叠加法比较恰当。

【例 6-2】 根据柱基础的正投影图，如图 6-6（a）所示，试用叠加法画出其正等轴测图。

分析与作图：从图 6-6（a）的正投影中可以看出，这是由三个四棱柱上下叠加而成的柱基础，其作图步骤如图 6-6 所示。

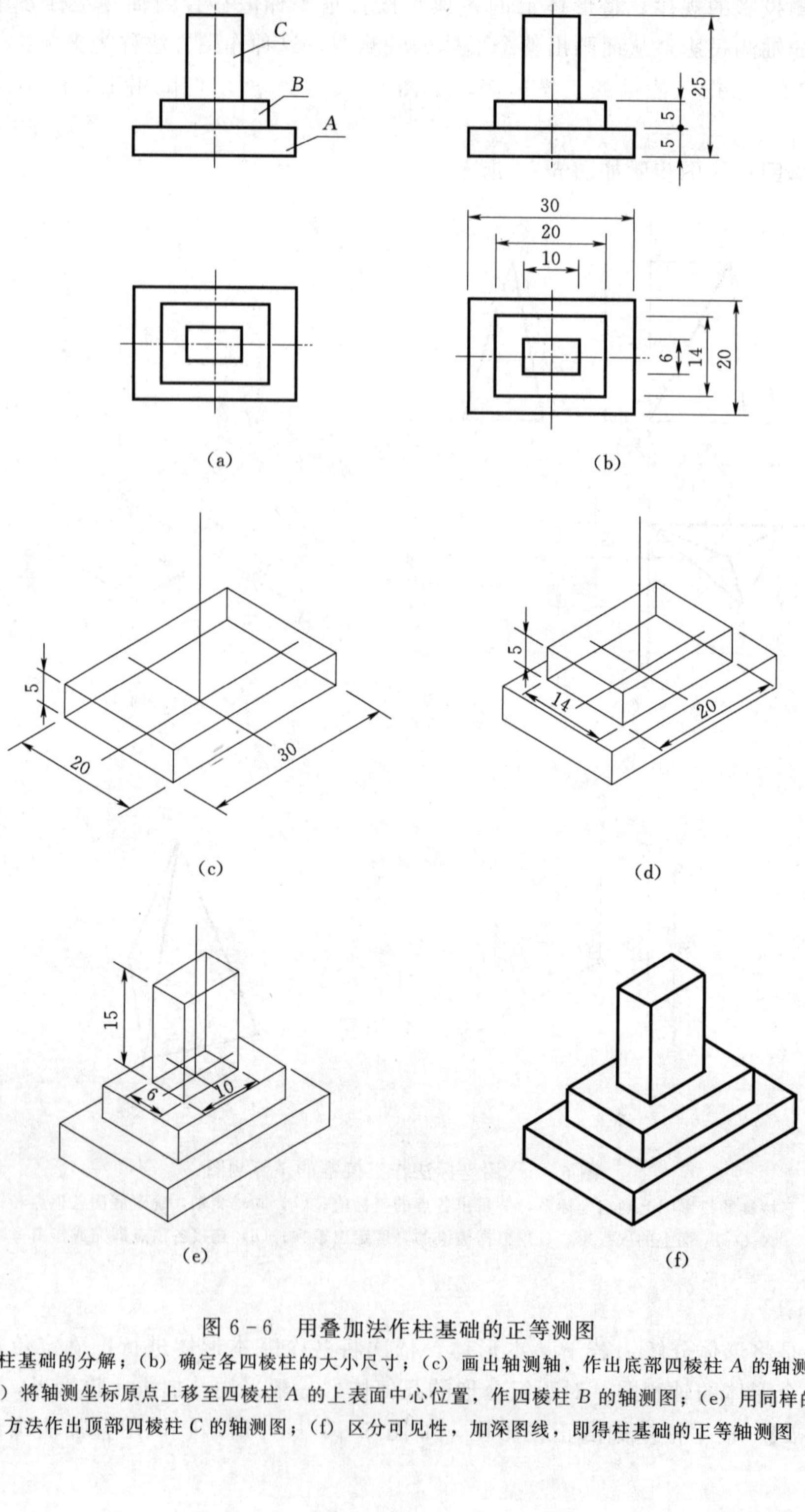

图 6-6 用叠加法作柱基础的正等测图

（a）柱基础的分解；（b）确定各四棱柱的大小尺寸；（c）画出轴测轴，作出底部四棱柱 A 的轴测图；（d）将轴测坐标原点上移至四棱柱 A 的上表面中心位置，作四棱柱 B 的轴测图；（e）用同样的方法作出顶部四棱柱 C 的轴测图；（f）区分可见性，加深图线，即得柱基础的正等轴测图

3. 切割法

有些形体可以看成是由简单形体经过若干次切割而成。画图时，可先画出完整的简单形体，再进行切割，画出形体的轴测图。它适用于具有切口、开槽的简单形体的表达。

【例 6-3】 根据形体的正投影图，如图 6-7（a）所示，试用切割法画出其正等轴测图。

分析与作图：从图 6-7（a）的正投影中可知，它是由一个长方体切去一个三棱柱和一个四棱柱所形成的，这种形体适用切割法作图，其作图步骤如图 6-7 所示。

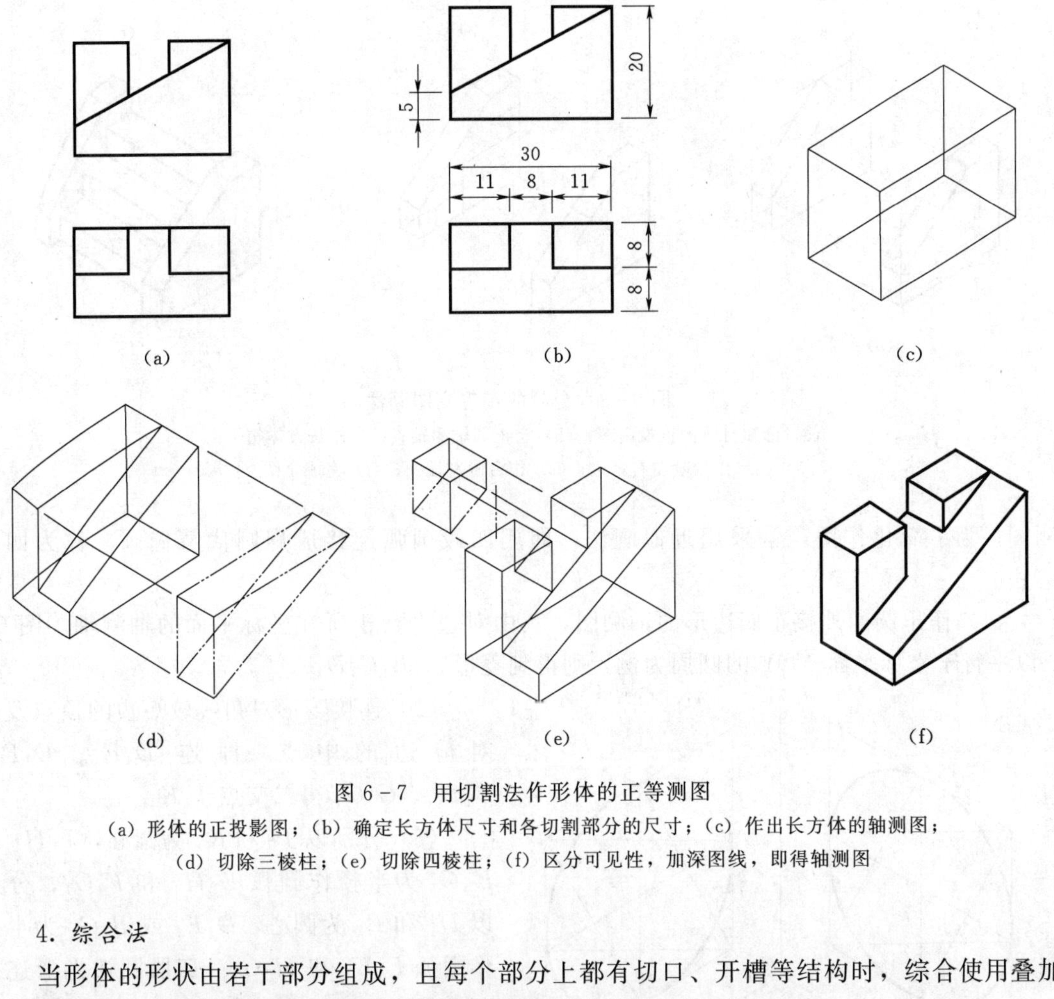

图 6-7 用切割法作形体的正等测图

（a）形体的正投影图；（b）确定长方体尺寸和各切割部分的尺寸；（c）作出长方体的轴测图；（d）切除三棱柱；（e）切除四棱柱；（f）区分可见性，加深图线，即得轴测图

4. 综合法

当形体的形状由若干部分组成，且每个部分上都有切口、开槽等结构时，综合使用叠加法和切割法，从而使作图简单化，这种画轴测图的方法称为综合法。

【例 6-4】 根据台阶的正投影图，如图 6-8（a）所示，画出其正等轴测图。

分析与作图：从图 6-8（a）的正投影中可知，台阶由左右牵边和中间三级踏步构成。两侧牵边各被切去一个三棱柱，其作图步骤如图 6-8 所示。

三、曲面立体的正轴测投影画法

1. 平行于坐标面的圆的正等测图

平行于三个坐标面的圆的正等轴测投影都是椭圆。求作圆的正等测图最常用的方法是“以方求圆”，即先画出平行于坐标面的正方形的正等测图，然后再画正方形内切圆的正等轴

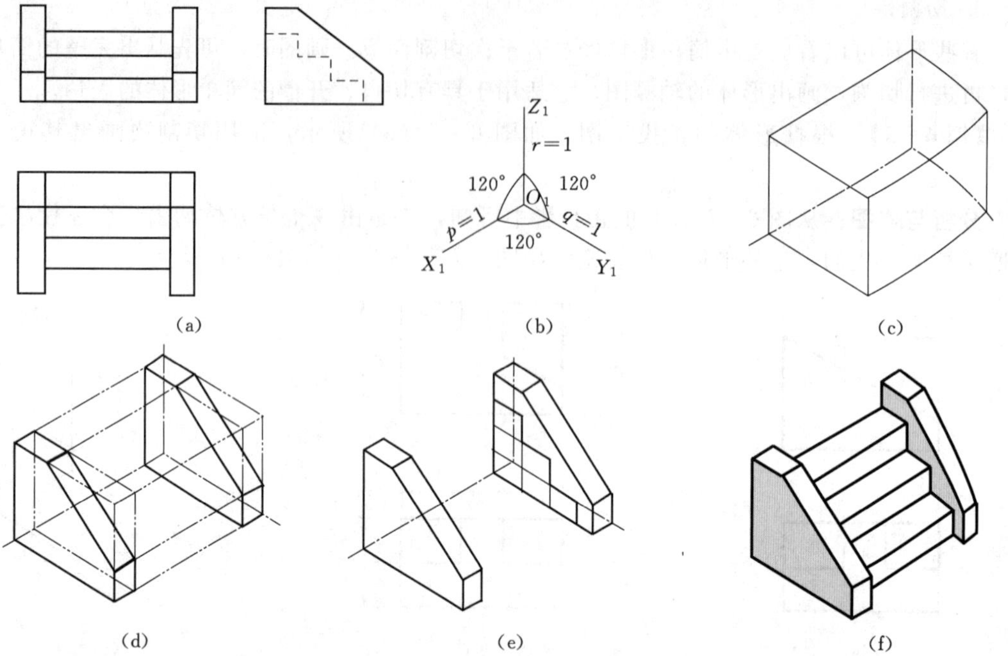

图 6-8 台阶的正等测图画法

(a) 已知台阶的正投影图；(b) 定正等轴测轴；(c) 作长方体箱子；
(d) 作台阶左右牵边；(e) 作台阶左端面；(f) 完成全图

测图。为了简化作图，常采用近似画法，即用四段圆弧连接成扁圆代替椭圆，称为四圆心法。

（1）作出圆的外接正四边形的轴测图，其中对边平行于所在坐标平面的轴测轴。图 6-9 以平行于坐标平面 XOY 的圆周为例，则得到菱形 $A_1B_1C_1D_1$。

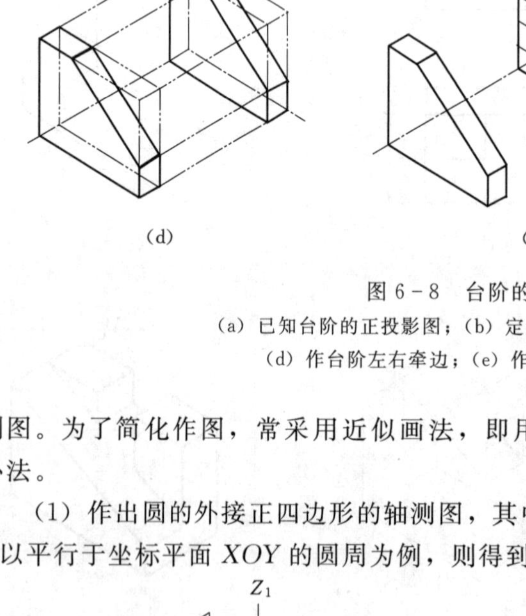

图 6-9 圆的正等轴测图

（2）连接菱形对角线较短边的顶点及所对应边的中点，即连 D_1E_1、D_1F_1、B_1H_1、G_1G_1 得二交点 J_1K_1。

（3）分别以 J_1 和 K_1 为圆心，J_1H_1 或 K_1G_1 为半径作圆弧 E_1H_1 和 F_1G_1；分别以 D_1 和 B_1 为圆心，D_1E_1 或 B_1G_1 为半径作圆弧 F_1E_1 和 H_1G_1。四段圆弧光滑连接所成的扁圆，即为近似椭圆。

平行于其他两个坐标面的圆的正等轴测投影的画法与此相同，只是圆的中心线所平行的坐标轴不同，因此菱形的方位和对边所平行的坐标轴也不同，如图 6-9 所示。

2. 圆角的正等测画法

如图 6-10 (a) 所示底板上的圆角，其正等测作图也可以用四心圆弧法求作。该圆角的正等测图实际上是四分之一椭圆，其具体画法如图 6－11 所示。

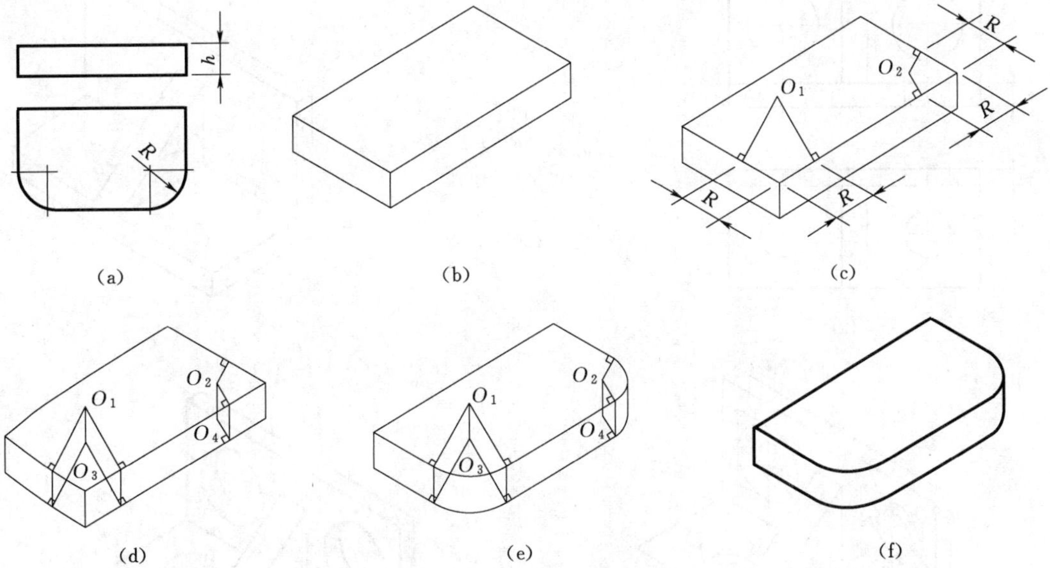

图 6－10　圆角的正等轴测图画法

（a）给题；（b）作底板的正等测图；（c）定出底板上表面的两个圆弧中心；（d）向下平移距离 h，得底板下表面的两个圆弧中心；（e）分别以 O_1、O_2、O_3、O_4 为圆心，画相应圆弧及圆弧的外公切线；（f）区分可见性，加深图线，完成作图

3. 圆柱体的正等测画法

如图 6－11 所示，先作出上、下底圆的正等测——椭圆，再作出两椭圆的最左、最右切线，即为圆柱正等测的轮廓线（切点是长轴端点）。为加强立体效果，可加绘平行于轴线的阴影线。

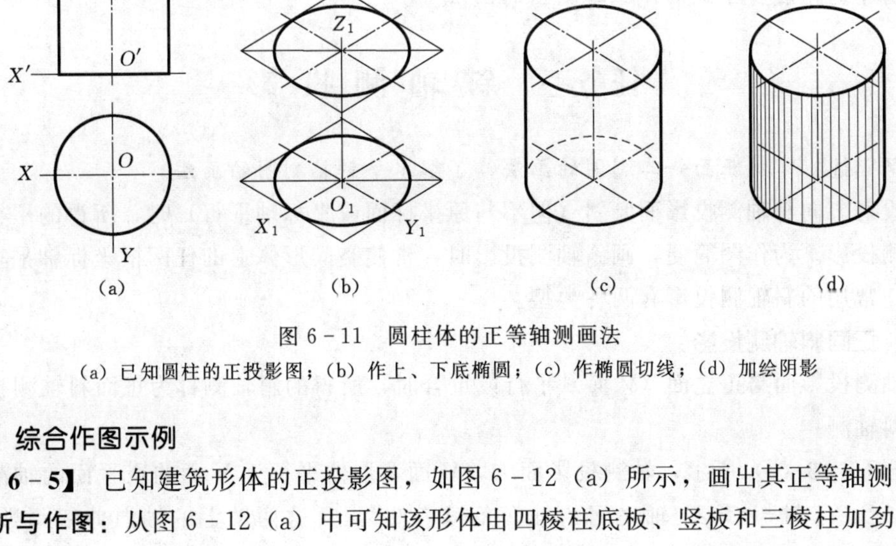

图 6－11　圆柱体的正等轴测画法

（a）已知圆柱的正投影图；（b）作上、下底椭圆；（c）作椭圆切线；（d）加绘阴影

四、综合作图示例

【例 6－5】 已知建筑形体的正投影图，如图 6－12（a）所示，画出其正等轴测图。

分析与作图： 从图 6－12（a）中可知该形体由四棱柱底板、竖板和三棱柱加劲板组成，

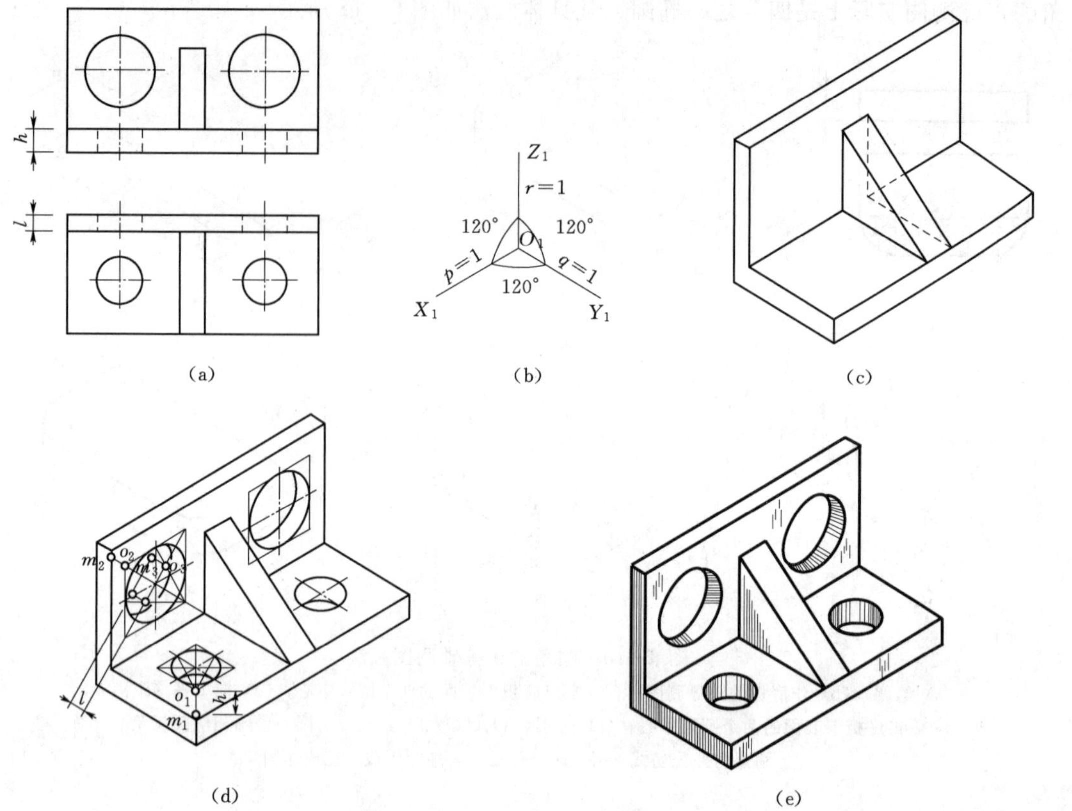

图 6-12 形体的正等轴测画法

(a) 正投影图；(b) 定正等轴测轴；(c) 作底板、竖板、加劲板；(d) 作圆柱通孔；(e) 加绘阴影

底板及竖板上均有圆柱形通孔。作图时可按底板→竖板→加劲板逐一叠加画出。作图步骤如图 6-12 所示。

任务总结： 掌握平面立体和曲面立体的正等测图的画法。

任务学习拓展： 了解形体正二测图的画法。

任务三 斜 轴 测 投 影

任务描述： 掌握正面斜二测图的画法，了解水平斜轴测图的画法。

当投射方向与轴测投影面倾斜（但不与原坐标面或坐标轴平行）时，所得的平行投影称为斜轴测投影。为作图简便，画斜轴测投影时，常使空间形体上的任两根坐标轴平行于轴测投影面。常用的斜轴测投影有两种类型。

一、正面斜轴测投影

当轴测投影面与正立面（V 面）平行或重合时，所得的斜轴测称为正面斜轴测投影，简称正面斜轴测。

如图 6-13（a）所示，轴测投影面 $R /\!/ V$ 面，形体平行于 V 面的正平面的轴测投影反映实形，O_1X_1 轴与 O_1Z_1 轴之间的轴间角恒为 90°，且这两轴上的轴向伸缩系数恒为 1。

O_1Y_1 轴的伸缩系数与方向，会随轴测投射方向的变化而各自独立地变化，而轴间角与轴向伸缩系数互不相关，可以独立选择。为作图方便，常令 O_1Y_1 轴对水平线倾斜的角度等于30°、45°或 60°。当 Y_1 轴的轴向伸缩系数取为 1（$p=q=r=1$）时的轴测图称为正面斜等测；当 Y_1 轴的轴向伸缩系数取为 0.5（$p=r=1$，$q=0.5$）时的轴测图称为正面斜二测，如图 6-13（c）所示。

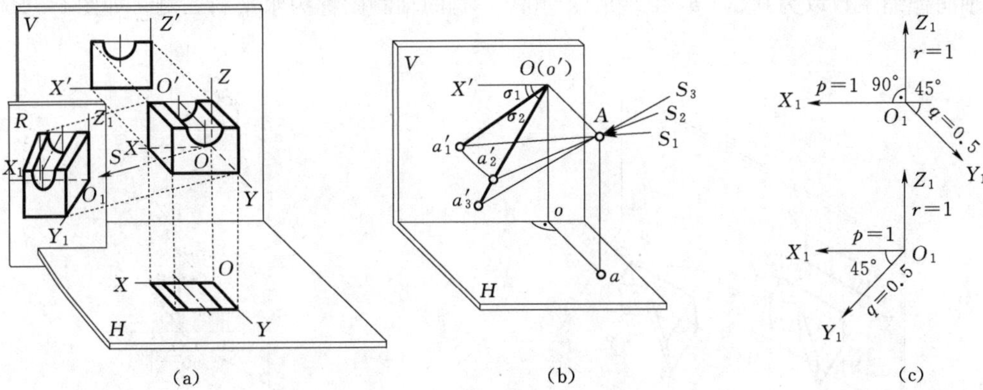

图 6-13　正面斜轴测投影

（a）正面斜轴测投影的形成；（b）O_1Y_1 轴的伸缩系数与轴间角互不相关；（c）常用的轴测轴及伸缩系数

【例 6-6】　画出如图 6-14（a）所示轴套的斜二测图。

解：轴套上平行于 XOZ 面的图形都是同心圆，而其他面的图形则很简单，所以采用斜二测图。作图时，先进行形体分析，确定坐标轴；再作轴测轴，并在 Y_1 轴上根据 $q=0.5$ 定出各个圆的圆心位置 O_1、A_1、B_1；然后画出各个端面圆的投影、通孔的投影，并作圆的公切线；最后擦去多余作图线，加深完成全图。

其作图步骤如图 6-14 所示。

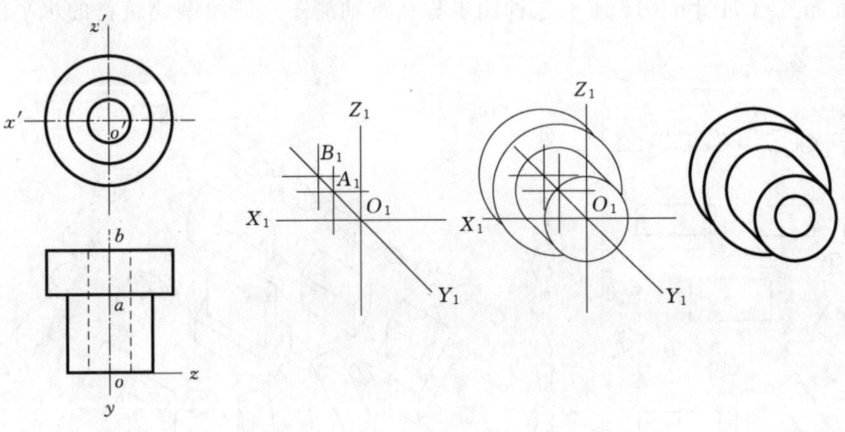

图 6-14　作轴套的斜二测图

二、水平面斜轴测投影

当轴测投影面与水平面（H 面）平行或重合时，所得的斜轴测称为水平面斜轴测投影，简称水平斜轴测。

如图 6-15（a）所示，轴测投影面 $P /\!/ H$ 面，形体平行于 H 面的水平面的轴测投影反映实形，O_1X_1 轴与 O_1Y_1 轴之间的轴间角恒为 90°，且这两轴上的轴向伸缩系数恒为 1。O_1Z_1 轴的伸缩系数与轴间角可独立选择。为作图方便，常把 O_1Z_1 轴画成竖直方向，则 O_1X_1、O_1Y_1 轴与水平线夹角分别为 30°、60°。

当 O_1Z_1 轴的轴向伸缩系数取为 1（$p=q=r=1$）时的轴测图称为水平斜等测；当 O_1Z_1 轴的轴向伸缩系数取为 0.5（$p=q=1$，$r=0.5$）时的轴测图称为水平斜二测，如图 6-15（b）所示。

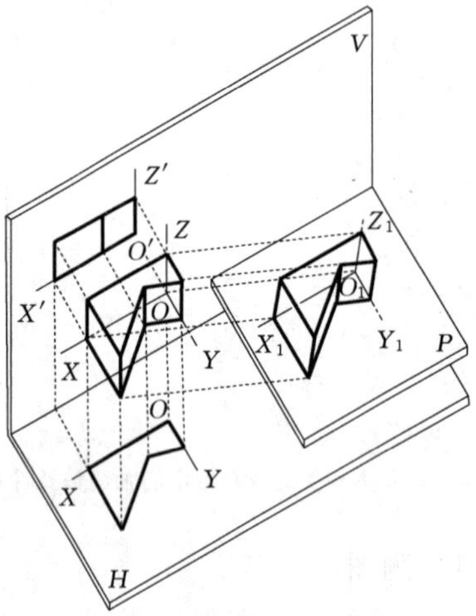

（a）

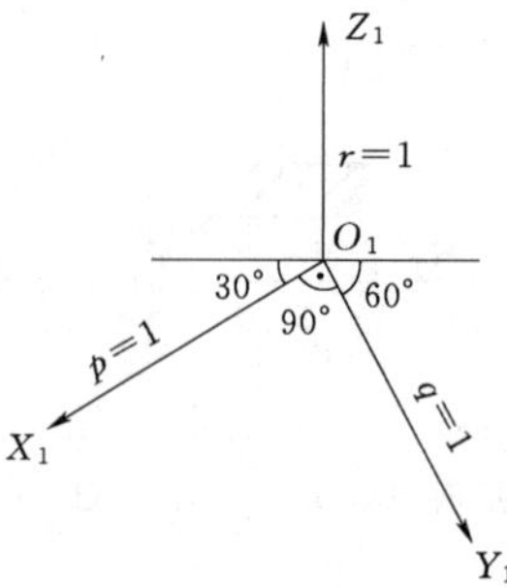

（b）

图 6-15　水平斜轴测投影

（a）水平斜轴测投影过程；（b）常用的轴测轴及伸缩系数

水平斜轴测图适用于水平面上具有较复杂形状的形体。因此，在工程上常用来表达建筑群体的平面布置（如图 6-16 所示这种图也称鸟瞰轴测图）或绘制建筑物的水平剖面（如图 6-17 所示）。

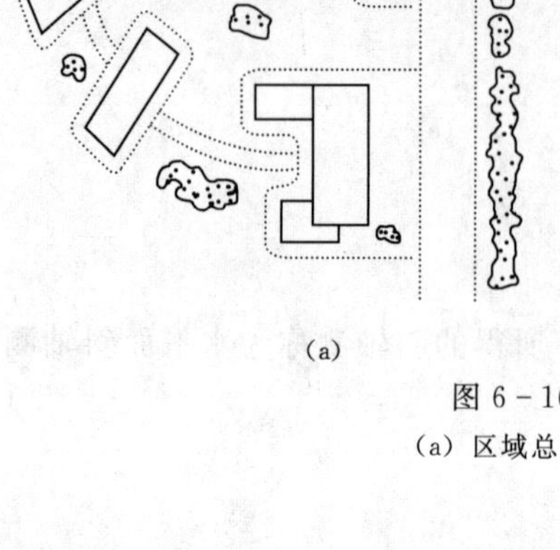

（a）

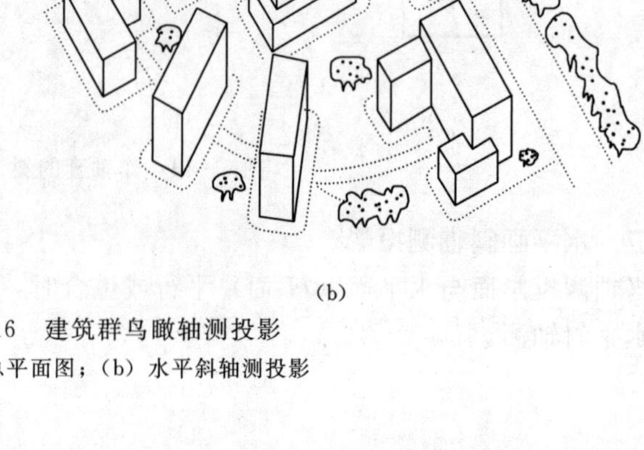

（b）

图 6-16　建筑群鸟瞰轴测投影

（a）区域总平面图；（b）水平斜轴测投影

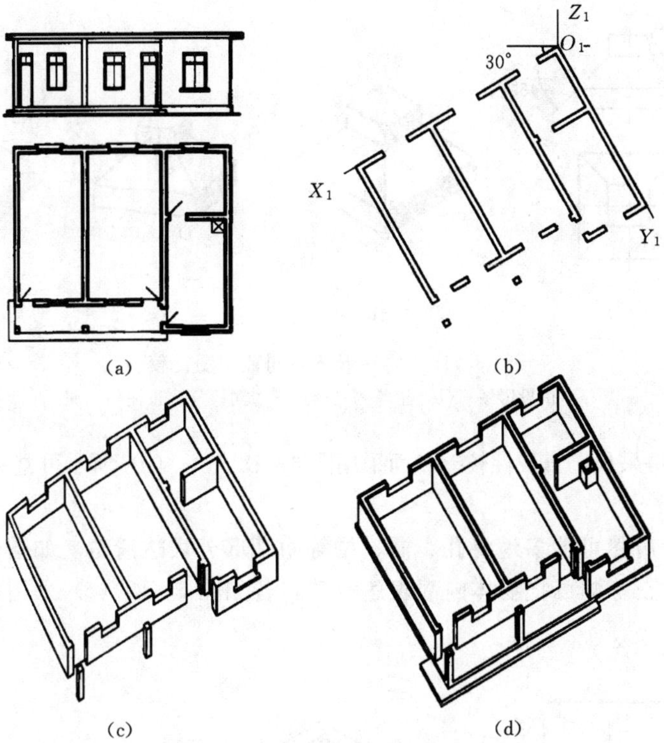

图 6－17　房屋水平斜轴测投影

（a）房屋立面图与平面图；（b）平面图的断面旋转 30°后画出；

（c）画内外墙角、门、窗、柱子；（d）画台阶、池等并完成全图

任务总结：掌握平面立体和曲面立体的正面斜二测图画法。

任务学习拓展：了解形体水平斜等测图的画法。

任务四　轴测投影的选择

任务描述：了解轴测图类型和方向选择的一般原理。

一、选择轴测图的原则

随着轴测投影面的倾斜角度或斜投影的角度不同，轴测投影的类型会有多种变化。在实际工程中究竟采用哪种轴测图来表达一个形体最为合适，应从两个方面考虑：一是直观性好，立体感强，且尽可能多地表达清楚物体的形状结构；二是作图简便。

二、轴测图选择分析

1. 避免转角处交线投影成一直线

如图 6－18 所示，由于形体左前方转角处的交线 AB、BC、CD 均处在与 V 面成 45°同一铅垂面上，与正等测的透射方向平行，在正等测中必然投影成一直线，如图 6－18（b）所示，故直观性不如图 6－19（c）、（d）好。

2. 要避免平面体投影成左右对称的图形

如图 6－18（b）所示，正等测投射的方向，恰好与形体的对角线平面平行，所以它的正等测

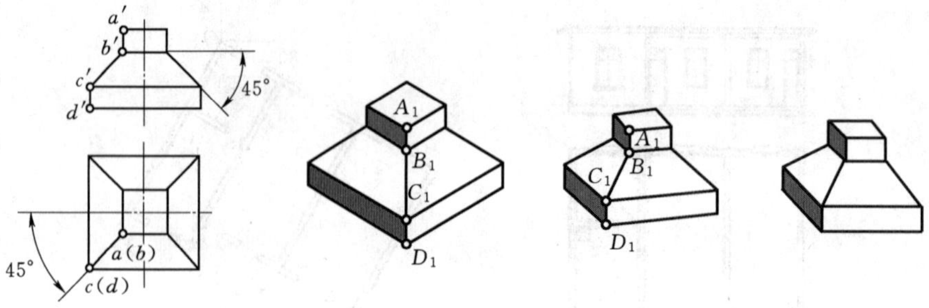

(a) (b) (c) (d)

图 6-18 同一形体不同轴测图比较

(a) 正投影图；(b) 正等测；(c) 正二测；(d) 正面斜二测

是左右对称的，显得呆板，直观性较差，而采用图 6-18 (c)、(d) 所示可避免这一缺点。

3. 避免被遮挡

在轴测图上，应尽可能多地将孔、洞、槽等隐蔽部分表达清楚。如图 6-19 所示，在图 6-19 (b) 中采用正等测可把物体内部表达清楚，若如图 6-19 (c) 采用斜二测图，则内部构造表达不清楚。

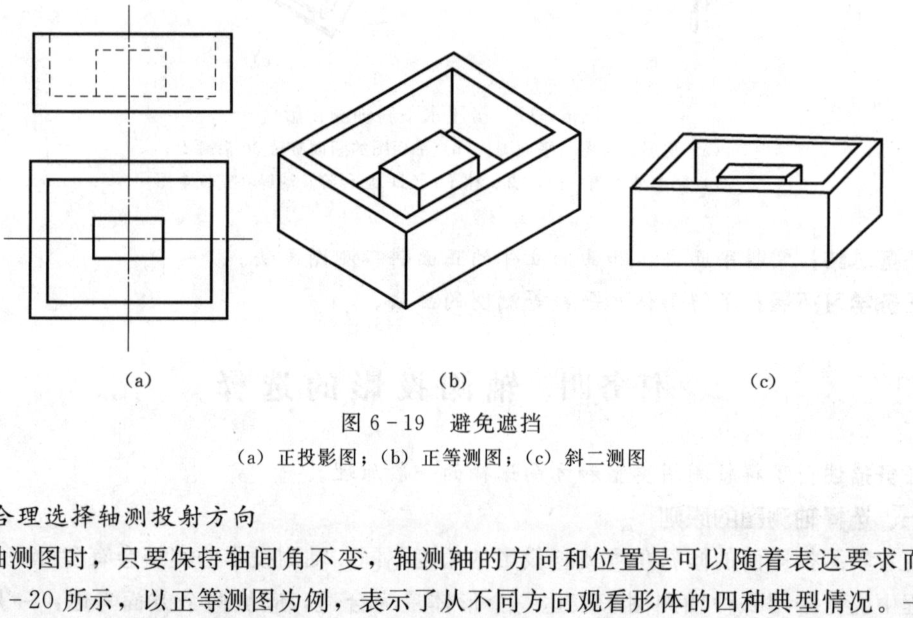

(a) (b) (c)

图 6-19 避免遮挡

(a) 正投影图；(b) 正等测图；(c) 斜二测图

4. 合理选择轴测投射方向

画轴测图时，只要保持轴间角不变，轴测轴的方向和位置是可以随着表达要求而变化的。图 6-20 所示，以正等测图为例，表示了从不同方向观看形体的四种典型情况。一般来说，确定投影方向应该能看到形体的主要特征面，如图 6-20 (b)、(c) 的表达效果较好。

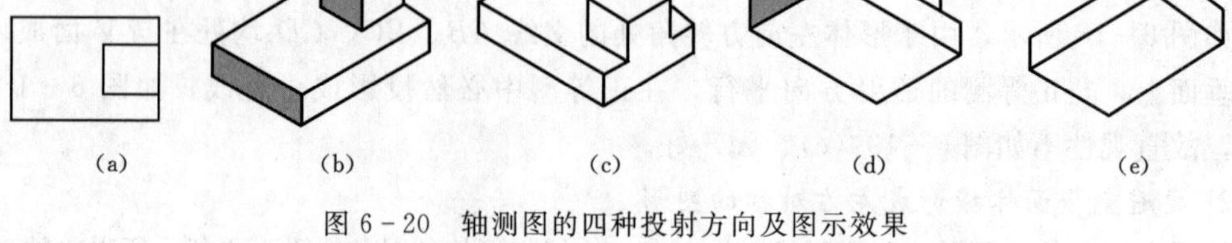

(a) (b) (c) (d) (e)

图 6-20 轴测图的四种投射方向及图示效果

(a) 正投影图；(b) 由左前上向右后下投射；(c) 由右前上向左后下投射；

(d) 由左前下向右后上投射；(e) 由右前下向左后上投射

5. 作图简便

若形体是柱体，且截面复杂，一般采用截面平行于投影面的斜轴测投影图。外形较方正平整的物体常采用正轴测投影图，如图 6-21 所示。

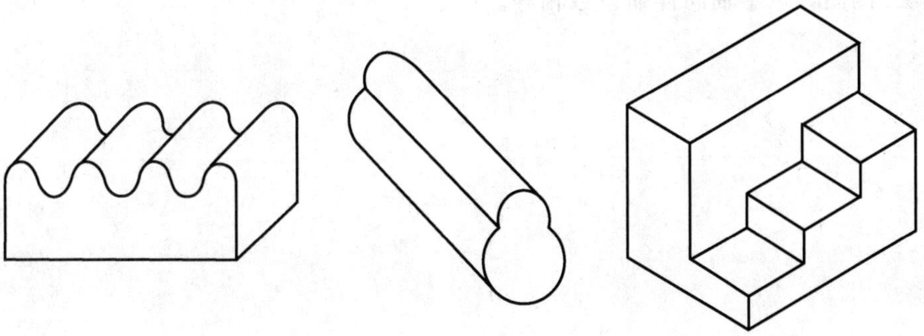

(a)　　(b)　　(c)

图 6-21　根据形体选用绘制简便的轴测图

(a) 斜轴测投影图 (1)；(b) 斜轴测投影图 (2)；(c) 正轴测投影图

任务总结：根据不同的形体，选择合适的轴测图类型。

【课　后　训　练】

一、单项选择题

1. 物体上互相平行的线段，轴测投影（　　）。

A. 平行　　B. 垂直　　C. 无法确定

2. 正等轴测图的轴间角为（　　）。

A. 120°　　B. 60°　　C. 90°

3. 正等轴测图中，为了作图方便，轴向伸缩系数一般取（　　）。

A. 0.82　　B. 2　　C. 1

4. 画正等轴测图的 X、Y 轴时，为了保证轴间角，一般用（　　）三角板绘制。

A. 30°　　B. 45°　　C. 90°

5. 在斜二等轴测图中，取一个轴的轴向变形系数为 0.5 时，另两个轴向变形系数为（　　）。

A. 0.5　　B. 1　　C. 2

二、多项选择题

根据组合体的组合方式，画组合体轴测图时，可以用（　　）作图。

A. 切割法　　B. 叠加法　　C. 综合法

三、判断题

1. 正等轴测图的轴间角可以任意确定。（　　）

2. 空间直角坐标轴在轴测投影中，其直角的投影一般已经不是直角了。（　　）

3. 形体中互相平行的棱线，在轴测图中仍具有互相平行的性质。（ ）
4. 正等轴测图与斜二等轴测图的轴间角完全相同。（ ）
5. 正等测图，三个轴向伸缩系数都相等。（ ）
6. 斜二测图，三个轴向伸缩系数相等。（ ）

项目七　视　图　画　法

项目描述：视图的类型和图样表达的方法；剖视图的形成、种类与画法；断面图的形成、种类与画法。

项目学习目标：学生通过本任务的学习，能掌握基本视图和辅助视图的标注和画法，掌握剖视图、断面图的标注与画法。

项目学习重点：剖视图的画法；断面图的画法。

项目学习难点：局部剖视图画法；阶梯剖视图画法；旋转剖视图画法。

任务一　基本视图和辅助视图

任务描述：熟悉六大基本视图，了解辅助视图的常见类型；了解简化画法的常用表达方法。

实际中的工程形体往往是比较复杂的，仅用三面投影图很难将其准确清晰地表达出来。因此，国标中规定了工程形体的一些表达方法。本任务对其中常用的表达方法加以介绍。

一、图样表达与视图配置

1. 基本视图

(1) 基本视图的形成。基本视图应按正投影法并用第一角画法绘制。制图标准规定用正六面体的六个面作为六个基本投影面，分别记作 H、V、W、H_1、V_1、W_1。将物体放在其中，分别向六个基本投影面投影，即得到物体的六个基本视图。六个基本视图的名称及投射方向如下：

1) 正立面图：自前向后投射所得的投影图。

2) 平面图：自上向下投射所得的投影图。

3) 左侧立面图：自左向右投射所得的投影图。

4) 底面图：自下向上投射所得的投影图。

5) 右侧立面图：自右向左投射所得的投影图。

6) 背立面图：自后向前投射所得的投影图。

六个基本投影面的展开方法如图 7-1 所示，正立投影面不动，其余各投影面按图示方向旋转至与正立投影面共面。展开后，六个基本视图的位置关系如图 7-2 (a) 所示。正立面图应尽量反映物体的主要特征。绘图时六个基本视图根据具体情况选用，在完整清晰地表达物体特征的情况下，视图数量越少越好。

(2) 视图配置。如果六个基本视图在一张图纸内，并且按 7-2 (a) 位置排列时，一律不注视图名称。在实际中为了合理利用图纸，在一张图纸上绘制六个基本视图或其中几个时，其位置宜按主次关系从左到右依次排列，如图 7-2 (b) 所示。一般每个视图均应在下方标注图名，并在图名下画一粗横线，其长度以图名所占长度为准。对于房屋建筑图，由于

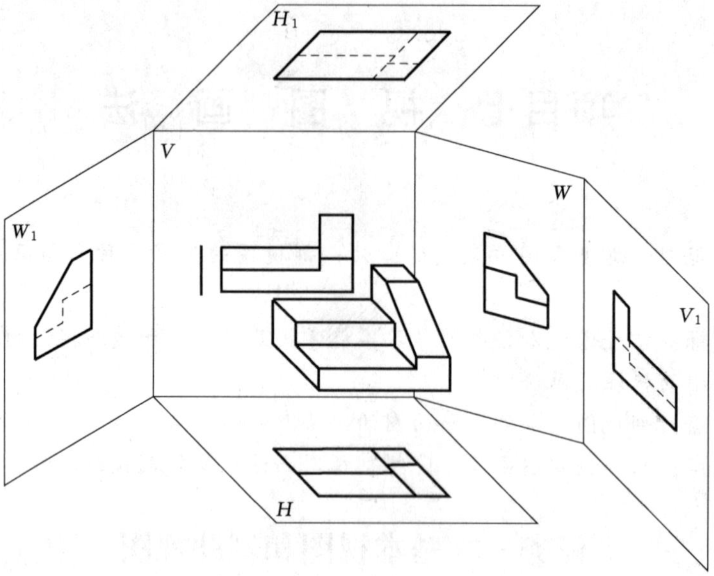

图 7-1 基本视图的展开

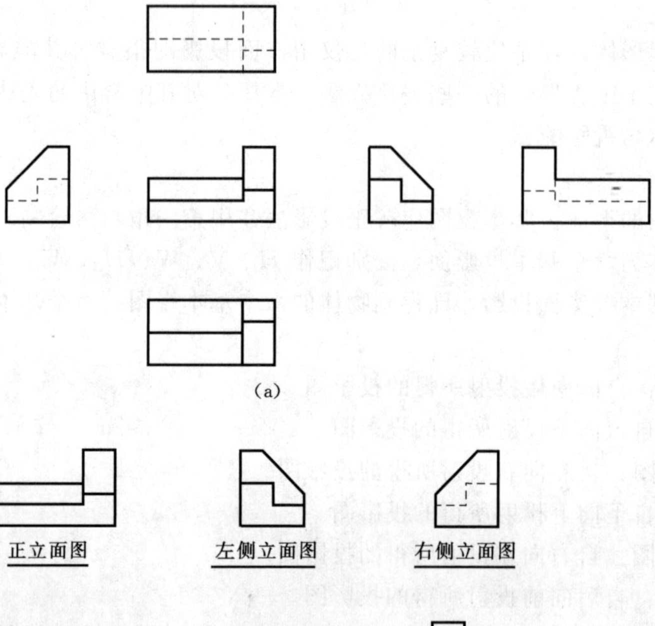

(a)

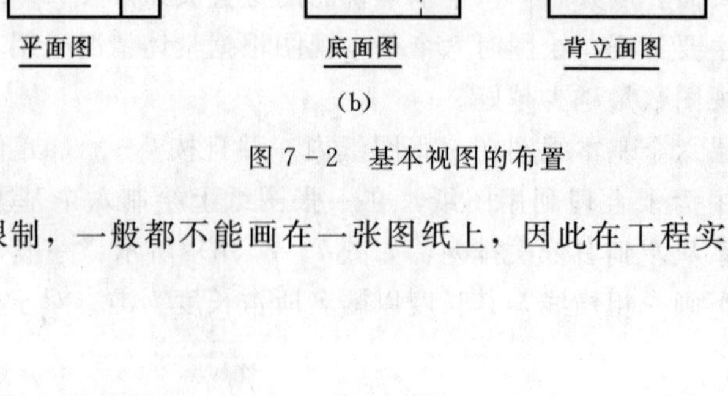

(b)

图 7-2 基本视图的布置

图形大，受图幅限制，一般都不能画在一张图纸上，因此在工程实践中均需标注出各视图图名。

2. 镜像视图

按《中华人民共和国国家标准：房屋建筑制图统一标准》（GB/T 50001—2001）规定，当某些工程构造，用直接正投影法不易表达时，可用镜像投影法绘制。如图 7－3（a）所示，用镜面代替水平投影面，则形体在镜面中反射得到的图像称为镜像视图，这种投影方法称为镜像投影法。采用镜像投影法绘制的视图，应在图名后加注“镜像”二字，如图 7－3（b）所示。图 7－3（c）是用直接正投影法绘制的该物体的两个图样，读者可与图 7－3（b）中镜像平面图作对比。在房屋建筑图中，常用镜像平面图来表示室内装修的顶棚布置情况等。

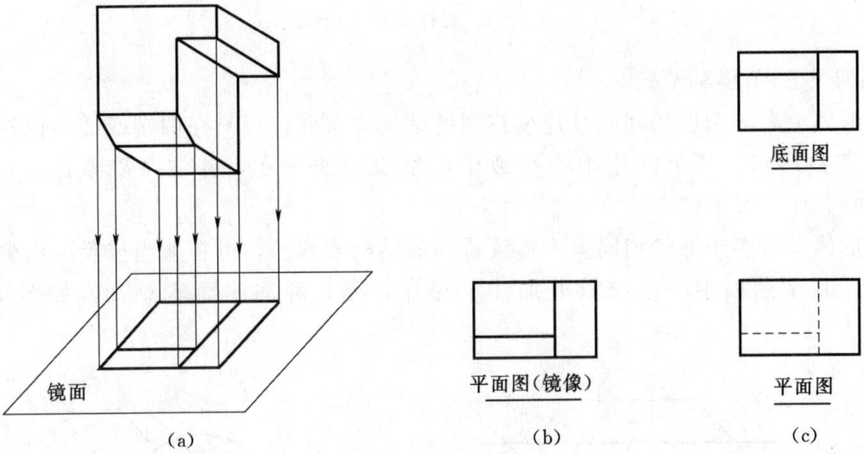

图 7－3　镜像视图

3. 具有部分不平行于投影面的房屋立面的视图

在房屋建筑中，经常会出现立面的某部分与基本投影面不平行，如圆形、折线形及曲线形等。画立面图时，可将该部分展至与基本投影面平行，再按直接正投影法绘制，并在图名后加注“展开”两字。

图 7－4（a）所示房屋模型的立面图，就是将房屋两侧展开至平行于正立投影面后得到的视图，图中省略了旋转方向等的标注。

二、简化画法

为了节省图幅和绘图时间，提高工作效率，建筑制图国家标准允许在必要时采用下列简化画法。

1. 对称图形的简化画法

对称形体的图形，可只画一半（习惯上画左、上半部），并画出对称符号，如图 7－5（a）所示；也可以超出图形的对称线，画一半多一点儿，然后加上波浪线或折断线，而不画对称符号，如图 7－5（c）所示。

若对称形体的图形有两条对称线，可只画图形的四分之一，并画出对称符号，如图 7－5（b）所示。

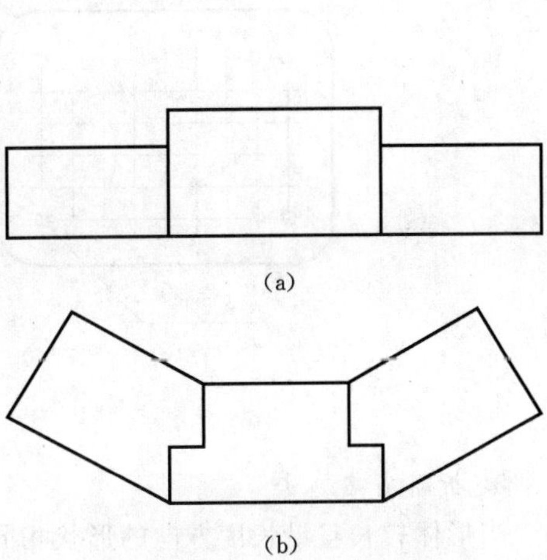

图 7－4　展开视图

（a）正立面图；（b）平面图

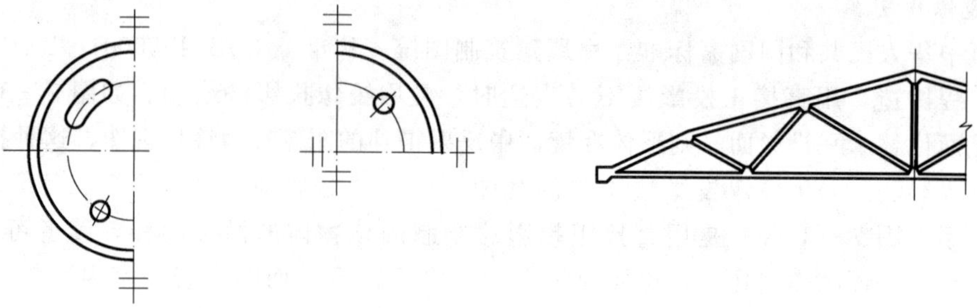

(a)　　(b)　　(c)

图 7-5　对称图形的画法

2. 相同要素的省略画法

如果形体上有多个形状相同且连续排列的结构要素时，可只在两端或适当位置画少数几个要素的完整形状，其余的用中心线或中心线交点来表示，并注明要素总量，如图 7-6（a）、（b）、（c）所示。

如果形体上有多个形状相同但不连续排列的结构要素时，可在适当位置画出少数几个要素的形状，其余的以中心线交点处加注小黑点表示，并注明要素总量，如图 7-6（d）所示。

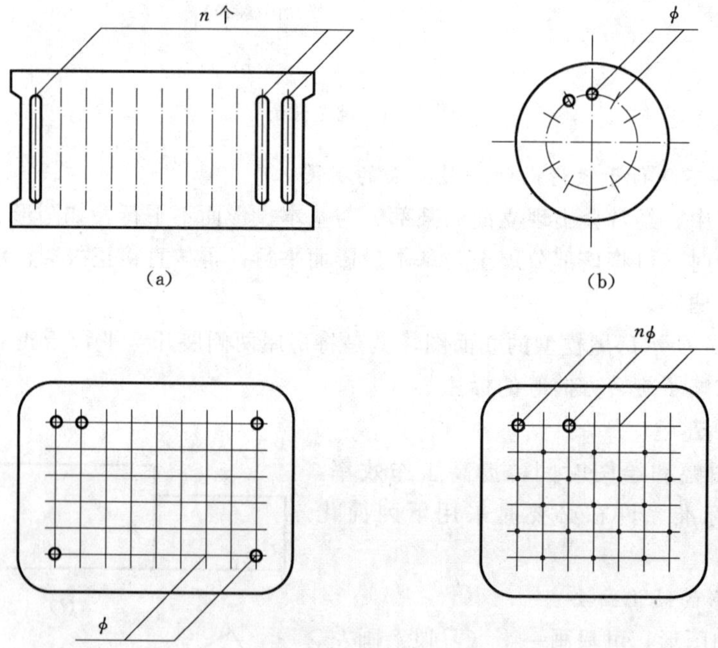

图 7-6　相同要素的省略画法

3. 折断省略画法

当形体较长且沿长度方向的形状相同或按一定规律变化时，可采用折断的办法，将折断的部分省略不画。断开处以折断线表示，折断线两端应超出轮廓线 2～3mm，如图 7-7 所示。需要注意的是尺寸要按折断前原长度标注。

4. 局部省略画法

当两个形体仅有部分不同时，可在完整地画出一个后，另一个只画不同部分，但应在形体的相同与不同部分的分界处，分别画上连接符号，两个连接符号应对准在同一线上，如图7-8所示。连接符号用折断线和字母表示，两个相连接的图样字母编号应相同。

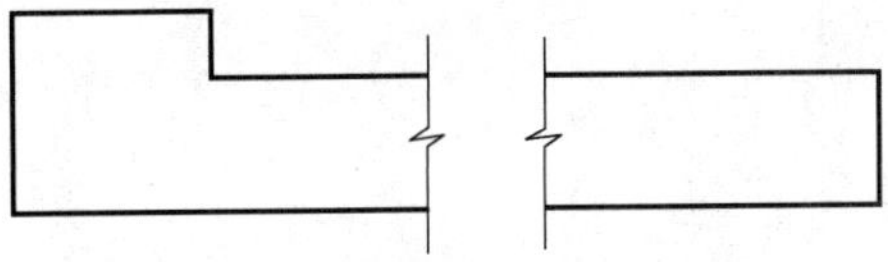

图7-7　折断省略画法

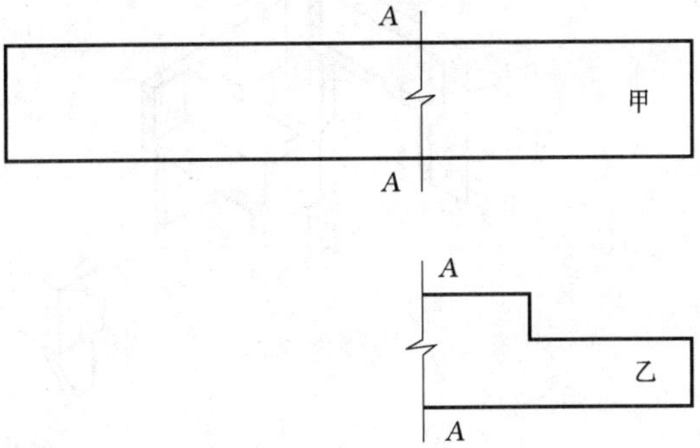

图7-8　局部省略画法

任务总结： 掌握六大视图的形成过程和配置要求，了解辅助视图的种类和表达方式，熟悉常见的简化画法。

任务学习拓展： 参考水利制图规范，了解更多的图样表达方法。

任务二　剖视图和断面图

任务描述： 掌握剖视图的形成、分类及画法；掌握断面图的形成、分类及画法；比较剖视图与断面图的异同点。

一、剖视图

1. 剖视图的概念

应用前述各种视图表达建筑形体时，形体上不可见的轮廓线用虚线表示。由于建筑形体内外结构都比较复杂，视图中往往有较多的虚线，使得图面虚实线交错，混淆不清，给读图和尺寸标注带来不便。为了清楚地表达物体的内部结构，假想用剖切面剖开物体，把剖切面和观察者之间的部分移去，将剩余部分向投影面投射，所得的图形称为剖视图。剖视图可简称剖视。剖视图是工程实践中广泛采用的一种图样。

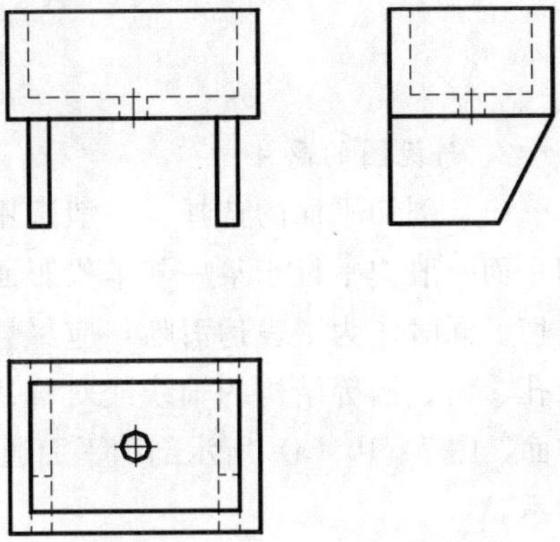

图7-9　污水池的三视图

图7-9所示为污水池的三视图，在三个投影图上出现了许多虚线，使其对形体的表达不够清晰。为表明其内部结构，假想用一个通过污水池排水孔中心线的正平面 P 将污水池剖开，移去平面 P 前面的部分，将剩余的后半部分向正立投影面投影，就得到了污水池的正向剖视图，如图7-10（a）所示。同样，可选择通过污水池左右方向中心线的侧平面 Q 剖开污水

池，移去 Q 平面左面的部分，剩余部分向 W 面投影，得到左侧剖视图，如图 7-10（b）所示。由于水池下的支座在两个剖视图中已表达清楚，故在平面图中可隐去表示支座的虚线，图 7-10（c）为污水池的剖视图。

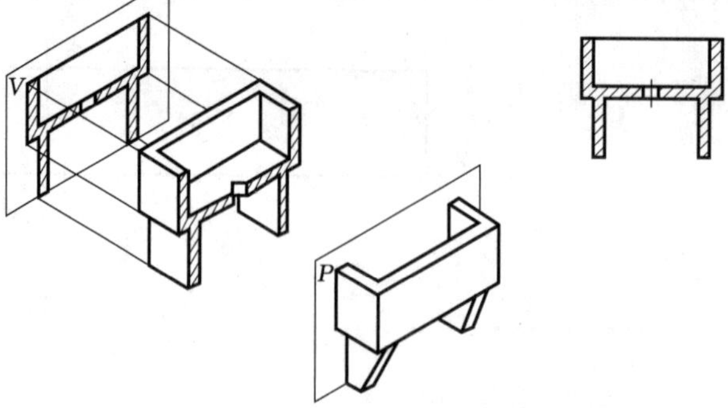

(a)

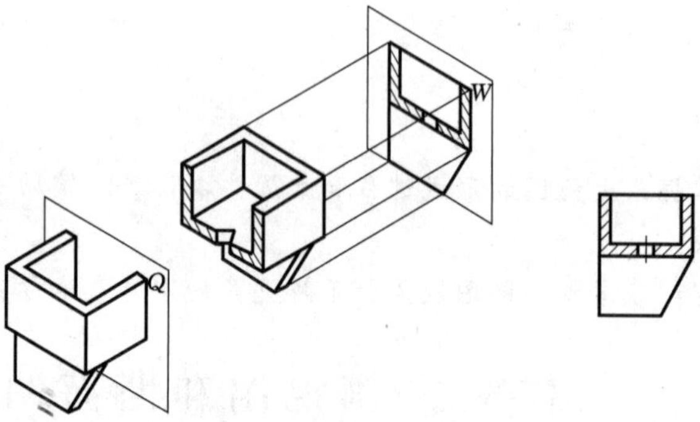

(b)

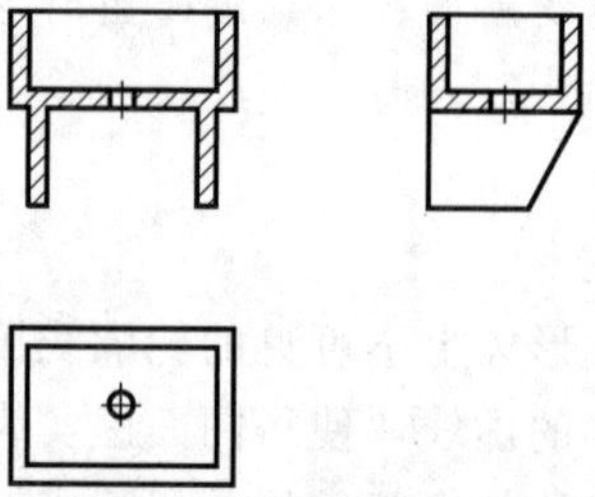

(c)

图 7-10　剖视图的形成

2. 剖视图的画法

(1) 剖切平面的选择。一般选用平面作剖切面，为了表达形体内部结构的真实形状，剖切平面一般应平行于某一基本投影面，如图 7-10（a）、(b) 所示，分别用正平面、侧平面剖切。同时，为了表达清晰，应尽量使剖切平面通过形体的对称面或主要轴线，以及物体上的孔、洞、槽等结构的轴线或对称线。如图 7-10（b）所示，剖切平面为污水池的左右对称面，图 7-10（a）所示剖切平面通过污水池排水孔的中心线，所得剖视图，如图 7-10（c）所示。

(2) 剖视图的标注。为了便于阅读，查找剖视图与其他图样间的对应关系以及表达剖切情况，剖视图应进行标注。标注应包括以下几部分。

1）剖视剖切符号。剖视图的剖视剖切符号由剖切位置线和剖视方向线组成。均用粗实线绘制。剖切位置线用两小段粗实线表示，每段长度宜为 6～8mm，如图 7-11 所示。剖切位置线有时需要转折，在转折处的标注方法见图 7-11。剖视方向线表明剖切后的投影方向，它与剖切位置线垂直，长度短于剖切位置线，宜为 4～6mm，如图 7-11 所示。绘图时，剖视剖切符号应画在与剖视图有明显联系的视图上，且不宜与图形轮廓线相交。

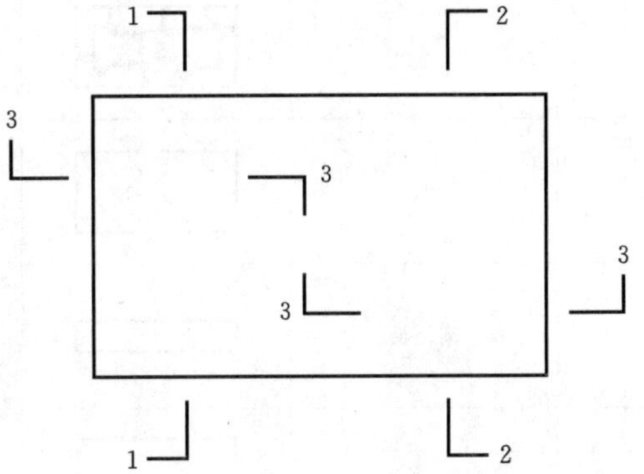

图 7-11 剖视剖切符号和编号

2）剖视剖切符号的编号及剖视图的图名。剖视剖切符号的编号宜采用阿拉伯数字，按顺序由左至右、由下至上连续编排，并注写在剖视方向线的端部，如图 7-11 所示。

剖视图的图名以剖切符号的编号命名。如剖切符号编号为 1，则相应的剖视图命名为“1—1 剖视图”，也可简称作“1—1”，其他剖视图的图名，也应同样依次命名和标注。图名一般标注在剖视图的下方，并在图名下绘一粗实横线，其长度应以图名所占长度为准。如图 7-12 中“1—1”。

（3）材料图例。在剖视图中，形体被剖切后得到的断面轮廓线用粗实线绘制，并规定要在断面上画出相应的材料图例，以区分断面部分和非断面部分，同时表明形体的实际材料。常用的建筑材料图例见表 7-1。如果不需要指明材料，可用间隔均匀的 45°细实线（相当于砖的材料图例）表示。画图例线时应注意，图例线可以向左也可以向右倾斜，但在同一形体的各个剖视图中，断面上的图例线的倾斜方向和间距要一致。如图 7-12 所示。

表 7-1　　常用建筑材料图例

序号	名称	图例	说　明
1	自然土壤		包括各种自然土壤
2	夯实土壤		
3	砂、灰土		靠近轮廓线绘较密的点
4	砂砾石、碎砖三合土	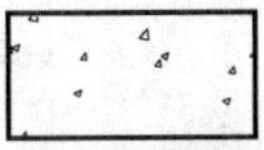	
5	石材	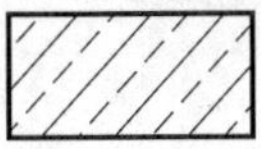	

续表

序号	名称	图例	说　　明
6	毛石	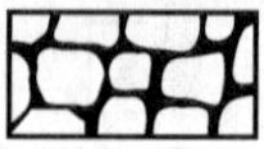	
7	普通砖	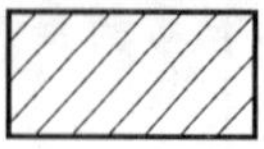	包括实心砖、多孔砖、砌块等砌体。断面较窄不易绘出图例线时，可涂红
8	饰面砖	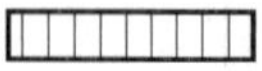	包括铺地砖、马赛克、陶瓷锦砖、人造大理石等
9	混凝土	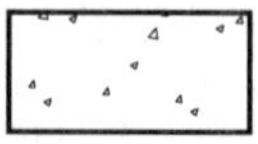	1. 本图例指能承重的混凝土及钢筋混凝土； 2. 包括各种强度等级、骨料、添加剂的混凝土； 3. 在剖面图上画出钢筋时，不画图例线； 4. 断面图形小，不易画出图例线时，可涂黑
10	钢筋混凝土	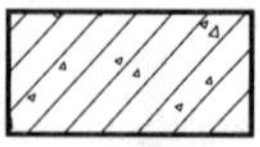	
11	多孔材料		包括水泥珍珠岩、沥青珍珠岩、泡沫混凝土、非承重加气混凝土、软木、蛭石制品等
12	木材	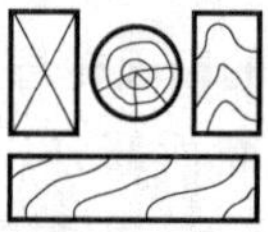	1. 上图为横断面，上左图为垫木、木砖或木龙骨； 2. 下图为纵断面
13	金属	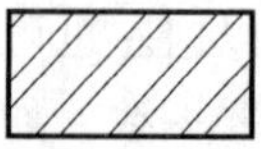	1. 包括各种金属； 2. 图形小时，可涂黑

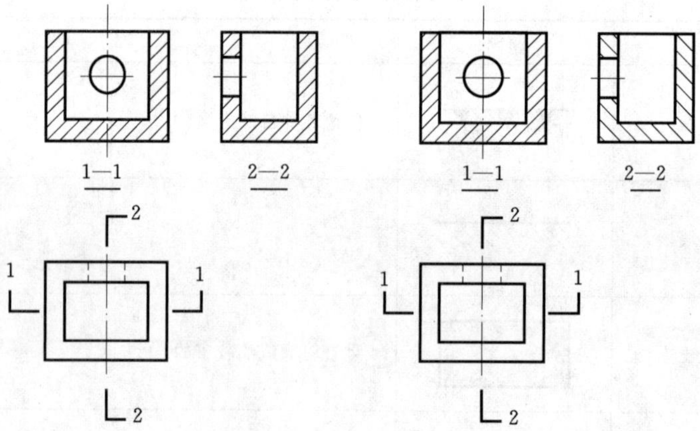

(a)　　(b)

图 7-12　图例线正误比较

(a) 正确画法；(b) 错误画法

（4）画剖视图应注意的问题。

1）剖切是假想的。为了表达形体的内部形状才假想将形体切去一部分，形体仍然是完整的形体，其他视图仍应完整画出，如图 7-10（c）中的平面图。此外，若一个形体需要进行两次以上剖切，在每次剖切前，都应按整个形体进行考虑。如图 7-10（c）所示，作第一次剖切时，假想把形体的前半部分切去；作第二次剖切时，假想把形体的左半部分切去。

2）剖视图中不可见的虚线，当配合其他视图能够表达清楚时，一般省略不画。若因省略虚线不能表达清楚或引起误解，则不可省略。

3）剖视图的位置一般按投影关系配置。剖视图可代替原有的基本视图，如图 7-10（c）所示。当剖视图按投影关系配置，且剖切平面为形体对称面时，可全部省略标注。必要时也允许将剖视图配置在其他适宜位置。

3. 剖切面的种类

根据形体的内部形状特点，常选用不同数量、位置的剖切面来剖切形体，才能把它们的内部结构形状表达清楚。常用的剖切面有以下三种情况。

（1）单一剖切面。通常为平面或柱面，可平行于基本投影面，也可不平行于基本投影面。用一个剖切面剖切形体得到的剖视图。常见的有全剖视图（图 7-13）和半剖视图（图 7-14）。

（2）几个平行的剖切平面。用两个或两个以上平行的剖切平面剖切形体，各剖切平面的转折处必须是直角，由此得到的剖视图，通常称作阶梯剖视图（图 7-15）。

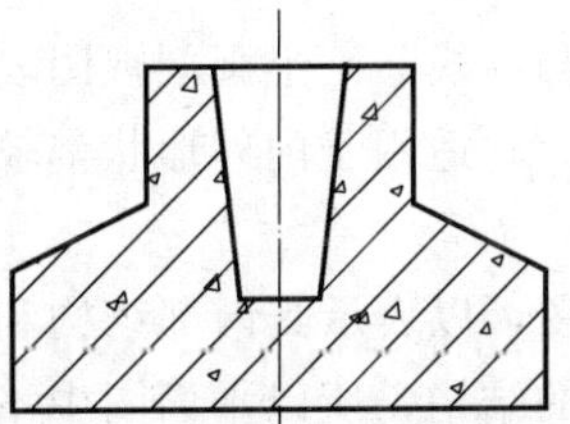

1—1 剖面图

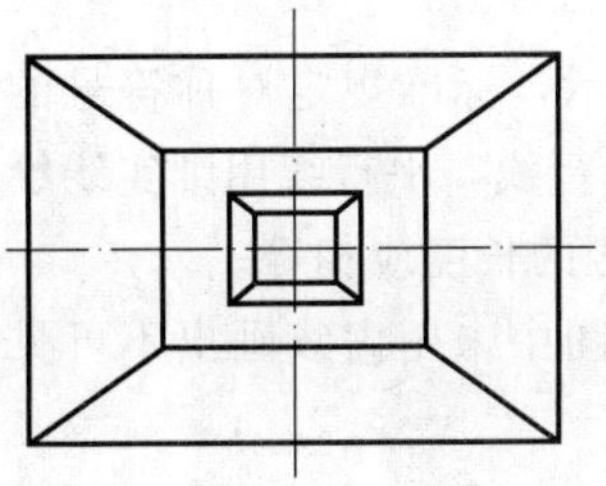

图 7-13　全剖视图

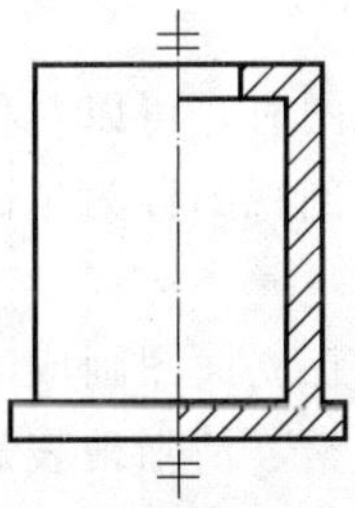

1—1 剖面图

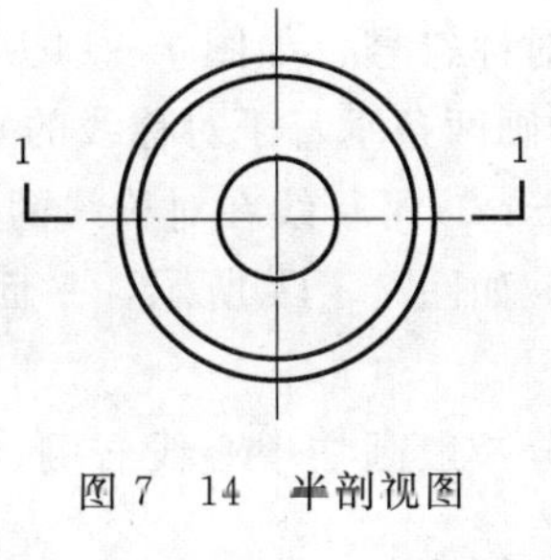

图 7-14　半剖视图

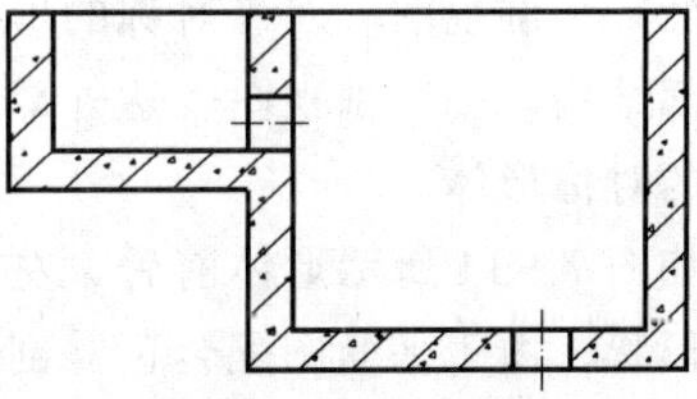

1—1

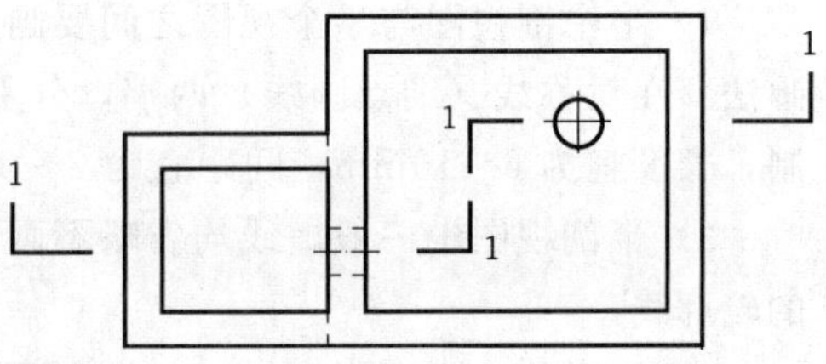

图 7-15　阶梯剖视图

（3）几个相交的剖切平面。用两个或两个以上相交的剖切平面剖切形体，必须保证其交线垂直于某一投影面，由此得到的剖视图，通常称作旋转剖视图（图 7-16）。

4. 剖视图的种类

（1）全剖视图。用剖切面完全地剖开形体所得到的剖视图称为全剖视图。全剖视图以表达内部结构为主。常用于外部形状较简单的不对称形体。如果外形简单，只需表达内形的对

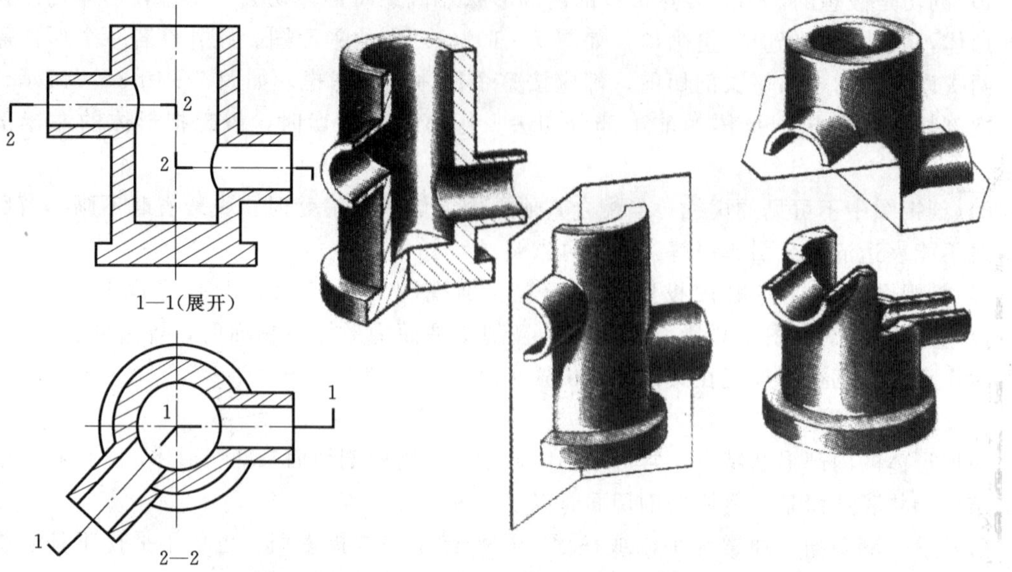

图 7-16　旋转剖视图

称形体也可用全剖视图表达，如图 7-13 所示。

图 7-13 为用剖视图表达的杯形基础。1—1 剖视图是用通过杯形基础前后对称面的正平面剖切后，从前向后投影得到的剖视图。由于基础是钢筋混凝土结构的，所以在剖视图的断面上画出了钢筋混凝土的材料图例。

(2) 半剖视图。对于对称的形体，作剖视图时，可以对称线为分界线，一半画剖视图表达内部结构，一半画视图表达外部形状，这种剖视图称为半剖视图。它适用于内外形状都较复杂的对称形体。

如图 7-14 所示形体前后、左右都对称，正立面图画成半剖视图，以表示其内部结构和外部形状。由于平面图配合正立剖视图已能完整、清晰地表达形体的结构，所以平面图中不必用虚线画出不可见的图线。

画半剖视图应注意：

1) 半个剖视图与半个视图之间要画对称符号，如图 7-14 所示，标准规定对称符号的画法：在对称线（细点画线）两端，分别画两条垂直于对称线的平行线，平行线用细实线绘制，长度宜为 6～10mm，间距宜为 2～3mm，平行线在对称线两侧的长度应相等。

2) 半剖视图中一般虚线均省略不画。如图 7-14 所示，平面图中未用虚线画出不可见的轮廓线。

3) 当对称中心线竖直时，剖视图部分一般画在中心线右侧；当对称中心线水平时，剖视图部分一般画在中心线下方。

4) 半剖视图的标注方法同全剖视图。

(3) 阶梯剖视图。用两个或两个以上互相平行的剖切面剖切形体得到的剖视图，称为阶梯剖视图，当形体内部结构层次较多，用一个剖切面不能同时剖切到所要表达的几处内部构造时，常采用阶梯剖视图。

如图 7-15 所示，如果用一个正平面剖切形体，则不能同时剖开形体上前后层次不同的孔洞。此时用两个互相平行的正平面经过孔洞的中心线剖切，中间转折一次，这样同时剖到两个孔洞，满足了要求。

画阶梯剖视图时应注意：

1）在剖切面的开始、转折和终了处，都要画出剖切符号并注上同一编号，如图 7-15 所示。

2）剖切是假想的，在剖视图中不能画出剖切平面转折处的分界线且转折处不应与形体的轮廓线重合。

（4）局部剖视图。用剖切平面局部剖开形体后所得的剖视图称为局部剖视图。局部剖视图常用于外部形状比较复杂，仅需要表达局部内部形状的形体。局部剖视图一般不需要标注剖切符号和图名。局部剖开处与外形用波浪线分界，波浪线应画在物体的实体处，不得与轮廓线重合，也不得超出物体的轮廓线。

如图 7-17 所示，杯形基础的平面图中将其局部画成剖视图，从而表明了基础内部钢筋的配置情况。基础的正立面图已被剖视图代替，因图上已画出了钢筋的配置情况，在断面上便不再画钢筋混凝土的材料图例。

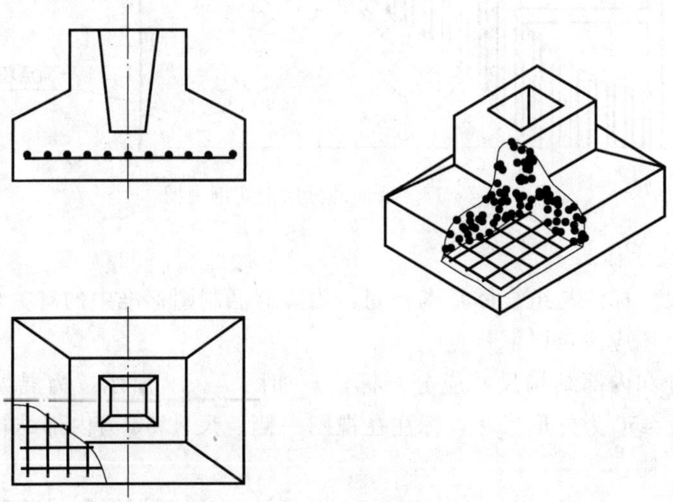

图 7-17 局部剖视图

（5）旋转剖视图。用两个或两个以上相交的剖切平面（交线垂直与某一投影面）剖开形体，并将倾斜于投影面的断面及其有关部分绕剖切面的交线旋转到平行于投影面的位置，然后再向该投影面作投影，得到剖视图，称为旋转剖视图。旋转剖视图常用于内部形状用一个剖切平面剖切不能表达完全，并且具有回转轴的形体。如图 7-16 是用两个剖视图表达的检查井。从 2—2 剖视图中可以看出 1—1 剖视图是用相交于铅垂轴线的正平面和铅垂面剖切后，将铅垂面剖切到的部分绕铅垂轴旋转到正平面位置，并与右侧用正平面剖切的部分一起向 V 面投影得到的。按国标规定需在图名后加注“展开”字样。从 1—1 剖视图中可以看出 2—2 剖视是以通过检查井两侧管段轴线的水平面为剖切面，作阶梯剖视图得到的。

画旋转剖视图时应注意：

1）旋转剖视图的标注与阶梯剖视图基本相同。只是按制图标准的规定，旋转剖视图的图名后加注“展开”字样。

2）不可画出两剖切平面相交处的分界线并在两剖切平面相交处标注与剖切符号相同的编号。

（6）分层剖切剖视图。对一些具有不同构造层次的建筑物，可按实际需要，用分层剖切的方法表示。从而获得分层剖切剖视图。图 7－18 所示为墙面的分层剖切剖视图，各层构造之间以波浪线为界，且波浪线不应与轮廓线重合，不需要标注剖切符号。这种方法多用于表示地面、墙面、屋面等构造。

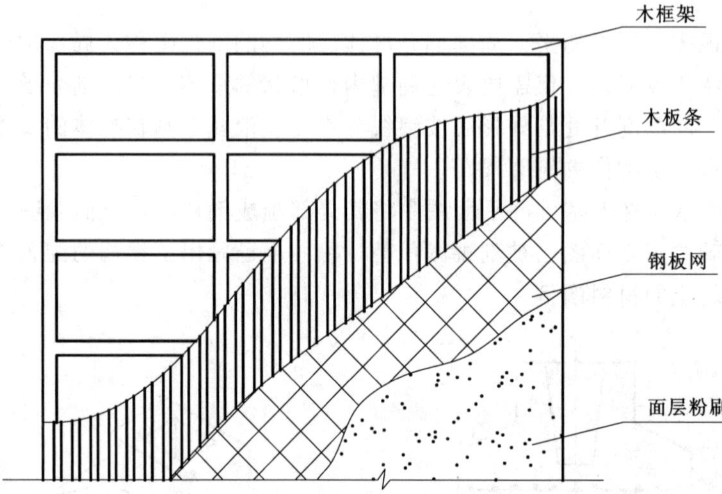

图 7－18　墙面的分层剖切剖视图

5. 剖视图的尺寸标注

剖视图中的尺寸标注与组合体基本相同，均应遵循制图标准中的有关规定。在对剖视图进行尺寸标注时，还应注意以下几点。

（1）外形尺寸和内部结构尺寸应分开标注。如图 7－19 所示，为混凝土管的局部剖视图，尺寸 60、40、450 为外形尺寸，标注在视图一侧；尺寸 50 为内部结构尺寸，尽量靠近剖视图标注在另一侧。

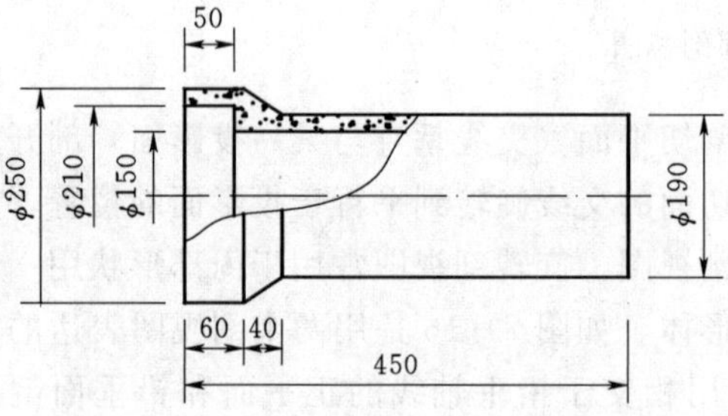

图 7－19　局部面视图尺寸标注

（2）在半剖视图和局部剖视图上，由于对称部分省去了虚线，注写内部结构尺寸时，只需画出一端的尺寸界线和尺寸起止符号，尺寸线应超过对称线少许，但尺寸数字应注写整个结构的尺寸。如图 7－19 中的 $\phi150$、$\phi210$，图 7－20 中的 $\phi260$ 和 $\phi250$。

（3）剖视图中画材料图例的部分如有尺寸数字，应将相应的图例线断开，不要使图例线穿过尺寸数字。

二、断面图

1. 断面图的基本概念

用一个假想剖切平面剖开物体，将剖得的断面图与其平行的投影面投影，所得的图形称为断面图或断面，如图 7－21（a）所示。

断面图常用于表达建筑物中梁、板、柱的某一部位的断面形状，也用于表达建筑形体的内部形状。如图 7－21 所示为一根钢筋混凝土牛腿柱，从图中可见，断面图与剖视图有许多共同之处，如都是用假想的剖切平面剖开形体；断面轮廓线都用粗实线绘制；断面轮廓范围内都画材料图例等。

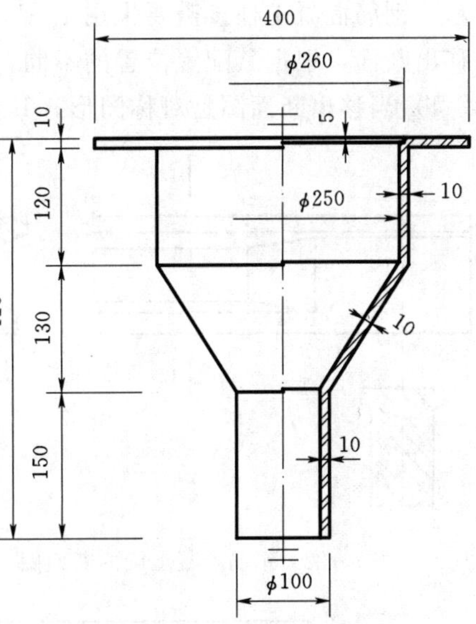

图 7－20　半剖视图尺寸标注

断面图与剖视图的区别主要有两点：

(1) 表达的内容不同。断面图是形体被剖切到的断面的投影，即断面图是平面图形的投影。而剖视图是形体被剖切后剩余形体的投影，是物体的投影。实际上，剖视图中包含着断面图，如图 7－21 (a)、(b) 所示。

(2) 标注不同。断面图的剖视剖切符号只画剖切位置线，用粗实线绘制，长度为 6～10mm，不画剖视方向线，而用剖切符号编号的注写位置来表示投射方向，编号所在一侧应为该断面的剖视方向。图 7－21 (a) 中 1—1 断面和 2—2 断面表示的剖视方向都是由上向下。

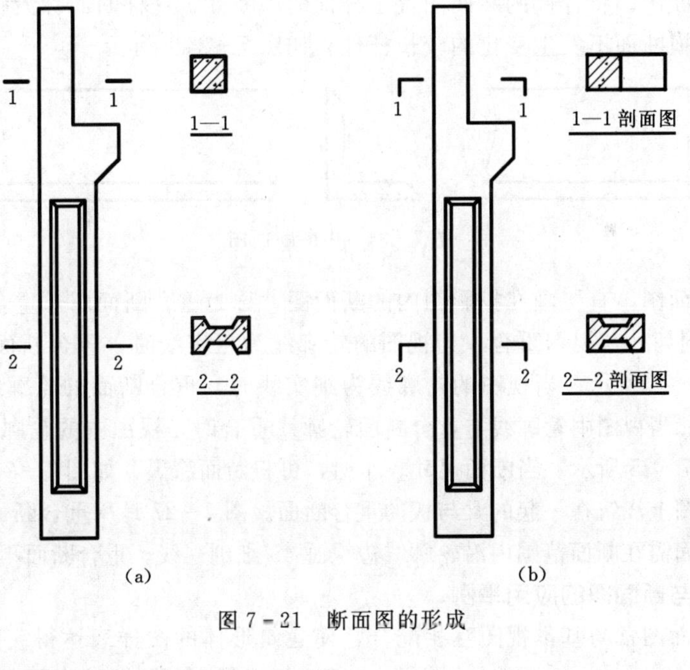

图 7－21　断面图的形成

2. 断面的种类与画法

根据断面图与视图配置位置的不同，可分为移出断面图、中断断面图和重合断面图。画断面图时，首先明确剖切位置和投射方向，准确想象其形状，并用粗实线画出断面图形，再在断面轮廓线内画上材料图例，最后进行标注。

(1) 移出断面图。配置在形体投影图以外的断面图，称为移出断面图。如图 7－21 (a)

所示，钢筋混凝土柱按需要采用1—1、2—2两个断面图来表达柱身的形状，这两个断面都是移出断面，根据其配置位置的不同，标注的方法也不相同。

1）当移出断面图是对称图形，其位置紧靠原视图，中间无其他视图隔开时，用剖切线的延长线作为断面图的对称线，画出断面图。可省略剖切符号和编号，如图7-22所示左端的断面图。

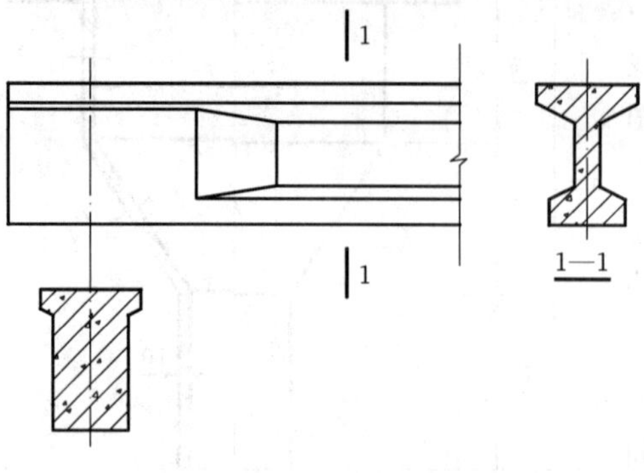

图7-22 钢筋混凝土梁的断面图

2）在一个形体上需作多个断面图时，可按次序依次排列在视图旁边，尽量画在剖切面位置线的延长线上，如图7-21（a）所示。必要时断面图也可改变比例放大画出。

3）对于具有单一截面的较长杆件，其断面可以画在靠近其端部处，如图7-23所示，这时可不标注。

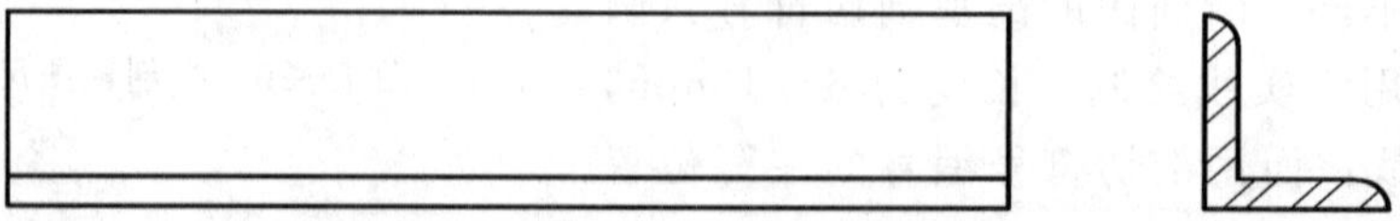

图7-23 断面画在杆件的端部

（2）中断断面图。将杆件的断面图置于杆件的中断处，这种断面称为中断断面。中断断面图常用来表达横断面不发生变化的较长杆件。如图7-24所示。

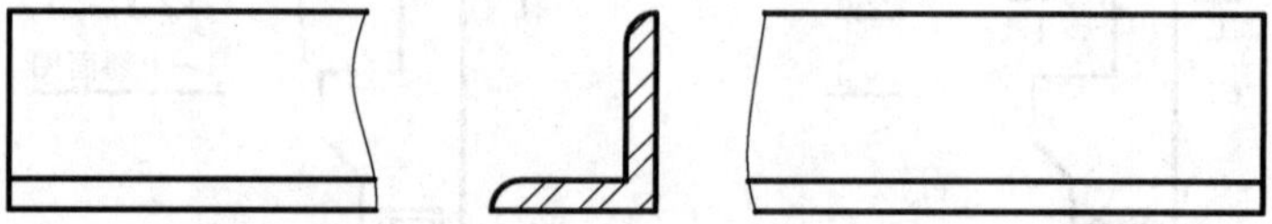

图7-24 中断断面图

（3）重合断面图。直接画在投影图内的断面图，称为重合断面图。重合断面图是将断面旋转90°后画在剖切处与视图重合。当视图的轮廓线为粗实线时，重合断面的轮廓线用细实线画出，如图7-25所示；当视图的轮廓线为细实线时，重合断面的轮廓线用粗实线画出，如图7-27所示；当视图中轮廓线与重合断面轮廓线重合时，视图中的轮廓线仍应连续画出，不可间断，如图7-25所示。当断面尺寸较小时，可将断面涂黑，如图7-26所示是画在钢筋混凝土结构布置图上浇筑在一起的梁与板的重合断面。图7-27是用重合断面表示墙面的凹凸起伏情况，该断面需在断面范围内沿轮廓线边缘画45°细剖视线。重合断面不标注。

三、剖视图与断面图的应用举例

剖视图、断面图常与基本视图互相配合，使建筑形体的图样表达得完整、清晰、简明。识读剖视图和断面图的步骤一般为：

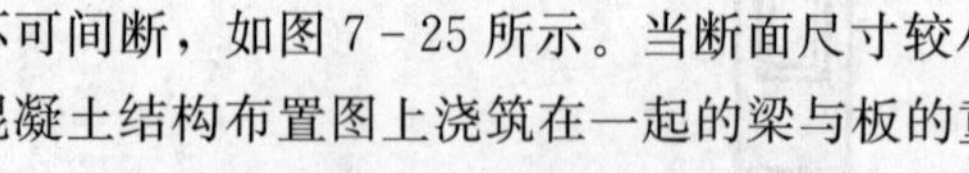

图7-25 重合断面（一）

（1）分析视图。首先明确形体由哪些视图共同表达，其中剖视图和断面图采用哪种方式，根据图名和对应的剖切符号找出与其他视图之间的投影关系。

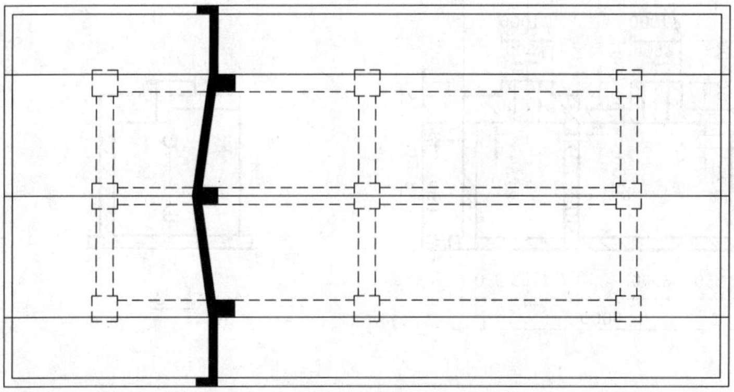

图 7-26　重合断面（二）

（2）分析形体各部分形状。运用形体分析法和线面分析法读图，将形体大致分成几个部分，通过剖视图或断面图明确其形状，弄清空实关系，各视图联系起来，读懂各部分的内、外形状。

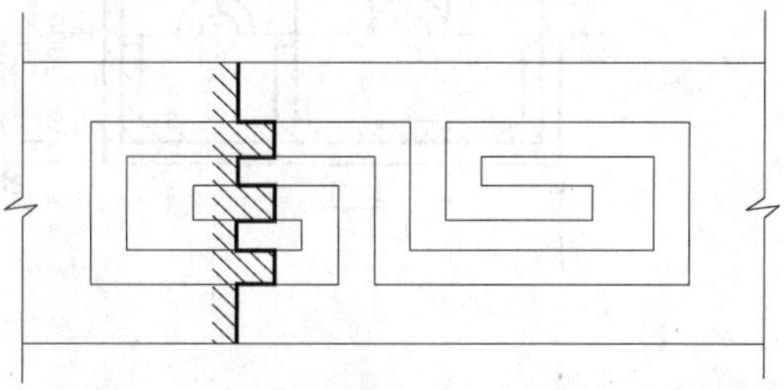

图 7-27　重合断面（三）

（3）综合起来想象整体。读懂了形体各组成部分的形状后，再按各视图显示出的前后、左右、上下相对位置，读懂各部分彼此之间的关系，综合想象形体的整体形状。遇到剖视图或断面图时，除了要看懂形体被剖切后的内部形状，还要想象出形体被假想剖去部分的形状。现举例说明识读形体视图的方法与步骤。

【例 7-1】　识读图 7-28 所示化粪池的结构形状。

（1）分析视图。如图 7-28 所示，该化粪池的三个视图都为剖视图，正立面图采用全剖视图，平面图与侧立面图是半剖视图。从立面图可以看出平面图是采用通过化粪池顶部圆孔的水平面剖切，得到的半剖视图。从平面图可以看出正立面图是采用通过化粪池前后对称线的正平面剖切，得到的全剖视图；侧立面图则是采用通过化粪池左侧顶部圆孔轴线的侧平面剖切，得到的半剖视图。

（2）分析形体各部分形状。由图 7-28 可以看出，该化粪池由三个部分组成。最下部为一长方体底板。化粪池中部为一个箱形长方体池身，中间有隔板将其分成左右两部分并且隔板下方有小圆孔使两部分相通。箱体左右侧壁和隔板上各有一个小圆孔。顶面上有两个通向上部结构的圆孔。化粪池上部有横竖两块长方体肋板，肋板上方各有一个带孔的圆柱体，圆孔与池身相通。

（3）综合起来想象整体。综合上面的分析，将各部分组合到一起，可知化粪池前后对称，底板比池身略大。左部箱体大于右部分，上部两块长方体肋板的圆孔的中心线都在前后对称面上。化粪池用水平面剖切后的部分及整体形状如图 7-28（b）所示。化粪池各部分及相对位置尺寸见正立面图和平面图中的标注。

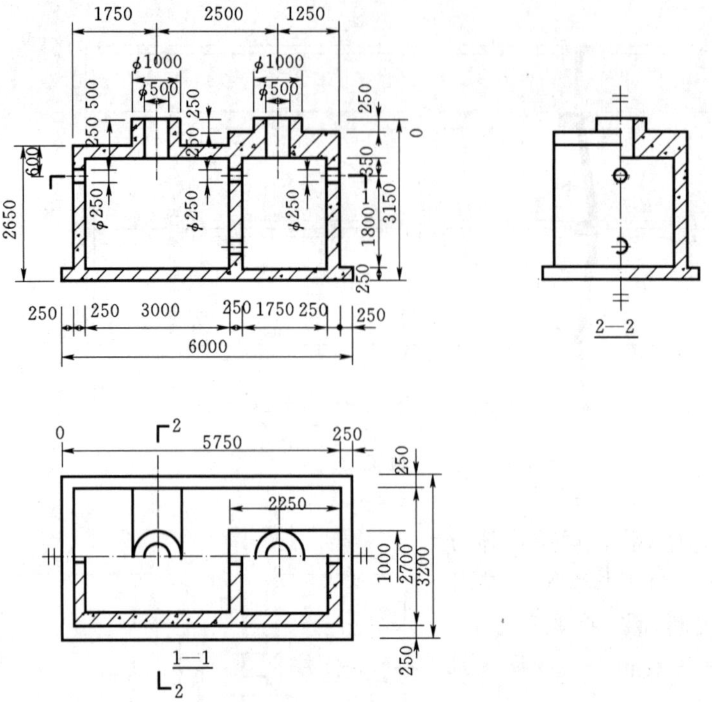

(a)

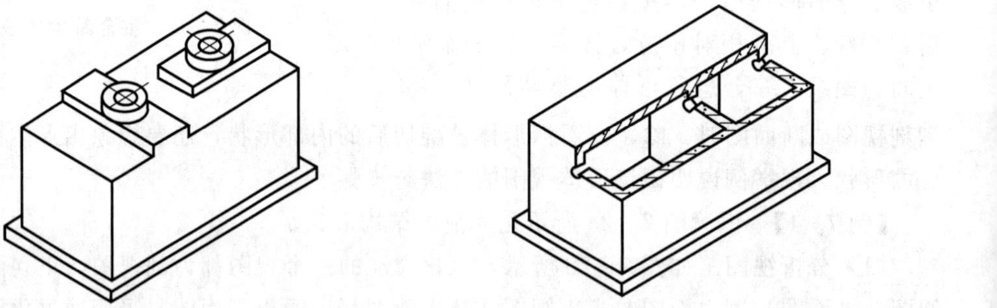

(b)

图 7-28 化粪池剖视图

【例 7-2】 识读图 7-29 所示的钢筋混凝土梁、柱节点的具体构造。

(1) 分析视图。由图 7-29 (a) 可知，该节点构造由一个正立面图和三个断面图共同表达，三个断面图均为移出断面，按投影关系配置，画在杆件断裂处。

(2) 分析形体各部分形状。由各视图可知该节点构造由三部分组成。水平方向的为钢筋混凝土梁，由 1—1 断面可知梁的断面形状为“十”字形，俗称“花篮梁”，尺寸见 1—1 断面。竖向位于梁上方的柱子，由 2—2 断面可知其断面形状及尺寸。竖向位于梁下方的柱子，由 3—3 断面可知其断面形状及尺寸。

(3) 综合起来想象整体。由各部分形状结合正立面图可看出，断面形状为方形的下方柱由下向上通至花篮梁底部，并与梁底部产生相贯线，从花篮梁的顶部开始向上为断面变小的楼面上方柱。该梁、柱节点构造的空间形状如图 7-29 (b) 所示。

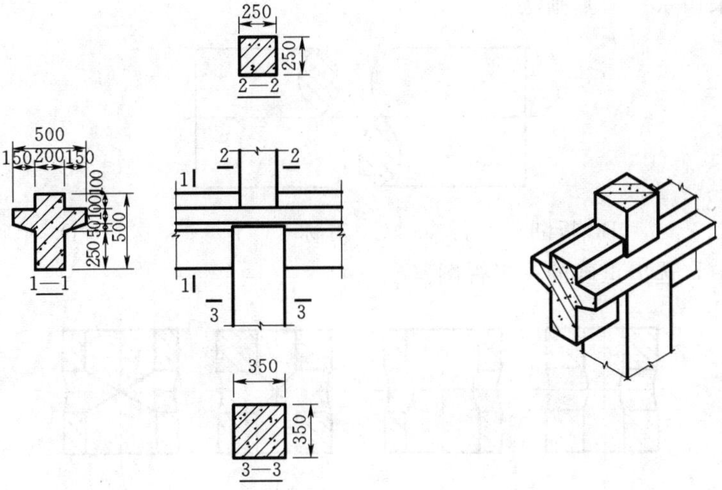

(a) (b)

图 7-29 梁、柱节点构造

任务总结：掌握全剖视图、半剖视图、阶梯剖视图、旋转剖视图、局部剖视图的画法，各种剖视图分别适于表达什么样的形体；掌握断面图的画法；总结剖视图与断面图的异同点。

任务学习拓展：分析剖视图和断面图分别适于表达什么样的形体。

【课 后 训 练】

一、单项选择题

1. 在半剖视图中，剖视图部分与视图部分的分界线为（　　）。

A. 细点画线　　B. 粗实线　　C. 双点画线

2. 重合剖面的轮廓线都是用（　　）。

A. 细点画线绘制　B. 粗实线绘制　　C. 细实线绘制

3. 当需要表示位于剖切平面前的结构时，这些结构按假想投影的轮廓线用（　　）绘制。

A. 细点画线　　B. 粗实线　　C. 双点画线

4. 全剖视图选用的是（　　）剖切面。

A. 单一　　B. 几个平行的　　C. 几个相交的　　D. 其他

5. 六个基本视图中最常用的是（　　）视图。

A. 主、右、仰　　B. 主、俯、左　　C. 后、右、仰　　D. 主、左、仰

6. 六个基本视图的投影规律是“主俯仰后：长对正；（　　）：高平齐；俯左仰右：宽相等”。

A. 主俯仰右　　B. 俯左后右　　C. 主左右后　　D. 主仰后右

7. 形体向不平行于任何基本投影面的平面投影所得的视图叫（　　）。

A. 局部视图　　B. 斜视图　　C. 基本视图　　D. 向视图

8. 下图是采用（　　）画法。

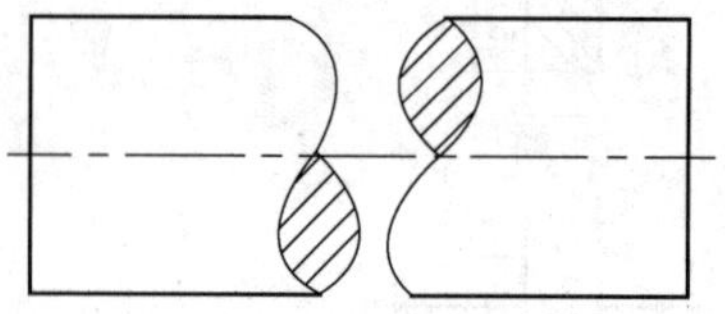

A. 简化　　B. 折断　　C. 对称　　D. 示意

9. 在下图中，选出正确的一组视图（　　）。

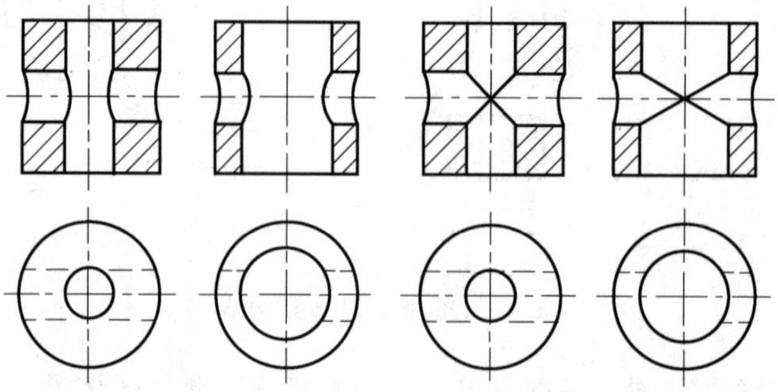

A.　　B.　　C.　　D.

10. 根据主、俯视图选择正确的左视图（　　）。

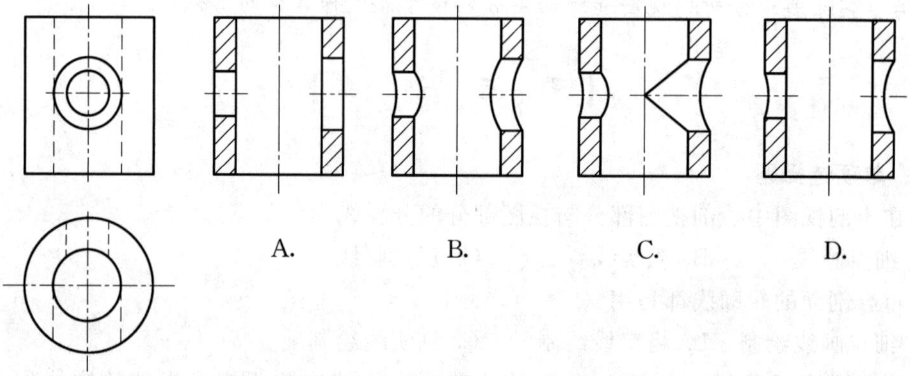

A.　　B.　　C.　　D.

11. 下列局部剖面图中，正确的画法（　　）。

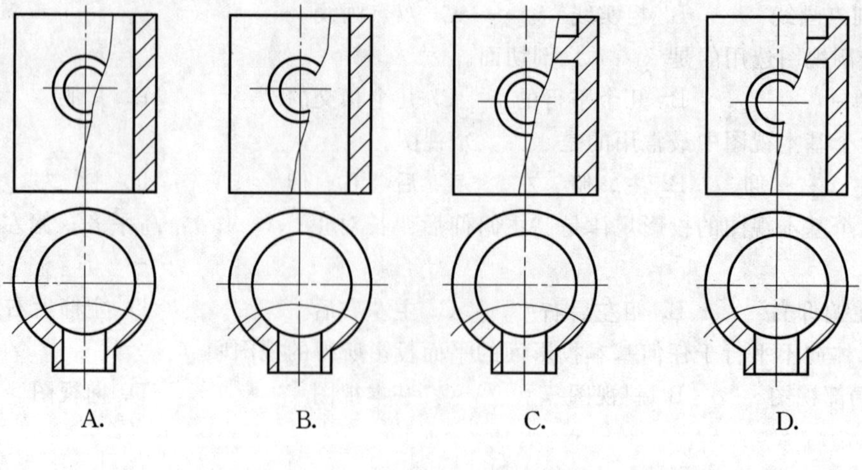

A.　　B.　　C.　　D.

12. 选择正确的移出断面图（　　）。

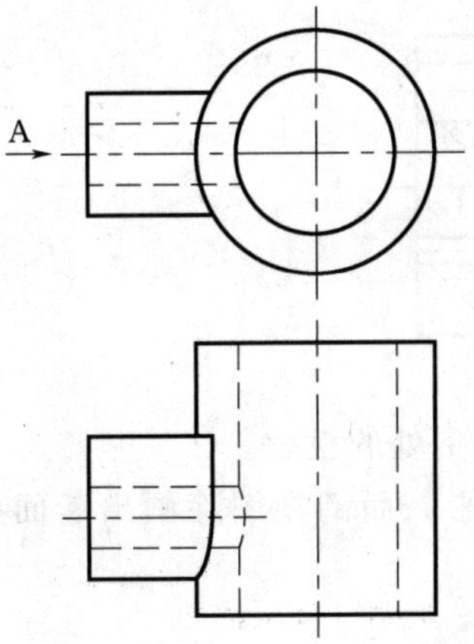

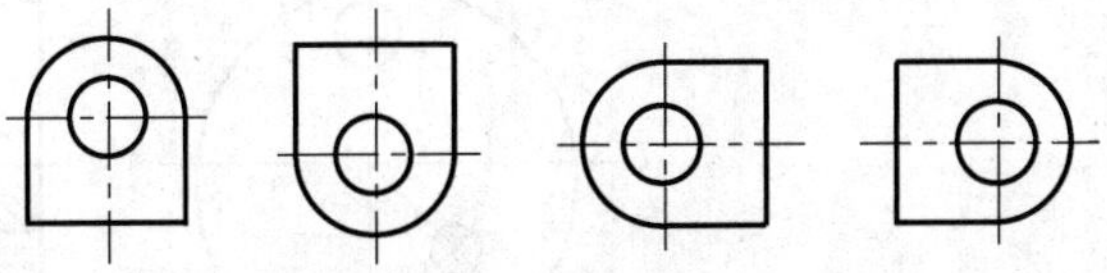

A.　　B.　　C.　　D.

13. 下图用的是（　　）表示方法。

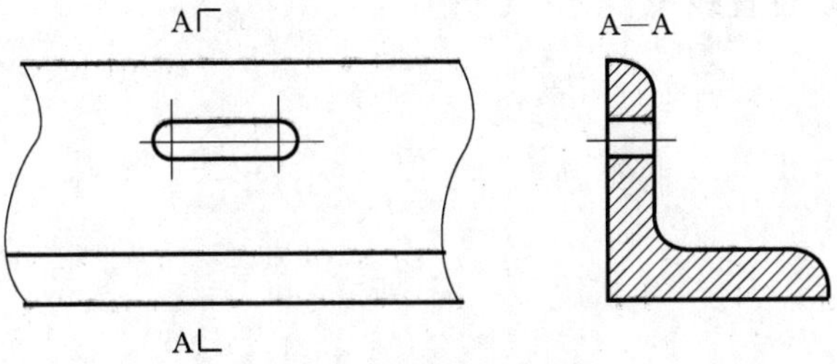

A. 全剖视图　　B. 局部剖视图　　C. 移出剖视图　　D. 重合剖视图

二、判断题

1. 剖视图剖切符号的编号数字可以写在剖切位置线的任意一边。（　　）
2. 局部视图不可以放置在图纸中的其他地方。（　　）
3. 视图中的波浪线可以超出视图外。（　　）
4. 由于物体图形对称，应采用半剖视图，如下图所示。（　　）

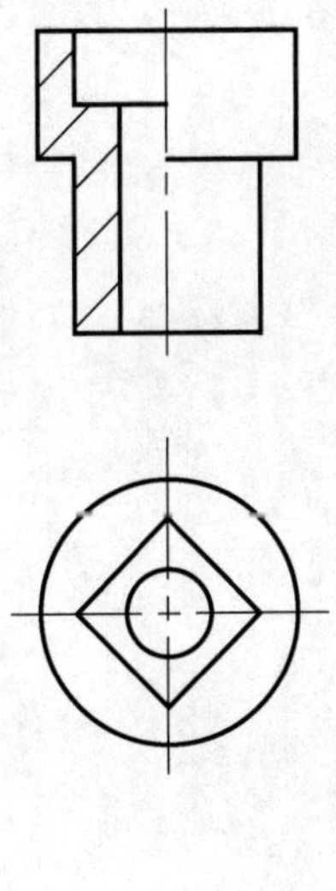

5. 判断下图是否正确。（　　）

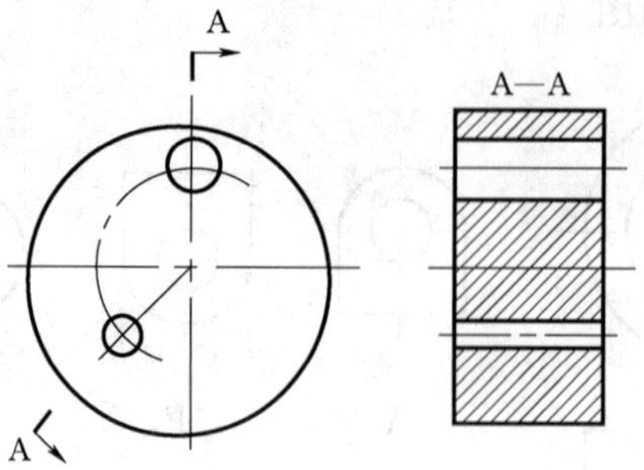

6. 在几个平行剖切面的剖面图中，不应画出剖切面转折处的投影。(　　)

7. 断面图与剖视图的区别：断面图只画出断面的投影，而剖视图除画出断面投影外，还要画出断面后面形体留下部分的投影。(　　)

三、简答题

1. 半剖视的适用条件是什么?

2. 如何绘制“剖切位置线”?

项目八 标 高 投 影

项目描述： 标高投影是一种单面正投影，常用于表达地形图、水利工程图等。标高投影由水平投影、绘图比例和高程数值三个部分组成。标高投影常用于求水利工程建筑物坡面交线和坡脚线。

项目学习目标： 掌握求作工程建筑物坡面交线和坡脚线的方法。

项目学习重点： 规则建筑物的表面交线和坡脚线的标高投影。

项目学习难点： 不规则建筑物的表面交线和坡脚线的标高投影。

任务一 标高投影的基本概念

任务描述： 了解标高投影的形成以及组成要素。

水工建筑物是建筑在地形面上的，因此在水利工程的设计和施工中，常需画出地形图，以便在图纸上解决建筑物的布置和建筑物与地面连接等问题。但地形比较复杂，一般是不规则曲面，且水平尺寸比高度尺寸大得多，如用多面正投影法或轴测投影法都表示不清楚，标高投影则是适于表示地形面和复杂曲面的一种投影方法。

如图 8－1（a）是一个四棱锥台的正投影图，水平投影确定之后，正面投影主要提供四棱锥台的高度。图 8－1（b）是它的标高投影图，图上只画出四棱锥台的平面图，并注上其顶面和底面的高度数值（2.000 和 0.000）及绘图比例，就可完全确定四棱锥台的形状和大小（图中长短相间的细实线叫示坡线，用来表示坡面，示坡线标注在坡面高的一侧)。这种用水平投影加注高度数值表示空间物体的方法，称为标高投影法。标高投影是单面正投影。须注意的是，在标高投影图上必须注明绘图比例或画出图示比例尺。

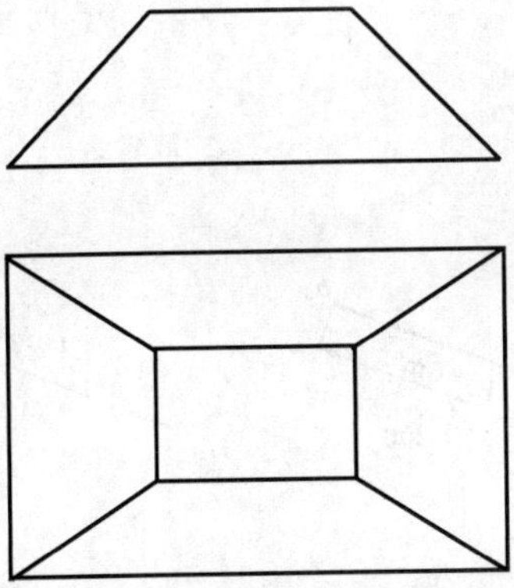

(a)

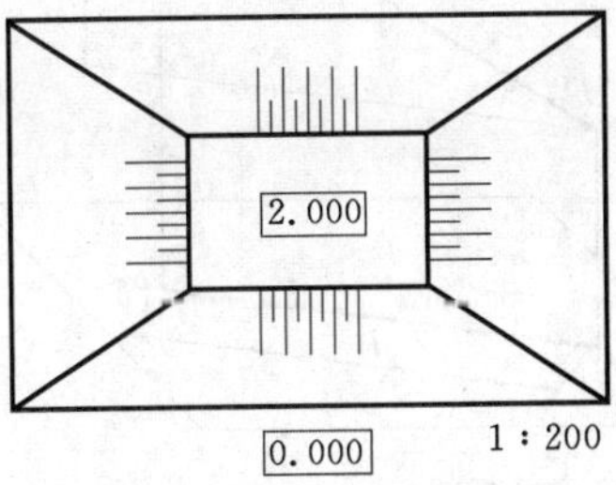

(b)

图 8－1 标高投影概念

任务二　点、直线和平面的标高投影

任务描述：掌握点、直线、平面的标高投影的画法。

一、点的标高投影

如图 8-2（a），设水平面 H 为基准面，点 A 在 H 面上方 6m，点 B 在 H 面下方 3m，画出 A、B 两点水平投影 a、b，并在它们的右下角标明其高度数值 6、−3，就得到 A、B 两点的标高投影图，如图 8-2（b）所示。6、−3 称为高程或标高。高程一律以米为单位，图上不需注明。在水利工程图上一般采用与测量相一致的标准海平面作为基准面。

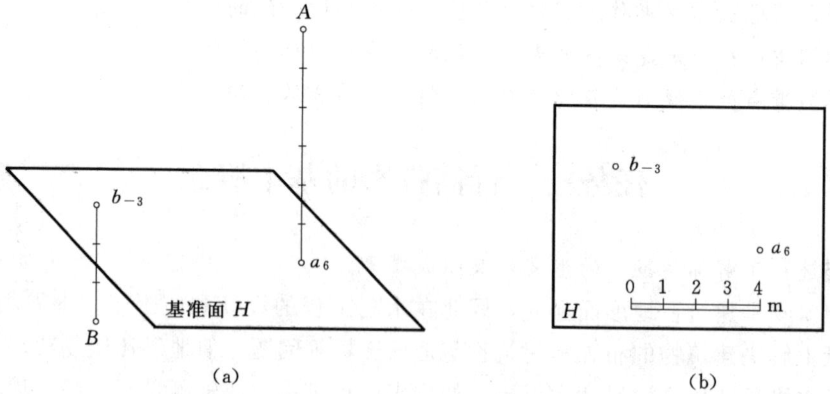

图 8-2　点的标高投影

二、直线的标高投影

在标高投影中，直线的位置也是由直线上的两个点或直线上一点及该直线的方向确定。因此直线的表示法有以下两种：

（1）直线的水平投影和线上两点的高程，如图 8-3（b）所示。

（2）直线的方向和线上一点的高程，如图 8-3（c）所示。图中直线的方向是用坡度 1∶2 和箭头表示的，箭头指向下坡。

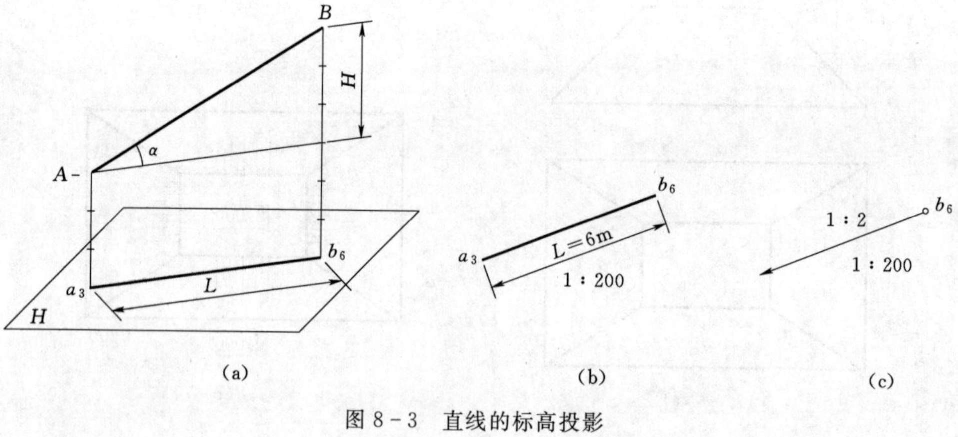

图 8-3　直线的标高投影

直线的坡度（i）是指直线上两点的水平距离为 1m 时的高度差数值。即

$$坡度(i)=\frac{高度差(H)}{水平距离(L)}=\tan\alpha$$

如图 8-3 中直线 AB 的 $H=6-3=3(\mathrm{m})$，$L=6\mathrm{m}$，所以坡度 $i=H/L=3/6=1/2$，写成 1∶2。

在下面的作图中常需用到“平距”。直线的平距（l）是指直线上两点的高度差为 1m 时的水平距离数值。即

$$平距(l)=\frac{水平距离(L)}{高度差(H)}=\cot\alpha=\frac{1}{\tan\alpha}=\frac{1}{i}$$

由此可见，平距是坡度的倒数，坡度大则平距小，坡度小则平距大。图 8-3 中直线 AB 的坡度为 1∶2，则平距为 2，即此直线上两点高度差为 1m 时，其水平距离为 2m。

若已知直线上两点的高度差 H 和平距 l，就可利用公式 $L=lH$ 计算出两点间的水平距离 L。

【例 8-1】 求出图 8-4（a）所示直线上高程为 4m 的点 B。

解：已知 A、B 两点的高度差 $H=7-4=3(\mathrm{m})$，直线的平距 $l=1/i=3$，因此，A、B 两点的水平距离 $L=lH=3\times3=9(\mathrm{m})$。自 a_7 顺箭头方向按比例量取 9m，即得点 B 的标高投影 b_4，如图 8-4（b）所示。

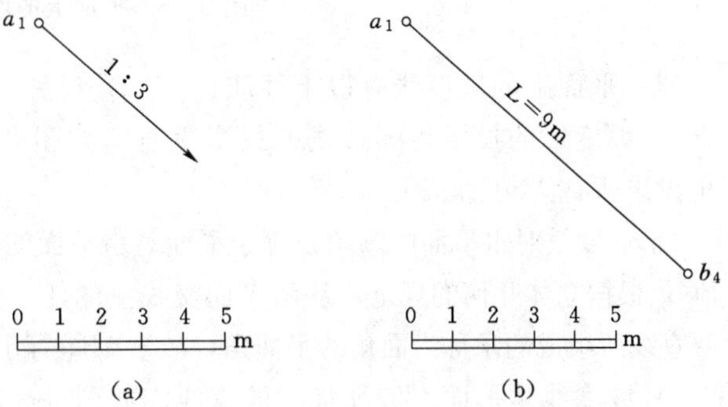

图 8-4　直线上 B 点的标高投影

三、平面的标高投影

1. 平面上的等高线和坡度线

平面上的等高线是该面上高程相同的点的集合，也可看成是水平面与该面的交线，如图 8-5（a）所示。图 8-5（b）表示平面上等高线的标高投影。

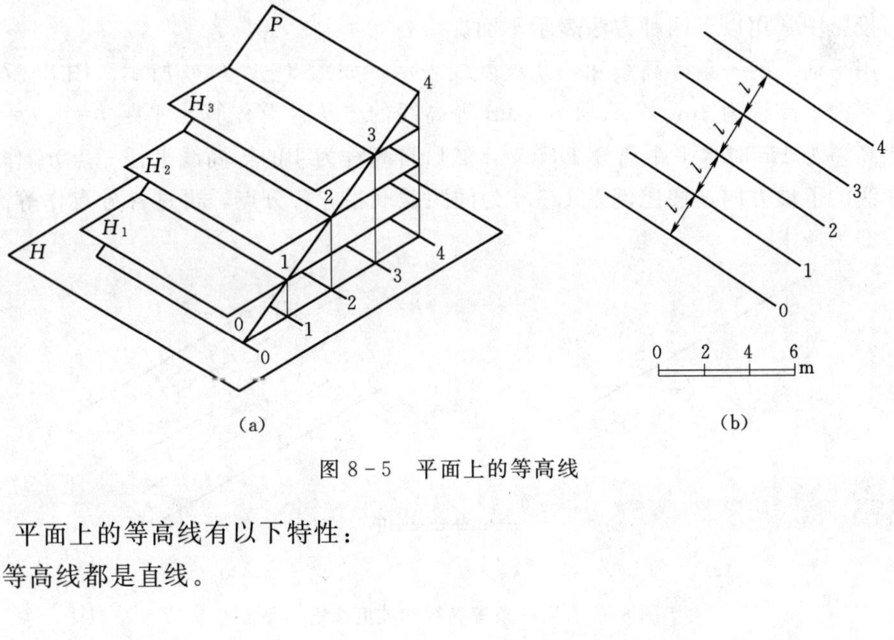

图 8-5　平面上的等高线

（1）平面上的等高线有以下特性：

1）等高线都是直线。

2）同一平面上不同高程的等高线互相平行。

3）平面上一组等高线的高差相等时，其水平距离也相等。图 8－5 中相邻等高线的高差为 1m，它们的水平距离即为平距 l。

平面上垂直于等高线的直线称坡度线，如图 8－6（a）中直线 AB。

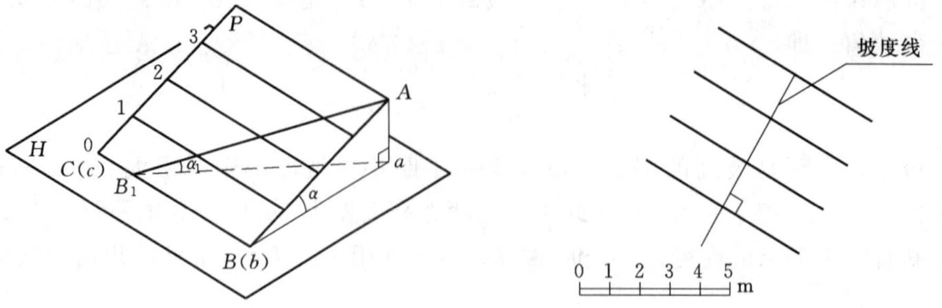

（a）　　（b）

图 8－6　平面上的坡度线

（2）平面上的坡度线有以下性质：

1）坡度线的投影与等高线的投影垂直。如图 8－6 所示中，$AB \perp BC$，$BC /\!/ H$，根据直角投影规律，可知 $ab \perp bc$。

2）坡度线对水平面的倾角 α 等于平面对水平面的倾角。图 8－6 中，$AB \perp BC$，$ab \perp bc$，$bc \equiv BC$。根据立体几何的规定，从两平面交线上的任一点，分别在两平面上引此交线的垂线，则此两直线所组成的角称二面角的平面角，故$\angle ABa$ 等于平面与 H 面夹角的平面角。

3）坡度线是平面上坡度最大的直线。如图 8－6（a）所示，过点 A 在平面上任作一直线 AB_1，比较两直角三角形 AaB 及 AaB_1，$\tan\alpha = Aa/aB$，$\tan\alpha_1 = Aa/aB_1$，因 $aB_1 > aB$，故 $\alpha_1 < \alpha$。

2. 平面的表示方法和平面上等高线的作法

标高投影中常用以下两种方法表示平面。

（1）用平面上的一条等高线和一条坡度线表示，如图 8－7（a）所示。图 8－7（b）表示了求此平面上高程为 3m、2m、1m、0m 等高线的方法：首先算出平距 $l = 1/i = 1.5$（即两等高线高差为 1m 时水平距离为 1.5m），然后自高程为 4 的等高线上任一点 a_4 作坡度线，并沿坡度线的下坡方向，按比例以 1.5m 为间距截取相应各分点，再过各分点作等高线 4 的平行线，即为所求。

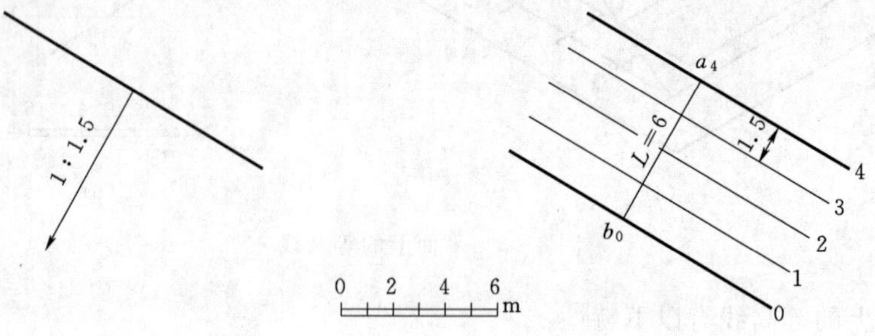

（a）　　（b）

图 8－7　用一条等高线和坡度线表示平面

(2) 用平面上的一条倾斜直线、平面的坡度及坡度的大致方向表示，如图 8-8 (a) 所示。图中用虚线箭头表示坡度线的大致方向，其准确方向需待作出平面上的等高线后才能确定。

图 8-8 (b) 表示了求该平面上高程为 0 及高程为 3、2、1 的等高线的方法。

因该平面上高程为零的等高线必通过点 b_0，且与 a_4 的水平距离 $L=lH=0.6\times4=2.4$(m)。故可以 a_4 为圆心，$R=2.4$m 作圆弧，过点 b_0 作直线与圆弧相切切点为 c_0，直线 c_0b_0 即为此平面上高程为零的等高线。如将直线 a_4b_0 四等分，过各分点作 c_0b_0 的平行线，即可得高程为 3m、2m、1m 的等高线。

上述作图方法也可以这样理解［图 8-8 (c)］：以点 A 为锥顶，作一素线坡度为 1∶0.6 的正圆锥，此圆锥与高程为 0 的水平面交于一圆，此圆的半径为 2.4m，过直线 AB 作一平面与此圆锥相切，切线 AC 是圆锥的一条素线，也是所作平面上的一条坡度线，直线 BC 就是该平面上高程为 0 的等高线。

图 8-8 (b) 中画出了该平面的示坡线。示坡线的方向应与面上的等高线垂直。

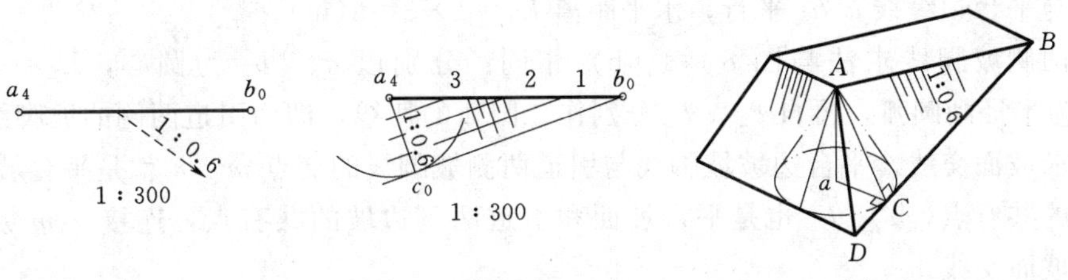

图 8-8　用一条倾斜直线和大致坡度线表示平面

3. 两平面的交线

在标高投影中，求两平面（或曲面）的交线时，通常采用水平面作为辅助平面。如图 8-9 所示，水平辅助平面与两个相交平面的截交线是两条相同高程的等高线。这两条等高线的交点就是两平面（或曲面）的共有点。由此可得结论：两平面（或曲面）上相同高程等高线的交点就是两平面（或曲面）的共有点。

在实际工程中，把建筑物上相邻两坡面的交线称为坡面交线，坡面与地面的交线称为坡脚线（填方）或开挖线（挖方）。

【例 8-2】　在高程为 0 的地面上挖一基坑，坑底高程为 −3m，坑底的大小、形状和各坡面的坡度如图 8-10 (a) 所示，求开挖线和坡面交线。

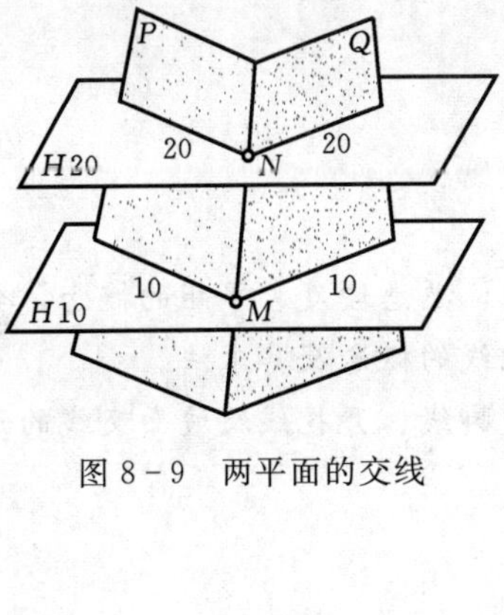

图 8-9　两平面的交线

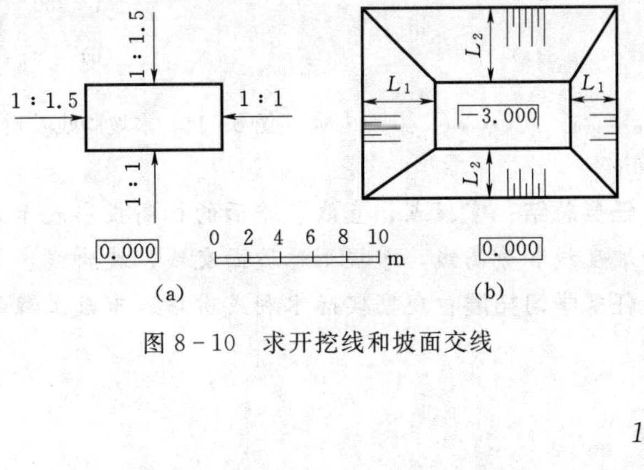

图 8-10　求开挖线和坡面交线

解：见图 8-10（b）。

（1）求开挖线：地面高程为 0，因此开挖线就是各坡面上高程为 0 的等高线。它们分别与相应的坑底边线平行，其水平距离可由 $L=lH$ 求得。式中高差 $H=3\text{m}$，所以 $L_1=1\times3=3(\text{m})$，$L_2=1.5\times3=4.5(\text{m})$。

（2）求坡面交线：相邻两坡面上高程相同两等高线的交点就是两坡面的共有点，分别连接相应的两个共有点，即得到四条坡面交线。

（3）画出各坡面的示坡线。从图 8-10（b）可以看出，当相邻两坡面的坡度相等时，其坡面交线是同等高程等高线的角平分线。

【例 8-3】 如图 8-11（a）所示，在满程为 2m 的地面上修建一平台，台顶高程为 5m，有一斜坡引道通到平台顶面，一平台的坡面坡度为 1∶1，引道两侧的坡面坡度为 1∶1.2，试画出其坡脚线和坡面交线。

解：见图 8-11（b）。

（1）求坡脚线；地面高程为 2m，因此坡脚线即各坡面上高程为 2m 的等高线。平台边坡坡脚线与平台边缘线 a_5b_5 平行，水平距离 $L_1=1\times3=3(\text{m})$。

引道两侧坡脚线求法与图 8-8（b）相同：分别以 a_5、b_5 为圆心，$L_2=1.2\times3=3.6(\text{m})$ 为半径画圆弧，再自 c_2、d_2 分别作二圆弧的切线，即为引道两侧的坡脚线。

（2）求坡面交线。平台边坡坡脚线与引道两侧坡脚线的交点 m、n 就是平台坡面与引道两侧坡面的共有点，a_5、b_5 也是平台坡面和引道两侧边坡的共有点，连接 a_5m 及 b_5n，即为所求的坡面交线。

（3）画出示坡线。引道两侧边坡的示坡线应分别垂直于坡面上的等高线 md_2、nc_2，如图 8-11（b）所示。

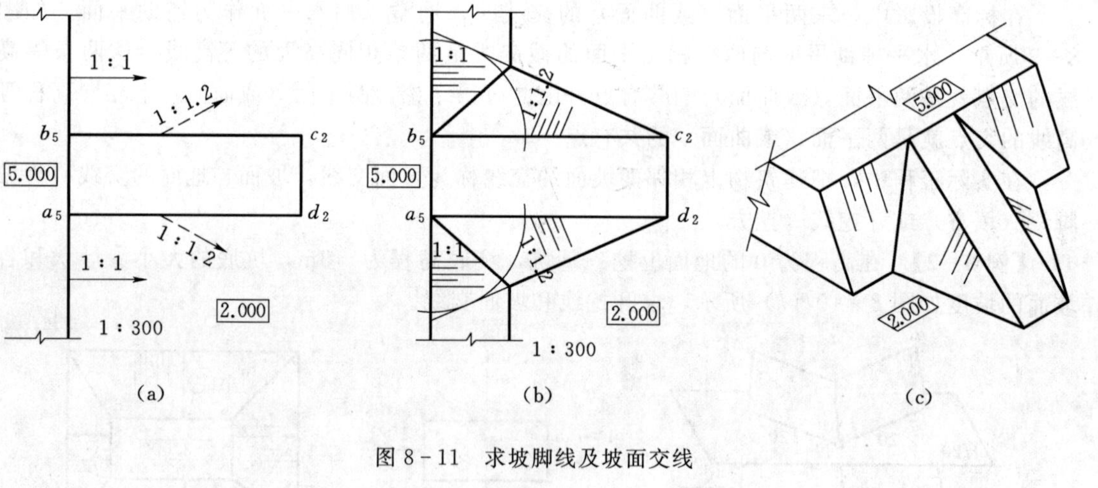

图 8-11 求坡脚线及坡面交线

任务总结：掌握点、直线、平面的标高投影表示方法，熟悉坡度、平距的概念，会作平面的坡度线和等高线，掌握形体坡面交线、坡脚线、开挖线的概念及其求法。

任务学习拓展：观察实际水利或道路、市政工程的坡脚线、开挖线及坡面交线的形状及位置。

任务三　曲面的标高投影

任务描述：熟悉曲面的标高投影，了解地形图的形成原理及画法。

一、正圆锥面

当正圆锥的轴线垂直于水平面时，用一系列的水平面截割正圆锥面，其截交线为水平圆，这些水平圆即锥面的等高线。在等高线上加注高程数值，就是锥面的标高投影。如图8-12（a）所示的水平投影为正圆锥的标高投影，图8-12（b）为倒圆锥的标高投影。也可用一条等高线（圆或圆弧）及一条坡度线表示，如图8-12（c）所示为一圆锥台。

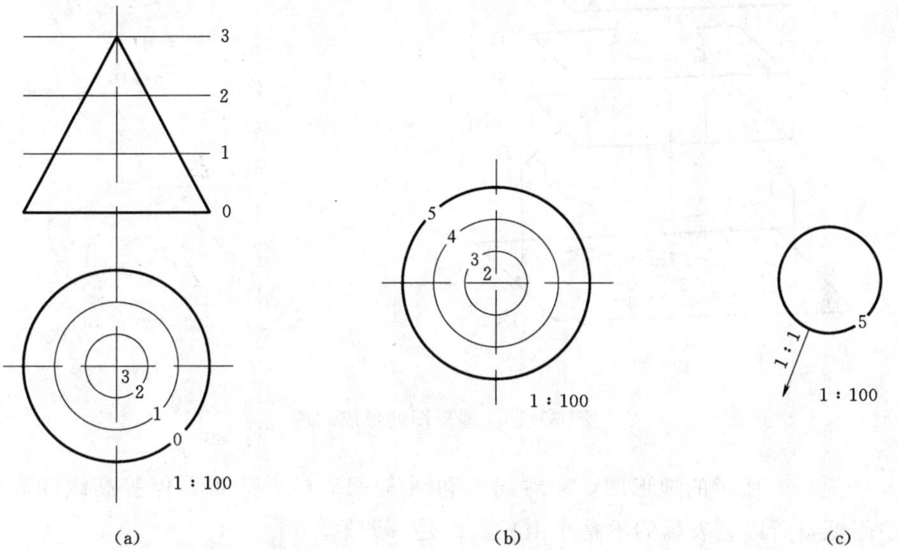

图8-12　圆锥面的标高投影

正圆锥面等高线的投影有如下特征：

（1）正圆锥面上的等高线是一组同心圆。

（2）同一锥面上高差相等的等高线之间的距离相等。

（3）当圆锥面正立时，等高线越靠近圆心，其标高数字越大，如图8-12（a）所示；当圆锥面倒立时，等高线越靠近圆心，其标高数字越小，如图8-12（b）所示。

在土石方工程中，常将建筑物的侧面做成坡面，而在其转角处做成与侧面坡度相同的圆锥面，图8-13转角处为1/4正圆锥面，图8-14为1/4倒圆锥台面。圆锥面的示坡线应通过锥顶。

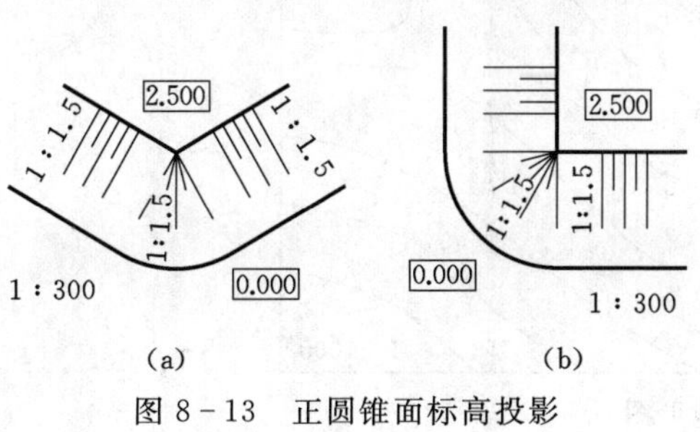

图8-13　正圆锥面标高投影

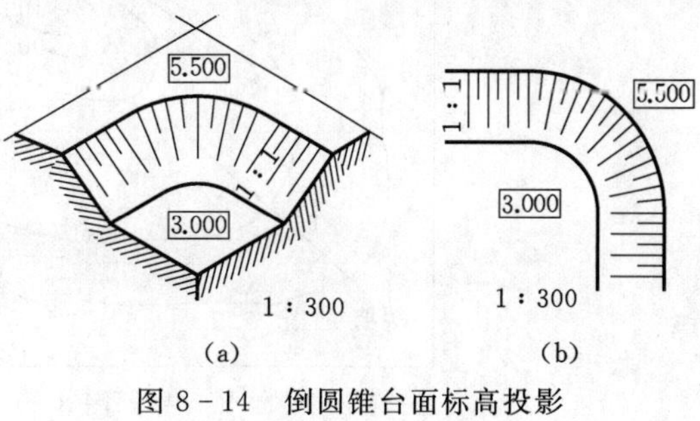

图8-14　倒圆锥台面标高投影

二、地形面的表示方法

如图 8-15 (a)，假想用一水平面 H 截割小山丘，可以得到小山丘上的一条等高线，它是一条形状不规则的曲线，如果用一组高差相等的水平面截割地形面，就可得到一组高程不同的等高线。画出这些等高线的水平投影，并注明每条等高线的高程和画图比例，就得到地形面的标高投影。这种图称为地形图，如图 8-15 (b) 所示。地形图上等高线高程数字的字头按规定指向上坡方向。相邻等高线之间的高差称等高距，图中的等高距为 5m。

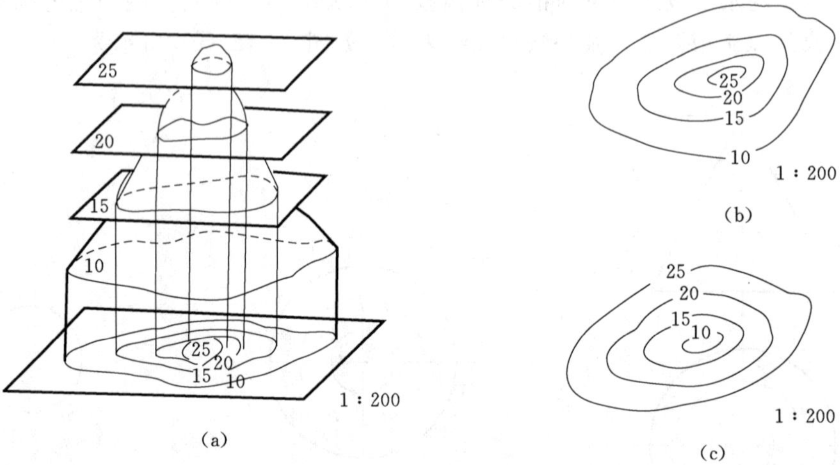

图 8-15 地形图的形成原理

图 8-15 (c) 所示的地形图，粗看起来和图 8-15 (b) 相似，但等高线的高程却是外边高，中间低，所以它表示的不是小山丘，而是一凹地。

用这种方法表示地形面，能够清楚地反映出地面的形状、地势的起伏变化以及坡向等。如图 8-16 所示，中部的环状等高线，中间高，四周低，表示一山头，北坡等高线密集，平距小，表示地势陡峭；西南坡等高线平距大，表示地势平坦。图的右边还有一个小山丘，两山丘之间是一鞍部。本图等高距是 5m。

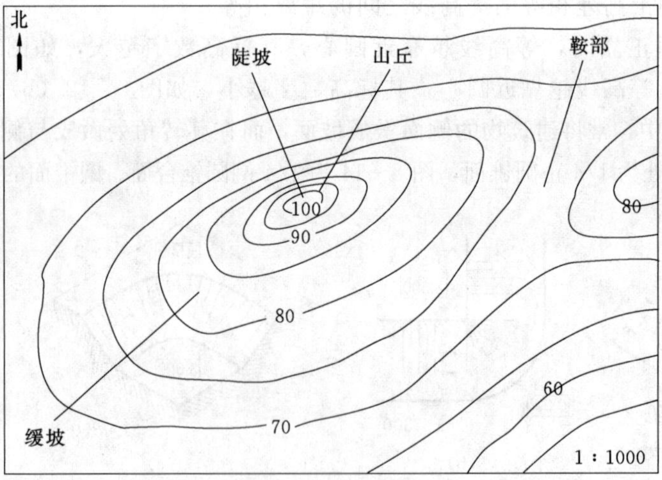

图 8-16 地形图

三、地形剖面图

用铅垂面剖切地形面，所得到的剖面图形称为地形剖面图。其作图方法见图 8－17。

（1）过Ⅰ—Ⅰ作铅垂面，它与形地面上各等高线的交点为 a、b、c、…，如图 8－17（a）所示，然后按等高距及地形图的比例画一组水平线，如图 8－17（b）中的 13、14、…、19，并在最下边的一条直线上，按图 8－17（a）中 a、b、c、…各点的水平距离画出点 a_1、b_1、c_1、…。

（2）自点 a_1、b_1、c_1、…作铅直线与相应的水平线相交。

（3）将所得各点根据地形趋势连成光滑曲线并根据地质情况画上相应的剖面材料符号。

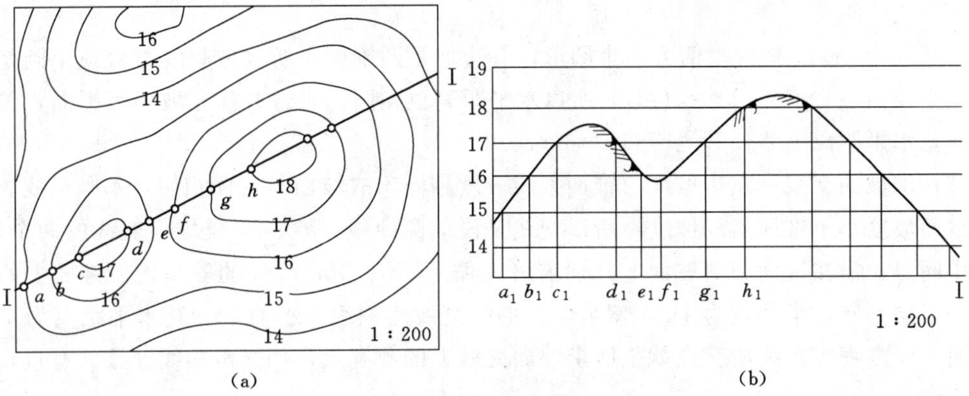

图 8－17　地形剖面图

任务总结：掌握圆锥面的标高投影画法，熟悉地形图中等高线的含义，会根据地形图绘制地形剖面图。

任务学习拓展：浏览一些地形图、规划图等，详细学习等高线在工程中的应用。

任务四　工程建筑物的交线

任务描述：了解水利工程建筑的坡脚线开挖线的形成，会根据给定条件求作坡面交线、坡脚线及开挖线。

工程建筑物的交线问题，实际上就是求解工程建筑物上坡面之间的交线以及坡面与地面的交线（坡脚线或开挖线）。由于建筑物的表面可能是平面或是曲面，地面也可能是水平地面或是不规则的地形面，因此，它们的交线性质也不一样，但是求解交线的基本方法仍然是用水平面作辅助面求相交两个面的共有点。如果交线是直线，只需求出两个共有点并连成直线即可，如果交线是曲线，则应求出一系列的共有点．然后依次连接，即得交线。下面通过一些例题来说明求解工程建筑物的交线问题。

【例 8－4】　在高程为 1m 的地面上修筑一高程为 5m 的平台，台顶的形状及边坡的坡度如图 8－18（a）所示，试求其坡脚线和坡面交线。

解：如图 8－18（b）所示。

（1）求坡脚线：平台左边的坡面为平面，坡脚线与台顶边线平行，其水平距离 $L=$

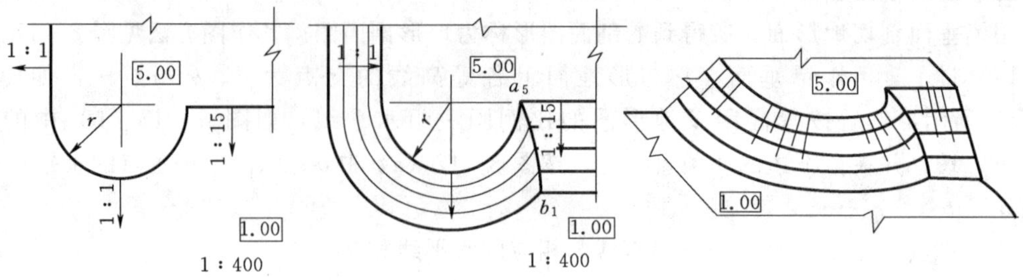

(a) (b) (c)

图 8-18 求平台坡脚线和坡面交线

1×(5－1)＝4(m)。平台左前方是半圆形，其边坡是圆锥面，所以坡脚线与台顶半圆是同心圆，其半径差＝1×(5－1)＝4(m)，所以水平距离也相同。平台右前方坡面为平面，坡脚线为直线，水平距离 L＝1.5×(5－1)＝6(m)。

(2) 求坡面交线：左边坡面与锥面素线坡度相同，故坡面与锥面相切，不画切线。锥台右边坡面坡度小于锥面素线坡度，所以交线是段椭圆曲线，a_5、b_1 是坡面交线的两个端点。为求中间点，需在锥面和斜坡面上分别求出高程为 4m、3m、2m 的等高线。锥面上的等高线为一组同心圆，半径差为 1m，斜坡面上的等高线为一组平行直线，其水平距离为 1.5m。相邻面上同高程等高线的交点就是所求坡面交线上的共有点，用光滑曲线连接共有点，即得坡面交线。

(3) 画出各坡面的示坡线。

【例 8-5】 在河道上筑一道土坝，坝顶的位置、高程及上、下游坡面的坡度如图 8-19 (b) 所示，试求坝顶及上、下游边坡与地面的交线。

分析：从图 8-19 (b) 可以看出，坝顶高程为 16m，高于地面，所以是填方。土坝顶面及上、下游坡面与地面都有交线。由于地面是不规则曲面，所以交线都是不规则的平面曲线，参看图 8-19 (a)。

解：如图 8-19 (c) 所示。

(1) 坝顶面是高程为 16m 的水平面，它与地面的交线是地面上高程为 16m 的等高线。作图时，应将坝顶边界线画到与地面上高程为 16m 的等高线相交处。

(2) 下游坡面与地面的交线是不规则的平面曲线，必须求出一系列共有点以后才能连线。为了求出这些共有点，首先需要根据地形图中的等高距，在土坝下游坡面上作一系列等高线，坡面与地面上同高程等高线的交点就是坡脚线上的点。土坝下游坡面的坡度为 1∶2.5，因此坡面上相邻等高线的水平距离为 2.5m。

将所求共有点依次连成光滑曲线，就得到下游坡面的坡脚线。

(3) 上游坡面的坡脚线求法与下游坡面坡脚线的求法相同，只是上游坡面坡度为 1∶3，所以坡面上相邻等高线的水平距离为 3m。另外，坡面上高程为 10 的等高线与地形面上高程为 10 的等高线不相交，这时可以在坡面和地形面上各插入一条高程为 10.5m 的等高线，又可求得两个共有点，连点时应顺着交线的趋势连成曲线。

最后画上示坡线，完成作图。

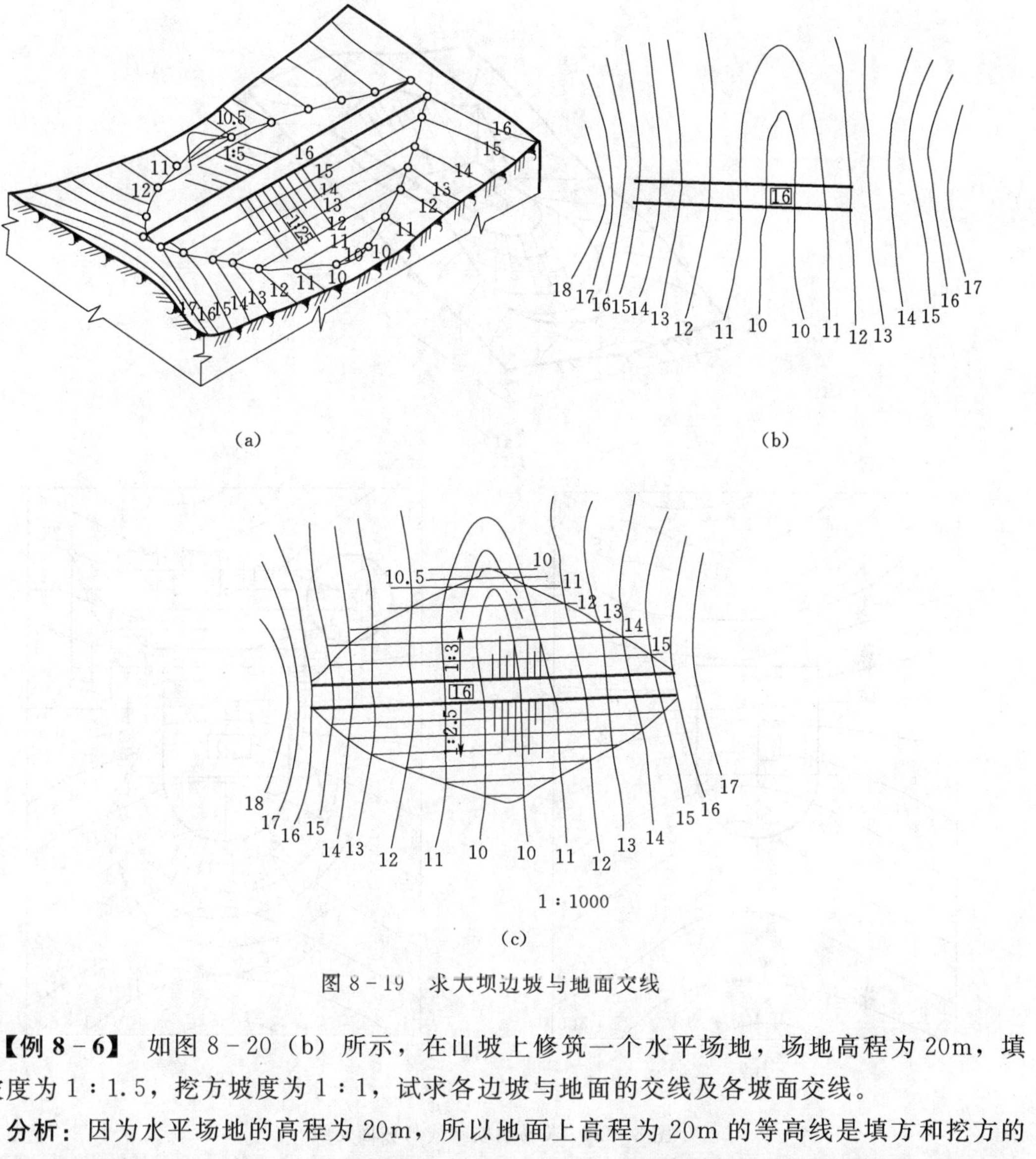

(a)　(b)

1：1000

(c)

图 8-19　求大坝边坡与地面交线

【例 8-6】　如图 8-20（b）所示，在山坡上修筑一个水平场地，场地高程为 20m，填方坡度为 1：1.5，挖方坡度为 1：1，试求各边坡与地面的交线及各坡面交线。

分析：因为水平场地的高程为 20m，所以地面上高程为 20m 的等高线是填方和挖方的分界线，地面高于 20m 的一边需要挖方，低于 20m 的一边需要填方。从圈中可知，挖方部分水平场地边界线为三段直线，因此产生Ⅰ、Ⅱ、Ⅲ三个坡面，应有三条开挖线和两条坡面交线。填方部分场地边界线为两条直线段与半圆相切，因此，坡面是由两个倾斜平面和半个圆锥面相切组成，没有坡面交线，只有坡脚线。

作图：因地形图上的等高距是 1m，所以坡面上的等高距也应取 1m。填方坡度为 1：1.5，等高线的平距为 1.5m，挖方坡度为 1：1，等高线的平距为 1m。

挖方部分作图方法步骤如图 8-20（c）上半部分所示：

（1）画出Ⅰ、Ⅱ、Ⅲ坡面上的等高线。

（2）作坡面交线。因相邻坡面坡度相等，故应是 45°线。

（3）分别求出Ⅰ、Ⅱ、Ⅲ面的开挖线。

注意：从图 8-20（a）可以看出，Ⅱ面、Ⅲ面及地面三个面交于一点 A，所以Ⅱ、Ⅲ两个面的开挖线

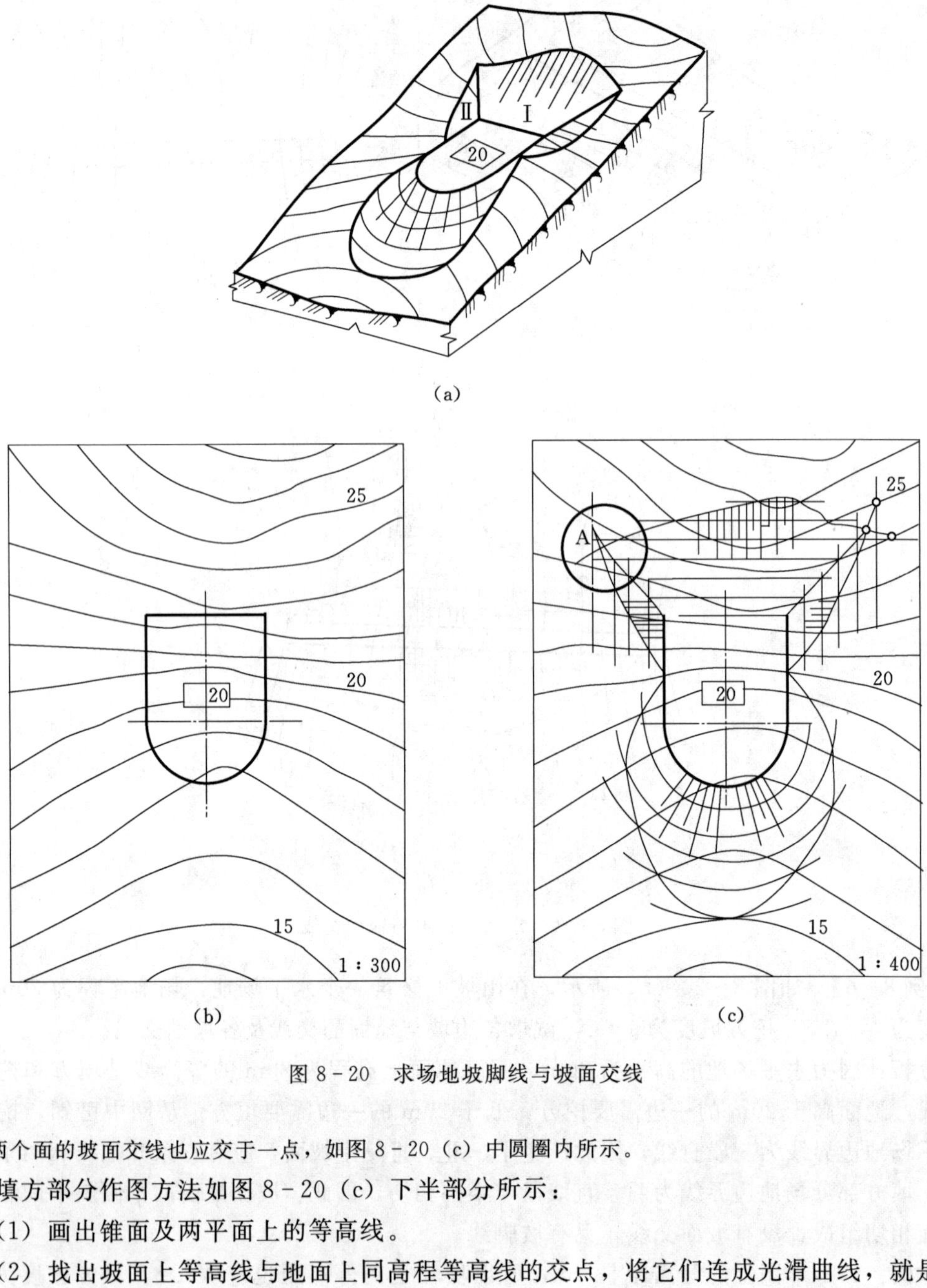

图 8-20 求场地坡脚线与坡面交线

及这两个面的坡面交线也应交于一点，如图 8-20（c）中圆圈内所示。

填方部分作图方法如图 8-20（c）下半部分所示：

（1）画出锥面及两平面上的等高线。

（2）找出坡面上等高线与地面上同高程等高线的交点，将它们连成光滑曲线，就是所求的坡脚线。

最后画上示坡线，完成作图。

任务总结：熟悉工程建筑物坡面交线的求法，熟悉工程建筑物坡面与不规则地面的交线的求法。

任务学习拓展：实地观察水利工程或查看水利工程图纸，熟悉工程建筑物坡面交线及坡脚线、开挖线的形状和位置。

【课　后　训　练】

一、单项选择题

1. 已知直线上两点的高差是 4m，两点间的水平投影长度是 8m，该直线的平距为（　　）。

A. 1/2　　B. 2　　C. 4　　D. 1/8

2. 在标高投影中，求两平面或曲面的交线时，通常采用（　　）作为辅助平面。

A. 正平面　　B. 侧平面　　C. 水平面　　D. 铅垂面

3. 有一地形面的标高投影，等高线的高程是外边高中间低，它表示的地形是（　　）。

A. 山丘　　B. 河流　　C. 鞍部　　D. 凹地

4. 平面内对基准面的最大斜度线称为（　　）。

A. 等高线　　B. 示坡线　　C. 坡度线　　D. 基准线

5. 在一正圆锥面上有四条等高线，其等高距为 2m，最高和最低的等高线的水平距离是 12m，问该圆锥面的坡度是（　　）。

A. 1/2　　B. 1/4　　C. 1/6　　D. 1/8

二、多项选择题

1. 直线 AB 两个端点的标高分别为 $a5.5$、$b9.8$，则该直线段上的整数高程点有（　　）。

A. 2、3　　B. 4、5　　C. 6、7　　D. 8、9

2. 在地形图中，有几组等高线都是有规律的朝一个方向凸出，它表示的地形可能是（　　）。

A. 山脊　　B. 山谷　　C. 鞍部　　D. 凹地

3. 平面上的坡度线方向一定是（　　）。

A. 垂直平面上的等高线　　B. 由高处指向低处

C. 任意方向　　D. 由低指向高

4. 在标高投影中，建筑物的坡面需要用示坡线表达，绘制示坡线时应该（　　）。

A. 用细实线　　B. 长短间隔　　C. 用粗实线　　D. 长度相等

5. 某建筑物在兴建过程中，既有填方又有挖方，该建筑物与地形面一定会出现（　　）。

A. 坡脚线　　B. 开挖线　　C. 坡面交线　　D. 与地面无交线

三、判断题

1. 如果地形面上相邻等高线的高差相等，其水平距离也相等。（　　）

2. 在地形面的标高投影图中，相邻的等高线越稀疏，该坡面越陡。（　　）

3. 在倒圆锥面的标高投影中，等高线的半径越大高程数值就越小。（　　）

4. 山丘的标高投影，等高线的高程是外圈低，内圈高。（　　）

5. 直线的标高投影是用坡度和指向上坡的箭头表示的。（　　）

四、作图题

一土坝，如图 8-21（a）所示，在土坝剖面图中已知坝顶的宽度和高程以及上、下游坡面的坡度。坝址地形图及坝顶轴线如图（b）所示。试作土坝的标高投影图（坝顶、马道及坡脚线都用粗实线画出，坡面等高线和示坡线用细实线画出）。

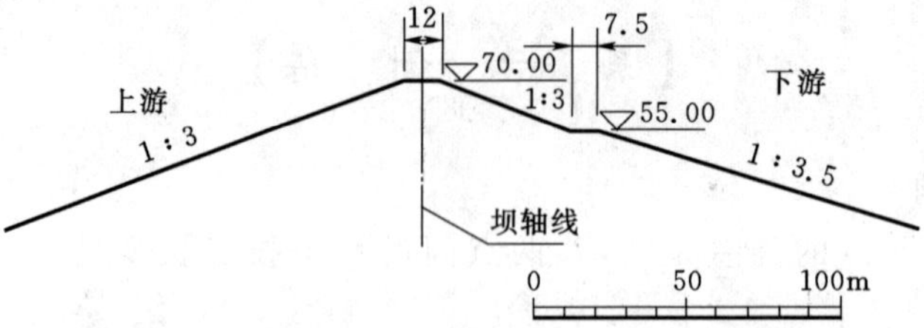
12
7.5
70.00
1:3
55.00
上游
下游
1:3
1:3.5
坝轴线
0
50
100m

(a)

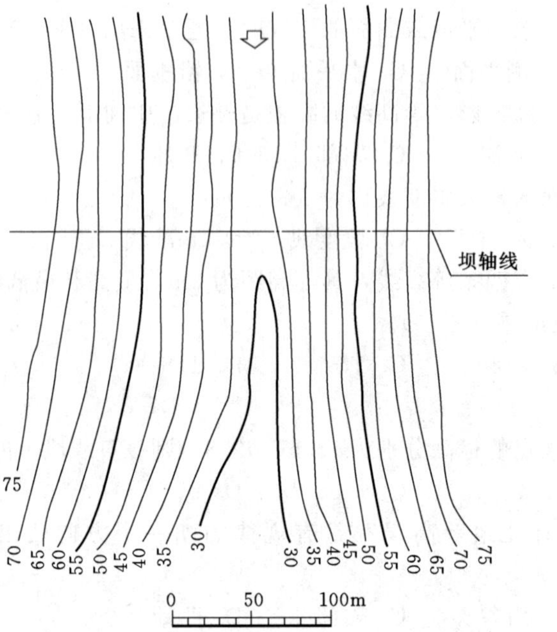
坝轴线
75
70
65
60
55
50
45
40
35
30
30
35
40
45
50
55
60
65
70
75
0
50
100m

(b)

项目九　水 利 工 程 图

项目描述：本项目包括水工图的分类和特点，水工图的表达方法，水工图的识图，水工图的画法等内容。

项目学习目标：熟悉水工图的分类和水工图的常见表达方法，能够读懂各种类型的水工图，熟练抄绘各种水工图。

项目学习重点：水工图的识读。

项目学习难点：水工图的绘制。

表达水利工程建筑物（如挡水坝、水闸、水电站、船闸等）的设计意图、施工过程的图样称为水利工程图，简称水工图。

任务一　水工图的分类和特点

任务描述：熟悉水工图分为哪些类型，了解各种水工图的特点。

一、水工图的分类

水利工程的兴建一般需在勘测的基础上经历规划、设计、施工、验收等阶段，每个阶段对水工图有不同的要求，需要绘制相应的图样。

1. 规划图

规划图是表达水力资源开发中计划兴建各建筑物的类别及位置的示意性图样，如流域规划图、灌区规划图等，如图 9-1 所示为某灌区规划图。

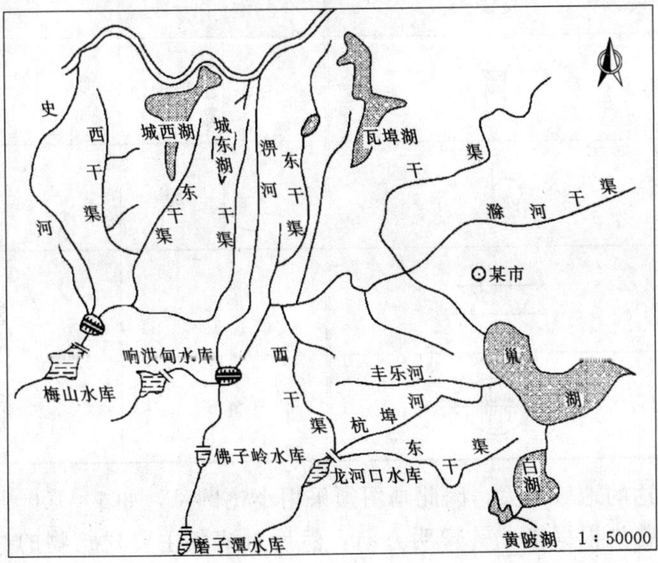

图 9-1　某灌区规划图

规划图的特点是：

（1）规划图为平面图，图中各建筑物按制图标准规定的“水工建筑物平面图例”绘制，无须表达建筑物的结构形状。水工建筑物常用平面图例见表 9－1。

表 9－1　　　水工建筑物常用平面图例

名称		图例	名称		图例
水库	大型	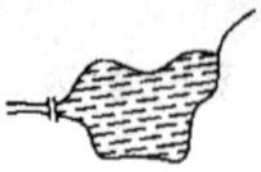	水闸		
	小型	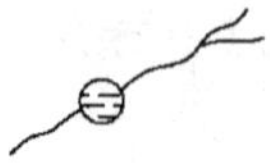	溢洪道		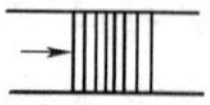
混凝土坝			渡槽		
堤		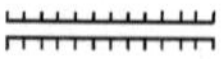	隧洞		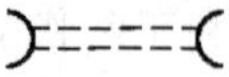
防浪堤	直墙式		涵洞管		
	斜墙式	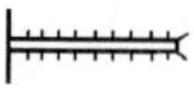	虹吸		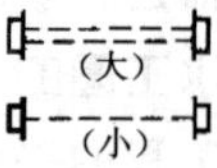
水电站	大比例尺	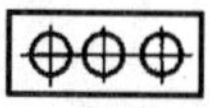	跌水		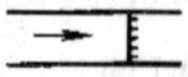
	小比例尺		斗门		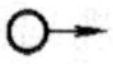
变电站			沟	明沟	
泵站				暗沟	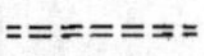
船闸			灌区		
土石坝		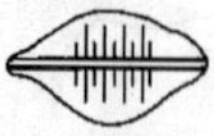	鱼道		

（2）规划图表达的地域较大，因此画图须采用小比例尺，如 1：10000 或更小。

阅读规划图，首先根据指北针辨明方向，然后看清各主要建筑物的类别及布局。如图 9－1所示某灌区规划图表明，该灌区有 5 座水库作为取水渠首，通过塘堰的调节，由总长

1000 多 km（由比例尺 1∶50000 估算）的总干渠和分干渠灌溉 6600 多 km^2 土地，灌区内水库、塘堰、总干渠及分干渠的位置均在图中作了示意性表达。

2. 枢纽布置图

在水利工程中，为了达到兴利除弊、综合利用的目的，兴建的几个水工建筑物有机组合的综合体，称为水利枢纽。常见的水利枢纽有如水库枢纽（包括挡水坝、水输涵洞、溢洪道等建筑物）、泵站枢纽（包括泵站、进水闸等）。

将水利枢纽中各主要建筑物的平面形状和位置画在地形图上，这样的工程图样称为枢纽布置图（图 9-18）。

枢纽布置图是枢纽中各建筑物定位、施工放线、土石方施工及绘制施工总平面图的依据。

枢纽布置图包括以下内容：

(1) 枢纽所在地的地形、河流、水流方向和地理方位。

(2) 枢纽中主要建筑物的平面形状及各建筑物之间的位置关系。

(3) 建筑物与地面相交情况及填、挖方坡边线。

(4) 建筑物的主要高程及其他主要尺寸。

3. 建筑物结构图

表达某建筑物形状、大小、结构及建筑材料的工程图样称为建筑物结构图，如图 9-2 所示为涵洞式进水闸结构图，它和枢纽布置图都是设计阶段绘制的图样。建筑物结构图通常包括以下内容：

(1) 建筑物的结构、形状、尺寸及材料。

(2) 建筑物的细部构造。

(3) 工程地质情况及建筑物与地基的连接方式。

(4) 建筑物的工作情况，如特征水位、水面曲线等。

(5) 附属设备的位置。

4. 施工图

按照设计要求绘制的指导施工的图样称为施工图。施工图主要表达施工程序、施工组织、施工方法等内容。施工图一般包括施工场地布置图、基础开挖图、混凝土分期分块浇筑图、导流图、钢筋图等。

5. 竣工图

工程施工过程中，对建筑物的结构进行局部修改是难免的，竣工后建筑物的实际结构与建筑物结构图存在差异。因此，应按竣工后建筑物的实际结构绘制竣工图，供存档和工程管理用。

二、水工图的特点

1. 比例尺小

水工建筑物形体庞大，画图时常用小比例尺，各类水工图常用比例见表 9-2。

特殊情况下，允许在同一个视图中的铅垂和水平两个方向采用不同的比例。

2. 详图多

因画图所采用的比例尺小，细部构造不易表达清楚。为了弥补这一缺陷，水工图中常采用较多的详图来表达建筑物的细部构造（关于详图的有关知识，将在下一节详细介绍）。

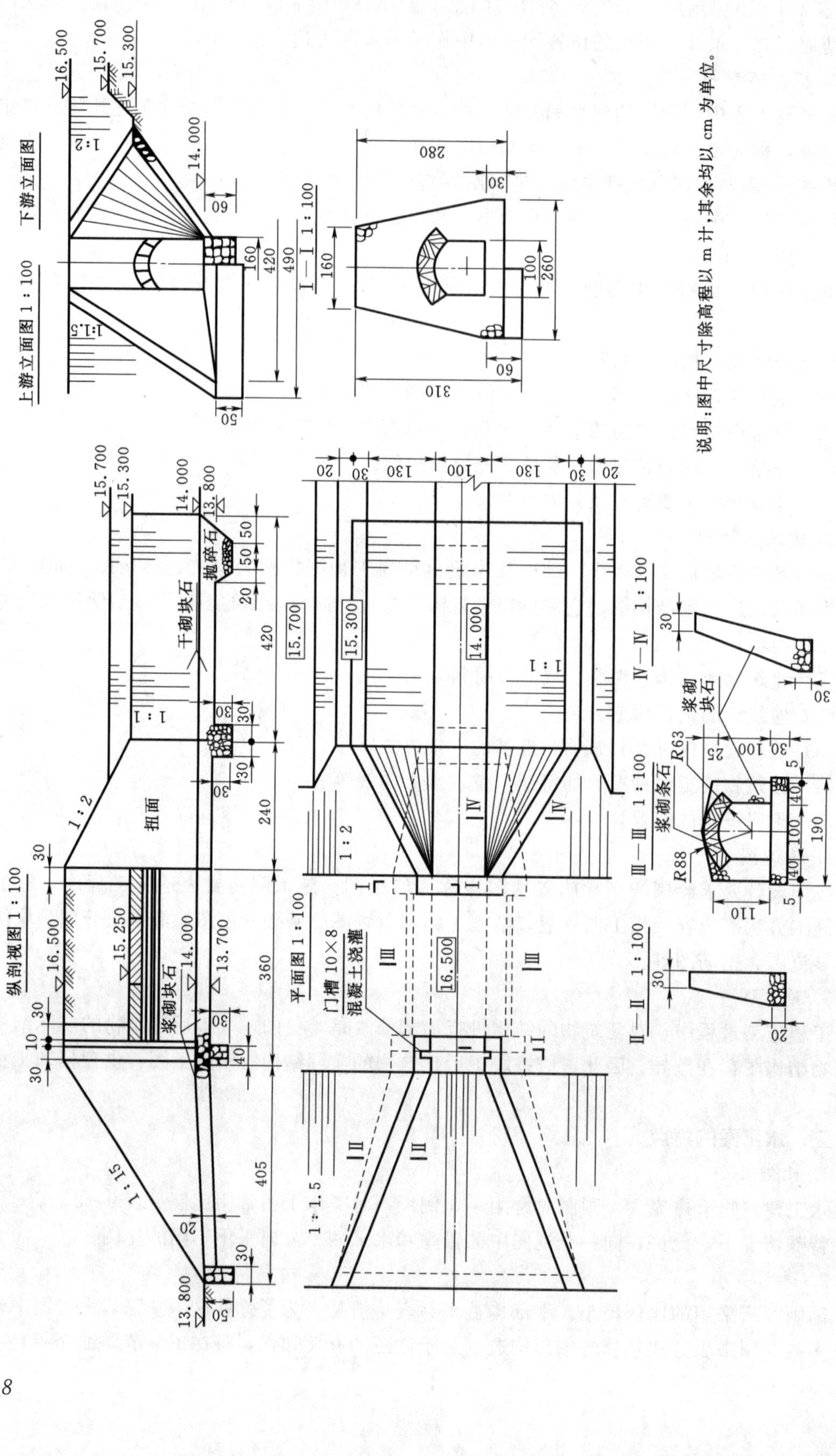

说明：图中尺寸除高程以 m 计，其余均以 cm 为单位。

图 9-2　涵洞式进水闸结构图

表 9-2　**水工图常用比例**

图　类	比　例
枢纽总布置图/施工总平面布置图	1∶5000、1∶2000、1∶1000、1∶500、1∶200
主要建筑物布置图	1∶2000、1∶1000、1∶500、1∶200、1∶100
基础开挖图基础处理图	1∶1000、1∶500、1∶200、1∶100、1∶50
结构图	1∶500、1∶200、1∶100、1∶50
钢筋图	1∶100、1∶50、1∶20
细部构造图	1∶50、1∶20、1∶10、1∶5

3. 剖面图多

为了表达建筑物各部分的剖面形状及建筑材料，便于施工放样，水工图中剖面图（特别是移出剖面）应用较多。

4. 考虑水和土的影响

任何一个水工建筑物都是和水、土紧密联系的，绘制水工图应考虑水流方向，并注意对建筑物土下部分的表达（具体表达方法将在下一节介绍）。

5. 应用粗实线

水工图中，除可见轮廓线用粗实线外，建筑物的施工缝、沉陷缝、温度缝、防震缝等也应以粗实线绘制。

任务总结：熟悉水工图的分类和特点。

任务学习拓展：对照图例，认识水工图中各种线条和符号的含义。

任务二　水工图的表达方法

任务描述：掌握水工图的基本表达方法，熟悉规定画法和习惯画法。

绘制水利工程图样时，应首先考虑便于读图。根据建筑物的结构特点，选用适当的表达方法。

一、基本表达方法

1. 视图的名称及作用

（1）平面图。

1）形成。平面图是由建筑物上方向下方作正投影所得，即前述的“俯视图”。

2）作用。平面图是水工图中的重要视图，它表达建筑物的平面形状及布置，表明建筑物的平面尺寸（长、宽）及平面高程、剖视（剖面）图的剖切位置及投影方向，如图 9-2 中的平面图。

（2）剖视图。

1）形成。平行于建筑物轴线或顺河流方向剖切所得称为“纵剖视图”，如图 9-2 中的“纵剖视图”。垂直于建筑物轴线或河流流向剖切所得则称为“横剖视图”。

2）作用。剖视图表达建筑物的内部结构形状及位置关系，表达建筑物的高度尺寸及特征水位，表达地形、地质情况及建筑材料。

在绘制平面图及剖视图时，图样中一般应使水流方向为自上而下（适用于挡水建筑物，如挡水坝等）或从左向右（适用于过水建筑物，如水闸等）。

对于河流，规定视向顺水流方向时，左边叫左岸，右边叫右岸。

（3）立面图。

1）形成。如前所述，正视图、左视图、右视图、后视图可称为立面图或立视图。当视向与水流方向有关时，视向顺水流方向所得立面图，可称为上游立面（立视）图；反之，视向逆水流方向时，可称为下游立面（立视）图。就水闸而言，上游立面图相当于左视图，下游立面图相当于右视图。

2）作用。立面图主要用以表达建筑物的立面外形。

（4）剖面图。

1）形成。详见本教材剖视图部分。水工图中多采用移出剖面，目的是不影响原图的清晰表达。如图 9-2 中的Ⅰ—Ⅰ、Ⅱ—Ⅱ、…四个剖面图。

2）作用。剖面图主要表达建筑物组成部分的剖面形状及建筑材料。

（5）详图。

1）形成。将建筑物的部分结构用大于原图所采用的比例画出的图形，称为详图，如图 9-3 所示。

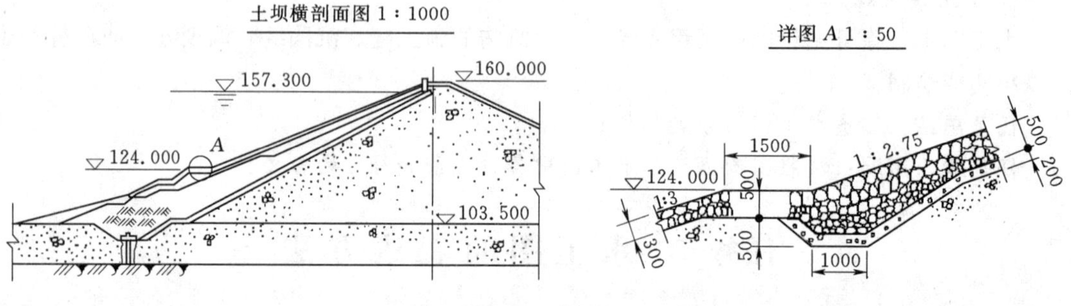

图 9-3 详图

2）画法。详图可以画成视图、剖视图、剖面图，与原图的表达方式无关。

3）标注。在原图的被放大部分处用细实线画小圆圈，并标注字母。详图用相同的字母标注其图名，并注写比例，如图 9-3 所示。

2. 视图的配置

为便于读图，水工图中各视图应尽可能按投影关系配置。有时为合理利用图纸，将某些视图配置在图幅内适当的地方，也是允许的。大型水工建筑物的视图较大，可以将某一视图单独画在一张图纸上。

3. 视图名称及比例的标注

水工图中各视图的图名应分别注写在图形上方，并在图名下方画一粗横线。

当整张图纸中只采用一种比例时，比例应注写在标题栏中，否则应和视图名称一起按如下形式注写：

$$\underline{\text{平面图}\ 1:200}\ \text{或}\ \frac{\text{平面图}}{1:200}$$

按以上形式注写时，比例的字高应比图名的字高小一号或二号。

必要时，在图名下方可加注该图与高程的关系，或与桩号的关系，形式如下：

某坝段观察设备水平剖面　　剖面 7—7
0.00 高程　　桩号 0＋400

当视图中的铅垂和水平两个方向采用不同比例时，应分别标注纵横比例，如图 9-4 所示。

4. 水流方向符号及指北针

图样中表示水流方向的箭头符号，有如图 9-5（a）、（b）、（c）所示的三种供选用。

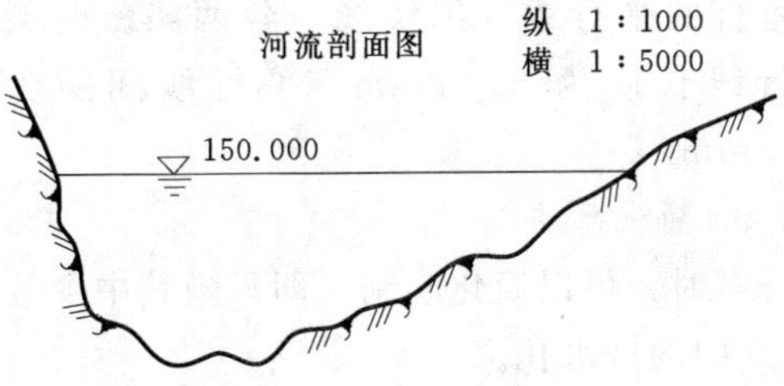

图 9-4　纵横比例的标注图

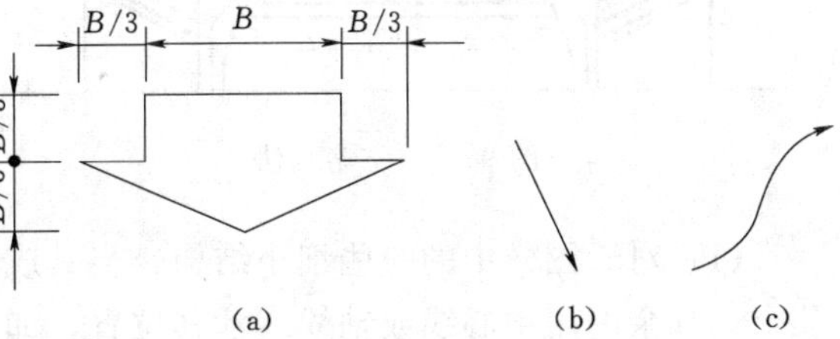

图 9-5　水流方向符号

平面图中的指北针有如图 9-6 所示的三种供选用，其位置一般在平面图的左上角或右上角。

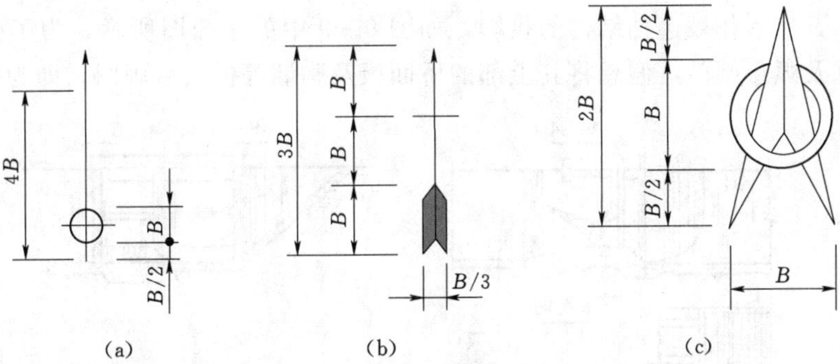

图 9-6　指北针

5. 文字说明

水工图中可有必要的文字说明，文字应简明扼要，正确表达设计意图，其位置宜放在图纸的右下角。

二、规定画法和习惯画法

1. 展开画法

当构件或建筑物的轴线（或中心线）为曲线时，可将曲线展开成直线后，绘制成视图、剖视图或剖面图。这时应在图名后注写“展开”二字，或写成展视图。如图 9-7 所示渠道，其剖视图系采用与渠道中心线重合的柱状剖切面剖切后展开而得。展开的方法是：先假想把柱状剖切面后面的建筑物随柱面一起向右前方展平（此时水闸轴线垂直于正面，渠道轴线平行于正面），

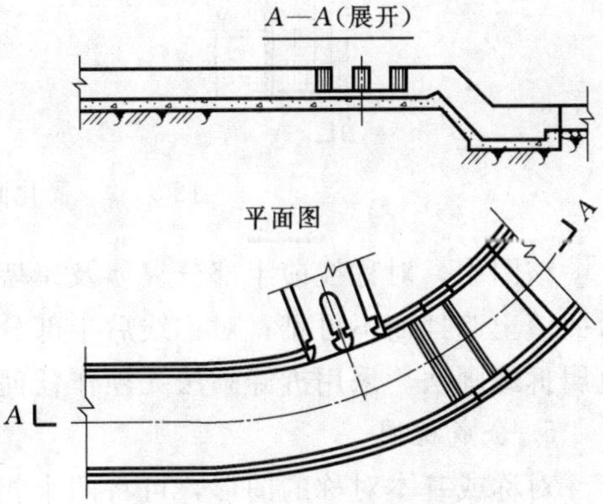

图 9-7　展开画法

然后向正面作投影，即得 $A—A$（展开）剖视图。对于其中的进水闸，投影线平行于闸的轴线，图中便可真实反映闸墩及闸孔的宽度，渠道纵向的真实尺寸也在展开剖视图中得到反映。

2. 省略画法

当图形对称时，可以只画对称的一半，但须在对称线上加注对称符号，如图 9-8 所示涵洞的平面图。对称符号为对称线两端与之垂直的平行线（细实线）各两条。两条平行线长度为 6～8mm，平行线间距为 2～3mm。

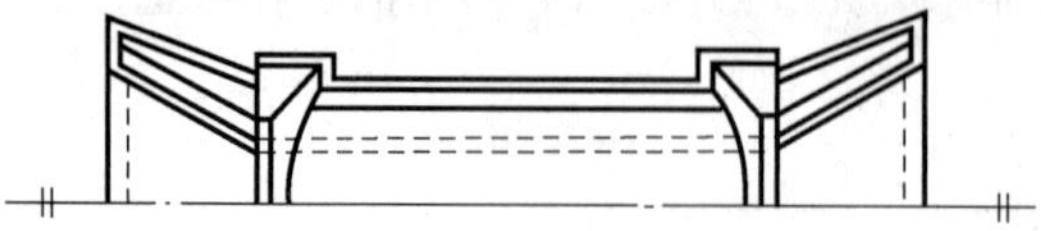

图 9-8 省略画法

3. 简化画法

(1) 对于图样中的一些细小结构，当其成规律分布时，可以简化绘制，即只画其中少数几个，其余的用中心线或轴线表示其位置，如图 9-9 中的排水孔。

(2) 图样中的某些设备（如闸门启闭机、发电机等），因属外构件或另有图纸表达，在建筑物结构图中可简化绘制或省略不画。

4. 拆卸画法

当视图、剖视图中所要表达的结构被另外的结构或填土遮挡时，可假想将遮挡结构拆去或将填土掀去，然后作被遮挡结构的投影，如图 9-9 中的平面图所示，为了表达闸墩、岸墙的顶面轮廓及弧形闸门，假想将其上部的桥面板及胸墙等拆去后画图，即为拆卸画法。

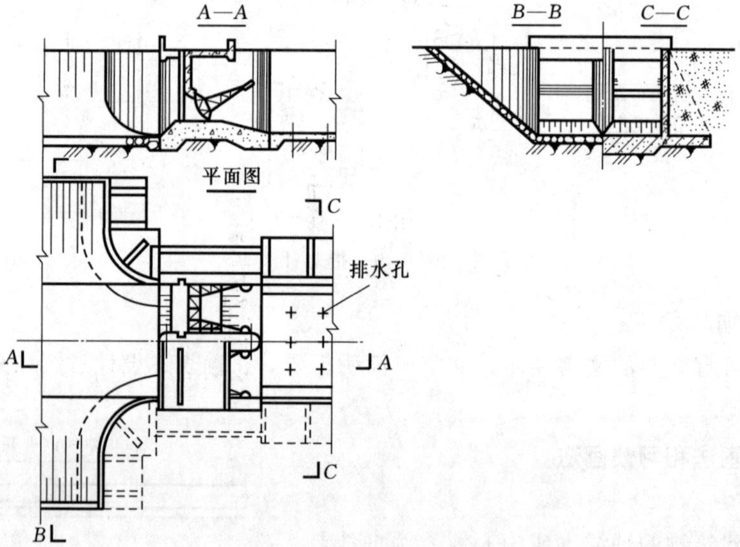

图 9-9 简化画法、拆卸画法和合成视图

该图中，对称线前半部分翼墙及岸墙背水面底边及扶壁的轮廓以虚线绘制，表示其被墙后回填土遮挡而不可见；对称线后半部分上述轮廓线用粗实线绘制，系将回填土掀去所致，也属拆卸画法。采用拆卸画法无须作任何说明和标注。

5. 合成视图

对称或基本对称的图形，可将两个相反方向的视图或剖视图、剖面图各画对称的一半，并以对称线为界，合成一个图形，称为合成视图。如图 9-9 中 $B—B$ 和 $C—C$ 所合成的图形，又如图 9-2 中的“上下游立面图”均属合成视图。

6. 分层画法

对于多层结构，可按构造层次分层绘制，相邻层用波浪线分界，并可用文字注写各层结构的名称，如图 9-10 所示。

7. 连接画法

当图形较长时，允许将其分成两部分绘制，再用连接符号（折断线）表示相连，并用大写拉丁字母编号，两个被连接的图形必须用相同的字母编号，这种画法称为连接画法。如图 9-11 所示土坝立面图即采用了连接画法。

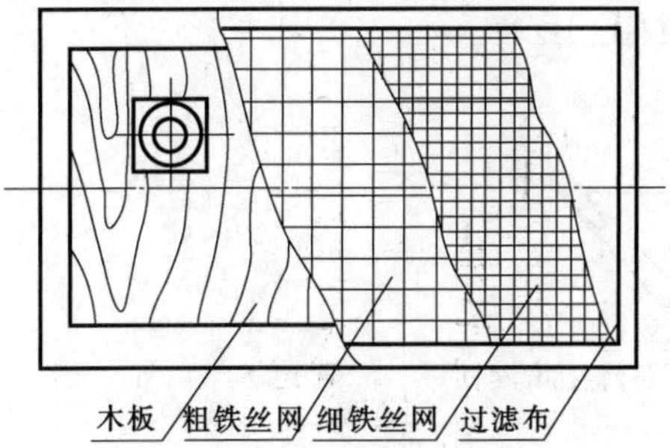

图 9-10 分层画法

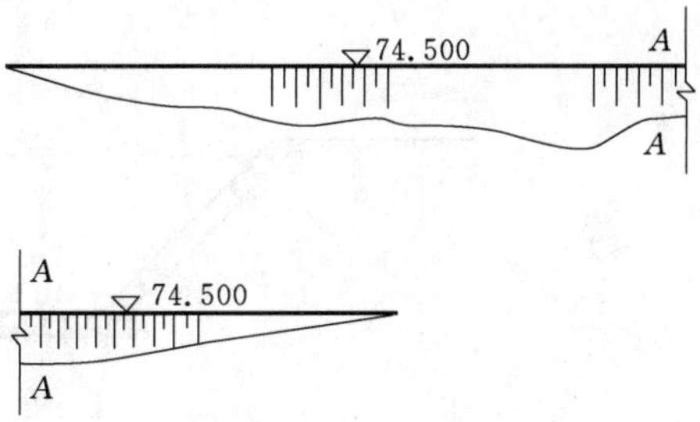

图 9-11 连接画法

任务总结：掌握水工图的基本表达方法和规范规定的一些常用画法。

任务学习拓展：查阅水工制图规范，了解上面的规定画法和习惯画法。

任务三 水工图的尺寸注法

任务描述：掌握水工图中各种尺寸的标注方法。

水工图的尺寸标注除需参照组合体视图及剖视图尺寸标注的方法和要求外，还应结合水工图的表达特点并考虑施工测量的要求。

一、高度尺寸的注法

水工建筑物施工过程中，其主要表面的高度是通过水准测量测得的，因此在水工图中对其应通过标注高程（又称标高）来表示，次要表面的高度则通过标注相对高度来确定。

1. 标高的注法

标高由标高符号及标高数字两部分组成，如图 9-12（a）所示。

（1）标高符号。在立面图和铅垂方向的剖视图、剖面图中，标高符号一般采用如图 9-12（a）所示的等腰直角三角形，用细实线绘制，高度约为数字高度的 2/3，标注时，标高符号的尖端（直角的顶点）向下指，也可向上指，但都必须与被标注高度的轮廓线或其引出线接触，标高数字一律注写在标高符号的右边，如图 9-12（e）中的高程“21.150”及“21.650”等。

在平面图中，标高符号是用细实线绘制的矩形线框，标高数字注写在其中，如图 9-12（b）所示。当图形较小时，可将符号引出绘制，如图 9-12（f）、（g）所示。

（2）标高数字。标高数字一般注写到小数点以后第三位。在总布置图中，可注写到小数点后第二位。零点标高注写成±0.000 或±0.00；正数标高数字前一律不加“+”号，如图

9-12所示的“27.850”“111.500”等；负数标高数字前必须加“－”号，如“－1.250”“－5.80”等。

(3) 水面标高（水位）的注法。水面标高的注法与立面图中标高相类似，区别在于需在水面线下画三条渐短的细实线，如图9-12 (c)、(e) 的标高尺寸“27.850”。特征水位应在标注水位的基础上加注特征水位名称，如图9-12 (d) 中的“正常蓄水位”。

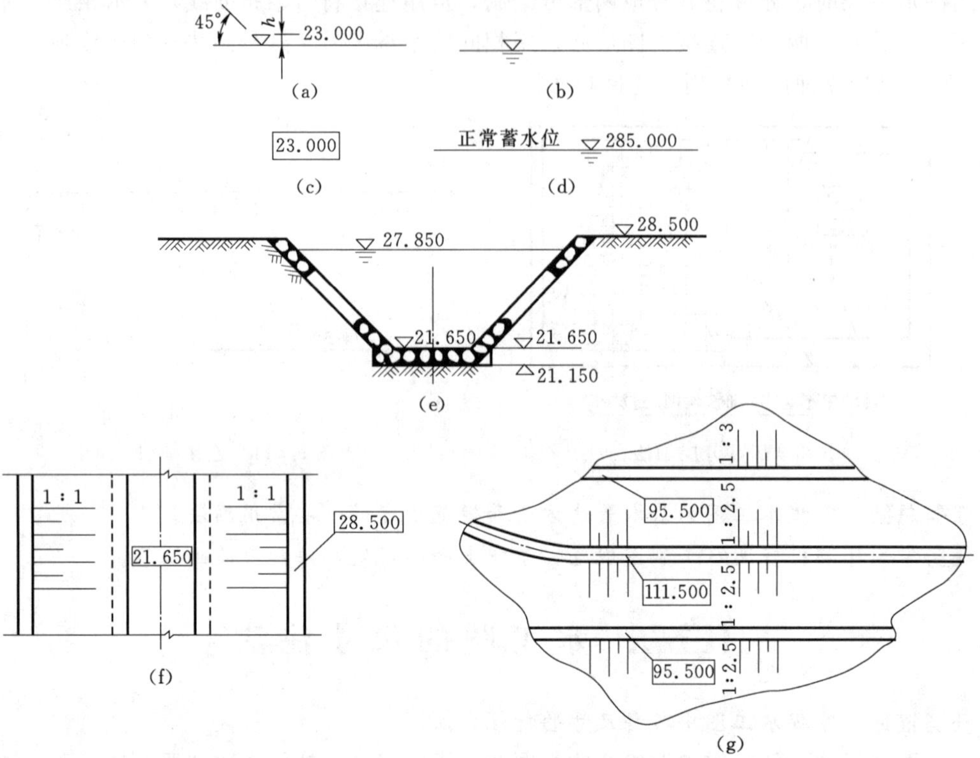

图9-12 标高的注法

2. 高度的注法

对建筑物的次要表面，仍采用标注高度的方法，即标注它与重要表面的高差。如图9-2纵剖视图中铺盖齿墙的尺寸“50”，其尺寸基准是高程为13.800的铺盖顶面。

二、平面尺寸的注法

标注平面尺寸的关键是选好长、宽尺寸基准。当建筑物在长度或宽度方向对称时，应以对称轴线为基准，如图9-2所示进水闸的宽度方向尺寸基准为其对称轴线。当建筑物的某一方向无对称轴线时，则以建筑物主要结构的端面为基准，如图9-2中进水闸长度方向尺寸以闸室底板上游端面为基准。

三、桩号的注法

河道、渠道、隧洞等建筑物的轴线、中心线长度方向的定位尺寸，可采用桩号的方法进行标注，如图9-13所示。桩号的标注形式为k±m，k为千米数，m为米数。起点桩号注成0+000；起点桩号之前（即与桩号的尺寸数字增加的方向相反）注成k－m，如0－050，表示该桩号在起点之前50m；起点桩号之后注成k+m，如图9-13中的0+043.000，表示该桩号距起点43m。

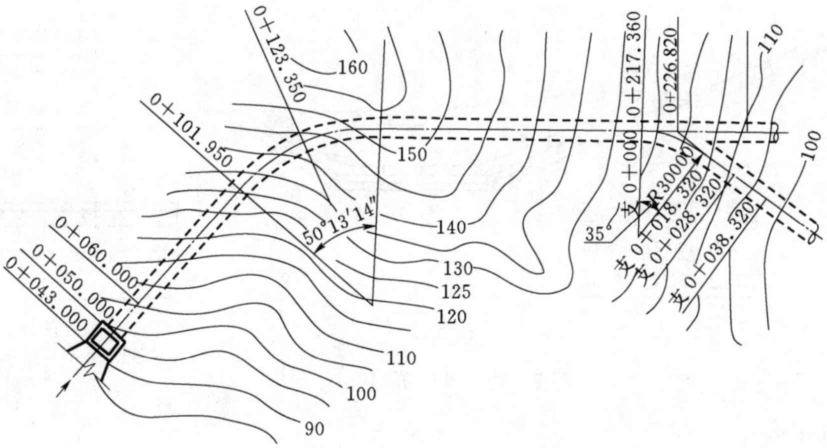

图 9-13　桩号的注法

桩号数字一般垂直于定位尺寸方向或轴线方向注写，且标注在其同一侧；当轴线为折线时，转折处的桩号数字应重复标注；当平面轴线为曲线时，桩号数字表示弧长。当同一图中几种建筑物均采用“桩号”标注时，可在桩号数字前加注文字以示区别，如图 9-13 中的“支 0＋018.320”，表示支管上该桩号距支管起点 18.32m，且为曲线弧长。

四、非圆曲线的尺寸注法

如图 9-14 所示为非圆曲线尺寸标注举例。其中溢流坝面为非圆曲线，标注时一般将非圆曲线上各点的坐标值列表表示，如图 9-14 中表格“坝面曲线坐标值”所示。

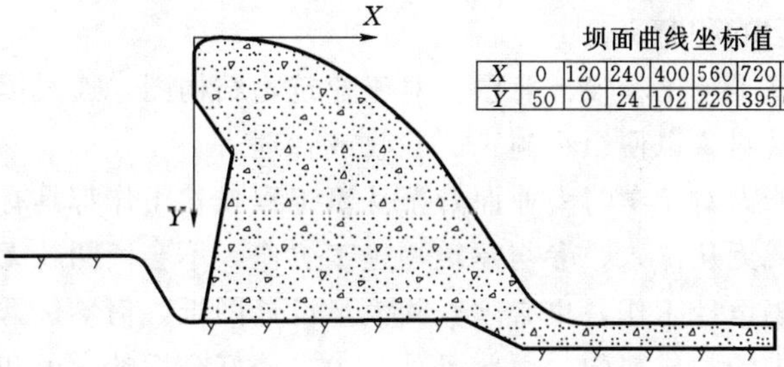

坝面曲线坐标值

X	0	120	240	400	560	720	880	960
Y	50	0	24	102	226	395	603	720

图 9-14　非圆曲线尺寸的注法

五、简化注法

(1) 多层结构的尺寸注法。多层结构尺寸可于引出线上标注，引出线必须垂直通过被引的各层，文字说明与尺寸数字应按结构的层次注写，如图 9-15 所示。

(2) 均匀分布的相同构件或构造，可简化标注。如图 9-17 所示进水闸平面图中尺寸“10×100”，表示排水孔横向布置有 10 个，间距值为 100cm。

六、尺寸齐全与重复尺寸

水工建筑物的施工是分阶段进行的，水工图中要求注出全部分段尺寸，还应标注总体尺寸，这样封闭尺寸链式的标注不但是允许的，也是需要的。

当一个建筑物的几个视图不能画在同一张图纸上，或虽画在同一张图纸上但相距较远时，为便于读图，允许标注重复尺寸。

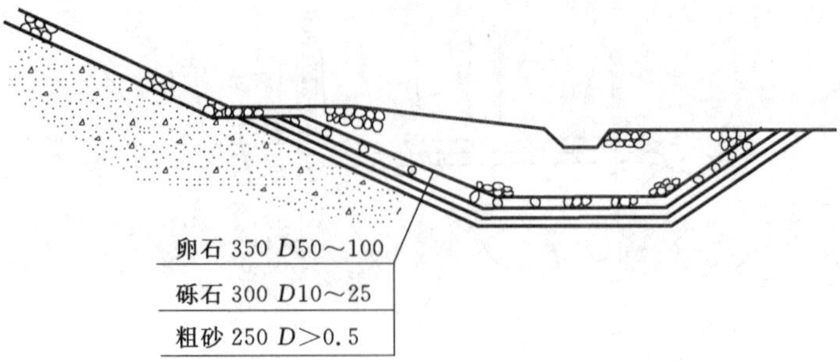

(a)

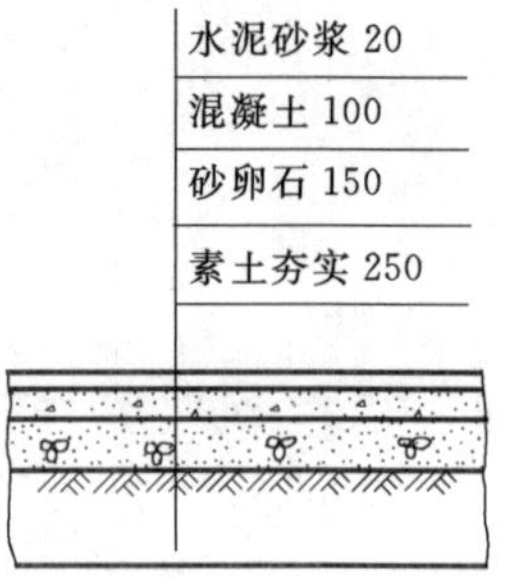

(b)

图 9－15　多层结构的尺寸注法

七、尺寸单位

水工图的尺寸单位除标高、桩号及规划图（流域规划图以公里为尺寸单位）、总布置图的尺寸以米为单位外，其余尺寸以毫米为单位，图中不必说明。若采用其他尺寸单位时，则必须在图纸中加以说明。

任务总结： 掌握常规的尺寸注法，熟悉非常规及特殊的尺寸注法。

任务学习拓展： 查阅水工制图规范，了解上面的各种尺寸注法。

任务四　水 工 图 的 识 读

任务描述： 了解水工图识读的方法和步骤，能够读懂简单的水工图。

一、识读水工图的目的和意义

识读水工图的目的是了解工程设计意图。对于建筑物结构图，通过读图了解建筑物的结构、形状、尺寸和建筑材料，以便组织施工、验收或管理。

提高识读水工图的能力对于学习专业课乃至从事工程技术工作都具有重要意义。看不懂水工图，专业课的学习就无从深入；参与建筑物施工工作，不会读图就无法把设计蓝图变为合格的建筑物；即便是搞设计工作，也必须查阅大量设计图纸，借鉴优秀的工程设计，才能使自己的设计成果是先进的、成熟的。由此可见，为了搞好今后的学习和工作，必须培养识读水工图的基本能力。

同时也应该看到，为了培养和提高识读水工图的能力，掌握一定的专业知识是必要的。识读水工图的能力，应在专业课的学习和工程实践中继续巩固和提高。

二、读图的方法步骤

识读水工图一般采用“总体→局部→细部→总体”的循环过程。具体步骤如下：

（1）概括了解。阅读标题栏及文字说明，了解建筑物的名称、作用、画图的比例、尺寸单位、施工要求等。

（2）分析视图表达。了解采用了哪些视图、剖视图、剖面图和详图，剖视图、剖面图的剖切位置及投影方向，详图表达的部位，各视图的大概作用，以及有哪些规定画法和习惯画法，为深入读图做准备。

（3）分析形体。所谓分析形体是对建筑物的主要组成部分逐一分析识读。至于将建筑物分为哪几个组成部分，应根据其结构特点来确定。如对于水闸类建筑物可沿水流方向将其分为几段，对水电站类建筑物可沿高度方向将其分为几层。

分部分识读的方法就是形体分析法。对于建筑物的某个组成部分，读图应以一两个视图为主，结合剖面图和详图，采用分线框、对投影、想形状的步骤进行识读，这也是识读组合体视图时经常采用的方法。但识读水工图，除想象形状外，还有结构、大小、材料等项内容需一并加以识读。

建筑物的主要部分读懂之后，再识读细部结构。

(4) 综合整理。读懂建筑物各主要组成部分及细部结构后，再回到总图阅读，以便弄清建筑物的总体结构形状。

三、读图举例

【例 9-1】 识读进水闸结构图。

水闸的作用：水闸建造于河道或渠道中，安装有可以启闭的闸门。开启闸门即开闸放水；关闭闸门则可挡水，抬高上游水位；调节闸门开启的大小，可以控制过闸的水流量。因此，水闸的作用可以概括为控制水位、调节流量。

水闸的组成部分：如图 9-16 所示为某水闸的立体示意图。

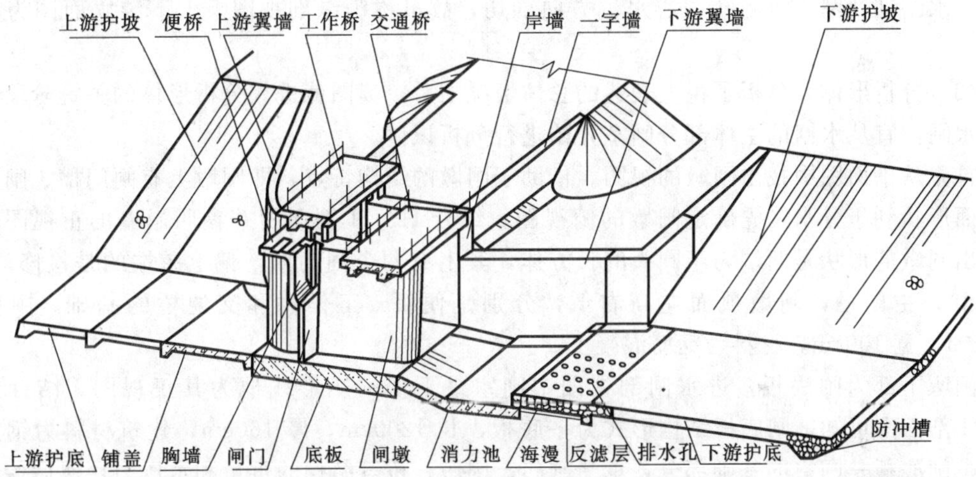

图 9-16 某水闸的立体示意图

水闸由上游连接段、闸室、下游连接段三部分组成，现结合图 9-16 将水闸各部分的结构及作用介绍如下：

(1) 闸室。水闸中闸墩所在的部位为闸室。闸室是水闸的主体，闸门即位于其中。

1) 组成。闸室由底板、闸墩、岸墙、胸墙、闸门、交通桥、工作桥、便桥等组成。

2) 作用。闸室是水闸直接起控制水位、调节流量作用的部分。

(2) 上游连接段。图 9-16 中闸室以左的部分为上游连接段。

1) 组成。上游连接段由上游护坡、上游护底、铺盖、上游翼墙等组成。

2) 作用。上游连接段的作用主要有三点：一是引导水流平稳进入闸室（顺流）；二是防止水流冲刷河床（防冲）；三是降低渗透水流对水闸的不利影响（防渗）。

(3) 下游连接段。图 9-16 中闸室以右的部分称为下游连接段。

1) 组成。下游连接段由下游翼墙、消力池、下游护坡、海漫、下游护底及防冲槽等组成。

2）作用。下游连接段的主要作用是消除出闸水流的能量，防止其对下游河床的冲刷，即防冲消能。图 9－16 的海漫部分设置排水孔是为了排出渗透水。为了使排出的渗透水不带走海漫下部的土粒，在排水孔下面铺设粗砂、小石子等进行过滤，称为反滤层。

读图步骤（如图 9－17 所示）：

（1）概括了解。阅读标题栏和说明，建筑物名称为“进水闸”，是渠道的渠首建筑物，作用是调节进入渠道的灌溉水流量，由上游连接段、闸室、下游连接段三部分组成。图中尺寸高程以米计，其余均以厘米为单位。

（2）分析视图。为表达进水闸的主要结构，共选用平面图、进水闸剖视图、上下游立面图和七个剖面图。其中前三个图形表达进水闸的总体结构，剖面图的剖切位置标注于平面图中，它们分别表达上下游翼墙、一字形挡土墙、岸墙、闸墩的剖面形状、材料以及岸墙与底板的连接关系。

平面图采用了省略画法，只画出了以进水闸轴线为界的左岸。闸室部分采用了拆卸画法，略去交通桥、工作桥、便桥和胸墙。

进水闸剖视图系沿闸孔中心水流方向剖切，故可称为纵剖视图。上下游立面图为合成视图。

（3）分析形体。分析了视图表达的总体情况之后，读图就进入分析形体的关键阶段。对于进水闸，宜从水闸的主体部分闸室开始进行分析识读。

首先从平面图中找出闸墩的视图。借助于闸墩的结构特点，即闸墩上有闸门槽、闸墩两端曲面形状利于分水，先确定闸墩的俯视图。结合 H—H 剖面图并参照岸墙的正视图，可想象出闸墩的形状是两端为半圆头的长方体，其上有两个闸门槽，偏上游端的是检修门槽，另一个为主门槽，闸墩顶面左高右低，分别是便桥、工作桥和交通桥的基础。闸墩长 1200cm，宽 100cm，材料为钢筋混凝土。

闸墩下部为闸底板，进水闸剖视图中闸室最下部的矩形线框为其正视图。结合阅读 H—H 剖面图可知，闸底板结构形式为平底板，长 1200cm，厚 160cm，建筑材料为钢筋混凝土。闸底板是闸室的基础部分，承受闸门、闸墩、桥等结构的重量和水压力，然后传递给地基，因此闸底板厚度尺寸较大，建筑材料较好。

岸墙是闸室与两岸连接处的挡土墙，平面位置、迎水面结构（如门槽）与闸墩相对应。将平面图、进水闸剖视图和 H—H 剖面图结合识读，可知其为重力式挡土墙，与闸墩、闸底板形成“山”字形钢筋混凝土整体结构。

由于“进水闸结构图”只是该闸设计图的一部分，闸门、胸墙、桥等部分另有图纸表达，此处只作概略了解。

闸室的主要结构读懂之后，转而识读上游连接段。

顺水流方向自左至右先识读上游护坡和上游护底。将进水闸剖视图和上游立面图结合识读，可知上游护坡分为两段，材料分别为干砌块石和浆砌块石，这是由于越靠近闸室水流越湍急、冲刷越烈的缘故。护坡两段各长 600cm。护底左端砌筑梯形齿墙以防滑，块石厚 40cm，下垫黄沙层厚 10cm。

与闸室底板相连的铺盖，长 800cm，厚 40cm，材料为钢筋混凝土。上游翼墙分为两节，其平面布置形式第一节为圆弧形，第二节为八字形，结合剖面 A—A、D—D，可知上游翼墙

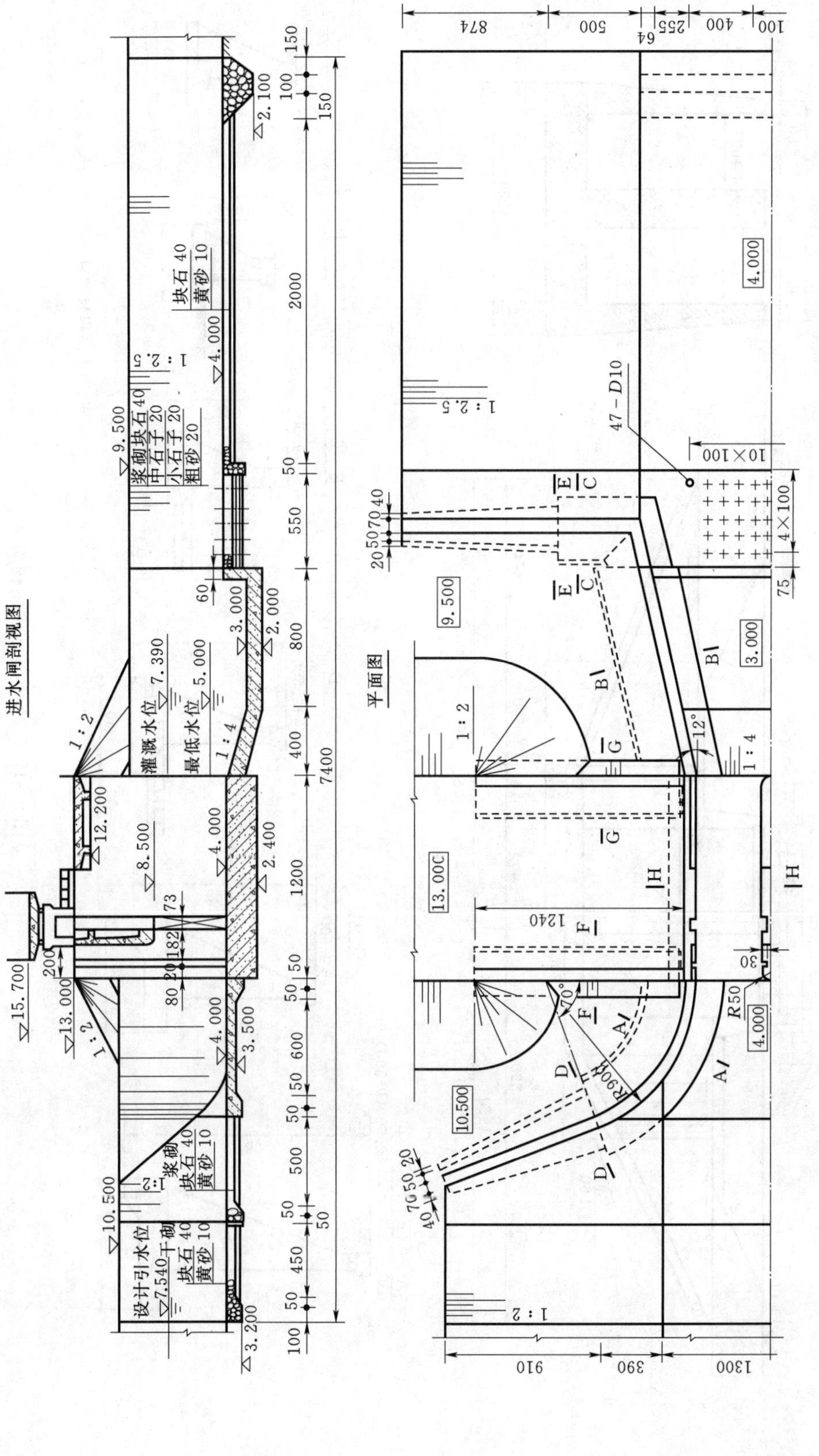

说明：图中高程尺寸以m计，其余尺寸以cm计。

(a)

图 9-17（一） 进水闸结构图

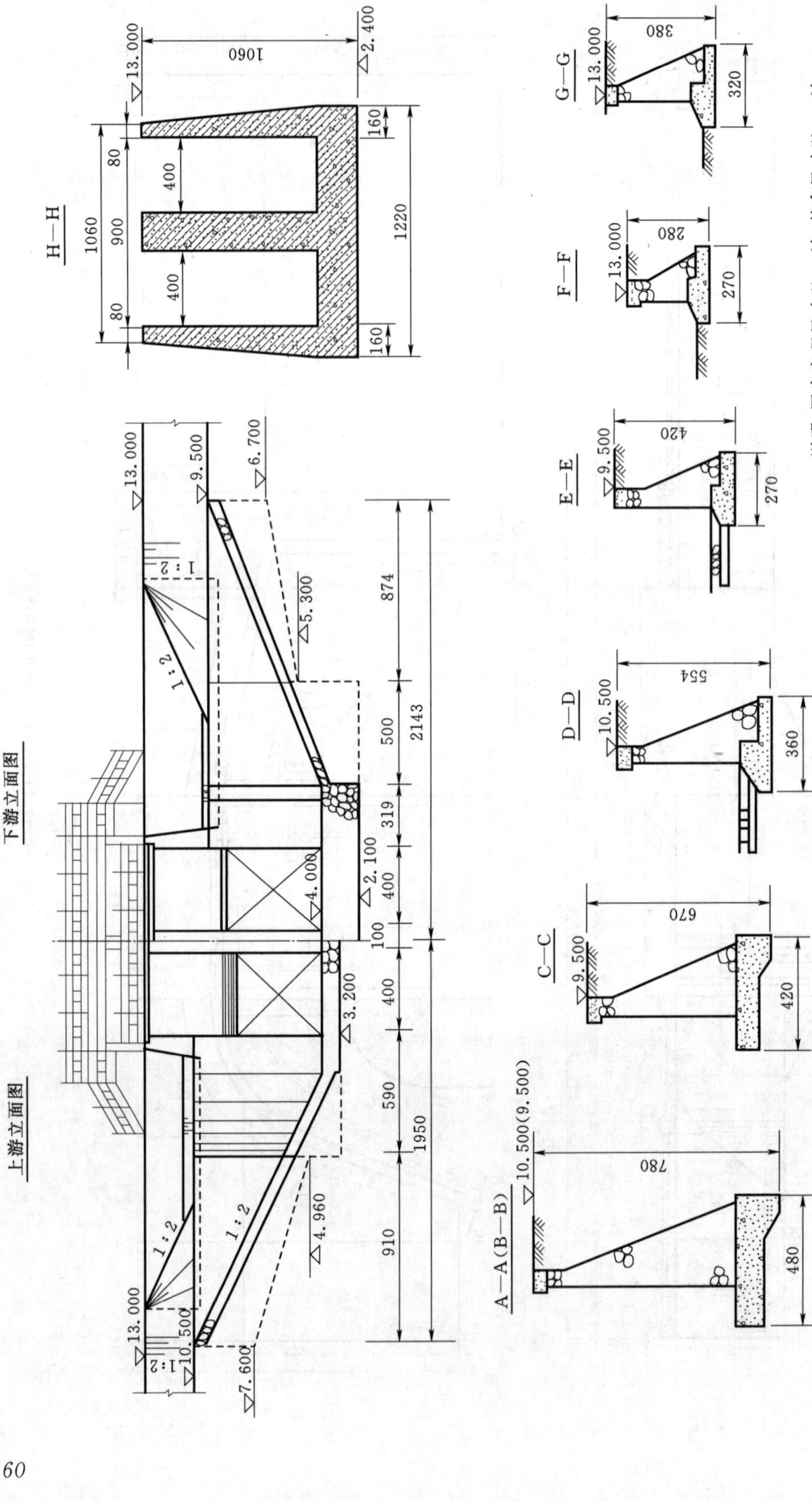

说明：图中高程尺寸以 m 计，其余尺寸以 cm 计。

(b)

图 9-17（二）　进水闸结构图

为重力式挡土墙，主体材料为浆砌块石。进水闸剖视图表明，上游翼墙与上游河道坡面有交线，交线由直线段和平面曲线两部分组成，分别为八字形翼墙和圆弧形翼墙与坡面的交线（用截交线法求作）。圆弧形翼墙的柱面部分画有柱面素线。

采用相同的方法，也可以读懂下游连接段各组成部分，请读者自行分析识读。

（4）综合整理。最后，将上述读图的成果对照总体图综合归纳，想象出进水闸的整体形状。

进水闸为两孔闸，每孔净宽 400cm，总宽 900cm，设计引水位 7.54m，灌溉水位为 7.39m。上游连接段有干砌块石和浆砌块石护坡、护底，钢筋混凝土铺盖和两节上游翼墙。闸室为平底板，与闸墩及岸墙的连接为“山”字形整体结构，闸门为升降式闸门，门高 450cm，门顶以上有钢筋混凝土固定式胸墙，闸室上部有交通桥、工作桥、便桥各一座，均为钢筋混凝土结构。

下游连接段中下游翼墙平面布置形式为“反翼墙”式，分三节，均为浆砌块石重力式挡土墙；与闸底板相连的为消力池，长 1200cm，深 100cm，以产生淹没式水跃，消除出闸水流大部分能量；下游护坡、海漫、下游护底分别用浆砌块石、干砌块石护砌，长度分别为 600cm 和 2000cm；海漫部分设排水孔，下铺反滤层；下游护底末端与天然河床连接处有防冲槽。

在读懂进水闸主要部分的形状、结构、尺寸和材料之后，可进一步思考：“进水闸结构图”对进水闸哪些部分尚未表达或表达不全，还需要增加哪些视图，现有的视图表达是否得当？有无更好的表达方案？深入的思考有助于加深对工程图样的理解。

【例 9-2】 阅读水库枢纽设计图。

该设计图分为水库枢纽布置图（图 9-18）和土坝设计图（图 9-19）两部分，现分别识读。

（1）水库枢纽布置图。

1）水库枢纽的组成。水库枢纽指挡水坝、输水涵洞、溢洪道等组成的建筑物群体。其中挡水坝起拦水作用，其上游蓄水成水库。涵洞是引水建筑物，当水库下游需水时，可开启涵洞闸门引水库水进入下游渠道。溢洪道是水库的“安全门”，当上游来水过多，水库水位抬高影响到坝身安全时，即需通过溢洪道将部分水库水排入下游排水河。除上述建筑物外，有的水库枢纽中还包括发电站等建筑物，以便综合利用水力资源。

2）读图。如前所述，枢纽布置图是将枢纽中的主要建筑物画在地形图上，以表示其平面形状及位置。图 9-18 表明，水库所在地南北共三个山头，挡水坝建于南边两个山头之间。输水涵洞位于土坝北侧，采用塔式取水，管理人员可由工作桥进入启闭塔。输水涵洞下游建有水力发电站。在北边山头的山坡上开山建造溢洪道。水库管理所位于挡水坝的东北侧。

（2）土坝设计图。

1）分析视图。如图 9-19 所示挡水坝由坝身、黏土截水槽、排水体、护坡等组成。横剖面图系垂直坝轴线剖切所得，表达坝身的总体结构，三个详图分别表达坝顶、上游护坡底端及排水体的结构。

2）读图。由横剖面图可知，坝身为梯形剖面，由砾质重壤土堆筑而成。坝顶高程为 102.000m，宽 5m，迎水坡的坡度自上而下依次是 1∶2.75、1∶3、1∶3.25，用干砌块石

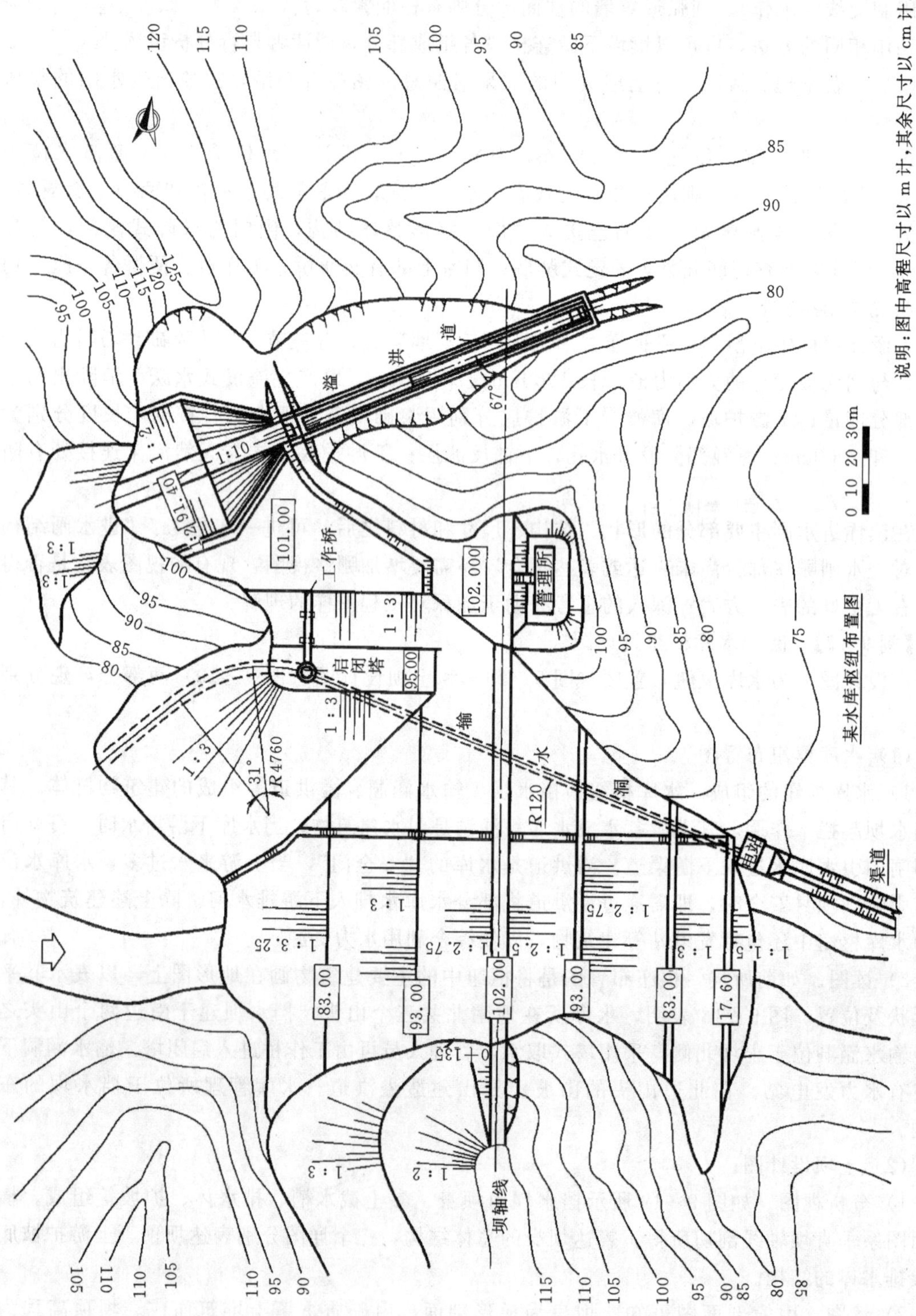

说明：图中高程尺寸以 m 计，其余尺寸以 cm 计。

图 9-18　水库枢纽布置图

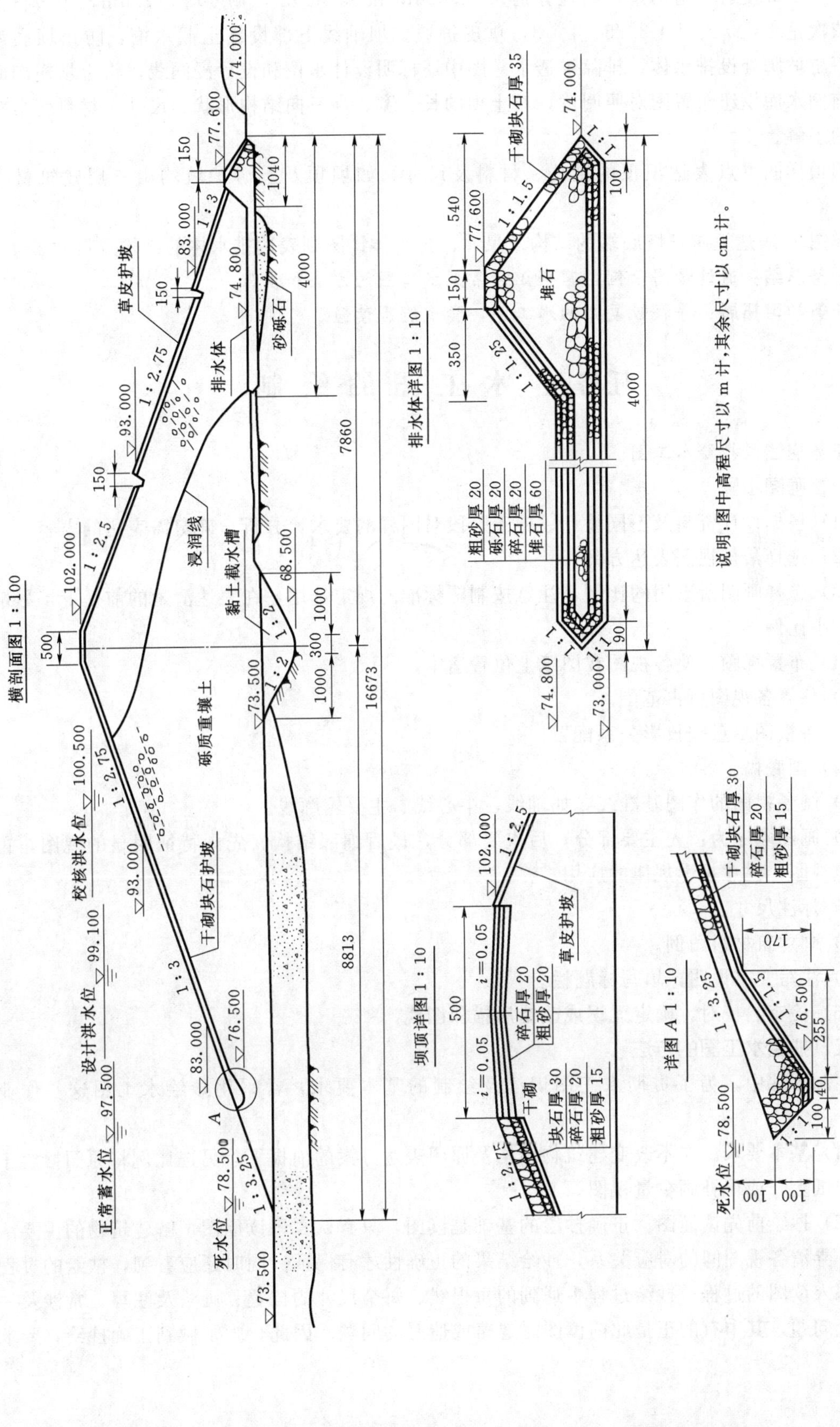
横剖面图 1∶100
正常蓄水位 97.500
设计洪水位 99.100
校核洪水位 100.500
死水位 78.500
73.500
1∶3.25
83.000
1∶3
76.500
A
93.000
1∶2.75
干砌块石护坡
102.000
500
1∶2.5
150
93.000
1∶2.75
草皮护坡
83.000
1∶3
77.600
74.000
150
1040
74.800
排水体
砂砾石
4000
浸润线
砾质重壤土
黏土截水槽
68.500
73.500
1∶2
1∶2
1000
300
1000
7860
8813
16673
坝顶详图 1∶10
i=0.05
i=0.05
500
102.000
1∶2.5
草皮护坡
碎石厚 20
粗砂厚 20
干砌
块石厚 30
碎石厚 20
粗砂厚 15
1∶2.75
排水体详图 1∶10
干砌块石厚 35
74.000
77.600
540
150
350
1∶1.5
1∶1.25
堆石
4000
100
粗砂厚 20
砾石厚 20
碎石厚 20
堆石厚 60
74.800
73.000
90
1∶1
1∶1
详图 A 1∶10
干砌块石厚 30
碎石厚 20
粗砂厚 15
死水位 78.500
1∶3.25
170
1∶1.5
76.500
255
40
100
100
100
1∶1
说明:图中高程尺寸以 m 计,其余尺寸以 cm 计。

图 9-19　土坝设计图

护砌。背水坡设有马道两条，高程分别为93.000m和83.000m，宽度均为1.5m，边坡自上而下依次是1∶2.5、1∶2.75、1∶3，草皮护坡。坝轴线下部设黏土截水槽，防止坝底渗漏。下游坡脚处设排水体，排除渗透水。图中还标明设计水位和设计浸润线。将土坝横剖面图与前例水库枢纽布置图对照阅读，对土坝的长、宽、高三向结构形状、尺寸、材料就会有总体的了解。

坝顶详图重点表达坝顶的结构、材料及尺寸，如坝顶及上游护坡均由三层建筑材料构成。

详图A表达上游护坡底端的结构及尺寸；排水体详图则表达排水体的结构及尺寸。

任务总结： 通过读图示例，掌握识读常见水工图的方法和步骤。

任务学习拓展： 寻找较复杂的水工图，尝试能否读懂。

任务五　水 工 图 的 绘 制

任务描述： 抄绘水工图。

一、画图步骤

(1) 根据设计资料及不同设计、施工阶段对图样的要求，分析、确定需表达的内容。

(2) 选择最佳视图表达方案。

(3) 选择画图所采用的比例，注意按制图标准的规定选用，在表达清楚的前提下，尽量选用较小比例。

(4) 布置视图，使各视图在图纸上位置适中。

1) 估算各视图所占范围。

2) 各视图尽量按投影关系配置。

(5) 画底稿。

1) 画各视图的作图基准线，如轴线、中心线、主要轮廓线。

2) 画图顺序为：先主要部分，后次要部分，最后细部结构。先画特征明显的视图，再画其他视图，注意投影规律的应用。

3) 标注尺寸。

4) 画建筑材料图例。

5) 注写文字说明，填写标题栏。

(6) 检查、校对，确定无误或改错后描深图线。

二、抄绘水工图的方法

在制图课中，为了贯彻水工图识读及绘制的基本要求，常采用抄绘水工图这一作业形式。

(1) 基本要求。在不改变建筑物结构及原图表达方案的前提下，另选比例将原图抄绘于指定图纸上，或再补画少量视图。

(2) 抄绘前先读懂图。正确抄绘的基础是读图，只有认真识读原图了解建筑物的主要结构，并弄清各视图间的对应关系，抄绘结果的正确性才有保证。同时还应看到，抄绘的过程又是深入读图的过程。抄绘过程中遇到的每根线、每个尺寸的位置、画法及注写，常涉及一些概念问题，其中有的正是此前读图时忽略或遗漏的问题。因此，为了做到正确抄绘，要求读者深入读图、深刻理解。总而言之，抄绘水工图决非“图样放大”，也不仅仅是绘图技能的训练、视图表达方案的观摩，更是培养、提高水工图识读能力的一种有效方法。

(3) 画图步骤。与上述水工图的画图步骤相同。

任务总结： 通过抄绘水工图，加深对水工图的认识和理解。

任务学习拓展： 根据给定的平立剖面图，尝试补绘详图。

下　篇

AutoCAD 2017基础教程

项目十 AutoCAD 2017 入门

项目描述： 本项目主要完成了解 AutoCAD 2017 的学习任务。

项目学习目标： 通过本项目学习，了解 CAD 软件及基本功能。

项目学习的重点： CAD 的用户界面。

项目学习的难点： CAD 用户界面的调整。

AutoCAD 是一款功能强大的工程绘图软件，使用该软件不仅能够用规范、美观的图纸表达设计方案，而且还能够有效地帮助设计人员提高设计水平及工作效率，从而解决传统手工绘图效率低、准确度差以及工作强度高的问题。利用 AutoCAD 软件绘制的二维和三维图形，在工程设计、生产制造和技术交流中都起着不可替代的重要作用。下面将先重点介绍 AutoCAD 2017 软件的基本功能、用户界面以及图形文件管理的相关方法，为接下来进一步学习该软件打下坚实的基础。

任务一 AutoCAD 2017 的基本功能

任务描述： 了解 AutoCAD 的基本功能。

一、绘制并编辑图形

AutoCAD 提供了丰富的绘图命令，使用这些命令可以绘制直线、构造线、多段线、圆、矩形、多边形、椭圆等基本图形，也可以将绘制的图形转换为面域，对其进行填充，还可以借助编辑命令绘制各种复杂的二维图形。

对于一些二维图形，通过拉伸、设置标高和厚度等操作就可以轻松将其转换为三维图形。AutoCAD 提供了三维绘图命令，用户可以很方便地绘制圆柱体、球体、长方体等基本实体以及三维网格、旋转网格等网格模型。同样再结合编辑命令，还可以绘制出各种各样的复杂三维图形。

二、标注图形的尺寸

尺寸标注是向图形中添加测量注释的过程，是整个绘图过程中不可缺少的一步。AutoCAD 提供了标注功能，使用该功能可以在图形的各个方向上创建各种类型的标注，也可以方便、快速地以一定格式创建符合行业或项目标准的标注。标注显示了对象的测量值，对象之间的距离、角度，或者特征与指定原点的距离。AutoCAD 中提供了线性、半径和角度三种基本标注类型，可以进行水平、垂直、对齐、旋转、坐标、基线或连续等标注。此外，还可以进行引线标注、公差标注，以及自定义粗糙度标注。标注的对象可以是二维图形或三维图形。

三、渲染三维图形

在 AutoCAD 中，可以运用雾化、光源和材质，将模型渲染为具有真实感的图像。若是为了演示，可以渲染全部对象；如果时间有限，或显示设备和图形设备不能提供足够的灰度等级和颜色，就不必精细渲染；如果只需要快速查看设计的整体效果，则可以简单消隐或设置视觉样式。

四、输出与打印图形

AutoCAD 不仅允许将所绘图形以不同格式通过绘图仪或打印机输出，还能够将不同格式的图形导入 AutoCAD 或将 AutoCAD 图形以其他格式输出。因此，当图形绘制完成之后可以使用多种方法将其输出。例如，可以将图形打印在图纸上，或创建文件供其他软件使用。

任务二　安装及启动 AutoCAD 2017

任务描述：学会安装和启动 AutoCAD 软件。

一、安装 AutoCAD 2017

AutoCAD 2017 软件包以光盘形式提供，光盘中有名为 SETUP. EXE 的安装文件。执行 SETUP. EXE 文件（将 AutoCAD 2017 安装盘放入 DVD - ROM 后一般会自动执行 SETUP. EXE 文件），首先弹出如图 10 - 1 所示的初始化界面。经过初始化后，弹出安装选择界面。

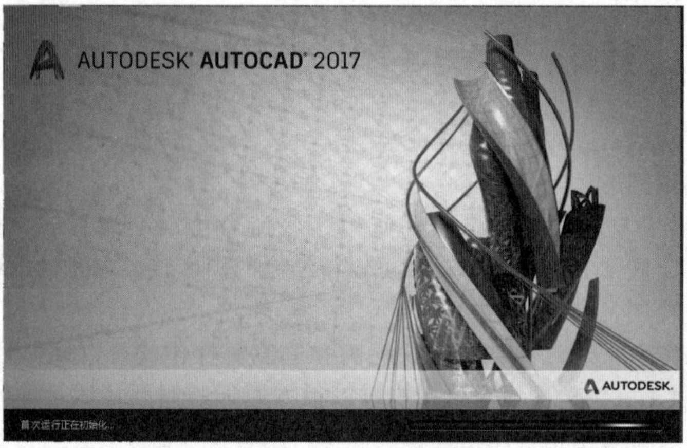

图 10 - 1　初始化界面

此时单击“安装在此计算机上安装”选项，即可进行相应的安装操作，直至软件安装完毕。需要说明的是，安装 AutoCAD 2017 时，用户应根据提示信息进行必要的选择。

二、启动 AutoCAD 2017

安装 AutoCAD 2017 后，系统会自动在 Windows 桌面上生成对应的快捷方式图标，双击该快捷方式图标，即可便捷地启动 AutoCAD 2017。与启动其他应用程序一样，也可以通过 Windows 资源管理器、Windows 任务栏上的“开始”按钮等启动 AutoCAD 2017。

任务三　工　作　空　间

任务描述：了解 AutoCAD 工作空间，学会“草图与注释”空间的调出。

AutoCAD 2017 的工作空间（又称为工作界面）有草图与注释、三维建模和三维基础三种形式。

• 执行菜单“工具→工作空间→工作空间设置”命令，如图 10－2 所示，打开“工作空间设置”对话框，即可进行调整。

• 单击状态栏中的“切换工作空间按钮→工作空间设置”，如图 10－3 所示，打开“工作空间设置”对话框。

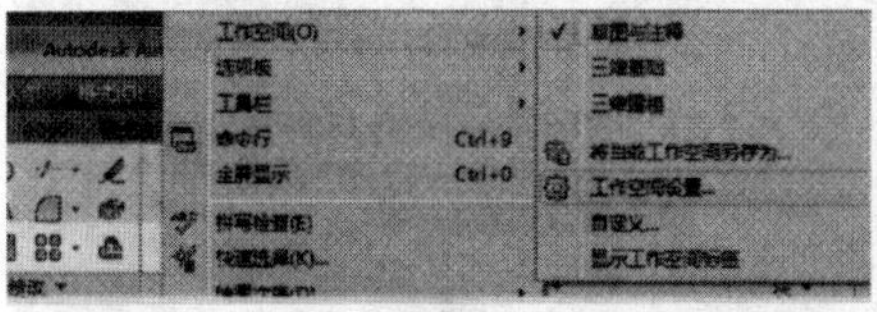

图 10－2　“工具”菜单工作空间设置对话框

图 10－3　切换设置工作空间按钮

• 点击“工作空间工具栏”里的“设置工作空间按钮”，打开“工作空间设置”对话框。

• 命令“WSSETTINGS”或简化命令“WS”，打开“工作空间设置”对话框，如图10－4 所示。

实际上，一个工作空间，在不在工作空间列表中出现，取决于是否在“菜单显示及顺序”里面，将这个工作空间勾选了。如果把“三维建模”前面的对号去掉，然后点击确定。那么，我们再次在“菜单栏→状态栏→工具栏”中，展开工作空间列表，列表中就不会出现“三维建模”了。

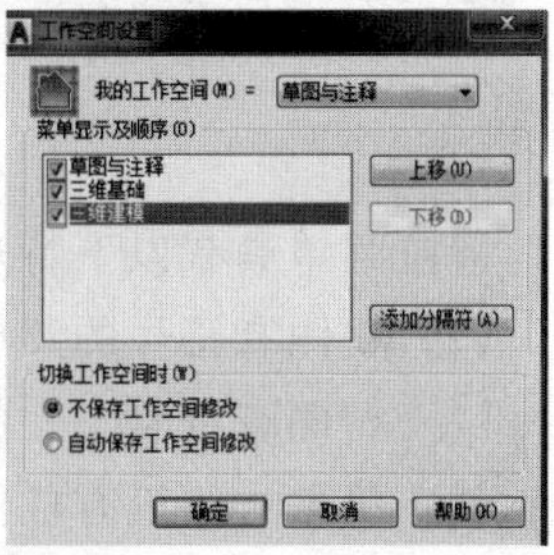

图 10－4　打开工作空间设置对话框

任务四　工　作　界　面

任务描述： 掌握 AutoCAD 2017 工作界面的组成。

AutoCAD 2017 工作界面由标题栏、菜单栏、多个工具栏、绘图窗口、光标、坐标系图标、模型/布局选项卡、命令窗口（又称为命令行窗口）、状态栏、滚动条和菜单浏览器等组成，如图 10－5 所示。下面简要介绍它们的功能。

一、标题栏

标题栏位于工作界面的最上方，其功能与其他 Windows 应用程序类似，用于显示 AutoCAD 2017 的程序图标以及当前所操作图形文件的名称。位于标题栏右上角的按钮  用于实现 AutoCAD 2017 窗口的最小化、最大化和关闭操作。

二、绘图文件选项卡

利用绘图文件选项卡可以直观显示出当前已打开或绘制的图形文件的模型界面或布局界面，用户还可以方便地通过它切换当前要操作的图形文件。

三、菜单栏

利用菜单能够执行 AutoCAD 的大部分命令。单击菜单栏中的某一个选项，可以打开对应的下拉菜单。

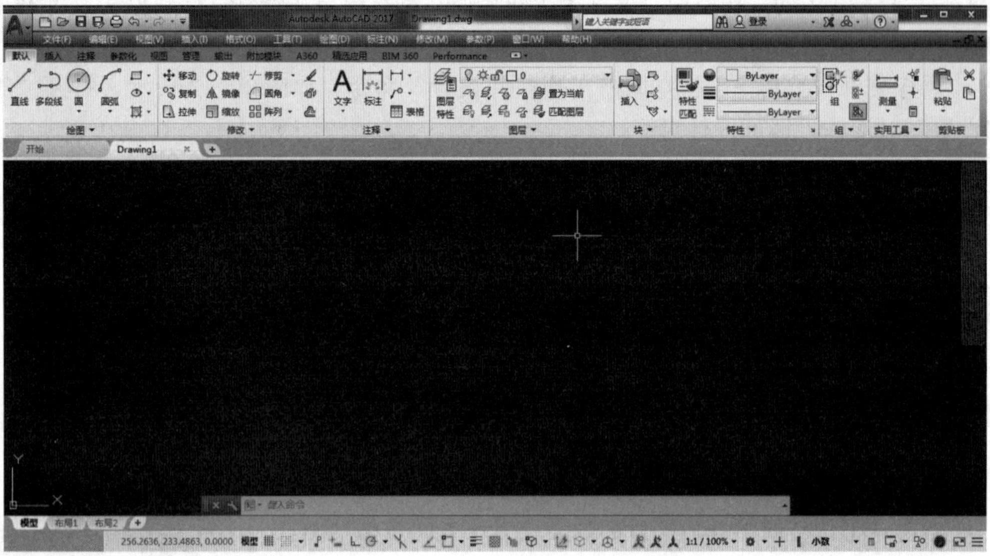

图 10－5　AutoCAD 2017 工作界面

下拉菜单具有以下特点。

（1）右侧有符号的菜单项，表示它还有子菜单。

（2）右侧有符号...的菜单项，被单击后将显示出一个对话框。

（3）单击右侧没有任何标识的菜单项，会执行对应的 AutoCAD 命令。

AutoCAD 2017 还提供了快捷菜单，用于快速执行 AutoCAD 的常用操作，单击鼠标右键可打开快捷菜单。当前的操作不同或光标所处的位置不同时，单击鼠标右键后打开的快捷菜单也不同。

四、工具栏

AutoCAD 提供了 50 多个工具栏，每个工具栏上都有一些命令按钮。将光标放到命令按钮上稍作停留，AutoCAD 会弹出工具提示（即文字提示标签），以说明该按钮的功能以及对应的绘图命令。

扩展的工具提示对于该按钮对应的绘图命令给出了更为详细的说明。

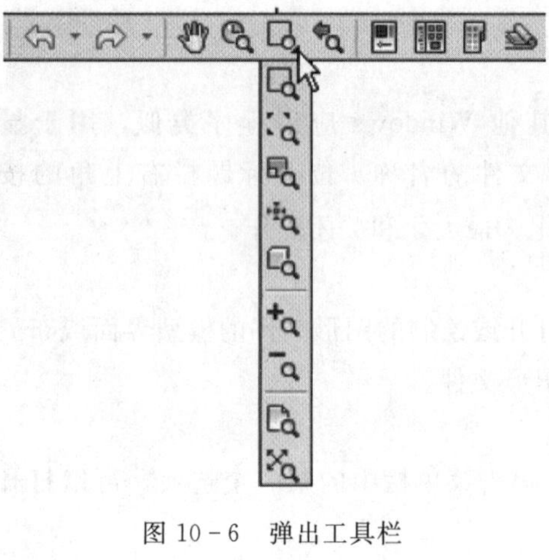

图 10－6　弹出工具栏

工具栏中命令按钮右下角有小黑三角形的按钮◢，单击可以引出一个包含相关命令的弹出工具栏。将光标放在这样的按钮上，按下鼠标左键，即可显示弹出工具栏。例如，单击“标准”工具栏中的“窗口缩放”按钮可以引出如图 10－6 所示的弹出工具栏。

单击工具栏上的某一按钮可以启动对应的 AutoCAD 命令。AutoCAD 2017 在默认情况下没有显示打开的工具栏，用户可以根据需要打开或关闭任一工具栏，其操作方法是：单击菜单“工具→工具栏→AutoCAD”，或在已打开的工具栏上单击鼠标右键，AutoCAD 弹出列有工具栏目录的快捷菜单，如图 10－7 所示（为节省篇幅，将此工具栏分为 2 列显示）。通过在此快捷菜单中选择，即可打开或关闭某一工具栏。在快捷菜单中，前面有“√”的菜单项表示已打开了对应的工具栏。

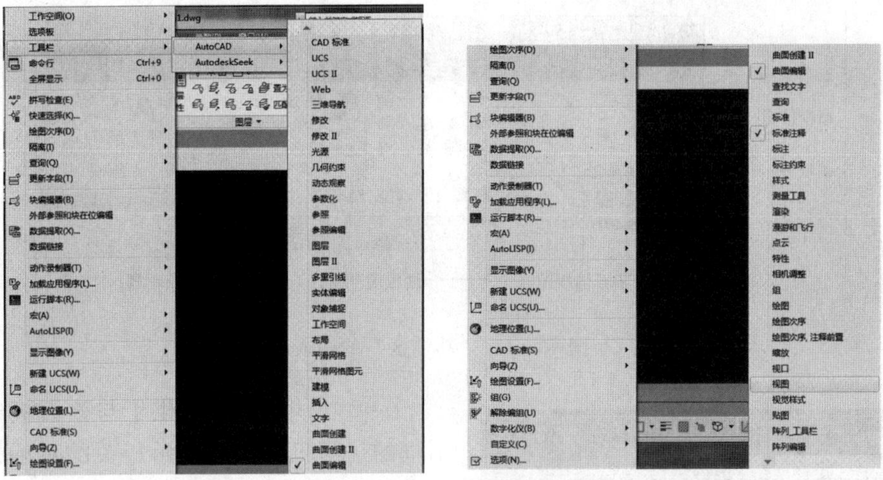

图 10－7 工具栏快捷菜单

AutoCAD 的工具栏是浮动的，用户可以将各工具栏拖放到工作界面的任意位置。由于用计算机绘图时的绘图区域有限，所以当绘图时，应根据需要只打开那些当前使用或常用的工具栏，并将其放到绘图窗口的适当位置。

AutoCAD 还提供了快速访问工具栏，其位置如图 10－8 所示，该工具栏用于放置那些需要经常使用的命令按钮，默认有“新建”“打开”“保存”及“打印”等。

图 10－8 快速访问工具栏

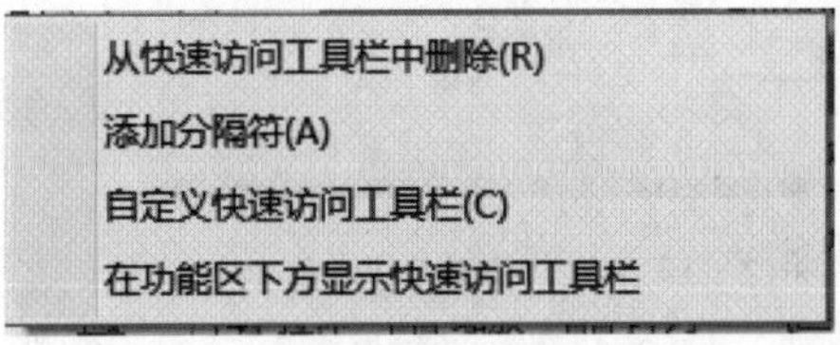

图 10－9 自定义快速访问工具栏

用户可以为快速访问工具栏添加命令按钮，其操作方法为：在快速访问工具栏上单击鼠标右键，AutoCAD 弹出快捷菜单，如图 10－9 所示。

从快捷菜单中选择“自定义快速访问工具栏”，弹出“自定义用户界面”对话框，如图 10－10 所示。从“自定义用户界面”对话框的“命令”列表框中找到要添加的命令后，将其拖到快速访问工具栏，即可为该工具栏添加对应的命令按钮。

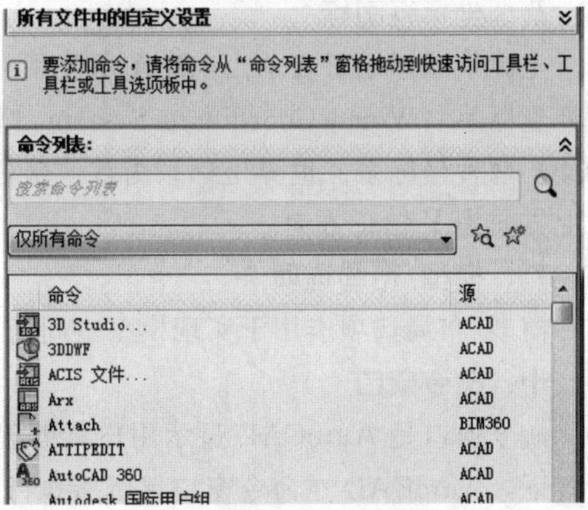

图 10－10 自定义用户界面

五、功能区

AutoCAD 2017 功能区是一个简洁紧凑的选项板，其中包括创建或修改图形所需的所有工具。功能区由选项卡、面板及面板上的命令按钮等组成，如图 10 - 11 所示。

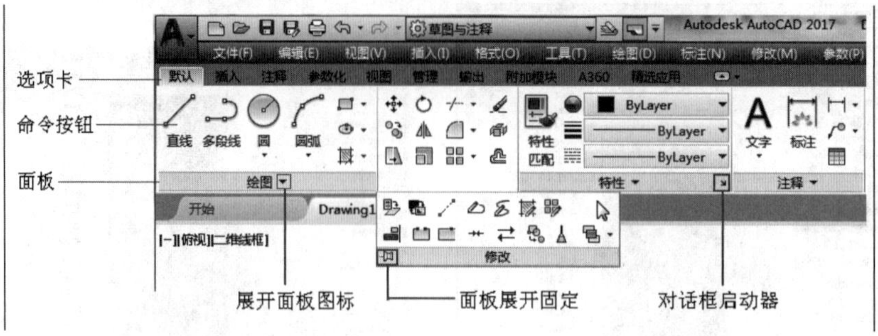

图 10 - 11 “功能区”的构成

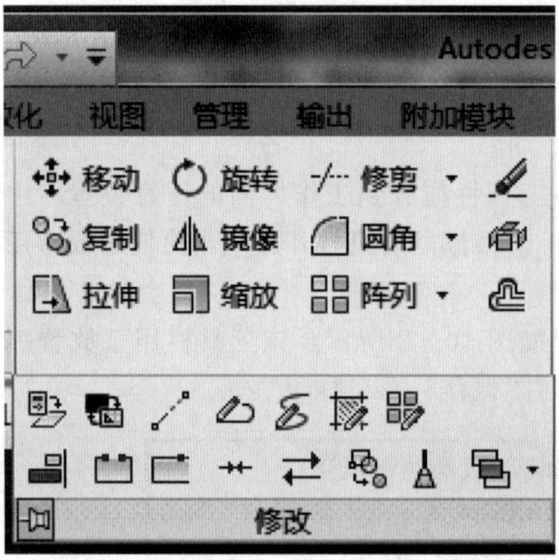

图 10 - 12 展开的“修改”面板

一些功能区面板提供了与该面板相关的对话框的访问机会。要显示相关的对话框，可以单击面板右下角处由箭头图标表示的对话框启动器。如果单击面板标题中间的箭头，面板将展开以显示其他工具和控件，如图 10 - 12 所示。默认情况下，当单击其他面板时，滑出的面板将自动关闭。单击滑出面板左下角的图钉图标，可以使面板保持展开状态。

六、绘图窗口

绘图窗口类似于手工绘图时的图纸，用 AutoCAD 2017 绘图就是在此区域中完成的。

七、光标

AutoCAD 的光标用于绘图、选择对象等操作。光标位于 AutoCAD 的绘图窗口时为十字形状，故又被称为十字光标，十字线的交点为光标的当前位置。

八、坐标系图标

坐标系图标用于表示当前绘图所使用的坐标系形式以及坐标方向等。AutoCAD 提供了世界坐标系（World Coordinate System，WCS）和用户坐标系（User Coordinate System，UCS）两种坐标系。世界坐标系为默认坐标系，且默认水平向右方向为 X 轴正方向，垂直向上方向为 Y 轴正方向。

九、模型/布局选项卡

模型/布局选项卡用于实现模型空间与图纸空间之间的切换。

十、命令窗口

命令窗口是 AutoCAD 显示用户从键盘输入的命令和 AutoCAD 提示信息的地方。默认设置下，AutoCAD 在命令窗口保留所执行的最后三行命令或提示信息。可以通过拖动窗口边框的方式改变命令窗口的大小，使其显示多于三行或少于三行的信息。

用户可以隐藏命令窗口，操作方法为：单击菜单“工具→命令行”，AutoCAD 弹出“命令行-关闭窗口”对话框，如图 10－13 所示。单击对话框中的“是”按钮，即可隐藏命令窗口。隐藏命令窗口后，可以通过单击菜单“工具→命令行”再显示出命令窗口。

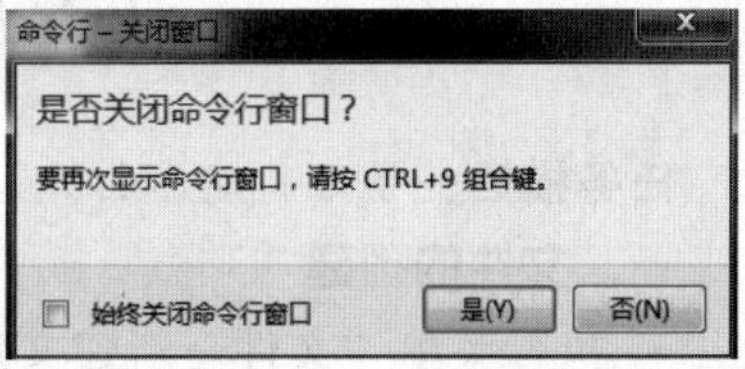

图 10－13　命令行-关闭窗口

十一、状态栏

状态栏用于显示或设置当前绘图状态。位于状态栏上最左边的一组数字反映当前光标的坐标值，其余按钮从左到右分别表示当前是否启用了推断约束、捕捉模式、栅格显示、正交模式、极轴追踪、对象捕捉、三维对象捕捉、对象捕捉追踪、允许/禁止动态 UCS、动态输入以及是否按设置的线宽显示图形等。单击某一按钮可以实现启用或关闭对应功能的切换，按钮显示为蓝色时表示启用对应的功能，显示为灰色时则表示关闭该功能。

十二、菜单浏览器

AutoCAD 2017 提供了菜单浏览器，其位置如图 10－14 所示。单击此菜单浏览器，AutoCAD 会将浏览器展开，如图 10－14 所示，利用其可以执行 AutoCAD 的相应命令。

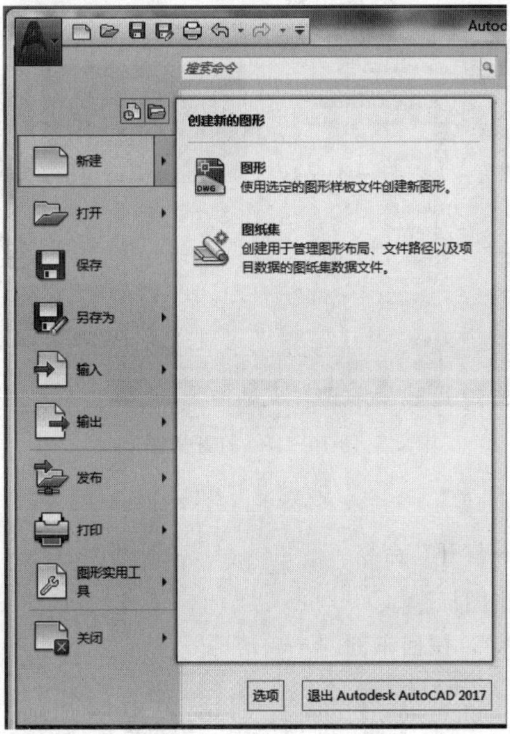

图 10－14　菜单浏览器

十三、ViewCube

利用该工具可以方便地将视图按不同的方位显示。AutoCAD 默认打开 ViewCube，但对于二维绘图而言，此功能的作用不大。

任务五　图形文件的基本操作

任务描述： 学习新建、打开、保存和关闭图形文件，这些是处理图形文件的必需操作。

一、文件的创建

- 执行菜单“文件→新建文件”命令，即可新建文件。
- 在快捷工具栏单击图标。
- 输入命令“NEW”，按回车键。
- 快捷方式：按【Ctrl+N】键。

执行上述操作后，窗口将会显示“选择样板”对话框，通过此对话框选择对应的样板后（初学者选择样板文件 acadiso.dwt 即可），单击“打开”按钮，就会以对应的样板为模板建立一个新图形。如果用户不需使用样板文件，只是想创建一个空的图形文件，既可以单击“打开”按钮后的下三角箭头，在弹出的下拉菜单中，用户可根据需要，选择“无样板打开-公制”，如图 10－15 所示。这两种样板的区别在于单位不同，一个是使用英制单位，另一个是使用公制单位。

图 10－15　打开文件

二、文件的打开

- 执行菜单“文件→打开”命令。
- 在快捷工具栏单击图标。
- 输入命令“OPEN”，按回车键。
- 快捷方式：按【Ctrl+O】键。

执行上述操作后，在“选择文件”对话框中，用户可选择需要的文件，单击“打开”按钮，完成打开文件操作。

在“选择文件”对话框的文件列表框中，选择需要打开的图形文件，在右侧的“预览”框中将显示出该图形的预览图像。默认情况下，打开的图形文件的格式都为 .dwg 格式。图形文件可以以“打开”“以只读方式打开”“局部打开”和“以只读方式局部打开”四种方式打开。如果以“打开”和“局部打开”方式打开图形，可以对图形文件进行编辑；若以“以只读方式打开”和“以只读方式局部打开”方式打开图形，则无法编辑图形文件。

三、文件的保存

- 执行菜单“文件→保存”命令。
- 在快捷工具栏单击图标。
- 输入命令“SAVE”，按回车键。
- 快捷方式：按【Ctrl+S】键。

执行该命令后，AutoCAD以当前使用的图形文件名保存图形，当然也可以用“另存为”命令把当前图形以新的名字保存，或者对文件的保存路径进行修改。在AutoCAD中，可以使用多种方式将所绘图形以文件形式存入磁盘。例如，在快速访问工具栏中单击“保存”按钮，或单击“菜单浏览器”按钮，在弹出的菜单中选择“保存”命令，以当前使用的文件名保存图形；也可以单击“菜单浏览器”按钮，在弹出的菜单中选择“另存为→图形”命令，将当前图形以新的名称保存，如图10-16所示。

四、关闭文件

单击“菜单浏览器”按钮，在弹出的菜单中选择“关闭→当前图形”命令，或在绘图窗口中单击“关闭”按钮，可以关闭当前图形文件。执行CLOSE命令后，如果当前图形没有保存，系统将弹出AutoCAD警告对话框，询问是否保存文件，如图10-17所示。此时，单击“是”按钮或直接按Enter键，可以保存当前图形文件并将其关闭；单击“否”按钮，可以关闭当前图形文件但不保存；单击“取消”按钮，可以取消关闭当前图形文件，即不保存也不关闭当前图形文件。

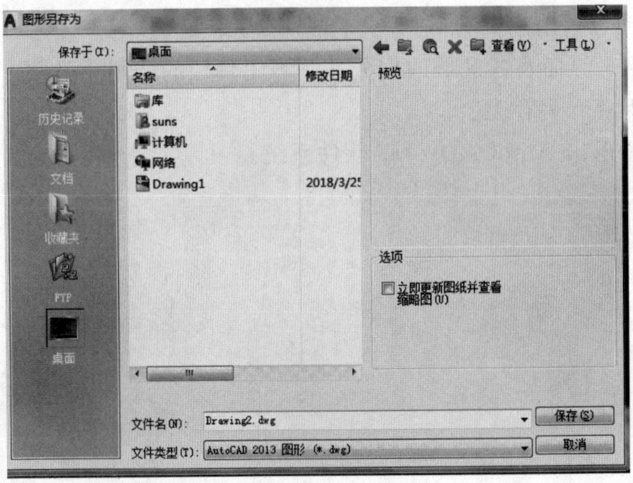

图10-16 “图形另存为”对话框

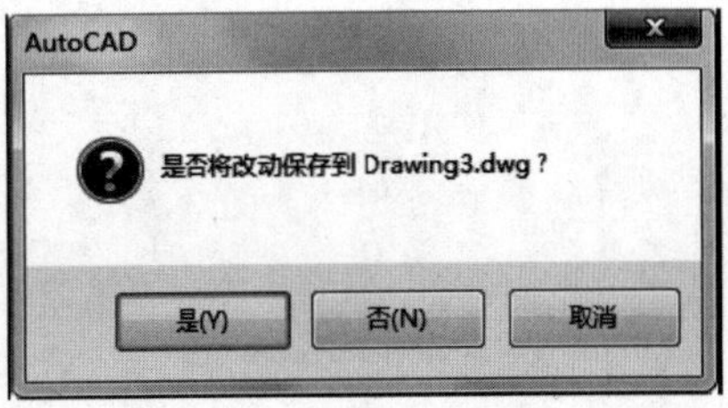

图10-17 提示保存图形

【课 后 训 练】

一、选择题

1. AutoCAD是由（　　）公司开发的应用软件。

A. Adobe　　B. Microsoft　　C. Micromedia　　D. AUTODESK

2. AutoCAD 是一款（　　）设计软件。

A. 程序　　B. 办公　　C. 辅助　　D. 数据库

3. AutoCAD 的（　　）菜单中包含丰富的绘图命令，使用它们可以绘制直线、构造线、多段线、圆、矩形、多边形、椭圆等基本图形。

A. 文件　　B. 工具　　C. 格式　　D. 绘图

4. AutoCAD 2017 中的工作空间包括（　　）。

A. 草图与注释　　B. 三维基础　　C. 三维建模　　D. AutoCAD 经典

5. 关于 AutoCAD 操作界面命令提示窗口，正确的描述是（　　）。

A. 命令提示窗口仅能显示三行文本

B. 命令提示窗口只能位于操作界面的下方

C. 命令提示窗口用于显示用户输入信息及系统反馈信息

D. 命令提示窗口既可显示文本也可显示图形

6. 在 AutoCAD 中，下拉式菜单中某些命令后带有“...”表示（　　）。

A. 选择该命令是省略命令

B. 选择该命令后屏幕会弹出一对话框

C. 该命令不是操作命令

D. 该命令为目前不可执行命令

7. AutoCAD 2017 文件默认的扩展名是（　　）。

A. .dwt　　B. .dwg　　C. .bak　　D. .dxf

二、操作题

1. 熟悉 AutoCAD 2017 系统的启动和退出。

2. 进入 AutoCAD 2017，了解其用户界面及各区域的划分，练习工具栏的调用及隐藏。

3. 练习图形文件的新建、打开、保存和另存为。

4. 练习关闭某个窗口图形文件而不退出 AutoCAD 2017 软件系统。

项目十一　二 维 绘 图 命 令

项目描述：本项目主要完成四个学习任务：绘制直线、射线、构造线；绘制矩形、正多边形；绘制圆、圆弧、圆环、椭圆及椭圆弧；点样式的调整和点的使用。只有熟练掌握这些基本元素的绘图方法和技巧，才能方便、快捷地创建出各种复杂的图形。

项目学习目标：通过本项目学习，熟练掌握二维绘图工具的使用。

项目学习的重点：线的创建；多边形、圆的创建。

项目学习的难点：圆、圆弧的创建。

任务一　绘　制　线

任务描述：学会熟练绘制直线，掌握坐标输入方法；熟悉射线、构造线；学会熟练绘制多段线。

一、绘制直线

- 执行菜单“绘图→直线”命令，即可开始绘制直线。
- 在“绘图”工具栏或面板窗口的“绘图”面板中单击图标 。
- 输入命令“LINE”或简化命令“L”，按回车键。

命令：LINE 指定第一点：（输入直线段的起点）

指定下一点或［放弃（U）］：（输入直线段的端点）

指定下一点或［放弃（U）］：（输入下一直线段的端点）

……

指定下一点或［放弃（U）］：（输入下一直线段的端点，结束命令）

【例 11-1】 用“直线”命令绘制出图 11-1 所示的图形。

解：命令：_ LINE↙

指定第一点：（A）（任意拾取）

指定下一点或［放弃（U）］：@60<60↙（B）

指定下一点或［放弃（U）］：@30<-30↙（C）

指定下一点或［闭合（C）/放弃（U）］：30↙（D）（在“正交”状态下，移动光标将橡筋线水平拖向右方，再输入数据）

指定下一点或［闭合（C）/放弃（U）］：15↙（E）（将橡筋线垂直拖向下方）

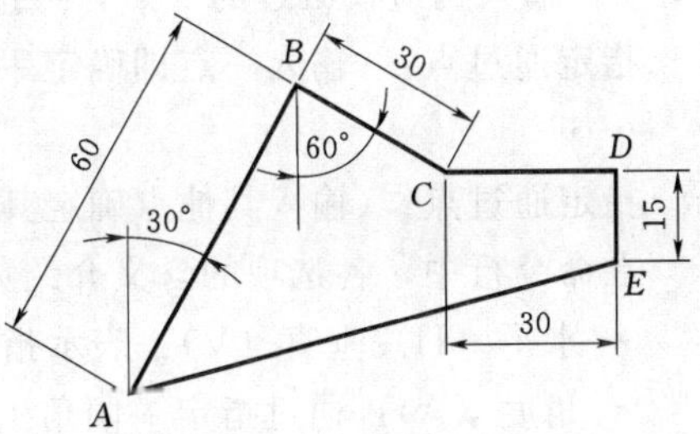

图 11-1 “直线”命令应用举例

指定下一点或［闭合（C）/放弃（U）］：C↙（A）（表示闭合）

绝对坐标：以当前坐标系的原点为原点输入点的坐标值。系统允许用户使用两种坐标系：世界坐标系 WCS（原点位于屏幕左下角）和用户坐标系 UCS。绝对直角坐标：格式为 X，Y。绝对极坐标：格式为 $L<\theta$（L 表示某点与当前坐标系原点连线的长度，θ 表示该连线相对于 X 轴正向的夹角）。

相对坐标：以前一点为相对原点输入当前点的坐标值。格式为@X，Y 或@$L<\theta$。

注：上述例题对于点输入的操作是状态行中的"动态输入"设置为"关闭"状态下进行的。如果"动态输入"处于"开启"状态，输入相同的数据将会出现不同的结果（有关"动态输入"见后面的章节）。

二、绘制射线

射线，即有起始点并无限延长的直线，通常被用作辅助线。

- 执行菜单"绘图>射线"命令，即可开始绘制射线。
- 在"绘图"工具栏或面板窗口的"绘图"面板中单击图标⟋。
- 输入命令"RAY"，按回车键。

命令行提示内容如下。

命令：RAY

指定起点：（输入射线的起始点，可按需要选择点的输入方式）

指定通过点：（输入一点确定射线通过的位置）

……

指定通过点：（输入其他点确定射线位置，回车结束命令）

注：当用户通过面板的图标输入命令时，某些面板的部分图标是隐藏的，需要单击面板标题旁的小箭头才能显示出来。如："点""样条曲线""面域"等命令的图标均隐藏在"绘图"面板中。

三、绘制构造线

构造线是两端无限延长的直线，通常也被用作辅助线。

- 执行菜单"绘图>构造线"命令，即可开始绘制构造线。
- 在"绘图"工具栏或面板窗口的"绘图"面板中单击图标⟋。
- 输入命令"XLINE"或简化命令"XL"，按回车键。

命令行提示内容如下。

命令：XLINE 指定点或 [水平（H）/垂直（V）/角度（A）/二等分（B）/偏移（O）]：（输入构造线必过的一点，可按需要选择点的输入方式）

指定通过点：（输入一点即确定一条构造线）

……

指定通过点：（输入其他点确定其他构造线，回车结束命令）

在命令行中，各选项的含义介绍如下。

- 水平（H）/垂直（V）：表示指定一点生成平行于当前坐标系的 X 或 Y 轴的构造线。
- 角度（A）：通过指定一倾角生成构造线。选取该选项，命令行继续提示为：

输入构造线的角度（0）或 [参照（R）]：

输入的角度值是以当前坐标系的 X 轴正向为 0 度方向，当选取"R"时，命令行将提示选择实体作为 0 度的参照方向。正值表示角度沿逆时针转向，反之顺时针。

- 二等分（B）：指定角的顶点和两条夹角边通过的点确定构造线。生成的构造线与该角的角平分线重合。选取该选项，命令行继续提示为：

指定角的顶点：

指定角的起点：

指定角的端点：

• 偏移（O）：通过指定偏移距离和选取参考对象，生成平行于参考对象的构造线。

指定偏移距离或［通过（T）］＜通过＞：（输入偏移数据值）

选择直线对象：

指定向哪侧偏移：（在选取对象的一边拾取一点，确定方位）

四、绘制多段线

多段线指含有直线和圆弧的一个有序线段组，可以随意改变线宽。

• 执行菜单“绘图＞多段线”命令，即可开始绘制多段线。

• 在“绘图”工具栏或面板窗口的“绘图”面板中单击图标。

• 输入命令“PLINE”或简化命令“PL”，按回车键。

命令行提示内容如下。

命令：PLINE

指定起点：

当前线宽为 0.0000

指定下一点或［圆弧（A）/半宽（H）/长度（L）/放弃（U）/宽度（W）］：

指定下一点或［圆弧（A）/闭合（C）/半宽（H）/长度（L）/放弃（U）/宽度（W）］：

在命令行中，各选项的含义介绍如下。

• 指定下一点：指定多段线的下一点，生成一段直线。该选项为缺省选项。命令行继续提示如下。

指定下一点或［圆弧（A）/闭合（C）/半宽（H）/长度（L）/放弃（U）/宽度（W）］：

注：选取“闭合”，表示以直线段连接当前点与多段线的起点，命令随之结束。

• 圆弧（A）：由绘制直线方式转为绘制圆弧方式。选取该选项，命令行继续提示如下。

指定圆弧的端点或［角度（A）/圆心（CE）/方向（D）/半宽（H）/直线（L）/半径（R）/第二个点（S）/放弃（U）/宽度（W）］：

以上各选项说明见“圆弧方式”。

• 半宽（H）：用于指定多段线的半宽度。选取该选项，命令行继续提示如下。

指定起点半宽＜0.0000＞：

指定端点半宽＜0.0000＞：

• 长度（L）：绘制与前一条线段方向相同或相切的直线。当前一条线段是直线，将在这条直线上加长；当是弧线时，则绘制一条与弧线相切并通过弧线终点的直线。选取该选项，命令行继续提示如下。

指定直线的长度：

• 放弃（U）：放弃上一步。

• 宽度（W）：用于指定下一段多段线的宽度。当宽度等于 0 时，其线条效果与“直线”命令绘制的线条效果相同。选取该选项，命令行继续提示如下。

指定起点宽度＜0.0000＞：

指定端点宽度<0.0000>：

五、绘制圆弧

从绘制直线方式转换到绘制圆弧方式，命令行将出现以下提示。

指定圆弧的端点或［角度（A）/圆心（CE）/方向（D）/半宽（H）/直线（L）/半径（R）/第二个点（S）/放弃（U）/宽度（W）］：

提示中各选项的含义介绍如下。

• 指定圆弧的端点：指定一点作为圆弧的端点，生成一段圆弧。

• 角度（A）：以输入圆弧对应圆心角的方式绘制圆弧。选取该选项，命令行继续提示如下。

指定包含角：

指定圆弧的端点或［圆心（CE）/半径（R）］：

用户可根据需要选择绘制圆弧的方式，并按照后续提示输入相应的数值来完成圆弧。

• 圆心（CE）：以指定圆弧中心的方式绘制圆弧。选取该选项，命令行继续提示如下。

指定圆弧的圆心：

指定圆弧的端点或［角度（A）/长度（L）］：

选项中的"角度"是指圆心角，"长度"表示弦长。

• 方向（D）：指定两点重新确定圆弧的切线方向。选取该选项，命令行继续提示如下。

指定圆弧的起点切向：

指定圆弧的端点：

• 半宽（H）：重新设定圆弧的半宽。选取该选项，命令行继续提示如下。

指定起点半宽<0.0000>：

指定端点半宽<0.0000>：

• 直线（L）：从绘制圆弧方式返回直线方式。选取该选项，命令行继续提示如下。

指定下一点或［圆弧（A）/闭合（C）/半宽（H）/长度（L）/放弃（U）/宽度（W）］：

• 半径（R）：以指定圆弧半径的方式绘制圆弧。选取该选项，命令行继续提示如下。

指定圆弧的半径：

指定圆弧的端点或［角度（A）］：（"角度"指圆心角）

• 第二个点（S）：以三点画弧方式绘制圆弧。选取该选项，命令行继续提示如下。

指定圆弧上的第二个点：

指定圆弧的端点：

• 放弃（U）：放弃上一步绘制的一段圆弧。

• 宽度（W）：重新设置圆弧的线宽。选取该选项，命令行继续提示如下。

指定起点宽度<0.0000>：

指定端点宽度<0.0000>：

【例 11-2】 绘制图 11-2 的多段线。

解： 命令：_PLINE

指定起点：（任意点击一个位置）

当前线宽为 0.0000

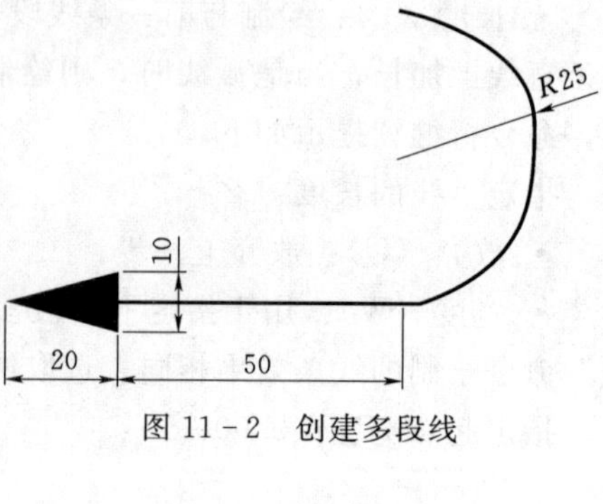

图 11-2　创建多段线

指定下一个点或［圆弧（A）/半宽（H）/长度（L）/放弃（U）/宽度（W）］：W

指定起点宽度<0.0000>：↙

指定端点宽度<0.0000>：10

指定下一个点或［圆弧（A）/半宽（H）/长度（L）/放弃（U）/宽度（W）］：@20，0

指定下一点或［圆弧（A）/闭合（C）/半宽（H）/长度（L）/放弃（U）/宽度（W）］：W

指定起点宽度<10.0000>：0

指定端点宽度<0.0000>：↙

指定下一点或［圆弧（A）/闭合（C）/半宽（H）/长度（L）/放弃（U）/宽度（W）］：@50，0

指定下一点或［圆弧（A）/闭合（C）/半宽（H）/长度（L）/放弃（U）/宽度（W）］：A

指定圆弧的端点或［角度（A）/圆心（CE）/闭合（CL）/方向（D）/半宽（H）/直线（L）/半径（R）/第二个点（S）/放弃（U）/宽度（W）］：@0，50

指定圆弧的端点或［角度（A）/圆心（CE）/闭合（CL）/方向（D）/半宽（H）/直线（L）/半径（R）/第二个点（S）/放弃（U）/宽度（W）］：↙

任务总结： 掌握直线、多段线的绘制，了解构造线、射线的绘制。

任务学习拓展： 绝对坐标和相对直角坐标、相对极坐标的用法，比较直线和多段线命令的异同点。

任务二　绘制多边形

任务描述： 学会熟练绘制矩形、正多边形。

一、绘制矩形

在 AutoCAD 中，通过定义两角点来绘制矩形，在绘制矩形之前还可以设定其宽度、圆角和倒角等，各种矩形样式如图 11-3 所示。

• 执行菜单"绘图→矩形"命令，即可开始绘制矩形。

• 在"绘图"工具栏或面板窗口的"绘图"面板中单击图标▭。

• 输入命令"RECTANG"或简化命令"REC"，按回车键。

命令行提示内容如下。

命令：RECTANG

指定第一个角点或［倒角（C）/标高（E）/圆角（F）/厚度（T）/宽度（W）］：

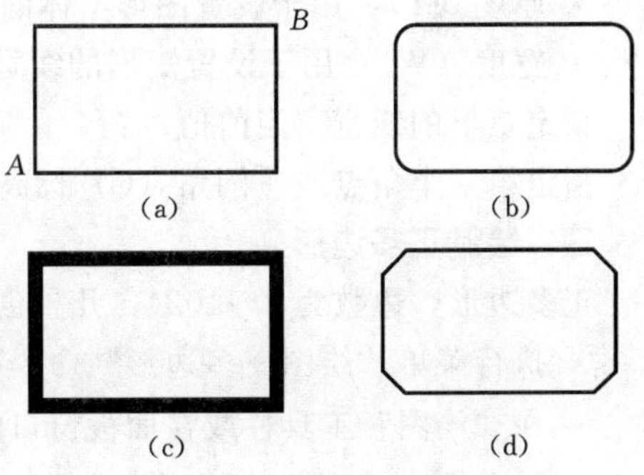

图 11-3　矩形的各种样式

(a) 指定角度；(b) 倒圆；(c) 宽度；(d) 倒角

在命令行中，各选项的含义介绍如下。

• 指定第一个角点：该选项是缺省选项，表示指定两对角点产生矩形。当用户指定第一点后，命令行继续提示如下。

指定另一个角点或［面积（A）/尺寸（D）/旋转（R）］：

(1) 指定另一个角点：确定矩形的另一对角点即产生矩形。可以按需要采用不同的点输入方式获得对角点。

(2) 面积 (A)：表示通过指定矩形的面积及其长度（或宽度）来产生矩形。选取该选项，命令行继续提示如下。

输入以当前单位计算的矩形面积＜100.0000＞：(输入代表面积的值)

计算矩形标注时依据［长度 (L)/宽度 (W)］＜长度＞：

(3) 尺寸 (D)：表示通过指定矩形的长度和宽度来产生矩形。选取该选项，命令行继续提示如下。

指定矩形的长度＜当前值＞：

指定矩形的宽度＜当前值＞：

(4) 旋转 (R)：用于产生一个相对于水平（或垂直）方向有倾角的矩形。选取该选项后，命令行继续提示如下。

指定旋转角度或［拾取点 (P)］＜当前角度值＞：

指定另一个角点或［面积 (A)/尺寸 (D)/旋转 (R)］：

• 倒角 (C)：用于设置倒角距离。选取该选项后，命令行继续提示如下。

指定矩形的第一个倒角距离＜当前值＞：

指定矩形的第二个倒角距离＜当前值＞：

指定第一个角点或［倒角 (C)/标高 (E)/圆角 (F)/厚度 (T)/宽度 (W)］：

响应上述提示句作出的矩形将产生四个相同的倒角。

• 标高 (E)：用于设置图形实体的三维高度。实体的高度是基于 *XY* 平面上 *Z* 轴的值，高度为 0 表示实体处于当前 UCS 的 *XY* 平面上。

• 圆角 (F)：用于设置圆角半径。选取该选项后，命令行继续提示如下。

指定矩形的圆角半径＜当前值＞：

指定第一个角点或［倒角 (C)/标高 (E)/圆角 (F)/厚度 (T)/宽度 (W)］：

响应上述提示句作出的矩形将产生四个指定半径的圆角。

• 厚度 (T)：用于设置图形实体的厚度，即实体在高度方向上延伸的距离。

• 宽度 (W)：用于设置矩形的线宽。选取该选项后，命令行继续提示如下。

指定矩形的线宽＜当前值＞：

指定第一个角点或［倒角 (C)/标高 (E)/圆角 (F)/厚度 (T)/宽度 (W)］：

二、绘制正多边形

正多边形，边数为 3～1024，几种创建方法效果如图 11-4 所示。

• 执行菜单“绘图→多边形”命令，即可开始绘制正多边形。

• 在“绘图”工具栏或在面板窗口的“绘图”面板中单击图标。

• 输入命令“POLYGON”或简化命令“POL”，按回车键。

命令行提示内容如下。

命令：POLYGON

输入边的数目＜4＞：(指定多边形的边数，默认值为 4)

指定正多边形的中心点或［边 (E)］：(指定中心点)

在命令行中，各选项的含义介绍如下。

• 指定正多边形的中心点：指定正多边形的内切圆或外接圆的圆心和半径来确定多边

形。输入一点后，命令行继续提示如下。

输入选项［内接于圆（I)/外切于圆（C)］<I>：

“I”方式：表示产生的正多边形与指定半径的圆内接，即多边形在圆内。

“C”方式：表示产生的正多边形与指定半径的圆外切，即多边形在圆外。

选择“I”或“C”后回车，命令行均出现下句提示。

指定圆的半径：

• 边（E)：指定正多边形的一条边长来确定正多边形。选取该选项，命令行继续提示。

指定边的第一个端点：

指定边的第二个端点：

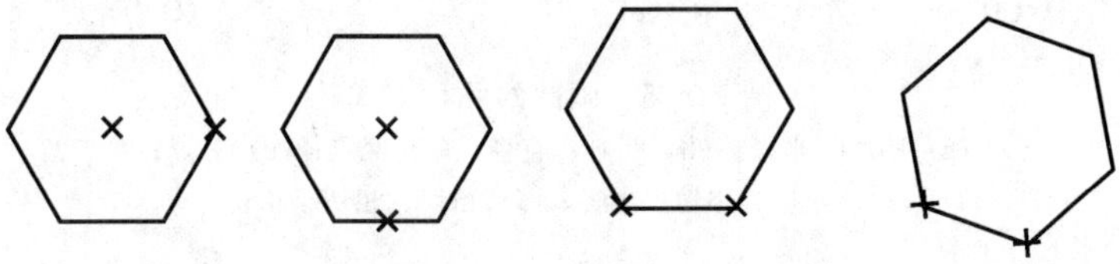

(a)　(b)　(c)　(d)

图 11-4　创建正多边形的方法

(a) 圆心和外接圆；(b) 圆心和内切圆；(c) 边长及端点；(d) 边长及端点

任务总结：掌握绘制矩形及正多边形命令。

任务三　绘制圆和曲线

任务描述：学会熟练绘制圆、圆弧、椭圆、椭圆弧、样条曲线等曲线。

一、绘制圆

• 执行菜单“绘图→圆”命令，即可开始绘制圆形。

• 单击“绘图”工具栏图标，或面板窗口“绘图”面板中的图标。

• 输入命令“Circle”或简化命令“C”，按回车键。

命令行提示内容如下。

命令：CIRCLE 指定圆的圆心或［三点（3P)/两点（2P)/相切、相切、半径（T)］

在命令行中，各选项的含义介绍如下。

• 指定圆的圆心：表示采用指定圆心和半径（或直径）的方式产生圆。当圆心确定后，命令行继续提示如下。

指定圆的半径或［直径（D)］<缺省值>：

• 三点（3P)：给出圆周上三点确定一个圆。

• 两点（2P)：给出圆周上两点（直径）确定一个圆。

• 相切、相切、半径（T)：绘制一个圆与另两个图形实体（可以是圆、直线或弧）相切，通过捕捉两个切点和指定圆的半径产生该相切圆。

几种画圆的方法及效果如图 11-5 所示。

二、绘制圆弧

• 执行菜单“绘图→圆弧”命令，即可开始绘制圆弧。

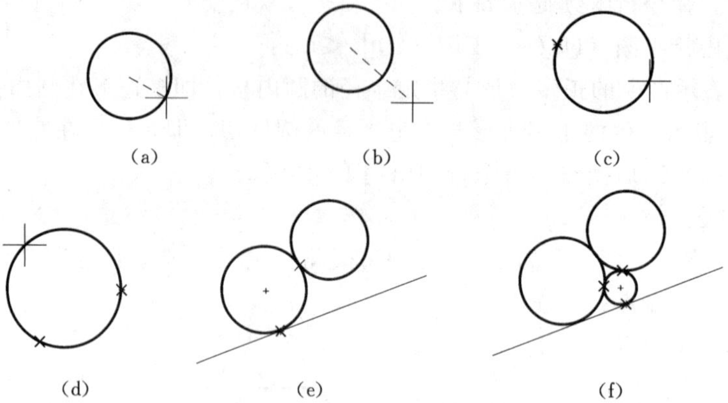

图 11-5　画圆的几种方式

(a) 圆心、半径；(b) 圆心、直径；(c) 两点；(d) 三点；
(e) 相切、相切、半径；(f) 相切、相切、相切

• 在“绘图”工具栏或面板窗口的“绘图”面板中单击图标。

• 输入命令“Arc”或简化命令“A”，按回车键。

命令行提示内容如下。

命令：_ARC 指定圆弧的起点或［圆心（C）］：

当指定一点或键入“C”后，命令行将进一步提示用户选择绘制圆弧的各种方式。

绘制圆弧的方式：

• 三点：给出三点确定圆弧。

• 起点、圆心、端点（圆心、起点、端点）：给出起点、圆心和端点确定圆弧。

• 起点、圆心、角度（圆心、起点、角度）：给出起点、圆心和圆心角确定圆弧（圆心角按逆时针方向为正）。

• 起点、圆心、长度（圆心、起点、长度）：给出起点、圆心和连接起点与终点的弦长确定圆弧。

• 起点、端点、角度：给出起点、端点和圆心角确定圆弧

• 起点、端点、方向：给出起点、端点，并规定与起点的方向确定圆弧。

• 起点、端点、半径：给出起点、端点和半径确定圆弧。

• 继续：表示开始绘制一新圆弧，该圆弧的起点既是刚完成的直线或圆弧的终点又是相切点。

三、绘制椭圆和椭圆弧

• 执行菜单“绘图→椭圆”或“绘图→椭圆弧”命令，即可开始绘制椭圆或椭圆弧。

• 在“绘图”工具栏或面板窗口的“绘图”面板中单击图标或。

• 输入命令“ELLIPSE”或简化命令“EL”，按回车键。

命令行提示内容如下。

命令：_ELLIPSE

指定椭圆的轴端点或［圆弧（A）/中心点（C）］：

指定轴的另一个端点：

指定另一条半轴长度或［旋转（R）］：

绘制椭圆和椭圆弧的命令都为ELLIPSE，只是选项不同。要绘制椭圆弧，应首先绘制一母体椭圆，然后再给出绘制椭圆弧所要求的夹角或其他参数。

在命令行中，各选项的含义介绍如下。

（1）指定椭圆的轴端点。表示选择以指定椭圆的一条轴长和另一条半轴的方式生成椭圆（与下拉菜单中的“轴，端点”选项同）。选取该选项，命令行继续提示如下。

指定轴的另一个端点：（可通过指定一点或直接输入数值的方式确定椭圆的一条轴长）

指定另一条半轴长度或［旋转（R）］：

说明如下。

- 指定另一条半轴长度：可通过指定一点或直接输入数值的方式来确定。指定一点，则该点到椭圆中心的距离作为另一半轴长。采用该选项方式绘制的椭圆如图11－6所示，AB为轴长，CO为半轴长。
- 旋转（R）：表示采用输入旋转角的方式生成椭圆（图11－7）。选取该选项，命令行继续提示如下。

指定另一条半轴长度或［旋转（R）］：R↙

指定绕长轴旋转的角度：（输入角度值）

长轴是指前面输入两点构成的轴。当输入一指定角度值时，表示以长轴长度为直径的圆绕长轴转过该角度，再将旋转后的圆向绘图平面投影，该投影为屏幕上显示的椭圆。

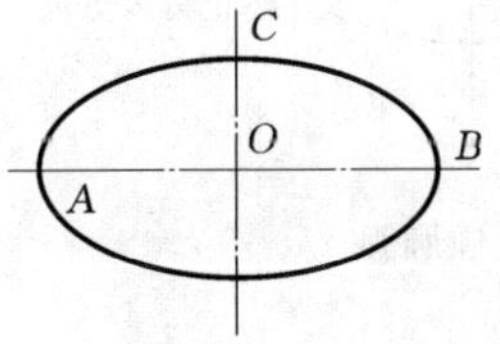

图11－6　“轴、端点”方式绘制椭圆

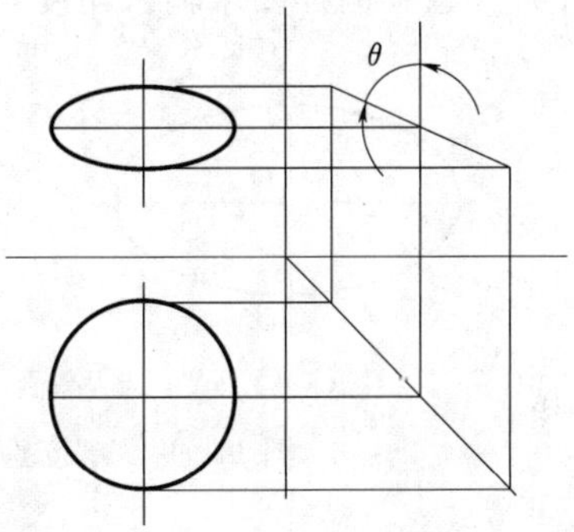

图11－7　由“旋转”方式生成椭圆

（2）圆弧（A）。表示绘制椭圆弧（与下拉菜单中的“圆弧”选项同）。选取该选项，命令行继续提示如下。

指定椭圆弧的轴端点或［中心点（C）］：

说明如下。

- 指定椭圆弧的轴端点：表示采用指定椭圆的一条轴长和另一半轴长的方式生成椭圆，在椭圆的基础上产生椭圆弧。生成椭圆后，命令行继续提示如下。

指定起始角度或［参照（P）］：

指定起始角，用户可输入具体的角度数值或指定一点，以该点与椭圆中心连线的方向确定起始角。后续提示如下。

指定终止角度或［参数（P）/包含角度（I）］：

指定终止角，用户可输入具体的角度数值或指定一点，以该点与椭圆中心连线的方向确定终止角。

椭圆弧的0°方向取决于用户输入轴长第一端点的位置。构成椭圆长短轴的四个端点称为椭圆的四个象限点。当用户输入的第一点是长轴上的象限点，则以椭圆中心与该点的连线为0°方向；当用户输入的第一点是短轴上的象限点，则以椭圆中心与该点连线绕椭圆中心逆时针转过90°的位置为0°方向。

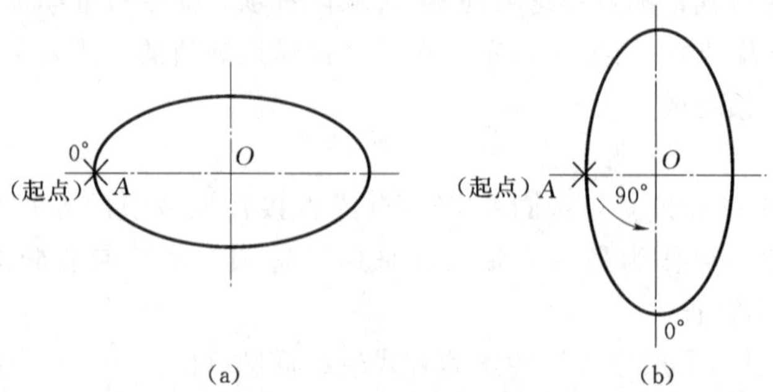

图 11-8　椭圆弧0°方向的确定

输入的起始角和终止角是从0位置开始按逆时针方向计算的。如图11-8所示，A点为椭圆起点，当用户希望生成如图11-9（b）所示的椭圆弧时，应输入起始角度为−90°（或270°），终止角度为150°（−210°）。

“参数（P）”选项同样要求输入角度，但系统使用的计算方程式不同。

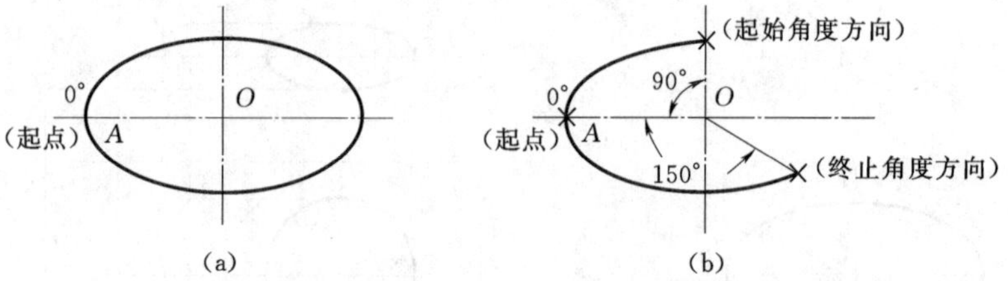

图 11-9　指定起始于终止角度生成椭圆弧

• 中心点（C）：表示采用输入椭圆中心和两段半轴长的方式绘制椭圆，在椭圆的基础上产生椭圆弧。

(3) 中心点（C）。表示选择输入椭圆中心和两条半轴长的方式绘制椭圆，采用该选项方式绘制的椭圆如图11-10所示，O点为中心点，OA、OB分别为两条半轴长。

四、绘制样条曲线

样条曲线，是按给出的控制点照一定的公差拟合的光滑曲线。这种曲线有很好的形状定义特性，对于绘制自由曲线和雕刻曲面造型非常有用。

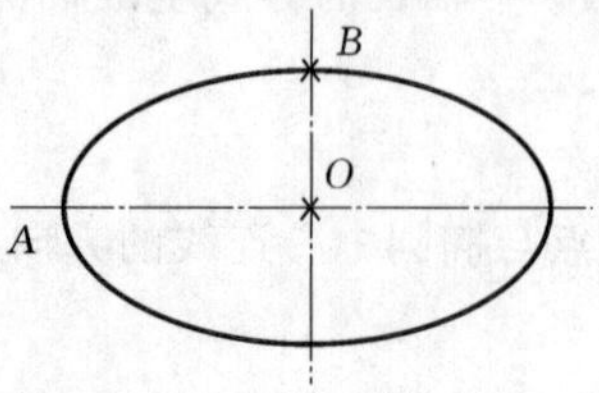

图 11-10　“中心点”方式绘制椭圆

• 执行菜单“绘图→样条曲线”命令，即可开始绘制样条曲线。

• 单击“绘图”工具栏中的图标，或单击“绘图”面板中的“样条曲线拟合”图标或“样条曲线控制点”图标。

• 输入命令“SPLINE”或简化命令“SPL”，按回车键。

命令行提示内容如下。

命令：SPLINE

指定第一个点或［对象（O）］：

在命令行中，各选项的含义介绍如下。

（1）指定第一个点：表示指定样条曲线的第一点。命令行继续提示如下。

指定下一点：

指定下一点或［闭合（C）/拟合公差（F）］＜起点切向＞：

说明如下。

• 指定下一点：表示指定样条曲线的下一点。命令行继续提示如下。

指定下一点或：

回车表示不再输入拟合点，命令行继续提示如下。

指定起点切向：

指定端点切向：

• 闭合（C）：表示将样条曲线的起始点与终止点连接起来，构成一条闭合的样条曲线。选取该选项，命令行继续提示如下。

指定切向：

在上句提示下，当用户指定一点，系统即以该点与多段线的起始点的连线作为切线方向产生一段曲线，形成闭合的样条曲线。对同样一段样条曲线进行闭合，指定的切线方向不同，产生的闭合形状也不同。

• 拟合公差：用于设置样条曲线的拟合公差。选取该选项，命令行继续提示如下。

指定拟合公差＜0.0000＞：

样条曲线是一条通过一系列指定点的曲线，这些点称为拟合点。当设定拟合公差为 0 时，生成的样条曲线将通过每个拟合点。拟合公差越小，生成的样条曲线就越容易产生波动；反之，样条曲线会越光顺。例如，对同样位置的五个拟合点，拟合公差为 0 时产生的样条曲线如图 11－11（a）所示；拟合公差为 5 时产生的样条曲线如图 11－11（b）所示。

(a)　　(b)

图 11－11　拟合公差对形成样条曲线的影响

（a）拟合公差＝0；（b）拟合公差＝5

（2）对象：表示将一条采用“多段线编辑”命令使其样条化的多段线转换成真正的样条曲线。选取该选项，命令行继续提示：

选择对象：

五、绘制云线

在 AutoCAD 中，可使用修订云线工具绘制云彩对象，并使用区域覆盖工具绘制区域来覆盖对象。这两种工具的共同点就在于通过拖动鼠标来徒手绘制。

1. 绘制修订云线

• 执行菜单“绘图→修订云线”命令，即可开始绘制云线。

• 在“绘图”工具栏中单击图标。

• 输入命令“REVCLOUD”或简化命令“REVC”，按回车键。

命令行提示内容如下。

指定第一个点或［弧长（A）/对象（O）/矩形（R）/多边形（P）/徒手画（F）/样式（S）/修改（M）］〈对象〉：

在命令行中，各选项的含义介绍如下。

• 弧长（A）：指定云线的最小弧长和最大弧长，默认情况下弧长的最小值为 0.5 个单位，最大值不能超过最小值的 3 倍。

• 对象（O）：指定那个要转换为云线的对象。

• 矩形：使用指定的点作为对角点创建矩形修订云线，如图 11－12（a）所示。选择此选项后，需要分别指定矩形修订云线的第一个角点和另一个角点。

• 多边形：创建非矩形修订云线，如图 11－12（b）所示。选择此选项后，需要指定修订云线的起点和其他顶点。

(a)　(b)　(c)

图 11－12　绘制修订云线

（a）矩形修订云线；（b）多边形修订云线；（c）徒手画修订云线

• 徒手画：绘制徒手画修订云线，如图 11－12（c）所示。选择此选项后，指定第一个点，接着沿着云线路径移动十字光标来进行徒手画，可以随时按回车键停止绘制云线。要闭合修订云线，则返回到它的起点。要反转圆弧的方向，可以在“反转方向［是（Y）/否（N）］：”命令下输入“Y”，然后回车。

• 样式：指定修订云线的样式，包括“普通”和“手绘”两种样式，其效果如图 11－13 所示。

(a)　(b)

图 11－13　修订云线样式示例

（a）“普通”；（b）“手绘”

默认情况下，系统将显示当前云线的弧长和样式。可使用该弧长绘制云线路径，并在绘图窗口中拖动鼠标即可。当起点和终点重合后，将绘制一个封闭的云线路径，同时结束该操作。

2. 绘制区域覆盖对象

区域覆盖是在现有的对象上生成一个空白的区域，用于添加注释或覆盖指定区域。该区域与区域覆盖边框进行绑定，可打开此区域进行编辑，也可以关闭此区域进行打印。

- 执行菜单“绘图→区域覆盖”命令，即可开始绘制。
- 在“注释”选项卡的“标记”面板中，或面板窗口的“绘图”面板中单击图标。
- 输入命令“WIPEOUT”，按回车键。

在命令行中，各选项的含义介绍如下。

• 边框（F）：确定是否显示区域覆盖对象的边界。此时命令行显示“输入模式［开（ON）/关（OFF）］<ON>：”。选择开选项可显示边界，如图 11-14（b）所示；选择关选项可隐藏绘图窗口中所有区域覆盖对象的边界，如图 11-14（c）所示。

• 多段线（P）：可以使用以封闭多段线创建的多边形作为区域覆盖对象的边界，如图 11-14（a）所示。该多段线必须闭合，仅包含线段且宽度为 0。当选取一个封闭的多段线后，命令行提示“是否要删除多段线？［是（Y）/否（N）］<N>”，输入“Y”可删除用来创建区域覆盖对象的多段线；输入“N”则保留该多段线。

六、绘制圆环

圆环是填充环或实体填充圆，属于带有宽度的实际闭合多段线。圆环多用在电路图中和某些特殊图标图案上。要创建圆环，需要指定它的内外直径和圆心位置。通过指定不同的中

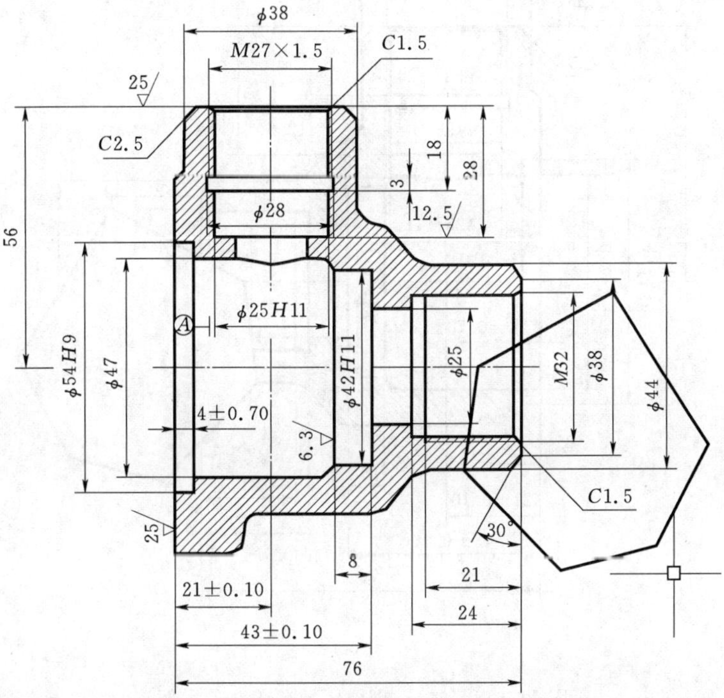

(a)

图 11-14（一）　创建区域覆盖对象示例

(a) 多段线

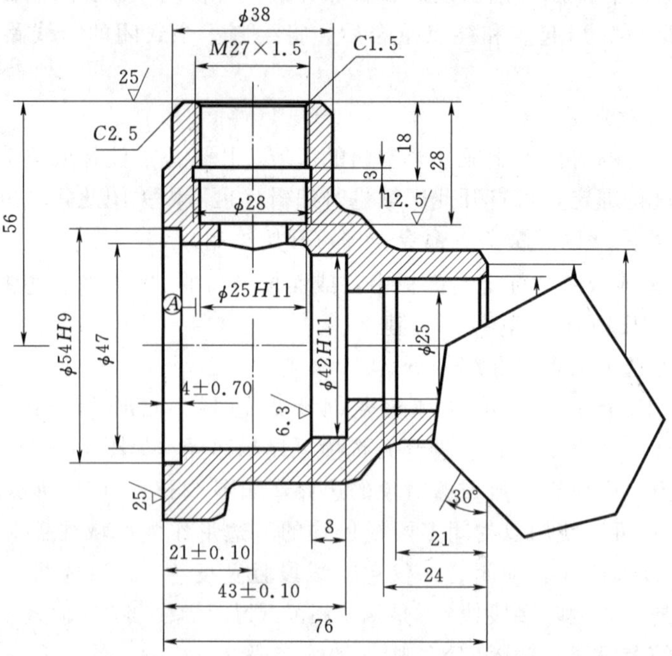

(b)

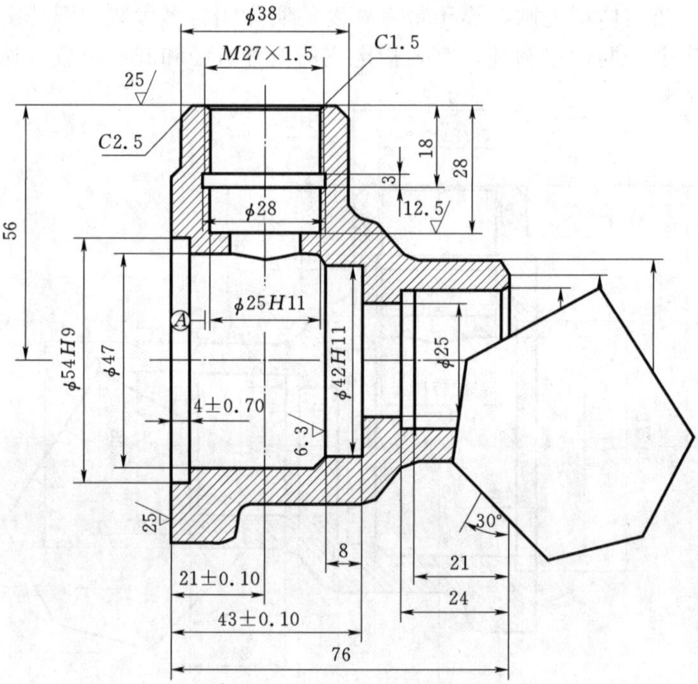

(c)

图 11-14（二） 创建区域覆盖对象示例

（b）“边框”开；（c）“边框”关

心点（圆心位置），可以继续创建具有相同直径的多个圆环副本。当指定外环直径等于内环直径时，可生成一个圆；当指定内环直径为 0，外环直径为非零值时，可生成一个填实圆。

- 执行菜单“绘图→圆环”命令，即可开始绘制圆环。
- 在“绘图”面板中单击图标◎。
- 输入命令“DONUT”或简化命令“DO”，按回车键。

命令行提示内容如下。

命令：DONUT

指定圆环的内径＜0.5000＞：(可输入具体数值或给出两点定一长度作为内环直径)

指定圆环的外径＜1.0000＞：(方法同上确定外环直径)

指定圆环的中心点或＜退出＞：(指定圆环的中心点)

……

指定圆环的中心点或＜退出＞：(继续指定圆环的中心点，用回车键结束命令)

生成的圆环是一个填实圆环。圆环是否填实，取决于系统变量“FILL”的设定值，默认时模式为“开（ON)”，表示绘制的圆环为填充圆环，如图 11－15 所示；若将“FILL”输入模式更改为“关（OFF)”，则为不填充模式的圆环，如图 11－16 所示。

图 11－15　绘制填充圆环

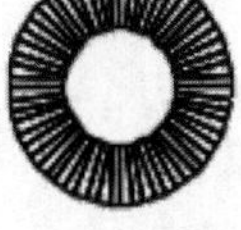

图 11－16　绘制不填充模式的圆环

任务总结：熟练运用圆、圆弧、椭圆、椭圆弧、样条曲线、圆环等命令绘制各种曲线，特别是圆和圆弧命令。

任务学习拓展：综合运用上述命令绘制课后图形。

任务四　绘　制　点

任务描述：学会熟练绘制不同样式的点，熟练使用点的定数等分和定距等分命令。

一、绘制单点和多点

“点”命令：

- 执行菜单“绘图→点→单点/多点”命令，即可绘制。
- 在“绘图”工具栏或面板窗口的“绘图”面板中单击图标·。
- 输入命令“POINT”，或简化命令“PO”，回车即可。

注：当选择菜单中的“单点”选项时，输入一点后即结束命令返回待命状态，与键入命令相同；当选择“多点”选项时，结束命令只能通过按键盘上的【Esc】键，与使用图标输入命令相同。

二、绘制等分点

1.“定数等分”命令

定数等分是将选定的图形实体（文字除外）作 n 等分，并在各等分点作相应的点标记或插入块。“定数等分”效果如图 11－17 所示。

- 执行菜单“绘图→点→定数等分”命令。

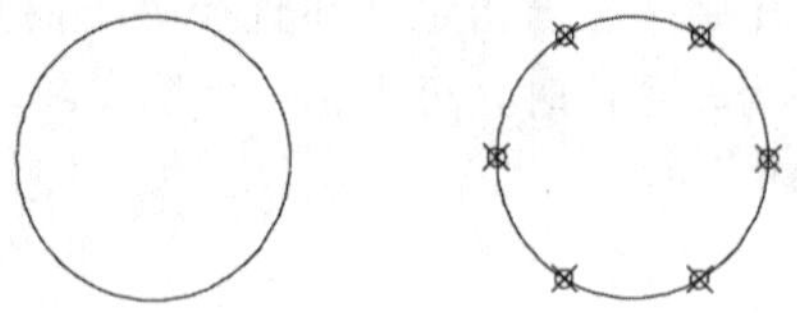

图 11－17　定数等分

(a) 定数等分原图；(b) 定数等分后

• 在面板窗口的“绘图”面板中单击图标 。

• 输入命令“DIVIDE”，或简化命令“DIV”，回车即可选择要定数等分的对象。

命令行提示如下。

命令：_ DIVIDE

选择要定数等分的对象：

输入线段数目或［块（B)］：(“块”的概念见后面章节)

2. “定距等分”命令

• 执行菜单“绘图→点→定距等分”命令。

• 在面板窗口的“绘图”面板中单击图标 。

• 输入命令“MEASURE”，回车即可选择要定距等分的对象。

进行定距等分操作时，选择开放图形的位置不同，其结果可能会不相同，软件会从靠近用于选择对象的点的端点处开始放置，从该近端点处开始进行等分计算，而无法等分的那一段便留在最后，如图 11－18 所示。

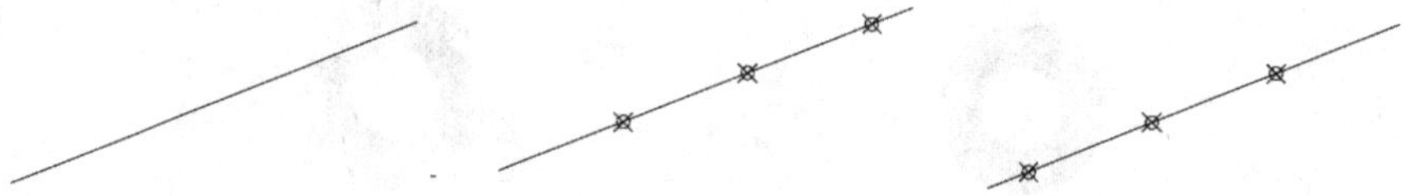

图 11－18　定距等分

(a) 定距等分原图；(b) 定距等分后；(c) 定距等分后

三、点样式设置

点可以作为捕捉对象的节点。点在几何中是没有形状与大小而只有坐标的几何点。由于点在屏幕上真实显示时很难看清楚，因此很多领域规定点有相应的显示样式。在绘制点之前，可以根据具体的使用领域及显示习惯显示所需的点样式。

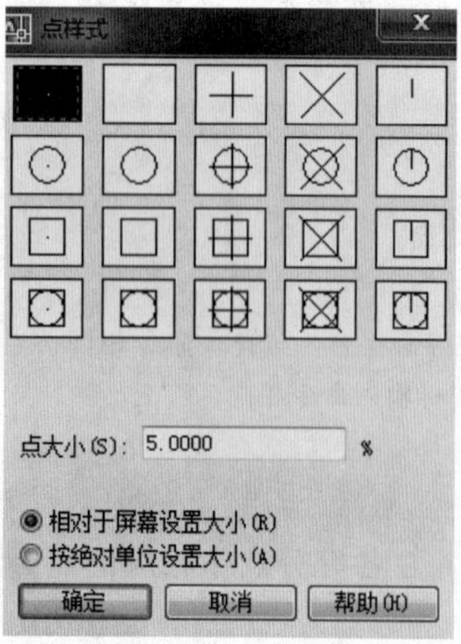

图 11－19　点样式

为了在屏幕上显示点的存在，可以通过“点样式”命令，弹出“点样式”对话框（图 11－19），选定某种点样式，使绘制在屏幕上的点以某种特定形状和大小显示出来。AutoCAD 中点的显示模式共有 20 种。

点样式命令：

• 执行菜单“格式→点样式”命令，打开“点样式”对话框。

• 输入命令“DDPTYPE”，或命令“PTYPE”，按回车键即可。

“点大小”文本框中设置点的显示大小，可以相对于屏幕设置点的大小，也可以按绝对单位设置点的大小。如果按屏幕尺寸的百分比设定点的显示大小，当进行缩放时，点的显示大小并不改变，点的大小默认为屏幕的 5%；如果按“点大小”下指定的实际绝对单位设定点显示的大小，在进行缩放时，显示的点大小随之改变。

任务总结：掌握点的用法，熟练运用点命令对线段进行定数等分和定距等分。

任务学习拓展：改变点样式设置，观察点的变化；了解定数等分与定距等分命令在封闭对象中的应用。

【课　后　训　练】

绘图题

抄绘图 11－20～图 11－30。

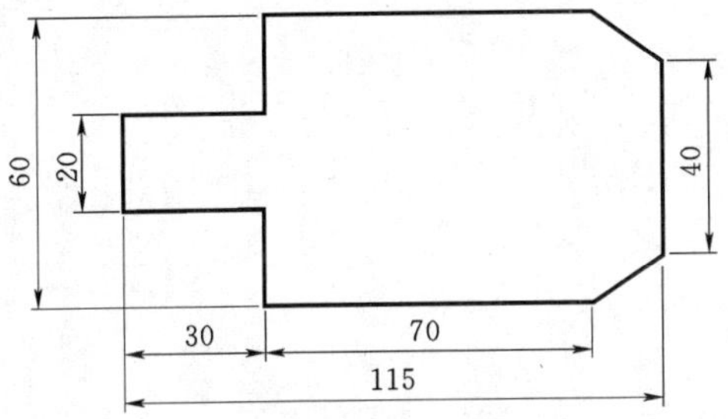

图 11－20

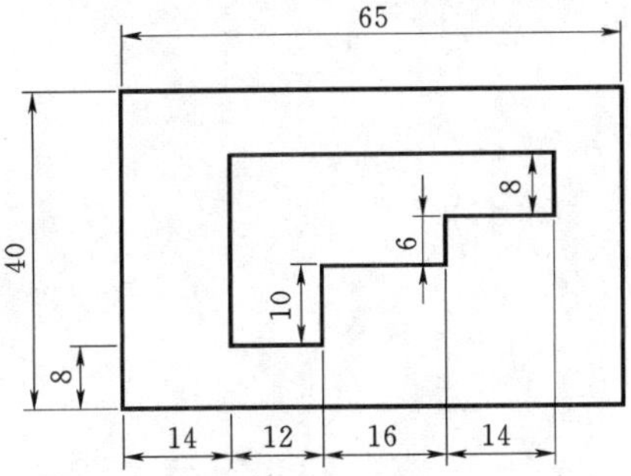

图 11－21

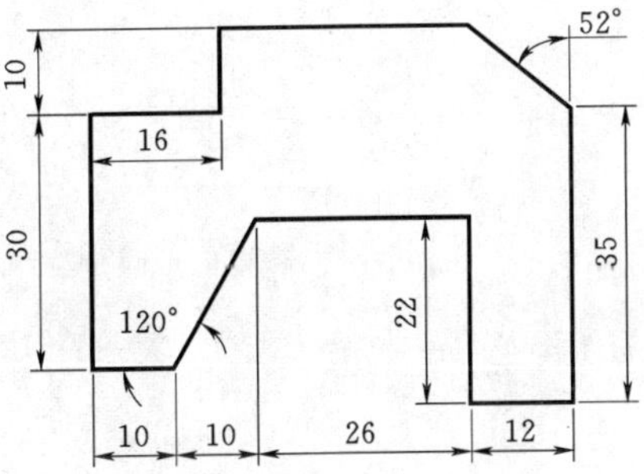

图 11－22

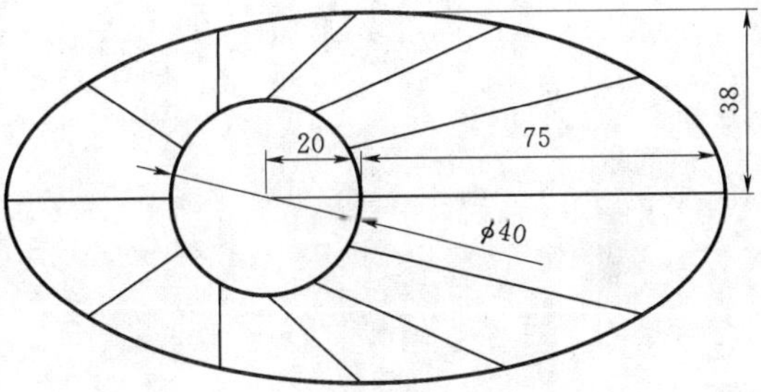

图 11－23

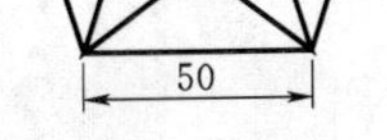

图 11－24

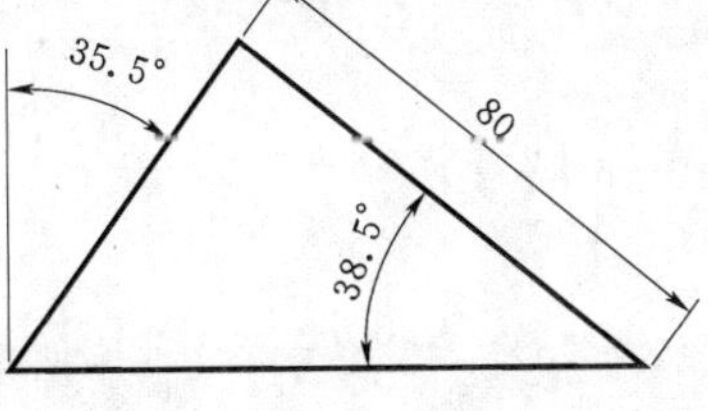

图 11－25

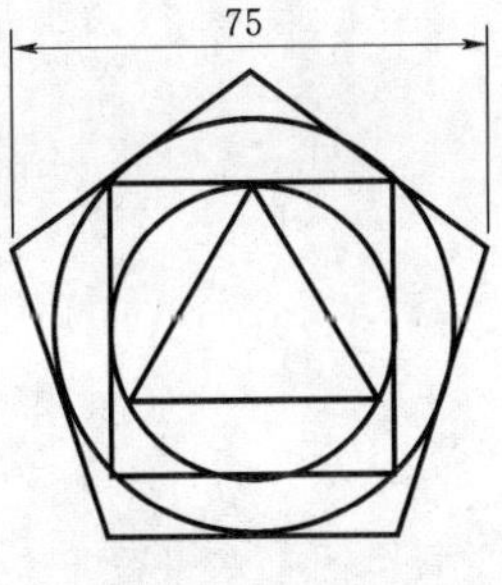

图 11－26

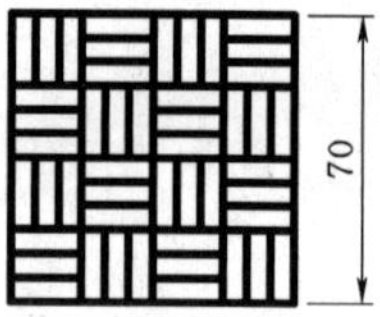

图 11-27

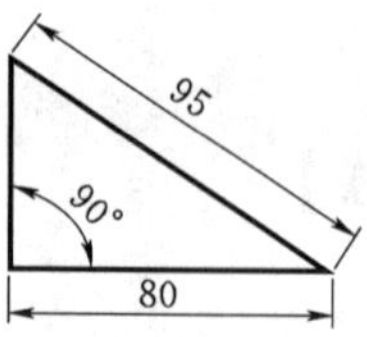

图 11-28

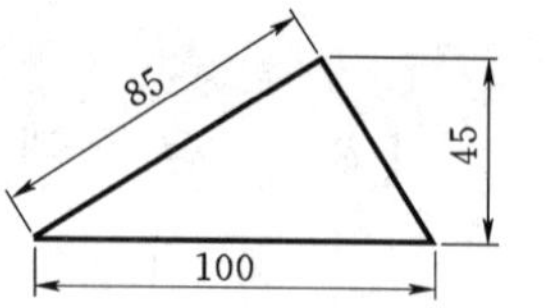

图 11-29

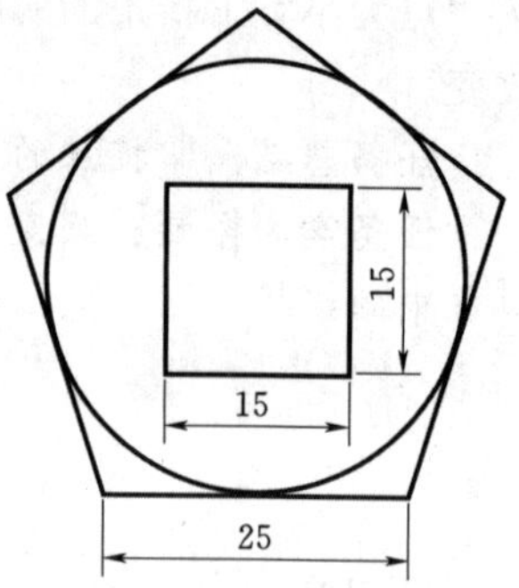

图 11-30

项目十二　二 维 编 辑 命 令

项目描述：本项目主要完成三个学习任务：对象的选择；二维对象的编辑；夹点编辑。学好三个任务可以编辑二维图形，可以合理地构造和组织图形，保证绘图的精确性，提高绘图效率。

项目学习目标：通过本项目学习，熟悉二维编辑命令。

项目学习的重点：选择对象；偏移对象；阵列对象；修剪对象。

项目学习的难点：夹点编辑。

任务一　选　择　对　象

任务描述：学会熟练选择单个对象以及多个对象。

在系统执行编辑命令的过程中，经常需要选择一个或多个对象。在命令行提示选择对象的状态下，屏幕显示一个小方框，称为“选择框”。被选中的对象将以虚线形式醒目显示出来。

一、选择单个

(1) 单击选择对象。在命令行提示用户选择对象时，直接把选择框放于被选对象上，对象将亮显，如图 12－1 (a) 所示，单击即可选中此对象，选中后对象呈夹点显示，如图 12－1 (b) 所示。

(2) “最后 (L)” 方式。当屏幕出现选择框时，键入关键字“L”，表示选择相对当前图形最后创建的对象。回车后，被选中的对象将一虚线形式显示。这种方式每次只能选择一个对象。

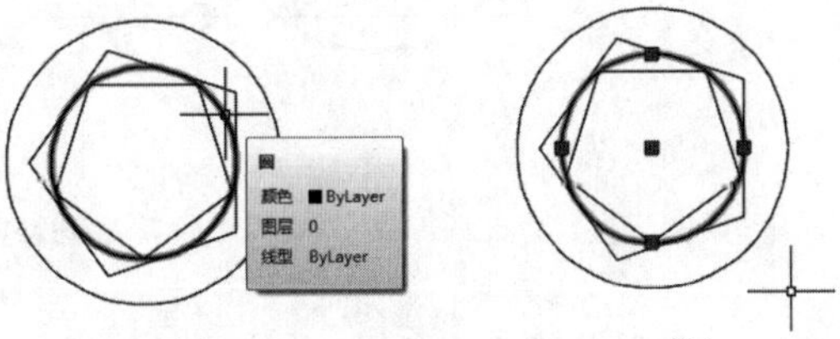

(a)　　　　(b)

图 12－1　单选对象

(a) 待选；(b) 对象单选后

二、选择多个

1. “窗口” 方式

在命令行提示用户选择对象时，键入“W”，指定窗口的两对角点确定一个实线状的矩形框，完全被包围在内的对象即被选中。

2. “交叉窗口” 方式

在命令行提示用户选择对象时，键入“C”，指定窗口的两对角点确定一个虚线状的矩形框，被包围在内或与矩形框相交的对象均被选中。

3. “直接窗选” 方式

在命令行提示用户选择对象时，直接指定两点确定矩形框。随着拉出矩形框的方向不同，产生的选择效果也不同。

(1)“左至右”方式：被选对象必须完全被包围在矩形框内，相当于“窗口”方式，如图 12 - 2 所示。

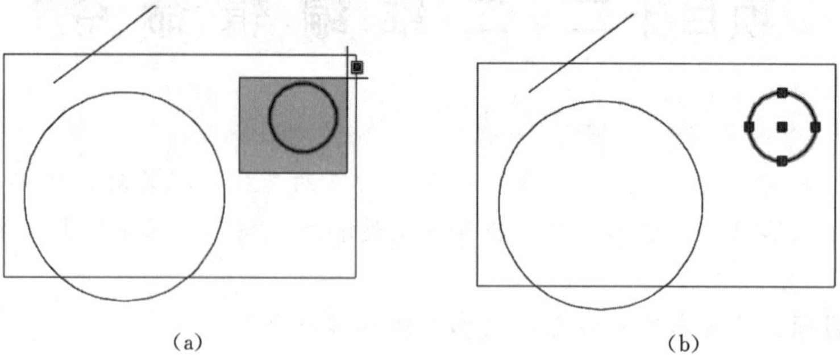

图 12 - 2 “左至右”方式
(a) 实线框；(b) 被选对象

(2)“右至左”方式：被选对象只要部分处于矩形框内即被选中，相当于“交叉窗口”方式，如图 12 - 3 所示。

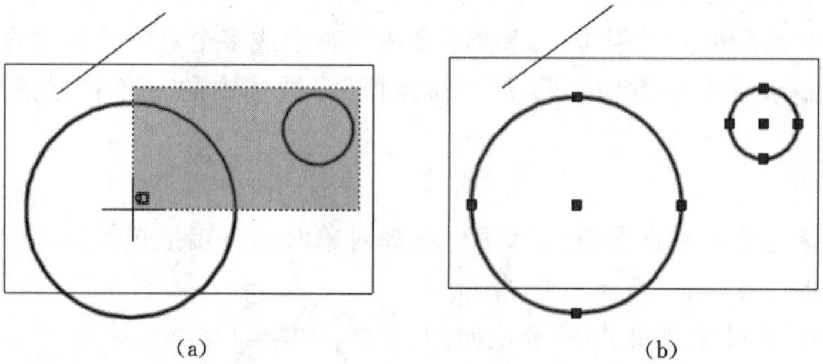

图 12 - 3 “右至左”方式
(a) 虚线框；(b) 被选对象

4.“全部”方式

当屏幕出现选择框时，键入关键字“ALL”，表示选择屏幕上全部可见的对象。回车后，所有可见对象均以高亮形式显示。

5.“栏选”方式

当屏幕出现选择框时，键入关键字“F”，表示指定若干个栏选点跨过需要选取的对象，栏选点之间的连线以虚线状显示在屏幕上。回车后，被选中的对象（可以是一个或多个实体）以高亮形式显示。

6.“圈围”方式

当屏幕出现选择框时，键入关键字“WP”，表示指定若干个点形成实线多边形区域（多边形呈现背景颜色），使完全处于区域内的实体被选中。

7.“圈交”方式

当屏幕出现选择框时，键入关键字“CP”，表示指定若干个点形成虚线多边形区域（多边形呈现背景颜色），使完全处于区域内或部分处于区域内的实体被选中。

8. “清除”方式

该方式表示从选择集中清除误选的对象。例如，用户需要删除一组图形中大部分的实体，可以采用“全部”与“清除”结合的选择方式，首先选取全部对象，然后键入“R”，选取不需要删除的对象。

任务总结： 熟悉点击选择、窗口选择、栏选等各种选择集的创建。

任务学习拓展： 尝试以圈围或圈交方式选择对象；尝试从选择集中删除某些对象。

任务二 编 辑 对 象

任务描述： 学会熟练使用删除、复制、镜像、偏移、阵列、缩放、移动、旋转、拉伸、修剪、延伸、打断、倒角、圆角、分解等各种图形的编辑方法。

一、删除对象

在 AutoCAD 中，在对图形对象进行编辑过程中，经常会遇到操作失误或需要去除多余对象等情况，这时就需要使用“删除”或“恢复”命令进行设置。

1. 删除对象

- 执行菜单“修改→删除”命令，然后选中所要删除的图形对象，按回车键即可。
- 在“修改”工具栏或“默认”选项卡的“修改”面板中单击图标，然后选对象，按回车键；或先选择对象，单击“删除”按钮即可删除对象。
- 输入命令“Erase”，命令行提示选择对象后，选好对象后，按回车键即可。
- 先选择对象，在显示了夹点后按删除键即可。
- 选择对象后右击，在快捷菜单中选择“删除”命令。

2. 恢复删除对象

- 执行菜单“编辑→放弃”命令，可放弃刚刚最后一次操作。
- 单击“放弃”图标，可恢复删除操作。

二、复制对象

通常在创建图形过程中为了提高绘图工作效率，可以在原有图形对象的基础上进行复制、镜像和偏移操作，产生其他一个或若干个相同对象，从而起到事半功倍的作用。

1. 复制对象

复制对象，就是将选择对象的一个或多个副本复制到指定位置。该功能一般用在需要绘制多个相同形状的图形操作中。

- 执行菜单“修改→复制”命令。
- 在“修改”工具栏或“默认”选项卡的“修改”面板中单击图标 复制 。
- 输入命令“COPY”或简化命令“CO”，或“CP”，按回车键。

命令行提示内容如下。

命令：COPY↙

选择对象：(可采用任一种选择方式)

选择对象：↙

当前设置：复制模式＝单个

指定基点或［位移（D)/模式（O)/多个（M)］＜位移＞：

在命令行中，各选项的含义介绍如下。

(1) 指定基点。表示指定一点作为基点（用于计算位移量的第一点）对所选取对象（可以是一个或一组）进行复制。输入一点后，命令行继续提示如下。

指定第二个点或＜使用第一个点作为位移＞：

对上句提示有两种响应。

• 指定第二个点：表示将复制后的实体从第一点所处位置移至第二点。采用这种方式，系统将以第一点为基点计算位移量。即位移量等于第一点至第二点的距离，方向沿两点连线，见图 12－4 (a)，A 点为第一点，B 点为第二点，位移量等于 AB。

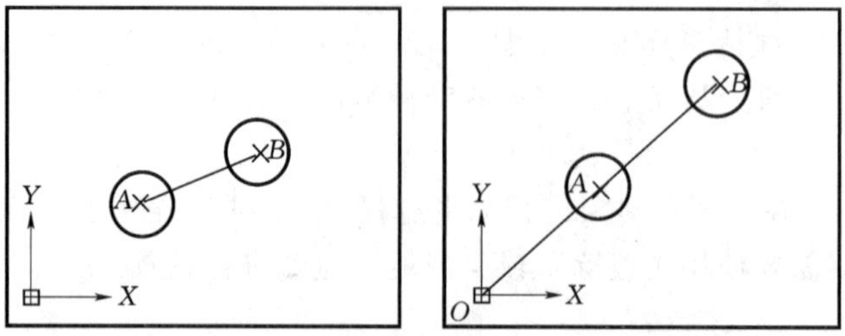

(a) (b)

图 12－4 “复制”命令中位移量的确定

• 使用第一个点作位移：以回车响应，表示系统将以当前坐标原点 (0, 0) 为基点，原点至第一点的距离为位移量，沿原点至第一点连线的方向把复制后的实体放置在相应的位置［图 12－3 (b)，A 点为第一点，位移量 AB 等于 OA］。

(2) 位移 (D)。表示采用输入点坐标值的方式确定位移量及位移方向。选取该选项后，命令行继续提示如下。

指定位移＜当前值＞：(可采用不同的点的输入方式指定一点)

系统将以当前坐标原点 (0, 0) 为基点，原点至指定点的距离为位移量，沿原点至指定点连线的方向把复制后的实体放置在相应位置。如图 12－4 (b) 所示，A 点为指定点，位移量 AB 等于 OA，点 A、B、O 在同一直线上。

(3) 模式 (O)。控制复制实体的模式。选取该选项后，命令行继续提示如下。

输入复制模式选项［单个 (S)/多个 (M)］＜当前缺省值＞：

• 单个 (S)：表示对所选取的对象只产生一次复制即结束命令。

• 多个 (M)：表示可对所选取的对象连续产生多次复制直到回车结束命令。

【例 12－1】 复制图 12－5 (a) 中的小圆，形成图 12－5 (b) 所示的图形。

解： 命令：_COPE↙

选择对象：(选择小圆)

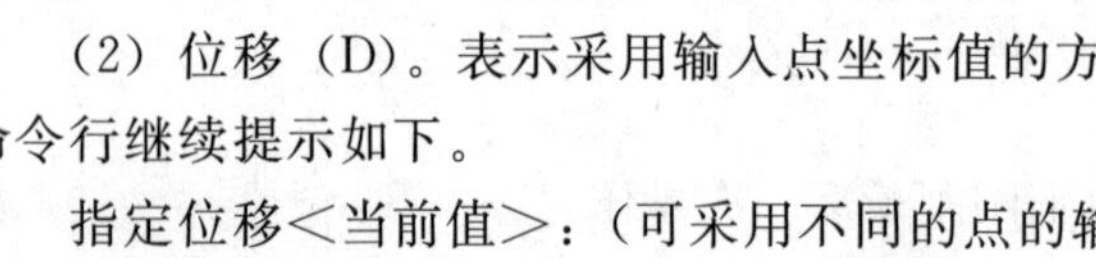
(a) (b)

图 12－5 “复制”命令应用举例

选择对象：↙

指定基点或［位移 (D)/模式 (O)/多个 (M)］＜位移＞：M↙

指定基点或［位移 (D)/模式 (O)/多个 (M)］＜位移＞：(小圆圆心) (捕捉“圆心”或“交点”)

指定第二个点或＜使用第一个点作为位移＞：（捕捉“交点”）

指定第二个点或［退出（E)/放弃（U)］＜退出＞：（捕捉“交点”）

指定第二个点或［退出（E)/放弃（U)］＜退出＞：（捕捉“交点”）

指定第二个点或［退出（E)/放弃（U)］＜退出＞：↙

2. 镜像对象

镜像，就是将选定对象进行对称复制，并可按需要保留或删除原有的对象。

- 执行菜单“修改→镜像”命令。
- 在“修改”工具栏或“默认”选项卡的“修改”面板中单击图标 镜像 。
- 输入命令“MIRROR”或简化命令“MI”，按回车键。

命令行提示内容如下。

命令：MIRROR↙

选择对象：

选择对象：↙（表示进入下一步）

指定镜像线的第一点：

指定镜像线的第二点：

要删除源对象吗？［是（Y)/否（N)］＜N＞：（键入“Y”表示删除源对象，键入“N”或直接回车则表示保留源对象）

【例 12-2】 采用“镜像”命令将图 12-6（a）所示图形镜像，形成图 12-6（b）所示图形。

解：命令：_MIRROR↙

选择对象：（采用窗选方式选择图中虚线包围的图形实体）

选择对象：↙

指定镜像线的第一点：（捕捉对称轴的一端）

指定镜像线的第二点：（捕捉对称轴的另一端）

要删除源对象吗？［是（Y)/否（N)］＜N＞：↙

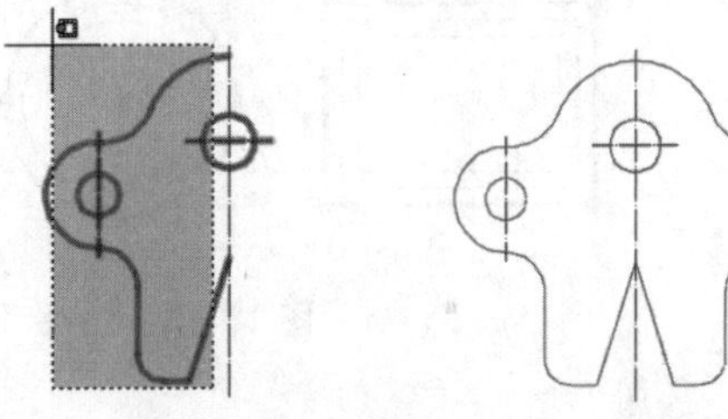

(a)　　　　　　(b)

图 12-6　“镜像”命令应用举例

注：有时会遇到文字对象的情况，在默认情况下，镜像文字对象时不更改文字的方向。如果确实要反转文字，那么需要将 MIRRTEXT 系统变量设置为“1”。

3. 偏移对象

偏移对象是指用选定的直线、圆弧、圆、椭圆和椭圆弧、二维多段线、构造线、射线和液体曲线来创建与其形状平行的新对象。例如偏移圆或圆弧可以创建更大的或更小的圆或圆弧，仅仅取决于向哪一侧偏移。对于线来说执行偏移操作就是进行平行复制。

- 执行菜单“修改→偏移”命令。
- 在“修改”工具栏或“默认”选项卡的“修改”面板中单击图标 。
- 输入命令“OFFSET”，或“O”，按回车键。

命令行提示内容如下。

命令：OFFSET↙

当前设置：删除源＝否　图层＝源　OFFSETGAPTYPE＝0

指定偏移距离或［通过（T）/删除（E）/图层（L）］＜通过＞：(输入偏移数值，如：5)

选择要偏移的对象，或［退出（E）/放弃（U）］＜退出＞：(选取图形轮廓)

指定要偏移的那一侧上的点，或［退出（E）/多个（M）/放弃（U）］＜退出＞：(点击某侧)

选择要偏移的对象，或［退出（E）/放弃（U）］＜退出＞：

……

命令行反复出现提示句："选择要偏移的对象，或［退出（E）/放弃（U）］＜退出＞："可继续选择要偏移的对象并指定要偏移的一侧，生成若干条等距线，选择"U"表示退回前一步，取消偏移产生的新对象；键入"E"表示结束命令。如果缺省状态是＜退出＞，直接回车表示结束命令。

对封闭图形和非封闭图形偏移的效果不同，如图 12－7 和图 12－8 所示。

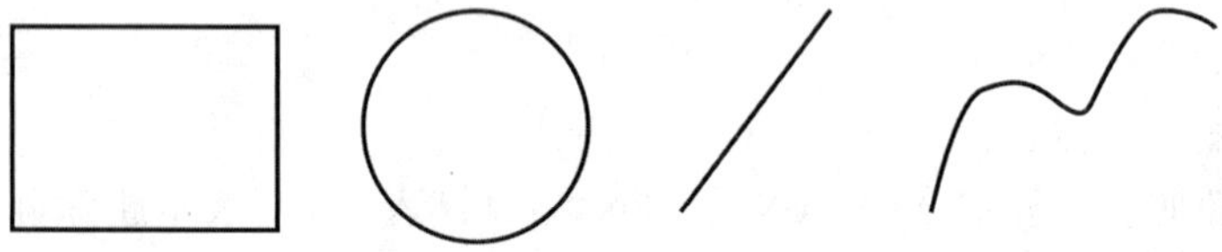

图 12－7　"偏移"前原图

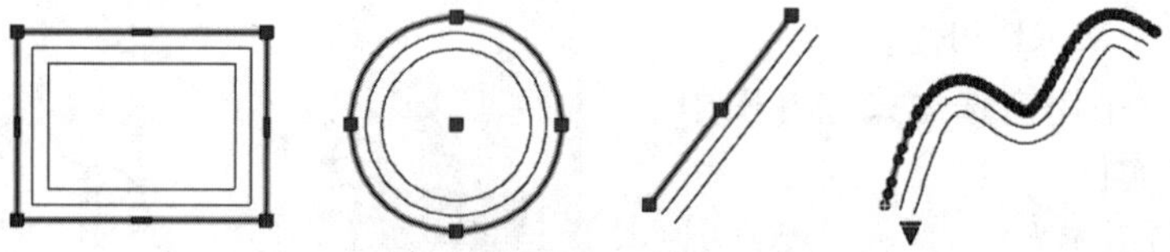

图 12－8　"偏移"后原实体与效果图

4. 阵列对象

(1) 矩形阵列。阵列，就是将选定对象按一定的队列形式（矩形或环形）作多重复制。

• 执行菜单"修改→阵列→矩形阵列"命令。

• 在"修改"工具栏或"默认"选项卡的"修改"面板中单击图标 阵列。

• 输入命令"ARRAYRECT"或简化命令"AR"，回车。

执行"阵列"命令并对所需阵列对象进行选择确认后，命令行提示如下。

"选择夹点以编辑阵列或［关联（AS）/基点（B）/计数（COU）/间距（S）/列数（COL）/行数（R）/层数（L）/退出（X）］＜退出＞："

同时弹出"阵列创建"选项卡。"阵列创建"选项卡如图 12－9 所示。

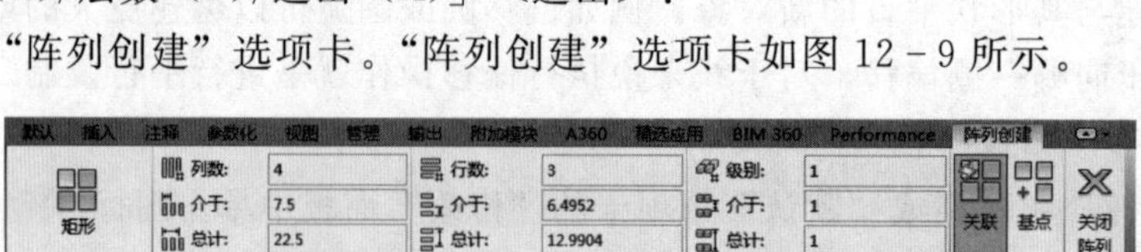

图 12－9　"阵列创建"选项卡

命令行各选项的含义介绍如下。

• 选择夹点以编辑阵列：利用夹点编辑的方式对阵列对象进行相关编辑，可以对阵列生成对象的位置及间距等进行调整。

• 关联（AS）：控制阵列生成对象是否关联，在关联的情况下，阵列生成的所有对象将以一个整体存在。

• 基点（B）：定义阵列基点和基点夹点的位置。

• 计数（COU）：指定行数和列数并使用户在移动光标时可以动态观察结果。

• 间距（S）：指定行间距和列间距并使用户在移动光标时可以动态观察结果。

• 列数（COL）：可以在命令行精确控制当前阵列生成对象的列数和列间距。

• 行数（R）：可以在命令行精确控制当前阵列生成对象的行数、行间距及行的增量标高。

• 层数（L）：指定三维阵列的层数和层间距。

• 退出（X）：退出当前操作。

如对三角形进行矩形阵列，“阵列创建”如图 12－10 所示，阵列效果如图 12－11 所示。

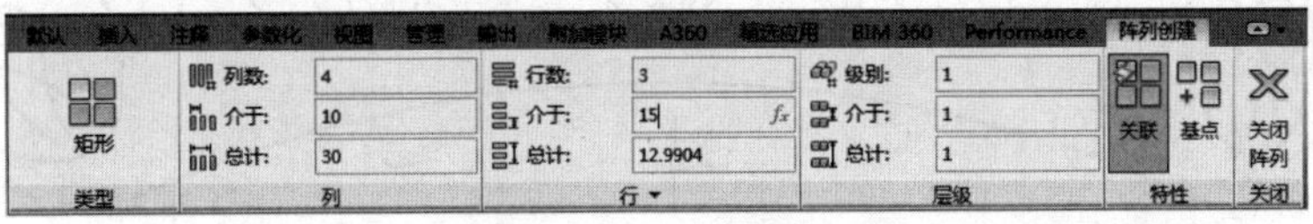

图 12－10 “阵列创建”

（2）路径阵列。

• 执行菜单“修改→阵列→路径阵列”命令。

• 在“默认”选项卡的“修改”面板中单击图标。

• 输入命令“ARRAYPATH”，按回车键。

执行“阵列”命令并对所需阵列对象进行选择确认及选择相关路径曲线后，命令行提示如下。

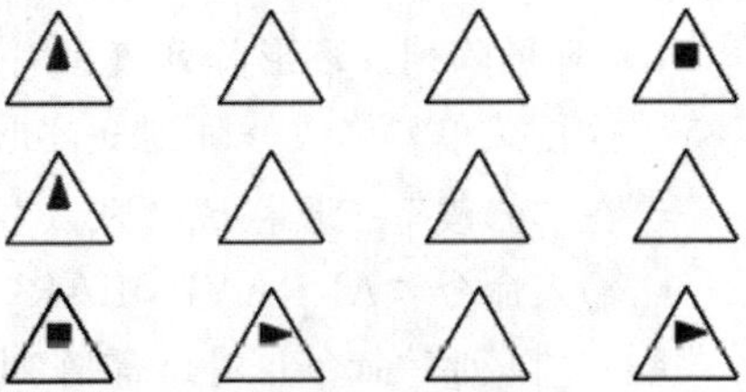

图 12－11 阵列效果

“选择夹点以编辑阵列或［关联（AS）/方法（M）/基点（B）/切向（T）/项目（I）/行（R）/层（L）/对齐项目（A）/Z 方向（Z）/退出（X）］<退出>：”

各选项的含义介绍如下。

• 选择夹点以编辑阵列：利用夹点编辑的方式对阵列对象进行相关编辑，可以对阵列生成对象的位置及间距等进行调整。

• 关联（AS）：控制阵列后的结果是否为一个整体，可选择“是”或“否”。

• 方法（M）：控制阵路径的输入方法，可以为定数等分或定距等分。

• 基点（B）：对阵列生成对象的基点进行控制，可以指定基点、路径曲线终点及关键点。

• 切向（T）：指定矢量切向后，系统按预定切向沿路径曲线进行阵列操作。

• 项目（I）：可以指定项目之间的间距值及项目数。

• 行（R）：可以指定行间距、行数及行的增量标高。

• 层（L）：指定三维阵列的层数和层间距。

• 对齐项目（A）：指定是否对齐每个项目以与路径的方向相切。

• Z 方向（Z）：控制是否保持项目的原始 Z 方向或沿三维路径自然倾斜项目。

• 退出（X）：退出当前操作。

例如，对图 12 - 12 中的图形进行路径阵列，“路径阵列”效果如图 12 - 13 所示。

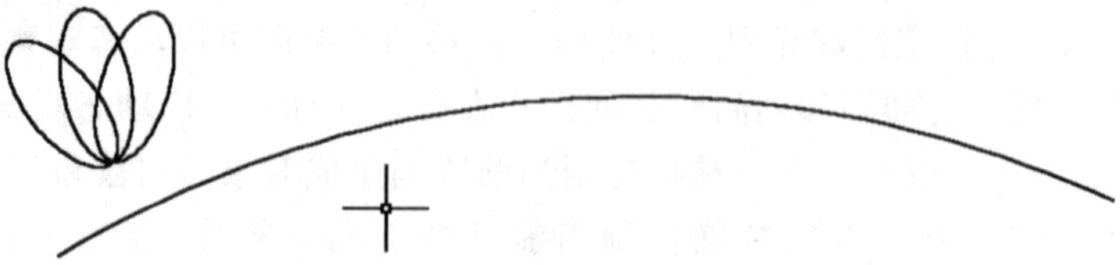

图 12 - 12 路径阵列原图及路径

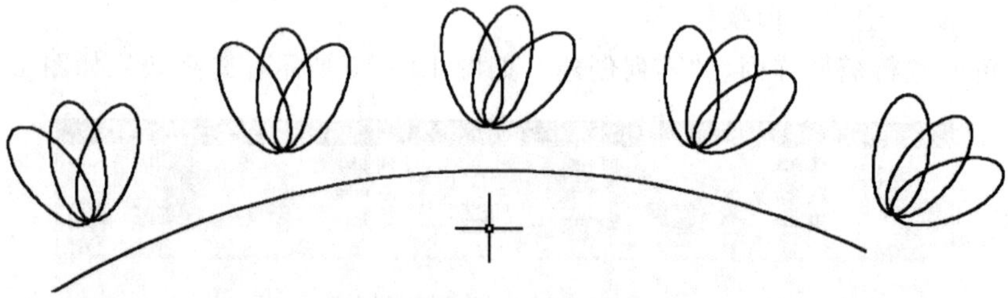

图 12 - 13 “路径阵列”效果

（3）环形阵列。环形阵列表示对实体复制后绕某中心点环状排列。

• 执行菜单“修改→阵列→环形阵列”命令。

• 在“修改”工具栏或“默认”选项卡的“修改”面板中单击图标 环形阵列 。

• 输入命令“ARRAYPOLAR”，按回车键。

执行“阵列”命令并对所需阵列对象进行选择确认及选择阵列中心点后，命令行提示如下。

“选择夹点以编辑阵列或［关联（AS）/基点（B）/项目（I）/项目间角度（A）/填充角度（F）/行（ROW）/层（L）/旋转项目（ROT）/退出（X）］＜退出＞：”

同时弹出“阵列创建”选项卡。“阵列创建”选项卡如图 12 - 14（b）所示。

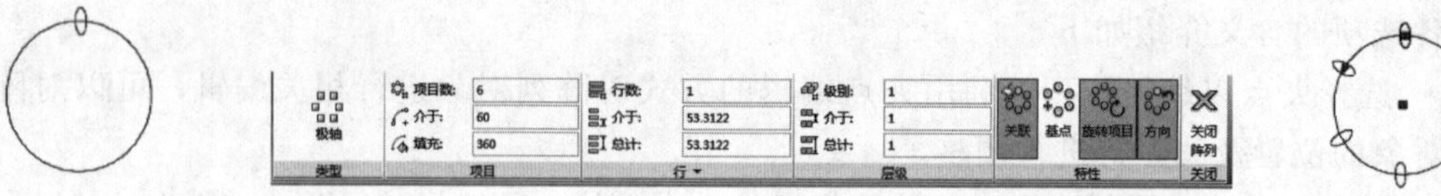

（a） （b） （c）

图 12 - 14 “环形阵列”举例

（a）原图；（b）阵列设置；（c）环形阵列效果

选择夹点以编辑阵列：利用夹点编辑的方式对阵列对象进行相关编辑，可以对阵列生成对象的数量、位置、角度及间距等进行调整。

关联（AS）：控制阵列后的结果是否为一个整体，可选择“是”或“否”。

命令行各选项的含义介绍如下。

• 基点（B）：指定用于在阵列中放置对象的基点，在“关联”形式下，阵列基点与源对象的关键点重合。

• 项目（I）：使用值或表达式指定阵列中的项目数。

• 项目间角度（A）：使用值或表达式指定的角度。

• 填充角度（F）：使用值或表达式指定阵列中第一个和最后一个项目之间的角度。

• 行（ROW）：指定阵列中行数、行间距及行之间的增量标高。

• 层（L）：指定（三维阵列的）层数和层间距。

• 旋转项目（ROT）：控制在排列项目时是否旋转项目。

“环形阵列”原图见图 12 - 14（a），阵列设置见图 12 - 14（b），环形阵列效果见图 12 - 14（c）。

三、改变对象的位置、形状、角度、和大小

1. 移动对象

移动功能，就是把选定的对象移到新的位置。

• 执行菜单“修改→移动”命令。

• 在“修改”工具栏或“默认”选项卡的“修改”面板中单击图标 ✥移动 。

• 输入命令“MOVE”，或简称“M”，按回车键。

命令提示如下。

命令：MOVE↙

选择对象：(可选多个对象，可采用任一种选择方式)

选择对象：↙

指定基点或［位移（D）］〈位移〉：

指定第二个点或〈使用第一个点作为位移〉：

关于基点和位移的解释，可参看“复制”命令。

2. 旋转对象

旋转对象指把选定图形实体绕某个指定点（即旋转中心）转过一个角度。

• 执行菜单“修改→旋转”命令。

• 在“修改”工具栏或“默认”选项卡的“修改”面板中单击图标 ○旋转 。

• 输入命令“ROTATE”，或简称“RO”，按回车键。

命令提示如下。

命令：ROTATE↙

UCS 当前的正角方向：ANGDIR＝逆时针　ANGBASE＝0

选择对象：(可采用任一种选择方式)

选择对象：↙

指定基点：(指定一点作为实体的旋转中心，该点可在实体内或实体外，必要时可采用捕捉方式获得)

指定旋转角度，或［复制（C）/参照（R）］〈0〉：

选项说明：

(1) 指定旋转角度：可直接输入角度值或采用“拖动”方式指定旋转角度（角度为光标

拾取点到基点的连线与 X 轴正向的夹角)，图形实体将绕基点转过指定的角度（输入的角度值以逆时针方向为正向)。

(2) 复制 (C)：表示保留原来的实体，复制一个新的实体并按指定的角度旋转。选取该选项后，命令行继续提示如下。

旋转一组选定对象。

指定旋转角度，或［复制 (C)/参照 (R)］＜0＞：

(3) 参照 (R)：选取该选项，命令行继续提示如下。

指定参照角＜0＞：

指定新角度或［点 (P)］＜0＞：

用户可输入角度值或指定一点确定新角度（新角度为该点至旋转中心的连线方向与水平正向的夹角)。

采用“参考方式”旋转实体，实体真正转过的角度＝新角度－参考角度。

【例 12－3】 采用“指定旋转角度”的方法，将图 12－15 (a) 所示的图形绕 A 点顺时针转过 45°，形成图 12－15 (b)。

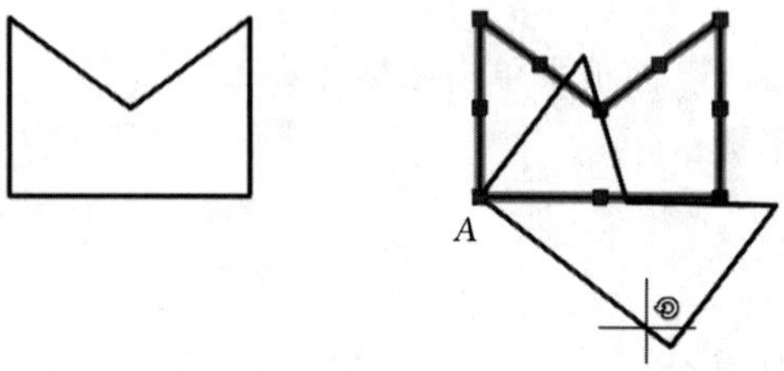

(a)　　　　(b)

图 12－15 “旋转”命令应用举例

命令：_ROTATE↙

选择对象：(选择整个图形)

选择对象：↙

指定基点：(A) (捕捉“交点”或“端点”)

指定旋转角度，或［复制 (C)/参照 (R)］＜0＞：－45↙

图形实体绕 A 点顺时针转过了 45°。

3. 缩放对象

缩放对象指把选定的实体按一定的比例放大或缩小。

- 执行菜单“修改→缩放”命令。
- 在“修改”工具栏或“默认”选项卡的“修改”面板中单击图标缩放。
- 输入命令“SCALE”，或简称“SC”，指回车键。

命令提示如下。

命令：SCALE

选择对象：(可采用任一种选择方式)

选择对象：↙

指定基点：(可按需要选择点的输入方式)

指定比例因子或［复制 (C)/参照 (R)］〈当前值〉：

选项说明：

(1) 指定比例因子：输入比例因子，实体将以基点作为图形实体的缩放中心，沿各方向按指定比例值进行缩放。比例因子＞1，表示放大实体；比例因子＜1，表示缩小实体。

(2) 复制 (C)：表示保留原来的实体，然后按照指定的比例因子生成另一个经过缩放的实体。

(3) 参照 (R)：表示选择“参考方式”。选取该选项，命令行继续提示如下。

指定参照长度＜1.0000＞：

指定新的长度或［点（P）］＜1.0000＞：（输入新的长度值或键入“R”选项，指定两点确定新的长度值）

系统将通过计算新长度与参考长度的比值确定实体的缩放倍数。

4. 拉伸对象

拉伸对象指对图形中的实体进行拉伸、压缩或移动，改变实体之间的相互位置关系，拉伸对象示例如图 12-16 所示。

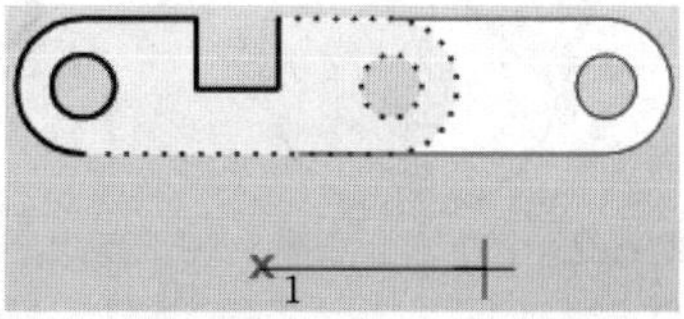

图 12-16　拉伸对象的示例

• 执行菜单“修改→拉伸”命令。

• 在“修改”工具栏或“默认”选项卡的“修改”面板中单击图标 拉伸。

• 输入命令“STRETCH”，或简称“STR”，按回车键。

命令提示如下。

命令：STRETCH

以交叉窗口或交叉多边形选择要拉伸的对象...

选择对象：

指定基点或［位移（D）］＜位移＞：

指定第二个点或＜使用第一个点作为位移＞：

5. 拉长对象

拉长对象指用于改变直线段或弧长的长度。

• 执行菜单“修改→拉长”命令。

• 在“修改”工具栏或“默认”选项卡的“修改”面板中单击图标 ⁄。

• 输入命令“LENGTHEN”，或简称“LEN”，按回车键。

命令提示如下。

命令：LENGTHEN

选择对象或［增量（DE）/百分数（P）/全部（T）/动态（DY）］：

选项说明。

（1）选择对象：表示需要拉长的对象。选取对象后，命令行显示该对象的当前测量值（对于直线段和椭圆弧，显示线长；对于圆弧，显示弧长及圆心角度），并再次出现上述提示句“选择对象或［增量（DE）/百分数（P）/全部（T）/动态（DY）］：”，要求用户选择其中的选项。

（2）增量（DE）：表示给出一个定值作为对象的增长或缩短量，或者改变圆弧的圆心角使圆弧加长或缩短。

（3）百分数（P）：表示通过指定直线段改变后的长度占其原长度的百分比来改变直线段的长度，或者通过指定改变后的圆弧角度占原圆弧角度的百分比来改变圆弧的角度。

（4）全部（T）：表示通过重新设置对象的总长度或总包绕角度来改变线长或弧长。

（5）动态（DY）：表示用动态方式改变对象的长度或弧线的包绕角度。

6. 对齐对象

对齐功能，指在二维和三维空间中将对象与其他对象对齐。可以指定一对、两对或三对源点和定义点以移动、旋转或倾斜选定的对象，从而将它们与其他对象上的点对齐。

- 在“默认”选项卡的“修改”面板中单击图标。
- 输入命令“ALIGN”，按回车键。

【例 12-4】 对图 12-17（a）进行“对齐”操作，得到图 12-17（b）。

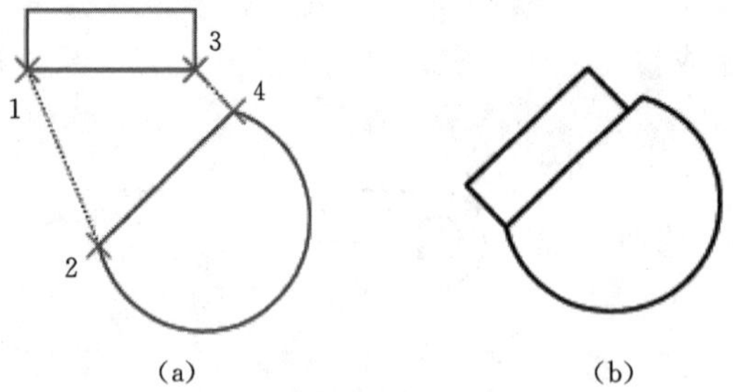

图 12-17 “对齐”对象示例

解： 命令：_ALIGN

选择对象：（选择长方形）

指定第一个源点：（选点 1）

指定第一个目标点：（选点 2）

指定第二个源点：（选点 3）

指定第二个目标点：（选点 4）

指定第三个源点或〈继续〉：↙

是否基于对齐点缩放对象？［是（Y）/否（N）］<否>：↙

四、修剪和延伸对象

1. 修剪对象

修剪对象指用剪切边修剪某些实体，相当于用橡皮擦去实体多余的部分。

- 执行菜单“修改→修剪”命令。
- 在“修改”工具栏或“默认”选项卡的“修改”面板中单击图标。
- 输入命令“TRIM”，或简称“TR”，按回车键。

命令提示如下。

命令：TRIM

当前设置：投影＝UCS，边＝无

选择剪切边...

选择对象或〈全部选择〉：找到 1 个（选择一个或多个对象为修剪边界）

选择对象：（回车确认所选边界）

选择要修剪的对象，或按住【Shift】键选择要延伸的对象，或［栏选（F）/窗交（C）/投影（P）/边（E）/删除（R）/放弃（U）］：（在需要修剪的对象上单击）

选择要修剪的对象，或按住【Shift】键选择要延伸的对象，或［栏选（F）/窗交（C）投影（P）/边（E）/删除（R）/放弃（U）］：（继续选择要修剪的对象，修剪完毕回车退出）

选项含义如下。

（1）投影（P）：用来确定剪切操作的空间的投影。选择该选项后系统提示如下。

输入投影选项［无（N）/UCS（U）/视图（V）］<当前>：（输入选项或按回车键）

1）无（N）：指定无投影。该命令只修剪与三维空间中的剪切边相交的对象。

2）UCS（U）：指定在当前用户坐标系 *XY* 平面上的投影。该命令将修剪不与三维空间中的剪切边相交的对象。

3）视图（V）：指定沿当前观察方向的投影。该命令将修剪与当前视图中的边界相交的对象。

（2）边（E）：确定对象是在另一对象的延长边外进行修剪，还是仅在三维空间中与该对象相交的对象处进行修剪。选择该选项后系统提示如下。

输入隐含边延伸模式［延伸（E）/不延伸（N）<当前>：（输入选项或按回车键）］

1）延伸（E）：沿自身自然路线延伸剪切边使它与三维空间中的对象相交。

2）不延伸（N）：指定对象只在三维空间中与其相交的剪切边处修剪。

注：修剪图案填充时，不要将“边”设置为“延伸”。否则，修剪图案填充时将不能填补修剪边界中的间隙，即使将允许的间隙设置为正确的值。

（3）删除（R）：删除选定的对象。此选项提供了一种用来删除不需要的对象的简捷方式，而无须退出 TRIM 命令。

（4）放弃（U）：撤销由 TRIM 命令所做的最近一次修改。

（5）栏选（F）：选择与选择栏相交的所有对象。选择栏是一系列临时线段，它们是用两个或多个栏选点指定的。选择栏不构成闭合环。

（6）窗交（C）：选择矩形区域（由两点确定）内部或与之相交的对象。

注：某些要修剪的对象的窗交选择不确定。TRIM 将沿着矩形交叉窗口向着第一个点以顺时针方向选择遇到的第一个对象。

【例 12-5】 将图 12-18（a）所示的图形修剪成图 12-18（b）。

解：命令：_TRIM↙

当前设置：投影＝UCS，边＝无

选择剪切边...

选择对象或＜全部选择＞：↙（表示选取全部对象作为“剪刀”，因为 *AB*、*BC* 是修剪左圆的“剪刀”，*AD*、*CD* 是修剪右圆的“剪刀”，两个圆又分别是修剪四段直线段的“剪刀”，所以采用缺省选项）

选择要修剪的对象，或按住【Shift】键选择要延伸的对象，或［栏选（F）/窗交（C）/投影（P）/边（E）/删除（R）/放弃（U）］：↙（表示进入下一步）

可分别用“窗交”方式选取左边和右边要修剪的对象，然后按回车键结束命令。

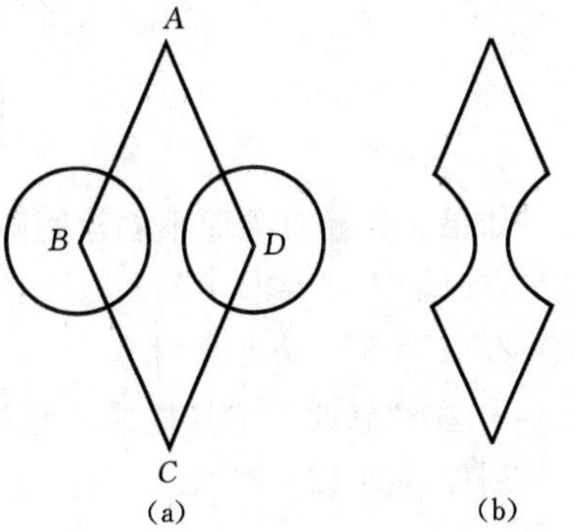

图 12-18 “修剪”命令举例

2. 延伸对象

延伸选定的图形实体（文字和封闭的单个实体除外），使其准确地到达一个选定的实体边界。

- 执行菜单“修改→延伸”命令。
- 在“修改”工具栏或“默认”选项卡的“修改”面板中单击图标。
- 输入命令“EXTEND”，或简称“EX”，按回车键。

命令提示如下。

命令：_EXTEND↙

当前设置：投影＝视图，边＝无

选择边界的边...

选择对象或＜全部选择＞：（可按需要）

选择对象：（回车确认所选边界）

选择要延伸的对象，或按住【Shift】键选择要延伸的对象，或［栏选（F）/窗交（C）/投影（P）/边（E）/删除（R）/放弃（U）］：

五、打断对象

1. 有间隙地打断对象

- 执行菜单“修改→打断”命令。
- 在“修改”工具栏或“默认”选项卡的“修改”面板中单击图标。
- 输入命令“BREAK”，或简称“BR”，按回车键。

例如，打断图 12－19（a）中的直线，命令提示如下。

命令：_BREAK↙

选择对象：(将选择框放于直线某一位置拾取一点，被选直线呈亮显状态，同时该拾取点也可被作为第一断点，即点 1)

指定第二个打断点或［第一点（F）］：(点击 2 处)

效果如图 12－19（b）所示。

(a)　　(b)

图 12－19　“打断”对象示例

如果要打断对象而不创建间隙，可以在相同的位置指定两个打断点，也可以在提示输入第二点时输入“@0，0”。

2. 没有间隙地打断对象

- 在“修改”工具栏或“默认”选项卡的“修改”面板中单击图标。

例如，图 12－20（a）中直线打断于选择点后，成为两条直线，如图 12－20（b）所示。

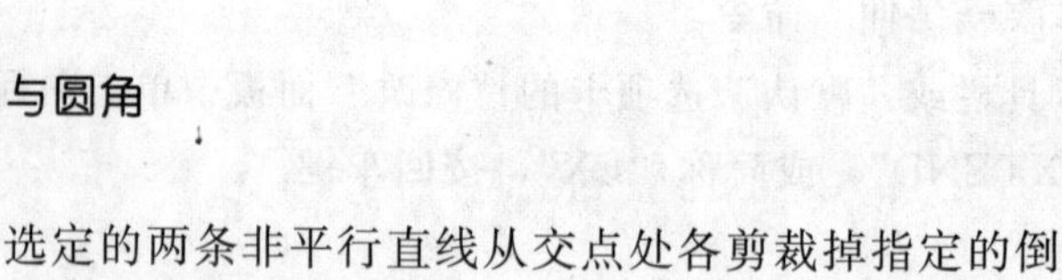

(a)　　(b)

图 12－20　“打断于点”示例

六、对象的倒角与圆角

1. 倒角命令

倒角功能，指将选定的两条非平行直线从交点处各剪裁掉指定的倒角长度（长度可以为 0），并以斜线连接两个裁剪端。

- 执行菜单“修改→倒角”命令。
- 在“修改”工具栏或“默认”选项卡的“修改”面板中单击图标。
- 输入命令“CHAMFER”，或简称“CHA”，按回车键。

命令行提示内容如下。

命令：CHAMFER↙

(“修剪”模式) 当前倒角距离 1＝0.0000，距离 2＝0.0000

选择第一条直线或［放弃（U）/多段线（P）/距离（D）/角度（A）/修剪（T）/方式（E）/多个（M）］：

在命令行中，各选项的含义介绍如下。

• 选择第一条直线：指定定义二维倒角所需的两条边中的第一条边，还可以选择三维实体的边进行倒角，然后从两个相邻曲面中指定其中一个作为基准曲面。

• 放弃（U）：恢复在命令中执行的上一个操作。

• 多段线（P）：对整个二维多段线倒角，相交多段线线段在每个多段线顶点处被倒角，倒角成为多段线的新线段。如果多段线包含的线段过短，以至于无法容纳倒角距离，则不对这些线段倒角（图 12－21）。

• 距离（D）：用于指定两个倒角距离。选取该选项，命令行继续提示为如下。

指定第一个倒角距离＜缺省值＞：

指定第二个倒角距离＜缺省值＝第一个倒角距离＞：（回车表示默认等于第一个倒角距离，将产生 45°倒角线）

要在两条非平行线之间形成倒角线，必须输入两个不为 0 的倒角距离（图 12－22）。

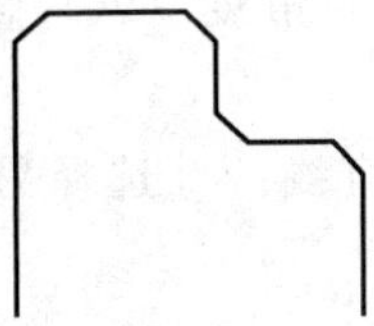

图 12－21　二维多段线的倒角效果

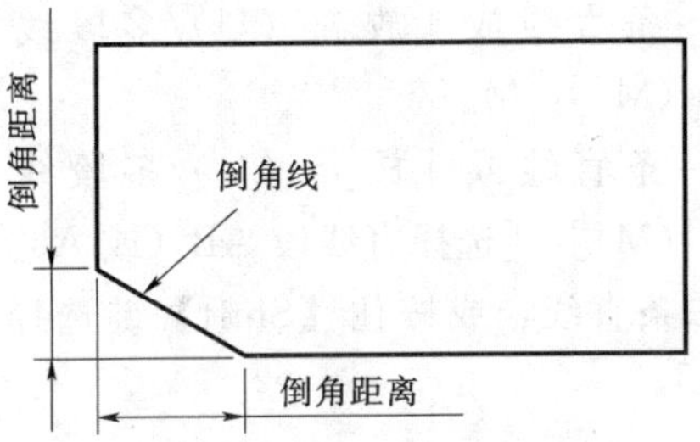

图 12－22　倒角距离与倒角线

• 角度（A）：用第一条线的倒角距离和第二条线的角度设定倒角距离。

• 修剪（T）：用于控制是否将选取的两条直线修剪或延伸到倒角线的端点。选取该选项，命令行继续提示如下。

输入修剪模式选项［修剪（T）/不修剪（N）］＜修剪＞：

说明如下。

(1) 修剪（T）：表示修剪或延伸被倒角的两条直线。该选项为系统缺省选项。

(2) 不修剪（N）：表示不修剪或不延伸被倒角的两条直线。

指定不同的修剪方式将产生不同的倒角效果。

• 方式（E）：用于选择生成倒角的方式。选取该选项，命令行继续提示如下。

输入修剪方法［距离（D）/角度（A）］＜角度＞：

1）距离（D）：以指定两条直线上的倒角距离的这种方式产生倒角。

2）角度（A）：以指定第一条直线上的倒角长度和该直线与倒角线间倾角的这种方式产生倒角。

• 多个（M）：选取该选项，命令行将重复提示“选择第一条直线或［放弃（U）/多段线（P）/距离（D）/角度（A）/修剪（T）/方式（E）/多个（M）］”，允许连续操作产生多个倒角，直至回车结束命令。

【例 12-6】 在图 12-23（a）的基础上，采用“倒角”和直线命令完成图 12-23（b）。

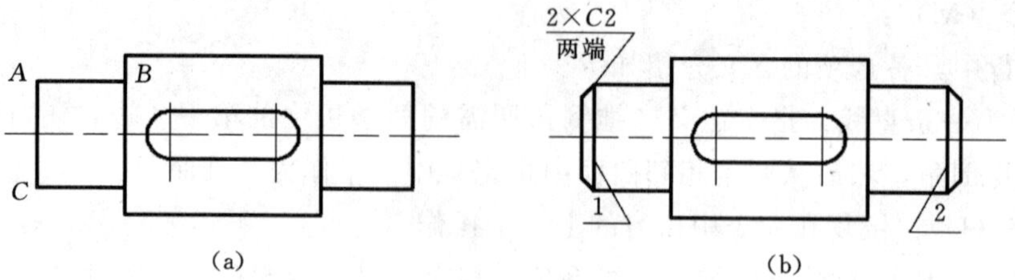

图 12-23 “倒角”命令应用举例

解：命令：_CHAMFER↙

（“修剪”模式）当前倒角距离 1=0.0000，距离 2=0.0000

选择第一条直线或［放弃（U）/多段线（P）/距离（D）/角度（A）/修剪（T）/方式（E）/多个（M）］：D↙

指定第一个倒角距离<缺省值>：2↙

指定第二个倒角距离<2.0000>：↙

选择第一条直线或［放弃（U）/多段线（P）/距离（D）/角度（A）/修剪（T）/方式（E）/多个（M）］：M↙

选择第一条直线或［放弃（U）/多段线（P）/距离（D）/角度（A）/修剪（T）/方式（E）/多个（M）］：［选择直线段 AB（或 AC）］↙

选择第二条直线，或按住【Shift】键选择要应用角点的直线：［选择另一条直线段 *AC*（或 *AB*）］

……

分别选择其他倒角对应的夹角边，完成轴两端的倒角，按回车键即结束命令。

利用“直线”命令绘制图 12-23 所示的直线段 1 和直线段 2。

2. 圆角命令

圆角功能，指利用已知半径的圆弧，将选定的两个实体（如直线、射线、构造线、圆、椭圆、圆弧和椭圆弧等）或一条带转折点的多段线中的两相交直线段圆滑连接起来。

- 执行菜单“修改→圆角”命令。
- 在“修改”工具栏或“默认”选项卡的“修改”面板中单击图标 圆角 ·。
- 输入命令“FILLET”，或简称“F”，按回车键。

  命令行提示内容如下。

  命令：_FILLET

  当前设置：模式=修剪，半径=0.0000

  选择第一条对象或［放弃（U）/多段线（P）/半径（R）/修剪（T）/多个（M）］：

  各选项的含义介绍如下。

- 选择第一条对象：该选项为系统缺省选项。输入“圆角”命令后，命令行即显示当前的修剪模式和圆角半径，当用户确认采用当前值，可直接选取第一条直线。命令行继续提示如下。

选择第二条对象，或按住【Shift】键选择要应用角点的直线：

在上述提示句中，如果选择第二条对象，两条实体之间将按指定的圆角半径产生圆角。

如果按住【Shift】键并选取第二条对象，有可能出现以下两种情况：一种情况是这两个实体处可以延伸产生交点，或这两个实体已经处于相交状态，操作后产生的效果相当于"修剪"和"延伸"的命令。另一种情况是这两个实体不可能聚交于一点，操作后命令行将出现提示句"没有半径为 0.0000 的有效圆角"。

- 放弃（U）：表示完全放弃刚完成的对某个选项的操作。
- 多段线（P）：表示对一条至少含有一个转折点的二维多段线进行圆角连接。选取该选项，命令行继续提示如下。

选择二维多段线：

当用户选取对象后，系统将从多段线的起点开始搜索，凡是能满足半径圆角条件的转折处均同时产生圆角连接（图 12-24）。

- 半径（R）：指定圆角半径。选取该选项，命令行继续提示如下。

指定圆角半径<0.0000>：

- 修剪（T）：用于控制两个被选对象是否需要修剪或延伸到连接圆弧的端点。选取该选项，命令行继续提示如下。

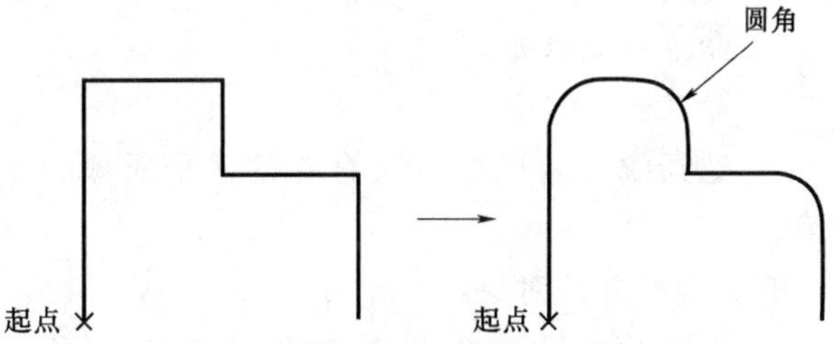

图 12-24 多段线的圆角连接

输入修剪模式选项［修剪（T）/不修剪（N）］<修剪>：

说明如下。

（1）修剪（T）：表示修剪或延伸以圆弧连接的两个对象。该选项为系统缺省选项。

（2）不修剪（N）：表示不修剪或不延伸以圆弧连接的两个对象。

指定不同的修剪方式将产生不同的圆角效果。

- 多个（M）：选取该选项，命令行将重复提示"选择第一个对象或［放弃（U）/多段线（P）/半径（R）/修剪（T）/多个（M）］"，允许连续操作产生多个圆角，直至回车结束命令。

七、分解、合并对象

1. 分解对象

分解功能，主要是把单个复合图形（块、多段线、剖面线、矩形、正多边形等）分解成多个单独的对象，以更方便地对各个单独对象进行编辑。如图 12-25（a）中正多边形分解后成为图 12-25（b）中的多条直线。

- 执行菜单"修改→分解"命令。
- 在"修改"工具栏或在"默认"选项卡的"修改"面板中单击图标 。
- 输入命令"EXPLODE"，或简称"X"，按回车键。

2. 合并对象

合并功能是将相似的对象合并为一个完整的对象，可合并的图形包括直线、多段线、样条曲线、圆弧、椭圆弧，可合并成线性和弯曲图形的端点，便于创建单个图形。执行菜单"修改→合并"命令。

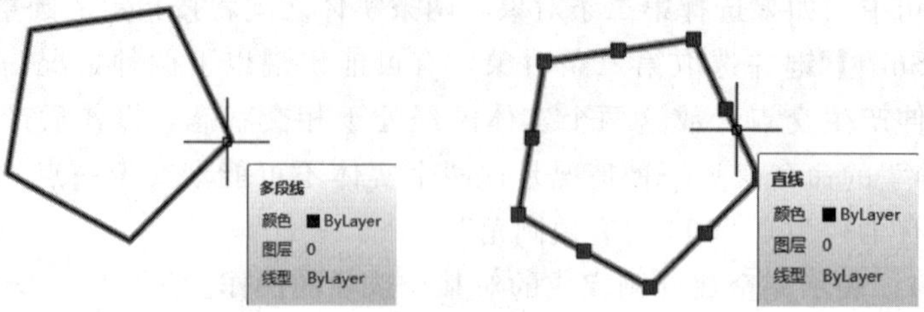

(a)　　(b)

图 12-25　分解对象

(a) 正多边形；(b) 分解后

- 在“修改”工具栏或“默认”选项卡的“修改”面板中单击图标 。
- 输入命令“JOIN”，或简称“J”，按回车键。

命令行提示如下。

命令：JOIN↙

选择源对象或要一次合并的多个对象：找到 3 个

选择要合并的对象：

选择圆弧，并合并到源对象或进行［闭合（L）］：

选择要合并到源对象的圆弧：找到 1 个

已将 1 个圆弧合并到源对象

如图 12-26（a）中的多段圆弧合并后成为图 12-26（b）中的一条圆弧。

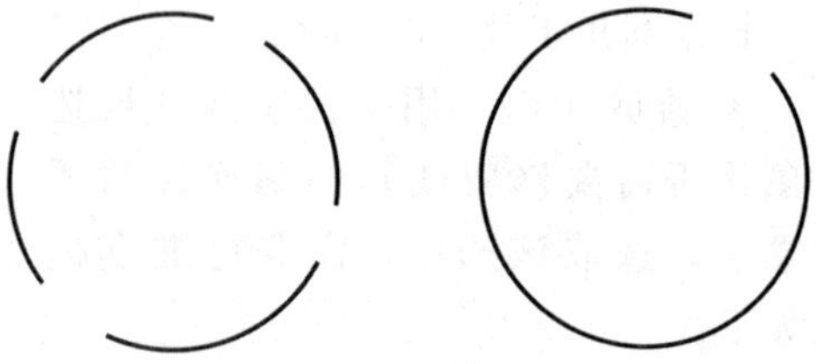

(a)　　(b)

图 12-26　合并对象

(a) 多段圆弧；(b) 合并后

任务总结： 掌握“修改”工具栏上的每一个编辑命令的用法。

任务学习拓展： 尝试区分“先操作后选择”和“先选择后操作”的不同之处。

任务三　夹点编辑命令

任务描述： 学会熟练使用夹点对所选对象进行常规的编辑操作。

一、夹点的基本概念

所谓夹点，是指图形实体上的一些特征点。系统提供的夹点功能，使用户可以在激活夹点的状态下，无须输入相应的编辑命令，即可方便地对实体进行复制、移动、拉伸、旋转和镜像。

夹点状态可分冷态和热态。当夹点处于热态下，可以对实体进行夹点编辑。冷态指当选取某实体后，实体上出现的若干个蓝色小方框。击中某冷态的夹点，夹点变为红色，即为热态。如图 12-27 所示要生成多个热夹点，可按住【Shift】键，逐个拾取冷夹点。

二、夹点设置

夹点设置用于设置夹点功能的开启与关闭以及改变夹点显示的颜色和大小。

- 执行菜单“工具→选项”命令，弹出“选项”对话框，点击“选择集”选项卡。

• 输入命令“GDGRIPS”，或简称“GR”，按回车键。

• 输入命令“OP”，弹出“选项”对话框，点击“选择集”选项卡。

“选择集”选项卡如图 12-28 所示。

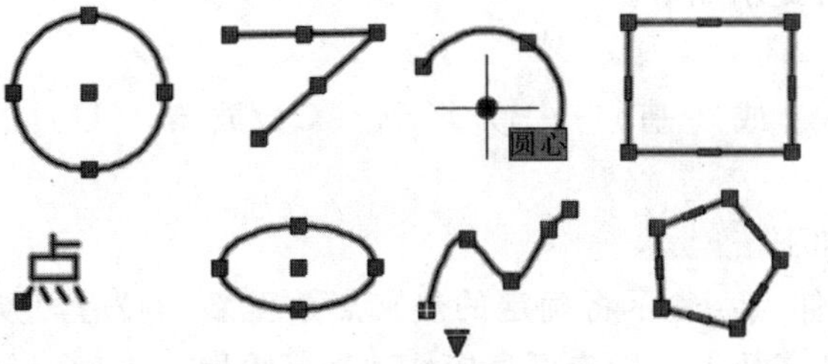

图 12-27 常见实体的夹点

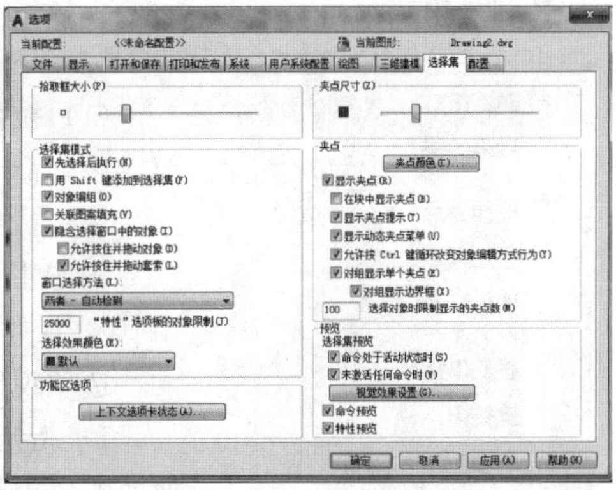

图 12-28 “选项”对话框中的“选择集”选项卡

对话框中“夹点”区的选项说明。

• 夹点大小：拖动滑块可改变点方框的大小，并在左边的白色方框中同步显示。

• 启用夹点：选取该选项，表示开启夹点功能，选择实体后即显示夹点。相当于设置系统变量“GRIPS”的值为“1”。系统变量“GRIPS”用于控制夹点功能的启动与关闭。变量值为“1”时，表示启用夹点功能；变量值为“0”时，表示关闭夹点功能。

• 在块中启用夹点：控制构成块的图形实体上的夹点是否显示。选取该项目，表示显示块中所有实体的夹点及块的插入点；否则只显示块的插入点。

• 未选中夹点颜色：用于改变冷夹点的颜色，单机旁边的翻页箭头，将拉出颜色列表框供用户选择。缺省颜色为蓝色。

• 选中夹点颜色：用于改变热夹点的颜色。单机旁边的翻页箭头，将拉出颜色列表框供用户选择。缺省颜色为红色。

• 悬停夹点颜色：用于改变光标停留在冷夹点时显示的颜色。单机旁边的翻页箭头，将拉出颜色列表框供用户选择。缺省颜色为绿色。

三、利用夹点快速编辑

1. 编辑模式的切换

系统的夹点功能为用户提供了五种编辑模式：拉伸、移动、旋转、缩放和镜像。要利用夹点功能对实体进行快速编辑，首先必须将被选实体上的某一冷夹点激活。此时，命令行提示如下。

* * 拉伸 * *

指定拉伸点或 [基点 (B)/复制 (C)/放弃 (U)/退出 (X)]：

上述五种编辑模式的切换有三种方法。

(1) 通过回车键或空格键旋环切换编辑模式。当夹点处于热态时，首先进入拉伸模式，直接回车或按空格键将依次进入移动、旋转、缩放、镜像模式。

(2) 通过键入关键字切换编辑模式。在“拉伸”模式下，键入关键字也可以切换到其他编辑模式。五种编辑模式的关键字分别为：ST (拉伸)、MO (移动)、RO (旋转)、

SC（缩放）、MI（镜像）。

（3）通过单击鼠标右键弹出快捷菜单选择编辑模式。当用户激活冷夹点后可单击鼠标右键弹出夹点快捷编辑模式的快捷菜单（图12－29），移动光标选取需要的模式，命令行即显示切换到该模式。

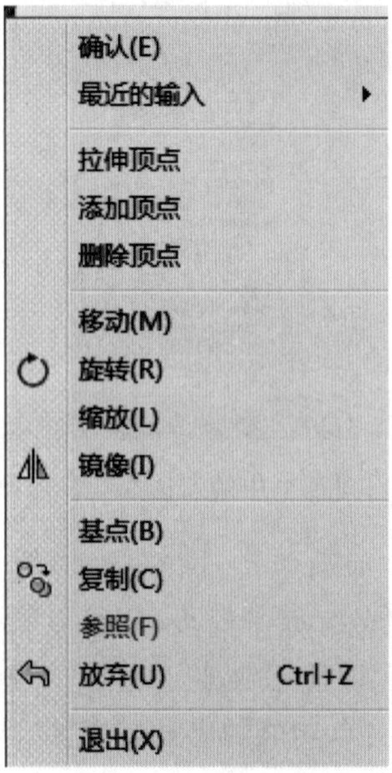

图12－29　夹点编辑模式快捷菜单

2. 编辑模式的操作

（1）拉伸模式。拉伸模式相当于“拉伸”命令。进入拉伸模式后，命令行提示如下。

＊＊拉伸＊＊

指定拉伸点或［基点（B）/复制（C）/放弃（U）/退出（X）］：

选项说明如下。

1）指定拉伸点：表示将确定的热夹点放至新的位置，从而使实体被拉伸或压缩。用户可直接移动光标拾取一点确定新位置，也可输入点的坐标值确定其新位置。

2）基点（B）：系统将选中的热夹点默认为基点。键入“B”，表示重新选择基点。命令行继续提示如下。

指定基点：

3）复制（C）：键入“C”，表示可以连续对选中实体进行拉伸编辑，在原对象基础上产生多个被拉伸实体，直至退出拉伸模式。

4）放弃（U）：表示取消前一次的拉伸操作。

5）退出（X）：表示退出拉伸模式。

在拉伸模式的操作中，通过改变热夹点的位置可能使实体产生拉伸或压缩，也可能使实体产生移动，关键取决于激活的热夹点。以直线段和圆为例，当激活的夹点为直线中点或圆心，拉伸操作将使直线段和圆产生移动；当激活的夹点是端点或象限点，拉伸操作将使直线段和圆的形状产生变化。如图12－30所示。

（2）移动模式。移动模式相当于“移动”命令。进入移动模式后，命令行提示如下。

＊＊移动＊＊

指定移动点或［基点（B）/复制（C）/放弃（U）/退出（X）］：

选项说明如下。

1）指定移动点：以确定的热夹点作为基点，指定实体移至确定新位置的点。

2）基点（B）：键入“B”，表示重新选择基点。

3）复制（C）：键入“C”，表示可以连续对选中实体进行多次移动，直至退出移动模式。相当于“多重复制”的效果。

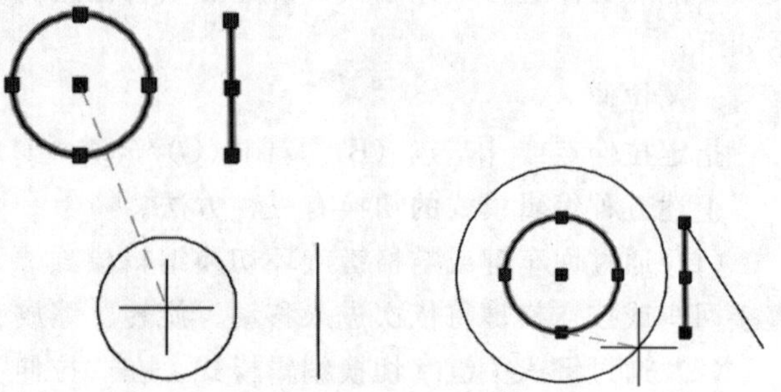

图12－30　热夹点选择位置对拉伸效果的影响

4）放弃（U）：表示取消前一次的移动操作。

5）退出（X）：表示退出移动模式。

(3) 旋转模式。旋转模式相当于“旋转”命令。进入旋转模式后，命令行提示如下。

＊＊旋转＊＊

指定旋转角度或［基点（B）/复制（C）/放弃（U）/参照（R）/退出（X）］：

选项说明如下。

1）指定旋转角度：以确定的热夹点作为基点，输入角度值或拖动光标拾取一点确定相应的旋转角度，实体将绕基点转过指定的角度。

2）基点（B）：键入“B”，表示重新选择基点。

3）复制（C）：键入“C”，表示可以连续对选中实体进行多次旋转，产生多个绕基点转过一定角度的新实体，直至退出旋转模式。

4）放弃（U）：表示取消前一次的移动操作。

5）参照（R）：键入“R”，表示选择“参考方式”。

6）退出（X）：表示退出移动模式。

(4) 缩放模式。缩放模式相当于“比例”命令。进入缩放模式后，命令行提示如下。

＊＊比例缩放＊＊

指定比例因子或［基点（B）/复制（C）/放弃（U）/参照（R）/退出（X）］：

选项说明如下。

1）指定比例因子：以确定的热夹点作为缩放中心，输入相应的比例值，实体将相对缩放中心进行缩放。

2）基点（B）：键入“B”，表示重新选择基点。

3）复制（C）：键入“C”，表示可以连续对选中实体进行多次缩放，产生多个与原实体形状相似且以基点为重合点的新实体，直至退出缩放模式。

4）放弃（U）：表示取消前一次的缩放操作。

5）参照（R）：键入“R”，表示选择“参考方式”。

6）退出（X）：表示退出缩放模式。

(5) 镜像模式。镜像模式相当于“镜像”命令。进入镜像模式后，命令行提示如下。

＊＊镜像＊＊

指定第二点或［基点（B）/复制（C）/放弃（U）/退出（X）］：

选项说明如下。

1）指定第二点：以确定的热夹点作为镜像线的第一点，输入第二点确定镜像线上另一点，系统将以过这两点的直线为对称线，产生一个与原实体对称的新实体，原实体随之消失。

2）基点（B）：键入“B”，表示重新选择镜像线的第一点。

3）复制（C）：键入“C”，表示可以连续改变镜像线的位置，相应产生多个与原实体对称的新实体，直至退出镜像模式。完成多次镜像后，原实体并不会消失。

4）放弃（U）：表示取消前一次的镜像操作。

5）退出（X）：表示退出镜像模式。

任务总结：熟悉各种不同对象的夹点数量和位置，并能运用夹点编辑对象。

任务学习拓展： 综合运用“绘图”命令、“修改”命令、“夹点编辑”命令绘制课后图形。

【课　后　训　练】

根据图中尺寸，利用“绘图”命令、“修改”命令、“夹点编辑”等操作完成图 12-31～图 12-41 的绘制。

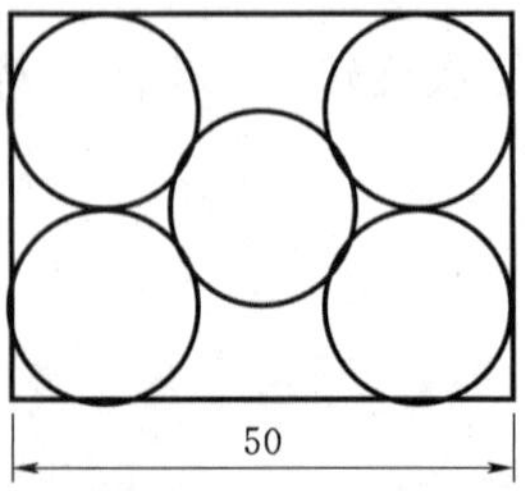

图 12-31

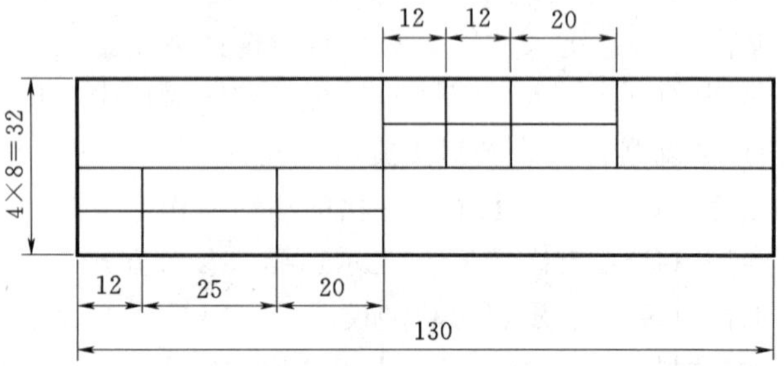

图 12-32

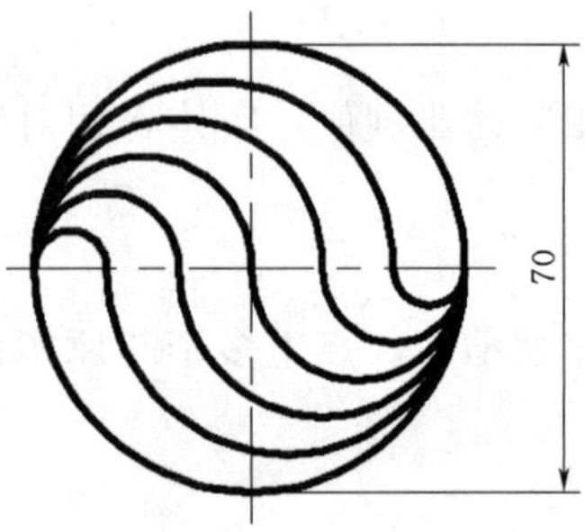

图 12-33

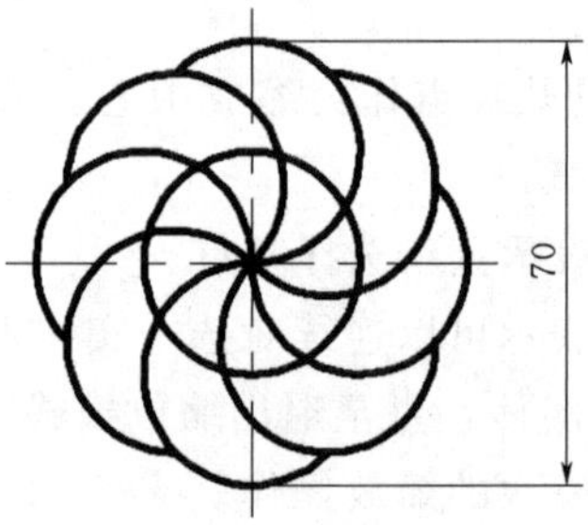

图 12-34

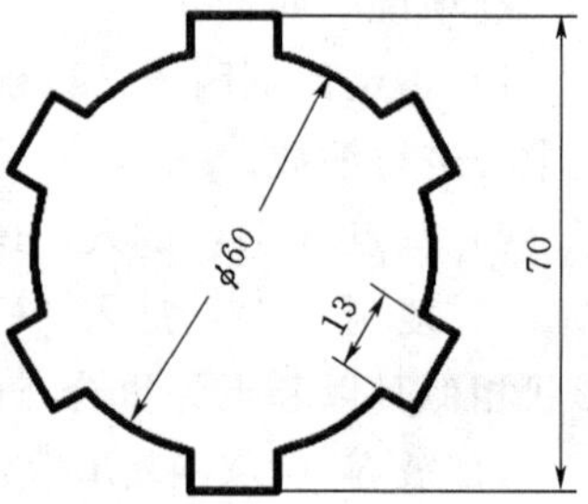

图 12-35

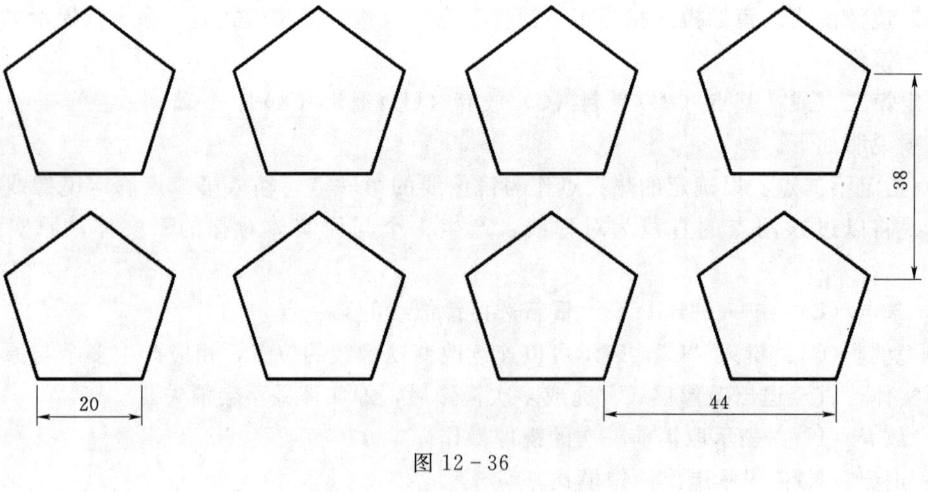

图 12-36

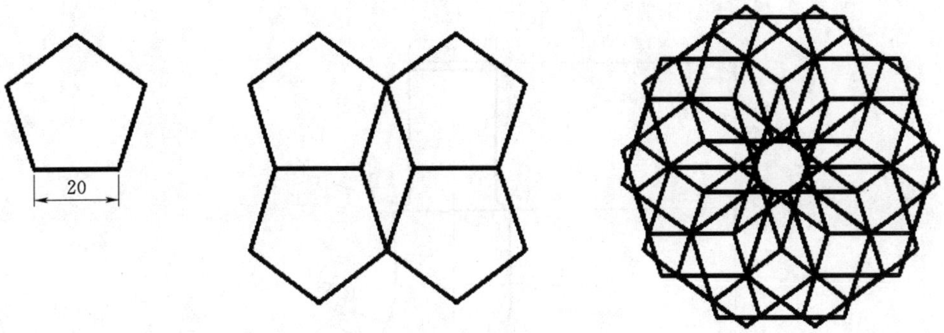

图 12-37

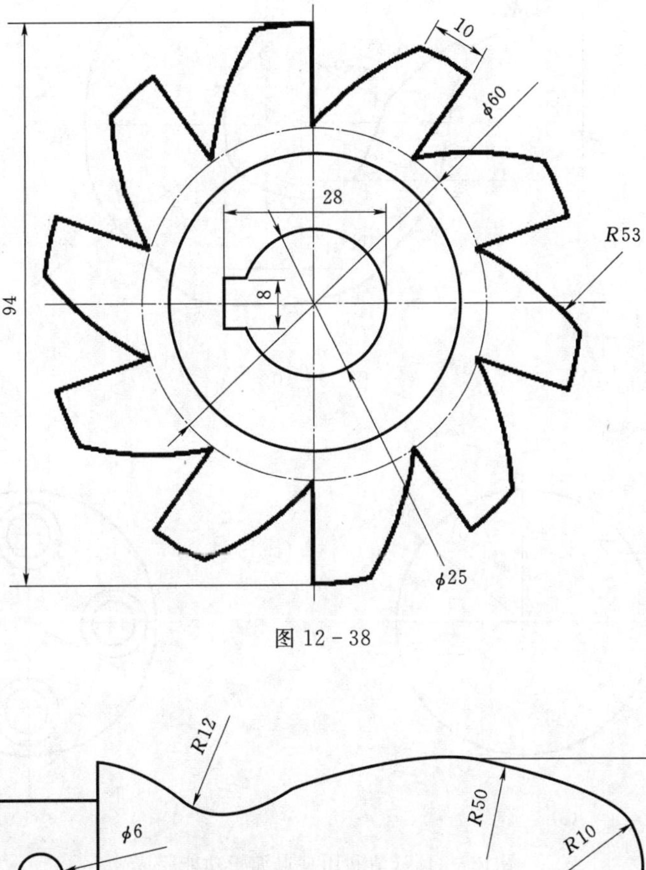

图 12-38

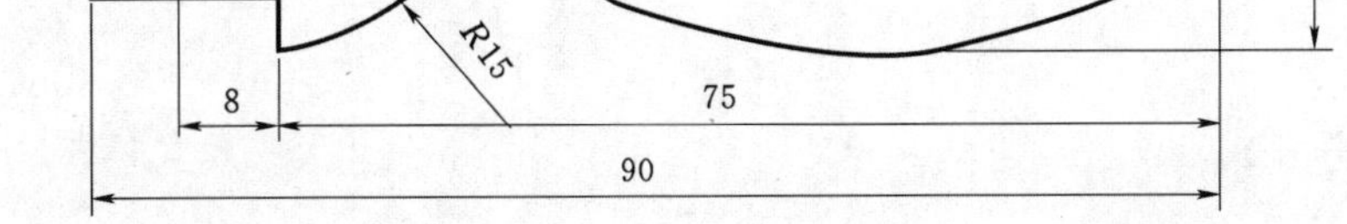

图 12-39

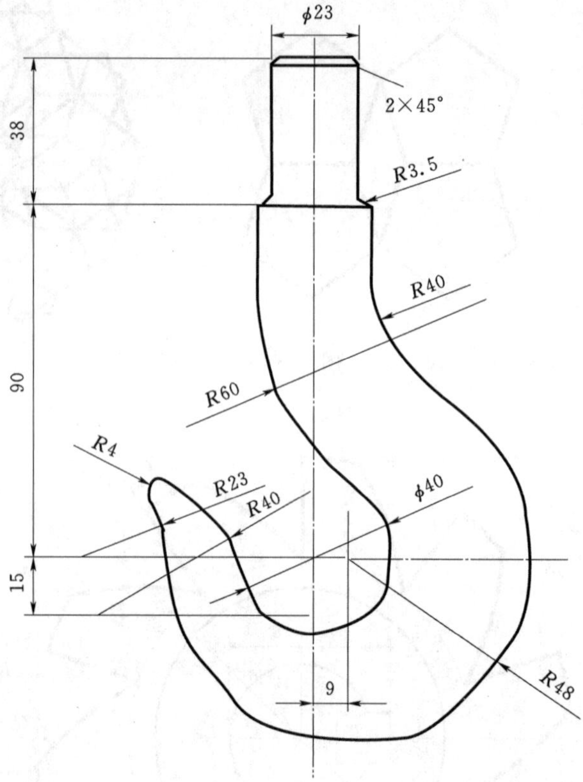

图 12-40

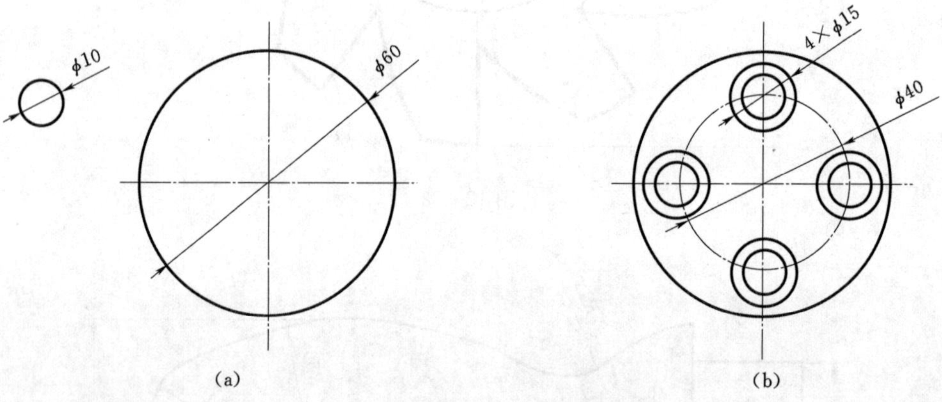

图 12-41 （请利用夹点编辑功能完成）

项目十三 辅助绘图命令

项目描述：本项目主要完成两个学习任务：控制图形显示和草图设置。包括捕捉和栅格的设置；正交和极轴的设置；对象捕捉的设置；对象追踪的设置；动态输入的设置等。本项目内容是二维绘图的辅助方法，是画好图形的有效方法。

项目学习目标：通过本项目学习，掌握图形显示的控制，掌握二维绘图常用辅助工具的使用方法。

项目学习的重点：设置捕捉；设置正交和极轴；设置对象捕捉。

项目学习的难点：设置对象捕捉。

任务一 控制图形显示

任务描述：熟练使用控制图形显示的命令。

一、缩放视图

在 AutoCAD 中，可以通过缩放视图来观察图形对象。缩放视图可以增加或减少图形对象的屏幕显示尺寸，但对象的真实尺寸保持不变。通过改变显示区域和图形对象的大小可以更准确、详细地观看和绘制视图。

• 执行菜单“视图→缩放→实时/上一个/窗口/动态/比例/圆心/对象/放大/缩小/全部/范围”，如图 13－1 所示。

• 点击“缩放”工具栏中的对应按钮，“缩放”工具栏，如图 13－2 所示。

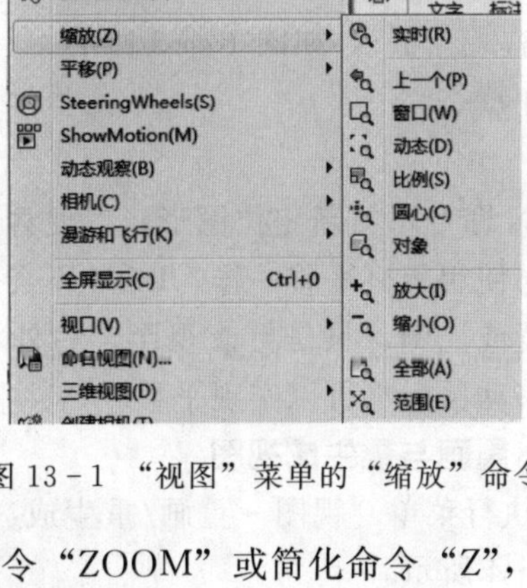

图 13－1 “视图”菜单的“缩放”命令

图 13－2 “缩放”工具栏

• 输入命令“ZOOM”或简化命令“Z”，按回车键。

命令行提示内容如下。

命令：ZOOM↙

指定窗口的角点，输入比例因子（nX或nXP），或者［全部（A）/中心（C）/动态（D）/范围（E）/上一个（P）/比例（S）/窗口（W）/对象（O）］＜实时＞：

在命令行中，各选项的含义介绍如下。

（1）全部（A）：用于在当前视口显示整个图形，大小取决于图形界限设置或有效绘图区域，这是因为用户可能没有设置图形界限或有些图形超出了绘图区域。在三维视图中，“全部”和“范围”作用相同。该选项引起视图重新生成。

（2）中心（C）：该选项要求确定一个中心点，然后给出缩放系数和一个高度值。之后，AutoCAD就缩放中心点区域的图形，并按缩放系数或高度值显示图形，所选的中心点成视口的中心点。如要保持中心点不变，而只想改变缩放系数或高度值，则在新的“中心点”提示符下按回车键即可。

（3）动态（D）：这一选项集成了PAN命令ZOOM命令中的“全部”和“窗口”选项的功能。选用该选项时，系统将显示一平移观察框。拖动它至适当位置并单击，则ZOOM观察框出现，此时可调整观察框尺寸。随后，如单击鼠标左键，则系统将再次显示PAN观察框；否则，如果按回车或鼠标右键，系统将利用该观察框的内容填充视口。

（4）范围（E）：该选项将图形在视口内最大限度地显示出来。由于它总是引起视图重新生成，所以该选项不能透明执行。

（5）上一个（P）：这一选项用于恢复当前视口内上一次显示的图形。AutoCAD最多可恢复上10次所显示的图形。

（6）比例（S）：该选项将当前视口中心作为中心点，并且依据输入的相关参数进行缩放。输入值必须是下列三类之一：不带任何后缀的数值用来相对于图限缩放图形；数值后跟字母X，表示相当于当前视图进行缩放；数值后跟XP表示相对于图纸空间缩放当前视口。

（7）窗口（W）：该选项用于缩放一个由两个对角点所确定的矩形区域。

（8）对象（O）：该选项用于缩放以在视图中心尽可能大地显示一个或多个选定对象。

（9）实时：按住光标向上或向左移动放大视图，按住光标向下或向右移动缩小视图。

另外，还可以利用三键鼠标的中间滚轮进行缩放，将滚轮向上转动时，以当前光标为中心放大；反之为缩小。使用时要格外注意光标的位置。

二、平移视图

- 执行菜单“视图→平移→实时/点/左/右/上/下”，如图13-3所示。
- 点击“标准”工具栏中的“平移”按钮。
- 输入命令“PAN”，按回车键。

图13-3　“视图”菜单的“平移”命令

PAN命令可重新定位图形，以便看清图形的其他部分。与使用相机平移一样，PAN不会更改图形中的对象位置或比例，只是更改视图。另外将鼠标中间滚轮按住移动鼠标也可以实现平移。

三、重画与重生成视图

- 执行菜单“视图→重画/重生成/全部重生成”，如图13-4所示。
- 输入命令“REDRAWALL/REGEN/REGENALL”，按回车键。

“重画（REDRAWALL）”命令用于快速刷新当前视口中的内容，去掉所有临时点标记和编辑图形时的残留痕迹；“重生成（REGEN）”和“全部重生成（REGENALL）”用于在当前视口中重新生成整个图形，并重新计算所有对象的屏幕坐标，并且重新创建图形数据库索引，从而优化显示和对象选择的性能。

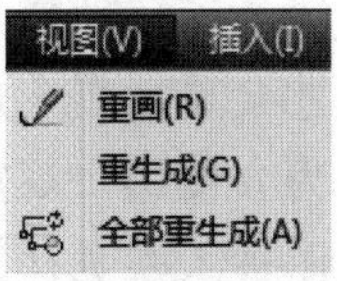

图 13-4 “视图”菜单的“重画/重生成/全部重生成”命令

任务总结： 熟练掌握多种视图缩放的方法。

任务学习拓展： 如果使用触摸屏和触摸板，在 AutoCAD 2017 中如何熟练使用触摸手势进行平移和缩放视图？系统变量 TOUCHMODE 如何设置？

任务二　草 图 设 置

任务描述： 掌握草图设置中捕捉和栅格、正交和极轴、对象捕捉等精确绘图辅助工具的使用。

为了方便快捷地绘制高精度的图形，AutoCAD 提供了一些绘图辅助工具，用户可通过“草图设置”对话框，分别进入相应的选项卡进行设置。下面介绍“捕捉和栅格”“正交和极轴”“对象捕捉”“对象追踪”和“动态输入”等几种常用辅助工具的用法。

一、捕捉和栅格设置

- 执行菜单“工具→绘图设置→捕捉和栅格”，选取“启用捕捉”和“启用栅格”。
- 点击状态栏中“捕捉和栅格”辅助按钮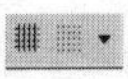旁的下拉三角形，“捕捉设置”，选取“启用捕捉”和“启用栅格”。如图 13-5 所示。
- 点击状态栏中“捕捉和栅格”辅助按钮，开启或关闭栅格；点击状态栏中“捕捉和栅格”辅助按钮，开启或关闭捕捉。

设置捕捉模式，捕捉打开，光标会按用户设定的捕捉间距跳跃移动。栅格可以看成是点的矩阵排列，用户可按需要设定 X 和 Y 方向的点的间隔，当打开栅格模式时，屏幕将显示按规律排布的点。

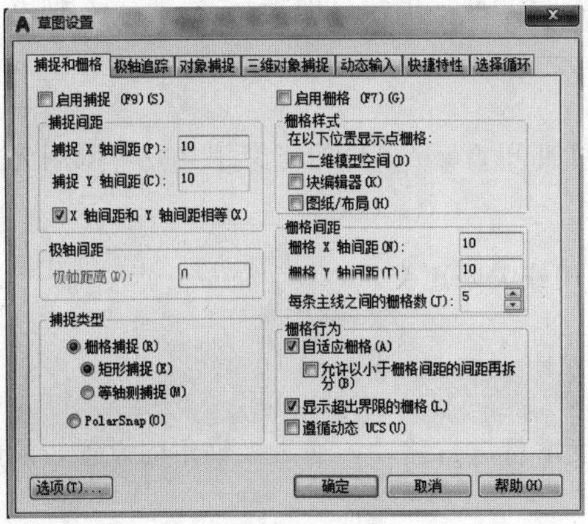

图 13-5 “捕捉和栅格”选项卡

“捕捉和栅格”选项卡中的说明如下。

1. 捕捉间距

捕捉 X 轴间距，设定栅格点和沿 X 方向的间距。

捕捉 Y 轴间距，设定栅格点和沿 Y 方向的间距。

2. 栅格间距

栅格 X 轴间距，在此栏中输入设定值，确定沿 X 方向的间距。

栅格 Y 轴间距，在此栏中输入设定值，确定沿 Y 方向的间距。

每条主线栅格数，指定主栅格线相对次栅格线的频率（此选项在非“二维线框”的视觉样式才会显示指定的栅格数）。

为方便用户观察二维图形和三维实体，系统设置了若干个不同的视觉样式可通过菜单栏的视图进入视觉样式，当视觉样式处于二维线框状态，栅格以栅格点的形式显示在屏幕上。

主栅格线以较粗线型显示。

3. 极轴间距

极轴距离，指在该栏输入设定值，确定点沿极轴方向的间距。当打开极轴追踪功能时，光标将沿指定的极轴方向按设定的间距增量跳跃移动。

4. 捕捉类型

捕捉类型指栅格捕捉和极轴捕捉。

（1）栅格捕捉。包括“矩形捕捉”和“等轴测捕捉”两种样式时，光标为十字光标，栅格点按矩形排列；当采用等轴测捕捉样式时，光标为正等轴侧光标，栅格点按正等轴测方向排列。当用户需要在二维平面上绘制正等轴测图时，可将十字光标切换为正等轴测光标。正等轴测光标有三种样式，分别对应于三个正等轴测平面，它们之间通过功能键“F”或组合键【Ctrl+E】来实现。

（2）极轴捕捉。极轴捕捉是指光标沿追踪的极轴对齐路径捕捉一点，该点与前一点的间距必为极轴距离设定值的整数倍数，所以，极轴距离即为极轴捕捉增量。用户要进行极轴捕捉，首先必须打开“极轴追踪”功能。

5. 栅格行为

当视觉样式处于非“二维线框”状态，控制显示栅格线的外观。

（1）自适应栅格。缩小时，限制栅格密度。允许以小于栅格间距的间距在拆分。放大时，生成更多间距更小的栅格线，主栅格线的频率确定这些栅格线的频率。

（2）显示超出界限的栅格。选取该选项，表示允许栅格显示超出由界限命令设定的范围，覆盖整个绘图区域，反之，栅格只显示在所设定的界限范围内。

（3）跟随动态。选取该选项，表示当改变当前用户坐标系（UCS）时，允许栅格显示平面跟随动态 UCS 的 XY 平面。

二、正交和极轴设置

正交和极轴都是为了追踪一定角度而设置的绘图工具。正交只能追踪 X 轴和 Y 轴方向的角度，而极轴能根据需要设置不同的角度。

1. 正交

当需要在水平方向或垂直方向绘制图形时，可打开 AutoCAD 的正交工具，可限制光标只能在水平方向或垂直方向移动。

- 单击状态栏的“正交”按钮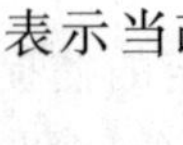

，即启用或关闭正交。
- 命令行输入“ORTHO”，按回车键。

2. 极轴

使用极轴捕捉，光标将沿着极轴角按指定角度增量进行移动，通过极轴角的设置，能够在绘图时捕捉到各种设置好的角度方向。

- 执行菜单“工具→绘图设置→极轴追踪”，进行设置。

• 状态栏上辅助按钮右击或点击下拉三角形，“正在追踪设置”，进行设置。

• 命令行输入“DSETTINGS”，按回车键，打开草图设置。

执行极轴追踪的捕捉如下：

（1）执行极轴追踪命令，弹出“草图设置”对话框中单击“极轴追踪”选项，如图 13－6（a）所示。

（2）在“增量角”选项中指定角度增量，如图 13－6（b）所示。

（3）单击“确定”按钮完成极轴追踪设置。

（4）在绘图区会显示出极轴追踪线和角度增量值，如图 13－6（c）、（d）所示。

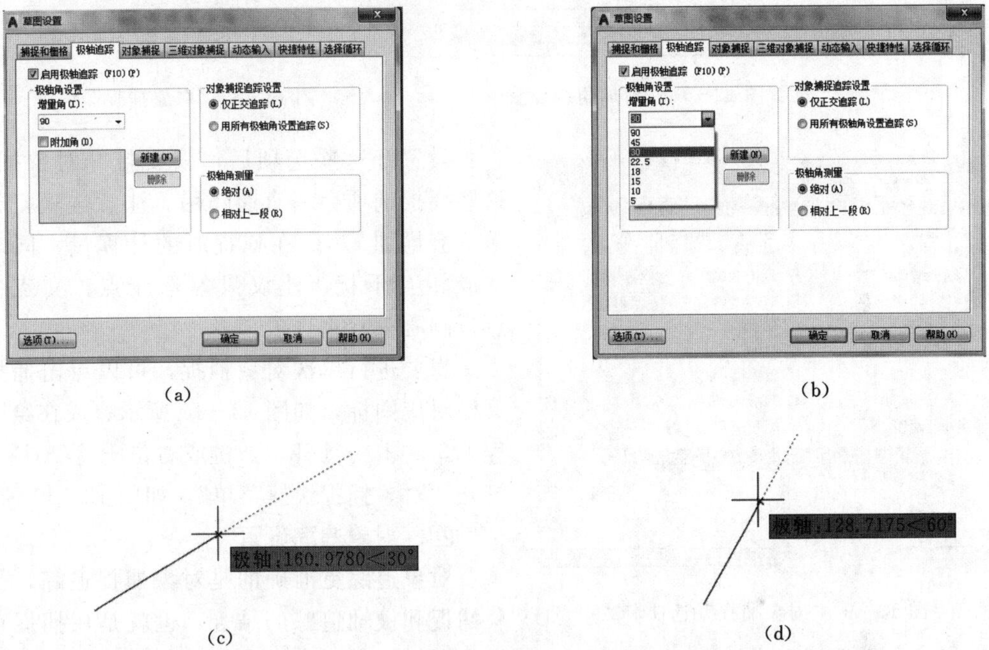

图 13－6 极轴追踪

（a）“极轴追踪”选项卡；（b）“增量角”设置；（c）极轴追踪线和角度增量值；（d）极轴追踪线和角度增量值

所有 0°和增量角的整数倍都可以被极轴追踪捕捉到。如果极轴增量角不能满足绘图需要，还可以在“附加角”选项中单独增加极轴角，如图 13－7 所示。选取“附加角”对话框，单击“新建”按钮，在列表中输入附加的角度值即可。只有被设置的单个附加角才能被追踪，当然，可以设置多个附加角。

二、对象捕捉设置

• 执行菜单“工具→绘图设置→对象捕捉”。

• 单击“将光标捕捉到二维参照点”辅助按钮，开启“对象捕捉”或关闭；单击按钮旁三角形，打开图 13－8，进行勾选；单击按钮旁三角形或右击按钮后，点击“对象捕捉设置...”，启用对象捕捉复选框，从中设置捕捉的对象类型，然后单击“确定”按钮，如图 13－9 所示。

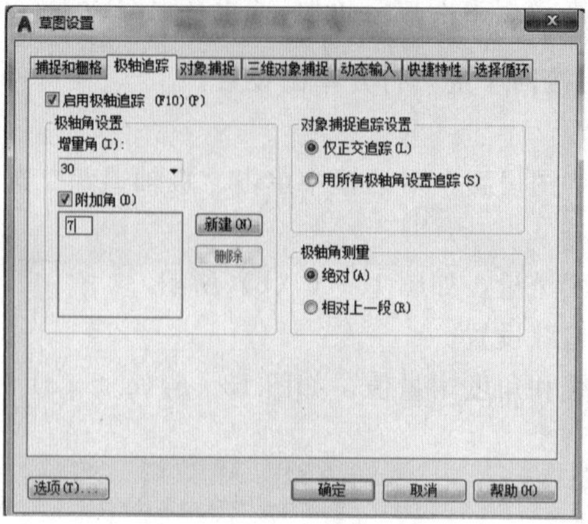

图 13-7 “附加角”设置

图 13-8 “对象捕捉”设置

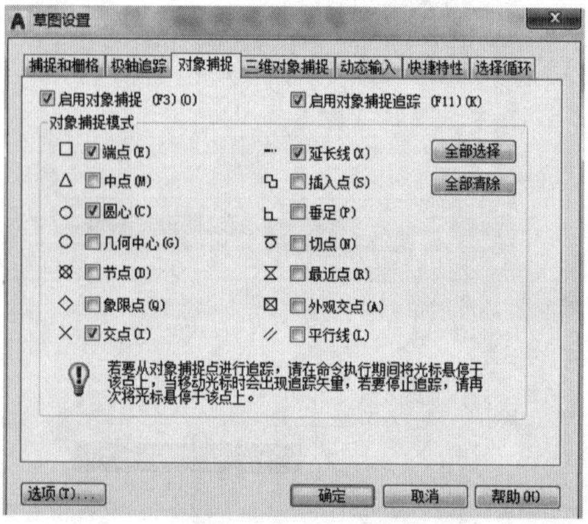

图 13-9 “对象捕捉”选项卡

设置好这些选项后，只要打开对象捕捉，这些捕捉选项会一直起作用。注意选项打开过多，会增加 CAD 在捕捉时的计算量，同时会造成相互干扰，建议只勾选端点、交点、中点、圆心等常用选项。

想要进行单次对象捕捉，可以点击捕捉工具栏对应图标，如图 13-10 所示；或在绘图过程中，右击＋【Shift】键或右击＋【Ctrl】键，打开“对象捕捉快捷菜单”，如图 13-11 所示。

四、对象追踪设置

对象追踪更准确的是对象捕捉追踪，是对象捕捉和极轴追踪的结合，也就是在捕捉对象特征点处进行极轴追踪。利用对象追踪可以在捕捉的同时输入偏移值，并且可以通过对两个捕捉点进行追踪，获取沿极轴方向的交点等。下面简单看一下对象追踪的应用。

图 13-10 “对象捕捉”工具栏

正因为对象捕捉追踪是极轴追踪和对象捕捉的结合，因此设置选项分别在对象捕捉和极轴追踪的设置选项卡中，如图 13-12、图 13-13 所示。

在“极轴追踪”选项卡中主要设置对象追踪的形式，如图 13-13 所示，一种是仅正交追踪，也就是即使设置了极轴增量角，对象捕捉追踪时也只跟踪水平和竖直方向，也就是只出现水平或竖直的极轴；第二种是用所有极轴角设置追踪，可以按极轴增量角来对对象捕捉点进行跟踪。

启动对象捕捉追踪可以按下底部状态栏的对象追踪按钮或按【F11】键，要使用对象追踪，需要启动对象捕捉。对于通过输入命令修饰符、点捕捉工具栏按钮、【Shift】＋右键菜

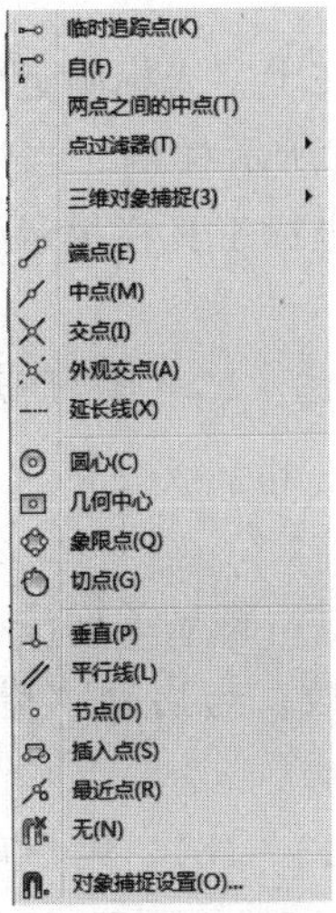

图 13-11 “对象捕捉”快捷菜单

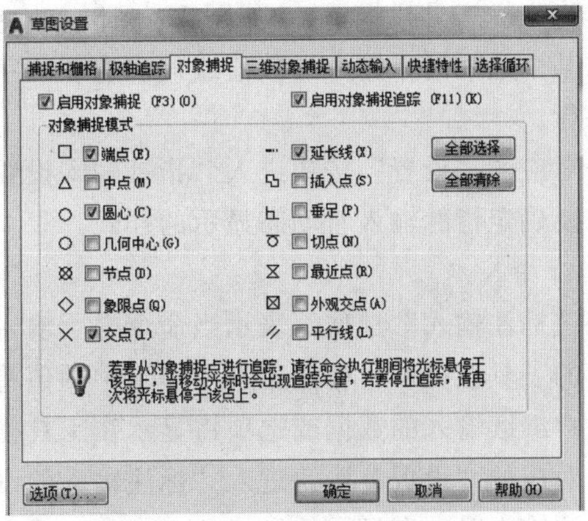

图 13-12 启用对象捕捉追踪

单临时捕捉的点无法进行对象跟踪。

五、动态输入设置

- 执行菜单“工具→绘图设置→动态输入”，进行设置。
- 单击辅助按钮打开或关闭动态输入。
- 辅助按钮“动态输入”右击，“动态输入设置…”，启用对象捕捉复选框。如图 13-14 所示。

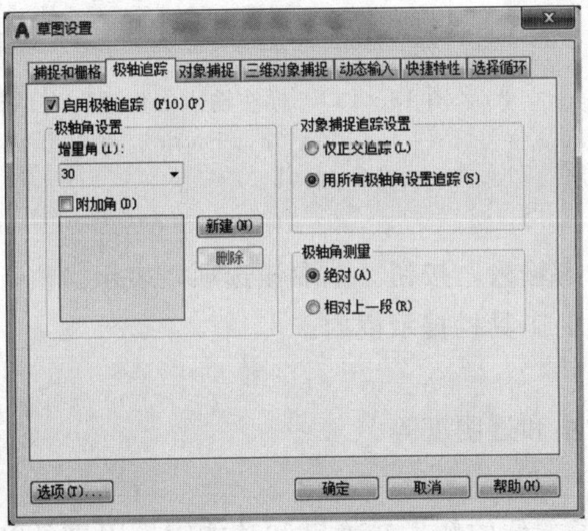

图 13-13 启用极轴追踪

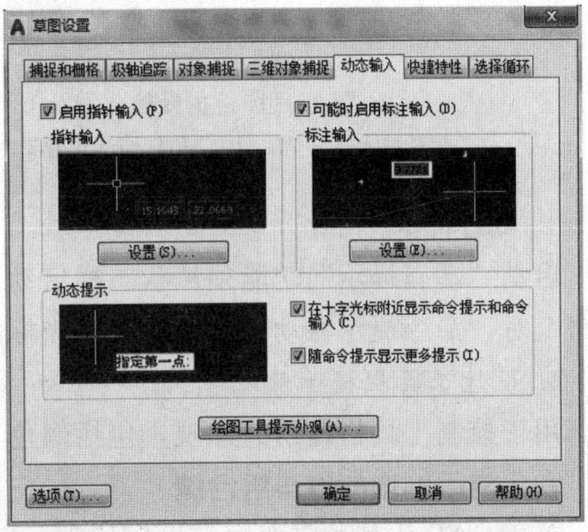

图 13-14 “动态输入”选项卡

“动态输入”功能用于控制指针输入、标注输入、动态提示以及绘图工具栏提示的外观。用户可通过“草图设置”对话框中的“动态输入”选项卡（图 13-14），确定是否需要动态显示指针输入、标注输入及提示输入。单击状态行中的按钮可控制动态输入的启动与关闭。

“动态输入”选项卡中各选项的说明如下。

1. 指针输入

选取该选项，表示点的坐标值将随十字光标所在位置动态显示在十字光标附近的小矩形框内（称为坐标工具栏提示），如图 13 - 15（a）中“指针输入”区所示样例。当用户输入点或选取某个选项时，输入的数值或代表选项的字母将动态出现在坐标工具栏提示框内而不是在状态行。

单击对应的“设置”按钮进入“指针输入设置”对话框，如图 13 - 15（b）所示，用户可根据需要确定指针输入时动态显示的样式。

2. 标注输入

选取“标注输入”选项，表示当命令提示输入第二个点或距离时，将显示标注和距离值与角度值的工具栏提示。标注工具栏提示中的值将随光标移动而更改。与启动“指针输入”相同，用户继续输入的数据或选项将显示在工具栏提示框内。

单击对应的“设置”按钮进入“标注输入的设置”对话框（图 13 - 16），用户可根据需要改变标注输入时动态显示的样式。

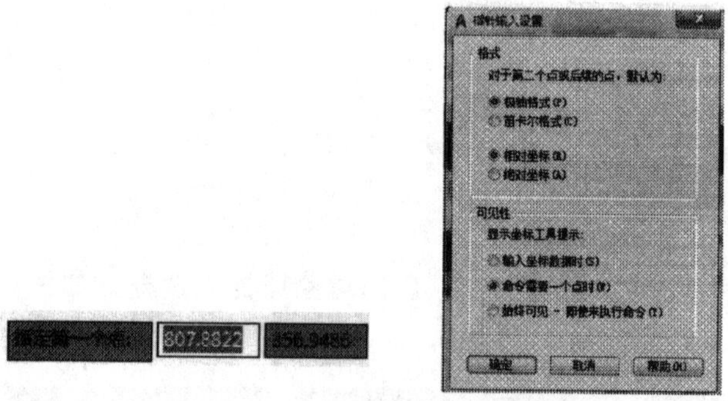

(a)　　(b)

图 13 - 15　指针输入

(a)“指针输入”样例；(b)“指针输入设置”对话框

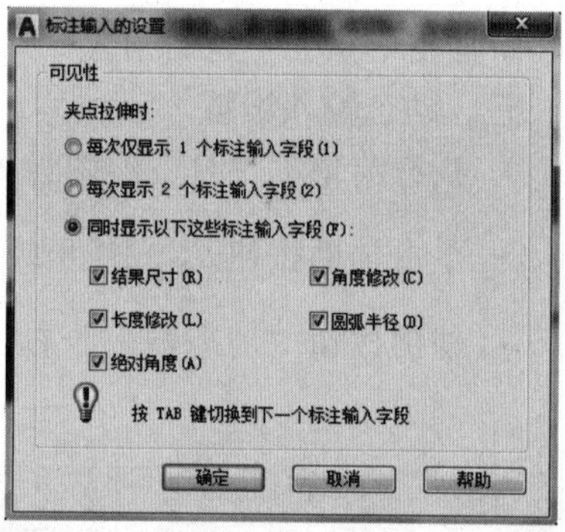

图 13 - 16　“标注输入的设置”对话框

3. 动态提示

启动“动态提示”功能须从状态栏启动“动态输入”按钮。选取该选项，表示当执行某个命令时，命令提示将动态显示在十字光标附近的工具栏提示框内。

4. 设计工具栏提示外观

用于控制工具栏提示的外观，包括颜色、大小和透明度等。

六、常用的功能键与组合键

AutoCAD 为某些需要频繁操作的命令提供了方便的触发转换键和功能键，用户可以在任何时候甚至在某个命令的执行中间使用这些功能键和组合键。表 13 - 1 列出了其中常用的功能键与组合键及其用途。

表 13 - 1　　AutoCAD 常用的功能键与组合键及其用途

功能键	组合键	用　途
F1		打开“帮助主题”窗口
F2		显示或隐藏“文本窗口”

续表

功能键	组合键	用途
F3	Ctrl+F	当没有选择任何对象捕捉类型时，打开"草图设置"中的"对象捕捉"选项卡；当已选择某些对象捕捉类型时，控制"对象捕捉"按钮的开关转换
F5	Ctrl+E	当采用正等轴测光标时，控制三个正等轴测平面的转换
F6	Ctrl+D	控制动态 UCS 的开关转换
F7	Ctrl+G	控制"栅格"按钮的开关转换
F8	Ctrl+L	控制"正交"按钮的开关转换
F9	Ctrl+B	控制"捕捉"按钮的开关转换
F10	Ctrl+U	控制"极轴"按钮的开关转换
F11	Ctrl+W	控制"对象追踪"按钮的开关转换
F12		控制"动态输入"按钮的开关转换
Enter	Ctrl+J（M）	重复执行上一次的命令
	Ctrl+N	执行"新建"命令
	Ctrl+O	执行"打开"命令
	Ctrl+P	执行"打印"命令
	Ctrl+Q	执行"退出"命令
	Ctrl+S	执行"存盘"命令
	Ctrl+C	执行"复制"命令
	Ctrl+X	执行"剪切"命令
	Ctrl+V	执行"粘贴"命令
	Ctrl+Z	执行"撤销"命令，表示取消上一次执行的命令
	Ctrl+1	控制"对象特性管理器"对话框的开启与关闭
	Ctrl+2	控制"AutoCAD 设计中心"的启动与关闭
	Ctrl+3	控制"工具选项板"的启动与关闭
Del		执行"清除"命令
Esc		临时终止正在执行的命令，返回待命状态

任务总结：熟练掌握使用多种精确定位的方法。

任务学习拓展：使用自动追踪时有一些技巧，例如和对象捕捉追踪一起使用"垂足""端点"和"中点"对象捕捉，可以绘制出垂直于对象，垂足为对象端点或中点的点。那么还有哪些实用的技巧呢？

【课后训练】

简答题

1. 极轴追踪与对象捕捉追踪有什么不同？
2. 如何理解动态输入模式？
3. 请简述视图缩放的操作方法。
4. 请简述视图平移的操作方法。
5. 在使用触摸屏时，如何实现视图的平移与缩放？

项目十四　图层与对象特性

利用计算机管理获取图形文件的相关信息，胜过任何使用人工方式的管理。学习完本项目内容，会发现使用计算机比人工方式管理图像更方便、更实用。

项目描述：本项目中，主要学习如何设置图形对象的特性；如何使用图层来管理图形文件中的对象；如何查看、获取图形文件中对象的相关信息。

项目学习目标：通过本项目学习，熟悉图形对象的特性；使用图层管理对象。

项目学习重点：设置对象的特性；使用图层管理对象。

项目学习难点：设置对象的特性。

任务一　对象特性概述

任务描述：本节讲解图形对象的特性。

一般对象的特性包括图层、颜色、线型、线宽和透明度。绘制大部分对象时，利用图层设置对象的颜色、线型、线宽和透明度。除此之外，用户也可以利用“特性”面板设置、查看或改变对象特性。“特性”面板如图 14－1 所示。

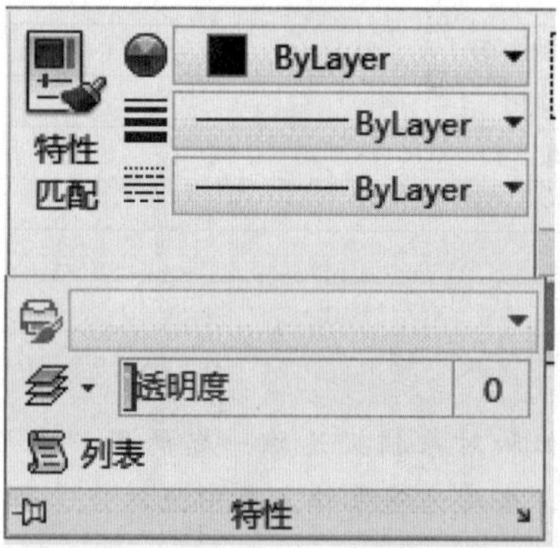

图 14－1　“特性”面板

默认的“特性”面板有四个下拉列表，分别控制对象的颜色、线宽、线型和打印样式。颜色、线型、线宽的默认设置都是“ByLayer”，即“随层”，表示当前的对象特性跟随图层特性，通常采用此设置。透明度用来控制对象的显示特性，不影响图形打印。默认状态下，透明度随图层为不透明。打印样式的当前设定为“随颜色”，但是此列表为灰显，也就是说，在此状态下不能进行设置。打印样式有两种选择，即颜色相关和命名相关，一般情况下都是用默认的颜色相关打印样式。

“特性”面板可以控制对象在屏幕上的显示和打印的状态，可以进行对象的线型、线宽和颜色等特性设置。在制图中，不同的线型表示不同的定义，一般将隐藏面或是隐藏的部分使用 Hidden 线型，对称线或轴线用 Center 线型，用户也会在复杂的图形上用颜色区分对象，不同的颜色代表不同的对象。如图 14－2 所示，可见轮廓使用 Continuous 线型，圆孔中心线使用 Center 线型，隐藏线使用 Hidden 线型，且不同线型使用不同的颜色来表示，通过定义对象的特性，使图形清晰易读。

任务总结：可通过“特性”窗口或“特性”工具栏查看对象的特性。

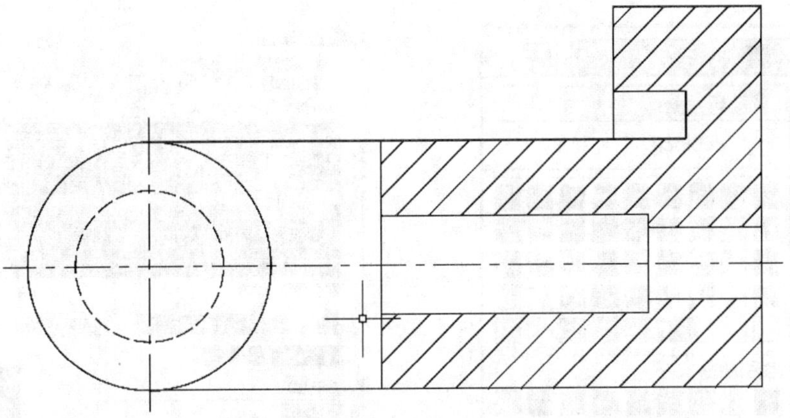

图 14－2　零件图线型

任务二　改变图形对象的特性

任务描述： 本节讲解如何设置和改变对象的特性。每个在图形上建立的对象都具有其关联的特性。例如，一条直线关联的有图层、颜色、线宽和长度等特性。

一、设置颜色

可以为对象设置颜色，一旦颜色设置后，以后创建的对象皆采用此颜色，直至选择新的颜色为止。

1. 命令操作

调用颜色命令的方法如下：

- 命令区：输入 COLOR 并按回车键确认。
- 功能区：依次单击“默认”选项卡→“特性”面板→“颜色”下拉按钮。

2. 设置对象颜色操作步骤

- 依次单击“特性”面板→“颜色”下拉按钮，AutoCAD 弹出“颜色”下拉列表，如图 14－3（a）所示。
- 用户可以在“颜色”下拉列表中选择一种颜色，或选择“选择颜色”选项，AutoCAD 弹出“选择颜色”对话框，如图 14－3（b）所示。
- 在“选择颜色”对话框中，选择一种颜色作为当前颜色，如“红色”。

设置颜色后，在图形窗口绘制对象，此时这些对象的颜色特性均为“红色”。

3. 颜色列表说明

从颜色列表中可以看到，除了有“红”“黄”“蓝”等众所周知的颜色以外，还包含“ByLayer”和“ByBlock”两项。这两项属于逻辑特性，在线型、线宽特性列表中都有这两项。“ByLayer”的意思就是对象的颜色特性由图层的颜色特性确定，而“ByBlock”表示对象的颜色特性由图块的颜色特性确定。

二、设置线型

绘图时，用户会发现线型和对象有许多关联性。虽然整体线型种类多样化，但是原则上与对象之间的关系是有迹可循的，线型和对象的相互关联分辨起来更容易，也让图形更易理

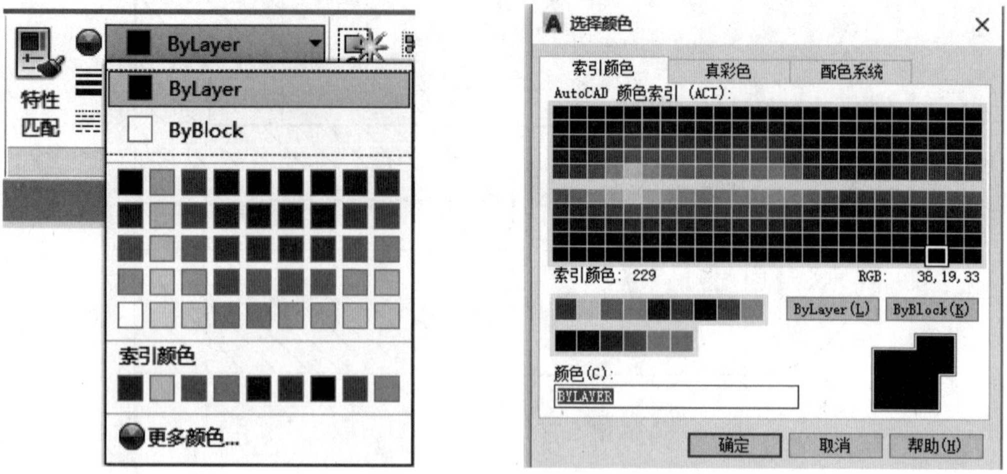

(a)　　　　　　　　　　(b)

图 14-3　选择颜色

(a)“颜色”下拉列表；(b)“选择颜色”对话框

解与阅读。

用户可以根据需要为对象设置线型。一旦线型设置后，以后创建的对象皆采用此线型直至选择新的线型为止。

1. 命令操作

调用线型命令的方法如下：

- 命令区：输入 LINETYPE 并按回车键确认。
- 功能区：依次单击“默认”选项卡→“特性”面板→“线型”下拉按钮。

2. 设置对象线型操作步骤

- 依次单击“特性”面板→“线型”下拉按钮，弹出“线型”下拉列表，如图 14-4 (a) 所示。

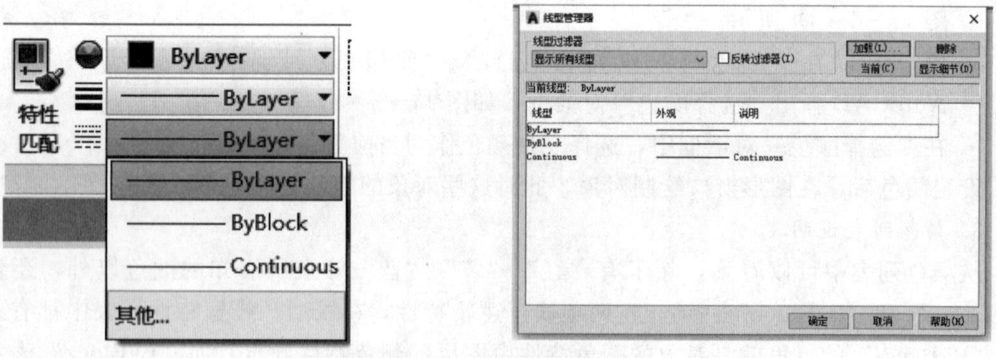

(a)　　　　　　　　　　(b)

图 14-4　选择线型

(a)“线性”下拉列表；(b)“线性管理器”对话框

- 用户可以在“线型”下拉列表中选择一种颜色，或选择“其他...”选项，AutoCAD

弹出“线型管理器”对话框，如图 14 - 4（b）所示。

• 从“线型”下列列表和“线型管理器”对话框中可以看到，默认的图形中只加载了三种线型，其中两种是逻辑线型特性“ByLayer”和“ByBlock”，另外一种是 Continuous 线。

• 加载其他线型。单击“线型管理器”对话框中的“加载”按钮 加载(L)...，AutoCAD 弹出“加载或重载线型”对话框，如图 14 - 5 所示。

• 在“加载或重载线型”对话框中选择要加载的线型，或在列表中单击鼠标右键，在弹出的快捷菜单中选择“全部选择”选项，单击“确定”按钮，选择的线型就被添加到“线型管理器”对话框的“线型”列表中了。

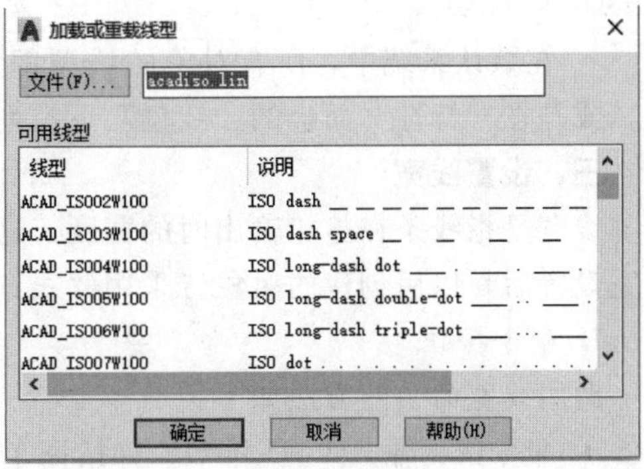

图 14 - 5　“加载或重载线型”对话框

• 设置线型比例。如果回执的线条不能正确反映线型时，如虚线、中心线等显示仍为实线，则需要调整线型比例。

• 在“线型管理器”对话框中单击“隐藏细节”按钮 隐藏细节(D)，可以打开“详细信息”选项组，如图 14 - 6 所示。修改了“全局比例因子”，可以设置整个图形中所有对象的线型比例。选择一种线型，修改“当前对象缩放比例”，可以设置当前新创建对象的线型比例。

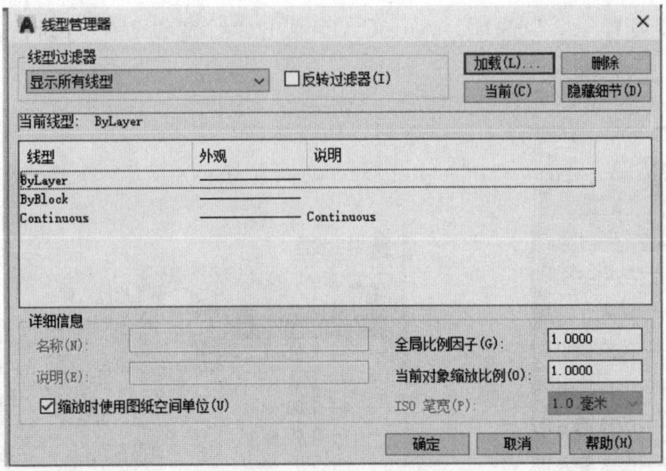

图 14 - 6　“线型管理器”对话框中“详细信息”选项组

3. 线型管理器重点提示

• 在默认设置中，线型只包含 Continuous 线。

• 在图形中只需加载需要的线型。

• 无论从线型管理器中删除或使用 PURGE 命令，都可以删除还没有被使用的线型，已经使用的线型无法删除。

• 若第一次使用其他线型，必须先加载才可以使用。

• 用户可以使用 LTSCALE 改变整体线型比例系数，如 LTSCALE 比例设为 10，图形中所有的线型比例都会放大 10 倍。

• 可以利用“特性”选项板，针对单一对象改变线型比例。改变 LTSCALE 系数会影响图形文件中所有对象的线型。

• 有某些线型还会包含 1/2 和 2 两种不同的比例，如 HIDDEN、HIDDEN2（.5x）和 HIDDEN（2x）。

• 在默认系统中，所有对象的线型都按图层（ByLayer）设置，用户可以手动改变设置，或是在“特性”面板的“线型”下拉列表中选择要使用的线型。

三、设置线宽

线宽是指线条在打印输出时的宽度，这种线宽可以显示在屏幕上，并输出到图纸。一旦线宽设置后，以后创建的对象皆采用此线宽，直至选择新的线宽为止。

1. 命令操作

调用线宽命令的方法如下：

• 命令区：输入 LWEIGHT 并按回车键确认。

• 功能区：依次单击“默认”选项卡→“特性”面板→“线宽”下拉按钮。

2. 设置对象线宽操作步骤

• 依次单击“特性”面板→“线宽”下拉按钮，弹出“线宽”下拉列表，如图 14-7（a）所示。

• 在“线宽”下拉列表中选择线宽。

• 选择“线宽设置...”选项，AutoCAD 弹出“线宽设置”对话框，如图 14-7（b）所示。

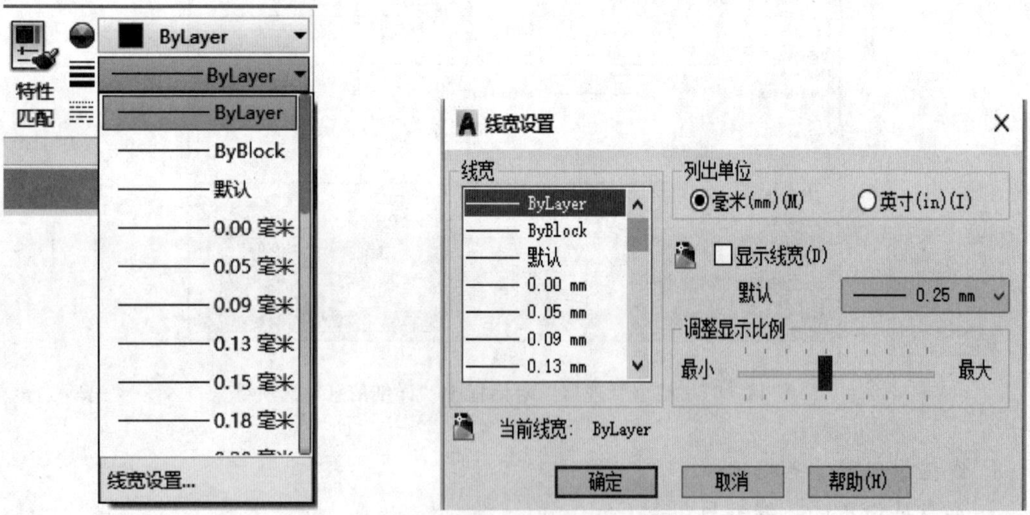

(a)　　　　(b)

图 14-7　选择线宽

（a）“线宽”下拉列表；（b）“线宽设置”对话框

• 在“线宽设置”中可以设置对象的线宽，可以选择是否在屏幕上“显示线宽”，还可以调整线宽的默认宽度和显示比例。

• 如图 14-8 所示，状态栏的“线宽”按钮用来控制屏幕上是否显示线宽。若应用程序状态栏中未找到“线宽”按钮，可通过在应用程序状态栏中单击“自定义”按钮≡，打开自定义选项卡后选择“线宽”选项，即可在应用程序状态栏中显示对应的“线宽”按钮。

图 14-8 应用程序状态栏

四、设置透明度

用户可以根据需要为对象设置透明度。通过拖动“透明度”滑块或直接输入数值来改变对象的透明度。透明度取值范围为 0～90，0 表示完全不透明，值越大对象显示越浅，背景越清晰。一旦透明度设置后，以后创建的对象皆采用此透明度，直至选择新的透明度为止。

1. 命令操作

调用透明度命令的方法如下：

• 命令区：输入 CETRANSPARENCY 并按回车键确认。

• 功能区：依次单击“默认”选项卡→“特性”面板→“透明度”滑块。

2. 设置对象透明度操作步骤

• 拖动“特性”面板的“透明度”滑块，或直接在“透明度”文本框中输入数值来设置当前透明度值，如图 14-9 所示。

• 绘制图形，则应当绘制对象皆采用此透明度。

•“应用程序状态栏”中的“透明度”按钮，如图 14-10 所示，能控制透明度是否在屏幕上显示。若应用程序状态栏中未找到“透明度”按钮，可通过在应用程序状态栏中单击“自定义”按钮≡，打开自定义选项卡后选择“透明度”选项，即可在应用程序状态栏中显示对应的“透明度”按钮。

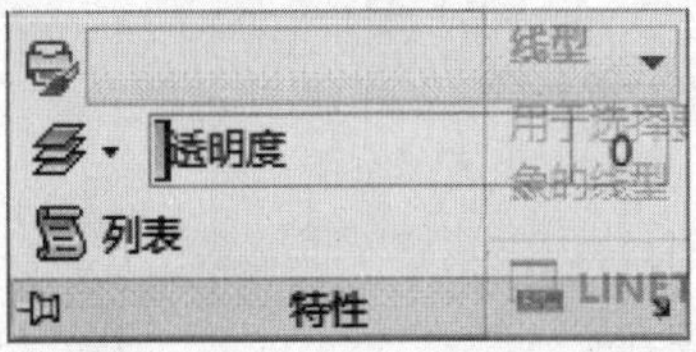

图 14-9 设置“透明度”

图 14-10 应用程序状态栏中的“TPY”按钮

任务总结： 了解对象的特性概念及设置方法。

任务学习拓展： 练习进行对象的颜色、线型和线宽等特性设置。

任务三 使用与管理图层

任务描述： 本任务讲解如何使用图层管理图形上的对象。通过学习，使用图层的逻辑特性，依照对象不同的功能、外观、颜色、线型或是深浅来加以区分与管理。

图层的概念类似于投影片，将不同属性的对象分别放置在不同的投影片（图层）上，例如在一个厨房的平面图中，分别将墙壁、电气和家具绘制在不同的图层上，然后把不同的图层堆叠在一起成为一张完整的视图。由于 AutoCAD 可以方便地对单个图层进行编辑，如隐藏、锁定等，这样就可以非常方便地对图形对象进行管理。一个完整的图形就是由它所包含的所有图层上的对象叠加在一起构成的。使用图层的特性来管理图形中的同类要素，如线型、颜色、线宽及透明度。当用户将同类对象设置为同一图层时，就可以只控制该图层来设置对象所有相关的属性。

一、创建与设置图层

利用图层特性管理器，可以创建新的图层、指定图层的各种特性、设置当前图层、选择图层和管理图层。图层特性管理器是一种无模式工具，能够在使用其他命令的同时维持其显示状态，并且在其上所做的修改可以实时地应用于图形中。

1. 创建图层

用户可以通过以下方法打开“图层特性管理器”：

• 命令区：输入 LAYER 并按回车键确认。

• 功能区：依次单击“默认”选项卡→“图层”面板→“图层特性”按钮。

创建新图层的操作步骤如下：

• 在命令行中输入 LAYER，系统弹出“图层特性管理器”选项卡。

• 单击“图层特性”按钮，在图层管理状态栏中设置相应的图层属性，如图 14－11 所示。

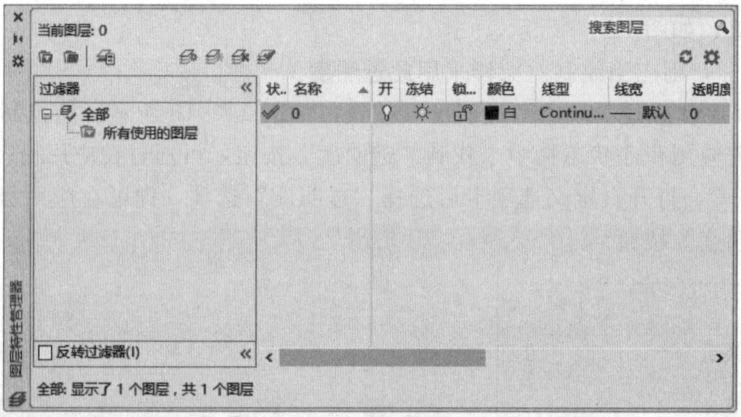

图 14－11　设置相应的图层属性

在默认情况下，AutoCAD 会自动创建一个名为 0 的特殊图层。0 图层既不能删除，也不能重新命名，如图 14－12 所示，若新建图形文件选择的样本是 acadiso.dwt，则在图层特性管理器中只有 0 图层。

2. 设置图层颜色

在绘图时，为了便于区别不同的图层，往往将图层设置为不同的颜色。如果要改变图层的颜色，可在“选择颜色”对话框中进行设置。

设置图层颜色的操作步骤如下：

• 在“图层特性管理器”选项卡中单击图层的“颜色”列对应的图标，弹出“选择颜色”对话框，如图 14－13 所示。

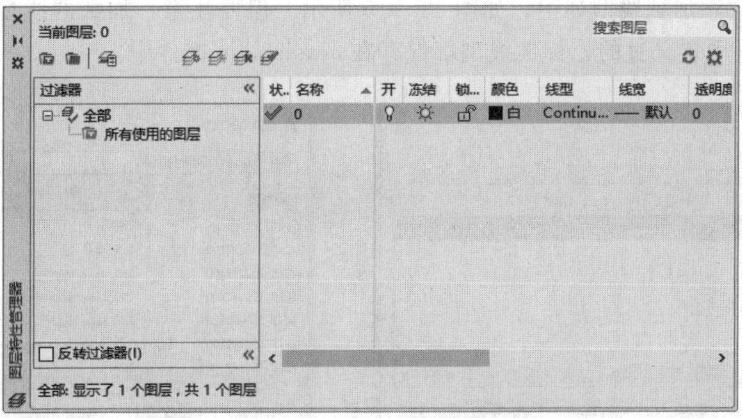

图 14－12　样板文件 acadiso.dwt 的图层

• 在“选择颜色”对话框中，提供了“索引颜色”“真彩色”和“配色系统”三个选项卡，可在此为图层选择颜色。用户只选取所希望的颜色或在“颜色”文本框中输入相应颜色名或颜色号，然后单击“确定”按钮，即可为该图层设置相应的颜色。

“选择颜色”对话框中各选项说明如下：

• “索引颜色”选项卡：可以在系统所提供的 255 种颜色索引列表中选择所需要的颜色。单击其中的 ByLayer 和 ByBlock 按钮后，颜色分别按图层和图块设置，这两个按钮只有在设定了图层颜色和图块颜色后才可以使用。

• “真彩色”选项卡：在此选项卡中可以选择需要的任意颜色，可以拖动调色板中的颜色指示光标和亮度滑块选择颜色及其亮度。

• “配色系统”选项卡：选择此选项卡，可以从标准配色系统中选择预定义的颜色，在“配色系统”下拉列表框中选择需要的系统，然后拖拽右边的滑块来选择具体的颜色，所选颜色编号显示在下面的“颜色”文本框中，也可以直接在该文本框中输入编号值来选择颜色。

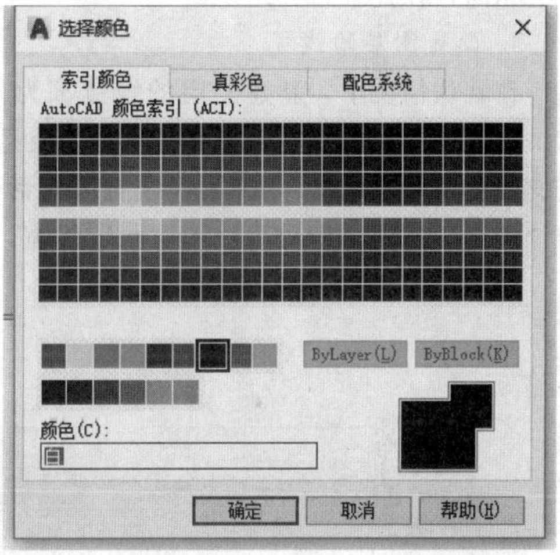

图 14－13　“选择颜色”对话框

3. 使用与管理图层的线型

单击“图层”工具栏中的“图层特性管理器”按钮，弹出“图层特性管理器”选项卡，在图层列表的线型列下单击线型名，弹出“选择线型”对话框，每个全新的图形都包含 Continuous 线型，单击“加载”按钮，加载其他线型，选择的线型为该图层线型特性。如图 14－14 所示。

对话框中选项的含义如下：

• “已加载的线型”列表框：显示在当前绘图中加载的线型，可供用户选用，其右侧显示线型的形式。

• “加载”按钮：单击该按钮，弹出“加载或重载线型”对话框，用户可通过此对话框加载线型并把它添加到线型列中，如图 14-15 所示。但要注意，加载的线型必须是在线型库（LIN）文件中定义过的，标准线型都保存在 acadiso. lin 文件中。

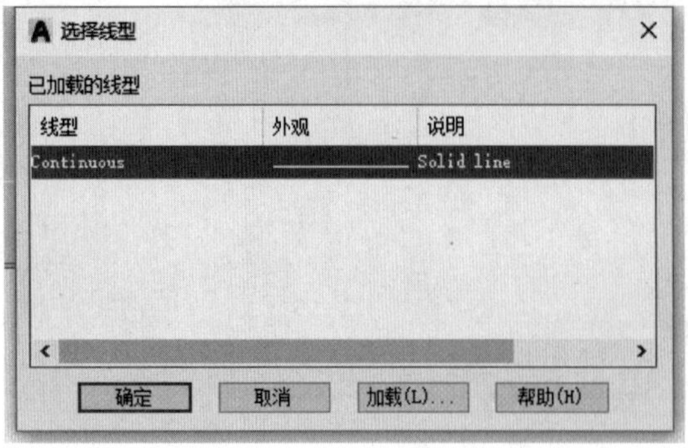

图 14-14 “选择线型”对话框

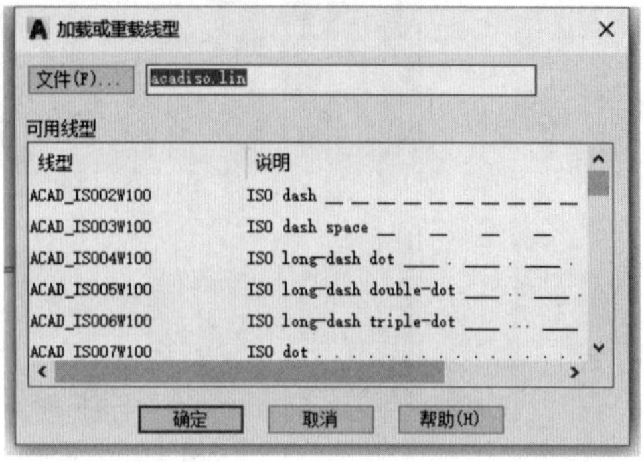

图 14-15 “加载或重载线型”对话框

用户也可以在命令行中输入 LINETYPE，然后按回车键确认，系统将弹出“线型管理器”对话框，可在此设置线型，如图 14-16 所示。该对话框选项中含义与前面介绍的选项含义相同，在此不再介绍。

4. 设置图层的线宽

在默认情况下，新建图层的线宽都为“默认”，用户可以根据需要来改变图层的线宽。如果要改变图层的线宽，可在“图层特性管理器”选项卡中单击位于“线宽”列下该图层对应的线宽“——默认”，弹出“线宽”对话框。用户可以在列表中选择一种合适的线宽，单击“确定”按钮，即可为该图层制定线宽，如图 14-17 所示。

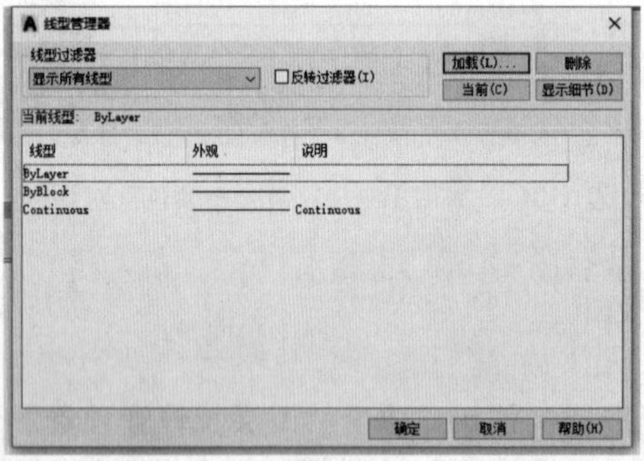

图 14-16 “线型管理器”对话框

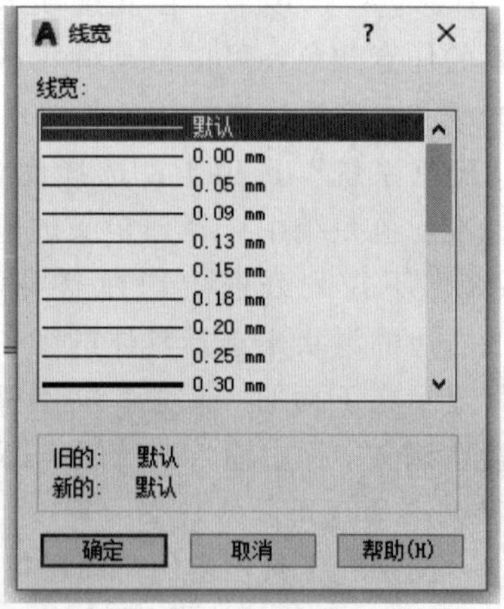

图 14-17 “线宽”对话框

二、更改图层的控制状态

在图层特性管理器中控制图层状态，可以利用图层管理功能调整对象的状态，如可见性和可编辑性。表 14-1 为图层特性管理器中控制图层状态各控件的功能。

三、管理图层

在绘图中，图形中主要包括粗实线、细实线、虚线、波浪线、点画线、剖面线、尺寸标注以及文字说明等元素。如果用图层来管理它们，不仅能使图形的各种信息清晰、有序，便于观察，而且也会给图形的编辑、修改和输出带来很大方便。

表 14-1　　图层特性控制器控制功能

功能键	功　能
打开 关闭	打开：图层处于“打开”状态时，其上的对象可见 关闭：图层处于“关闭”状态时，其上的对象不可见，但是图层上的对象会受重生成影响，当前工作的图层可以被关闭
解冻 冻结	解冻：图层处于“解冻”状态时，其上的对象可见 冻结：图层处于“冻结”状态时，其上的对象不可见，但是图层上的对象不会受到重生成影响，当前工作的图层不可以被冻结
布局视口解冻 布局视口冻结	当前布局视口解冻：此功能在布局空间中使用，布局视口处于“解冻”状态时，其上对象可见 当前布局视口冻结：此功能在布局空间中使用，布局视口处于“冻结”状态时，其上对象不可见，也不可以打印或是被选择
解锁 锁定	解锁：图层处于“解锁”状态时，用户可以选择、编辑其上的对象 锁定：图层处于“锁定”状态时，用户不可选择、编辑其上的对象，但是可以在锁定图层中创建对象

1. 设置图层特性

在“图层管理器”选项卡中单击“新建图层”按钮，系统将显示一个名为“图层 1”的新图层。默认情况下，新建图层与当前图层的状态、颜色、线型、线宽等设置相同。用户可以单击此图层名称并为其指定新的图层名（如“粗实线”），以此来标识将要在该图层上绘制的图形元素的特征。

要删除图层，可在图层列表区选中要删除的图层后单击“删除图层”按钮，即可把该图层删掉。

要设置当前图层，可在图层列表中选中某一图层，然后单击“置为当前”按钮，则可把该图层设置为当前图层，并在“当前图层”栏中显示该图层的名字，当前图层的名字存储在系统变量 CLAYER 中。另外，用户也可以双击图层名或通过右键快捷菜单来把该图层设置为当前图层。

单击“在所有视口中都被冻结的新图层视口”按钮，在创建新图层时在所有现有布局视口中将其冻结。也可以在“模型”或“布局”选项卡中单击此按钮。

2. 过滤图层

当绘制一幅具有大量图层的图形时，用户可以单击“图层特性管理器”选项卡中的“新建特性过滤器”按钮，仅使那些具有共同特征或特性的图层显示在图层列表框中，如图 14-18 所示。用户可以在该对话框中根据图层的名称、可见性、颜色、线型和线宽来过滤图层，指定它们是打开或关闭、冻结或解冻以及锁定或解锁等。

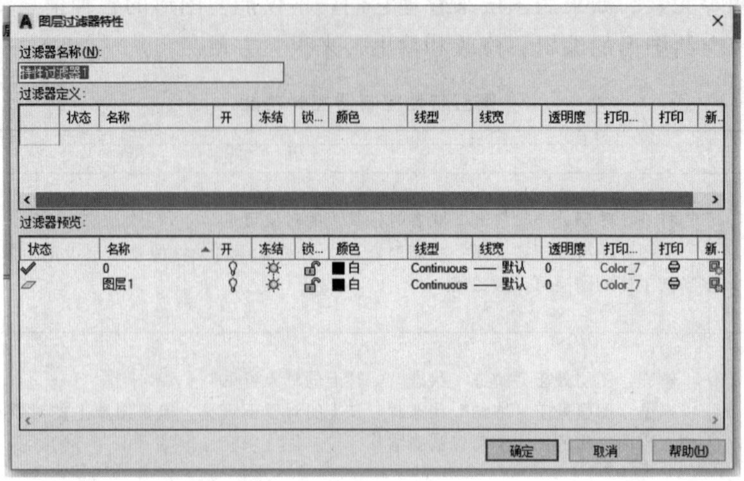

图 14－18　“图层过滤器特性”对话框

任务总结： 本节讲述了如何创建和管理图层，如何设置图层的颜色、线型、线宽，如何开关、冻结、锁定图层等。

任务学习拓展： 运用“图层特性管理器”进行“过滤图层”操作；在不同视口中进行图层的操作。

【课　后　训　练】

简答题

1. 在 AutoCAD 的默认线型列表中包括虚线、点画线等线型吗？
2. 线型文件的后缀名是什么？
3. 可以在锁定的图层里创建新对象吗？
4. 可以“保存、恢复和管理命名图层状态”的工具是什么？
5. “特性匹配”的作用是什么？

项目十五　块与图案填充

项目描述： 学习块的创建与插入；块的编辑与修改；在图形上创建图案及填充、在图形上编辑图案及填充。

项目学习目标： 熟练创建和使用块；熟练使用图案填充命令。

项目学习重点： 块的创建和插入；图案填充的应用和编辑。

项目学习难点： 块的编辑；图案填充的调整。

在工程制图过程中，经常会遇到一些相同或相似的图形对象，如机械图中的螺栓、螺母表面粗糙度，建筑图中桌椅、家具等，如果重复绘制这些对象很浪费时间和人力。在 AutoCAD 中可以把这些图形定义成图块，并在需要绘制该图形的地方将图形块插入，以达到重复利用的目的。用户可以在图形上创建图案填充，以凸显某个区域或表示某种材质。

任务一　块的创建与插入

任务描述： 学习块的创建与插入；块的编辑与修改。

在 AutoCAD 中使用块可以大大提高绘图的效率，但在使用块之前，首先需要将块创建出来，这实际上就是向块库中增加块的定义。

一、创建块

创建块的前提是要将组成块的图形对象预先绘制出来。有了绘制好的原始图形对象后，创建块的过程就很简单了。

1. 命令操作

创建块命令的激活方式如下：

- 命令区：输入 BLOCK（B）并按回车键确认。
- 功能区：单击“插入”选项卡→“创建块”下拉按钮→“创建块”按钮，弹出“块定义”对话框，如图 15－1 所示。

2. 命令选项

块定义包括三个基本要素：名称、基点、对象，这三个要素缺一不可。下面对“块定义”对话框中的各选项进行说明。

- “名称”组合框：在相应的文本框中输入块名或者在下拉列表中选取当前图形中已经存在的块名。如果没有名称，块是无法创建的。推荐用户使用中文名来给块命名，并且在名称中尽可能表达清楚这个块的具体用处，而

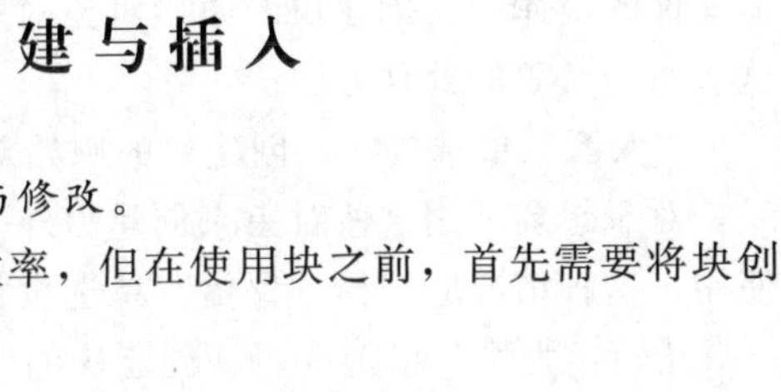

图 15－1　“块定义”对话框

不要使用“aa”“111”等随意输入的名字，这样在创建了多个块定义后仍然能将不同用处的块分开以方便使用。

•“基点”选项组：可以指定块的插入基点坐标，默认值（0，0，0）。定义块时的基点实际上是插入块时的位置基准点，可以在 X、Y、Z 这 3 个坐标文本框中直接输入坐标值。当然，我们推荐的方法是单击“拾取点”按钮选取一个块图形中的特征点作为基点坐标。如果没有拾取点基点，块会以默认值为（0，0，0）作为基点来创建块。这样做的结果是：块定义中的对象距离坐标原点有多远，插入块时，这个图块就会跑多远。因此定义块的时候一定不要遗漏基点的定义。正确的做法是：单击“拾取点”按钮，然后拾取块对象中的某个特征点坐标作为基点坐标。注意在拾取坐标的过程中打开状态栏中的“对象捕捉”开关，确保精确拾取到块上的坐标点。

•“对象”选项组：可以指定新块中要包含的对象，以及创建块以后是保留或删除选定的对象，还是将它们转换成块实例。

选择对象的方法不做介绍，下面来看一下此区域中“保留”“转换为块”和“删除”三个选项的含义。

块的定义实际上存在于一个专门的块库中，这个专门的库并不在图形中直接显示，插入块时仅仅是调用库中的块图形，并将之显示出来，创建完块一盒，块的定义已经保存到当前图形文件的块库中。创建块的原始对象对用户来讲可能已经没有价值，此处三个选项，选择对这些原始对象的处理方法。

•“保留”单选按钮：创建块的原始对象将原封不动地保留在那里，依然是一组零散的图线，对于想要利用这些对象来创建另外一些比较类似的图块时，只要将它们简单修改就可以使用，这种情况应选择“保留”单选按钮。

•“转换为块”单选按钮：创建块的原始对象将直接转换成刚刚创建的块，这实际上相当于马上执行了一次插入块的操作，插入的位置就在原来的位置，这也是用户经常要执行的操作。

•“删除”单选按钮：这也是常常令人感到困惑的一个选项，创建块的原始对象将被从当前图形中删除掉而变得不可见。如果目的是创建一个块的库，比如在做一个建筑基础部位，块定义完成后，这些原始对象对用户来讲就没有意义了，此时便可以将这个选项删除。

•“设置”选项组：可以指定块的一些特性设置。

•“块单位”下拉列表：使用设计中心、工具选项板将块拖放到图形时，指定块的缩放单位。在这里最好指定一个单位而不要使用“无单位”，因为在设计中心将块拖放到图块时，AutoCAD 会自动换算单位而不会出现比例问题。

•“超链接”按钮：打开“插入超链接”对话框，可用它将超链接与块定义相关联。

•“方式”选项组：可以指定块的行为方式。

•“注释性”复选框：指定块为注释性。

•“按统一比例缩放”复选框：选择这一选项后，插入块的时候不允许块沿 X、Y、Z 方向使用单独的缩放比例。

•“允许分解”复选框：指定块是否可以被分解。

另外，块的定义支持嵌套，也就是说，已经是块的图形对象还可以被包含到另一个与之不同名的块定义中。

二、插入块

当创建块以后，如何使用这个块？使用创建好的块有三种方法，分别是：

- 使用“插入”命令插入块。
- 使用设计中心插入块。
- 使用工具选项板插入块。

1. 命令操作

激活插入块命令的方法如下：

- 命令区：输入 INSERT（I）并按回车键确认。
- 功能区：单击“插入”选项卡→“块”面板→“插入”按钮。

2. 命令选项

完成块的插入后，再来看看“插入”对话框中各选项的含义，如图 15－2 所示。

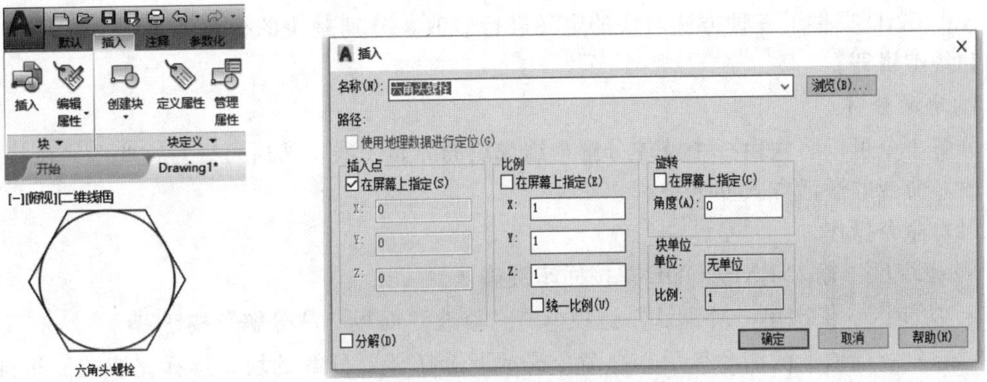

图 15－2　块列表和“插入”对话框

- “名称”下拉列表：指定要插入的块名，或指定要作为块插入的文件名。如果当前图形中有定义好的块，可以直接从下拉列表中选择。另外，AutoCAD 还可以直接将 DWG 图形作为插入到当前图形中来，方法是使用“浏览”按钮，选择需要插入的文件，完成后“路径”中提示当前插入文件的位置。
- “插入点”选项组：可以指定块的插入点。如果勾选“在屏幕上指定”复选框，则可以用鼠标在绘图区域拾取块的插入点。还可以直接在 X、Y 和 Z 这三个文本框中直接输入坐标值。建议读者采取“在屏幕上指定”方式以便快捷地定出插入点。
- “比例”选项组：可以指定插入块的比例。如果指定负的 X、Y 和 Z 比例因子，则插入块的镜像图形。同样，比例也可以采取“在屏幕上指定”方式，但是一般情况下如果使用 1∶1 精确绘图，很少会采用这种方式。“统一比例”复选框为 X、Y 和 Z 坐标指定单元的比例值，即为 X 指定的值也反映在 Y 和 Z 的值中。
- “旋转”选项组：此区域在当前 UCS 中指定插入块的旋转角度。旋转也可以采取“在屏幕上指定”方式，此时插入块时会提示输入旋转度数以适应图形位置。
- “分解”复选框：控制块插入后是分解成原始的图形对象还是作为一个块对象。

如果要想在其他文件中使用当前图形中的块，早前 AutoCAD 使用写块命令将块写入到一个文件中，然后其他文件以插入外部图形作为块来调用，但是如果有大量的块需要在其他文件中使用，这样的操作方法不方便也不直观，因此，从 AutoCAD 2000 开始提供了设计中心，可以很好地解决这样的问题。

在设计中心可以找到并打开任何图形文件（可以是 DWG、DWT、DWS 文件）以获得图形中的块定义，并将缩略图直观地显示出来，通过简单的拖动就可以实现在当前图形中插入其他图形中的块。

激活设计中心的方法如下：

- 命令区：输入 ADCENTER 并按回车键确认。
- 功能区：单击“视图”选项卡→“选项板”面板→“设计中心”按钮。
- 快捷键：【Ctrl+2】。

三、块的编辑与修改

块在插入到图形之后，表现为一个整体，用户可以对这个整体进行删除、复制、镜像、旋转等操作，但是不能直接对组成块的对象进行操作，也就是说不能直接修改块在库中的定义。AutoCAD 提供了三种方法对块的定义进行修改，分别是块的分解加重定义、块的在位编辑和块编辑器。

1. 块的分解

分解命令可以将块由一个整体分解为组成块的原始图线，然后可以对这些图线执行任意的修改，命令的激活方式如下：

（1）命令操作。

- 命令区：输入 EXPLODE 并按回车键确认。
- 功能区：依次单击“默认”选项卡→“修改”面板→“分解”按钮。

（2）命令选项。激活命令后，在命令提示下选择需要分解的块，选择完毕按回车键后，块就被分解成零散的图线，此时可对这些图线进行编辑。一次分解只能分解一级的块，如果是嵌套块，还需要将嵌套进去的块进一步分解才能成为零散的图线。另外必须注意，在创建块时如果不勾选“允许分解”复选框，那么创建出来的块不能被分解。

2. 块的重定义

需要注意的是，对分解后的块的编辑仅仅停留在图面上，而块库中的定义不会有任何变化，也就是说，此时要再次插入这个块，依旧是原来的样子，除非将分解后的块的原始图线编辑修改后重定义成同名块，这样块库中的定义才会被修改，再次插入这个块时，会变成重新定义好的块。

重定义块常常用于批量修改一个块，比如某个图块在图形中被插入了很多次，并且是插入到不同的位置和图层，甚至对其他的特性（如颜色、线型、线宽等）也做了大量的调整，而后来发现这个块的图形并不符合要求，需要全部变为另外的样式，这样将绘制好的图块（可以是分解后经过简单修改的，也可以是完全重新绘制的图形）以相应的插入点重新定义，完成后，图形中全部同名块将会被修改为新的样式。

块的命令操作：

块的重定义实际使用起来很简单，和创建块的过程一样，只是在选择块名时可以选择“名称”下拉列表中的已有块。

创建块命令的激活方式如下：

- 命令区：输入 BLOCK（B）并按回车键确认。

• 功能区：单击“插入”选项卡→“块定义”面板→“创建块”下拉按钮→“创建块”按钮。

任务总结：如何创建块；如何插入已创建的块；如何编辑图形中的块。

任务学习拓展：创建和应用带“属性”的块；了解写块命令“WBLOCK”和块命令“BLOCK”的不同。

任务二　图　案　填　充

任务描述：学习创建图案填充及渐变色填充；掌握关联性图案填充的特性；应用图案填充创建选项卡设置图案填充特性；学习如何编辑图案填充。

在绘制图形时，常常需要标识某一区域的用途，如表现建筑表面的装饰纹理、颜色及地板的材质等。在地图中，也常用不同的颜色与图案来区分不同的区域等。重复回执某些图案以填充图形中的一个区域，从而表达该区域的特征，这种填充操作称为图案填充。用户可以在图形上创建图案填充及渐变色填充，以凸显某个区域或表示某种材质。每次都可以使用同样的模式新建图案填充。

完成本章的练习可以学习以下知识：

• 在图形上创建图案及渐变色填充。

• 在图形上编辑图案及渐变色填充。

一、创建图案填充

用户可以使用 HATCH 命令创建图案填充。图案填充包括实体填充、渐变色填充和填充图案。用户可以根据一个边界的内部点或对象填充整个区域。

当用户执行 HATCH 命令时，可以使用“图案填充创建”专用功能区上下文选项卡，设置图案填充的类型和样式，调整角度、比例和图案填充原点，然后定义填充边界，来创建图案填充。也可以用编辑图案填充的方式更改上述数值。

在设置图案填充特性后，将光标移动到封闭范围内，可以预览图案填充放置的效果，以确认图案填充是否正确。

1. 命令操作

• 命令区：输入 HATCH（H）并按回车键确认。

• 功能区：单击“默认”选项卡→“绘图”面板→“图案填充”按钮。

2. “图案填充创建”选项卡

在 AutoCAD 中，单击“绘图”面板→“图案填充”按钮，在 AutoCAD 的功能区变成“图案填充创建”专用功能区上下文选项卡，如图 15－3 所示。

图 15－3　“图案填充创建”选项卡

在“图案填充创建”选项卡上单击“选项”面板中的对话框启动器按钮，可以弹出“图案填充和渐变色”对话框，如图 15-4 所示，其内容与“图案填充创建”选项卡一样。

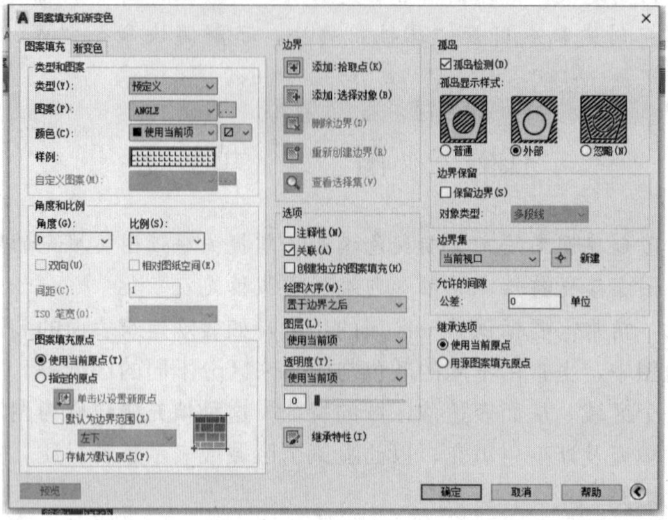

图 15-4 “图案填充和渐变色”对话框

3. 各选项卡的主要功能

(1)“边界”面板。“边界”面板如图 15-5 所示。每个图案填充或渐变色的创建都是由用户所定义的边界决定的。使用“边界”面板既可以以“拾取点”方式选择边界内部点，也可以以“选择”方式直接选择边界对象，以创建图案填充边界，同时确定是否保留边界。

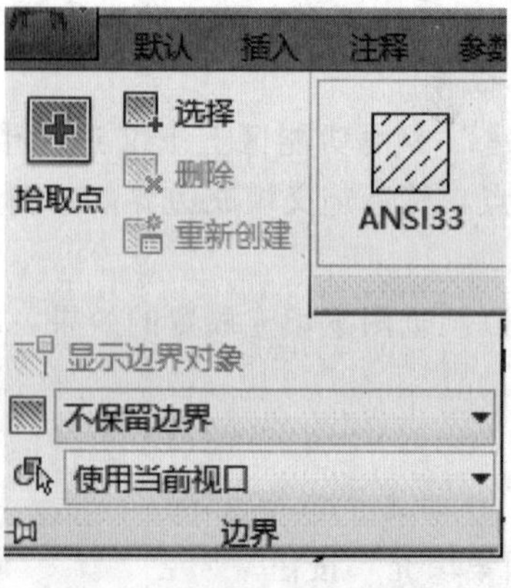

图 15-5 “边界”面板

- “拾取点”按钮：用于指定边界内的任意一点，并在现有对象中检测距该点最近的边界，构成一个闭合区域，如图 15-6 (a) 所示。在封闭区域拾取光标，则 AutoCAD 亮显填充边界及填充结果，如图 15-6 (b) 所示。可以继续拾取点，添加新的填充边界，按回车键确认图案填充，如图 15-6 (c) 所示。通常采用此方法构造填充边界。

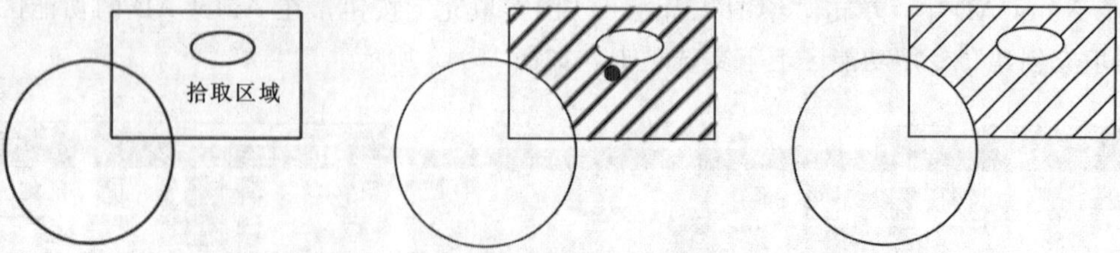

(a)　(b)　(c)

图 15-6 用拾取点指定边界

(a) 在拾取区域指定点；(b) 生成填充边界；(c) 图案填充的结果

• “选择”按钮：通过选择边界对象，将指定的图案填充到区域，如图 15-7 所示。

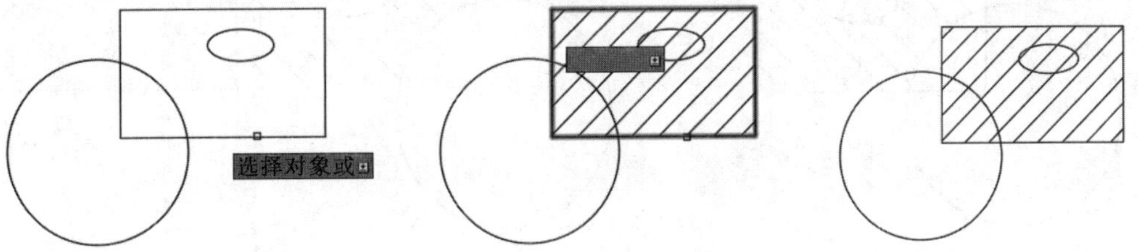

(a)　　(b)　　(c)

图 15-7　用选择对象指定边界

(a) 选择边界对象；(b) 生成填充边界；(c) 图案填充的结果

选择对象时，可以随时在绘图区域单击鼠标右键以显示快捷菜单。可以利用此快捷菜单更改选择方式，或选择“设置”选项，打开“图案填充和渐变色”对话框，单击相应的设置。

• “删除”按钮：图形中已定义填充边界后，此按钮才可以使用。单击此按钮，选择其中的某些边界对象，则该对象不再作为填充边界，AutoCAD 根据图形关系确定新的填充边界，如图 15-8 所示。

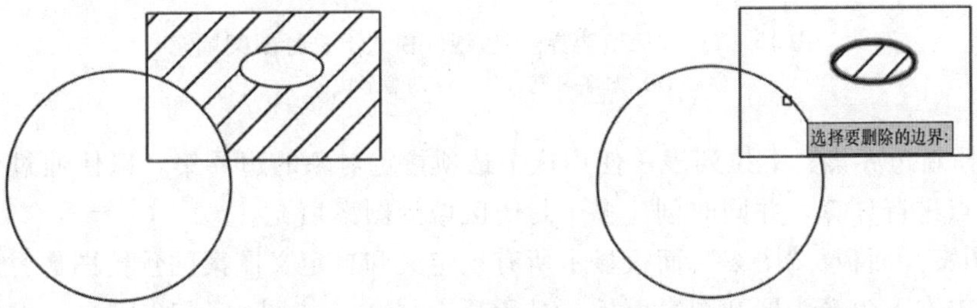

(a)　　(b)

图 15-8　“删除”填充边界

(a) 填充边界；(b) 选择圆弧删除原来填充边界

• “保留边界对象”下拉列表：单击“保留边界对象”下拉按钮，系统弹出“保留边界对象”下拉列表，如图 15-9 所示。该下拉列表用来选择是否沿已填充的图案边界创建新的对象。其中“不保留边界”选项将不创建新的对象；“保留边界-多段线”选项沿填充的图案边界创建新的对象，并且该对象为多段线；“保留边界-面域”选项沿填充的图案边界创建新的对象，并且该对象为面域。如图 15-10 (a) 所示为选择“不保留边界”选项，填充图案后，移动矩形边界，如图 15-10 (b) 所示，填充图案没有边界。图 15-11 (a) 所示为选择“保留边界-多段线”选项，填充图案后，移动矩形边界，可以看到 AutoCAD 沿填充边界绘制了新的图形边界，如图 15-11 (b) 所示。

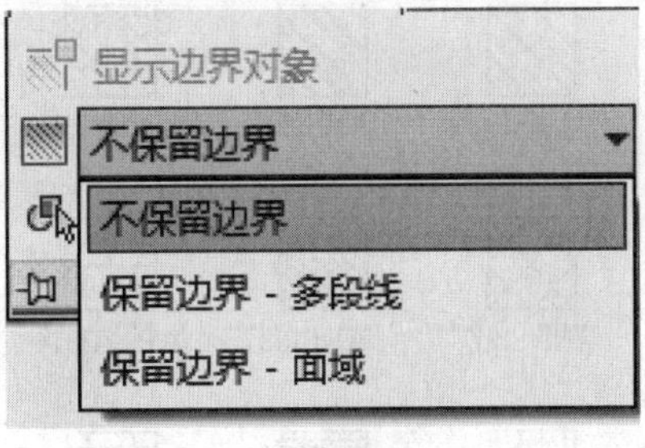

图 15-9　“保留边界对象”下拉列表

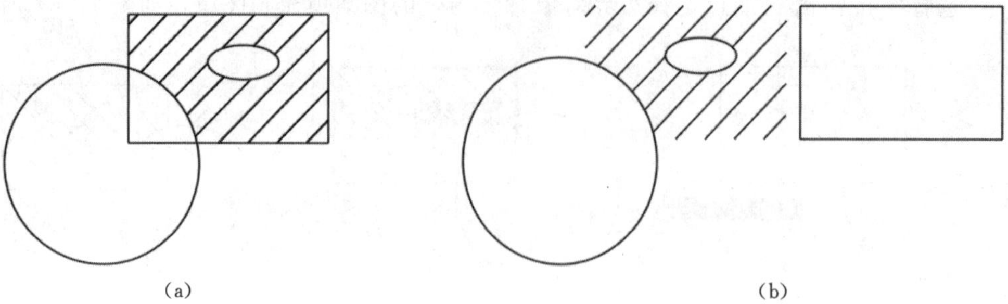

图 15－10　“不保留边界对象”模式下进行图案填充

(a) 图案填充；(b) 移动矩形边界

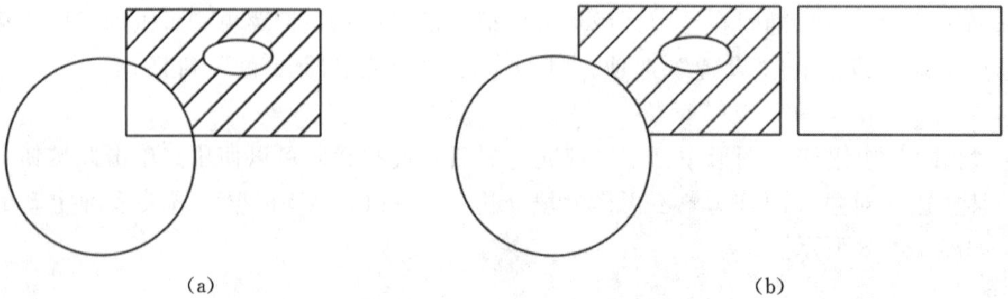

图 15－11　“保留边界-多段线”模式下进行图案填充

(a) 图案填充；(b) 移动矩形边界

• “选择新边界集”下拉列表：使用这个选项指定对象的边界集，以便通过创建图案填充时的拾取点进行计算，并同时创建多个封闭区域的图案填充。

(2) “图案”面板。“图案”面板显示所有预定义和自定义图案的预览图像，用于设置填充图案。单击右下角箭头展开图案面板，显示所有样式，如图 15－12 所示。用户可以从中选取填充的图案。

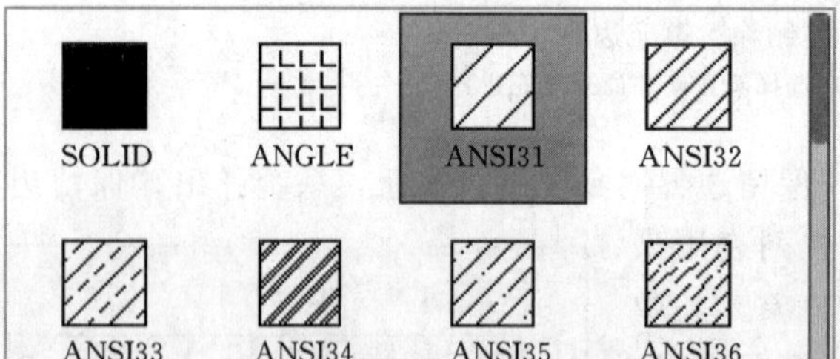

图 15－12　“图案”面板

(3) “特性”面板。“特性”面板用于设置填充图案的特性，如图 15－13 所示。

在“特性”面板中，包含图案填充的类型、图案颜色、图案背景颜色、图案的透明度、角度、比例等内容的设置。其主要功能如下：

• “图案填充类型”下拉列表：用于设置填充图案的类型，其中包括“实体”“图案”“渐变色”和“用户定义”4 个选项。单击“图案填充类型”下拉按钮，弹出“图案填充类型”下拉列表，如图 15－14 所示。选择其中任何一种图案类型，则在“图案”面板中显

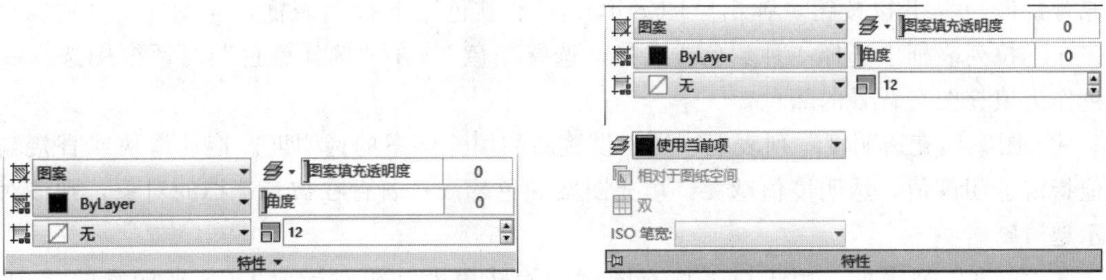

(a) (b)

图 15-13 “特性”面板
(a)“特性”面板；(b)展开“特性”面板

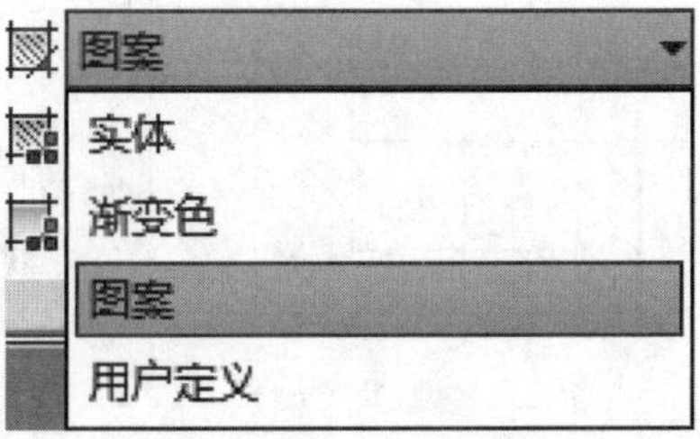

图 15-14 “图案填充类型”下拉列表

示相应类型的填充图案。“实体”“图案”“渐变色”选项可以让用户使用系统提供的已定义的图案，包括 ANSI、ISO 和其他预定义图案。“用户定义”选项用于基于图形的当前线型创建直线图案，可以使用当前线型定义指定角度和比例，创建自己的填充图案。

• “图案填充颜色”下拉表：用于设置填充图案的颜色。单击“图案填充颜色”下拉按钮，弹出“图案填充颜色”下拉列表，如图 15-15（a）所示。用户可以在其中选择一种颜色，或选择“更多颜色”选项，在弹出的“选择颜色”对话框中选择一种颜色作为填充图案的颜色。如图 15-15（b）所示，则填充图案以此颜色来填充选择的图形。

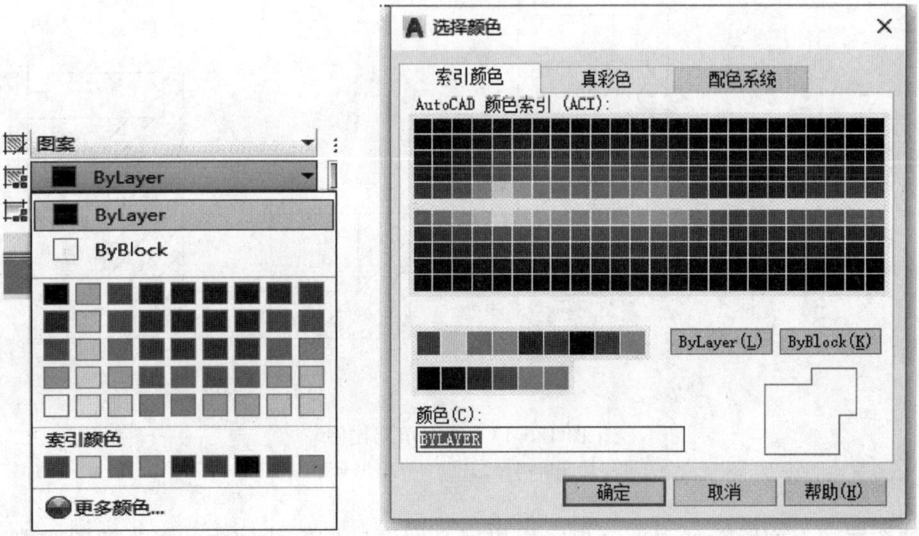

(a) (b)

图 15-15 图案填充的颜色选择方法
(a)“图案填充类型”下拉列表；(b)“选择颜色”对话框

• “图案填充背景颜色”下拉列表框：用于设置填充图案区域的背景颜色。单击“图案填充背景颜色”下拉按钮，弹出“图案填充背景颜色”下拉列表框，与图 15－15（a）类似。在下拉列表框中选择一种颜色或选择“选择颜色”，在“选择颜色”对话框中选择一种颜色作为填充图案背景的颜色。

• “图案填充透明度”列表框：用于设置新的填充图案的透明度。拖动滑块或直接输入数值指定透明度值。透明度值越大，填充图案颜色越浅；若存在被其遮挡的对象，则该对象显示越清晰。

• “角度”列表框：用于设置填充图案的旋转角度（相对当前 UCS 坐标系的 X 轴）。拖动滑块或直接输入数值指定角度，选择填充图案为“ANSI31”，角度分别为 0°、60°和 90°，填充结果如图 15－16 所示。当填充图案为“实体”时，此项不可用。

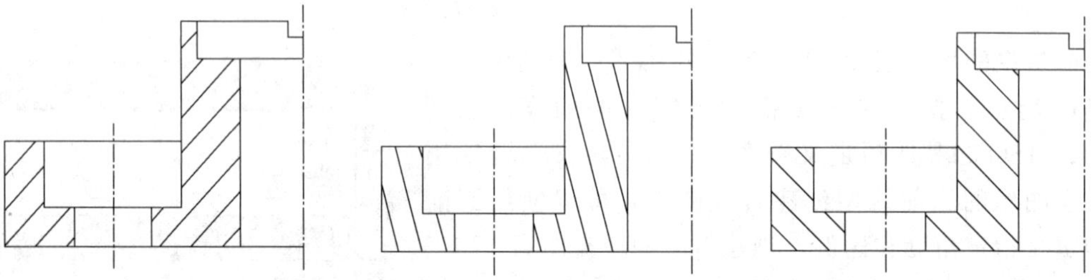

(a)　(b)　(c)

图 15－16　设置填充图案的旋转角度

（a）填充图案角度为 0°；（b）填充图案角度为 60°；（c）填充图案角度为 90°

• “图案填充比例”列表框：放大或缩小预定义或自定义图案，如图 15－17 所示。只有将“图案填充类型”设置为“图案”时，此选项才可使用。

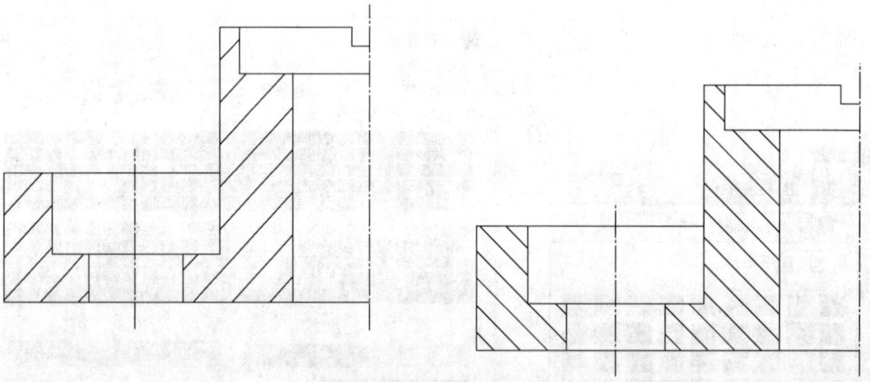

(a)　(b)

图 15－17　图案填充比例

（a）图案填充比例为 1；（b）图案填充比例为 0.5

• “图案填充间距”列表框：指定用户定义图案中的直线间距。仅当“图案填充类型”设定为“用户定义”时，“图案填充比例”列表框转变为“图案填充间距”列表框，此选项出现并可用。在图 15－18 中，“图案填充类型”设定为“用户定义”，角度为 0°，“图案填充”间距分别为 1 和 3。

• “图案填充图层替代”下拉列表框：用于设置填充图案所在的图层。默认状态为“使

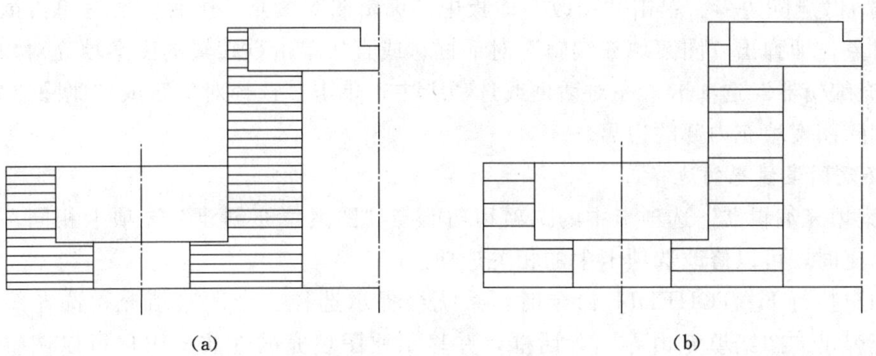

图 15－18 图案填充间距

(a) 图案填充间距为 1；(b) 图案填充间距为 3

用当前图层”，用户可以在下拉列表框中选择其他图层来替代当前图层。

• “双向”复选框：用于“用户定义”图案，选择此选项将绘制第二组直线，这组直线相对于初始直线成 90°，从而构成交叉填充。只有在“图案填充类型”下拉列表中选择了“用户定义”选项后，此选项才可用。要实现如图 15－19 所示的填充，需要在“图案填充创建”的“特性”面板中设置：“图案填充类型”选择“用户定义”，“角度”设置为 45°，勾选“双向”复选框，“图案填充间距”设置为 2。

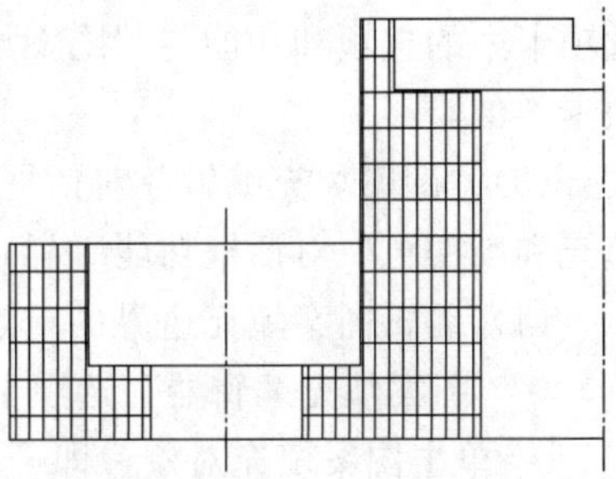

图 15－19 用户自定义填充

二、编辑图案填充

1. HPSEPARATE 系统变量

HPSEPARATE 系统变量控制在几个闭合边界上进行操作时，HPSEPARATE 为 0 时，创建单个图案填充对象。HPSEPARATE 为 1 时，分布创建各个独立的图案填充对象。用户可以通过“图案填充创建”选项卡的“选项”面板，选择或不选择“创建独立的图案填充”按钮，来设置此系统变量。

当用户使用一种样式在多个区域创建图案填充时，选择“创建独立的图案填充”按钮，可以创建每个边界各自独立的图案填充。同样在编辑图案填充时，选择该按钮，也可以修改已创建的填充图案，且不影响其边界。

其命令操作：

• 命令区：输入 HPSEPARATE 并按回车键确认。

• 功能区：单击“默认”选项卡→“绘图”面板→“图案填充”或“渐变色”按钮→“选项”面板→“创建独立的图案填充”按钮。

2. 修剪图案填充

如需在已经创建好的图案填充内增加或删除边界，可以利用修剪功能修剪图案填充，也可以在“图案填充编辑器”选项卡中使用添加边界功能。这两种方法都可以保持原图图案填充具有的关联性，以便再次进行编辑。

• 修剪。单击“修改”面板中的“修剪”按钮，并依次单击需要修剪的内部边界和图案填充，确认后即可完成图案填充内部的修剪。

• 添加/删除边界。单击“修改”面板中“编辑图案填充”按钮，然后单击欲编辑的图案填充对象，即弹出“图案填充编辑”对话框；或直接单击欲编辑的图案填充对象，面板为“图案填充编辑器”选项卡。在对话框或选项卡中，单击“选择对象”或“删除边界”按钮，增加或删除图案填充内部的边界。

3. 修改图案填充的边界

“图案填充编辑器”选项卡中的选项和功能与“图案填充创建”选项卡相同。当用户编辑图案填充时，可以修改选项卡中的相关选项。

当用户执行 HATCHEDIT 命令时，系统会提示选择一个图案填充，选择图案填充之后，系统弹出“图案填充边界”对话框，并显示原图填充的性质。用户可以调整其任何性质，并可通过“预览”功能，在绘图窗口观察修改效果。

(1) 命令操作。

• 命令区：输入 HATCHEDIT 并按回车键确认。

• 功能区：单击“默认”选项卡→“修改”面板→“编辑图案填充”按钮。

(2)“图案填充编辑器”选项卡。除“边界”面板设置有些不同外，“图案填充编辑器”选项卡中的选项和功能与“图案填充编辑器”选项卡中的选项和功能与“图案填充创建”选项卡类似。

(3)“图案填充编辑”对话框。“图案填充编辑”对话框如图 15－20 所示。它与“图案填充和渐变色”对话框功能一样，在此不做详细介绍。

(4) 编辑图案填充边界的重点提示。

•“图案填充编辑器”选项卡中的选项和功能与“图案填充创建”选项卡类似。

• 单击图案填充对象，即可执行图案填充编辑。所以，用户必须按步骤创建图案填充后，才能选择图案填充进行编辑。

4. 重新生成图案填充边界

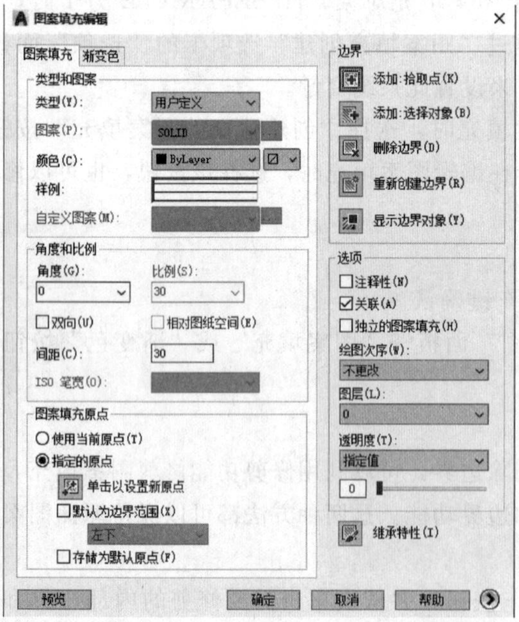

图 15－20　“图案填充编辑”对话框

(1) HPBOUNDRETAIN 系统变量。HPBOUNDRETAIN 系统变量控制是否为新图案填充和填充创建边界对象。HPBOUNDRETAIN 为 0 时，不创建边界对象。HPBOUNDRETAIN 为 1 时，根据 HPBOUND 系统变量创建边界对象。

用户也可以使用“图案填充编辑器”选项卡中的“重新创建边界”按钮，为非关联或无边界的图案填充，创建新边界对象。

使用“重新创建边界”按钮，可围绕选定的图案填充生成闭合多段线或面域对象。也可以指定将新的边界对象与该图案填充相关联。

(2) 命令操作。

• 选择图案填充对象。

• 在“图案填充编辑器”选项卡的“边界”面板中单击“重新创建边界”按钮。

• 在提示“输入边界对象的类型［面域（R)/多段线（P)］＜多段线＞：”时按回车键确认，创建多断线边界。

• 在提示“要关联图案填充与新边界吗？［是（Y)/否（N)］＜Y＞：”时按回车键，重新关联图案填充。

• 按回车键或者在功能区中单击“关闭”按钮，应用图案填充并退出命令。

三、设置孤岛

当一个填充区域存在另一个或多个封闭的对象时，这些对象就成为孤岛，如图 15 - 21 所示。当存在好多孤岛时，需要填充方式进行设置，否则填充结果可能出现差异。

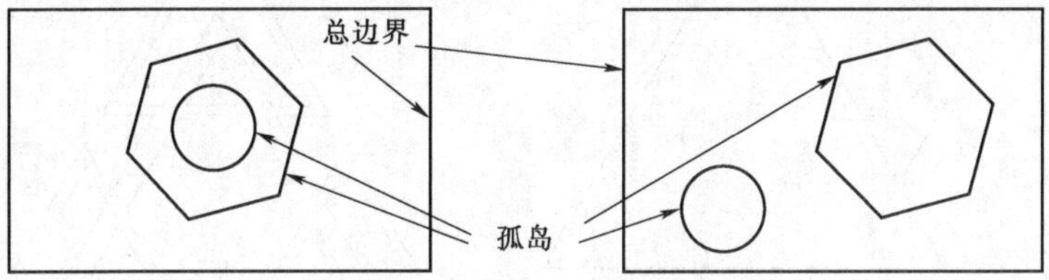

图 15 - 21　边界与孤岛

在“图案填充和渐变色”对话框中，“孤岛检测”复选框用于确定是否进行孤岛检测以及孤岛检测的方式，选中该复选框表示要进行孤岛检测。系统提供了三种填充样式填充孤岛，分别是“普通”“外部”和“忽略”，分别介绍如下：

•“普通”样式：将从外部边界向内填充。如果填充过程中遇到内部边界，填充将关闭，直到遇到另一个边界为止。

•“外部”样式：也是从外部边界向内填充并在下一个边界处停止。

•“忽略”样式：将忽略内部边界，填充整个闭合区域。

任务总结： 如何熟练使用图案填充命令，包括图案的选取、图案的比例和角度设置、图案的关联与否、填充区域的选择；如何修改某现有图案填充。

任务学习拓展： 尝试创建自定义图案进行图案填充。

【课　后　训　练】

一、单项选择题

1. 图案填充后删除边界，则填充图案（　　）。

A. 没有变化

B. 若填充是选择“关联”，则图案消失

C. 若填充是不选择“关联”，则图案消失

D. 可以自动生成边界

2. 在图案填充时勾选“保留边界”，则填充后（　　）。

A. 填充图案和边界关联　　　　B. 沿图案填充创建新的边界

C. 填充图案和边界没有关联　　D. 以上说法都不对

二、绘图题

1. 绘制图形：绘制两个正三角形，第一个正三角形的中心点设置为（190，160），外接圆半径分别为100。另一个正三角形的中心点为第一个三角形的任意一个角点，其外接圆半径为70，如图15-22所示。

2. 复制图形：将大三角形向其外侧偏移复制，将小三角形向其内侧偏移复制，其偏移距离适当即可，使用复制命令复制两小三角形。

3. 编辑图形：使用修剪命令将图形中多余的部分修剪掉，如图15-23所示。再使用图案填充命令填充图形。调整图形的线宽（线宽为0.30mm），如图15-24所示。

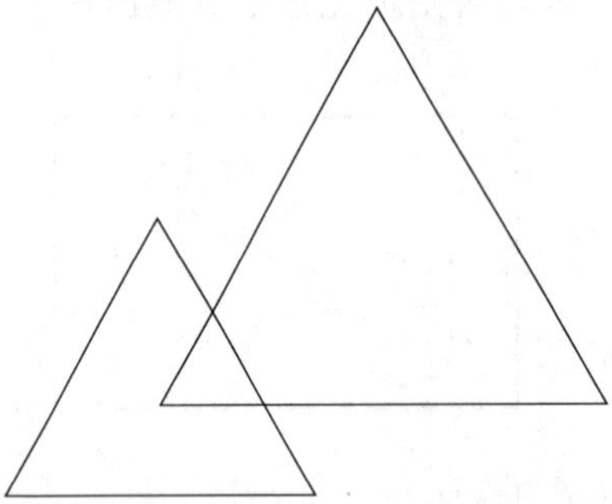

图15-22 绘制三角形

图15-23 偏移、阵列并修剪图形

图15-24 完成后的图形

项目十六　文字与表格

项目描述：本项目主要完成四个学习任务：创建与编写文字；设置文字样式；创建编辑表格；设置编辑表格样式。

项目学习目标：通过本项目的学习，掌握创建文字样式，包括设置样式名、字体、文字效果；设置表格样式，包括设置数据、列标题和标题样式；创建与编辑单行文字和多行文字方法；使用文字控制符和"文字格式"工具栏编辑文字；创建表格方法以及如何编辑表格和表格单元。

项目学习重点：编辑文字；编辑表格；设置文字与表格样式。

项目学习难点：设置表格样式。

任务一　设置文字

任务描述：学习创建与编辑多行文字及单行文字，学会设置文字样式。

一、创建与编辑单行文字

1. 创建单行文字

在 AutoCAD 中，"文字"工具栏可以创建和编辑文字。对于单行文字来说，每一行都是一个文字对象，选择"注释→文字→单行文字"命令（DTEXT），可以创建单行文字对象。

（1）指定文字的起点。默认情况下，通过指定单行文字行基线的起点位置创建文字。如果当前文字样式的高度设置为 0，系统将显示"指定高度:"提示信息，要求指定文字高度，否则不显示该提示信息，而使用"文字特性"对话框中设置的文字高度。

然后系统显示"指定文字的旋转角度〈0〉:"提示信息，要求指定文字的旋转角度。文字旋转角度是指文字行排列方向与水平线的夹角，默认角度为 0°。输入文字旋转角度，或按回车键使用默认角度 0°，最后输入文字即可。也可以切换到 Windows 的中文输入方式下，输入中文文字。

（2）设置对正方式。输入命令 TXET，在"指定文字的起点或［对正（J）/样式（S）］:"提示信息后输入 J，可以设置文字的排列方式。此时命令行显示如下提示信息。

输入对正选项［左（L）/对齐（A）/调整（F）/中心（C）/中间（M）/右（R）/左上（TL）/中上（TC）/右上（TR）/左中（ML）/正中（MC）/右中（MR）/左下（BL）/中下（BC）/右下（BR）］＜左上（TL）＞:

在 AutoCAD 中，系统为文字提供了多种对正方式，如图 16－1 所示。

（3）设置当前文字样式。在"指定文字的起点或［对正（J）/样式（S）］:"提示下输入 S，可以设置当前使用的文字样式。选择该选项时，命令行显示如下提示信息。

输入样式名或［?］＜Mytext＞:

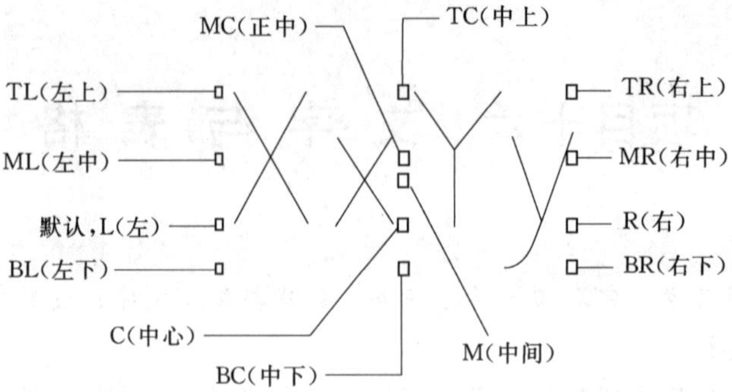

图 16-1　文字对正方式

可以直接输入文字样式的名称，也可输入“?”，在“AutoCAD 文本窗口”中显示当前图形已有的文字样式。如图 16-2 所示。

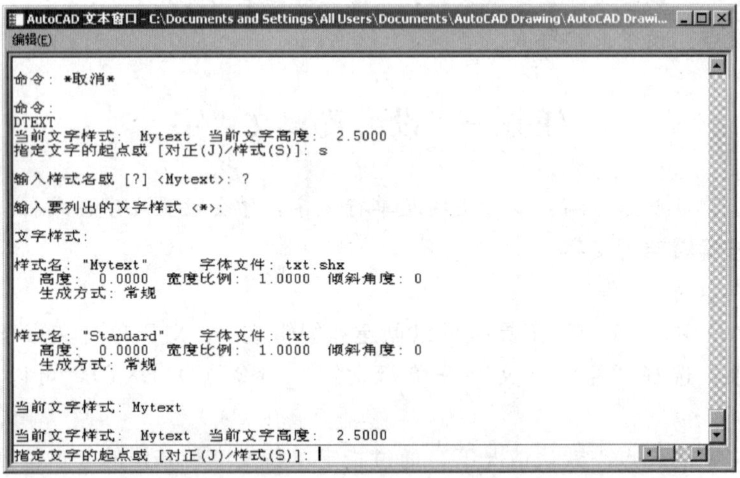

图 16-2　文本窗口中显示文字样式

2. 编辑单行文字

单行文字可进行单独编辑。编辑单行文字包括编辑文字的内容、对正方式及缩放比例，可以单击编辑对象，右击选择特性，在特性中进行设置。

在 AutoCAD 2017 中，可以通过以下方法编辑单行文字。

• “编辑”命令（DDEDIT）：选择该命令，然后在绘图窗口中单击需要编辑的单行文字，进入文字编辑状态，可以重新输入文本内容。

• “比例”命令（SCALETEXT）：选择该命令，然后在绘图窗口中单击需要编辑的单行文字，此时需要输入缩放的基点以及指定新高度、匹配对象（M）或缩放比例（S）。

• “对正”命令（JUSTIFYTEXT）：选择该命令，然后在绘图窗口中单击需要编辑的单行文字，此时可以重新设置文字的对正方式。

二、创建与编辑多行文字

1. 创建多行文字

“多行文字”又称为段落文字，是一种更易于管理的文字对象，可以由两行以上的文字组成，而且各行文字都是作为一个整体处理。选择“注释→文字→多行文字”命令(MTEXT)，或在“文字”工具栏中单击“多行文字”按钮，然后在绘图窗口中指定一个用来放置多行文字的矩形区域，右击打开“文字格式”工具栏和文字输入窗口。利用它们可以设置多行文字的样式、字体及大小等属性。

(1) 使用“文字格式”工具栏。使用“文字格式”工具栏，可以设置文字样式、文字字体、文字高度、加粗、倾斜或加下画线效果。

单击“堆叠/非堆叠”按钮，可以创建堆叠文字（堆叠文字是一种垂直对齐的文字或分数）。在使用时，需要分别输入分子和分母，其间使用/、#或^分隔，然后选择这一部分文字，单击按钮即可。

(2) 设置缩进、制表位和多行文字宽度。在文字输入窗口的标尺上右击，从弹出的标尺快捷菜单中选择“缩进和制表位”命令，打开“缩进和制表位”对话框，可以从中设置缩进和制表位位置。其中，在“缩进”选项组的“第一行”文本框和“段落”文本框中设置首行和段落的缩进位置；在“制表位”列表框中可设置制表符的位置，单击“设置”按钮可设置新制表位，单击“删除”按钮可清除列表框中的所有设置。如图 16-3 所示。

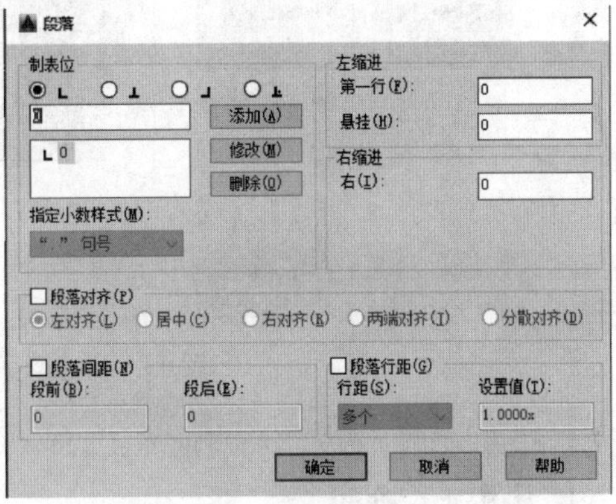

图 16-3 “段落”窗口

在标尺快捷菜单中选择“设置多行文字宽度”子命令，可打开“设置多行文字宽度”对话框，在“宽度”文本框中可以设置多行文字的宽度。

(3) 使用选项菜单。在“文字格式”工具栏中单击“选项”按钮，打开多行文字的选项菜单，可以对多行文本进行更多的设置。在文字输入窗口中右击，将弹出一个快捷菜单，该快捷菜单与选项菜单中的主要命令一一对应。如图 16-4 所示。

(4) 输入文字。在多行文字的文字输入窗口中，可以直接输入多行文字，也可以在文字输入窗口中右击，从弹出的快捷菜单中选择“输入文字”命令，将已经在其他文字编辑器中创建的文字内容直接导入到当前图形中。

2. 编辑多行文字

要编辑创建的多行文字，可输入命令（DDEDIT），并单击创建的多行文字，打开多行文字编辑窗口，然后参照多行文字的设置方法，修改并编辑文字。

也可以在绘图窗口中双击输入的多行文字，或在输入的多行文字上右击，从弹出的快捷菜单中选择“重复编辑多行文字”命令或“编辑多行文字”命令，打开多行文字编辑窗口。

三、设置文字样式

在 AutoCAD 中，所有文字都有与之相关联的文字样式。在创建文字注释和尺寸标注时，AutoCAD 通常使用当前的文字样式。也可以根据具体要求重新设置文字样式或创建新的样式。文字样式包括文字的“字体”“字型”“高度”“宽度系数”“倾斜角”“反向”“倒置”以及“垂直”等参数。

选择“格式→文字样式”命令，打开“文字样式”对话框。利用该对话框可以修改或创

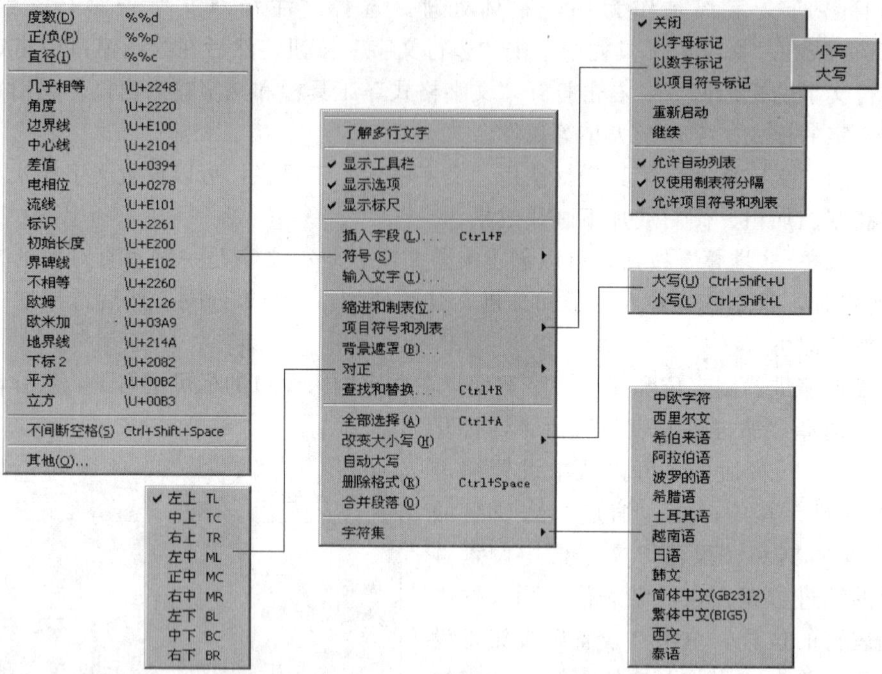

图 16－4　“文字格式/选项”快捷菜单

建文字样式，并设置文字的当前样式。

1. 设置样式名

“文字样式”对话框的“样式名”选项组中显示了文字样式的名称、创建新的文字样式、为已有的文字样式重命名或删除文字样式，各选项的含义如下。

• “样式名”下拉列表框：列出当前可以使用的文字样式，默认文字样式为 Standard。

• “新建”按钮：单击该按钮打开“新建文字样式”对话框。在“样式名”文本框中输入新建文字样式名称后，单击“确定”按钮可以创建新的文字样式。新建文字样式将显示在“样式名”下拉列表框中。

• “重命名”按钮：单击该按钮打开“重命名文字样式”对话框。可在“样式名”文本框中输入新的名称，但无法重命名默认的 Standard 样式。

• “删除”按钮：单击该按钮可以删除某一已有的文字样式，但无法删除已经使用的文字样式和默认的 Standard 样式。

2. 设置字体

“文字样式”对话框的“字体”选项组用于设置文字样式使用的字体和字高等属性。其中，“字体名”下拉列表框用于选择字体；“字体样式”下列表框用于选择字体格式，如斜体、粗体和常规字体等；“高度”文本框用于设置文字的高度。选中“使用大字体”复选框，“字体样式”下拉列表框变为“大字体”下拉列表框，用于选择大字体文件。

如果将文字的高度设为 0，在使用 TEXT 命令标注文字时，命令行将显示“指定高度：”提示，要求指定文字的高度。如果在“高度”文本框中输入了文字高度，AutoCAD 将按此高度标注文字，而不再提示指定高度。

AutoCAD 提供了符合标注要求的字体形文件：gbenor. shx、gbeitc. shx 和 gbcbig. shx

文件。其中，gbenor. shx 和 gbeitc. shx 文件分别用于标注直体和斜体字母与数字；gb-cbig. shx 则用于标注中文。

3. 设置文字效果

在“文字样式”对话框中，使用“效果”选项组中的选项可以设置文字的颠倒、反向、垂直等显示效果，如图 16－5 所示。在“宽度比例”文本框中可以设置文字字符的高度和宽度之比，当“宽度比例”值为 1 时，将按系统定义的高宽比书写文字；当“宽度比例”小于 1 时，字符会变窄；当“宽度比例”大于 1 时，字符则变宽。在“倾斜角度”文本框中可以设置文字的倾斜角度，角度为 0°时不倾斜；角度为正值时向右倾斜；为负值时向左倾斜。如图 16－5 所示。

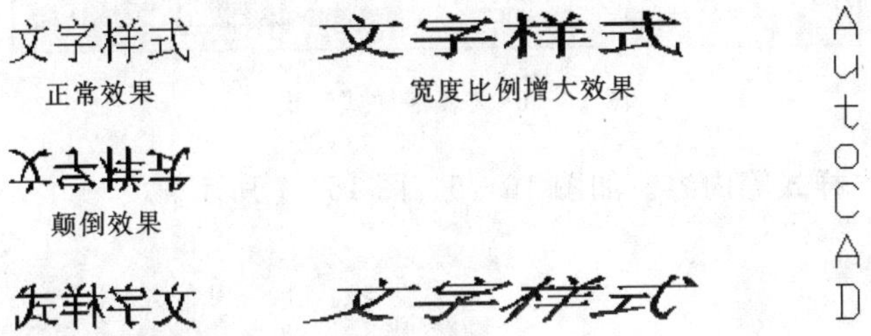

图 16－5 文字效果

4. 预览与应用文字样式

在“文字样式”对话框的“预览”选项组中，可以预览所选择或所设置的文字样式效果。其中，在“预览”按钮左侧的文本框中输入要预览的字符，单击“预览”按钮，可以将输入的字符按当前文字样式显示在预览框中。

设置完文字样式后，单击“应用”按钮即可应用文字样式。然后单击“关闭”按钮，关闭“文字样式”对话框。

任务总结： 学会编辑单行及多行文字，掌握文字样式编辑。

任务学习拓展： 练习用不同的方式编辑文字样式。

任务二 设 置 表 格

任务描述： 学会熟练设置表格样式，掌握如何创建设置表格。

一、设置表格样式（TABLESTYLE）

表格使用行和列以一种简洁清晰的形式提供信息，常用于一些组件的图形中。表格样式控制一个表格的外观，用于保证标准的字体、颜色、文本、高度和行距。用户可以使用默认的表格样式，也可以根据需要自定义表格样式。

1. 新建表格样式

选择“格式→表格样式”命令，打开“表格样式”对话框。单击“新建”按钮，可以使用打开的“创建新的表格样式”对话框创建新表格样式。

在“新样式名”文本框中输入新的表格样式名，在“基础样式”下拉列表中选择默认的表格样式、标准的或者任何已经创建的样式，新样式将在该样式的基础上进行修改。然后单击“继续”按钮，将打开“新建表格样式”对话框，可以通过它指定表格的行格式、表格方

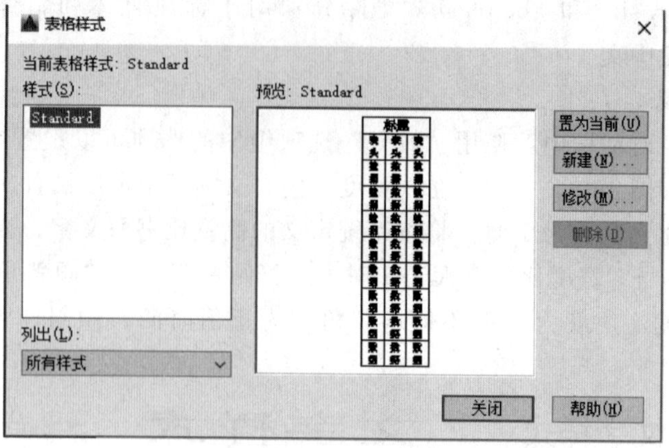

图 16－6 “表格样式”窗口

向、边框特性和文本样式等内容。如图 16－6、图 16－7 所示。

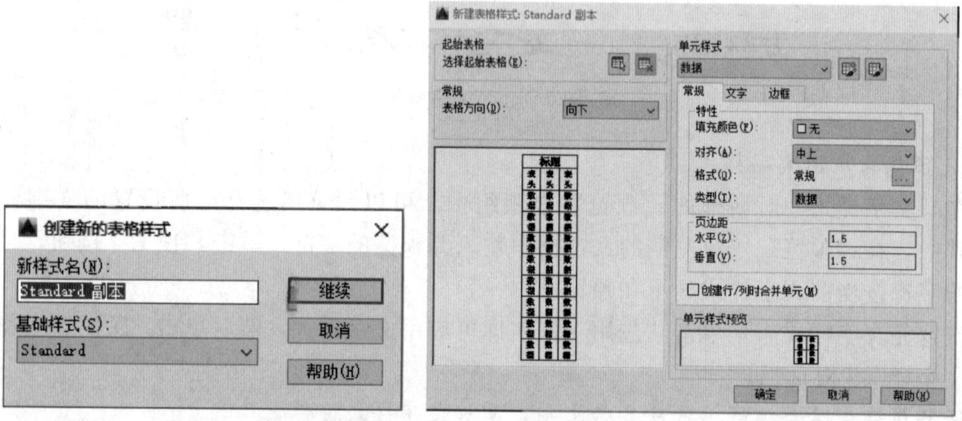

图 16－7 创建新的表格样式

2. 设置表格的数据、列标题和标题样式

在“新建表格样式”对话框中，可以使用“数据”“表头”和“标题”选项卡分别设置表格的数据、列表题和标题对应的样式。

3. 管理表格样式

在 AutoCAD 2017 中，还可以使用“表格样式”对话框来管理图形中的表格样式。在该对话框的“当前表格样式”后面，显示当前使用的表格样式（默认为 Standard）；在“样式”列表中显示了当前图形所包含的表格样式；在“预览”窗口中显示了选中表格的样式；在“列出”下拉列表中，可以选择“样式”列表是显示图形中的所有样式，还是正在使用的样式。

此外，在“表格样式”对话框中，还可以单击“置为当前”按钮，将选中的表格样式设置为当前；单击“修改”按钮，在打开的“修改表格样式”对话框中修改选中的表格样式；单击“删除”按钮，删除选中的表格样式。

二、创建表格（TABLE）

选择“绘图→表格”命令，打开“插入表格”对话框，如图 16－8 所示。在“表格样式

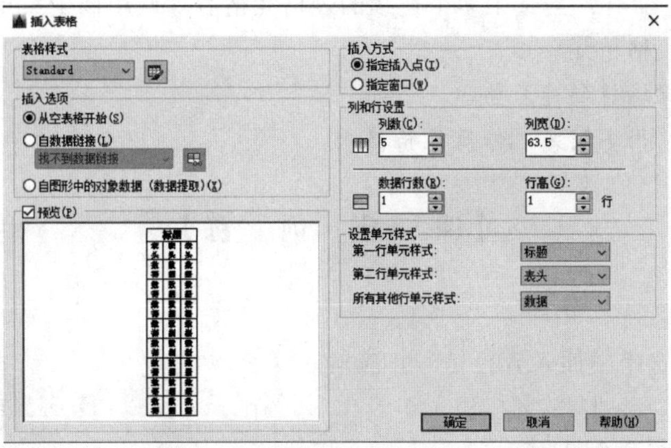

图 16-8 “插入表格”对话框

设置”选项组中，可以从“表格样式”名称下拉列表框中选择表格样式，或单击其后的按钮，打开“表格样式”对话框，创建新的表格样式。在该选项组中，还可以在“文字高度”下面显示当前表格样式的文字高度，在预览窗口中显示表格的预览效果。

在“插入方式”选项组中，选择“指定插入点”单选按钮，可以在绘图窗口中的某点插入固定大小的表格；选择“指定窗口”单选按钮，可以在绘图窗口中通过拖动表格边框来创建任意大小的表格。在“列和行设置”选项组中，可以通过改变“列数”“列宽”“数据行数”和“行高”文本框中的数值来调整表格的外观大小。

三、编辑表格和表格单元

在 AutoCAD 2017 中，还可以使用表格的快捷菜单来编辑表格。

1. 编辑表格

从表格的快捷菜单中可以看到，可以对表格进行剪切、复制、删除、移动、缩放和旋转等简单操作，还可以均匀调整表格的行、列大小。当选择“输出”命令时，还可以打开“输出数据”对话框，以 .csv 格式输出表格中的数据。

当选中表格后，在表格的四周、标题行上将显示许多夹点，也可以通过拖动这些夹点来编辑表格。如图 16-9 所示。

钻模				
序号	名称	数量	材料	备注
1	底座	1	HT150	
2	钻模板	1	40	
3	钻套	3	40	
4	轴	1	40	
5	开口垫片	1	40	
6	六角螺母	3	35	GB 6170—86

图 16-9 编辑表格

2. 编辑表格单元

使用表格单元快捷菜单可以编辑表格单元，其主要命令选项的功能说明如下。

- “单元对齐”命令：在该命令子菜单中可以选择表格单元的对齐方式，如左上、左中、左下等。
- “单元边框”命令：选择该命令将打开“单元边框特性”对话框，可以设置单元格边框的线宽、颜色等特性。
- “匹配单元”命令：用当前选中的表格单元格式（源对象）匹配其他表格单元（目标对象），此时鼠标指针变为刷子形状，单击目标对象即可进行匹配。
- “插入块”命令：选择该命令将打开“在表格单元中插入块”对话框。可以从中选择插入到表格中的块，并设置块在表格单元中的对齐方式、比例和旋转角度等特性。

•“合并单元”命令：当选中多个连续的表格元格后，使用该子菜单中的命令，可以全部按列或按行合并表格单元。

任务总结： 掌握编辑创建表格。

任务学习拓展： 用不同方式修改表格格式。

【课 后 训 练】

一、单项选择题

1. 要在文本字符串中插入直径符号，应输入（　　）。

A. %%d　　B. %%c　　C. %%p　　D. %%a

2. 多行文本标注命令是（　　）。

A. WBLOCK　　B. DTEXT　　C. MTEXT　　D. WTEXT

3. AutoCAD 中输入“$\frac{1}{2}$”，可运用（　　）命令把此分数形式改为水平分数形式。

A. 单行文字　　B. 对正文字　　C. 多行文字　　D. 文字样式

4. 默认的标准（standard）文字样式的字体名是（　　）。

A. 仿宋_GB2312　　B. gbeitc. shx　　C. isocp. shx　　D. txt. shx

5. 在 AutoCAD 中输入文字“70%”时，可用单行文本命令输入（　　）。

A. %%%70　　B. 70%%%　　C. 70%%　　D. %%70

二、多项选择题

1. 修改多行文字高度，可以（　　）。

A. 在“特性”窗口中修改　　B. 使用编辑文字（DDEDIT）命令修改

C. 双击文本后进行修改　　D. 以上都不可以

2. 以下说法错误的是（　　）。

A. 默认的标准文字样式可以删除　　B. 任何文字样式都不能删除

C. 图形中已使用的文字样式不能被删除　　D. 没有规定

3. 与文本输入、编辑有关的命令（　　）。

A. TEXT　　B. DDEDIT　　C. MTEXT　　D. DTEXT

4. 多行文字对话框中堆叠按钮只对含有（　　）分隔符号的文本适用。

A. “^”　　B. “!”　　C. “/”　　D. “#”

三、判断题

1. DDEDIT 命令可用于修改单行文字内容，不能修改多行文字。（　　）

2. 对文本进行镜像时，当 MIRRTEXT=0 时文本做完全镜像。（　　）

3. AutoCAD 中无法实现类似 Word 的文字查找或者替换功能。（　　）

4. 在输入文字时，不能使用透明命令。（　　）

5. 如果一些特殊字符或汉字使用的字体无法辨认，则会显示若干“?”来替代输入的字符，更改字体可以恢复正确的显示结果。（　　）

项目十七　尺　寸　标　注

项目描述：本项目主要完成四个学习任务：长度型尺寸标注；半径、直径和圆心标注；角度标注及其他类型标注；标注样式。这四个任务是尺寸标注的基础知识，是学好尺寸标注的关键。

项目学习目标：通过本项目学习，学会设置标注样式管理器，掌握各种尺寸标注方法。

项目学习重点：设置长度型尺寸标注；设置半径、直径和圆心标注；设置角度标注及其他类型标注及创建、设置标准样式。

项目学习难点：创建及设置标注样式。

尺寸标注的类型有很多，AutoCAD 提供了如下 13 种标注用以测量设计对象：线性（L）、对齐（G）、弧长（H）、坐标（O）、半径（R）、折弯（J）、直径（D）、角度（A）、基线（B）、连续（C）、引线（E）、公差（I）、圆心标记（M）。如图 17－1、图 17－2 所示。

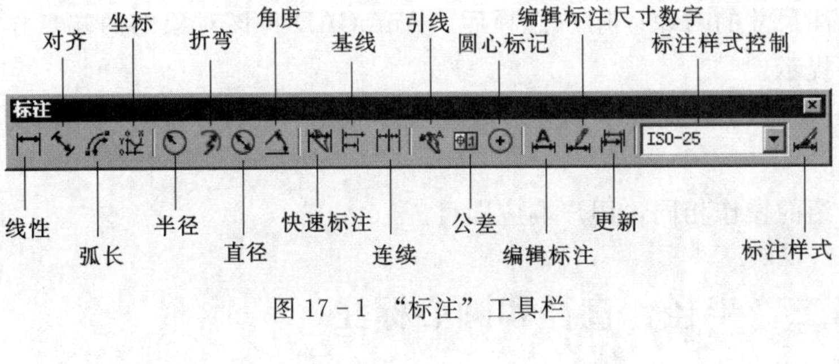

图 17－1 “标注”工具栏

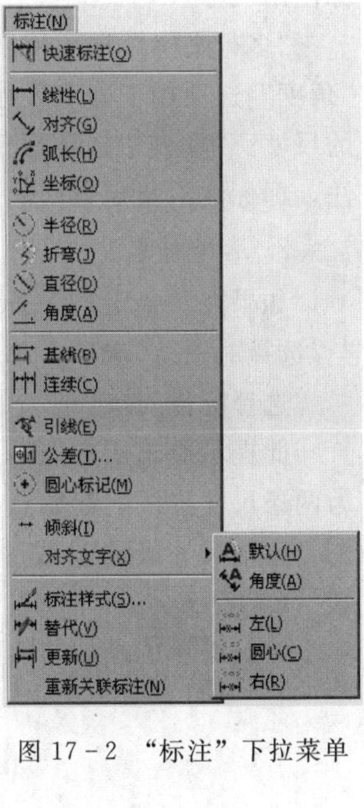

图 17－2 “标注”下拉菜单

任务一　长度型尺寸标注

任务描述：熟悉长度型尺寸的注标操作。

长度型尺寸标注主要用于标注图形对象的长度或被测对象的距离。长度型标注即指线性标注。线性标注指标注图形对象在水平方向、垂直方向或指定方向的尺寸，又分为水平标注、垂直标注和旋转标注三种类型。水平标注用于标注对象在水平方向的尺寸，即尺寸线沿水平方向放置；垂直标注用于标注对象在垂直方向的尺寸，即尺寸线沿垂直方向放置；旋转标注则标注对象沿指定方向的尺寸。

单击“标注”工具栏上的 (线性) 按钮，或选择“标注→线性”命令，即执行 DIMLINEAR 命令，AutoCAD 提示：

指定第一条尺寸界线原点或＜选择对象＞：

在此提示下用户有两种选择，即确定一点作为第一条尺寸界线的起始点或直接按回车键选择对象。

1. 指定第一条尺寸界线原点

如果在“指定第一条尺寸界线原点或＜选择对象＞：”提示下指定第一条尺寸界线的起始点，AutoCAD 提示：

指定第二条尺寸界线原点：(确定另一条尺寸界线的起始点位置)

指定尺寸线位置或［多行文字（M）/文字（T）/角度（A）/水平（H）/垂直（V）/旋转（R）］：

其中，“指定尺寸线位置”选项用于确定尺寸线的位置。通过拖动鼠标的方式确定尺寸线的位置后，单击拾取键，AutoCAD 根据自动测量出的两尺寸界线起始点间的对应距离值标注出尺寸。

“多行文字”选项用于根据文字编辑器输入尺寸文字。“文字”选项用于输入尺寸文字。“角度”选项用于确定尺寸文字的旋转角度。“水平”选项用于标注水平尺寸，即沿水平方向的尺寸。“垂直”选项用于标注垂直尺寸，即沿垂直方向的尺寸。“旋转”选项用于旋转标注，即标注沿指定方向的尺寸。

2. 选择对象

如果在“指定第一条尺寸界线原点或＜选择对象＞：”提示下直接按回车键，即执行“＜选择对象＞”选项，AutoCAD 提示：

选择标注对象：

此提示要求用户选择要标注尺寸的对象。用户选择后，AutoCAD 将该对象的两端点作为两条尺寸界线的起始点，并提示：

指定尺寸线位置或［多行文字（M）/文字（T）/角度（A）/水平（H）/垂直（V）/旋转（R）］：

对此提示的操作与前面介绍的操作相同，用户响应即可。

任务二　半径、直径和圆心标注

任务描述： 熟悉对圆、圆弧的相关参数的标注。

一、半径标注

为圆或圆弧标注半径尺寸。

命令：DIMRADIUS

单击“标注”工具栏上的 (半径) 按钮，或选择“标注→半径”命令，即执行 DIM-

RADIUS 命令，AutoCAD 提示：

选择圆弧或圆：(选择要标注半径的圆弧或圆)

指定尺寸线位置或［多行文字（M）/文字（T）/角度（A）］：

根据需要响应即可。

二、直径标注

为圆或圆弧标注直径尺寸。

命令：DIMDIAMETER

单击“标注”工具栏上的（直径）按钮，或选择“标注→直径”命令，即执行 DIMDIAMETER，AutoCAD 提示：

选择圆弧或圆：(选择要标注直径的圆或圆弧)

指定尺寸线位置或［多行文字（M）/文字（T）/角度（A）］：

如果在该提示下直接确定尺寸线的位置，AutoCAD 按实际测量值标注出圆或圆弧的直径。也可以通过“多行文字（M）”“文字（T）”以及“角度（A）”选项确定尺寸文字和尺寸文字的旋转角度。

三、绘制圆心标记

为圆或圆弧绘制圆心标记或中心线。

命令：DIMCENTER

单击“标注”工具栏上的（圆心标记）按钮，或选择“标注→圆心标记”命令，即执行 DIMCENTER 命令，AutoCAD 提示：

选择圆弧或圆：

在该提示下选择圆弧或圆即可。

任务总结： 掌握半径、直径标注的操作要领，熟悉圆心标记的绘制。

任务三　角度标注及其他类型标注

任务描述： 熟悉角度标注、弧长标注、折弯标注、连续标注、引线标注等的含义及操作步骤，会对现有的标注进行编辑修改，了解参数化绘图的相关功能。

一、角度标注

标注角度尺寸。

命令：DIMANGULAR

单击“标注”工具栏上的（角度）按钮，或选择“标注→角度”命令，即执行 DIMANGULAR 命令，AutoCAD 提示：

选择圆弧、圆、直线或＜指定顶点＞：

其中，“标注圆弧的包含角”选项用于标注圆弧的包含角尺寸。“标注圆上某段圆弧的包含角”选项标注圆上某段圆弧的包含角。“标注两条不平行直线之间的夹角”选项标注两条直线之间的夹角。“根据三个点标注角度”选项则根据给定的三点标注出角度。

二、弧长标注

为圆弧标注长度尺寸。

命令：DIMARC

单击“标注”工具栏上的（弧长）按钮，或选择“标注→弧长”命令，即执行 DIMARC 命令，AutoCAD 提示：

选择弧线段或多段线弧线段：(选择圆弧段)

指定弧长标注位置或［多行文字（M)/文字（T)/角度（A)/部分（P)/引线（L)］：

根据需要响应即可。

三、折弯标注

为圆或圆弧创建折弯标注。

命令：DIMJOGGED

单击“标注”工具栏上的（折弯）按钮，或选择“标注→折弯”命令，即执行 DIMJOGGED 命令，AutoCAD 提示：

选择圆弧或圆：(选择要标注尺寸的圆弧或圆)

指定中心位置替代：(指定折弯半径标注的新中心点，以替代圆弧或圆的实际中心点)

指定尺寸线位置或［多行文字（M)/文字（T)/角度（A)］：(确定尺寸线的位置，或进行其他设置)

指定折弯位置：(指定折弯位置)

四、连续标注

连续标注指在标注出的尺寸中，相邻两尺寸线共用同一条尺寸界线如图 17－3、图 17－4 所示。

命令：DIMCONTINUE

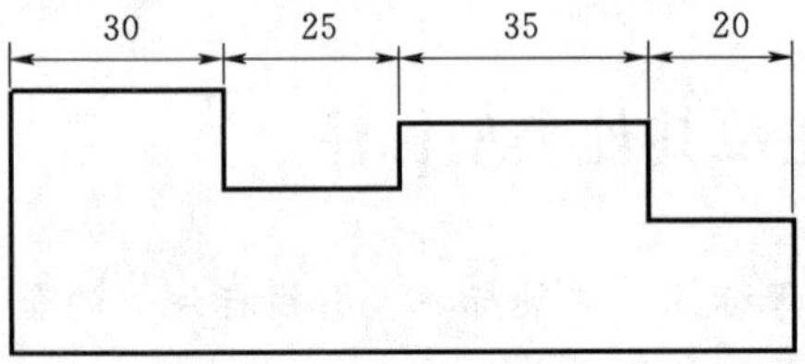

图 17－3　连续标注（一）

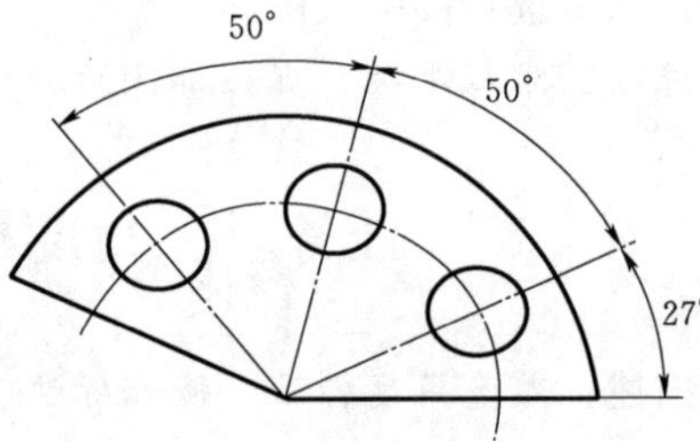

图 17－4　连续标注（二）

单击“标注”工具栏上的（连续）按钮，或选择“标注→连续”命令，即执行 DIMCONTINUE 命令，AutoCAD 提示：

指定第二条尺寸界线原点或［放弃（U)/选择（S)］<选择>：

1. 指定第二条尺寸界线原点

确定下一个尺寸的第二条尺寸界线的起始点。用户响应后，AutoCAD 按连续标注方式标注出尺寸，即把上一个尺寸的第二条尺寸界线作为新尺寸标注的第一条尺寸界线标注尺寸，而后 AutoCAD 继续提示：

指定第二条尺寸界线原点或［放弃（U)/选择（S)］<选择>：

此时可再确定下一个尺寸的第二条尺寸界线的起点位置。当用此方式标注出全部尺寸后，在上述同样的提示下按回车键或空格键，结束命令的执行。

2. 选择

该选项用于指定连续标注将从哪一个尺寸的尺寸界线引出。执行该选项，AutoCAD 提示：

选择连续标注：

在该提示下选择尺寸界线后，AutoCAD 会继续提示：

指定第二条尺寸界线原点或［放弃（U）/选择（S）］＜选择＞：

在该提示下标注出的下一个尺寸会以指定的尺寸界线作为其第一条尺寸界线。执行连续尺寸标注时，有时需要先执行“选择（S）”选项来指定引出连续尺寸的尺寸界线。

五、基线标注

基线标注指各尺寸线从同一条尺寸界线处引出。

命令：DIMBASELINE

单击“标注”工具栏上的（基线）按钮，或选择“标注→基线”命令，即执行 DIMBASELINE 命令，AutoCAD 提示：

指定第二条尺寸界线原点或［放弃（U）/选择（S）］＜选择＞：

1. 指定第二条尺寸界线原点

确定下一个尺寸的第二条尺寸界线的起始点。确定后 AutoCAD 按基线标注方式标注出尺寸，而后继续提示：

指定第二条尺寸界线原点或［放弃（U）/选择（S）］＜选择＞：

此时可再确定下一个尺寸的第二条尺寸界线起点位置。用此方式标注出全部尺寸后，在同样的提示下按回车键或空格键，结束命令的执行。

2. 选择（S）

该选项用于指定基线标注时作为基线的尺寸界线。执行该选项，AutoCAD 提示：

选择基准标注：

在该提示下选择尺寸界线后，AutoCAD 继续提示：

指定第二条尺寸界线原点或［放弃（U）/选择（S）］＜选择＞：

在该提示下标注出的各尺寸均从指定的基线引出。执行基线尺寸标注时，有时需要先执行“选择（S）”选项来指定引出基线尺寸的尺寸界线。

六、多重引线标注

1. 多重引线样式

用户可以设置多重引线的样式。

命令：MLEADERSTYLE

单击“多重引线”工具栏上的（多重引线样式）按钮，或执行 MLEADERSTYLE 命令，AutoCAD 打开“多重引线样式管理器”对话框，如图 17－5 所示。

对话框中，“当前多重引线样式”用于显示当前多重引线样式的名称。“样式”列表框用于列出已有的多重引线样式的名称。“列出”下拉列表框用于确定要在“样式”列表框中列出哪些多重引线样式。“预览”图像框用于预览在“样式”列表框中所选中的多重引线样式的标注效果。“置为当前”按钮用于将指定的多重引线样式设为当前样式。“新建”按钮用于创建新多重引线样式。单击“新建”按钮，AutoCAD 打开如图 17－6 所示的“创建新多重引线样式”对话框。用户可以通过对话框中的“新样式名”文本框指定新样式的名称；通过

“基础样式”下拉列表框确定用于创建新样式的基础样式。确定新样式的名称和相关设置后，单击“继续”按钮，AutoCAD 打开对应的对话框。

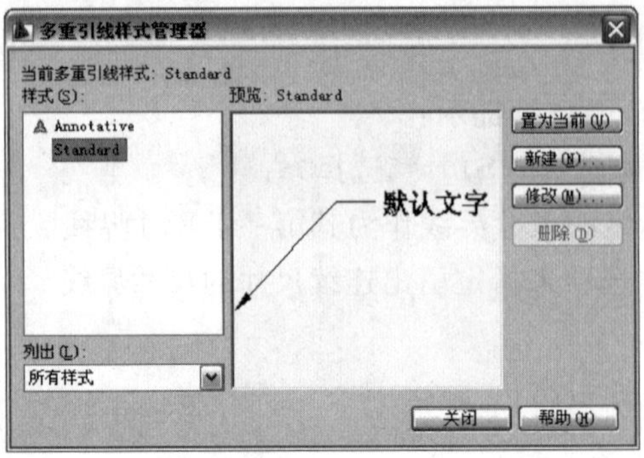

图 17-5 多重引线样式管理器

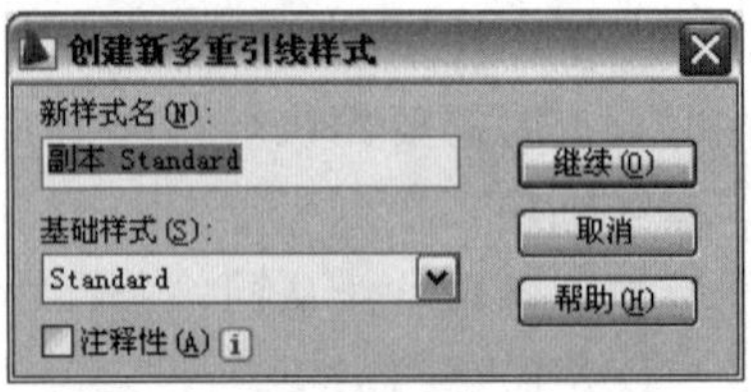

图 17-6 创建新多重引线样式

对话框中有“引线格式”“引线结构”和“内容”三个选项卡，下面分别介绍这些选项卡。

(1)“引线格式”选项卡。此选项卡用于设置引线的格式。“常规”选项组用于设置引线的外观。“箭头”选项组用于设置箭头的样式与大小。“引线打断”选项用于设置引线打断时的距离值。预览框用于预览对应的引线样式。如图 17-7 所示。

(2)“引线结构”选项卡。“引线结构”选项卡用于设置引线的结构。如图 17-8 所示。

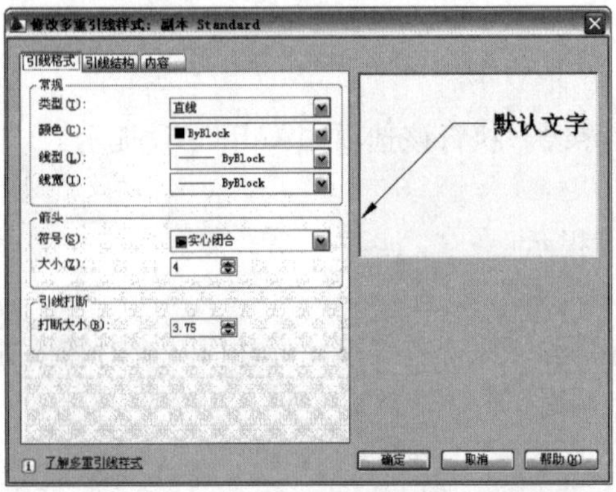

图 17-7 修改多重引线样式（一）

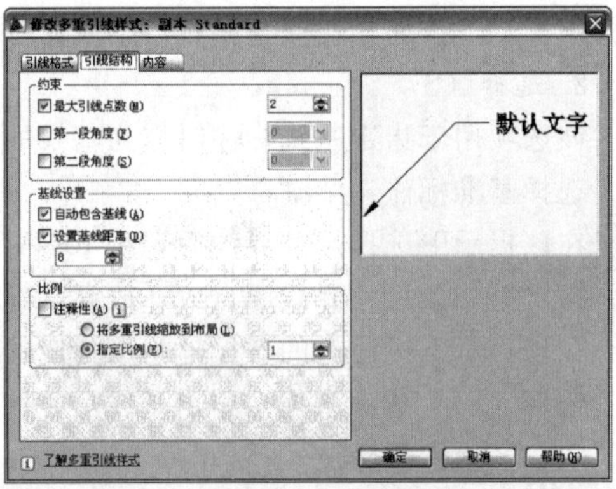

图 17-8 修改多重引线样式（二）

“约束”选项组用于控制多重引线的结构。“基线设置”选项组用于设置多重引线中的基线。“比例”选项组用于设置多重引线标注的缩放关系。

(3)“内容”选项卡。“内容”选项卡用于设置多重引线标注的内容。如图 17-9 所示。

“多重引线类型”下拉列表框用于设置多重引线标注的类型。“文字选项”选项组用于设置多重引线标注的文字内容。“引线连接”选项组一般用于设置标注出的对象沿垂直方向相对于引线基线的位置。

2. 多重引线标注

命令：_MLEADER

单击“多重引线”工具栏上的 （多重引线）按钮执行，即执行 MLEADER 命令，

AutoCAD 提示：

指定引线箭头的位置或［引线基线优先（L)/内容优先（C)/选项（O)］<选项>：

提示中，“指定引线箭头的位置”选项用于确定引线的箭头位置；“引线基线优先（L)”和“内容优先（C)”选项分别用于确定将首先确定引线基线的位置还是首先确定标注内容，用户根据需要选择即可；“选项（O)”项用于多重引线标注的设置，执行该选项，AutoCAD 提示：

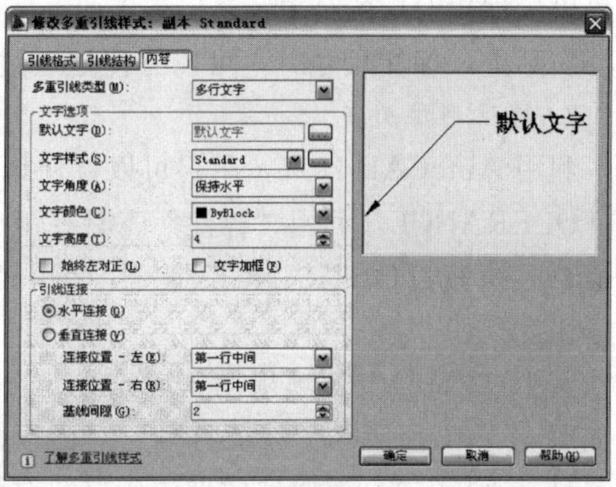

图 17-9　修改多重引线样式（三）

输入选项［引线类型（L)/引线基线（A)/内容类型（C)/最大节点数（M)/第一个角度（F)/第二个角度（S)/退出选项（X)］<内容类型>：

其中，“引线类型（L)”选项用于确定引线的类型；“引线基线（A)”选项用于确定是否使用基线；“内容类型（C)”选项用于确定多重引线标注的内容（多行文字、块或无)；“最大节点数（M)”选项用于确定引线端点的最大数量；“第一个角度（F)”和“第二个角度（S)”选项用于确定前两段引线的方向角度。

执行 MLEADER 命令后，如果在“指定引线箭头的位置或［引线基线优先（L)/内容优先（C)/选项（O)］<选项>：”提示下指定一点，即指定引线的箭头位置后，AutoCAD 提示：

指定下一点或［端点（E)］<端点>：(指定点)

指定下一点或［端点（E)］<端点>：

在该提示下依次指定各点，然后按回车键，AutoCAD 弹出文字编辑器。如图 17-10 所示。

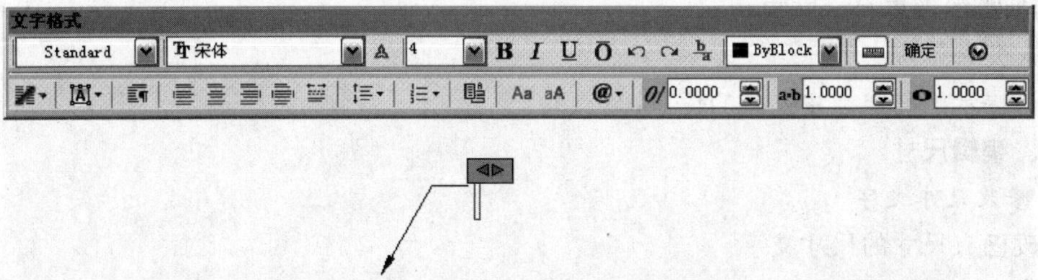

图 17-10　多重引线文字编辑器

通过文字编辑器输入对应的多行文字后，单击“文字格式”工具栏上的“确定”按钮，即可完成引线标注。

七、公差标注

1. 标注尺寸公差

AutoCAD 2017 提供了标注尺寸公差的多种方法。例如，利用前面介绍过的“公差”选项卡，用户可以通过“公差格式”选项组确定公差的标注格式，如确定以何种方式标注公差以及设置尺寸公差的精度、设置上偏差和下偏差等。通过此选项卡进行设置后再标注尺寸，就可以标注出对应的公差。

实际上，标注尺寸时，可以方便地通过在位文字编辑器输入公差。

2. 标注形位公差

利用 AutoCAD 2017，用户可以方便地为图形标注形位公差。用于标注形位公差的命令是 TOLERANCE，利用“标注”工具栏上的（公差）按钮或“标注→公差”命令可启动该命令。执行 TOLERANCE 命令，AutoCAD 弹出如图 17－11 所示的“形位公差”对话框。

其中，“符号”选项组用于确定形位公差的符号。单击其中的小黑方框，AutoCAD 弹出如图 17－12 所示的“特征符号”对话框。用户可从该对话框确定所需要的符号。单击某一符号，AutoCAD 返回到“形位公差”对话框，并在对应位置显示出该符号。

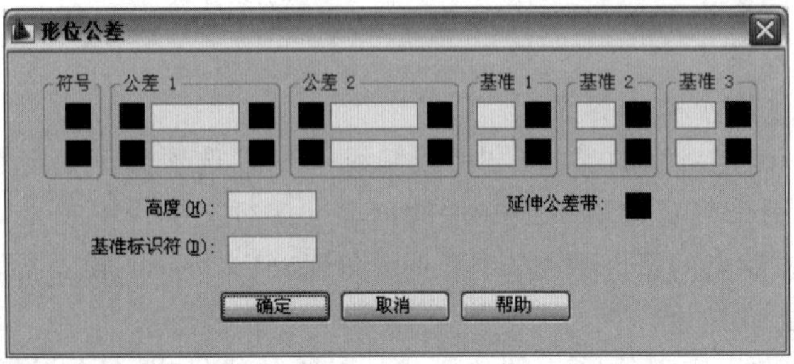

图 17－11　“形位公差”对话框

图 17－12　“特征符号”对话框

另外“公差 1”“公差 2”选项组用于确定公差。用户应在对应的文本框中输入公差值。此外，可通过单击位于文本框前边的小方框确定是否在该公差值前加直径符号；单击位于文本框后边的小方框，可从弹出的“包容条件”对话框中确定包容条件。“基准 1”“基准 2”“基准 3”选项组用于确定基准和对应的包容条件。

通过“形位公差”对话框确定要标注的内容后，单击对话框中的“确定”按钮，AutoCAD 切换到绘图屏幕，并提示：

输入公差位置：

在该提示下确定标注公差的位置即可。

八、编辑尺寸

1. 修改尺寸文字

修改已有尺寸的尺寸文字。

命令：DDEDIT

执行 DDEDIT 命令，AutoCAD 提示：

选择注释对象或［放弃（U）］：

在该提示下选择尺寸，AutoCAD 弹出“文字格式”工具栏，并将所选择尺寸的尺寸文字设置为编辑状态，用户可直接对其进行修改，如修改尺寸值、修改或添加公差等。

2. 修改尺寸文字的位置

修改已标注尺寸的尺寸文字的位置。

命令：DIMTEDIT

单击“标注”工具栏上的（编辑文字标注）按钮，即执行 DIMTEDIT 命令，AutoCAD

提示：

选择标注：(选择尺寸)

指定标注文字的新位置或［左（L)/右（R)/中心（C)/默认（H)/角度（A)］：

提示中，“指定标注文字的新位置”选项用于确定尺寸文字的新位置，通过鼠标将尺寸文字拖动到新位置后单击拾取键即可；“左（L)”和“右（R)”选项仅对非角度标注起作用，它们分别决定尺寸文字是沿尺寸线左对齐还是右对齐；“中心（C)”选项可将尺寸文字放在尺寸线的中间；“默认（H)”选项将按默认位置、方向放置尺寸文字；“角度（A)”选项可以使尺寸文字旋转指定的角度。

3. 用 DIMEDIT 命令编辑尺寸

DIMEDIT 命令用于编辑已有尺寸。利用“标注”工具栏上的（编辑标注）按钮可启动该命令。执行 DIMEDIT 命令，AutoCAD 提示：

输入标注编辑类型［默认（H)/新建（N)/旋转（R)/倾斜（O)］＜默认＞：

其中，“默认”选项会按默认位置和方向放置尺寸文字。“新建”选项用于修改尺寸文字。“旋转”选项可将尺寸文字旋转指定的角度。“倾斜”选项可使非角度标注的尺寸界线旋转一定的角度。

4. 翻转标注箭头

更改尺寸标注上每个箭头的方向。具体操作是：选择要改变方向的箭头，右击，从弹出的快捷菜单中选择“翻转箭头”命令，即可实现尺寸箭头的翻转。

5. 调整标注间距

用户可以调整平行尺寸线之间的距离。

命令：DIMSPACE

单击“标注”工具栏中的（等距标注）按钮，或选择菜单命令“标注→标注间距”，提示：

选择基准标注：(选择作为基准的尺寸)

选择要产生间距的标注：(依次选择要调整间距的尺寸)

选择要产生间距的标注：↙

输入值或［自动（A)］＜自动＞：

如果输入距离值后按回车键，AutoCAD 调整各尺寸线的位置，使它们之间的距离值为指定的值。如果直接按回车键，AutoCAD 会自动调整尺寸线的位置。

6. 折弯线性

折弯线性指将折弯符号添加到尺寸线中。

命令：DIMJOGLINE

单击“标注”工具栏中的折弯线性按钮，或选择菜单命令“标注→折弯线性”，提示：

选择要添加折弯的标注或［删除（R)］：［选择要添加折弯的尺寸。“删除（R)”选项用于删除已有的折弯符号］

指定折弯位置（或按回车键）：

通过拖动鼠标的方式确定折弯的位置。

7. 折断标注

折断标注指在标注或延伸线与其他线重叠处打断标注或延伸线。

命令：DIMBREAK

单击“标注”工具栏中的（折断标注）按钮，或选择菜单命令“标注→打断标注”，提示：

选择标注或［多个（M）］：［选择尺寸。可通过“多个（M）”选项选择多个尺寸］

选择要打断标注的对象或［自动（A）/恢复（R）/手动（M）］<自动>：

根据提示操作即可。

九、参数化绘图

AutoCAD 2017 新增了参数化绘图功能。利用该功能，当改变图形的尺寸参数后，图形会自动发生相应的变化。

1. 几何约束

几何约束是在对象之间建立一定的约束关系。

命令：GEOMCONSTRAINT

执行 GEOMCONSTRAINT 命令，AutoCAD 提示：

输入约束类型［水平（H）/竖直（V）/垂直（P）/平行（PA）/相切（T）/平滑（SM）/重合（C）/同心（CON）/共线（COL）/对称（S）/相等（E）/固定（F）］<平滑>：

此提示要求用户指定约束的类型并建立约束。

其中，“水平”选项用于将指定的直线对象约束成与当前坐标系的 X 坐标平行。“竖直”选项用于将指定的直线对象约束成与当前坐标系的 Y 坐标平行。“垂直”选项用于将指定的一条直线约束成与另一条直线保持垂直关系。“平行”选项用于将指定的一条直线约束成与另一条直线保持平行关系。“相切”选项用于将指定的一个对象与另一条对象约束成相切关系。“平滑”选项用于在共享同一端点的两条样条曲线之间建立平滑约束。“重合”选项用于使两个点或一个对象与一个点之间保持重合。“同心”选项用于使一个圆、圆弧或椭圆与另一个圆、圆弧或椭圆保持同心。“共线”选项用于使一条或多条直线段与另一条直线段保持共线，即位于同一直线上。“对称”选项用于约束直线段或圆弧上的两个点，使其以选定直线为对称轴彼此对称。“相等”选项用于使选择的圆弧或圆有相同的半径，或使选择的直线段有相同的长度。“固定”选项用于约束一个点或曲线，使其相当于坐标系固定在特定的位置和方向。

2. 标注约束

标注约束指约束对象上两个点或不同对象上两个点之间的距离。

命令：DIMCONSTRAINT

执行 DIMCONSTRAINT 命令，AutoCAD 提示：

选择要转换的关联标注或［线性（LI）/水平（H）/竖直（V）/对齐（A）/角度（AN）/半径（R）/直径（D）/形式（F）］<对齐>：

其中，“选择要转换的关联标注”选项用于将选择的关联标注转换成约束标注。其他各选项用于对相应的尺寸建立约束，其中“形式（F）”选项用于确定是建立注释性约束还是动态约束。

任务总结： 掌握角度标注、弧长标注、折弯标注、连续标注、引线标注的应用场合及命令操作步骤，能熟练对现有尺寸标注进行修改编辑。

任务学习拓展：尝试用参数化绘图去绘制一些图形，然后改变尺寸，观察图形有什么变化。

任务四 标 注 样 式

任务描述：熟悉标注样式的含义及作用，会创建标注样式，并正确设置标注样式中的各个参数。

一、创建及设置标注样式

在图形设计中，尺寸标注是绘图设计工作中的一项重要内容，因为绘制图形的根本目的是反映对象的形状，而图形中各个对象的真实大小和相互位置只有经过尺寸标注后才能确定。AutoCAD 包含了一套完整的尺寸标注命令和实用程序，用户使用它们足以完成图纸中要求的尺寸标注。用户在进行尺寸标注之前，必须了解 AutoCAD 尺寸标注的组成，标注样式的创建和设置方法。

通过对任务四的学习，读者应了解尺寸标注的规则和组成，以及“标注样式管理器”对话框的使用方法。并掌握创建尺寸标注的基础以及样式设置的方法。

1. 尺寸标注的规则

在 AutoCAD 2017 中，对绘制的图形进行尺寸标注时应遵循以下规则：

物体的真实大小应以图样上所标注的尺寸数值为依据，与图形的大小及绘图的准确度无关。图样中的尺寸以毫米为单位时，不需要标注计量单位的代号或名称。如采用其他单位，则必须注明相应计量单位的代号或名称，如度、厘米及米等。

图样中所标注的尺寸为该图样所表示的物体的最后完工尺寸，否则应另加说明。

一般物体的每一尺寸只标注一次，并应标注在最后反映该结构最清晰的图形上。

2. 尺寸标注的组成

在机械制图或其他工程绘图中，一个完整的尺寸标注应由标注文字、尺寸线、尺寸界线、尺寸线的端点符号及起点等组成。如图 17-13 所示。

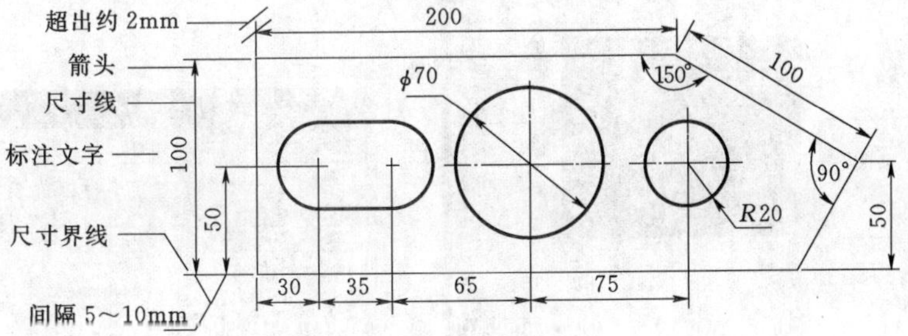

图 17-13 尺寸标注图示

3. 尺寸标注的类型

AutoCAD 2017 提供了十余种标注工具用以标注图形对象，分别位于“标注”菜单或“标注”工具栏中，如图 17-14 所示。使用它们可以进行角度、直径、半径、线性、对齐、连续、圆心及基线等标注。

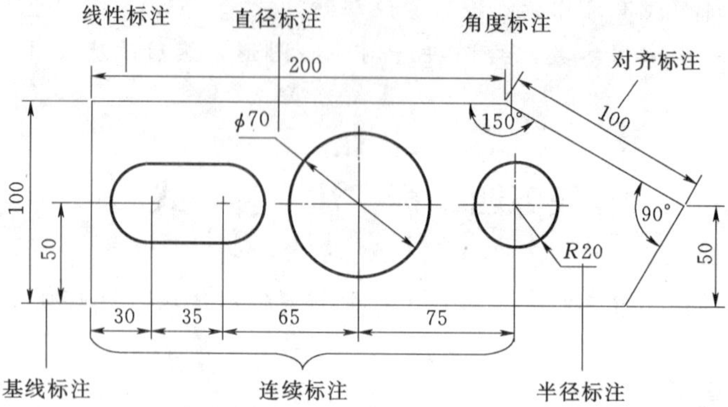

图 17－14　尺寸标注图例

4. 创建尺寸标注的基本步骤

在 AutoCAD 2017 中对图形进行尺寸标注的基本步骤如下：

（1）选择“格式→图层”命令，在打开的“图层特性管理器”对话框中创建一个独立的图层，用于尺寸标注。

（2）选择“格式→文字样式”命令，在打开的“文字样式”对话框中创建一种文字样式，用于尺寸标注。

（3）选择“格式→标注样式”命令，在打开的“标注样式管理器”对话框中设置标注样式。

（4）使用对象捕捉和标注等功能，对图形中的元素进行标注。

5. 创建标注样式

在 AutoCAD 2017 中，使用“标注样式”可以控制标注的格式和外观，建立强制执行的绘图标准，并有利于对标注格式及用途进行修改。要创建标注样式，选择“格式→标注样式”命令，打开“标注样式管理器”对话框（图 17－15），单击“新建”按钮，在打开的“创建新标注样式”对话框中即可创建新标注样式。如图 17－16 所示。

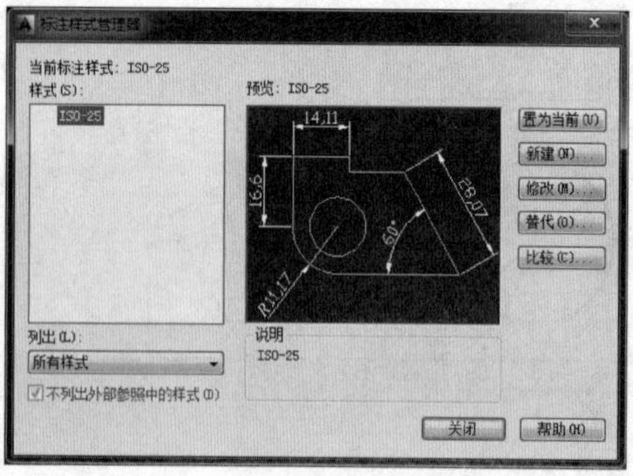

图 17－15　“标注样式管理器”对话框

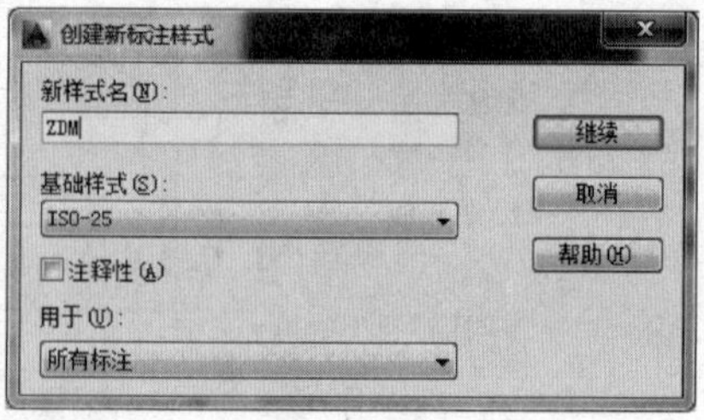

图 17－16　“创建新标注样式”对话框

6. 设置直线格式

在“新建标注样式”对话框中，使用“直线”选项卡可以设置尺寸线、尺寸界线的格式和位置。

（1）设置尺寸线。在“尺寸线”选项组中，可以设置尺寸线的颜色、线宽、超出标记以及基线间距等属性。如图 17－17 、图 17－18 所示分别为尺寸线未超出和超出了尺寸界线。

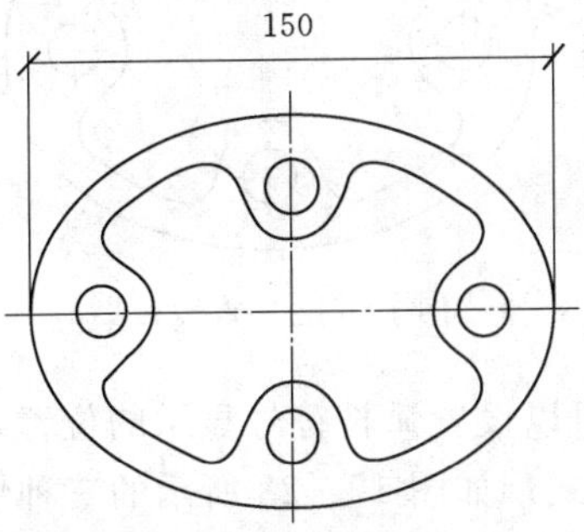

图 17－17　尺寸线未超出尺寸界线

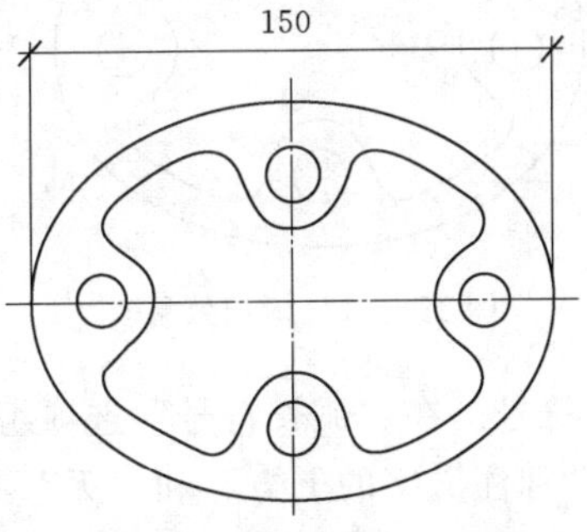

图 17－18　尺寸线超出尺寸界线

（2）尺寸界线。在“尺寸界线”选项组中，可以设置尺寸界线的颜色、线宽、超出尺寸线的长度和起点偏移量、隐藏控制等属性。图 17－19、图 17－20 所示分别为尺寸界线较短和较长。

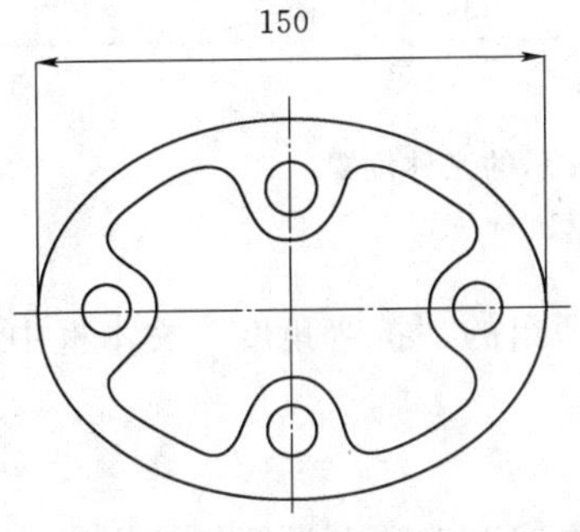

图 17－19　尺寸界线较短

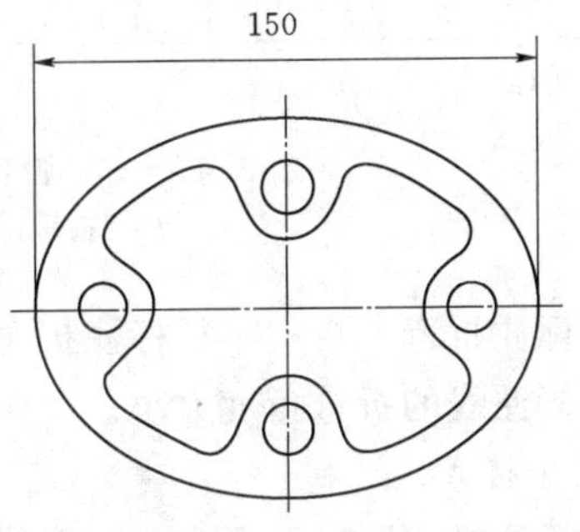

图 17－20　尺寸界线较长

7. 设置符号和箭头格式

在“新建标注样式”对话框中，使用“符号和箭头”选项卡可以设置箭头、圆心标记、弧长符号和半径标注折弯的格式与位置。

（1）箭头。在“箭头”选项组中，可以设置尺寸线和引线箭头的类型及尺寸大小等。通常情况下，尺寸线的两个箭头应一致。

为了适用于不同类型的图形标注需要，AutoCAD 2017 设置了 20 多种箭头样式。可以从对应的下拉列表框中选择箭头，并在“箭头大小”文本框中设置其大小。也可以使用自定义箭头，此时可在下拉列表框中选择“用户箭头”选项，打开“选择自定义箭头块”对话框。在“从图形块中选择”文本框内输入当前图形中已有的块名，然后单击“确定”按钮，AutoCAD 2017 将以该块作为尺寸线的箭头样式，此时块的插入基点与尺寸线的端点重合。

（2）圆心标记。在“圆心标记”选项组中，可以设置圆或圆弧的圆心标记类型，如“标记”“直线”和“无”。其中，选择“标记”选项可对圆或圆弧绘制圆心标记；选择“直线”选项，可对圆或圆弧绘制中心线；选择“无”选项，则没有任何标记。当选择“标记”或“直线”单选按钮时，可以在“大小”文本框中设置圆心标记的大小。如图 17－21、图 17－22 所示。

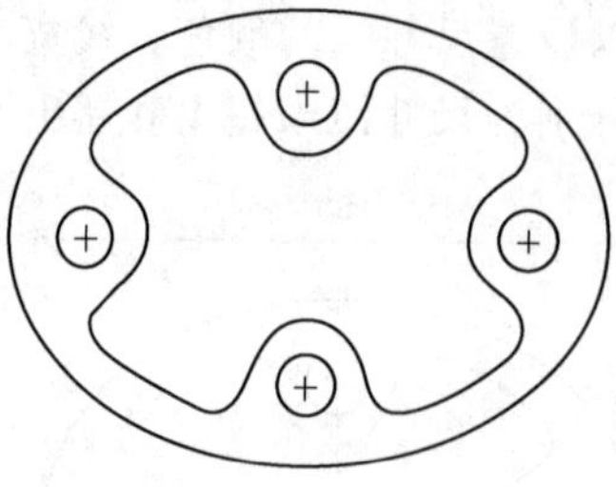

图 17-21 标记效果

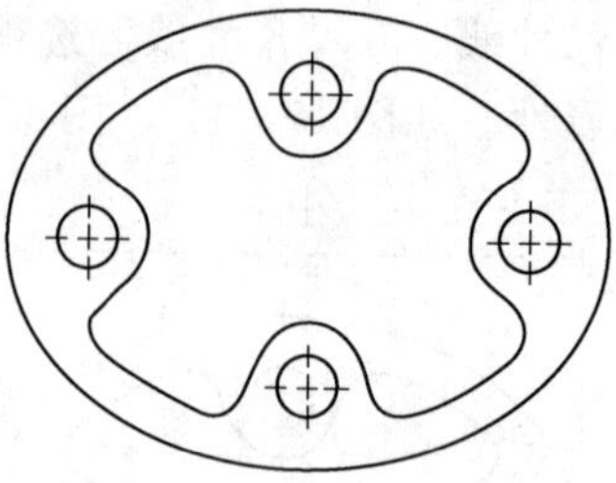

图 17-22 直线效果

(3) 弧长符号。在“弧长符号”选项组中，可以设置弧长符号显示的位置，包括“标注文字的前缀”“标注文字的上方”和“无”三种方式。如图 17-23 所示的三种情况。

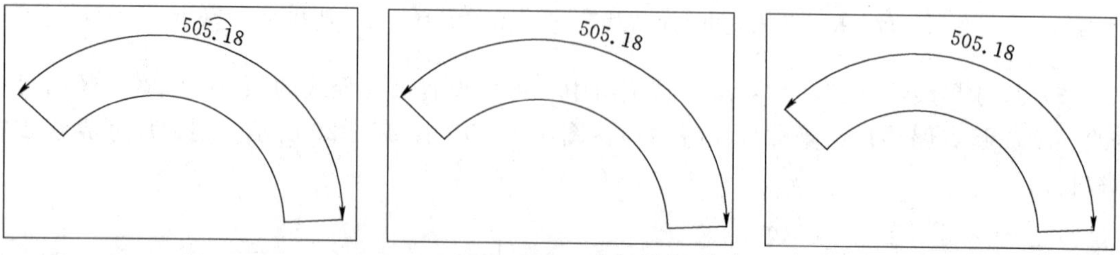

(a) (b) (c)

图 17-23 弧长符号显示的三种位置

(a) 前缀；(b) 上方；(c) 无

(4) 半径标注折弯。在“半径标注折弯”选项组的“折弯角度”文本框中，可以设置标注圆弧半径时标注线的折弯角度大小。

8. 设置文字格式

在“新建标注样式”对话框中，可以使用“文字”选项卡设置标注文字的外观、位置和对齐方式。

(1) 文字外观。在“文字外观”选项组中，可以设置文字的样式、颜色、高度和分数高度比例，以及控制是否绘制文字边框等。部分选项的功能说明如下：

“分数高度比例”文本框：设置标注文字中的分数相对于其他标注文字的比例，AutoCAD 2017 将该比例值与标注文字高度的乘积作为分数的高度。

“绘制文字边框”复选框：设置是否给标注文字加边框。如图 17-24、图 17-25 所示。

图 17-24 标注文字未加框

图 17-25 标注文字加框

(2) 文字位置。在“文字位置”选项组中，可以设置文字的垂直、水平位置以及从尺寸线的偏移量。图 17-26 所示为文字所处的几种不同的位置。

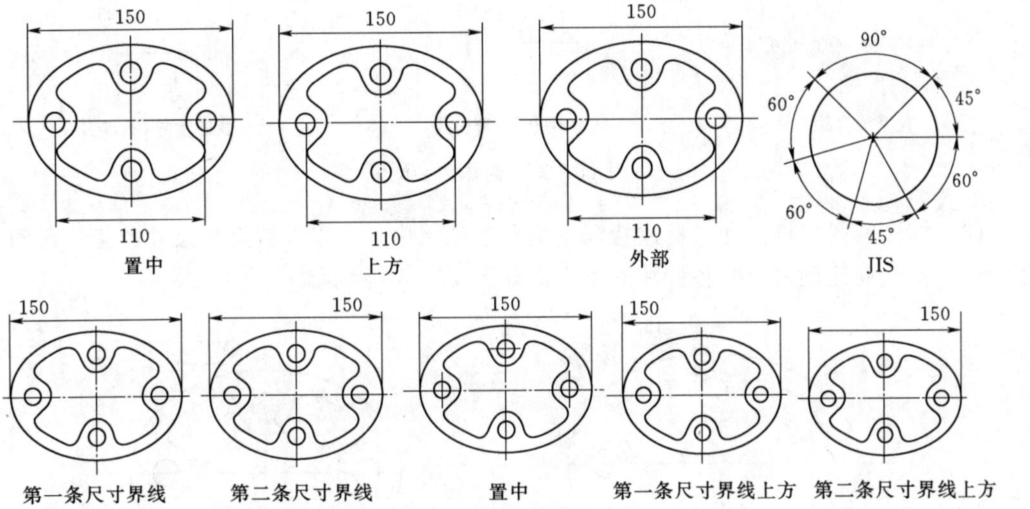

图 17 - 26 文字位置

(3) 文字对齐。在“文字对齐”选项组中，可以设置标注文字是保持水平还是与尺寸线平行。图 17 - 27 所示为标注文字不同的几种显示情况。

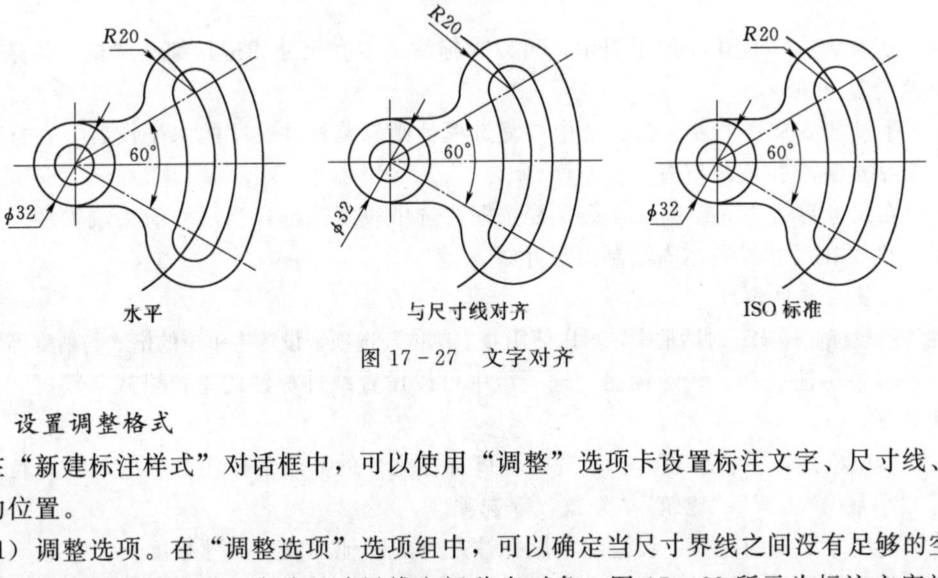

图 17 - 27 文字对齐

9. 设置调整格式

在“新建标注样式”对话框中，可以使用“调整”选项卡设置标注文字、尺寸线、尺寸箭头的位置。

(1) 调整选项。在“调整选项”选项组中，可以确定当尺寸界线之间没有足够的空间同时放置标注文字和箭头时，应从尺寸界线之间移出对象。图 17 - 28 所示为标注文字放置的几种位置。

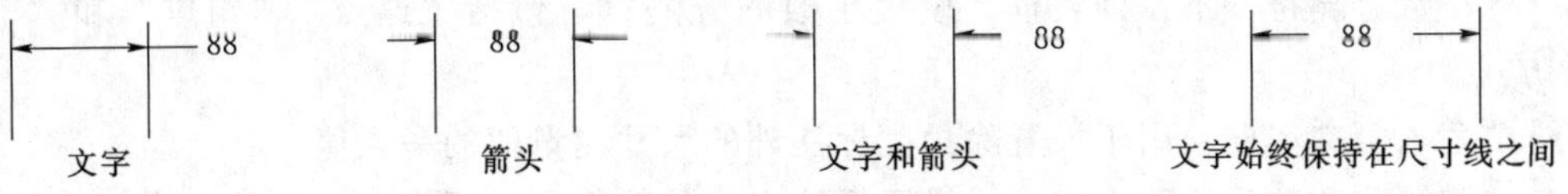

图 17 - 28 调整选项

(2) 文字位置。在“文字位置”选项组中，可以设置当文字不在默认位置时的位置。如图 17 - 29 所示。

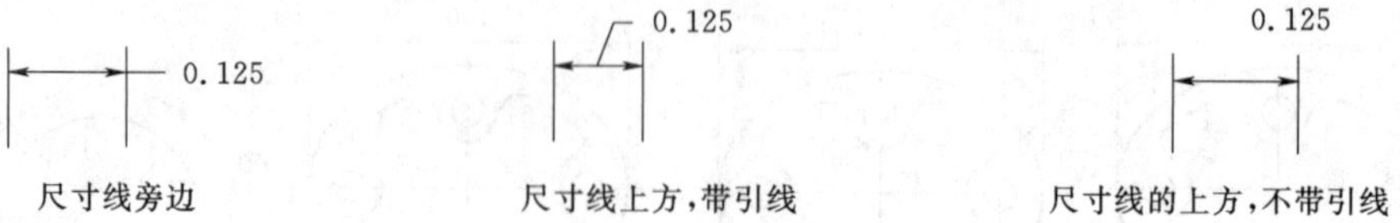

图 17－29　调整文字位置

(3) 标注特征比例。在“标注特征比例”选项组中，可以设置标注尺寸的特征比例，以便通过设置全局比例来控制各标注的大小。如图 17－30 所示。

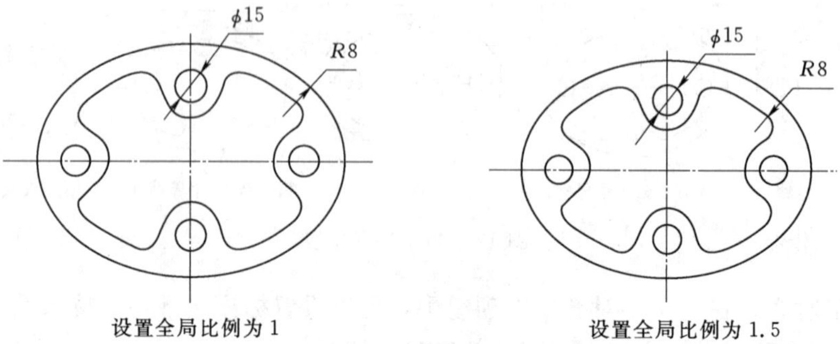

图 17－30　标注特征比例

(4) 优化。在“优化”选项组中，可以对标注文本和尺寸线进行细微调整，该选项组包括以下两个复选框。

• “手动放置文字”复选框：选中该复选框，则忽略标注文字的水平设置，在标注时可将标注文字放置在指定的位置。

• “在尺寸界线之间绘制尺寸线”复选框：选中该复选框，当尺寸箭头放置在尺寸界线之外时，也可在尺寸界线之内绘制出尺寸线。

10. 设置主单位格式

在“新建标注样式”对话框中，可以使用“主单位”选项卡设置主单位的格式与精度等属性。

(1) 线性标注。在“线性标注”选项组中可以设置线性标注的单位格式与精度，主要选项功能如下。

• “单位格式”下拉列表框：设置除角度标注之外的其余各标注类型的尺寸单位，包括“科学”“小数”“工程”“建筑”“分数”等选项。

• “精度”下拉列表框：设置除角度标注之外的其他标注的尺寸精度。

• “分数格式”下拉列表框：当单位格式是分数时，可以设置分数的格式，包括“水平”“对角”和“非堆叠”三种方式。

• “小数分隔符”下拉列表框：设置小数的分隔符，包括“逗点”“句点”和“空格”三种方式。

• “舍入”文本框：用于设置除角度标注外的尺寸测量值的舍入值。

• “前缀”和“后缀”文本框：设置标注文字的前缀和后缀，在相应的文本框中输入字符即可。

• “测量单位比例”选项组：使用“比例因子”文本框可以设置测量尺寸的缩放比例，AutoCAD 2017 的实际标注值为测量值与该比例的积。选中“仅应用到布局标注”复选框，可以设置该比例关系仅适用于布局。

• “消零”选项组：可以设置是否显示尺寸标注中的前导零和后续零。

（2）角度标注。在“角度标注”选项组中，可以使用“单位格式”下拉列表框设置标注角度时的单位，使用“精度”下拉列表框设置标注角度的尺寸精度，使用“消零”选项组设置是否消除角度尺寸的前导零和后续零。

11. 设置换算单位格式

在“新建标注样式”对话框中，可以使用“换算单位”选项卡设置换算单位的格式。

在 AutoCAD 2017 中，通过换算标注单位，可以转换使用不同测量单位制的标注，通常是显示英制标注的等效公制标注，或公制标注的等效英制标注。在标注文字中，换算标注单位显示在主单位旁边的方括号中。如图 17 - 31 所示。

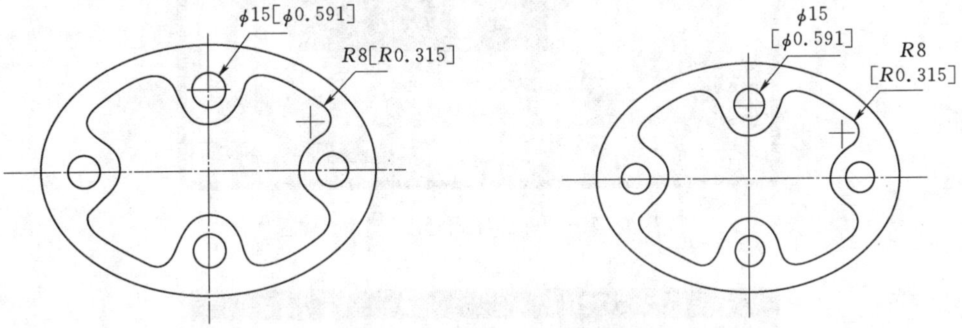

图 17 - 31 设置换算单位格式

12. 设置公差格式

在“新建标注样式”对话框中，可以使用“公差”选项卡设置是否标注公差，以及以何种方式进行标注。如图 17 - 32 所示。

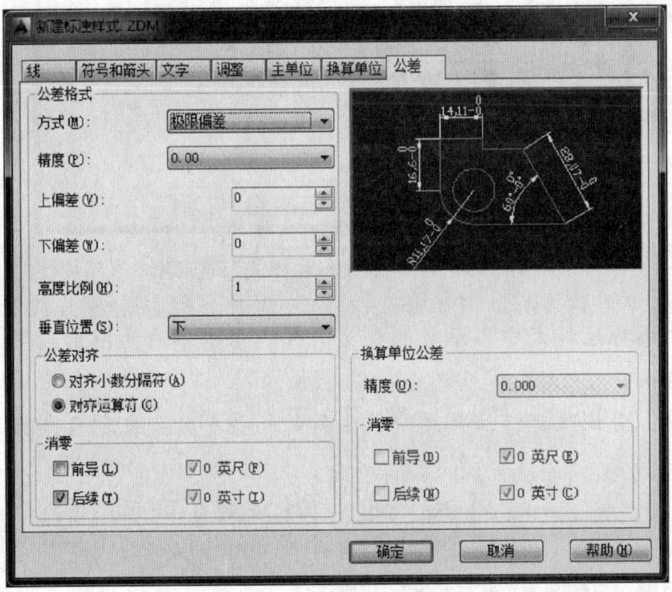

图 17 - 32 设置公差格式

二、修改标注样式

在 AutoCAD 2017 中，选择“格式→标注样式”命令，打开“标注样式管理器”对话框（图 17-33），单击“修改”按钮，在打开的“修改标注样式”对话框中即可修改新标注样式。如图 17-34 所示。

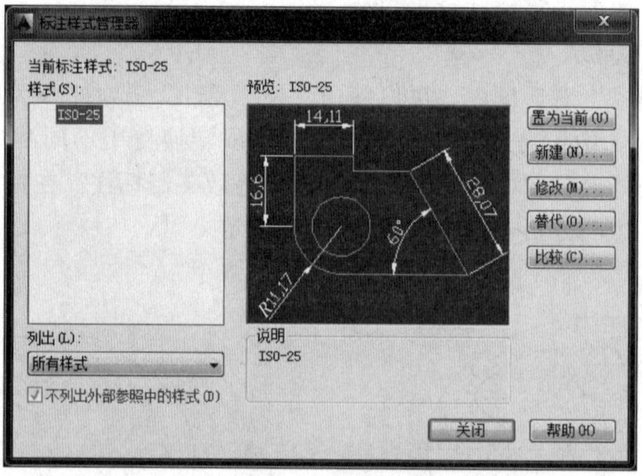

图 17-33　“标注样式管理器”对话框

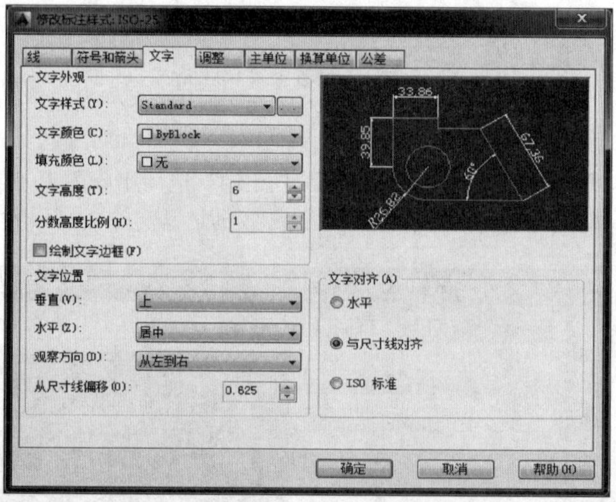

图 17-34　“修改标注样式”对话框

任务总结：熟悉标注样式中各参数的含义，并能根据不同的图形设置正确的数值，熟练创建及修改标注样式。

任务学习拓展：尝试改变标注样式中较生僻的一些参数，发现尺寸标注有什么变化。

【课　后　训　练】

一、单项选择题

1. 能真实反映倾斜对象的实际尺寸的标注命令是（　　）。

A. 对齐标注　　B. 线性标注　　C. 引线　　D. 连续标注

2. 若要将图形中的所有尺寸都标注为原有尺寸数值的 2 倍，应设定（　　）。

A. 文字高度　　B. 使用全局比例　　C. 测量单位比例　　D. 换算单位

3. 执行（　　）命令，可打开“标注样式管理器”对话框，在其中可对标注样式进行设置。

A. DIMRADIUS　　B. DIMSTYLE

C. DIMDIAMETER　　D. DIMLINEAR

4. 下面（　　）命令用于标注在同一方向上连续的线性尺寸或角度尺寸。

A. DIMBASELINE　　B. DIMCONTINUE　　C. QLEADER　　D. QDIM

5. 下面（　　）命令用于测量并标注被测对象之间的夹角。

A. DIMANGULAR　　B. ANGULAR

C. QDIM　　D. DIMRADIUS

二、判断题

1. 快速标注可以用于设置多个连续标注。（　　）

2. 不能为尺寸文字添加后缀。（　　）

3. 当某种文字样式的字高被赋予一确定值时，则在标注样式中若使用此文字样式，标注的字高只能固定为这一确定值。（　　）

三、绘图题

绘制下面图形。

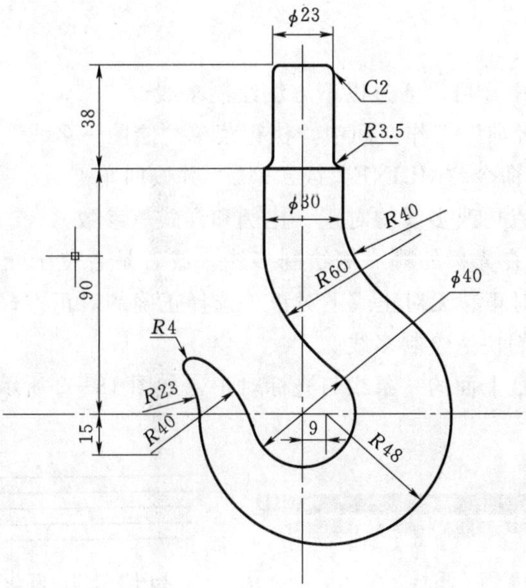

项目十八　其他常用命令

项目描述：本项目主要完成五个学习任务：多线命令；系统选项设置；帮助命令；查询工具；快捷键设置。对这五个任务的学习能大大提高我们学习及绘图的效率，能让我们快速获取图形信息。

项目学习目标：通过本项目学习，能熟练绘制墙体等多线图形，能够设置合适的绘图环境，能够快速获取图形信息，能够熟练应用快捷方式提高绘图效率，能够提高自学能力。

项目学习重点：多线命令；查询工具。

项目学习难点：多线命令。

任务一　多线命令

任务描述：学习如何快速准确的绘制多线、设置多线样式及编辑多线图形。

多线由多条平行线组成，这些平行线称为元素。在工程中像墙体之类的图形要用到相互平行的线条，为了快速绘制这类图形，可以利用多线绘制、多线编辑来快速绘图，从而提高绘图效率。

一、多线绘制命令

在 AutoCAD 2017 中，可以通过以下方法绘制多线。

- 在"AutoCAD 经典"工作空间中，执行菜单"绘图→多线"命令。
- 在命令行中输入命令"MLINE"或"ML"并按回车键。

开始绘制之前，可以更改多线的对正、比例和样式等参数。

- 对正选线确定将在光标的哪一侧绘制多线，或者是否位于光标的中心上。要对正多线，请输入 J 并选择上对正、无对正或下对正。选择正确的对正方式能够让我们迅速地找到绘图的参照点，方便我们快速绘制多线。

上对正是指多线的最上面的一条线与光标对正，如图 18-2 所示。

图 18-1　多线选项

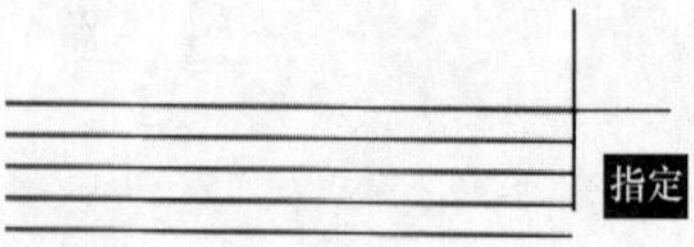

图 18-2　多线"上"对正

无对正是指多线的中间相对"0"位置的一条线与光标对正，如图 18-3 所示。

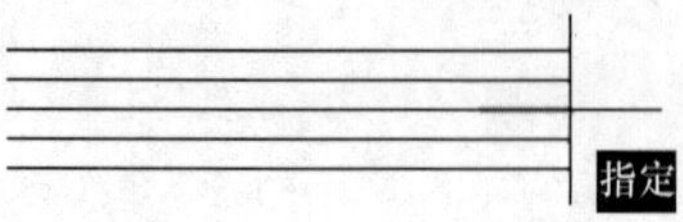

图 18-3　多线"无"对正

下对正是指多线的最下面一条线与光标对正，如图 18-4 所示。

- 比例选项用来控制多行的全局宽度（使用当前单位）。输入 S 并输入合适的比例值，S 值乘以多线样式设置的数值结果即为多线线条之间实际宽度。

• 样式选项用来选择多线的样式，默认的样式是STANDARD样式。多线由多条平行线组成，这些平行线称为元素。绘制多线时，可以使用包含两个元素的STANDARD样式。也可以指定一个以前创建的样式。

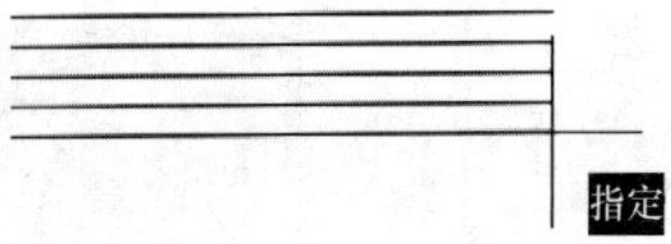

图 18－4　多线“下”对正

二、多线样式设置

对于多于两条的多线，需要创建合适的多线样式，在AutoCAD 2017中，可以通过以下方法绘制多线。

• 在“AutoCAD经典”工作空间中，执行菜单“格式→多线样式”命令。

• 在命令行中输入命令“MLSTYLE”并按回车键。

打开多线样式对话框如图18－5所示。

在“多线样式”对话框中，单击“新建”，进入创建新的多线样式对话框，如图18－6所示。

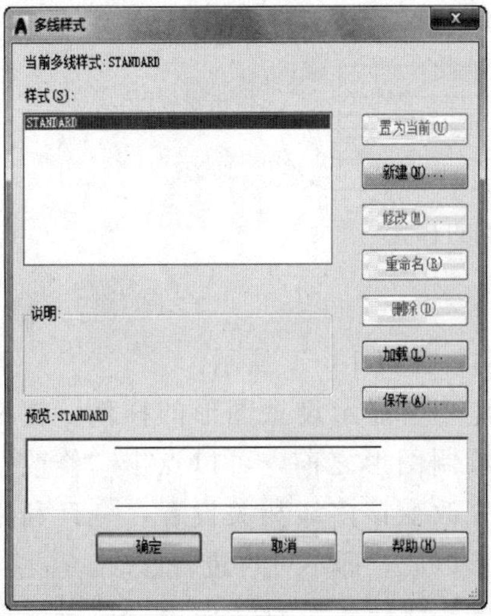

图 18－5　多线样式设置

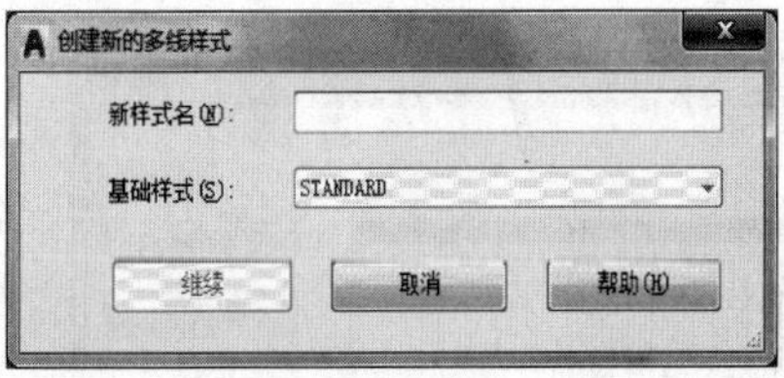

图 18－6　创建新的多线样式

在“创建新的多线样式”对话框中，输入多线样式的名称并选择开始绘制的多线样式。单击“继续”，进入“修改多线样式”对话框。

• 在“修改多线样式”对话框中，选择多线样式的参数并单击“确定”。说明是可选的，最多可以输入255个字符，包括空格，如图18－7所示。

• 封口设置了多线的封口样式，在复选框里打钩就能选择该封口方式。在起点和端点可以设置相同封口方式也可以设置不同的封口方式。如图18－8所示。

• 图元设置了多条线之间的偏移距离，线条的颜色和线型，如图18－7所示。

(1) 按添加按钮可以增加平行线根数。

(2) 删除按钮可以删除多余的平行线。

(3) 改变偏移数值可以改变线条之间的相对距离，这个距离值乘以比例S的值即为绘制出图形线条的实际间距。

(4) 颜色可以改变图形元素的颜色。

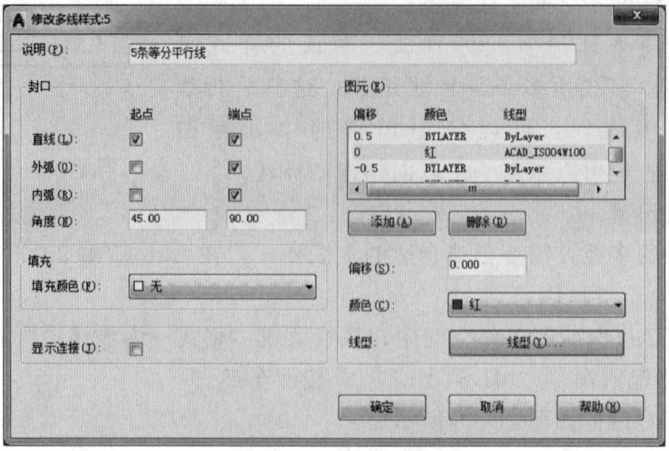

图 18－7　修改多线样式

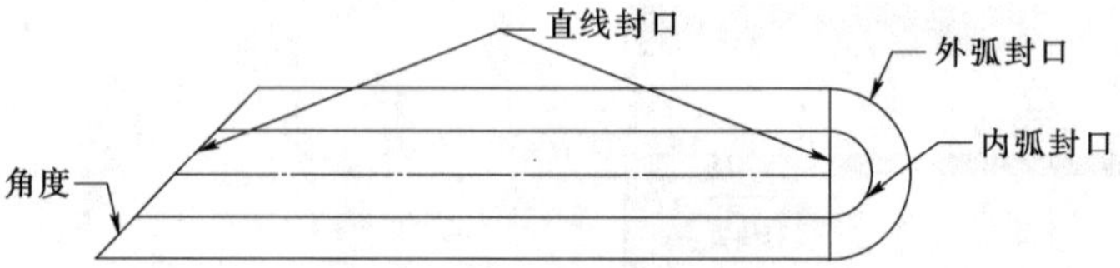

图 18－8　多线封口样式

（5）线型可以改变图形元素的线型。

设置完成以后点击确定，多线样式即设置成功，如图 18－9 所示。

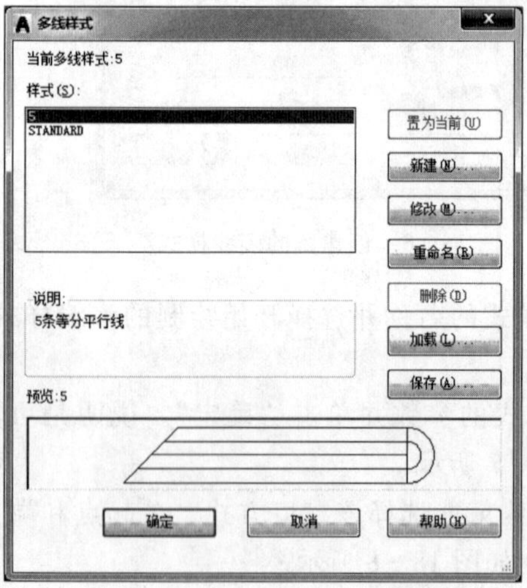

图 18－9　设置新的多线样式

预览中会显示设置图形的样例，在没有应用该多线绘制图形之前，可以点击“修改”“重命名”等来改变该多线相关设置，一旦利用该线型绘制图形以后，即不可再进行修改。

在“多线样式”对话框中，单击“保存”将多线样式保存到文件（默认文件为“acad. mln”）如图 18－9 所示。可以将多个多线样式保存到同一个文件中。如果要创建多个多线样式，请在创建新样式之前保存当前样式，否则，将丢失对当前样式所做的更改。

三、多线编辑

在 AutoCAD 2017 中，可以通过以下方法编辑多线。

• 在“AutoCAD 经典”工作空间中，执行菜单“修改→对象→多线”命令。

• 在命令行中输入命令“MLEDIT”并按回车键。

通过选择图中相应的工具，可以对相交的多线进行快速编辑，如图 18－11 所示 T 形闭合编辑多线。

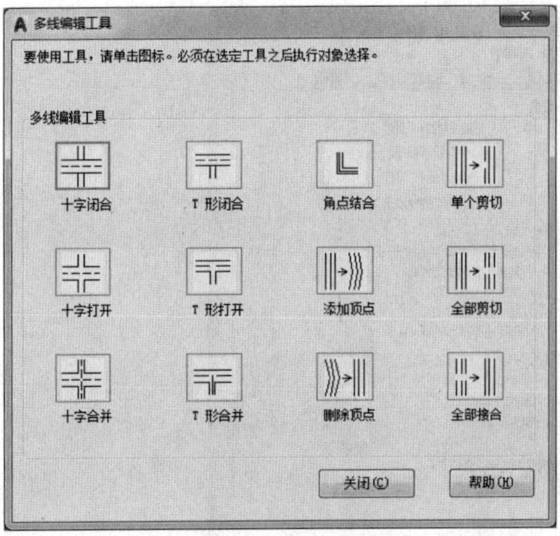

图 18－10　多线编辑工具

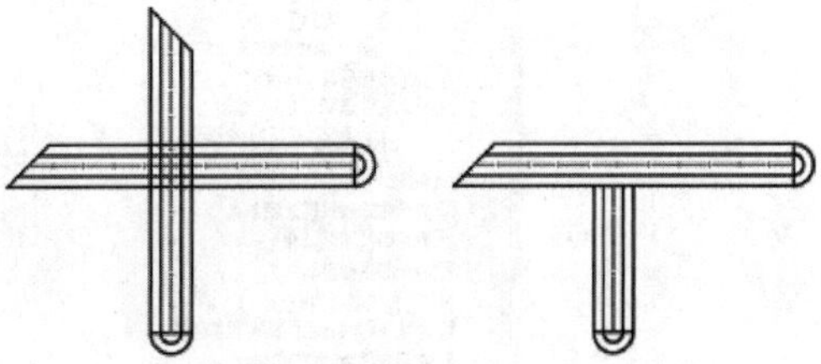

图 18－11　T 形闭合编辑多线

注：两条线相交时候，选择的第二条多线截第一条多线，如图 18－11 所示，第一条多线应选择垂直方向多线，第二条多线应选择水平方向多线，不能改变顺序。

任务总结：掌握多线绘制的选项设置，多线样式的设置及多线的编辑修改。

任务学习拓展：练习绘制不同样式的多线，并通过练习熟悉多线编辑工具中各工具的作用及使用方法。

任务二　系 统 选 项 设 置

任务描述：学习如何利用系统选项工具设置绘图环境。

一个舒适的绘图环境对于设计师来说是非常必要的，通过设置文件、显示、打开和保存、用户系统配置、绘图、选择集、配置等选项，可以为设计师提供一个舒适的使用环境，从而提高绘图效率。

在 AutoCAD 2017 中，可以通过以下方法打开“选项”对话框。

- 在“AutoCAD 经典”工作空间中，执行菜单“工具＞选项”命令。
- 在命令行中输入命令“OPTION”或“OP”并按回车键。
- 在绘图区点击鼠标右键选择“选项”。

对话框中有“文件”“显示”“打开和保存”“打印和发布”“系统”“用户系统配置”“绘图”“三维建模”“选择集”“配置”和“联机”等 11 个选项卡（图 18－12）。下面对这些选项卡的部分常用功能进行介绍。

一、“文件”选项卡

“文件”选项卡（图 18－13）列出了 AutoCAD 2017 的搜索支持文件、驱动程序文件、菜单文件以及其他文件的文件夹，还列出了用户定义的可选设置，如用于进行拼写检查的目录等。用户可以通过此选项卡指定 AutoCAD 搜索支持文件、驱动程序、菜单文件以及其他文件的文件夹，同时还可以通过其指定一些可选的用户定义设置。

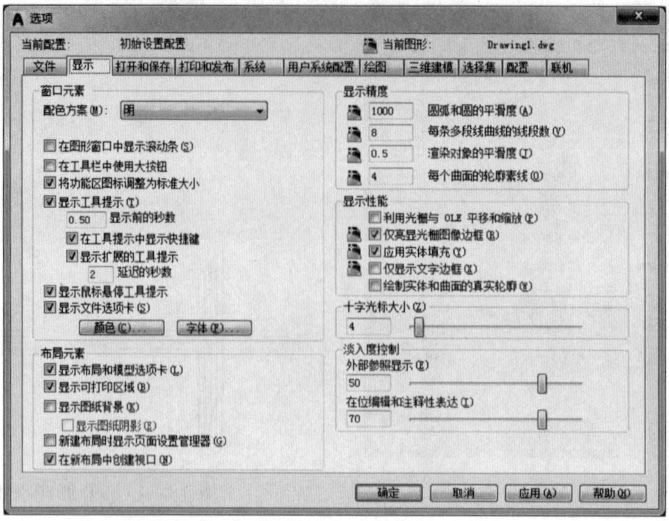

图 18－12 “选项”设置对话框

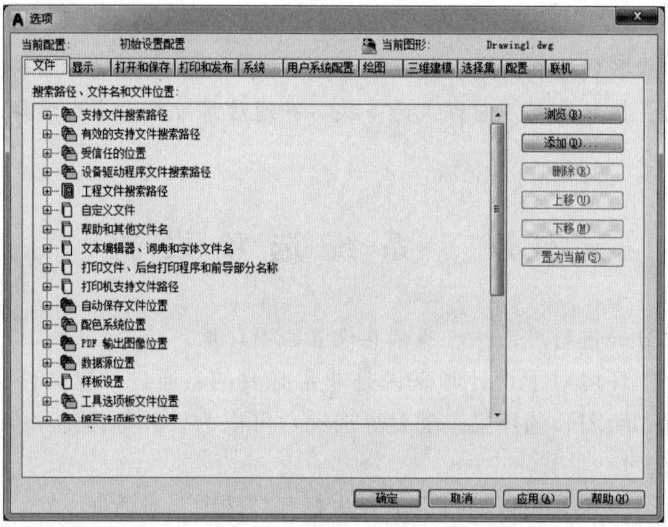

图 18－13 文件选项卡

二、“显示”选项卡

“显示”选项用于设置 AutoCAD 2017 的显示如图 18－14 所示，下面介绍其主要项的功能。

该选项卡组里以下内容较常用：

• “颜色”按钮用于确定 AutoCAD 2017 工作界面中各部分的颜色，单击该按钮，AutoCAD 2017 弹出“图形窗口颜色”对话框，用户可以通过对话框中的“上下文”列表框选择要设置颜色的项；通过“界面元素”列表框选择要设置颜色的对应元素；通过“颜色”下拉列表框设置对应的颜色。

• “字体”按钮用于确定 AutoCAD 2017 命令行文字的字体，单击该按钮，AutoCAD 2017 弹出“命令行字体”对话框。用户可以通过对话框中“字体”“字形”和“字号”设置

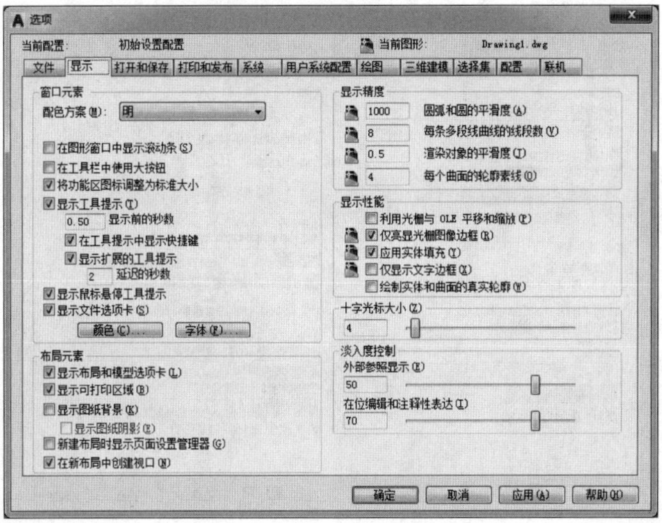

图 18-14 显示选项卡

命令行字体。

• “显示精度”选项组用于控制对象的显示质量。

(1)“圆弧和圆的平滑度”文本框用于控制圆、圆弧和椭圆的平滑度。值越高，对象越平滑，但 AutoCAD 2017 也因此需要更多的时间来执行重生成等操作。可以在绘图时将该选项设置成较低的值（如 100），当渲染时再增加该选项的值，以提高显示质量。圆弧和圆的平滑度的有效值范围是 1～20000，默认值为 1000。

(2)“每条多段线曲线的线段数”文本框用于设置每条多段线曲线生成的线段数目，有效值范围为－32767～32767，默认值为 8。

(3)“渲染对象的平滑度”文本框用于控制着色和渲染曲面实体的平滑度，有效值范围为 0.01～10，默认值为 0.5。

(4)“每个曲面的轮廓素线”文本框用于设置对象上每个曲面的轮廓线数目，有效值范围为 0～2047，默认值为 4。

• “十字光标大小”选项组用于控制十字光标的尺寸，其有效值范围是 1%～100%，默认值为 5%。当将该值设置为 100%时，十字光标的两条线会充满整个绘图窗口。

三、“打开和保存”选项卡

此选项卡用于控制 AutoCAD 2017 中与打开和保存文件相关的选项，如图 18-15 所示。

• “文件保存”选项组用于控制 AutoCAD 2017 中与保存文件相关的设置。其中，“另存为”下拉列表框设置当用 SAVE、SAVEAS 和 QSAVE 命令保存文件时所采用的有效文件格式；“缩略图预览设置”按钮用于设置保存图形时是否更新缩微预览；“增量保存百分比”文本框用于设置保存图形时的增量保存百分比。

• “文件安全措施”选项组可以避免数据丢失并进行错误检测。“自动保存”复选框确定是否按指定的时间间隔自动保存图形，如果选中该复选框，可以通过“保存间隔分钟数”文本框设置自动保存图形的时间间隔。

• “文件打开”选项组中的“最近使用的文件数”文本框用于控制在“文件”菜单中列

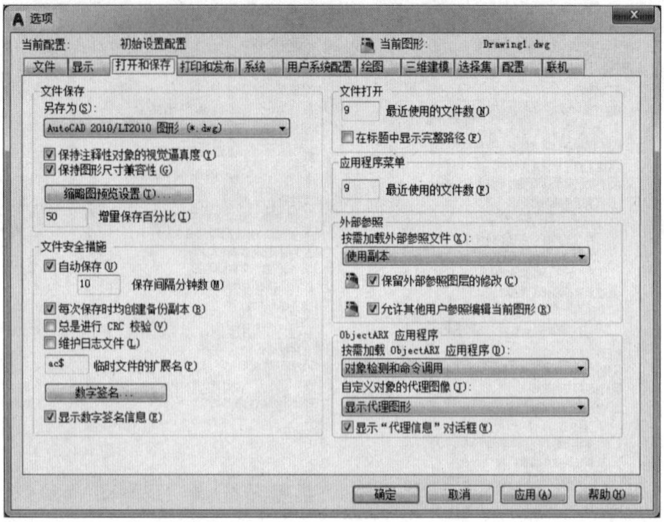

图 18-15 “打开和保存”选项卡

出的最近使用过的文件数目，以便快速访问，其有效值为 0～9。

四、“打印和发布”选项卡

此选项卡控制与打印和发布相关的选项，如图 18-16 所示。

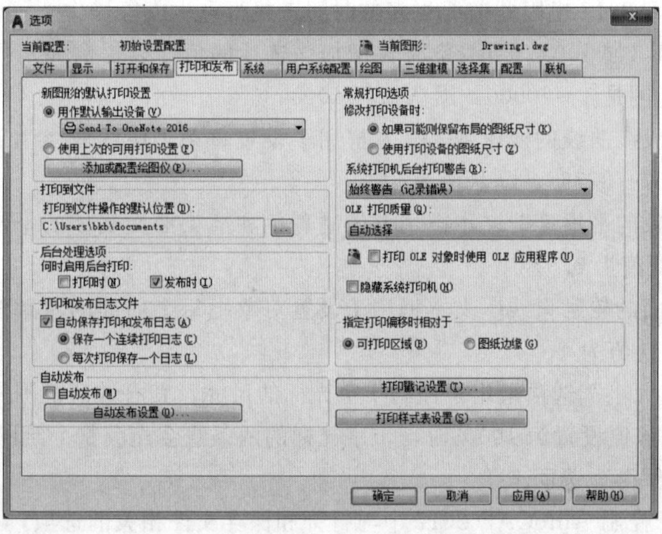

图 18-16 “打印和发布”选项卡

五、“系统”选项卡

该选项卡用于控制 AutoCAD 2017 的系统设置，如图 18-17 所示。

六、“用户系统配置”选项组

此选项卡用于控制优化工作方式的各个选项，如图 18-18 所示。

• Windows 标准操作：此选项控制是否允许双击操作以及右击定点设备（如鼠标）时的对应操作。其中，“双击进行编辑”复选框确定当在绘图窗口中双击图形对象时，是否进入编辑模式以便用户编辑。“绘图区域中使用快捷菜单”复选框确定当右击定点设备时，是

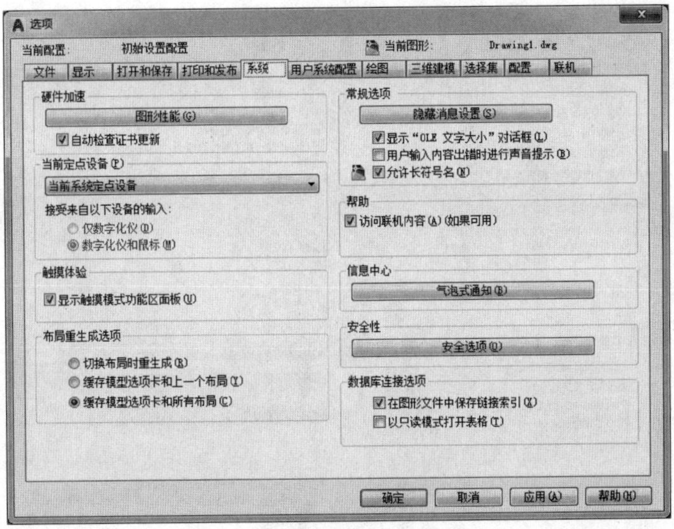

图 18 - 17　“系统”选项卡

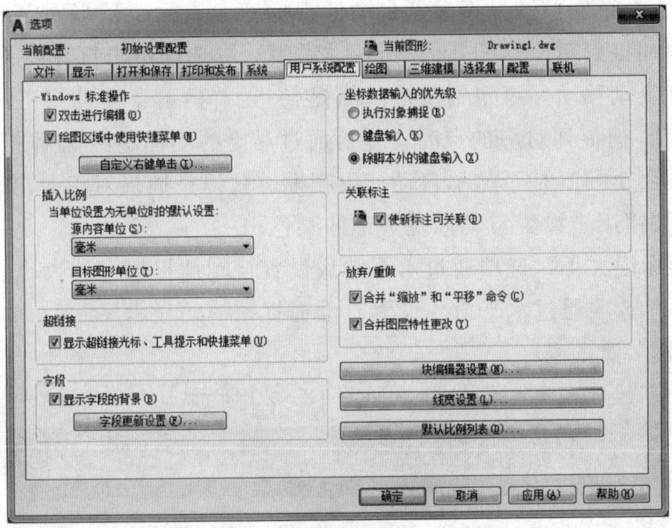

图 18 - 18　“用户系统配置”选项卡

否在绘图区域显示快捷菜单，如果不选中此复选框，AutoCAD 2017 会将右击解释为按回车键。“自定义右键单击”按钮用于通过弹出的“自定义右键单击”对话框来进一步定义如何在绘图区域中使用快捷菜单。

• 插入比例：通过插入比例控制在图形中插入块和图形时使用的默认比例。

• 关联标注：此选项控制标注尺寸时是创建关联尺寸标注还是创建传统的非关联尺寸标注。对于关联尺寸标注，当所标注尺寸的几何对象被修改时，关联标注会自动调整其位置、方向和测量值。

七、“绘图”选项卡

此选项卡用于设置各种基本编辑选项，如图 18 - 19 所示。

•“自动捕捉设置”选项组控制使用对象捕捉功能时所显示的形象化辅助工具的相关设

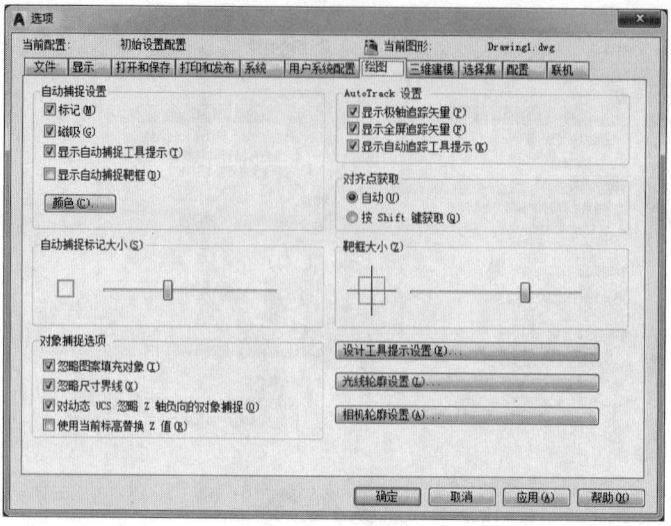

图 18-19 “绘图”选项卡

置。其中，“标记”复选框控制是否显示自动捕捉标记，该标记是当十字光标移到捕捉点附近时显示出的说明捕捉到对应点的几何符号。“磁吸”复选框用于打开或关闭自动捕捉磁吸。磁吸是指十字光标自动移动并锁定到最近的捕捉点上。“显示自动捕捉工具提示”复选框控制当 AutoCAD 2017 捕捉到对应的点时，是否通过浮出的小标签给出对应提示。“显示自动捕捉靶框”复选框用于控制是否显示自动捕捉靶框。靶框是捕捉对象时出现在十字光标内部的方框。“颜色”按钮用于设置自动捕捉标记的颜色。

- “自动捕捉标记大小”选项通过水平滑块设置自动捕捉标记的大小。
- “靶框大小”选项通过水平滑块设置自动捕捉靶框的显示尺寸。

八、“三维建模”选项卡

此选项卡用于三维建模方面的设置，如图 18-20 所示。

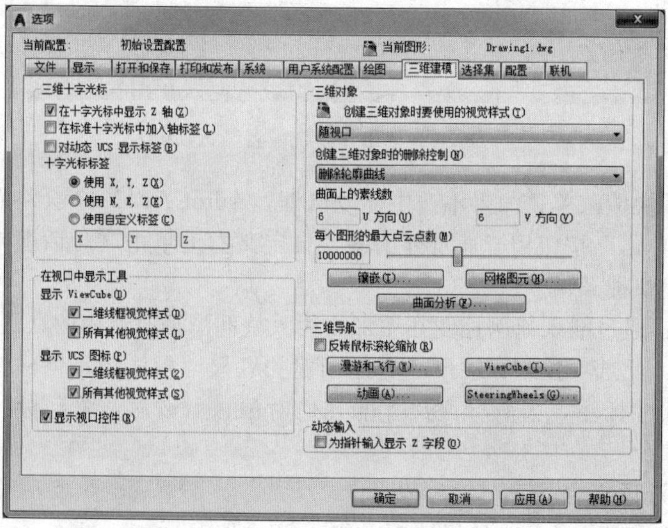

图 18-20 “三维建模”选项卡

九、"选择集"选项卡

此选项卡用于设置选择对象时的选项，如图 18－21 所示。

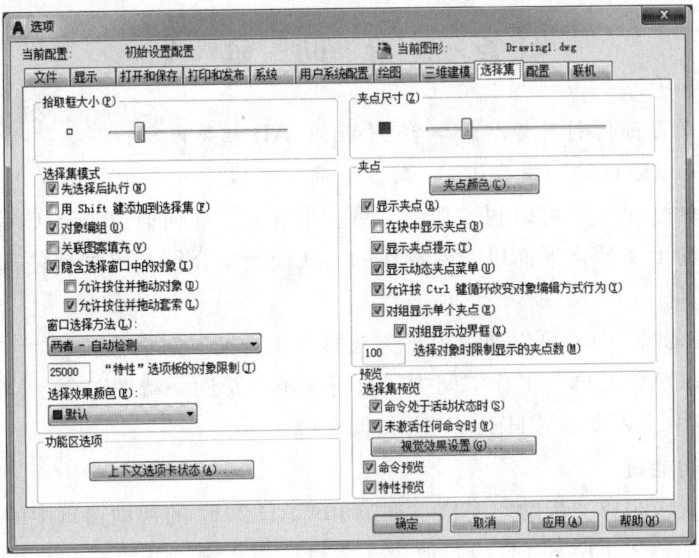

图 18－21　"选择集"选项卡

• "拾取框大小"选项通过水平滑块控制 AutoCAD 2017 拾取框的大小，此拾取框用于选择对象。

• "夹点尺寸"选项滑块用来设置夹点操作时的夹点方框的大小。

• "夹点颜色"选项可以对夹点颜色、已选择夹点颜色及悬停夹点颜色进行设置。

十、"配置"选项卡

此选项卡用于控制配置的使用，如图 18－22 所示。

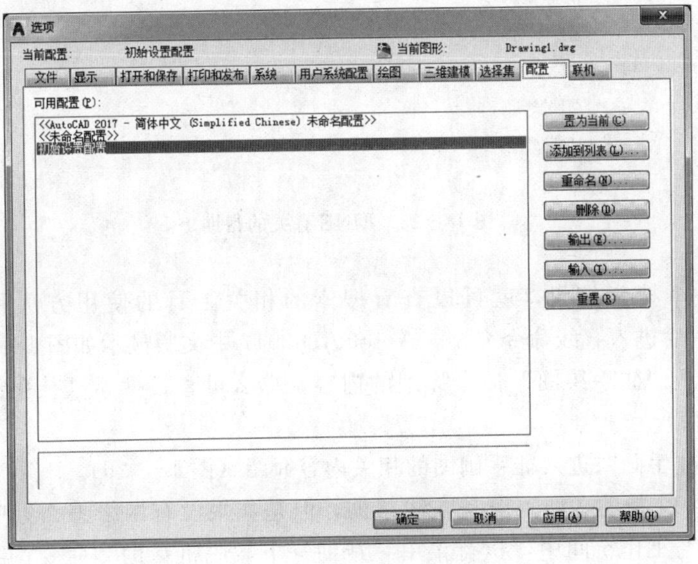

图 18－22　"配置"选项卡

任务总结： 掌握常用的选项设置，快速配置适合自身的绘图环境。

任务学习拓展： 利用选项设置，设置一个适合自己的绘图环境。

任务三 帮 助 命 令

任务描述： 学习如何利用帮助命令学习 AutoCAD 相关内容。

对于初学 AutoCAD 的同学来讲，“帮助”命令提供了一个很好的学习平台，在对于一些命令把握不准的情况下，可以到“帮助”里寻求答案。如何通过 AutoCAD 2017 中文版的搜索工具来查找帮助文件，下面以实际操作的形式向大家介绍一下如何使用 AutoCAD 2017 中文版的帮助文件。

在 AutoCAD 2017 中，可以通过以下方法打开“帮助”对话框。

- 在“AutoCAD 经典”工作空间中，执行菜单“帮助→帮助”命令。
- 在命令行中输入命令“HELP”并按回车键。
- 点击 F1 功能键。

打开 AutoCAD 2017“帮助”窗口，在 AutoCAD 2017 的帮助窗口中的搜索栏中输入要查找的命令，例如输入 LINE（直线）命令，然后按回车键，系统就会显示出关于 LINE 命令的相关信息，如图 18-23 所示。

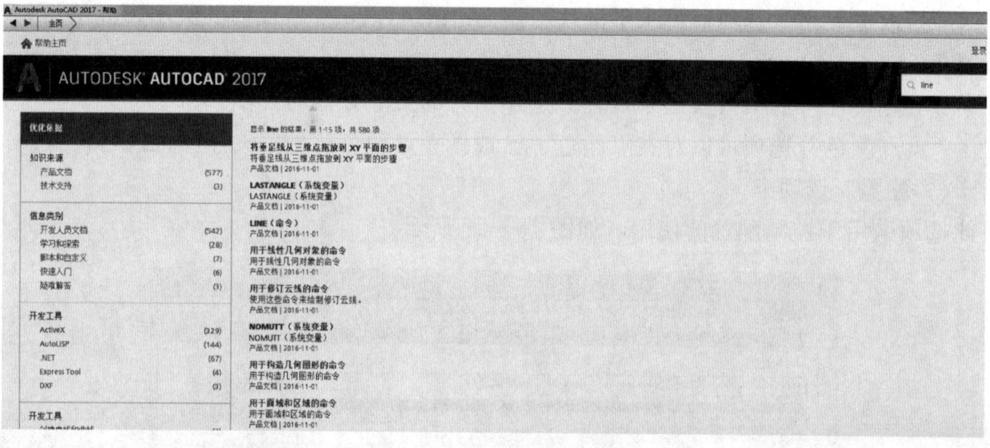

图 18-23 LINE 有关的帮助

单击选择一个搜索结果，就可以查看搜索的相关工具的使用方法和信息，如点击“LINE（命令）”后进入直线命令介绍，AutoCAD 2017 中文版显示如图 18-24 所示。

比如希望知道“徒手绘图”命令详细的内容，那么可直接搜索“徒手绘图”进入如图 18-25 所示界面。

点击“关于徒手画”进入徒手画图的相关内容介绍（图 18-26）。

AutoCAD 2017 帮助文件一般是在线帮助，但是如果没有网络怎么办呢？可以通过在“AutoCAD 经典”工作空间中，执行菜单“帮助→下载脱机帮助”命令，下载帮助文件并安装到 CAD 的安装目录下，方便在没有网络的情况下使用帮助命令。

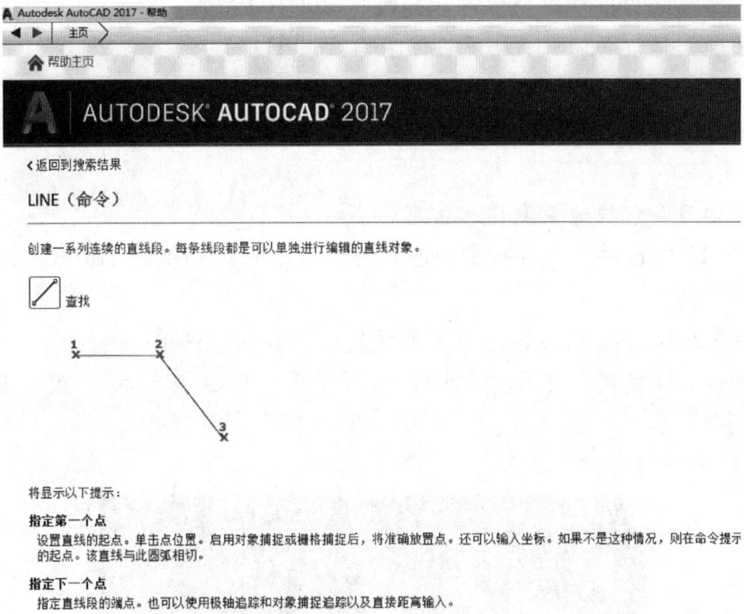

图 18－24　LINE 选项帮助

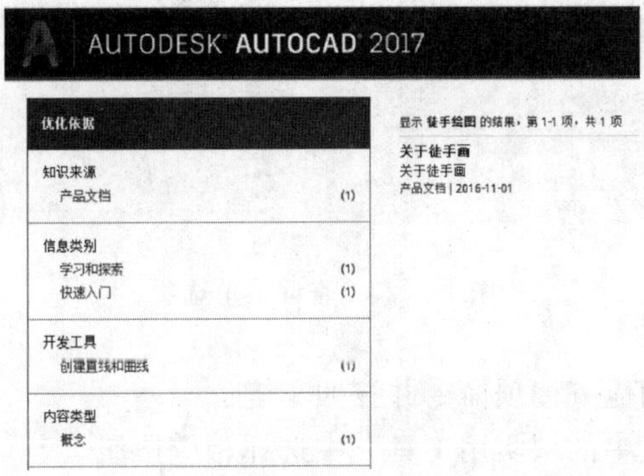

图 18－25　徒手画图帮助

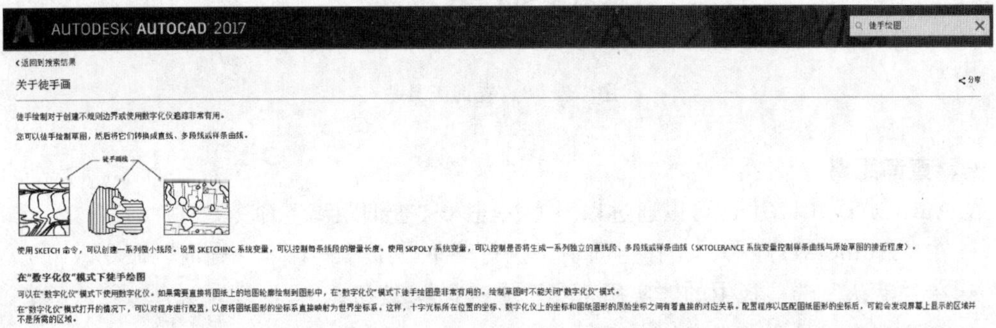

图 18－26　徒手画图

任务总结： 熟练利用帮助命令学习未知的 AutoCAD 操作。

任务学习拓展： 通过 AutoCAD 帮助自学 AutoCAD。

任务四 查 询 工 具

任务描述： 学习如何快速获取图形信息。

AutoCAD 2017 中提供了多种查询功能，善用这些查询功能给 AutoCAD 设计师绘制图纸带来了很大的方便。

在 AutoCAD 2017 中，可以通过以下方法进入“查询”选项。

• 在“AutoCAD 经典”工作空间中，执行菜单“工具→查询”，然后选择相应选项，如图 18－27 所示。

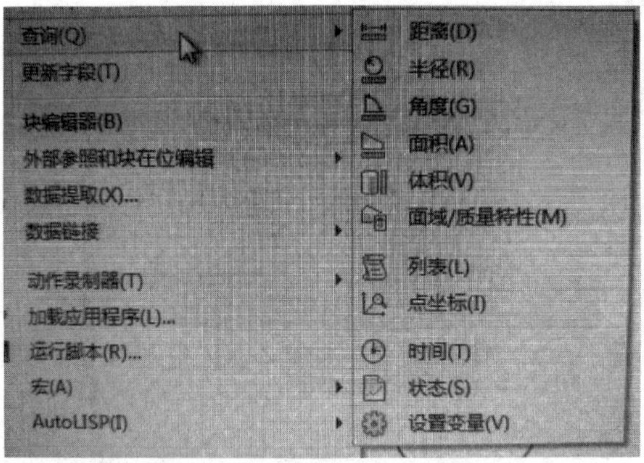

图 18－27 查询菜单选项

• 在命令行中输入相应查询项命令并按回车键。

• 在“默认”选项板中的“实用工具”中选择相应按钮。

• 打开查询工具栏，点击相应查询项按钮，如图 18－28 所示。

图 18－28 查询工具栏

一、查询距离

在 AutoCAD 2017 中，可以通过以下方法进入“查询距离”命令。

• 在“AutoCAD 经典”工作空间中，执行菜单“工具→查询→查询”命令。

• 在“默认”选项板中的“实用工具”中选择按钮。

• 打开查询工具栏，点击按钮。

• 在命令行中输入“DIST”或“DI”并按回车键。

进入命令以后按提示选择查询距离的第一点和第二点，从而得到两点之间的距离信息查询结果，如图 18－29 所示。

图 18－29 距离查询结果

(1) 距离：两点间的距离。

(2) *XY* 平面中的倾角：两点之间连线在 *XY* 平面上的投影与 *X* 轴的夹角。

(3) 与 *XY* 面的夹角：两点之间连线与 *XY* 平面的夹角。

(4) *X* 增量：第 2 点 *X* 坐标相对于第 1 点 *X* 坐标的增量。

(5) *Y* 增量：第 2 点 *Y* 坐标相对于第 1 点 *Y* 坐标的增量。

(6) *Z* 增量：第 2 点 *Z* 坐标相对于第 1 点 *Z* 坐标的增量。

二、查询面积

在 AutoCAD 2017 中，可以通过以下方法进入“查询面积”命令。

- 在“AutoCAD 经典”工作空间中，执行菜单“工具→查询→面积”命令。
- 在命令行中输入“AREA”或“AA”并按回车键，如图 18－30 所示。

图 18－30 “面积查询”选项

(1) 根据提示指定一个角点，通过选择“直线”和“弧线”选项可以绘制出一个封闭的多段线，并计算和报告该封闭多段线的面积和周长。

(2) 根据提示选择某个对象（O），将计算和报告该对象的面积和周长；可被“AREA”命令所使用的对象包括圆、椭圆、样条曲线、多段线、正多边形、面域和实体等。“对象”选项通过选择封闭图元或者面域计算图形面积。

(3) “增加面积（A）”选项，使用该选项计算某个面积时，系统除了报告该面积和周长的计算结果之外，还在总面积中加上该面积。

(4) “减少面积（S）”选项，使用该选项计算某个面积时，系统除了报告该面积和周长的计算结果之外，还在总面积中减去该面积。

(5) 默认的是“对象（O）”选项，直接回车就可以执行通过选择图形计算图形面积。

三、列表显示

在 AutoCAD 2017 中，可以通过以下方法进入“列表显示”命令。

- 在“AutoCAD 经典”工作空间中，执行菜单“工具→查询→列表”命令。
- 打开查询工具栏，点击按钮。
- 在命令行中输入“LIST”或“LI”并按回车键。

进入命令以后提示我们选择对象，可以选择一个或者多个对象，确认选择以后，会把图形相关信息通过文本列出，如图 18－31 所示。

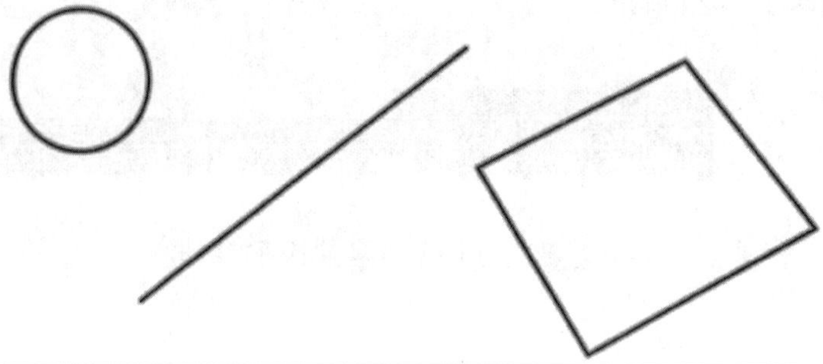

```
              空间: 模型空间
        句柄 = 260
    圆心 点, X=1882.4384  Y=1527.4627  Z=   0.0000
    半径  106.3015
    周长  667.9118
    面积 35499.9970
      LWPOLYLINE 图层: "0"
              空间: 模型空间
        句柄 = 258
  打开
固定宽度    0.0000
    面积   121150.0000
    长度   1403.7400
  于端点  X=2492.4384  Y=1397.4627  Z=   0.0000
  于端点  X=2812.4384  Y=1557.4627  Z=   0.0000
  于端点  X=3012.4384  Y=1307.4627  Z=   0.0000
  于端点  X=2662.4384  Y=1117.4627  Z=   0.0000
  于端点  X=2492.4384  Y=1397.4627  Z=   0.0000
```

图 18-31 列表查询结果

任务总结：熟练利用查询命令获取图形信息。

任务学习拓展：通过 AutoCAD 查询命令查询点坐标、体积、角度、半径等图形信息。

任务五 快捷键设置

任务描述：学习如何设置快捷命令，快速绘图。

快捷键，指通过某些特定的按键、按键顺序或按键组合来完成一个操作。利用快捷键，能让我们充分利用左手和鼠标结合绘图，提高绘图效率。一般快捷键设置为命令的 1～3 个字母，AutoCAD 文件已经定义了大部分命令的快捷键，用户也可以根据需要自定义自己容易记住的快捷键。不过一般不建议通过更改快捷键的方式绘图，因为这样的方式只能在本人的计算机上使用，不具有通用性。

在 AutoCAD 2017 中，可以通过以下方法进入快捷命令设置。

• 在“AutoCAD 经典”工作空间中，执行菜单“工具→自定义→编辑程序参数”命令，进入“acad -记事本”。

• 可以自己在文件中修改快捷键，在以下地址：

*：\ Program Files \ AutoCAD 200 * \ UserDataCache \ Support（UserDataCache 文件夹为隐藏的）找到 acad. pgp，如图 18-32 所示。

打开文本后，用【CTRL+F】，找到命令的位置，修改快捷命令，并保存。

例如，如果想把 3MI 作为 MIRROR3D 快捷键，找到这个命令，把快捷方式改为 3MI，并保存文本，如图 18-33 所示。

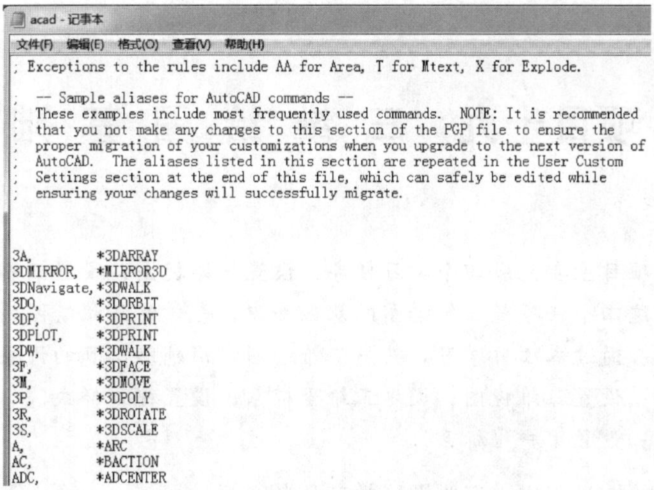

图 18－32　acad－记事本

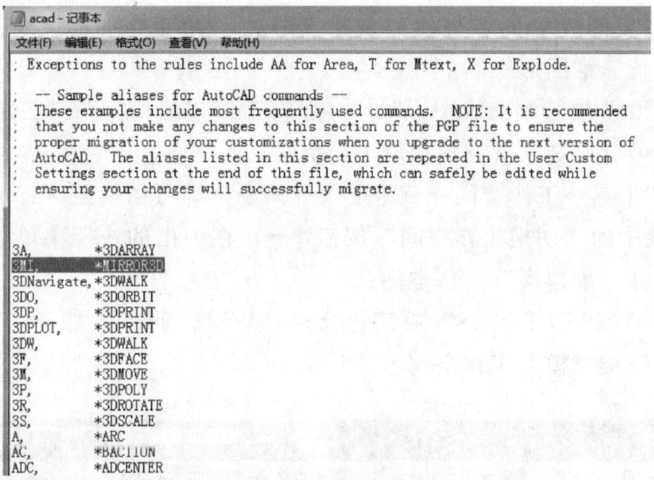

图 18－33　修改快捷命令

更改后，输入 REINIT 命令初始化。

勾选 PGP 文件，确定之后。即可使用刚刚创建的快捷键，如图 18－34 所示。

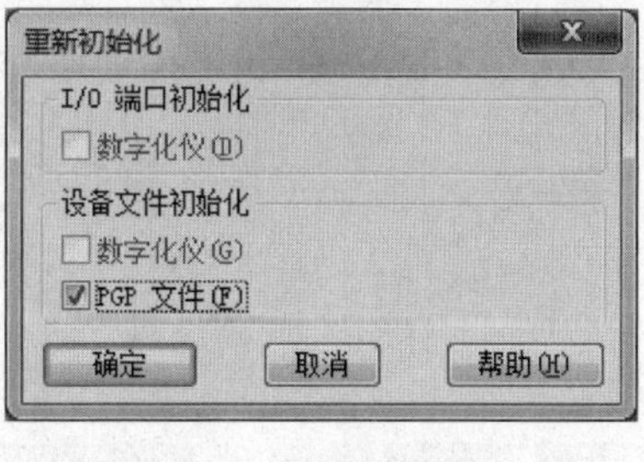

图 18－34　“重新初始化”窗口

任务总结： 掌握利用自定义方式创建快捷命令的方法。

任务学习拓展： 设置一套自己方便使用的 AutoCAD 快捷命令。

项目十九　三维绘图基础

项目描述： 本项目主要完成四个学习任务：设置三维视图；设置三维坐标系；设置视觉样式；设置视口。这四个任务是三维绘图的基础知识，是学好三维绘图的前提和关键。

项目学习目标： 通过本项目学习，熟悉三维绘图常用辅助工具的设置。

项目学习重点： 设置三维视图；设置三维坐标系；设置视觉样式。

项目学习难点： 设置用户坐标系。

在工程设计和绘图过程中，三维图形的应用越来越广泛。AutoCAD 为用户提供了三种方式来创建三维图形，分别是线架模型方式、曲面模型方式和实体模型方式。使用 AutoCAD 三维建模空间提供的各种视点观察工具、坐标变换工具以及控制视觉样式的工具，可以全方位进行三维图形绘制。

在 AutoCAD 2017 中绘制三维图形时，一般将工作空间切换为“三维建模”工作空间，如图 19－1 所示。可以通过以下方法切换工作空间。

- 执行菜单“工具→工作空间→三维建模”命令，即可切换至“三维建模”工作空间。
- 单击状态栏中的“切换工作空间”按钮⚙▾，在弹出的快捷菜单中选择“三维建模”选项，即可切换至“三维建模”工作空间。
- 输入命令“WSSETTINGS”或简化命令“WS”，回车，打开“工作空间设置”窗口，在其中选择“三维建模”工作空间。

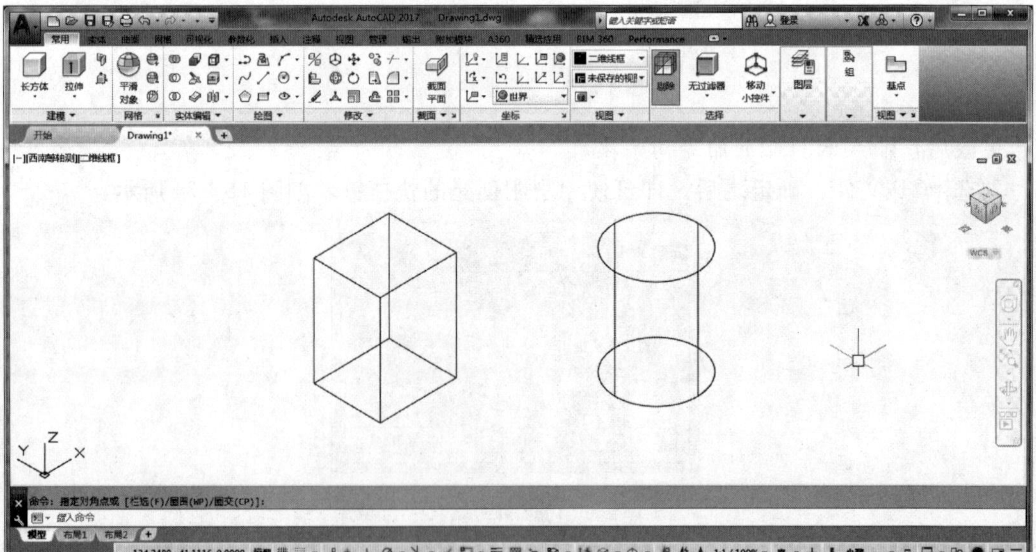

图 19－1　“三维建模”工作界面

当然，在“二维草图与注释”“AutoCAD 经典”等工作空间也可以绘制三维图形，但某些三维工具的调用没有在“三维建模”空间方便。

任务一　设 置 三 维 视 图

任务描述：学习从各个角度观察三维模型，包括六个基本视图方向、四个等轴测视图方向和自定义观察方向。

绘制三维模型时，由于模型有多个面，仅从一个角度不能观看到模型的其他面，因此，应根据情况选择相应的观察方向。基本三维视图方向有如下几种：俯视、仰视、左视、右视、前视、后视、西南等轴测、东南等轴测、东北等轴测、西北等轴测等。

在 AutoCAD 2017 中，可以通过以下方法设置三维视图。

• 在“AutoCAD 经典”工作空间中，执行菜单“视图→三维视图”中的子命令，如图 19－2 所示。

• 在“三维建模”工作空间中，在“常用”选项卡的“视图”面板中单击“三维导航”下拉按钮，在打开的下拉列表中选择相应的视图选项即可，如图 19－3 所示。

• 在“三维建模”工作空间中，在“视图”选项卡的“视图”面板中，选择相应的视图选项即可，如图 19－4 所示。

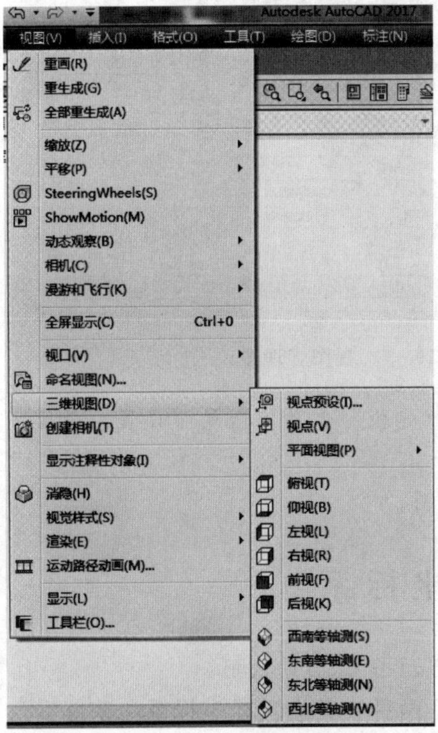

图 19－2　“三维视图”命令

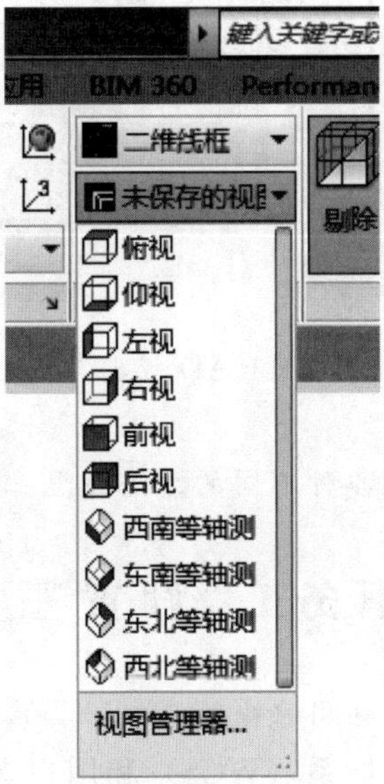

图 19－3　“三维导航”下拉列表

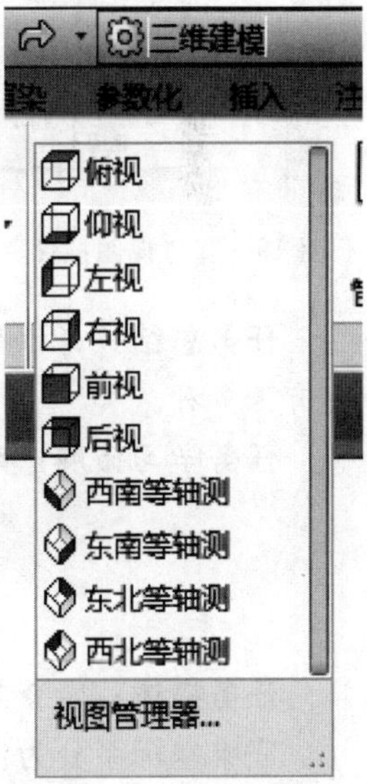

图 19－4　“视图”面板下拉列表

• 在“AutoCAD 经典”工作空间中，打开“视图”工具栏，选择上面的相应选项即可，如图 19－5 所示。

图 19－5　“视图”工具栏

• 在绘图窗口单击“视图控件”图标，在打开的快捷菜单中选择相应的视图选项即可。如图 19－6 所示。

• 打开“视图管理器”，在里面选择相应的视图，如图 19－7 所示。打开“视图管理器”有以下几种方法：①在“AutoCAD 经典”工作空间中，执行菜单“视图→命名视图”或点击“视图”工具栏中的“命名视图”按钮；②在“三维建模”工作空间中，在“常用”选项卡的“视图”面板中点开“三维导航”下拉框，选择“视图管理器”，或在“视图”选项卡的“视图”面板中，直接点击“视图管理器”。③输入“VIEW”命令或简化命令“V”，按回车键，直接打开“视图管理器”。

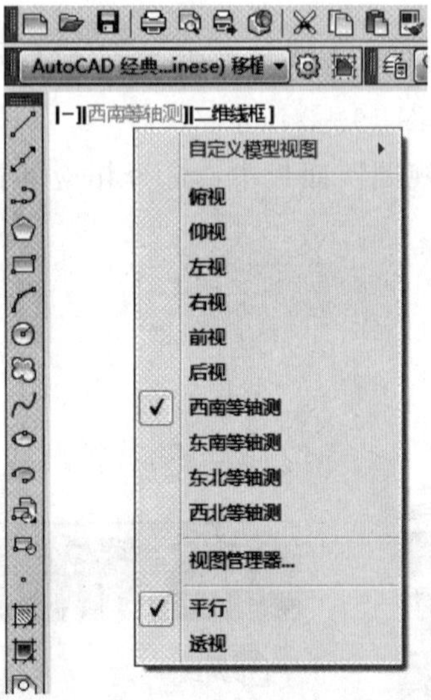

图 19－6　“视图控件”快捷菜单

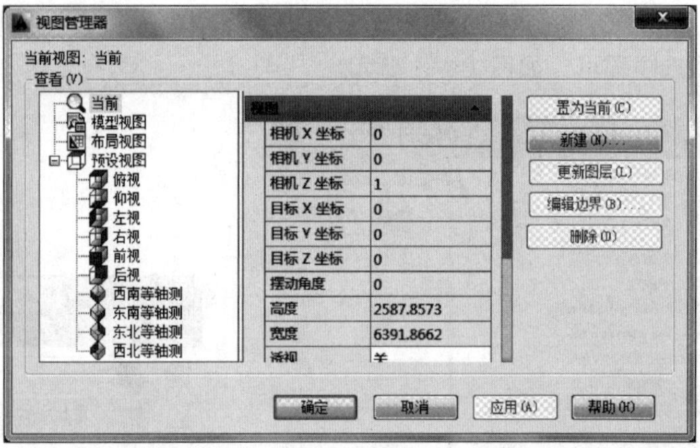

图 19－7　视图管理器

任务总结：三维视图在“AutoCAD 经典”或“三维建模”工作空间均可设置，设置方法有很多种。

任务学习拓展：练习用各种不同的方法设置三维视图。

任务二　设置三维坐标系

任务描述：学会熟练设置用户坐标系（UCS），掌握动态 UCS 的使用。

三维坐标系分为世界坐标系（WCS）和用户坐标系两种。其中世界坐标系为系统默认坐标系，它的坐标原点和方向固定不变。用户坐标系则根据绘图需求改变坐标原点和方向，使用起来较为灵活。绘制二维图形时，只用世界坐标系即可。但在绘制三维图形时，往往需建立用户坐标系，并要不断地变换用户坐标系，以方便绘制和编辑三维模型。

UCS 图标在确定正轴方向和旋转方向时遵循传统的右手定则。如图 19－8 所示。

一、设置用户坐标系

在 AutoCAD 2017 中，使用“UCS”命令可创建用户坐标系。可通过以下方式执行“UCS”命令。

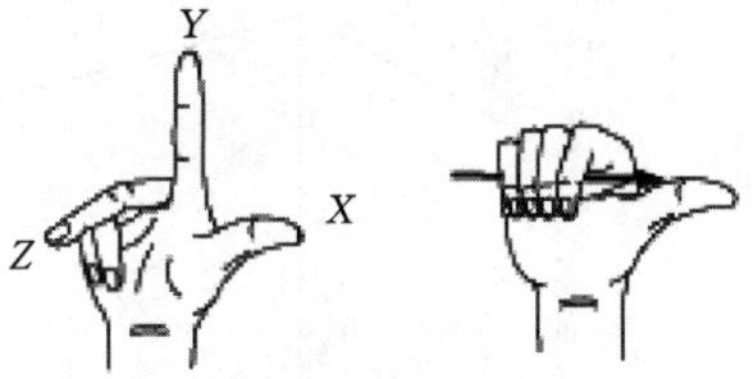

图 19-8　右手定则示意

• 在“AutoCAD 经典”工作空间中，执行菜单“工具→新建 UCS”中的子命令。

• 在“三维建模”工作空间中，在“常用”选项卡的“坐标”面板中单击相关新建 UCS 按钮。

• 在命令行中输入 UCS 命令，然后按回车键。

输入“UCS”命令后，命令行提示内容如下。

```
命令: Ucs
当前 UCS 名称: *世界*
UCS 指定 UCS 的原点或 [面(F) 命名(NA) 对象(OB) 上一个(P) 视图(V) 世界(W) X Y Z Z 轴(ZA)] <世界>:
```

在命令行中，各选项的含义介绍如下。

• 指定 UCS 的原点，使用一点、两点或三点定义一个新的 UCS：

(1) 如果指定单个点，当前 UCS 的原点将会移动而不会更改 X、Y 和 Z 轴的方向。

(2) 如果指定第二个点，则 UCS 旋转以将正 X 轴通过该点。

(3) 如果指定第三个点，则 UCS 绕新的 X 轴旋转来定义正 Y 轴。

这三点可以指定原点、正 X 轴上的点以及正 XY 平面上的点。

• 面 (F)：将 UCS 动态对齐到三维对象的面。

• 命名 (NA)：按名称保存并恢复通常使用的 UCS 坐标系。

• 对象 (OB)：根据选定的三维对象定义新的坐标系。新 UCS 的拉伸方向为选定对象的方向。此选项不能用于三维多段线、三维网格和构造线。

• 上一个 (P)：恢复上一个 UCS。可以在当前任务中逐步返回最后 10 个 UCS 设置。对于模型空间和图纸空间，UCS 设置单独存储。

• 视图 (V)：将 UCS 的 XY 平面与垂直于观察方向的平面对齐。原点保持不变，但 X 轴和 Y 轴分别变为水平和垂直。

• 世界 (W)：将当前 UCS 设置为 WCS。WCS 是所有用户坐标系的基准，不能被重新定义。

• $X/Y/Z$：绕指定轴旋转当前 UCS。通过指定原点和一个或多个绕 X、Y 或 Z 轴的旋转，可以定义任意的 UCS。

• Z 轴 (ZA)：用指定的 Z 轴的正半轴定义新的坐标系。选择该选项后，可以指定新原点和位于新建 Z 轴正半轴上的点；或选择一个对象，将 Z 轴与离选定对象最近的端点的切线方向对齐。

二、设置动态 UCS

使用动态 UCS 功能，可以在创建对象时使 UCS 的 XY 平面自动与实体模型上的平面临时对齐。合理使用动态 UCS，可以避免频繁地变换坐标系，为三维绘图带来了极大的方便。在状态栏中单击“允许/禁止动态 UCS”按钮，即打开或关闭动态 UCS 功能。如图 19-9、图 19-10 所示。

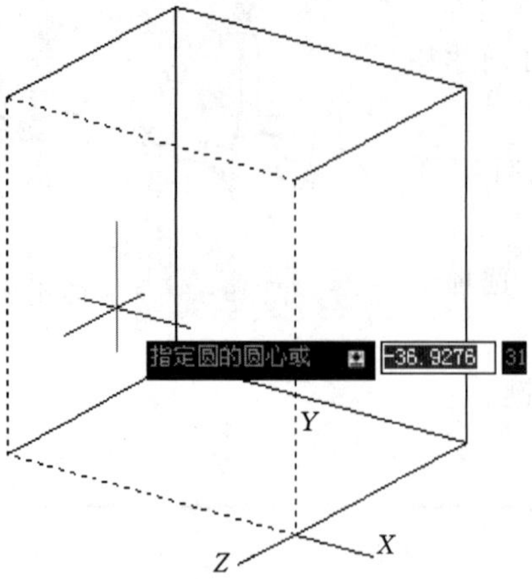

图 19－9　启动动态 UCS 模式

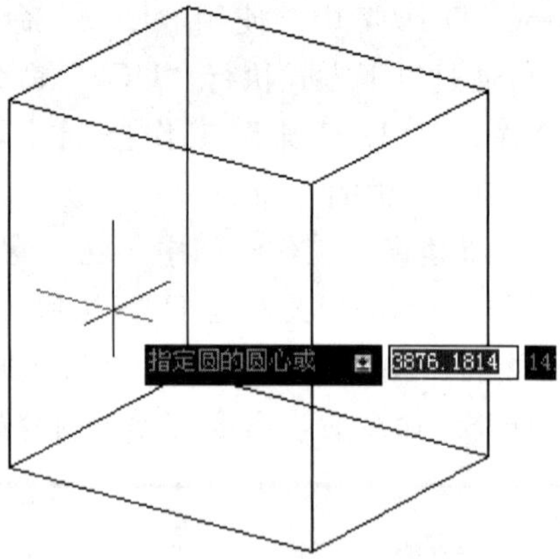

图 19－10　禁止动态 UCS 模式

任务总结：熟悉用户坐标系 UCS 的含义及各种设定方式，了解动态 UCS 的设置。

任务学习拓展：练习用多种方法建立用户坐标系。

任务三　设 置 视 觉 样 式

任务描述：熟练设置各种不同的视觉样式来观察三维形体，了解各种视觉样式的含义和应用。

在 AutoCAD 中为了观察三维模型的最佳效果，往往需要不断地切换视觉样式。通过切换视觉样式，不仅可以方便地观察模型效果，而且在一定程度上还可以辅助创建模型。通过以下方法可执行视觉样式命令。

• 在“AutoCAD 经典”工作空间中，执行菜单“视图→视觉样式”命令中的子命令。

• 在“三维建模”工作空间中，在“常用”选项卡的“视图”面板中单击“视觉样式”下拉框，在打开的下拉列表中选择相应的视觉样式选项。

• 在“三维建模”工作空间中，在“视图”选项卡的“视觉样式”面板中单击“视觉样式”下拉框，在打开的下拉列表中选择相应的视觉样式选项。

• 在绘图窗口单击“视觉样式”图标，在打开的快捷菜单中选择相应的视觉样式选项。

• 输入命令“VSCURRENT”或简化命令“VS”，按回车键，根据提示选择相应的视觉样式选项。

在 AutoCAD 2017 中，视觉样式有二维线框、概念、真实、隐藏、着色、带边缘着色、灰度、勾画、线框、X 射线等多种视觉样式。下面分别介绍各视觉样式的含义。

(1) 二维线框视觉样式。二维线框视觉样式通过使用直线和曲线表示边界的方式显示对象。在该样式下形体轮廓线及其他线条之间并不形成遮挡关系，而是重复叠加的。如图 19－11 所示。

(2) 概念视觉样式。概念视觉样式使用平滑着色和古氏面样式显示对象。古氏面样式在冷暖颜色而不是明暗效果之间转换。效果缺乏真实感，但是可以更方便地查看模型的细节。如图 19－12 所示。

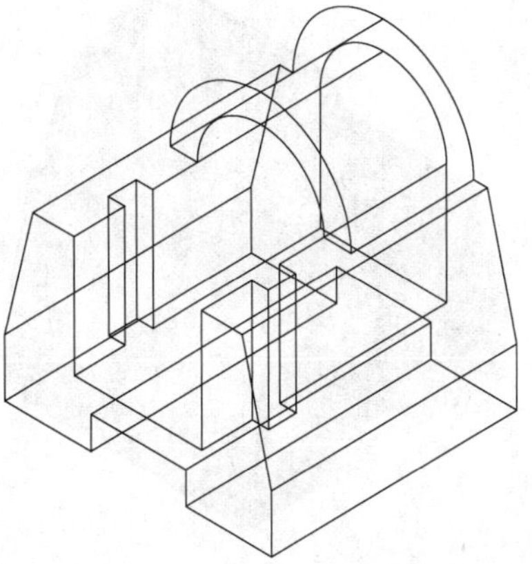

图 19-11 二维线框视觉样式

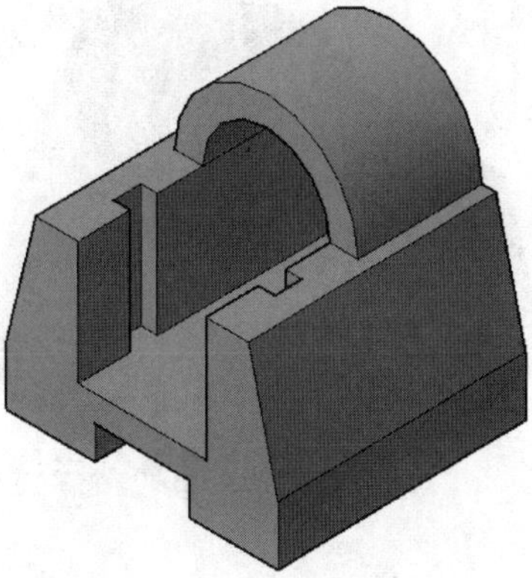

图 19-12 概念视觉样式

(3) 真实视觉样式。真实视觉样式使用平滑着色和材质显示对象。该种样式表达效果进一步提高，可对形体表面进行平滑的颜色过渡，同时显示已经附着到对象上的材质效果。如图 19-13 所示。

(4) 隐藏视觉样式。隐藏视觉样式是使用线框表示法显示对象，而隐藏表示背面的线。如图 19-14 所示。

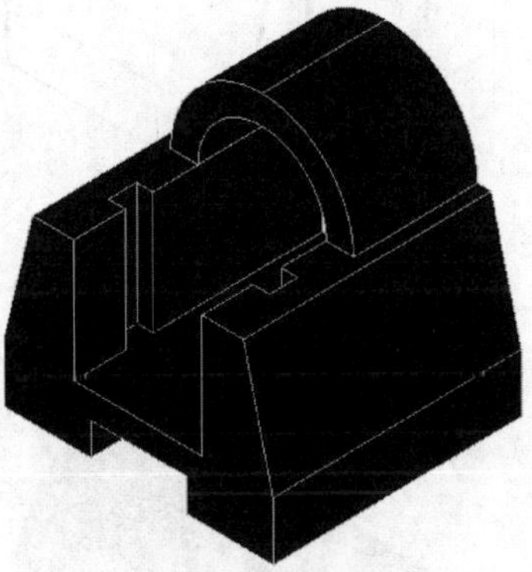

图 19-13 真实视觉样式

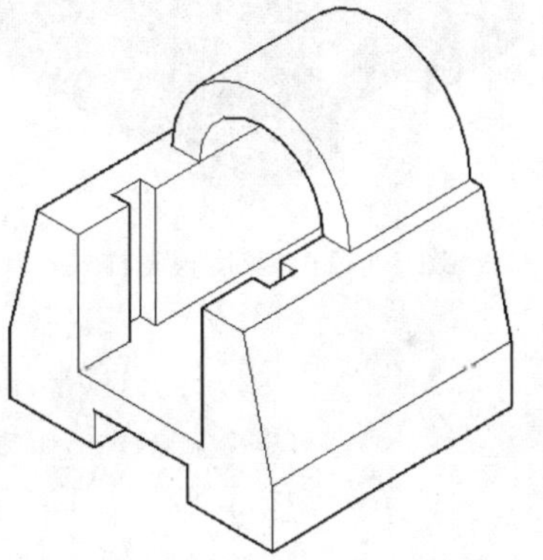

图 19-14 隐藏视觉样式

(5) 着色视觉样式。着色视觉样式使用平滑着色和材质显示对象。如图 19-15 所示。

(6) 带边缘着色视觉样式。带边缘着色视觉样式使用平滑着色和可见边显示对象。如图 19-16 所示。

(7) 灰度视觉样式。灰度视觉样式使用平滑着色和单色灰度显示对象。如图 19-17 所示。

(8) 勾画视觉样式。勾画视觉样式使用线延伸和抖动边修改器显示手绘效果的对象。如图 19-18 所示。

(9) 线框视觉样式。线框视觉样式通过使用直线和曲线表示边界的方式显示对象。如图 19-19 所示。

(10) X 射线视觉样式。X 放射线视觉样式以局部透明度显示对象。如图 19-20 所示。

图 19-15　着色视觉样式

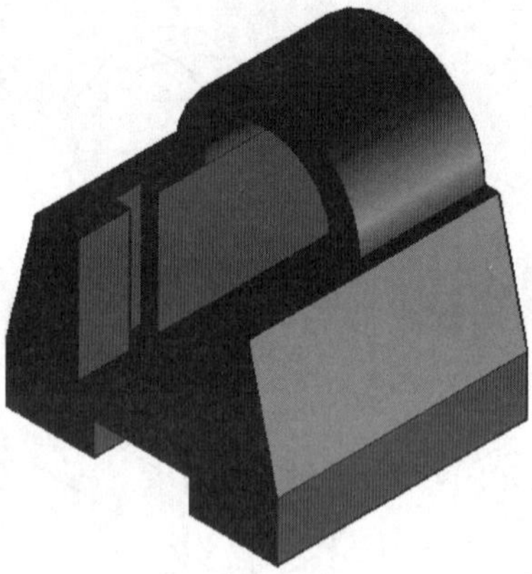

图 19-16　带边缘着色视觉样式

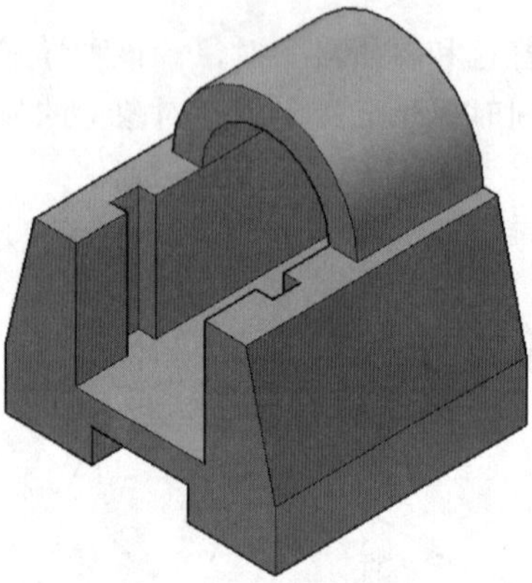

图 19-17　灰度视觉样式

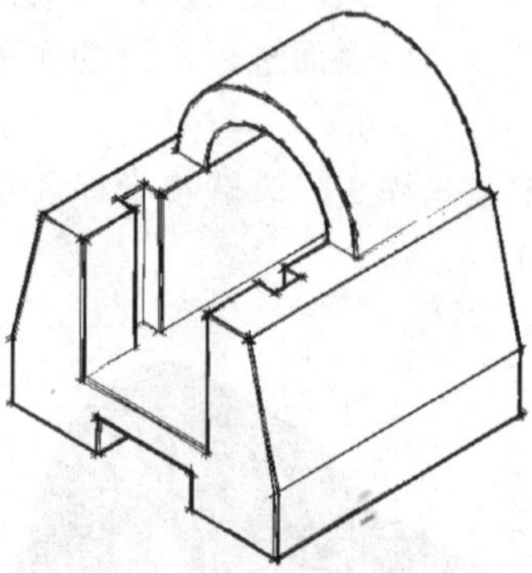

图 19-18　勾画视觉样式

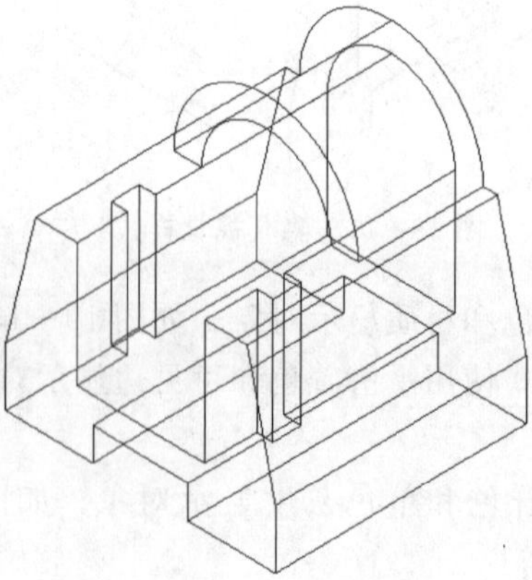

图 19-19　线框视觉样式

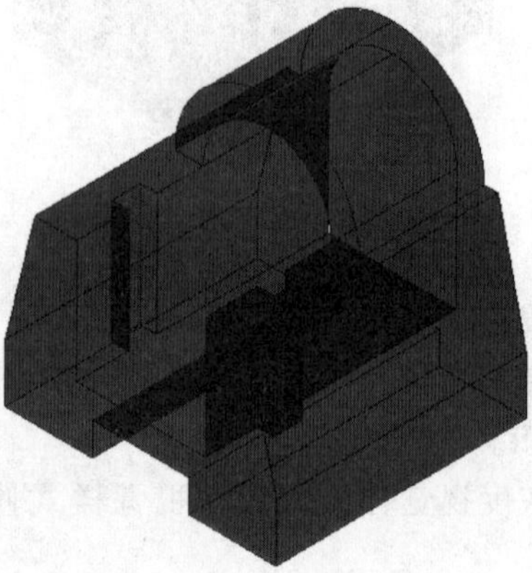

图 19-20　X 射线视觉样式

任务总结： 熟悉视觉样式的类型、含义及设置方法。

任务学习拓展： 绘制一个简单的三维立体模型，设置各种不同的视觉样式显示，看看有什么区别。

任务四　设　置　视　口

任务描述： 熟练进行视口的设置和切换，并掌握在多视口中绘制三维立体。

在 AutoCAD 中，绘制三维图形可以只用一个视口，但一个视口只能从一个角度去观察形体，对形体的显示不够全面。若建立多个视口，则每个视口可以从不同的角度显示形体，且每个视口均可以绘制和编辑图形，为创建模型带来了便利。

在 AutoCAD 2017 中，可以在绘图窗口设置若干个视口。通过以下方法可执行创建视口命令。

- 在“AutoCAD 经典”工作空间中，执行菜单“视图→视口”命令中的子命令。如图 19 - 21 所示。
- 在“三维建模”工作空间中，在“常用”选项卡的“视图”面板中单击“单个视口/多个视口”下拉框，选择其中之一。如图 19 - 22 所示。

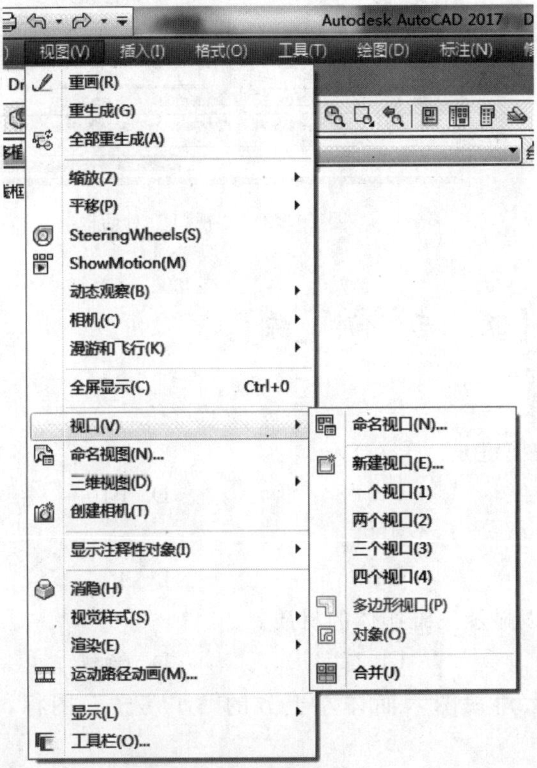

图 19 - 21　“视口”子菜单

图 19 - 22　“视口”选择框

- 在“三维建模”工作空间中，在“视图”选项卡的“模型视口”面板中单击“视口配置”中的子选项即可。如图 19 - 23 所示。
- 输入“VPORTS”命令，按回车键，将显示“视口”对话框。如图 19 - 24 所示。

任务总结： 熟练设置单视口、多视口及在各视口间切换。

任务学习拓展： 在模型空间尝试建立多个视口，在各个视口中分别绘制图形，看看其他视口有什么变化？

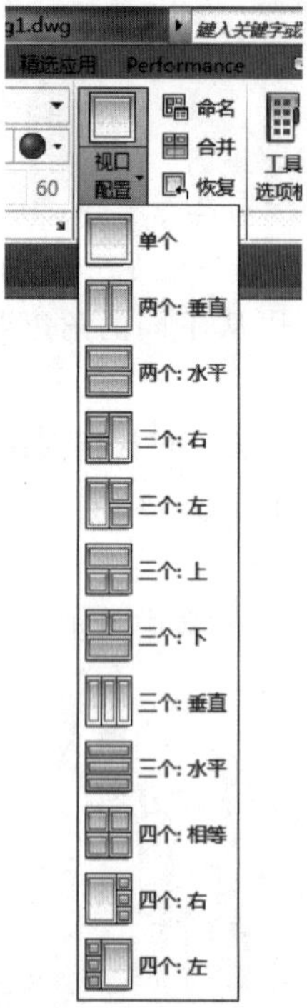

图 19－23　“视口”下拉列表

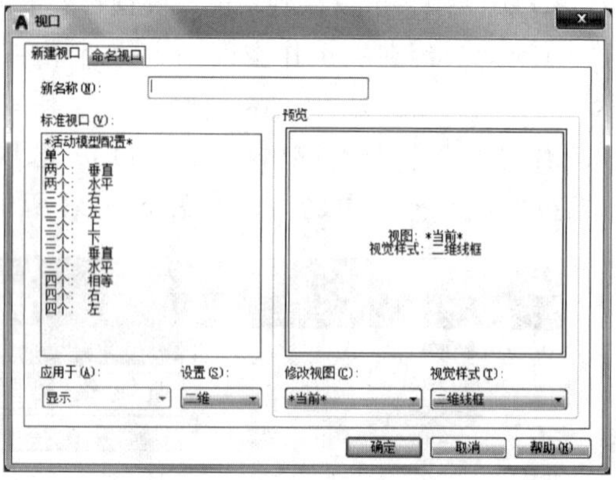

图 19－24　“视口”对话框

【课　后　训　练】

一、单项选择题

1. 打开/关闭动态坐标系的快捷键是（　　）。

A. F4　　B. F6　　C. F8　　D. F10

2. 在模型空间中最多可以设（　　）个视口。

A. 1　　B. 2　　C. 3　　D. 4

3. 下面（　　）视觉样式可以显示三维实体的材质。

A. 二维线框　　B. 概念　　C. 真实　　D. 隐藏

4. 在模型空间中，点击右上角视图六面体左上方的“小房子”图标，视图会回到（　　）。

A. 西南等轴测　　B. 东南等轴测　　C. 俯视图　　D. 主视图

5. “视图管理器”命令的快捷键是（　　）。

A. W　　B. V　　C. VW　　D. WV

二、多项选择题

1. AutoCAD 2017 中的工作空间包括（　　）。

A. 草图与注释　　B. 三维基础　　C. 三维建模　　D. AutoCAD 经典

2. AutoCAD 中预设的轴测视图包括（　　）。

A. 西南等轴测　　B. 东南等轴测　　C. 西北等轴测　　D. 东北等轴测

3. 用三点定义用户坐标系时，三点分别是（　　）。

A. 原点、正 X 轴上的点、正 Y 轴上的点

B. 原点、负 X 轴上的点、负 Y 轴上的点

C. 原点、正 X 轴上的点、正 XY 平面上的点

D. 原点、正 X 轴上的点、负 XY 平面上的点

4. UCS图标的特性可以调整的是（　　）。

A. 大小　　B. 颜色　　C. 样式　　D. 坐标轴代号

5. 新建视图时，可以定义（　　）。

A. 名称　　B. 边界　　C. 背景　　D. 视觉样式

三、判断题

1. 在模型空间中可以设多个视口，但一次只能激活一个视口。（　　）

2. “恢复视口”命令可以在单视口和上次的多视口配置之间切换。（　　）

3. 在“视图管理器”窗口中可以按名称保存和恢复视图。（　　）

4. 输入“UCS”命令，选择“视图（V）”参数，则新的坐标系的 XY 坐标面将与屏幕垂直。（　　）

5. 隐藏（HIDE）命令可以重生成三维模型，且隐藏线会不显示。（　　）

6. AutoCAD 中预设视图的方向是相对于世界坐标系的。（　　）

项目二十　绘 制 三 维 图 形

项目描述：本项目介绍如何创建三维模型。创建三维模型可以用直接建模命令绘制各基本的几何立体，也可以通过二维图形生成三维立体。实际建模中两者都会运用到，但以后者为主。

项目学习目标：通过本项目学习，掌握常用的三维模型创建命令。

项目学习重点：拉伸（EXTRUDE）；旋转（REVOLVE）；扫掠（SWEEP）；放样（LOFT）。

项目学习难点：扫掠（SWEEP）；放样（LOFT）。

AutoCAD 2017 创建三维模型时，可以用线框、曲面、实体等三种方式创建，本书主要介绍创建实体模型。视图方向以西南等轴测为主，坐标系则采用世界坐标系（WCS）。

任务一　直接绘制三维实体

任务描述：学会用 AutoCAD 基本实体命令创建简单几何模型。

基本的三维实体包括长方体、楔体、圆锥体、球体、圆柱体、圆环体、棱锥体、多段体等。

一、长方体（BOX）

本命令是创建三维实心长方体。长方体是通过先指定底面矩形大小，再指定高度来确定的。绘制长方体时，始终将长方体的底面绘制为与当前 UCS 的 *XY* 平面（工作平面）平行，在 *Z* 轴方向上指定长方体的高度，可以为高度输入正值或负值。如图 20－1 所示。

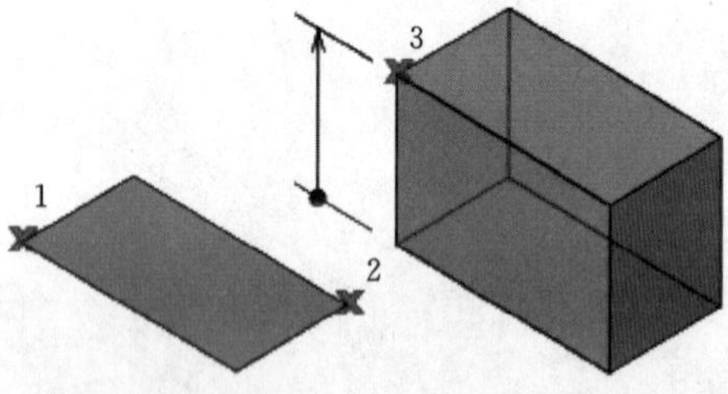

图 20－1　长方体绘制示意

长方体是最基本的三维实体，可通过以下方式执行“长方体”命令。

• 在“AutoCAD 经典”工作空间中，执行菜单“绘图→建模→长方体”命令。

• 在“三维建模”工作空间中，在“常用”选项卡的“建模”面板中单击“长方体”按钮。

• 在“三维建模”工作空间中，在“实体”选项卡的“图元”面板中单击“长方体”按钮。

• 在命令行中输入“BOX”命令，然后按回车键。

二、楔体（WEDGE）

本命令是创建三维实心楔体。楔体可以看作是以矩形为底面，其一边沿法线方向拉伸所形成的具有楔状特征的实体，也可以说是1/2长方体。楔体的形成原理如图20-2所示。其底面总是平行于当前的UCS，其表面则是倾斜的，且倾斜方向始终沿UCS的X轴的正方向。

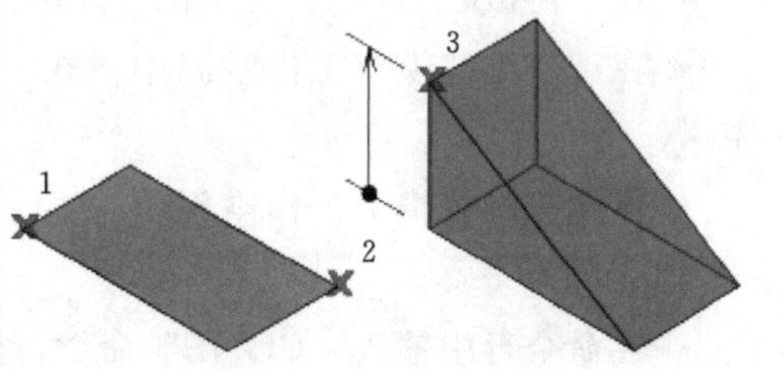

图20-2　楔体绘制示意

可以通过以下方式执行"楔体"命令。

• 在"AutoCAD经典"工作空间中，执行菜单"绘图→建模→楔体"命令。

• 在"三维建模"工作空间中，在"常用"选项卡的"建模"面板中单击"楔体"按钮。

• 在"三维建模"工作空间中，在"实体"选项卡的"图元"面板中单击"楔体"按钮。

• 在命令行中输入"WEDGE"命令，然后按回车键。

三、圆柱体（CYLINDER）

创建三维实心圆柱体。圆柱体是以圆或椭圆为截面形状，沿截面法线方向拉伸所形成的实体。圆柱体是由底面圆心、半径和圆柱体高度三个因素确定的，如图20-3所示。圆柱体的底面始终位于与工作平面平行的平面上。

通过以下方式可执行"圆柱体"命令。

• 在"AutoCAD经典"工作空间中，执行菜单"绘图→建模→圆柱体"命令。

• 在"三维建模"工作空间中，在"常用"选项卡的"建模"面板中单击"圆柱体"按钮。

• 在"三维建模"工作空间中，在"实体"选项卡的"图元"面板中单击"圆柱体"按钮。

• 在命令行中输入"CYLINDER"命令，然后按回车键。

四、圆锥体（CONE）

创建三维实心圆锥体。圆锥体底面可以是圆，也可以是椭圆。若顶部半径大于0，则绘制出来的是圆台或椭圆台。圆锥体是由底面的圆心位置、半径大小及高度确定的（若是圆台还需确定上底面大小），圆锥的顶点和底面圆心连线垂直于底面圆。如图20-4所示。圆锥体的底面始终位于与当前UCS的XY平面平行的平面上。

通过以下方式可执行"圆锥体"命令。

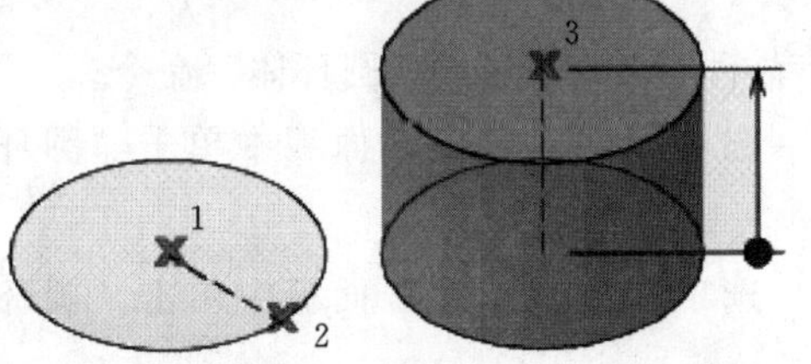

图20-3　圆柱体绘制示意

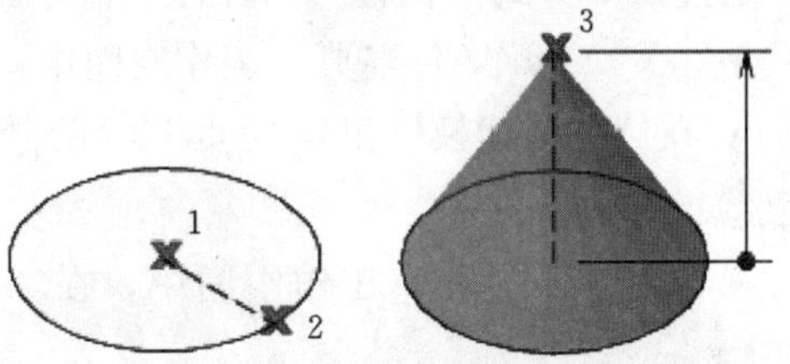

图20-4　圆锥体绘制示意

• 在“AutoCAD 经典”工作空间中，执行菜单“绘图→建模→圆锥体”命令。

• 在“三维建模”工作空间中，在“常用”选项卡的“建模”面板中单击“圆锥体”按钮。

• 在“三维建模”工作空间中，在“实体”选项卡的“图元”面板中单击“圆锥体”按钮。

• 在命令行中输入“CONE”命令，然后按回车键。

五、球体（SPHERE）

创建三维实心球体。球体是通过指定圆心位置和半径大小来确定的。如图 20－5 所示。通过以下方式可执行“球体”命令。

• 在“AutoCAD 经典”工作空间中，执行菜单“绘图→建模→球体”命令。

• 在“三维建模”工作空间中，在“常用”选项卡的“建模”面板中单击“球体”按钮。

• 在“三维建模”工作空间中，在“实体”选项卡的“图元”面板中单击“球体”按钮。

• 在命令行中输入“SPHERE”命令，然后按回车键。

六、圆环体（TORUS）

创建圆环形三维实体。通过指定圆环体的圆心、半径或直径以及围绕圆环体的圆管的半径或直径创建圆环体。如图 20－6 所示。圆管的中心线所形成的圆始终位于与当前 UCS 工作平面平行的平面上。

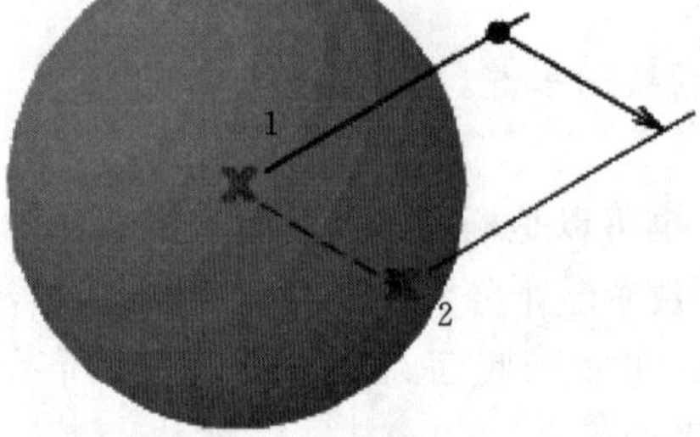

图 20－5　球体绘制示意

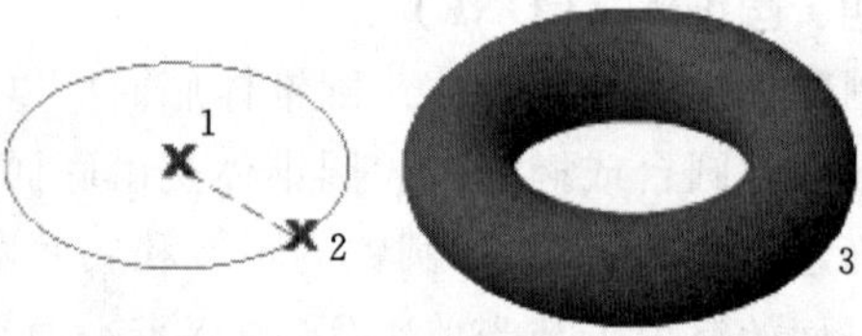

图 20－6　圆环体绘制示意

通过以下方式可执行“圆环体”命令。

• 在“AutoCAD 经典”工作空间中，执行菜单“绘图→建模→圆环体”命令。

• 在“三维建模”工作空间中，在“常用”选项卡的“建模”面板中单击“圆环体”按钮。

• 在“三维建模”工作空间中，在“实体”选项卡的“图元”面板中单击“圆环体”按钮。

• 在命令行中输入“TORUS”命令，然后按回车键。

若圆环体半径设为负值，则可创建出橄榄形实体。

七、棱锥体（PYRAMID）

创建三维实体棱锥体。棱锥体底面为正多边形，边数可任意设定。顶点与底面中心的连线垂直于底面。默认情况下，棱锥体由底面多边形的位置、大小和棱锥体高度确定，如图20－7所示。可通过设置“顶面半径”参数不为0绘制棱台体。

可以通过以下方式执行“棱锥体”命令。

- 在“AutoCAD经典”工作空间中，执行菜单“绘图→建模→棱锥体”命令。
- 在“三维建模”工作空间中，在“常用”选项卡的“建模”面板中单击“棱锥体”按钮。
- 在“三维建模”工作空间中，在“实体”选项卡的“图元”面板中单击“棱锥体”按钮。
- 在命令行中输入“PYRAMID”命令，然后按回车键。

八、多段体（POLYSOLID）

创建三维墙状多段体。本命令可用来创建多段墙体，墙体的宽度和高度均可设定。可以创建直线墙段，也可以创建曲线墙段。墙的高度方向与当前UCS的XY坐标面垂直。命令具体用法与多段线（PLINE）命令非常类似。如图20－8所示。

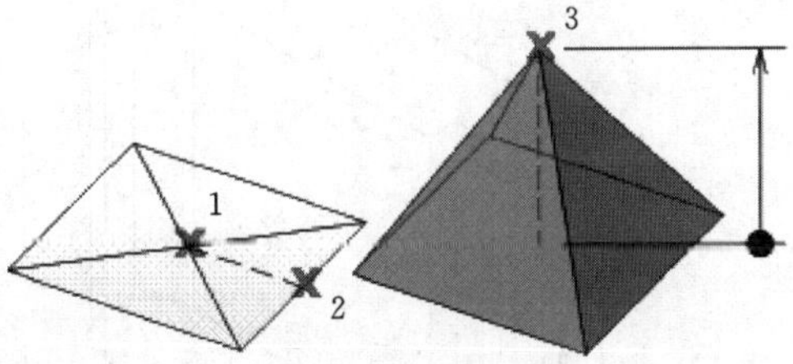

图20－7 棱锥体绘制示意

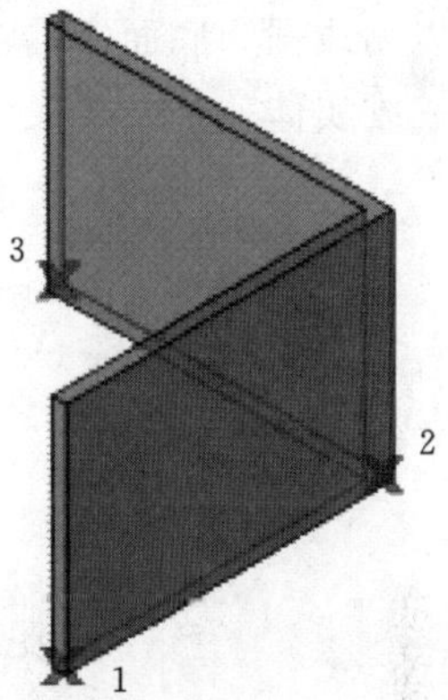

图20－8 多段体绘制示意

可以通过以下方式执行“多段体”命令。

- 在“AutoCAD经典”工作空间中，执行菜单“绘图→建模→多段体”命令。
- 在“三维建模”工作空间中，在“常用”选项卡的“建模”面板中单击“多段体”按钮。
- 在“三维建模”工作空间中，在“实体”选项卡的“图元”面板中单击“多段体”按钮。
- 在命令行中输入“POLYSOLID”命令，然后按回车键。

任务总结：熟练掌握长方体、楔体、圆锥体、球体、圆柱体、圆环体、棱锥体、多段体等常用实体创建命令。

任务学习拓展：使用上述8个命令创建相关实体，若命令执行中有其他参数，尝试执行各个参数，看看有什么变化？

任务二　二维对象生成三维实体

任务描述：学会用相关命令将二维对象生成三维实体模型。

一、拉伸（EXTRUDE）

“拉伸”命令是通过拉伸二维或三维曲线来创建三维实体或曲面。执行拉伸命令时先选择需拉伸的对象，再输入拉伸高度。“拉伸”命令是最常用的一种建模方式，绘制柱体时常使用此命令绘制。

可以通过以下方式执行“拉伸”命令。

- 在“AutoCAD 经典”工作空间中，执行菜单“绘图→建模→拉伸”命令。
- 在“三维建模”工作空间中，在“常用”选项卡的“建模”面板中单击“拉伸”按钮。
- 在“三维建模”工作空间中，在“实体”选项卡的“实体”面板中单击“拉伸”按钮。
- 在命令行中输入命令“EXTRUDE”或简化命令“EXT”，然后按回车键。

封闭多段线、圆、椭圆、封闭样条曲线、面域等均可用“拉伸”命令拉伸成三维实体，拉伸时默认以闭线框为底面，沿法向垂直拉伸形成柱体。如图 20－9 先画一封闭多段线，经过拉伸形成三维实体。

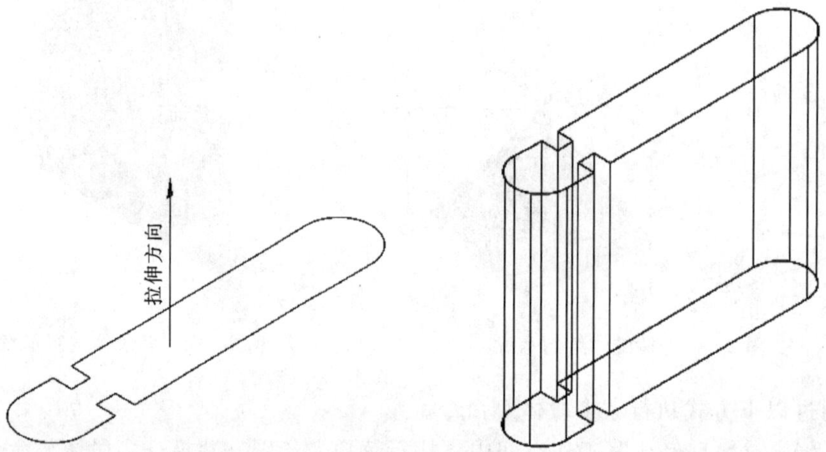

(a)　　(b)

图 20－9　拉伸命令示意

(a) 绘制一封闭多段线；(b) 拉伸成实体

执行“拉伸（EXTRUDE）”命令时，命令行出现如下提示：

```
命令: _extrude
当前线框密度:  ISOLINES=4, 闭合轮廓创建模式 = 实体
选择要拉伸的对象或 [模式(MO)]: _MO 闭合轮廓创建模式 [实体(SO)/曲面(SU)] <实体>: _SO
选择要拉伸的对象或 [模式(MO)]: 找到 1 个
选择要拉伸的对象或 [模式(MO)]:
EXTRUDE 指定拉伸的高度或 [方向(D) 路径(P) 倾斜角(T) 表达式(E)] <100.0000>:
```

其中，命令行中各选项含义如下。

• 拉伸的高度：表示沿 Z 轴一定高度拉伸对象，若输正值沿 Z 轴正向拉伸，若输负值沿 Z 轴负向拉伸。

• 方向：表示用两个指定点指定拉伸的长度和方向，方向若不沿 Z 轴，则会拉伸出一个倾斜的柱体。

• 路径：表示沿某个特定的路径进行拉伸，直线、多段线、圆弧、样条曲线等均可作为拉伸路径。

• 角度：表示拉伸的倾斜角，输入正值向内侧倾斜，输入负值向外侧倾斜。

在执行“拉伸”命令时，也可通过“模式（MO）”切换“实体（SO）/曲面（SU）”来选择拉伸结果是实体还是曲面。

直线、圆弧、非封闭的多段线、非封闭的样条曲线等也可进行拉伸，拉伸出的结果是曲面。

二、旋转（REVOLVE）

“旋转”命令通过绕轴旋转二维或三维曲线来创建三维实体或曲面。凡旋转体均可用此命令绘制。执行“旋转”命令时先选择需旋转的对象，再选择旋转轴，再输入旋转角度即可。

可以通过以下方式执行“旋转”命令。

• 在“AutoCAD 经典”工作空间中，执行菜单“绘图→建模→旋转”命令。

• 在“三维建模”工作空间中，在“常用”选项卡的“建模”面板中单击“旋转”按钮。

• 在“三维建模”工作空间中，在“实体”选项卡的“实体”面板中单击“旋转”按钮。

• 在命令行中输入命令“REVOLVE”或简化命令“REV”，然后按回车键。

封闭多段线、圆、椭圆、面域等二维闭合图形均可通过“旋转”生成三维实体。旋转时默认以二维封闭图形为基准面，点击两点作为旋转轴，旋转方向符合右手定则，即拇指指向第二点方向，其余四指的握拳方向为旋转方向（逆时针方向），如图 19 - 8 所示，默认旋转角度是 360°。如图 20 - 10 先画一封闭多段线，以其一条侧边作为旋转轴，运用“旋转”命令将其旋转为实体。

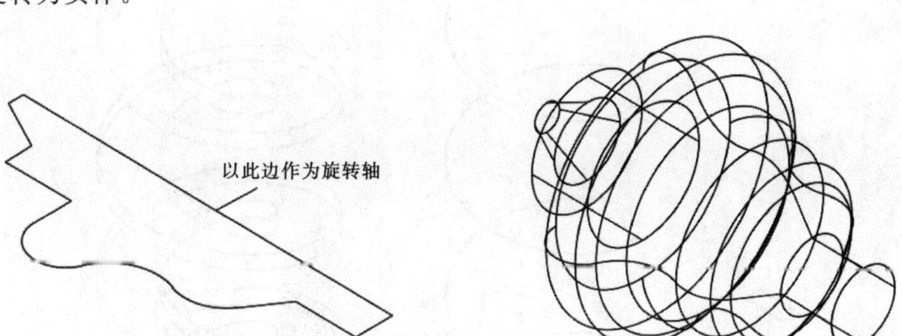

(a)　　　　(b)

图 20 - 10　旋转命令示意

(a) 绘制一封闭多段线或面域；(b) 旋转生成三维实体

执行“旋转（REVOLVE）”命令时，命令行出现如下提示：

```
REVOLVE
当前线框密度： ISOLINES=4，闭合轮廓创建模式 = 实体
选择要旋转的对象或 [模式(MO)]：找到 1 个
选择要旋转的对象或 [模式(MO)]：
指定轴起点或根据以下选项之一定义轴 [对象(O)/X/Y/Z] <对象>：
指定轴端点：
REVOLVE 指定旋转角度或 [起点角度(ST) 反转(R) 表达式(EX)] <360>：
```

在执行“旋转”命令时，也可通过“模式（MO）”切换“实体（SO）/曲面（SU）”来选择旋转结果是实体还是曲面。

直线、圆弧、椭圆弧、非封闭的多段线、非封闭的样条曲线等也可进行旋转，旋转出的结果是曲面。

注意，旋转时形体不能产生自交。

三、扫掠（SWEEP）

“扫掠”命令是通过沿路径扫掠二维或三维曲线来创建三维实体或曲面。使用“扫掠”命令时，先点击扫掠对象，再点击路径对象，路径对象不动，扫掠对象自动与路径对象对齐。

可以通过以下方式执行“扫掠”命令。

- 在“AutoCAD 经典”工作空间中，执行菜单“绘图→建模→扫掠”命令。
- 在“三维建模”工作空间中，在“常用”选项卡的“建模”面板中单击“扫掠”按钮。
- 在“三维建模”工作空间中，在“实体”选项卡的“实体”面板中单击“扫掠”按钮。
- 在命令行中输入命令“SWEEP”或简化命令“SW”，然后按回车键。

封闭多段线、圆、椭圆、面域等二维闭合图形均可通过“扫掠”生成三维实体。图 20 - 11 是分别画一个矩形和一条螺旋线，以矩形为扫掠对象，以螺旋线为路径对象，经过“扫掠”可得到截面为矩形的螺旋形实体。

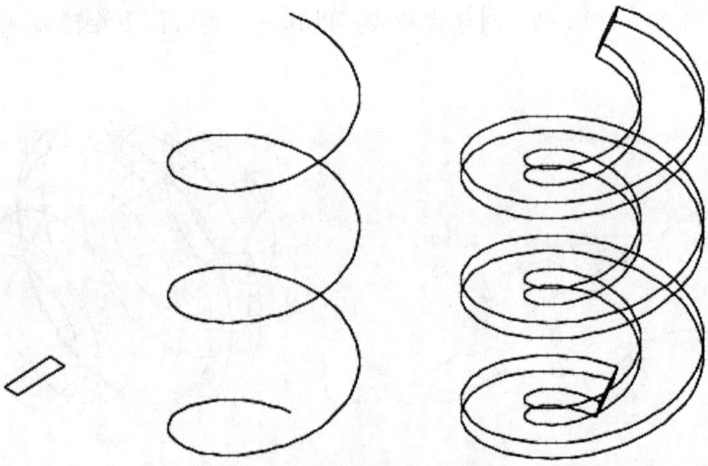

(a)　　(b)

图 20 - 11　“扫掠”命令示意

（a）先绘一矩形和螺旋线；（b）扫掠成螺旋体

执行“扫掠（SWEEP）”命令时，命令行出现如下提示：

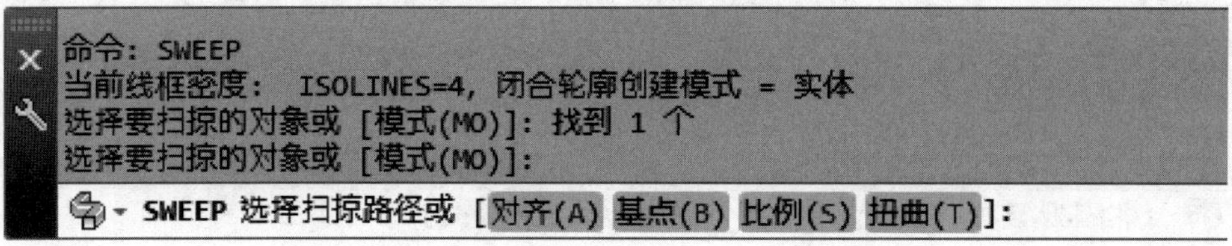

在执行“扫掠”命令时，也可通过“模式（MO）”切换“实体（SO）/曲面（SU）”来选择扫掠结果是实体还是曲面。

直线、圆弧、椭圆弧、非封闭的多段线、非封闭的样条曲线等也可进行扫掠，扫掠出的结果是曲面。

注意，扫掠时形体不能产生自交。

四、放样（LOFT）

“放样”命令是在数个横截面之间的空间中创建三维实体或曲面。命令使用时是先绘制好横截面并把相对位置放好，然后按顺序分别点取各横截面，确定即可生成实体或曲面。

可以通过以下方式执行“放样”命令。

- 在“AutoCAD 经典”工作空间中，执行菜单“绘图→建模→放样”命令。
- 在“三维建模”工作空间中，在“常用”选项卡的“建模”面板中单击“放样”按钮。
- 在“三维建模”工作空间中，在“实体”选项卡的“实体”面板中单击“放样”按钮。
- 在命令行中输入命令“LOFT”，然后按回车键。

封闭多段线、圆、椭圆、封闭样条曲线等二维闭合图形均可通过“放样”生成三维实体。如图 20－12 所示，分别画一个圆形和一个正方形，把圆形置于正方形上方，输入“放样”命令，依次点取两个截面，生成一个上圆下方的立体。

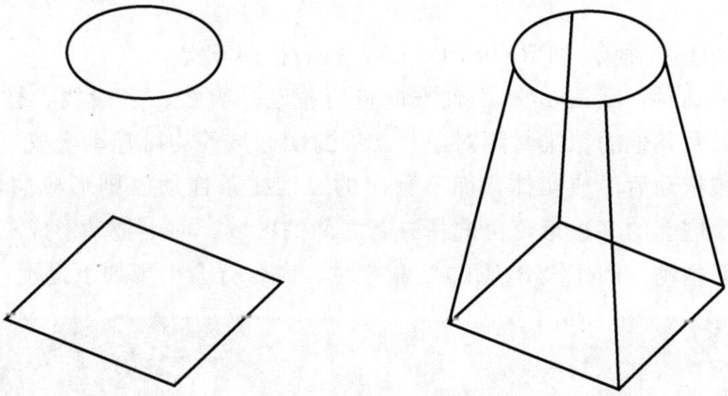

(a)　　　　　　　　(b)

图 20－12　放样命令示意

(a) 绘制一圆和一正方形，圆位于正方形上方；(b) 放样得到实体

执行“放样（LOFT）”命令时，命令行出现如下提示：

```
命令: LOFT
当前线框密度:  ISOLINES=4, 闭合轮廓创建模式 = 实体
按放样次序选择横截面或 [点(PO)/合并多条边(J)/模式(MO)]: 找到 1 个
按放样次序选择横截面或 [点(PO)/合并多条边(J)/模式(MO)]: 找到 1 个, 总计 2 个
按放样次序选择横截面或 [点(PO)/合并多条边(J)/模式(MO)]:
 选中了 2 个横截面
LOFT 输入选项 [导向(G) 路径(P) 仅横截面(C) 设置(S)] <仅横截面>:
```

其中，命令行中各选项的含义如下。

• 导向：在各放样轮廓截面间绘制若干直线或曲线段（线段端点必须置于轮廓线上），以这些线段为导向，来控制放样的结果。

• 路径：绘制一条直线或曲线段，放样时沿此线段延伸的方向进行放样。

• 仅横截面：默认设置，仅以横截面为基准自动生成三维立体。

• 设置：设置放样时的各种参数，如直纹、平滑拟合、法线指向、拔模斜度等。

在执行“放样”命令时，也可通过“模式（MO）”切换“实体（SO）/曲面（SU）”来选择旋转结果是实体还是曲面。

直线、圆弧、椭圆弧、非封闭的多段线、非封闭的样条曲线、三维多段线、面域等也可进行放样，放样出的结果是曲面。

注意，在使用“放样”命令时，各横截面曲线要么全是封闭的，要么全是开敞的，封闭曲线和开敞曲线之间不能执行“放样”命令。

五、按住并拖动（PRESSPULL）

按住并拖动有边界区域进行拉伸从而创建三维实体或曲面。输入命令后，选取特定的对象或区域，然后输入拉伸高度即可。

可以通过以下方式执行“按住并拖动”命令。

• 在“三维建模”工作空间中，在“常用”选项卡的“建模”面板中单击“按住并拖动”按钮。

• 在“三维建模”工作空间中，在“实体”选项卡的“实体”面板中单击“按住并拖动”按钮。

• 在命令行中输入命令“PRESSPULL”，然后按回车键。

按住对象并拖动时，默认是沿 Z 轴方向进行拖动。直线、多段线、样条曲线、圆、圆弧、椭圆、椭圆弧及其他的二维封闭对象、二维封闭区域等均可拖动变成三维立体，其中二维封闭对象或区域拖动后形成实体，而不封闭的二维线条拖动后则形成曲面。如图 20－13 所示，是先画两个嵌套的多边形，再选择二者之间的区域，向上拖动形成三维实体。

执行“按住并拖动（PRESSPULL）”命令时，命令行会出现如下提示：

```
命令: _presspull
选择对象或边界区域:
指定拉伸高度或 [多个(M)]:
PRESSPULL 指定拉伸高度或 [多个(M)]:
```

“按住并拖动”不仅可以拖动二维对象，还可以对三维实体的表面进行拖动，进而改变实体的大小和形状。

“按住并拖动”命令与“拉伸（EXTRUDE）”命令有类似性，但“拉伸”命令不能拉伸区域和实体表面，“按住并拖动”则只能垂直拉伸，注意两者的区别。

任务总结： 拉伸（EXTRUDE）、旋转（REVOLVE）、扫掠（SWEEP）、放样（LOFT）、按住并拖动（PRESSPULL）都是常用的建模命令，必须熟练掌握。

任务学习拓展： 使用这五个建模命令尝试创建三维立体，并比较各命令间的异同点。

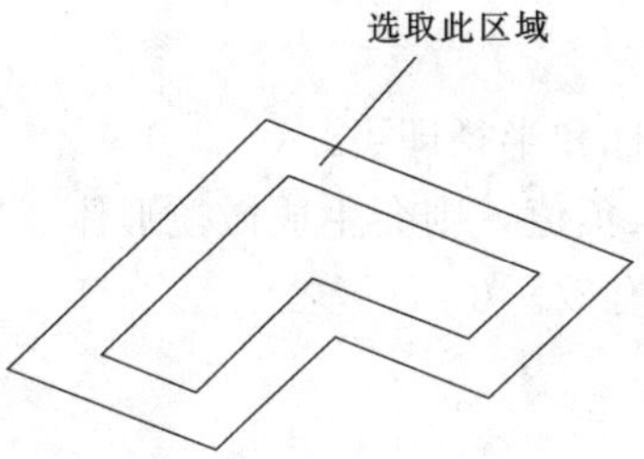

(a)

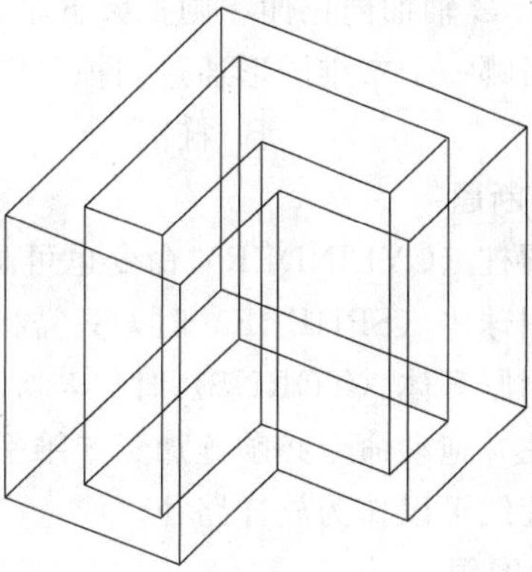

(b)

图 20-13 按住并拖动命令示意

(a) 绘制两个嵌套的多边形；(b) 选取两者之间区域并拖动形成实体

【课 后 训 练】

一、单项选择题

1. 使用长方体（BOX）命令建模时，鼠标需在屏幕上点击（　　）来确定长方体的长宽高。

A. 1 点　　B. 2 点　　C. 3 点　　D. 4 点

2. 以下选项中（　　）不能通过拉伸（EXTRUDE）命令生成三维实体。

A. 直线　　B. 多边形　　C. 圆　　D. 椭圆

3. 以下选项中（　　）不能用作扫掠路径。

A. 直线　　B. 圆　　C. 椭圆　　D. 面域

4. 以下选项中（　　）不能用作放样命令中的导向对象。

A. 直线　　B. 圆　　C. 二维多段线　　D. 三维多段线

5. 以下选项中（　　）能通过旋转（REVOLVE）命令生成三维实体。

A. 直线　　B. 圆弧　　C. 矩形　　D. 平面网格

二、多项选择题

1. 拉伸（EXTRUDE）命令可对下列哪些图元进行操作？（　　）

A. 直线　　B. 多段线　　C. 圆　　D. 样条曲线

2. 执行多段体（POLYSOLID）命令时，可以设置下面哪些参数？（　　）

A. 宽度　　B. 高度　　C. 角度　　D. 对正方式

3. 执行放样（LOFT）命令时，可以用作横截面的对象有（　　）。

A. 直线　　B. 圆　　C. 椭圆　　D. 二维多段线

4. 对一水平放置矩形执行拉伸（EXTRUDE）命令时，若倾斜角设为负 10°，则拉伸结果为（　　）。

A. 若沿 Z 轴正向拉伸，则上小下大

B. 若沿 Z 轴正向拉伸，则上大下小

C. 若沿 Z 轴负向拉伸，则上小下大

D. 若沿 Z 轴抽向拉伸，则上大下小

5. 下面哪一个二维图形通过扫掠（SWEEP）命令可以生成三维实体？（　　）

A. 圆　　B. 椭圆　　C. 圆弧　　D. 矩形

三、判断题

1. 用圆柱（CYLINDER）命令也可画椭圆柱。（　　）

2. 绘制球体（SPHERE）时，只需指定球心坐标和半径即可。（　　）

3. 绘制圆环体（TORUS）时，若圆环半径输入负值，则会生成橄榄形体。（　　）

4. 按住并拖动命令必须施加于二维平面对象方有效。（　　）

5. 螺旋线可以作为放样路径。（　　）

四、绘图题

1. 绘制如下四棱台。

2. 绘制如下旋转体，其旋转截面如左侧所示。

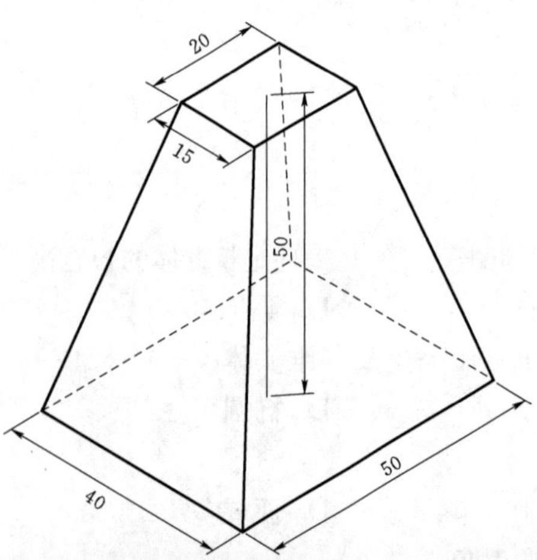

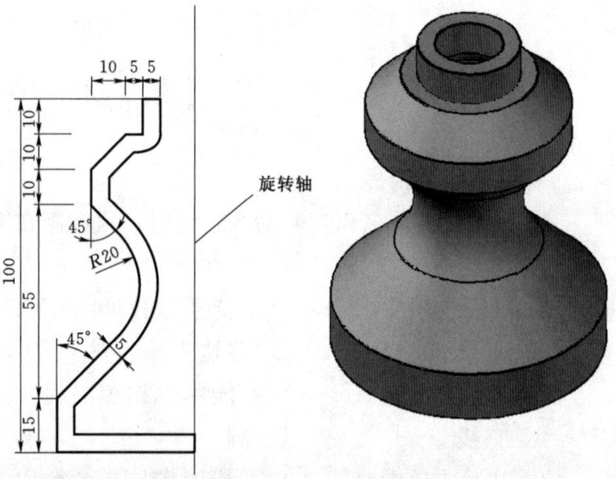

项目二十一 编 辑 三 维 图 形

项目描述：本项目介绍如何编辑三维模型。编辑三维图形命令包括布尔运算命令、三维操作命令和实体编辑命令等，通过这些命令，可以对实体进行移动、复制、镜像、旋转、缩放、阵列、对齐、并集、差集、交集等操作，对实体的边、面进行复制、偏移、拉伸、倾斜、旋转、着色等处理，以及对实体进行压印、抽壳、分割、清除、剖切、加厚等操作。

项目学习目标：通过本项目学习，熟悉并掌握常用的三维编辑命令。

项目学习重点：布尔运算；三维旋转（3DROTATE）；三维镜像（3DMIRROR）；三维对齐（3DALIGN）；拉伸面；偏移面；移动面；剖切（SLICE）。

项目学习难点：实体的边与面的操作。

任务一 布 尔 运 算

任务描述：学会对实体进行并集、差集和交集操作。

布尔运算是三维建模中一项重要的工具，它是将两个或两个以上的实体通过加减方式结合而生成一个新实体。

一、并集操作

“并集”命令就是将两个或多个实体对象合并成一个新的复合实体，新实体由各个组成对象的所有部分组成，没有相重合的部分。可以通过以下方式执行“并集”命令。

• 在“AutoCAD 经典”工作空间中，执行菜单“修改→实体编辑→并集”命令。

• 在“AutoCAD 经典”工作空间中，点击“建模”工具栏或“实体编辑”工具栏上的“并集”按钮。

• 在“三维建模”工作空间中，在“常用”选项卡的“实体编辑”面板中单击“并集”按钮。

• 在“三维建模”工作空间中，在“实体”选项卡的“布尔值”面板中单击“并集”按钮。

• 在命令行中输入命令“UNION”或简化命令“UNI”，然后按回车键。

执行“并集”命令后，选择所有需要合并的实体，按回车键即完成操作。

举例：绘制一个长方体和一个圆柱体，使其互相咬合，运用“并集”命令，使两者合并，成为一个实体。如图 21-1（a）、（b）所示。

并集也可以在三个或三个以上实体之间操作，若各个实体间并没有相交，则合并后仍然为一个实体，只是看上去原来各实体还是独立的。

二、差集操作

“差集”命令是从一个或多个实体中减去另一个或另几个实体，从而得到一个新的实体。可以通过以下命令执行“差集”命令。

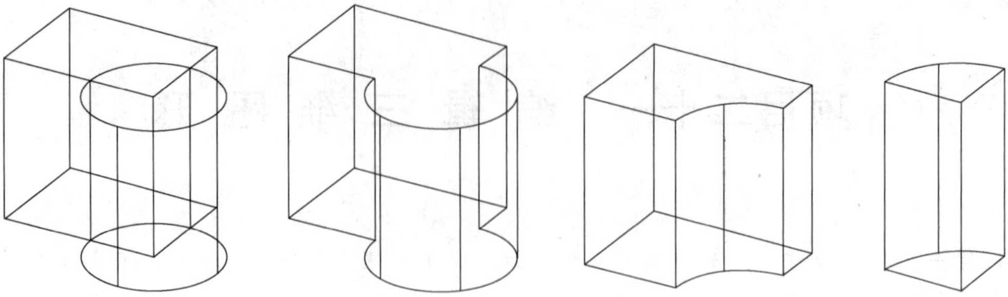

图 21-1 并集、差集、交集命令示意

(a) 绘制两个实体；(b) 并集之后；(c) 差集之后；(d) 交集之后

• 在“AutoCAD 经典”工作空间中，执行菜单“修改→实体编辑→差集”命令。

• 在“AutoCAD 经典”工作空间中，点击“建模”工具栏或“实体编辑”工具栏上的“差集”按钮 。

• 在“三维建模”工作空间中，在“常用”选项卡的“实体编辑”面板中单击“差集”按钮 。

• 在“三维建模”工作空间中，在“实体”选项卡的“布尔值”面板中单击“差集”按钮 。

• 在命令行中输入命令“SUBTRACT”或简化命令“SU”，然后按回车键。

执行“差集”命令后，先选择要从中减去的实体，确定，再选择要减去的实体，按回车键即可得到差集结果。也就是先选择“被减数”，再选择“减数”，最后得到“差”。

举例：绘制一个长方体和一个圆柱体，使其互相咬合，运用“差集”命令，以长方体为“被减数”，以圆柱体为“减数”，两者相减得到一个新实体。如图 21-1 (a)、(c) 所示。

差集也可以在三个或三个以上的实体之间操作。若母体与要减去的子体之间不重叠，则差集后子体自动消除，母体不动。

三、交集操作

“交集”命令是取两个或两个以上重叠实体的公共部分创建一个新的实体。可以通过以下命令执行“差集”命令。

• 在“AutoCAD 经典”工作空间中，执行菜单“修改→实体编辑→交集”命令。

• 在“AutoCAD 经典”工作空间中，点击“建模”工具栏或“实体编辑”工具栏上的“交集”按钮 。

• 在“三维建模”工作空间中，在“常用”选项卡的“实体编辑”面板中单击“交集”按钮 。

• 在“三维建模”工作空间中，在“实体”选项卡的“布尔值”面板中单击“交集”按钮 。

• 在命令行中输入命令“INTERSECT”或简化命令“IN”，然后按回车键。

执行“交集”命令后，选择需要取交集的实体，按回车键即可得到结果。

举例：绘制一个长方体和一个圆柱体，使其互相咬合，运用“交集”命令，取两者的重叠部分，得到一个新实体。如图 21-1 (a)、(d) 所示。

交集也可以在三个或三个以上的实体之间操作。若取交集的实体之间没有公共的重叠部分，则“交集”的结果是空集，而执行“交集”命令的各个实体会消失。

注：并集、差集和交集命令不仅可用于实体，也可应用于曲面和面域，但必须是同类对象之间才能操作。

任务总结：并集、差集、交集是常用的实体建模和编辑工具，要熟练掌握。

任务学习拓展：尝试分别对实体、面域、曲面分别进行上述三种布尔运算。

任务二　三维操作命令

任务描述：熟练掌握三维移动、三维旋转、三维镜像、三维对齐、三维阵列等三维操作命令。

一、三维移动（3DMOVE）

“三维移动”命令可将对象在三维空间中移动。移动对象时，先指定一个基点，然后指定一个目标空间点即可，其用法与移动（MOVE）命令相同。可以通过以下方法执行“三维移动”命令。

- 在“AutoCAD 经典”工作空间中，执行菜单“修改→三维操作→三维移动”命令。
- 在“三维建模”工作空间中，在“常用”选项卡的“修改”面板中单击“三维移动”按钮。
- 在命令行中输入命令“3DMOVE”或简化命令“3M”，然后按回车键。

二、三维旋转（3DROTATE）

“三维旋转”命令可以将选定的对象绕三维空间定义的任何轴（X 轴、Y 轴、Z 轴）按照指定的角度进行旋转。可以通过以下方法执行“三维旋转”命令。

- 在“AutoCAD 经典”工作空间中，执行菜单“修改→三维操作→三维旋转”命令。
- 在“三维建模”工作空间中，在“常用”选项卡的“修改”面板中单击“三维旋转”按钮。
- 在命令行中输入命令“3DROTATE”或简化命令“3R”，然后按回车键。

执行“三维旋转”命令时，先选定对象，这时屏幕上会出现一个三维旋转小控件，由红、绿、蓝三个颜色的圈组成，分别对应绕 X 轴、Y 轴和 Z 轴方向旋转。然后指定旋转基点，拾取旋转轴，旋转轴为通过基点且和坐标轴平行的直线，再输入旋转角度，回车即可完成操作。

举例：画一个长方体，运用“三维旋转”命令，选定长方体，指定 A 点为基点，拾取三维旋转小控件的绿色圈（绕 Y 轴旋转），再输入旋转角度 90°，回车确定，即可将该长方体绕 AB 边旋转 90°，使其由平置改为立置。如图 21－2 所示。

三维旋转的旋转轴只能和当前坐标系的三个坐标轴平行，若要任意指定旋转轴，须用 ROTATE3D 命令。

三、三维对齐（3DALIGN）

“三维对齐”命令可以将源对象与目标对齐。可能通过以下方式执行“三维对齐”命令。

- 在“AutoCAD 经典”工作空间中，执行菜单“修改→三维操作→三维对齐”命令。
- 在“三维建模”工作空间中，在“常用”选项卡的“修改”面板中单击“三维对齐”

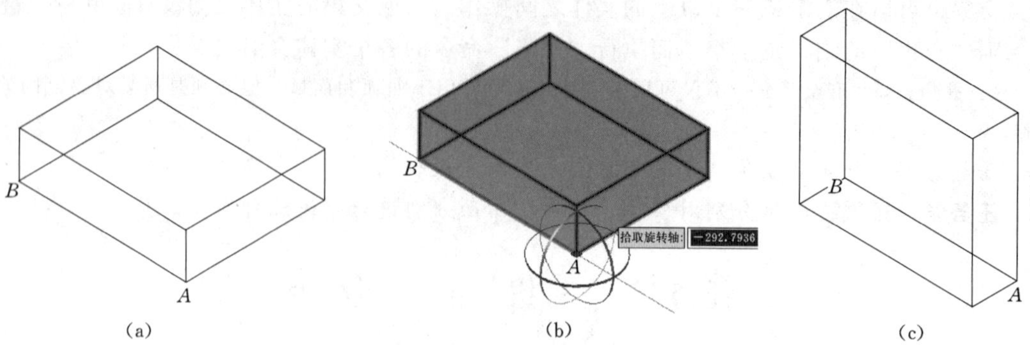

图 21-2　三维旋转命令示意

(a) 绘制一长方体；(b) 绕 AB 边旋转；(c) 旋转后效果

按钮。

• 在命令行中输入命令“3DALIGN”或简化命令“3A”，然后按回车键。

执行“三维对齐”命令时，先选择源对象，在源对象上指定三点，再在目标对象上指定三点，前三点与后三点按指定的顺序两两对应，即可将源对象对齐至目标对象上。

举例：绘制一正方体，边长为 100；再绘制一四棱锥，底边长 100，高任意。运用“三维对齐”命令，选择四棱锥，分别指定“1、2、3”三个顶点，再分别指定正方体上“A、B、C”三个顶点，四棱锥的底面就会自动对齐至正方体的侧面。如图 21-3 所示。

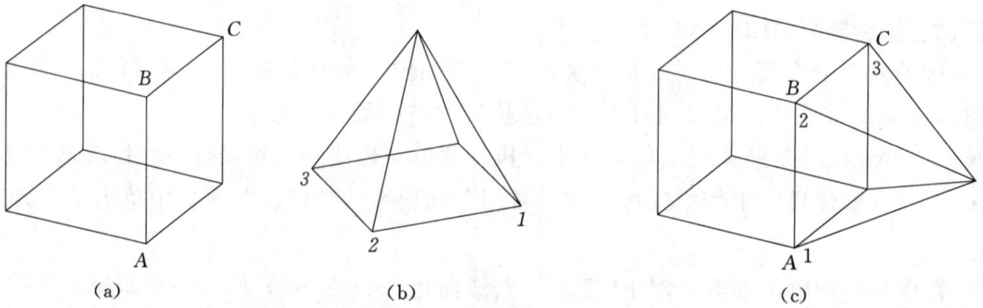

图 21-3　“三维对齐”命令示意

(a) 三维对齐之前；(b) 三维对齐之后

注意，执行“三维对齐”命令时，一开始选择的对象是需要改变位置和方向的，而后面点取的参照对象则是固定不动的。图 21-3 中，若四棱锥的底面与正方体的侧面不一样大，则 *1* 点（基点）和 A 点首先是重合的，*12* 线与 AB 线重合，*123* 面与 ABC 面重合。在使用“三维对齐”命令对齐实体时，最好把动态 UCS 打开，这样更容易捕捉到需要对齐的面。“三维对齐”命令（3DALIGN）与“对齐”命令（ALIGN）都能把一个实体与另一个实体对齐，注意两者的区别。

四、三维镜像（MIRROR3D）

“三维镜像”命令是以镜像平面为对称面，绘制出某对象的三维镜像副本。可以通过以下方式执行“三维镜像”命令。

• 在“AutoCAD 经典”工作空间中，执行菜单“修改→三维操作→三维镜像”命令。

• 在“三维建模”工作空间中，在“常用”选项卡的“修改”面板中单击“三维镜像”按钮%。

• 在命令行中输入命令“MIRROR3D”，然后按回车键。

举例：绘制一四棱锥，旁边再绘制一平面，运用“三维镜像”命令，先选择四棱锥，确定后再选择平面的任意三个顶点，确定即可绘制出四棱锥的三维镜像副本。如图 21-4 所示。

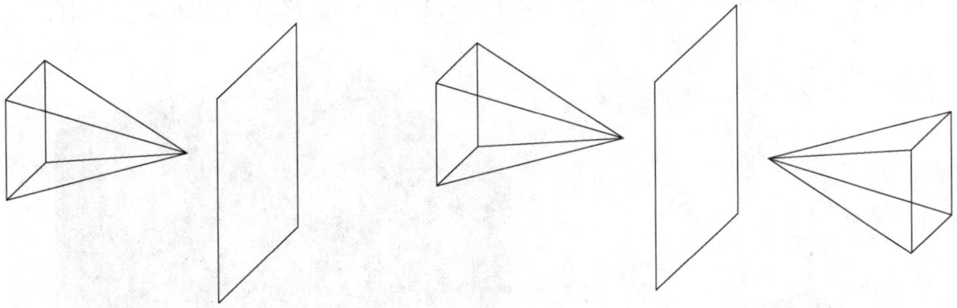

(a)　　　　　　　　(b)

图 21-4 三维镜像示意
(a) 三维镜像之前；(b) 三维镜像之后

执行“三维镜像”命令后，命令行会出现如下提示：

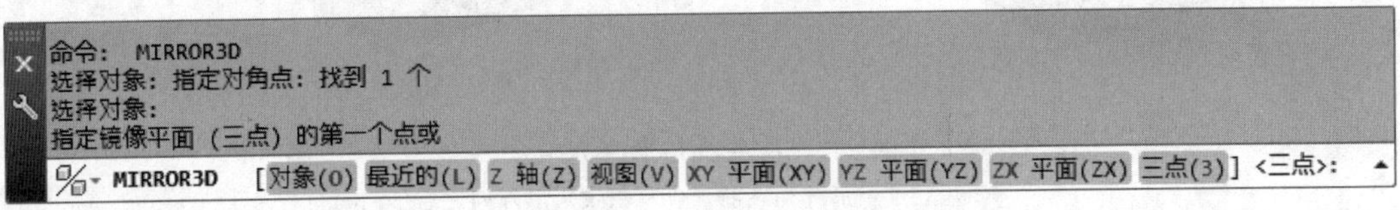

默认是以三点方式确定一个镜像平面。其他各选项含义如下：

• 对象（O）：选择圆、圆弧或二维多段线等二维对象作为镜像平面。

• 最近的（L）：使用上一次镜像操作中使用的镜像平面作为本次镜像操作的镜像平面。

• *Z* 轴（Z）：先指定镜像平面上一点，再指定镜像平面的法线（*Z* 轴）方向。

• 视图（V）：指定一点并将通过该点且与当前视图平面平行的平面作为镜像平面。

• *XY* 平面（XY）/*YZ* 平面（YZ）/*ZX* 平面（ZX）：指定一点，镜像平面通过这一点且与标准平面（*XY*、*YZ* 或 *ZX*）平行。

三维镜像（MIRROR3D）与二维镜像（MIRROR）的用法基本相同，两者的区别主要有两点：①二维镜像以对称轴为基准，三维镜像以对称面为基准；②二维镜像是在 *XY* 平面内镜像，三维镜像是在三维空间内镜像。

五、三维阵列（3DARRAY）

三维阵列是在三维空间绘制对象的矩形阵列或环形阵列。可以通过以下方式执行“三维阵列”命令。

• 在“AutoCAD 经典”工作空间中，执行菜单“修改→三维操作→三维阵列”命令。

• 在命令行中输入命令“3DARRAY”或简化命令“3A”，然后按回车键。

三维阵列有两种阵列方式：三维矩形阵列和三维环形阵列。

1. 三维矩形阵列

三维矩形阵列是在行（X 轴）、列（Y 轴）和层（Z 轴）矩形阵列中复制对象。执行“三维阵列”后，根据命令行的提示，选择要阵列的对象，回车确定，选择“矩形阵列”类型，再根据命令行提示，依次指定阵列的行数、列数、层数、行间距、列间距、层间距，确定即可。

举例：绘制一个正方体，对其进行三维矩形阵列。行数、列数、层数均取 3，行间距、列间距、层间距均为正方形的边长，经过阵列后会得到一个魔方。如图 21-5 所示。

(a)　(b)

图 21-5　三维矩形阵列示意

(a) 三维矩形阵列之前；(b) 三维矩形阵列之后

2. 三维环形阵列

三维环形阵列是围绕旋转轴按逆时针或顺时针方向来阵列复制对象。执行“三维阵列”命令后，根据提示，选择要阵列的对象，回车确定，选择“环形阵列”类型，再根据提示，指定阵列的项目个数和填充角度，确认是否要进行自身旋转，再指定阵列的中心点及旋转轴上的第二点，即可完成环形阵列操作。

举例：绘制一个圆桌，再在旁边绘制一个圆凳，对圆凳进行三维环形阵列。项目个数取 8 个，填充角度为 360°，阵列中心点取圆桌面的圆心，旋转轴第二点取通过圆心沿 Z 轴方向上的任一点，阵列后可得到环绕圆桌均匀排布的 8 个圆凳。如图 21-6 所示。

三维阵列与二维阵列命令类似，只是一个在三维空间中阵列复制对象，一个在二维空间中阵列复制对象。在“矩形”阵列方面，三维阵列与二维阵列的区别是增加了“层数”；在“环形”阵列方面，三维阵列是环绕旋转轴在三维空间内进行阵列，二维阵列是环绕一点在 XY 平面内进行阵列。

任务总结：本节五个三维操作命令是基本的三维修改工具，掌握后可大大提高三维建模能力。

任务学习拓展：本节中五个三维操作命令不仅可用于实体，也可用于二维对象，分别用这五个命令对各种类型的对象均尝试进行操作。

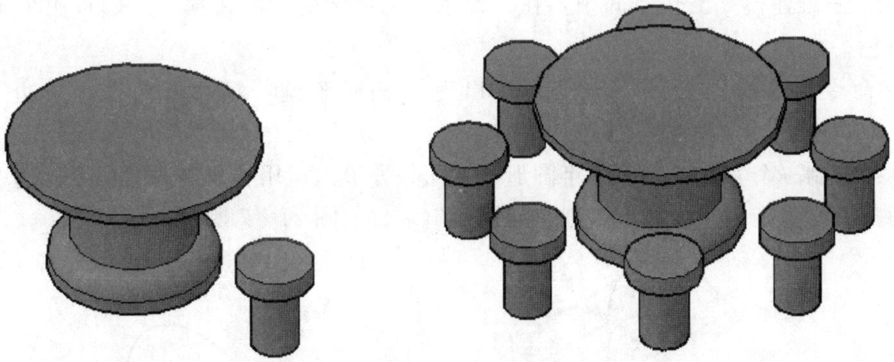

(a) (b)

图 21-6 三维环形阵列示意

(a) 三维环形阵列之前；(b) 三维环形阵列之后

任务三 实体编辑命令

任务描述： 熟悉对实体的边进行复制、着色、提取、压印、倒角、圆角等操作；掌握对实体的面进行拉伸、偏移、移动、倾斜、旋转、删除、复制、着色等处理；熟悉抽壳、检查、分割、清除、剖切、加厚等实体编辑命令。

实体编辑包括编辑三维实体的边、面及体三个方面。

一、边的编辑

实体的边的编辑包括着色边、复制边、提取边、压印边、圆角边、倒角边等。

1. 着色边

“着色边”是指为实体的边赋予各种颜色，可以从“选择颜色”对话框中选取颜色。设置边的颜色将替代实体对象本来的颜色设置。可以通过以下方法执行“着色边”命令。

• 在“AutoCAD 经典”工作空间中，执行菜单“修改→实体编辑→着色边”命令。

• 在“AutoCAD 经典”工作空间中，点击“实体编辑”工具栏上的“着色边”按钮。

• 在“三维建模”工作空间中，在“常用”选项卡的“实体编辑”面板中单击“着色边”按钮。

• 在命令行中输入命令“SOLIDEDIT”并按回车键，然后依次选择“边”“着色”选项。

边经过着色后，只有在二维线框、线框、隐藏、带边缘着色等视觉样式下才能显示。

2. 复制边

“复制边”命令可以把实体表面的边复制出来，包括直线、圆、圆弧、椭圆、椭圆弧、样条曲线等。可以通过以下方法执行“复制边”命令。

• 在“AutoCAD 经典”工作空间中，执行菜单“修改→实体编辑→复制边”命令。

• 在“AutoCAD 经典”工作空间中，点击“实体编辑”工具栏上的“复制边”按钮。

• 在“三维建模”工作空间中，在“常用”选项卡的“实体编辑”面板中单击“复制边”按钮。

• 在命令行中输入命令“SOLIDEDIT”并按回车键，然后依次选择“边”“复制”选项。

举例：绘制一个实体，上面是半圆形，下面是方形。运用“复制边”命令，选取半圆弧和下面两条直线，指定一个基点，把它们复制出来。如图 21－7 所示。

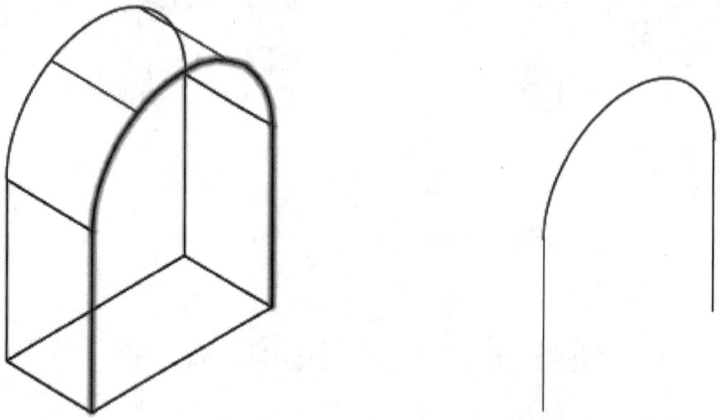

图 21－7 “复制边”命令示意

3. 提取边

“提取边”命令是把实体的边在原处提取出来，可以创建一个线框几何模型。实体的边包括直线、圆、圆弧、椭圆、椭圆弧、样条曲线等。可以通过以下方式执行“提取边”命令。

• 在“三维建模”工作空间中，在“常用”选项卡的“实体编辑”面板中单击“提取边”按钮。

• 在“三维建模”工作空间中，在“实体”选项卡的“实体编辑”面板中单击“提取边”按钮。

• 在命令行中输入命令“XEDGES”并按回车键。

举例：绘制一个长方体，中间带一个圆柱孔。输入“提取边”命令，选择实体，回车确定，该实体的三维边框即被提取出来。若把实体移走，则边框会显现出来，该边框由 12 条直线和 2 个圆组成。如图 21－8 所示。

注：实体必须有边才能提取，比如球体没有边，就不能够提取。另外，像曲面、网格、面域等也可用“提取边”命令提取出边框。

4. 压印边

压印边是将二维几何图形压印到三维实体上，从而在三维实体表面创建更多的边（线）。位于某个实体表面的二维几何图形，可以通过压印与这个面合并，成为实体表面的边线。这些边线可提供视觉效果，并可进行压缩或拉长以创建缩进或拉伸。可以通过以下方式执行“压印”命令。

• 在“AutoCAD 经典”工作空间中，执行菜单“修改→实体编辑→压印边”命令。

• 在“AutoCAD 经典”工作空间中，点击“实体编辑”工具栏上的“压印”按钮。

(a)　　　　　　　　　　　　　　(b)

图 21－8　“提取边”命令示意

(a) 原实体；(b) 所提取的边框

• 在“三维建模”工作空间中，在“常用”选项卡的“实体编辑”面板中单击“压印”按钮。

• 在“三维建模”工作空间中，在“实体”选项卡的“实体编辑”面板中单击“压印”按钮。

• 在命令行中输入命令“IMPRINT”并按回车键。

举例：先绘制一个长方体，再在其上表面画一个圆。输入“压印”命令，根据提示先选择长方体，再选择圆，提示“是否删除源对象”时选择“是”，则圆的一部分被压印在长方体表面，成为长方体的一部分。如图 21－9 所示。

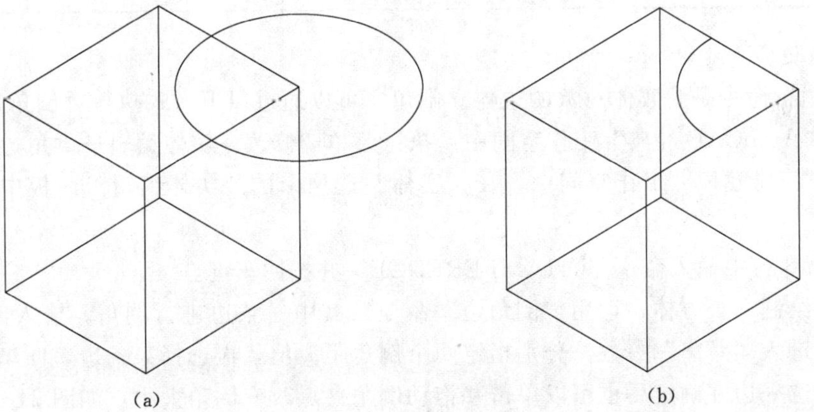

(a)　　　　　　　　　　　　　　(b)

图 21－9　“压印”命令示意

(a) 压印之前；(b) 压印之后

5. 圆角边

“圆角边”命令是为实体对象的边建立圆角。可以通过以下方式执行“圆角边”命令。

• 在“AutoCAD 经典”工作空间中，执行菜单“修改→实体编辑→圆角边”命令。

• 在“三维建模”工作空间中，在“实体”选项卡的“实体编辑”面板中单击“圆角边”按钮。

• 在命令行中输入命令“FILLETEDGE”并按回车键。

举例：绘制一长方体，运用“圆角边”命令给其中一条边进行圆角。输入圆角边命令，根据提示先进入“半径”参数，输入圆角半径值，再选择某条边，回车确定，再次确定即可。选好边并确定后也可以单击并拖动圆角夹点改变圆角半径大小。如图 21－10 所示。

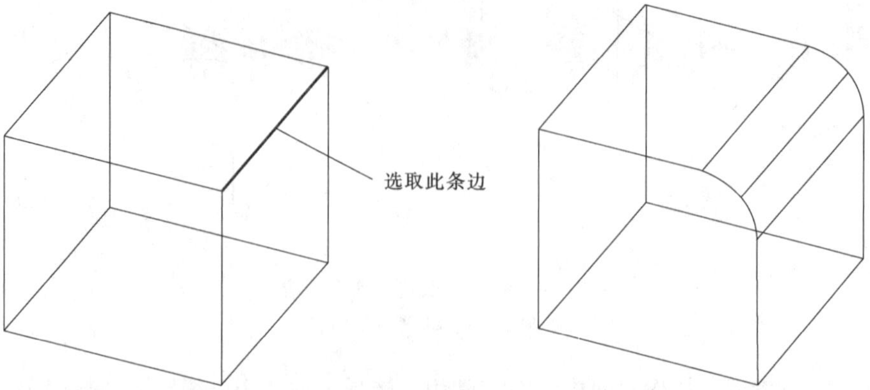

(a)　　　　(b)

图 21－10　“圆角边”命令示意

(a) 圆角边前；(b) 圆角边后

执行“圆角边”命令时，命令行提示如下。

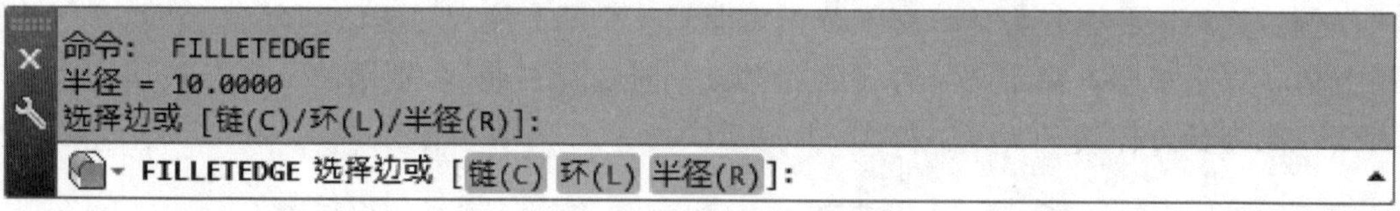

6. 倒角边

“倒角边”命令是为实体对象的边建立倒角。可以通过以下方式执行“倒角边”命令。

• 在“AutoCAD 经典”工作空间中，执行菜单“修改→实体编辑→倒角边”命令。

• 在“三维建模”工作空间中，在“实体”选项卡的“实体编辑”面板中单击“倒角边”按钮。

• 在命令行中输入命令“CHAMFEREDGE”并按回车键。

举例：绘制一长方体，运用“倒角边”命令给其中一条边进行倒角。输入倒角边命令，根据提示先进入“距离”参数，分别指定两个倒角距离值，再选择某条边，回车确定，再次确定即可。选好边并确定后也可以单击并拖动倒角夹点改变倒角大小。如图 21－11 所示。

执行“倒角边”命令时，命令行提示如下。

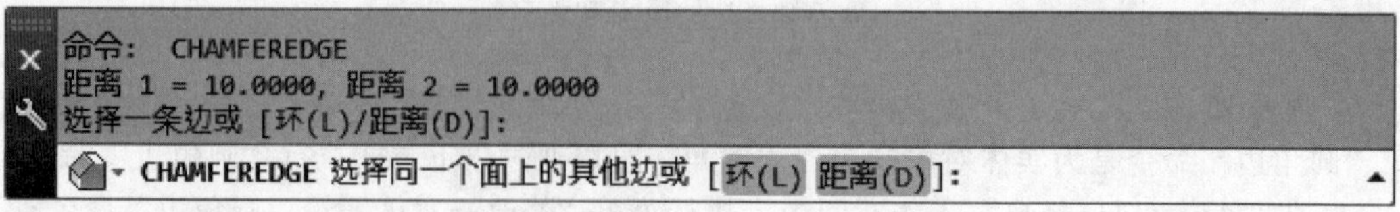

二、面的编辑

实体的面的编辑包括拉伸面、倾斜面、移动面、复制面、偏移面、删除面、旋转面、着

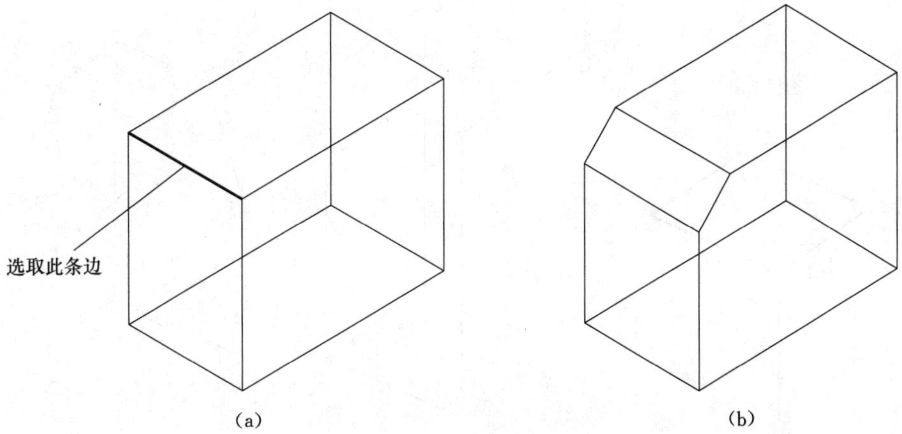

图 21－11　“倒角边”命令示意
(a) 倒角边前；(b) 倒角边后

色面等。

1. 拉伸面

拉伸面是按指定的距离或沿某条路径拉伸三维实体的选定平面。可以通过以下方法执行“拉伸面”命令。

- 在“AutoCAD 经典”工作空间中，执行菜单“修改→实体编辑→拉伸面”命令。
- 在“AutoCAD 经典”工作空间中，点击“实体编辑”工具栏上的“拉伸面”按钮。
- 在“三维建模”工作空间中，在“常用”选项卡的“实体编辑”面板中单击“拉伸面”按钮。
- 在“三维建模”工作空间中，在“实体”选项卡的“实体编辑”面板中单击“拉伸面”按钮。
- 在命令行中输入命令“SOLIDEDIT”并按回车键，然后依次选择“面”“拉伸”选项。

举例：绘制一长方体，输入“拉伸面”命令，先选择长方体上表面，再输入一定拉伸高度，再默认拉伸倾斜角度为 0°，回车确定，即可把上表面往上拉，使其高度变大。如图 21－12 (a)、(b) 所示。

执行“拉伸面”命令时，若拉伸高度输入正值，则向外拉伸，体积变大；或拉伸高度输入负值，则向内拉伸，体积变小。拉伸时默认倾斜角度为 0°，即垂直拉伸，若输入正值则向内倾斜，若输入负值则向外倾斜。图 21－12 (c) 拉伸时倾斜角度为 10°，则向内倾斜拉伸。

2. 倾斜面

“倾斜面”命令是按指定的角度倾斜三维实体上的面。可以通过以下方法执行“倾斜面”命令。

- 在“AutoCAD 经典”工作空间中，执行菜单“修改→实体编辑→倾斜面”命令。
- 在“AutoCAD 经典”工作空间中，点击“实体编辑”工具栏上的“倾斜面”按

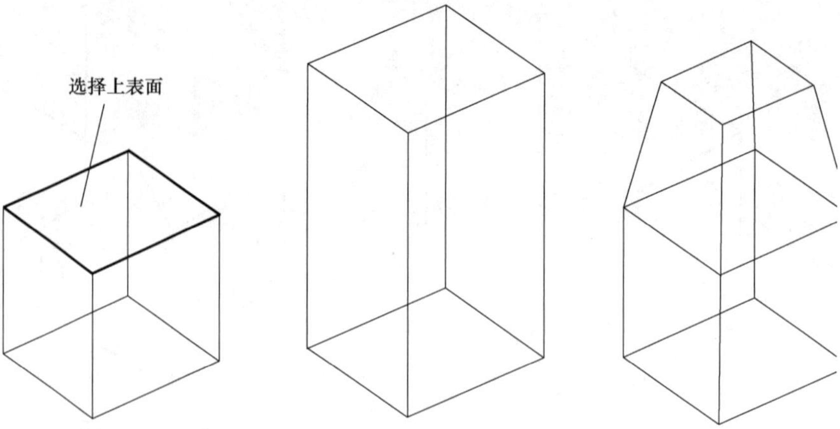

(a)　(b)　(c)

图 21－12　“拉伸面”命令示意

(a) 拉伸面前；(b) 垂直拉伸面后；(c) 倾斜拉伸面后

钮。

• 在“三维建模”工作空间中，在“常用”选项卡的“实体编辑”面板中单击“倾斜面”按钮。

• 在“三维建模”工作空间中，在“实体”选项卡的“实体编辑”面板中单击“倾斜面”按钮。

• 在命令行中输入命令“SOLIDEDIT”并按回车键，然后依次选择“面”“倾斜”选项。

举例：下面是一三维实体，运用“倾斜面”命令使其表面倾斜。先输入“倾斜面”命令，选择需要倾斜的面，再点击基点和倾斜轴的另一个点，再指定倾斜角度，回车确认即可。若输入正角度则向里倾斜，若输入负角度则向外倾斜。如图 21－13 所示。

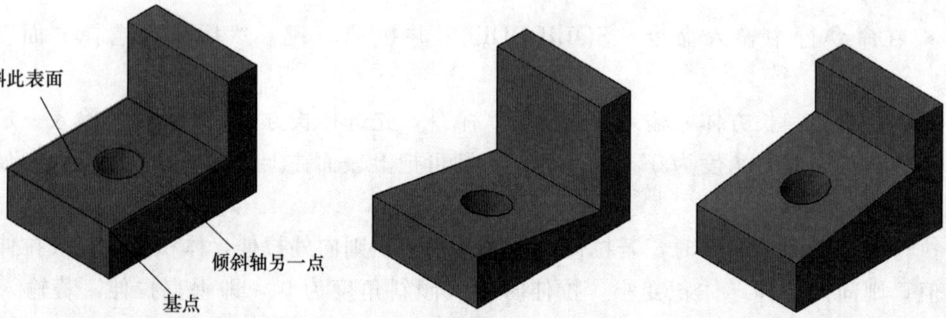

(a)　(b)　(c)

图 21－13　“倾斜面”命令示意

(a) 倾斜面之前；(b) 正角度倾斜；(c) 负角度倾斜

3. *移动面*

“移动面”命令是将三维实体上的面沿指定方向移动特定距离，包括平面和曲面。可以通过以下方法执行“移动面”命令。

• 在“AutoCAD经典”工作空间中，执行菜单“修改→实体编辑→移动面”命令。

• 在“AutoCAD经典”工作空间中，点击“实体编辑”工具栏上的“移动面”按钮。

• 在“三维建模”工作空间中，在“常用”选项卡的“实体编辑”面板中单击“移动面”按钮。

• 在命令行中输入命令“SOLIDEDIT”并按回车键，然后依次选择“面”“移动”选项。

举例：绘制一长方体，上面设一圆孔。输入“移动面”命令，选择圆柱面，回车确定，然后指定基点和位移，即可把圆孔移动到另一个位置。如图21-14所示。

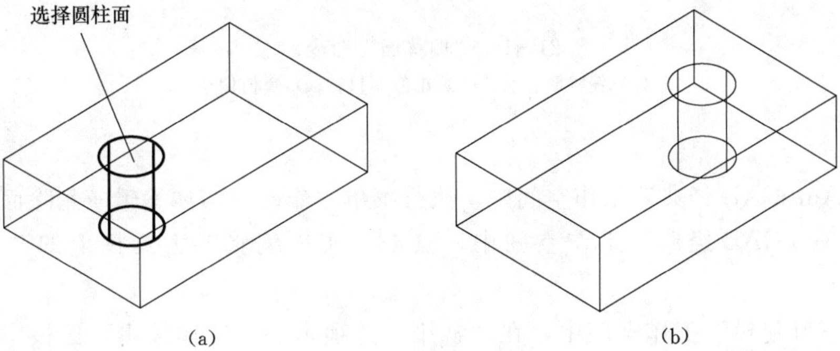

图21-14 “移动面”命令示意

(a) 移动面前；(b) 移动面后

4. 偏移面

“偏移面”命令是指按指定的距离偏移三维实体的选定面，包括平面和曲面，从而改变实体的形状。可以通过以下方法执行“偏移面”命令。

• 在“AutoCAD经典”工作空间中，执行菜单“修改→实体编辑→偏移面”命令。

• 在“AutoCAD经典”工作空间中，点击“实体编辑”工具栏上的“偏移面”按钮。

• 在“三维建模”工作空间中，在“常用”选项卡的“实体编辑”面板中单击“偏移面”按钮。

• 在“三维建模”工作空间中，在“实体”选项卡的“实体编辑”面板中单击“偏移面”按钮。

• 在命令行中输入命令“SOLIDEDIT”并按回车键，然后依次选择“面”“偏移”选项。

举例：绘制一空心半圆柱体，运用“偏移面”命令，选择内部的圆柱面，确定后再输入偏移数据，回车确定即可把圆柱面偏移至指定位置。偏移距离取正值体积会变大，取负值体积会变小。如图21-15所示。

实体上的平面或曲面均可选定进行偏移，偏移时与偏移面相邻的面将会被拉伸，但其与偏移面的相对角度不变。

5. 删除面

“删除面”命令是删除三维实体上的面，包括圆角或倒角。可以通过以下方法执行“删

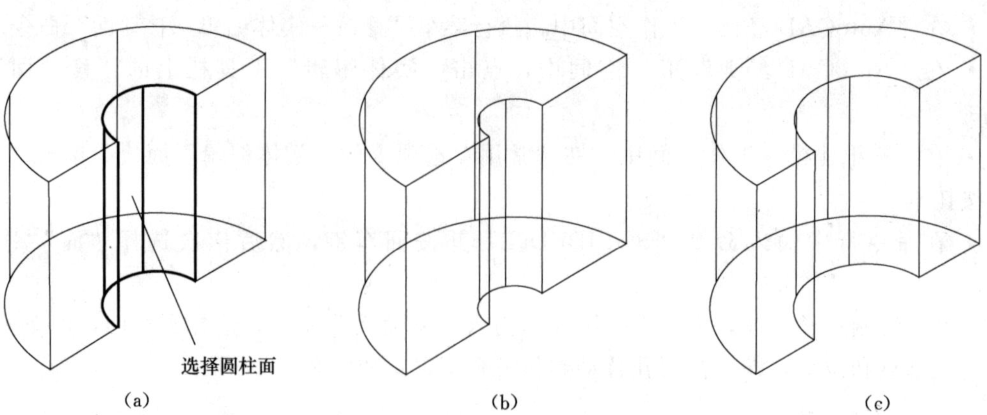

图 21 - 15　“偏移面”命令示意

(a) 偏移面之前；(b) 正值偏移；(c) 负值偏移

除面”命令。

• 在“AutoCAD 经典”工作空间中，执行菜单“修改→实体编辑→删除面”命令。

• 在“AutoCAD 经典”工作空间中，点击“实体编辑”工具栏上的“删除面”按钮。

• 在“三维建模”工作空间中，在“常用”选项卡的“实体编辑”面板中单击“删除面”按钮。

• 在命令行中输入命令“SOLIDEDIT”并按回车键，然后依次选择“面”“删除”选项。

举例：下图是一带有圆角边的长方体，用“删除面”命令把圆角删除。首先输入“删除面”命令，根据提示选择圆角处，回车确定即可。如图 21 - 16 所示。

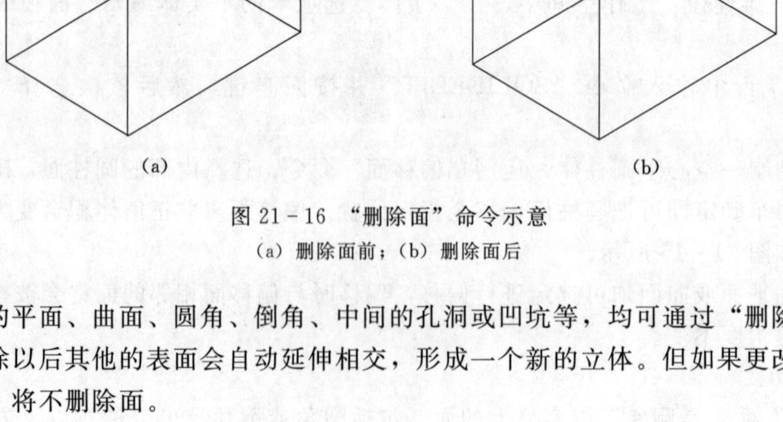

图 21 - 16　“删除面”命令示意

(a) 删除面前；(b) 删除面后

实体上的平面、曲面、圆角、倒角、中间的孔洞或凹坑等，均可通过“删除面”命令把其删除，删除以后其他的表面会自动延伸相交，形成一个新的立体。但如果更改后生成无效的三维实体，将不删除面。

6. 旋转面

“旋转面”命令是绕指定的轴旋转三维实体上的选定面，通过“旋转面”可更改三维实体的形状。通过以下方式可以执行“旋转面”命令。

• 在“AutoCAD 经典”工作空间中，执行菜单“修改→实体编辑→旋转面”命令。

• 在“AutoCAD 经典”工作空间中，点击“实体编辑”工具栏上的“旋转面”按钮。

• 在“三维建模”工作空间中，在“常用”选项卡的“实体编辑”面板中单击“旋转面”按钮。

• 在命令行中输入命令“SOLIDEDIT”并按回车键，然后依次选择“面”“旋转”选项。

举例：绘制一长方体，把其上表面进行旋转。输入“旋转面”命令，选择长方体上表面，再点取 A、B 两点作为旋转轴上的两个点，输入旋转角度，回车确定，即可把上表面旋转指定角度。如图 21 - 17 所示。旋转时仅选定的上表面旋转，其他面位置不动，只是进行了拉伸。确定旋转轴所点击的第一点至第二点的连线为旋转轴的正方向，旋转角度符合右手定则规律。本图中是先点 A 点，后点 B 点，输入正角度。

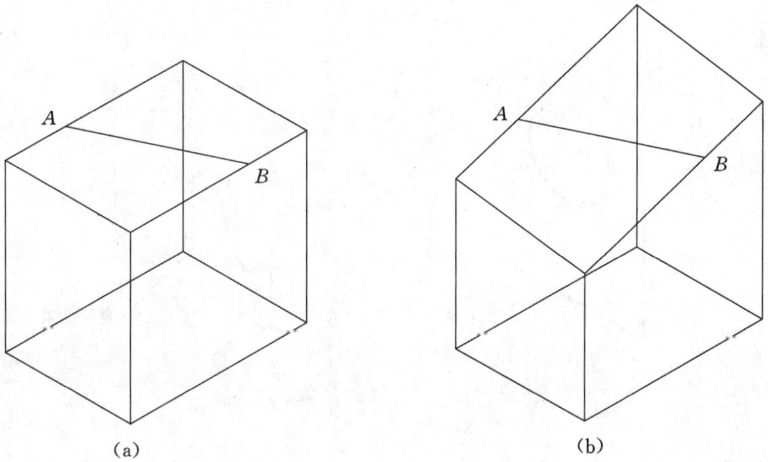

图 21 - 17　“旋转面”命令示意

(a) 旋转面前；(b) 旋转面后

7. 着色面

“着色面”是指为三维实体的表面赋予各种颜色，可以从“选择颜色”对话框中选取颜色。设置面的颜色将替代实体对象本来的颜色设置。可以通过以下方法执行“着色面”命令。

• 在“AutoCAD 经典”工作空间中，执行菜单“修改→实体编辑→着色面”命令。

• 在“AutoCAD 经典”工作空间中，点击“实体编辑”工具栏上的“着色面”按钮。

• 在“三维建模”工作空间中，在“常用”选项卡的“实体编辑”面板中单击“着色面”按钮。

• 在命令行中输入命令“SOLIDEDIT”并按回车键，然后依次选择“面”“颜色”选项。

8. 复制面

“复制面”是指把三维实体上选定的面复制出来，包括平面和曲面。可以通过以下方法执行“复制边”命令。

• 在“AutoCAD 经典”工作空间中，执行菜单“修改→实体编辑→复制面”命令。

• 在“AutoCAD 经典”工作空间中，点击“实体编辑”工具栏上的“复制面”按钮。

• 在“三维建模”工作空间中，在“常用”选项卡的“实体编辑”面板中单击“复制面”按钮。

• 在命令行中输入命令“SOLIDEDIT”并按回车键，然后依次选择“面”“复制”选项。

举例：下图为一三维实体，运用“复制面”命令，选择需要复制的表面，确定后，先指定一个基点，再复制到需要的位置即可。如图 21 - 18 所示。

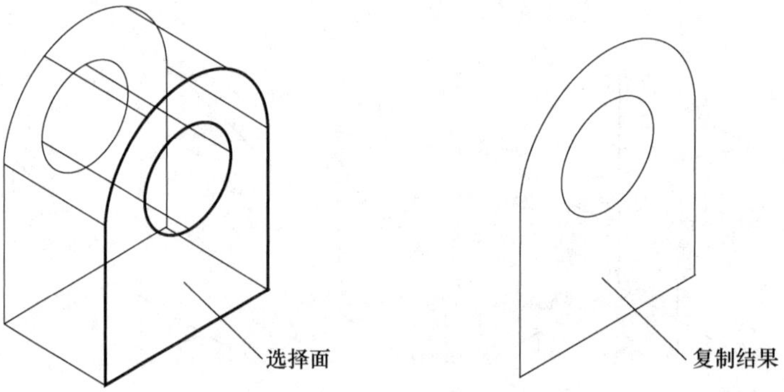

图 21 - 18　“复制面”命令示意

三、体的编辑

体的编辑包括分割、清除、抽壳、检查、剖切、加厚等命令。

1. 分割

在并集或差集过程中，会导致产生由若干个不连续实体组成的实体，用“分割”命令可以把此实体变成若干个独立的实体。可以通过以下方式执行“分割”命令。

• 在“AutoCAD 经典”工作空间中，执行菜单“修改→实体编辑→分割”命令。

• 在“AutoCAD 经典”工作空间中，点击“实体编辑”工具栏上的“分割”按钮。

• 在“三维建模”工作空间中，在“常用”选项卡的“实体编辑”面板中单击“分割”按钮。

• 在“三维建模”工作空间中，在“实体”选项卡的“实体编辑”面板中单击“分割”按钮。

• 在命令行中输入命令“SOLIDEDIT”并按回车键，然后依次选择“体”“分割实体”

选项。

2. 清除

“清除”命令是删除三维实体表面所有冗余的边和顶点。可以通过以下方式执行“清除”命令。

- 在“AutoCAD经典”工作空间中，执行菜单“修改→实体编辑→清除”命令。
- 在“AutoCAD经典”工作空间中，点击“实体编辑”工具栏上的“清除”按钮。
- 在“三维建模”工作空间中，在“常用”选项卡的“实体编辑”面板中单击“清除”按钮。
- 在“三维建模”工作空间中，在“实体”选项卡的“实体编辑”面板中单击“清除”按钮。
- 在命令行中输入命令“SOLIDEDIT”并按回车键，然后依次选择“体”“清除”选项。

3. 抽壳

“抽壳”命令是将三维实体转换为中空壳体，其壁厚可以指定。可以通过以下方式执行“抽壳”命令。

- 在“AutoCAD经典”工作空间中，执行菜单“修改→实体编辑→抽壳”命令。
- 在“AutoCAD经典”工作空间中，点击“实体编辑”工具栏上的“抽壳”按钮。
- 在“三维建模”工作空间中，在“常用”选项卡的“实体编辑”面板中单击“抽壳”按钮。
- 在“三维建模”工作空间中，在“实体”选项卡的“实体编辑”面板中单击“抽壳”按钮。
- 在命令行中输入命令“SOLIDEDIT”并按回车键，然后依次选择“体”“抽壳”选项。

举例：绘制一长方体，用“抽壳”命令把其变为空心壳体。输入“抽壳”命令，选择长方体，再选择是否删除某个面，再输入抽壳偏移距离，完成操作。如图21-19（b）是删除了上表面，图21-19（c）是删除了上、左、前三个表面。

(a)　　(b)　　(c)

图21-19　“抽壳”命令示意

(a) 抽壳之前；(b) 抽壳之后（一）；(c) 抽壳之后（二）

4. 检查

“检查”命令是检查三维实体中的几何数据，验证其是否有效。可以通过以下方式执行“检查”命令。

• 在“AutoCAD经典”工作空间中，执行菜单“修改→实体编辑→检查”命令。

• 在“AutoCAD经典”工作空间中，点击“实体编辑”工具栏上的“检查”按钮。

• 在“三维建模”工作空间中，在“常用”选项卡的“实体编辑”面板中单击“检查”按钮。

• 在“三维建模”工作空间中，在“实体”选项卡的“实体编辑”面板中单击“检查”按钮。

• 在命令行中输入命令“SOLIDEDIT”并按回车键，然后依次选择“体”“检查”选项。

5. 剖切

“剖切”命令是通过剖切现有实体来创建新实体，通常是定义一个平面把实体剖开，剖开后可以选择是保留一侧还是两侧实体。可以通过以下方式执行“剖切”命令。

• 在“AutoCAD经典”工作空间中，执行菜单“修改→三维操作→剖切”命令。

• 在“三维建模”工作空间中，在“常用”选项卡的“实体编辑”面板中单击“剖切”按钮。

• 在“三维建模”工作空间中，在“实体”选项卡的“实体编辑”面板中单击“剖切”按钮。

• 在命令行中输入命令“SLICE”或简化命令“SL”并按回车键。

举例：下图是一个杯形基础模型，用“剖切”命令把其沿纵向中轴线剖开。先输入“剖切”命令，选择形体，用“三点”法分别选择三条边的中点确定剖切平面，删除前半部分，保留后半部分。如图21-20所示。

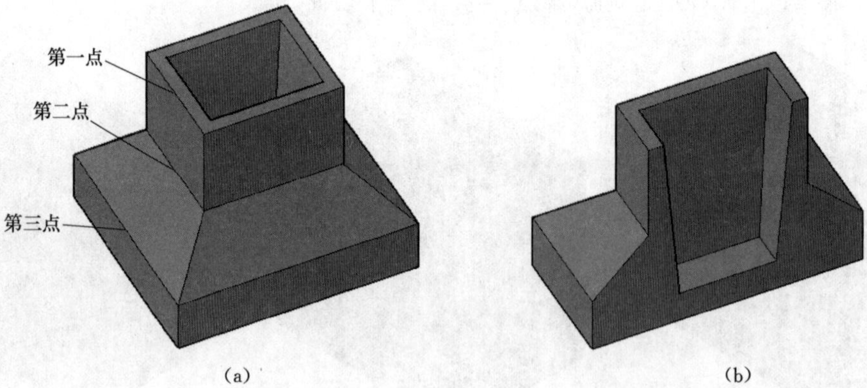

图21-20 “剖切”命令示意

(a) 选择3个中点确定剖切平面；(b) 剖切之后

执行“剖切”命令时，命令行会出现如下提示。

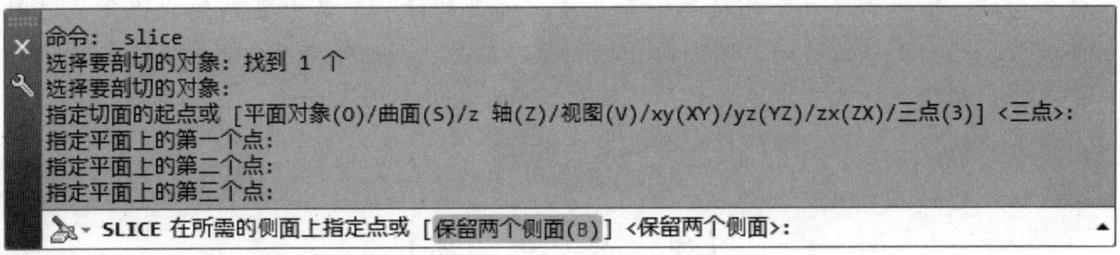

命令行中各选项的含义如下。

(1) 指定切面的起点：用于定义剖切平面的位置和角度的两个点中的第一点，剖切平面与当前 UCS 的 *XY* 平面垂直。

(2) 平面对象：将剖切平面与包含选定的圆、椭圆、圆弧、椭圆弧、二维样条曲线或二维多段线的平面对齐。

(3) 曲面：将剖切平面与曲面对齐。

(4) *Z* 轴：通过平面上指定一点和在平面的 *Z* 轴"法向"上指定另一点来定义剖切平面。

(5) 视图：将剖切平面与当前视口的视图平面对齐，指定一点定义剖切平面的位置。

(6) *XY*/*YZ*/*ZX*：将剖切平面与当前用户坐标系（UCS）的 *XY*/*YZ*/*ZX* 平面对齐，指定一点定义剖切平面的位置。

6. 加厚

"加厚"命令是给曲面赋予厚度，使其成为一个实体。在创建复杂的三维曲线式实体时，经常使用此方法。可以通过以下方式执行"加厚"命令。

- 在"AutoCAD 经典"工作空间中，执行菜单"修改→三维操作→加厚"命令。
- 在"三维建模"工作空间中，在"常用"选项卡的"实体编辑"面板中单击"加厚"按钮。
- 在"三维建模"工作空间中，在"实体"选项卡的"实体编辑"面板中单击"加厚"按钮。
- 在命令行中输入命令"THICKEN"并按回车键。

举例：先绘制一个曲面，执行"加厚"命令，选择此曲面，再输入厚度值，按回车键确定，即可把此曲面转化为一个实体。如图 21-21 所示。

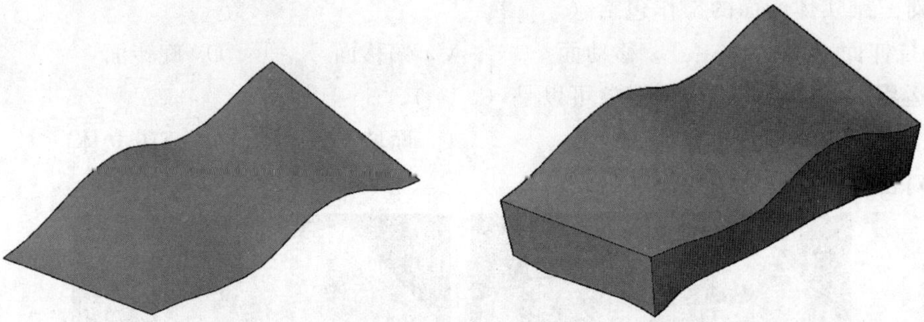

(a)　　(b)

图 21-21　"加厚"命令示意

(a) 绘制一曲面；(b) 加厚为一个实体

任务总结： 实体编辑命令包括边、面、体三方面的操作，其中复制边、倒角边、圆角边、复制面、移动面、偏移面、删除面、拉伸面、抽壳、剖切等都是常用命令。

任务学习拓展： 把本节中提到的所有实体编辑命令均练习若干遍，直至熟练掌握，把书中没有提及但软件上有的实体编辑命令也尝试操作一下。

【课　后　训　练】

一、单项选择题

1. 两个没有接触的三维实体执行交集命令后，其结果是（　　）。

A. 两个都不动　　B. 两个都消失

C. 先点击的不动，后点击的消失　　D. 先点击的消失，后点击的不动

2. 执行剖切（SLICE）命令时，命令行会出现如下提示，其中是默认的选项是（　　）。

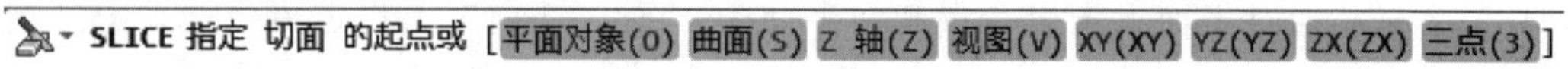

A. 平面对象（O）　　B. 曲面（S）　　C. 视图（V）　　D. 三点（3）

3. 若两个实体不相交，运用交集（INTERSECT）命令时，则（　　）。

A. 两个实体不发生变化　　B. 两个实体同时消失

C. 先选择的不变，后选择的消失　　D. 先选择的消失，后选择的不变

4. 将具有多个不连续部分的三维实体一次性分割为若干个独立的三维实体，需用下面的（　　）命令。

A. 分解　　B. 切割　　C. 剖切　　D. 分割

5. 如图，把长方体上的圆孔从左边（左图）移至右边（右图），应该用（　　）命令。

A. 移动面　　B. 复制面　　C. 旋转面　　D. 拉伸面

二、多项选择题

1. 布尔运算可用于下列哪些对象？（　　）

A. 圆　　B. 多边形　　C. 面域　　D. 三维实体

2. 执行“三维对齐”命令时，可以为源对象和目标对象各指定（　　）个点。

A. 1　　B. 2　　C. 3　　D. 4

3. 对三维实体的面的操作包括（　　）。

A. 拉伸面　　B. 移动面　　C. 偏移面　　D. 旋转面

4. 运用压印命令时，压印对象可以是（　　）。

A. 直线　　B. 圆　　C. 面域　　D. 三维立体

5. 对三维实体的边的操作有（　　）。

A. 移动边　　　　　B. 复制边　　　　C. 着色边　　　　D. 删除边

6. 可以对下面哪些对象执行剖切（SLICE）操作（　　）。

A. 三维实体　　　　B. 二维实体　　　C. 网格　　　　　D. 曲面

三、判断题

1. 布尔运算只能应用于三维实体。（　　）

2. 剖切命令可以剖切实体，也可以剖切曲面。（　　）

3. 若两个实体有重叠部分，运用干涉（INTERFERE）命令可以把重叠部分提取出来。（　　）

4. 对三维实体进行抽壳时，可选择删除某一个或几个表面。（　　）

5. 三维立体上的圆角不可以删除。（　　）

四、绘图题

绘制下面的三维图形。

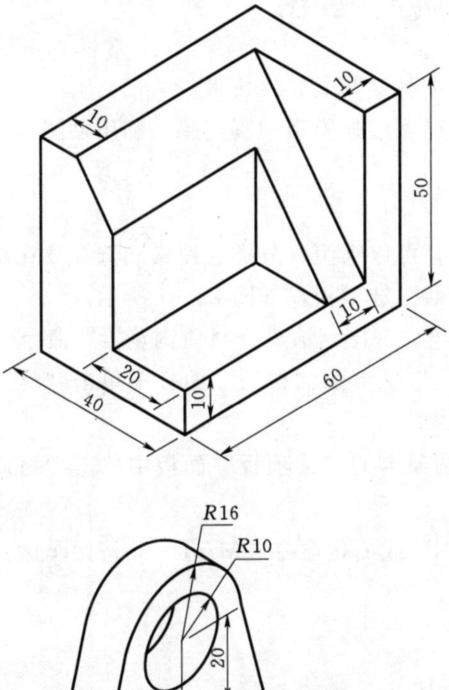

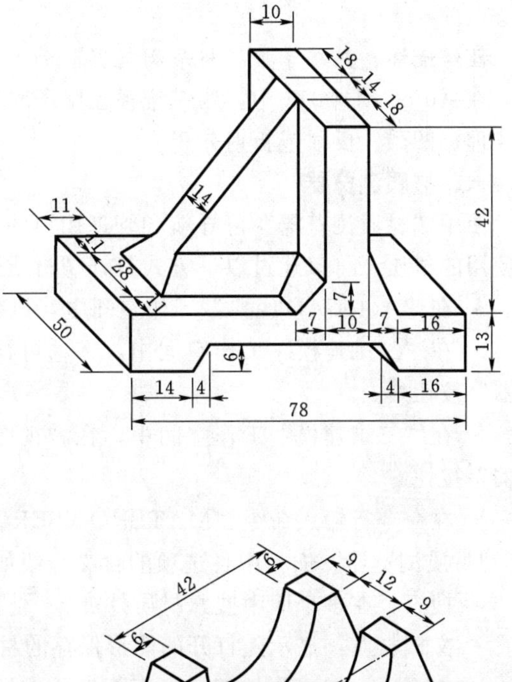

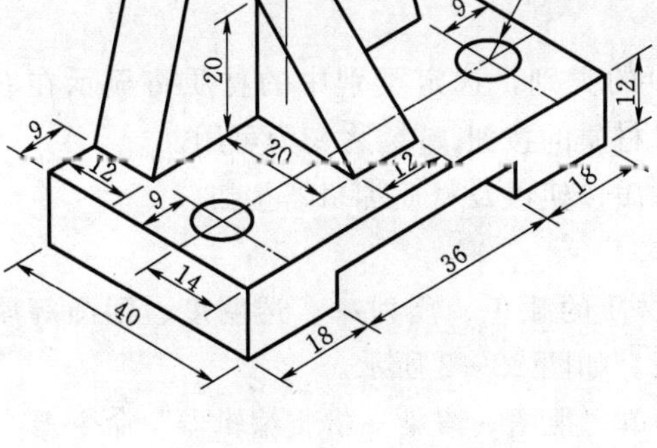

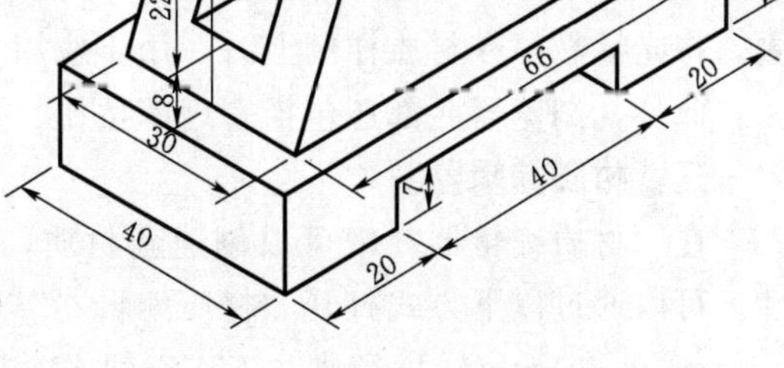

项目二十二　设置材质、光源与渲染

项目描述： 本项目主要完成三个学习任务：设置材质与贴图；设置光源；对模型进行渲染。学好这三个任务，才能把所建模型更好地展示并打印出来。

项目学习目标： 通过本项目学习，熟练运用材质与光源，把所建模型渲染出来。

项目学习重点： 材质与贴图。

项目学习难点： 光源的设置。

任务一　设置材质与贴图

任务描述： 熟练掌握“材质浏览器”和“材质编辑器”工具的使用。

在 AutoCAD 2017 中，为三维模型赋予材质会显著增强模型的真实感，利用贴图可以模拟纹理、凹凸、反射或折射效果。

一、材质浏览器

使用“材质浏览器”可导航和管理用户的材质，可以组织、分类、搜索和选择要在图形中使用的材质。可以通过以下方式打开“材质管理器”选项板，如图 22－1 所示。

• 在“AutoCAD 经典”工作空间中，执行菜单“视图→渲染→材质浏览器”命令。

• 在“三维建模”工作空间中，在“可视化”选项卡的“材质”面板中单击“材质浏览器”按钮。

• 在“三维建模”工作空间中，在“视图”选项卡的“选项板”面板中单击“材质浏览器”按钮。

• 在命令行输入命令“MATBROWSEROPEN”或简化命令“MAT”并按回车键。

“材质浏览器”面板中各选项的含义介绍如下。

• 搜索：在多个库中搜索材质外观。

• 文档材质：显示随打开的图形保存的材质。

• 主页：单击该按钮，在库面板的右侧内容窗格中显示库的文件夹视图，单击文件夹可以打开库列表。

•“库”面板：列出当前可用的“材质”库中的类别，选定类别中的材质将显示在右侧。将光标悬停在材质样例上时，用于应用或编辑材质的按钮将变为可用。

此外，浏览器底部还包括管理库按钮、创建材质按钮以及材质编辑器按钮。

二、材质编辑器

在“材质编辑器”中可以创建新材质，设置材质的颜色、反射率、透明度、凹凸等属性。可以通过以下方式打开“材质编辑器”选项板。如图 22－2 所示。

• 在“AutoCAD 经典”工作空间中，执行菜单“视图→渲染→材质编辑器”命令。

• 在“三维建模”工作空间中，在“视图”选项卡的“选项板”面板中单击“材质编辑器”按钮。

- 在命令行输入命令“RMAT”并按回车键。

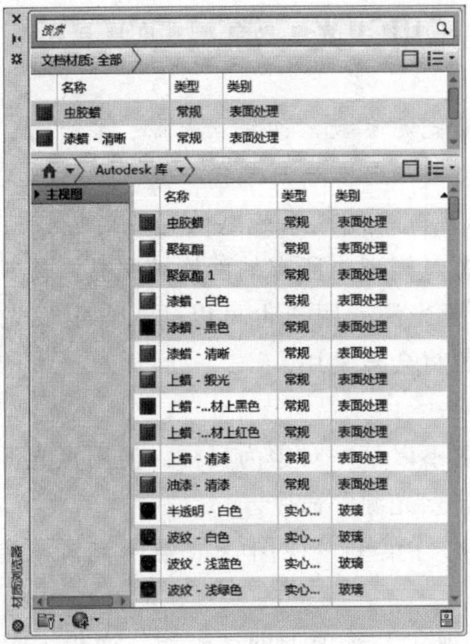

图 22-1 “材质浏览器”选项板

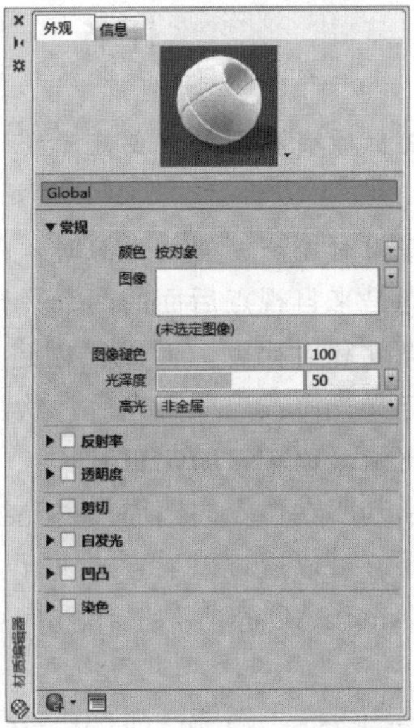

图 22-2 “材质编辑器”选项板

三、创建新材质

若要创建新材质，可执行菜单“视图→渲染→材质浏览器”命令，在打开的“材质浏览器”选项板中，单击“创建材质”按钮，然后选择材质类型，如图 22-3 所示。创建好后，会进入“材质编辑器”面板，可输入材质名称，指定材质颜色，并设置反射率、透明度、剪切、自发光、凹凸、染色等特性，如图 22-4 所示。返回至“材质浏览器”选项板，在“文档材质”面板中，拖拽创建好的材质，将其赋予到实体模型上。

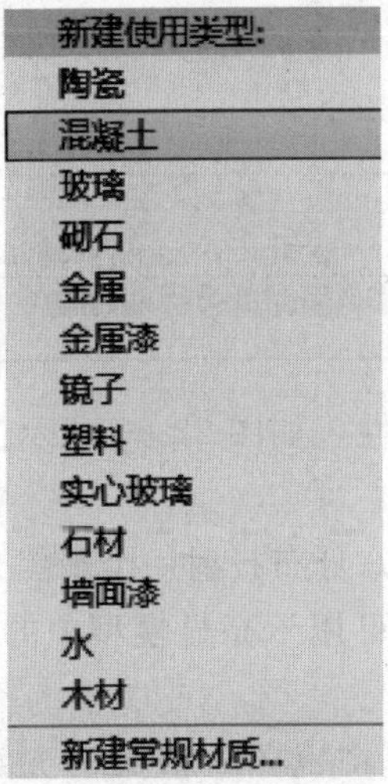

图 22-3 选择材质类型

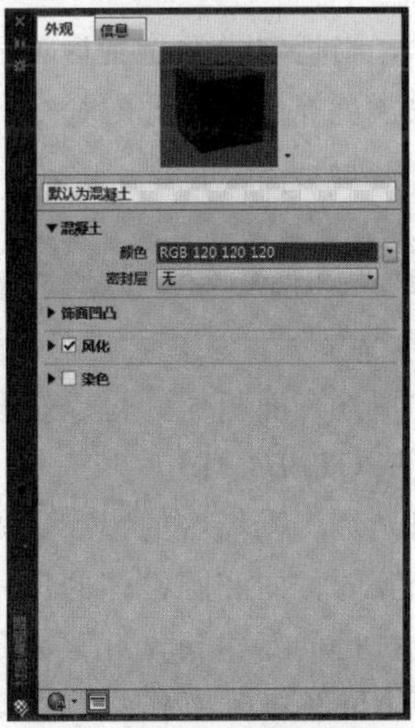

图 22-4 设置材质特性

任务总结：学会使用“材质”工具熟练选择及编辑材质，为所绘模型赋予特定的材质。

任务学习拓展：学会创建并编辑新材质。

任务二　使　用　光　源

任务描述：学会在场景中创建光源和设置光源参数，包括点光源、聚光灯、平行光和太阳光。

当场景中没有用户创建的光源时，AutoCAD 将使用系统默认光源对场景进行着色或渲染。默认光源是来自视点后面的两个平行光源，模型中所有的面均被照亮，使其可见。用户可以控制其亮度和对比度，而无须创建或放置光源。用户也可以插入自定义光源或启用阳光，插入自定义光源或启用阳光后，默认光源将会被禁用。

一、点光源（POINTLIGHT）

点光源从其所在位置向四周发射光线，它不以某一对象为目标。使用点光源可以达到基本的照明效果。可以通过以下方式执行“新建点光源”命令。

- 在“AutoCAD 经典”工作空间中，执行菜单“视图→渲染→光源→新建点光源”命令。
- 在“三维建模”工作空间中，在“可视化”选项卡的“光源”面板中单击“创建点光源”按钮。
- 在“AutoCAD 经典”工作空间中，打开“光源”工具栏，点击“新建点光源”按钮。
- 在命令行输入命令“POINTLIGHT”并按回车键。

点光源可以手动设置为强度随距离衰减或不衰减。默认情况下，衰减设置为无。

用户也可以使用 TARGETPOINT 命令创建目标点光源，目标点光源具有其他目标特性，它可以定向到对象。把点光源的“目标”特性从“否”改为“是”，可以把点光源改为目标点光源。

创建点光源时，当指定光源位置后，还可以设置光源的名称、强度因子、状态、光度、阴影、衰减及过滤颜色等选项。此时命令行提示信息如下。

```
命令: _pointlight
指定源位置 <0,0,0>:
输入要更改的选项 [名称(N)/强度因子(I)/状态(S)/光度(P)/阴影(W)/衰减(A)/过滤颜色(C)/退出(X)] <退出>: *取消*
POINTLIGHT 输入要更改的选项 [名称(N) 强度因子(I) 状态(S) 光度(P) 阴影(W) 衰减(A) 过滤颜色(C) 退出(X)] <退出>:
```

在点光源的“特性”面板中，可以修改光源的特性，如图 22-5 所示。

二、聚光灯（SPOTLIGHT）

聚光灯（如闪光灯、剧场中的跟踪聚光灯或前灯）分布投射一个聚焦光束，发射定向锥形光。可以控制光源的方向和圆锥体的尺寸。聚光灯可用于亮显模型中的特定特征和区域。可以通过以下方式执行“新建聚光灯”命令。

- 在“AutoCAD 经典”工作空间中，执行菜单“视图→渲染→光源→新建聚光灯”命令。
- 在“三维建模”工作空间中，在“可视化”选项卡的“光源”面板中单击“创建聚光灯”按钮。

- 在“AutoCAD经典”工作空间中，打开“光源”工具栏，点击“新建聚光灯”按钮。
- 在命令行输入命令“SPOTLIGHT”并按回车键。

创建聚光灯时，指定了光源位置和目标位置后，还可以设置光源的名称、强度因子、状态、光度、聚光角、照射角、阴影、衰减以过滤颜色等选项。此时命令行提示信息如下。

像点光源一样，聚光灯也可以手动设置为强度随距离衰减或不衰减。聚光灯具有目标特征，可以在“特性”面板中修改各参数。如图 22-6 所示。

图 22-5 点光源特性面板

图 22-6 聚光灯特性面板

三、平行光（DISTANTLIGHT）

平行光仅向一个方向发射统一的平行光光线。可以在视口中的任意位置指定 FROM 点和 TO 点，以定义光线的方向。平行光的强度并不随着距离的增加而衰减。可以通过以下方式执行“新建平行光”命令。

- 在“AutoCAD经典”工作空间中，执行菜单“视图→渲染→光源→新建平行光”命令。
- 在“三维建模”工作空间中，在“可视化”选项卡的“光源”面板中单击“创建平行光”按钮。
- 在“AutoCAD经典”工作空间中，打开“光源”工具栏，点击“新建平行光”按钮。

• 在命令行输入命令“DISTANTLIGHT”并按回车键。

创建平行光时，当指定了光源的矢量方向后，还可以设置光源的名称、强度因子、状态、光度、阴影及过滤颜色等选项。此时命令行提示信息如下。

在图形中，可以使用不同的光线轮廓表示每个聚光灯和点光源，但不会用轮廓表示平行光和阳光，因为它们没有离散的位置并且也不会影响到整个场景。若要修改平行光的参数，可在光源列表中选中并打开其特性进行修改。

平行光的强度并不随着距离的增加而衰减；对于每个照射的面，平行光的亮度都与其在光源处相同。可以用平行光统一照亮对象或背景。

四、查看光源列表（LIGHTLIST）

在“光源列表”中可查看图形中所创建的所有光源。选中一个或多个光源，单击鼠标右键并使用快捷菜单可删除光源或修改光源特性。可以通过以下方式打开“光源列表”。

• 在“AutoCAD 经典”工作空间中，执行菜单“视图→渲染→光源→光源列表”命令。

• 在“三维建模”工作空间中，在“可视化”选项卡的“光源”面板中单击右下角箭头——“模型中的光源”按钮。

• 在“AutoCAD 经典”工作空间中，打开“光源”工具栏，点击“光源列表”按钮。

• 在命令行输入命令“LIGHTLIST”并按回车键。

五、阳光与天光

特殊光源可用于模拟日光效果。它可以与天光模拟结合使用以提供强光背景，并显示由结构投射的阴影影响周围区域的方式。

1. 阳光

阳光与天光是 AutoCAD 中自然照明的主要光源。但是，阳光的光线是平行的且为淡黄色，而大气投射的光线来自各个方向且颜色为明显的蓝色。系统变量 LIGHTINGUNITS 设置为光度时，将提供更多阳光特性。

当流程为光度控制流程时，阳光具有更多可用的特性并且使用物理上更加精确的阳光模型在内部进行渲染。由于将根据图形中指定的时间、日期和位置自动计算颜色，因此光度控制的阳光颜色处于禁用状态。

阳光的光线互相平行，并且在任何距离处都具有相同强度。可以打开或关闭阴影。若要提高性能，在不需要阴影时将其关闭。除地理位置以外，阳光的所有设置均由视口保存，而不是图形保存。地理位置由图形保存。

在功能区“可视化”选项卡“阳光和位置”面板中单击“阳光状态”按钮，可以打开/关闭阳光。若要对阳光参数进行修改，可打开“阳光特性”面板。在“阳光特性”面板中，可设置“常规”“天光特性”“地平线”“太阳圆盘外观”“太阳角度计算器”等选项参数。如图 22-7 所示。

可以通过以下方式打开“阳光特性”面板。

• 在“AutoCAD 经典”工作空间中，执行菜单“视图→渲染→光源→阳光特性”命令。

• 在“三维建模”工作空间中，在“可视化”选项卡的“阳光和位置”面板中单击右下角箭头——“阳光特性”按钮。

• 在“AutoCAD 经典”工作空间中，打开“光源”工具栏，点击“阳光特性”按钮。

• 在命令行输入命令“SUNPROPERTIES”并回车。

由于太阳光受地理位置的影响，因此在使用太阳光时，还可以在“阳光和位置”面板中单击“设置位置”按钮，选择“从地图”或“从文件”选项，如图 22－8 所示。打开“地理位置”对话框，可以设置光源的地理位置，如纬度、经度、北向及时区等。

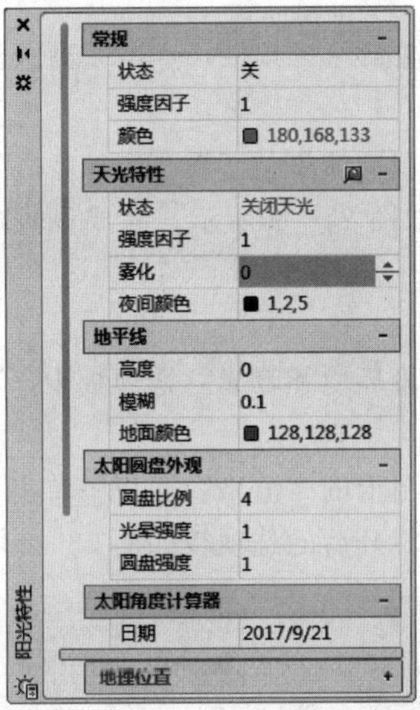

图 22－7 “阳光特性”面板

图 22－8 设置阳光地理位置

此外，在“时间和位置”面板中，还可以通过拖动“日期”和“时间”滑块，设置阳光的日期和时间。

2. 天光背景

选择天光背景的选项仅在光源单位为光度单位时可用。如果用户选择了天光背景并且将光源更改为标准（常规）光源，则天光背景将被禁用。

在“功能区”选项板中选择“可视化”选项卡，然后在“阳光和位置”面板中单击“天光背景”按钮、“关闭大光”按钮和“伴有照明的天光背景”按钮，即可在视图中使用天光背景或伴有照明的天光背景。

任务总结： 光源包括点光源、聚光灯、平行光和太阳光等几种，应掌握如何创建各种光源及修改光源特性。

任务学习拓展： 尝试在一个场景中创建多种不同的光源，并修改各光源参数，查看在“真实”视觉样式下视觉效果有什么变化。

任务三　渲　染　对　象

任务描述：学会在特定场景中把所建模型渲染出来。

渲染是基于三维场景来创建二维图像。它使用已设置的光源、已应用的材质和环境设置（如背景和雾化），为场景的几何图形着色。

一、高级渲染设置

进行渲染前通常要打开“渲染预设管理器”选项板进行参数设置。可以通过以下方式打开“渲染预设管理器”选项板。

- 在“AutoCAD 经典”工作空间中，执行菜单“视图→渲染→高级渲染设置”命令。
- 在“三维建模”工作空间中，在“可视化”选项卡的“渲染”面板中单击右下角箭头——“渲染预设管理器”按钮。
- 在“AutoCAD 经典”工作空间中，打开“渲染”工具栏，点击“高级渲染设置”按钮。

在“渲染预设管理器”选项板中，用户可以设置“渲染位置”“渲染大小”“预设信息”“渲染持续时间”和“光源和材质”等渲染参数。如图 22－9 所示。完成设置后，单击选项板右上角的“渲染”按钮，即可开始渲染图形。

二、控制渲染

控制渲染指对渲染环境和曝光的控制，在“渲染环境和曝光”选项板中，可以设置光源和背景、深/浅色、冷/暖色等参数。

在“三维建模”工作空间中，在“可视化”选项卡的“渲染”面板中单击“渲染环境和曝光”按钮，可打开“渲染环境和曝光”选项板。打开后的选项板如图 22－10 所示。

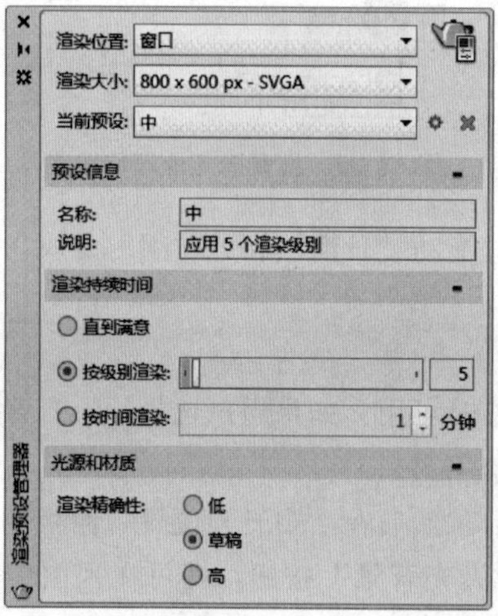

图 22－9 “渲染预设管理器”选项板

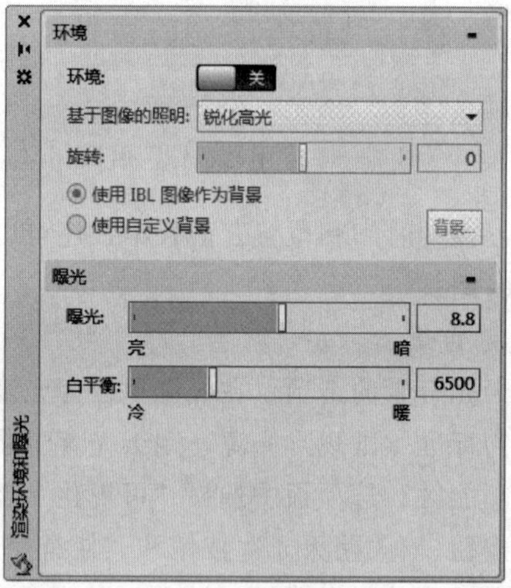

图 22－10 “渲染环境和曝光”选项板

三、渲染并保存图像

渲染是创建三维实体或曲面模型的照片级或真实感着色图像。默认情况下，渲染过程为渲染图形内当前视图中的所有对象。如果没有打开命名视图或相机视图，则渲染当前视图。

在“可视化”选项卡的“渲染”面板中，可设置渲染质量、在窗口/视口/面域中渲染、渲染尺寸等参数。如图22－11所示。

图22－11 “渲染”面板

可以通过以下方式执行“渲染”命令。

• 在“三维建模”工作空间中，在“可视化”选项卡的“渲染”面板中单击“渲染”按钮。

• 打开“渲染预设管理器”选项板，点击右上角的“渲染”按钮。

• 在命令行输入命令“RENDER”并按回车键。

图形渲染后可以以BMP、JPG、TIF、PNG、PCX、TGA等图像格式保存起来。

任务总结：掌握渲染前期设置和过程控制，会保存渲染结果。

任务学习拓展：调整“高级渲染设置”和“控制渲染”的参数，查看渲染结果的变化。

【课 后 训 练】

一、单项选择题

1. 常规材质属性不包括（　　）。

A. 反射率　　B. 透明度　　C. 凹凸　　D. 浮雕图案

2. 对某个选定的光源来说，（　　）特性是不能改变的。

A. 名称　　B. 类型　　C. 开关状态　　D. 阴影的开关

3. 设置“地面阴影”时，形体的阴影应落在（　　）上。

A. *XOY* 平面　　B. *YOZ* 平面　　C. *XOZ* 平面　　D. 以上都不对

4. 渲染时的默认输出尺寸是（　　）。

A. 320×240　　B. 640×480　　C. 800×600　　D. 1024×768

5. 默认材质库中的“类型”不包括（　　）。

A. 常规　　B. 石料　　C. 玻璃　　D. 金属

二、多项选择题

1. 在“材质编辑器”对话框中，材质预览外观形状可以是下面哪些形体？（　　）

A. 球体　　B. 立方体　　C. 圆柱体　　D. 圆锥体

2. 在“材质浏览器”中，材质的缩略图默认大小有下面哪些？（　　）

A. 16×16　　B. 24×24　　C. 32×32　　D. 64×64

3. 创建光源时，可以创建（　　）。

A. 点光源　　B. 聚光灯　　C. 平行光　　D. 光域网灯光

4. 标准渲染预设包括（　　）等几个级别。

A. 草稿　　B. 低　　C. 中　　D. 高　　E. 演示

5. 聚光灯可以调整哪些参数？（　　）

A. 聚光灯角度　　B. 衰减角度　　C. 强度因子　　D. 过滤颜色

三、判断题

1. 在“材质编辑器”中可改变库中所选材质的颜色。(　　)
2. 用户可以自己创建材质库。(　　)
3. CAD 中的阴影包括地面阴影和全阴影两种。(　　)
4. 光源的强度因子默认值是 1。(　　)
5. “阳光状态”打开后，可以设置日光照射的日期和时间。(　　)

参 考 文 献

[1] 中华人民共和国行业标准. 水利水电工程制图标准：SL 73—2013 [S]. 北京：中国水利水电出版社，2013.

[2] 河海大学. 画法几何及水利工程制图 [M]. 4版. 北京：高等教育出版社，2001.

[3] 苏宏庆. 画法几何及水利工程制图 [M]. 修订本. 成都：四川科学技术出版社，1986.

[4] 朱福熙. 建筑制图 [M]. 3版. 北京：高等教育出版社，1993.

[5] 同济大学，上海交通大学，等. 机械制图 [M]. 3版. 北京：高等教育出版社，1988.

[6] 国家标准局. 机械制图：GB 4457～4460—84，GB 131—83 [S]. 北京：中国标准出版社，1984.

[7] 国家技术监督局. 机械制图　表面粗糙度符号、代号及其注法：GB/T 131—93 [S]. 北京：中国标准出版社，1994.

[8] 国家技术监督局. 技术制图　图纸幅面和格式：GB/T 14689—93 [S]. 北京：中国标准出版社，1994.

[9] 国家技术监督局. 技术制图　比例：GB/T 14690—93 [S]. 北京：中国标准出版社，1994.

[10] 国家技术监督局. 技术制图　投影法：GB/T 14692—93 [S]. 北京：中国标准出版社，1994.

[11] 中华人民共和国国家质量监督检验检疫总局，中华人民共和国建设部. 建筑制图标准：GB/T 50104—2001 [S]. 北京：中国计划出版社，2001.

[12] 杨昌龄. 工程制图 [M]. 3版. 北京：水利电力出版社，1991.

[13] 梁德本，高政一. 机械制图 [M]. 北京：清华大学出版社，1990.

[14] 何铭新，陈光耀，陈启梁. 建筑制图 [M]. 北京：高等教育出版社，1994.

[15] 庞璐，沈蓓蓓，李炽岚. 水利工程制图 [M]. 2版. 北京：中国水利水电出版社，2013.

[16] 胡守忠，杨玉艳，王彦惠. 画法几何及水利工程制图 [M]. 北京：中国水利水电出版社，2005.

[17] 聂新华. 水利工程制图 [M]. 北京：中国水利水电出版社，2014.

[18] 朱育万，卢传贤，画法几何及土木工程制图 [M]. 北京：高等教育出版社，2015.

[19] 长江勘测规划设计研究有限责任公司. 水利水电工程制图手册 [M]. 北京：中国水利水电出版社，2014.

[20] 杨小庆，王子茹. 工程制图 [M]. 北京：中国水利水电出版社，2010.

[21] 张满栋，杨胜强，土木水利工程制图及计算机绘图 [M]. 北京：机械工业出版社，2011.

[22] 黄仕君，李吉祥，何世勇. AutoCAD 2008应用教程 [M]. 北京：北京师范大学出版社，2009.

[23] 朱立义. AutoCAD项目化教程 [M]. 苏州：苏州大学出版社，2010.

[24] 薛炎，王新平，中文版AutoCAD 2008基础教程 [M]. 北京：清华大学出版社，2007.

[25] 江洪，侯水涛，薛宏丽. AutoCAD 2008机械设计实例解析 [M]. 北京：机械工业出版社，2007.

[26] 曾令宜，史先进. AutoCAD 2009中文版教程 [M]. 北京：电子工业出版社，2010.

[27] 胡腾，李增民. 精通AutoCAD 2008中文版 [M]. 北京：清华大学出版社，2007.

[28] 王长忠. AutoCAD机械绘图 [M]. 北京：北京理工大学出版社，2007.

[29] 王利华，吴志清. AutoCAD应用项目化实训教程 [M]. 北京：北京大学出版社，2014.

[30] 黄小龙，高宏，周建国. AutoCAD 2006典型应用实战演练100例 [M]. 北京：人民邮电出版社，2006.

[31] 王斌，等. 中文版AutoCAD 2006实用培训教程 [M]. 北京：清华大学出版社，2005.

[32] 张豁，杨其建，王芳. 建筑CAD项目化教程（AutoCAD 2014） [M]. 武汉：华中科技大学出版社，2015.

[33] 邹新斌，郑金. AutoCAD 2012 实用教程 [M]. 北京：人民邮电出版社，2013.
[34] 陆玉兵，魏兴. 机械 AutoCAD 2010 项目应用教程 [M]. 北京：人民邮电出版社，2012.
[35] 胡仁喜. AutoCAD 2005 练习宝典 [M]. 北京：北京理工大学出版社，2004.
[36] 周慧，姜毅平. AutoCAD 2010 项目化教程 [M]. 成都：西南交通大学出版社，2011.
[37] 高玉侠，刘雅容. AutoCAD 2012 项目化教程 [M]. 北京：机械工业出版社，2015.
[38] 李方园. AutoCAD 机械制图项目化教程 [M]. 北京：清华大学出版社，2015.